"十一五"国家重点图书

● 数学天元基金资助项目

俄 罗 斯 数 学
教 材 选 译

连续介质力学

（第二卷）（第6版）

□ Л.И. 谢多夫　著

□ 李植　译

高等教育出版社·北京

图字: 01–2007–3074 号

МЕХАНИКА СПЛОШНОЙ СРЕДЫ. Т. 2

Л. И. Седов

Лань, 2004

Originally published in Russian under the title

Continuum Mechanics. Vol. 2

图书在版编目 (CIP) 数据

连续介质力学. 第 2 卷: 第 6 版 / (俄罗斯) 谢多夫著; 李植译. — 北京: 高等教育出版社, 2009.7 (2022.3 重印)

ISBN 978–7–04–022633–1

I. 连⋯ II. ①谢⋯②李⋯ III. 连续介质力学–高等学校–教材 IV.O33

中国版本图书馆 CIP 数据核字 (2009) 第 110365 号

| 策划编辑 | 赵天夫 | 责任编辑 | 李 鹏 | 封面设计 | 王凌波 |
| 责任绘图 | 黄建英 | 责任印制 | 刁 毅 | | |

出版发行	高等教育出版社	网 址	http://www.hep.edu.cn
社 址	北京市西城区德外大街 4 号		http://www.hep.com.cn
邮政编码	100120	网上订购	http://www.landraco.com
印 刷	山东临沂新华印刷物流集团有限责任公司		http://www.landraco.com.cn
开 本	787×1092 1/16		
印 张	29		
字 数	560 000	版 次	2009 年 7 月第 1 版
购书热线	010-58581118	印 次	2022 年 3 月第 3 次印刷
咨询电话	400-810-0598	定 价	69.00 元

本书如有缺页、倒页、脱页等质量问题, 请到所购图书销售部门联系调换。

《俄罗斯数学教材选译》序

从上世纪 50 年代初起, 在当时全面学习苏联的大背景下, 国内的高等学校大量采用了翻译过来的苏联数学教材. 这些教材体系严密, 论证严谨, 有效地帮助了青年学子打好扎实的数学基础, 培养了一大批优秀的数学人才. 到了 60 年代, 国内开始编纂出版的大学数学教材逐步代替了原先采用的苏联教材, 但还在很大程度上保留着苏联教材的影响, 同时, 一些苏联教材仍被广大教师和学生作为主要参考书或课外读物继续发挥着作用. 客观地说, 从解放初一直到文化大革命前夕, 苏联数学教材在培养我国高级专门人才中发挥了重要的作用, 起了不可忽略的影响, 是功不可没的.

改革开放以来, 通过接触并引进在体系及风格上各有特色的欧美数学教材, 大家眼界为之一新, 并得到了很大的启发和教益. 但在很长一段时间中, 尽管苏联的数学教学也在进行积极的探索与改革, 引进却基本中断, 更没有及时地进行跟踪, 能看懂俄文数学教材原著的人也越来越少, 事实上已造成了很大的隔膜, 不能不说是一个很大的缺憾.

事情终于出现了一个转折的契机. 今年初, 在由中国数学会、中国工业与应用数学学会及国家自然科学基金委员会数学天元基金联合组织的迎春茶话会上, 有数学家提出, 莫斯科大学为庆祝成立 250 周年计划推出一批优秀教材, 建议将其中的一些数学教材组织翻译出版. 这一建议在会上得到广泛支持, 并得到高等教育出版社的高度重视. 会后高等教育出版社和数学天元基金一起邀请熟悉俄罗斯数学教材情况的专家座谈讨论, 大家一致认为: 在当前着力引进俄罗斯的数学教材, 有助于扩大视野, 开拓思路, 对提高数学教学质量、促进数学教材改革均十分必要. 《俄罗斯数学教材选译》系列正是在这样的情况下, 经数学天元基金资助, 由高等教育出版社组织出版的.

经过认真选题并精心翻译校订, 本系列中所列入的教材, 以莫斯科大学的教材为主, 也包括俄罗斯其他一些著名大学的教材. 有大学基础课程的教材, 也有适合大学高年级学生及研究生使用的教学用书. 有些教材虽曾翻译出版, 但经多次修订重版, 面目已有较大变化, 至今仍广泛采用、深受欢迎, 反射出俄罗斯在出版经典教材方面所作的不懈努力, 对我们也是一个有益的借鉴. 这一教材系列的出版, 将中俄数学教学之间中断多年的链条重新连接起来, 对推动我国数学课程设置和教学内容的改革, 对提高数学素养、培养更多优秀的数学人才, 可望发挥积极的作用, 并起着深远的影响, 无疑值得庆贺, 特为之序.

李大潜

2005 年 10 月

译者序

本书作者 Л. И. 谢多夫的名字对国内许多读者来说并不陌生, 其代表作《力学中的相似方法与量纲理论》的中译本早在 1982 年就由科学出版社出版. 现在, 他的另外一本享誉世界的著作《连续介质力学》(共 2 卷) 的中译本由高等教育出版社出版, 这对相关专业的学生、教师和研究人员来说无疑是一件喜事.

作为俄罗斯科学院院士和莫斯科大学流体力学学派的领袖, Л. И. 谢多夫在大量从事科学研究和社会活动的同时仍然极其重视教育工作, 在他的学生中有 4 位院士、50 多位博士和 130 多位副博士[1]. Л. И. 谢多夫曾经多次表示, 在所获得的所有职位和称号中, 他最看重莫斯科大学教授的头衔, 所以在他的西装上总是别着一枚莫斯科大学授予的荣誉徽章. 这本书就是 Л. И. 谢多夫多年来教学工作的结晶. 正是在他的推动下, 从 20 世纪 60 年代开始, 连续介质力学成为莫斯科大学力学数学系力学专业和数学专业的必修课, 整个课程体系也相应发生了根本变革, 逐渐形成了以理论力学、连续介质力学和控制力学这 3 门必修课为核心的力学专业新教学计划并沿用至今. 实际教学效果表明, 这样的新教学计划反映了学科的发展趋势, 对培养掌握现代化知识体系的高级人才功不可没.

本书是专门为力学专业大学生编写的教材, 第一卷重点讲述如何建立连续介质的数学模型, 第二卷则把这种思路融汇到流体力学、弹性力学、塑性力学等连续介质力学分支. 作者是建立连续介质数学模型的大家, 他的经验和思路很好地融合在全书的内容里. 全书材料的取舍和叙述方式都经过作者的精心设计. 在译者看来, 书中独具特色的部分一是对张量的介绍和自然而严谨的处理方法, 二是对连续介质热力

---

[1] 俄罗斯的副博士 (кандидат наук) 学位相当于我们通常所说的博士 (Ph. D.) 学位, 而俄罗斯的博士 (доктор наук) 学位则是更高一级的学位, 一般要求学位获得者在相关领域具有非同寻常的贡献.

学的简要介绍, 三是对问题提法的全面论述, 四是用热力学方法建立连续介质模型. 此外, 读者可以看到, 书中有大段的文字 (而不是公式) 详细地从各个角度甚至从哲学层面上论述建立数学模型的本质、意义、假设和方法, 这也是此书明显有别于其他教材的地方. 因此, 把这本书介绍到中国来具有重要意义.

在第二卷中, 流体力学占相当多的篇幅, 内容上也相对完整, 基本覆盖了经典流体力学的主要概念和方法, 并且包括从理论分析到实际应用的大量实例. 因此, 本书完全可以当做流体力学的教学参考书. 值得一提的是, 作者详细论述了理想流体模型的实际意义. 相对而言, 本书对弹性力学、塑性力学的介绍不够全面, 但相关内容仍然独具特色, 尤其是利用热力学方法建立弹塑性力学本构关系的部分相当精彩, 这样的论述方法在其他书中很难见到.

在 20 世纪 90 年代在莫斯科大学力学数学系留学期间, 译者作为一名力学专业的本科生完整地上过由 E. B. 洛马金教授主讲的连续介质力学课程. 课程持续 3 个学期, 主要内容与 Л. И. 谢多夫的《连续介质力学》基本一致. 译者至今还清晰地记得当时上课记笔记、课后仔细阅读这本教材并与笔记内容进行对照的情景. 初次学习连续介质力学这样的课程无疑有一定困难, 但 Л. И. 谢多夫的教材对译者很有帮助. 当时的感觉是, 这门课和教材都很难, 但是经过仔细思考可以接受和掌握. 译者在后来的研究和教学工作中又多次阅读过这本书的相应章节, 例如在北京大学为力学专业学生讲授流体力学时, 尤其是在介绍张量和建立流体模型时主要参考了这本书的讲法, 取得了很好的教学效果. 这本书的可贵之处在于, 对学生而言, 书的内容丰富而经典, 有一定难度但又不是高不可攀; 对教师而言, 这是一本可以常置案头的参考书. 这就是此书多年来能够不断再版并被译为多种文字的根本原因, 译者相信其中文版同样能够在很长一段时间内使读者受益.

译者在留学期间与 Л. И. 谢多夫院士建立了很好的私人关系. Л. И. 谢多夫曾经多次表示, 虽然他的《连续介质力学》已经被翻译为英文、法文、日文和越南文, 但一直没有中文版是一件非常遗憾的事情, 因为中国是一个大国, 有众多的科技人员和大学生. 他相信这本书对中国科技界是有用的参考书, 因此, 他委托译者来翻译《连续介质力学》. 1999 年秋天, 在译者回国后不久, Л. И. 谢多夫院士以 92 岁高龄辞世. 惊闻噩耗之余, 译者发誓要精心完成他的遗愿. 在一些准备工作之后, 从 2002 年起, 译者开始认真地进行翻译工作. 历经多年辛苦工作, 中译本第一卷在 2007 年出版, 第二卷在 2009 年出版, 希望能够得到广大读者的认可. 2007 年是 Л. И. 谢多夫的百年寿辰, 2009 年是他逝世十周年, 谨以此书纪念这位为科学和教育事业做出重大贡献的科学家!

本书涉及物理、数学等领域的大量专业术语, 译者尽可能使术语的翻译规范化, 但也遇到了大量困难. 困难之一是中文术语本身就不统一, 在不同领域有不同的习惯和用法. 译者主要使用全国自然科学名词审定委员会公布的《力学名词 1993》、《物理学名词 1996》和《数学名词 1993》(以下统一简称为《名词》) 和相应国家标准作为翻译标准, 同时还参考了科学出版社出版的《物理学词典》等工具书和词典, 以及其他一些俄文书的中译本. 不过, 考虑到学科的特点和译者所掌握的一些文献中的使用习惯, 仍有个别名词没有按照国家标准翻译, 例如在张量分析中广为使用的协变和逆变 (《名词》中为共变和反变), 量纲分析中的无量纲量 (在国家标准中为量纲一的量), 等等. 原书使用的个别术语已经过时, 译者一般依照原文翻译, 但在该术语第一次出现时在脚注中注明其标准名称, 例如热力学中的内能现在改为热力学能; 少量没有按照原文直接翻译的名词则在脚注中加以说明. 此外, 激波和冲击波 (击波) 都是表示突跃压缩的术语, 译文采用前者, 因为这是流体力学中更为常见的用法, 尽管俄文 ударная волна 从字面上直接翻译就是冲击波. 书后的人名译名对照表是由译者添加的.

中文版完全保持了原书的排版风格, 尤其是小标题的样式与原书一致, 这被认为是原书的一个有益于阅读的重要特点. 除了改正一些印刷错误和明显的疏漏, 译者还增加了一些注释并重新制作了索引. 为了便于读者查阅书中引用的俄文文献, 译者尽可能找到相应中文版或英文版并将其列在俄文文献之后. 由于原书历经多次修订和增补, 部分公式的编号出现多种形式 (例如用带撇号的数字或用字母表示), 所以在中文版中按照形式统一的原则对正文中的公式编号进行了调整, 并且去掉了那些不被前后文引用的编号. 此外, 译者还对个别表示同一个量的不同符号进行了统一化处理. 总之, 上述变化使中文版更加规范, 也使读者更加容易掌握本书的内容.

译者非常感谢莫斯科大学力学数学系的 М. Э. 埃格利特教授的大量无私帮助, 她不但不厌其烦地回答了关于本书的方方面面的问题 (包括俄文理解的问题), 还专门写了中文版序. М. Э. 埃格利特教授是 Л. И. 谢多夫院士的学生, 是连续介质力学领域的著名学者, 长期讲授连续介质力学、流体力学等课程, 曾经多次参加本书俄文版的编辑和修订工作. 由她撰写的序言特别有助于读者认识本书的意义.

译者的导师 Н. Р. 西布加图林教授在生前一直关心本书的翻译工作并提出了一些具体建议, 他的儿子 И. Н. 西布加图林博士为本书版权问题的解决提供了大量帮助, 译者在此对 Н. Р. 西布加图林教授表示深深的怀念, 对 И. Н. 西布加图林博士表示感谢.

在第二卷的翻译过程中, 译者继续得到了北京大学力学系的许多同事和学生的热心帮助. 陈国谦教授一直支持和鼓励译者的翻译工作. 黄克服副教授特别支持为力学系本科生开设连续介质力学课程的计划, 他阅读了第九章和第十章的部分译稿并提出了一些有益的建议. 吴介之教授阅读了第八章中与涡旋运动有关的内容, 纠正了个别术语的错误译法并帮助译者补充了少量译注. 励争副教授耐心回答了译者关于材料力学的一些问题, 甚至亲自做实验进行验证. 力学系的本科生谢玉阅读了第八章全部译稿和第九章部分译稿并提出了大量有助于完善文字表述的建议. 博士研究生李厚国帮助录入了第九章的数学公式. 译者对他们深表感谢.

这里要特别感谢苏卫东副教授的无私帮助. 在全书两卷的翻译过程中, 译者时常与他讨论相关问题, 每次都获益匪浅. 他阅读了大部分译稿, 对译文提出了大量极有价值的修改建议, 对部分疑难问题提出了独到的见解, 还亲自为第八章撰写了部分译注.

译者还要感谢高等教育出版社的帮助, 感谢相关编辑的支持和宽容. 编辑赵天夫和李鹏仔细审阅了第二卷全部译文并提出了大量恰当的修改建议, 编审张小萍女士对最终的译稿提出了一些有价值的建议, 他们在最大程度上完善了译文的质量.

最后, 译者恳请广大读者对译文中不够准确甚至错误的地方予以指正.

李植

北京, 2009 年 7 月

zhili@pku.edu.cn

中文版序

近年来, 由于计算机的普及和数值方法的广泛发展, 如何在数学上提出问题成为头等重要的事情, 这要求我们能够用数学方法描述所研究的现象, 即建立其数学模型. 经典的连续介质模型和它们所能够描述的效应是在流体力学、水力学、弹性力学、塑性力学、蠕变力学、材料力学等连续介质力学分支中进行研究的. 然而, 实际应用越来越经常要求力学领域的工程和研究人员能够建立复杂连续介质的新模型, 能够研究复杂的物理和化学过程, 能够提出并解决关于各种介质在新条件下的物理行为的新问题. 因此, 我们不仅要理解连续介质力学中的个别已知的具体模型和规律, 而且要理解连续介质力学基本概念和定律本身的意义. 正是由于上述原因, 连续介质力学才从一系列单独的专门学科中独立出来, 而连续介质力学课程也被许多大学列为必修课程.

本书是连续介质力学领域的杰出学者、俄罗斯科学院院士、国立莫斯科大学教授 Л. И. 谢多夫所著连续介质力学教材的中译本, 该教材在俄国得到了广泛使用. Л. И. 谢多夫发表了 200 多篇学术论文, 撰写了多部专著和教材, 其中最为著名就是本书和《力学中的相似方法与量纲理论》[1], 后者已经出版 10 次, 被译为多种语言. 在 20 世纪 60 年代, Л. И. 谢多夫是理解在力学专业大学生教学计划中引入连续介质力学课程的必要性和重要性的最初几个人之一. 他率先为莫斯科大学力学数学系学生讲授连续介质力学, 该课程持续 3 个学期, 包括 70 次讲座. 此后, 这一课程成为莫斯科大学力学数学系力学专业学生的传统课程, 而为数学专业学生讲授时则删减部分内容. 现在奉献给读者的这套两卷本教材就是基于该课程的授课内容撰写的.

---

[1] Седов Л. И. Методы подобия и размерности в механике. 10-е изд. Москва: Наука, 1987 (俄文第八版的中译本: Л. И. 谢多夫. 力学中的相似方法与量纲理论. 沈青, 倪锄非, 李维新 译. 北京: 科学出版社, 1982).

本书是连续介质领域的基本教材之一, 俄文版已经出版 5 次, 英文版已经出版 2 次, 此外还有其他语言的一些版本.

本书的主旨不仅在于描述连续介质的经典模型和规律, 而且在于阐明建立数学模型的一般基础, 使读者能够理解最前沿的问题. 在第一卷中首先引入了一些基本概念, 用来在数学上描述连续介质的平衡和运动, 并且描述方法与介质的具体性质无关. 这些概念是: 对时间的物质导数 (随体导数), 有限应变张量, 小应变张量, 应变率张量, 应力张量, 等等. 在这一部分中有非常重要的一节专门解释张量的概念. 在引入张量时, 基矢量被明确地写在张量的记号中. 这种定义方法有助于更深刻地理解张量的本质和运算法则, 尤其是在使用曲线坐标系的时候. 由于热力学在建立连续介质模型时起重要作用, 在第一卷中还有一章专门讲述连续介质热力学. 书中给出了普适的物理守恒定律, 并由此导出了相应微分方程和包括激波条件在内的间断面条件. 引入了经典的流体模型和弹性体模型, 详细讨论了连续介质与电磁场的相互作用. 第一卷最后一章论述提出具体问题的共同基础, 其中包括量纲分析、现象的相似和模拟.

第一卷的附录是作者的 2 篇论文, 其中研究非线性张量函数理论的附录一具有特别重要的实际价值.

第二卷论述了连续介质的具体模型——理想流体、黏性流体、弹性介质和塑性介质, 研究了流体力学、空气动力学、弹性力学、塑性力学和裂纹理论的基本问题和一般规律, 给出了提出具体问题并进一步求解的一些实例. 这里值得特别强调关于非线性弹性力学的部分内容.

书中没有用于自学的练习和习题. 如果读者希望通过求解习题来加深对课程的理解, 可以参阅由 Л. И. 谢多夫的一些同事和学生合编的《连续介质力学习题集》[1], 其中包含 1000 余道题目. 该习题集可以看作是对 Л. И. 谢多夫的这套教材的补充.

对力学、数学和物理学专业的大学生、研究生以及工程师和研究人员来说, 本书无疑是一本有用的参考书.

М. Э. 埃格利特

莫斯科, 2007 年 7 月

---

[1] Механика сплошных сред в задачах. Т. 1, 2. Под ред. М. Э. Эглит. Москва: Московский лицей, 1996 (Eglit M. E., Hodges D. H., eds. Continuum Mechanics via Problems and Exercises. Parts I, II. Singapore: World Scientific, 1996).

第二卷第二版序和第四版序

第二版序

在第二版中更正了已经发现的印刷错误, 并补充了以下内容.

在第八章 §8 中更详细地发展了固体在不可压缩理想流体中运动时的流体动力学阻力和推力理论, 例如, 详细讨论了在固体后面形成空腔时和从固体向前喷出射流时流体对固体的作用力.

在第八章中还增加了关于气泡在液体中的振动的一节 (§19). 最近, 无论是在理论研究中, 还是在大量实际应用中, 含有气泡的液体的运动都备受关注.

在第十一章 §2 中补充了缝隙或裂纹端点附近存在应力集中时对弹性解应力场的详细分析. 这些结果有助于更详尽地揭示导致准脆性材料断裂和能量消耗的物理机制的本质, 而这些现象都与裂纹的发展有关. 对这个问题的相关讨论被补充在第十一章 §3 的最后.

Л. И. 谢多夫

莫斯科, 1973 年 3 月

第四版序

在第四版中更正了在以前各版中发现的印刷错误, 并补充了各种说明和更准确的解释.

Л. И. 谢多夫

莫斯科, 1982 年 12 月

目 录

第八章　流体力学

§1. 流体静力学

我们来研究流体静力学的某些问题, 即液体和气体相对于选定的坐标系平衡的一些理论[1].

流体静力学的结果和方法对许多实际重要的问题有重大意义. 流体静力学研究海水的平衡, 大气的平衡, 流体对漂浮在水面上的船舶、悬浮在水中的潜艇和悬浮在空气中的气球的作用力, 漂浮在水面的船舶的稳定性等诸多问题.

平衡方程　　在平衡状态下 $(v = 0)$, 从连续性方程得 $\partial \rho / \partial t = 0$. 这表示密度场在所取参考系中是定常的, 即 $\rho = \rho(x,\ y,\ z)$. 容易看出, 欧拉方程和纳维—斯托克斯方程在平衡状态下都归结为同一个方程

$$\operatorname{grad} p = \rho \boldsymbol{F}, \tag{1.1}$$

它在笛卡儿坐标下的形式为

$$\frac{\partial p}{\partial x} = \rho F_x, \quad \frac{\partial p}{\partial y} = \rho F_y, \quad \frac{\partial p}{\partial z} = \rho F_z, \tag{1.2}$$

式中 F_x, F_y, F_z 表示外质量力密度 (其中一般包括惯性力密度) 在坐标轴上的投影.

如果 $F_x = F_y = F_z = 0$, 即如果没有外质量力, 则 $\operatorname{grad} p = 0$, 所以压强 p 在流体中的所有点都是相同的. 这个结论称为帕斯卡定律[2].

---

[1] 通常研究相对于惯性或非惯性笛卡儿坐标系的平衡, 换言之, 通常研究相对于某个刚体的平衡, 在下文中也是如此.

[2] 此定律的通常表述是: 静止液体中任何一点的压强变化会在瞬间大小不变地传至液体各点. 这实质上是说, 若 p 满足平衡方程, 则 $p + C$ 仍满足平衡方程, 式中 C 是任意常压强. ——译注

外力密度的条件　从方程 (1.1) 可见, 质量力密度矢量场 $\boldsymbol{F}$ 在平衡状态下不可能是任意的. 其实, 在可压缩流体的一般情况下, 密度 ρ 是待求量, 从 (1.1) 得

$$\operatorname{rot}\boldsymbol{F} = \operatorname{grad}\frac{1}{\rho} \times \operatorname{grad}p = \rho\operatorname{grad}\frac{1}{\rho} \times \boldsymbol{F},$$

因为对于任何作为变量的矢量 $\boldsymbol{a}$ 和标量 c 都成立公式 $\operatorname{rot}c\boldsymbol{a} = c\operatorname{rot}\boldsymbol{a} + \operatorname{grad}c \times \boldsymbol{a}$. 由此可见

$$\boldsymbol{F} \cdot \operatorname{rot}\boldsymbol{F} = 0. \tag{1.3}$$

关系式 (1.3) 是在力场 $\boldsymbol{F}(x, y, z)$ 作用下可能实现平衡的必要条件.

可以证明, 对于满足条件 (1.3) 的给定的力场 $\boldsymbol{F}$, 可以求出满足平衡方程 (1.2) 的密度场 $\rho(x, y, z)$ 和压强场 $p(x, y, z)$ 这两个标量场[1].

如果密度 $\rho = \mathrm{const}$ (均匀不可压缩流体), 则 $\operatorname{rot}\boldsymbol{F} = 0$, 所以质量力应当是有势的, 设其势函数为 $\mathscr{U}$, 即 $\boldsymbol{F} = \operatorname{grad}\mathscr{U}$. 因此, 均匀不可压缩流体只有在有势的外质量力场中才能够处于平衡状态.

在可压缩流体的一般情况下, 若质量力场是有势的, 从 (1.1) 得

$$\mathrm{d}p = \rho\,\mathrm{d}\mathscr{U}. \tag{1.4}$$

由此可见, 对于有势质量力场中的平衡状态, 密度和压强仅是 $\mathscr{U}$ 的函数. 其实, 根据 (1.4), 当 $\mathscr{U} = \mathrm{const}$ 时有 $p = \mathrm{const}$, 即 $p = p(\mathscr{U})$, 又因为 $\mathrm{d}p/\mathrm{d}\mathscr{U} = \rho$, 所以 $\rho = \rho(\mathscr{U})$.

从间断的一般理论[2] 可知, 在静止流体中只可能有密度间断面, 而压强应当是连续的. 从压强 p 和势函数 $\mathscr{U}$ 的连续性可得, 当 $\rho_1 \neq \rho_2$ 时, 关系式 (1.4) 只有在 $\mathrm{d}\mathscr{U} = \mathrm{d}p = 0$ 时才能够沿间断面成立, 即, 静止流体中的密度间断面应当是等势面 $\mathscr{U} = \mathrm{const}$.

重力场中的平衡　我们来研究流体在重力场中的平衡. 选取 z 轴方向竖直向上的坐标系, 则 $F_x = F_y = 0$, $F_z = -g$, $\mathscr{U} = -gz + \mathrm{const}$, 并且 $p = p(z)$, $\rho = \rho(z)$. 因此, 当只有重力作用时, 静止流体中的等压面和等密度面是水平面. 从状态方程 $f(p, \rho, T) = 0$ 可得, 静止重流体中的温度也只依赖于坐标 z, $T = T(z)$.

根据 (1.4), $\mathrm{d}p/\mathrm{d}z = -\rho g < 0$, 因此压强随着高度的增加而减小. 对于 z 和 z_0 这两个高度上的压强差, 由 (1.4) 可得

$$p - p_0 = -\int_{z_0}^{z} \rho g\,\mathrm{d}z = -\int_{z_0}^{z} \gamma\,\mathrm{d}z, \tag{1.5}$$

----

[1] 由 (1.3) 可知, 给定的力场 $\boldsymbol{F}$ 可以表示为 $\boldsymbol{F} = \eta\operatorname{grad}\xi$, 式中 η 和 ξ 是坐标的已知函数. 只要取 $\rho = G(\xi)/\eta$, $p = \int G(\xi)\,\mathrm{d}\xi$, 式中 $G(\xi)$ 是任意函数, 即可满足平衡方程. 因此, 仅由给定的力场 $\boldsymbol{F}$ 不能唯一决定 p 和 ρ, 但能决定它们的结构. ——译注

[2] 见第一卷第七章 §4.

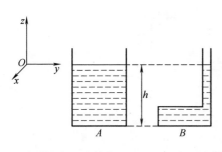

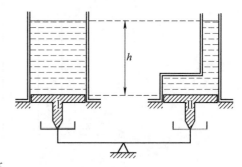

图 1. 容器底部的流体静力学压强取决于液体高度 h. 容器 A 和 B 底部的流体静力学压强相同

图 2. 活塞 I 和 II 上的作用力相同

式中 $\gamma = \rho g$ 是流体的比重. 因此, 位于不同高度 z 和 z_0 的两点的压强差等于底面积为单位值且高度为 $z - z_0$ 的流体柱的重量. 这个结论与流体所处区域的形状及流体的物理性质无关.

均匀不可压缩流体在重力场中的平衡　考虑均匀不可压缩流体的平衡. 设 $\rho = \mathrm{const}$, 则从 (1.5) 得

$$p = p_0 - \rho g(z - z_0), \tag{1.6}$$

即静止的均匀不可压缩流体中的压强按线性规律随高度的增加而减小. 如果在 (1.6) 中令 $z_0 = 0$, 即如果认为 p_0 是平面 $z = 0$ 上的压强, 则

$$p = p_0 - \rho g z = p_0 + \rho g h, \tag{1.7}$$

式中 h 是相对于平面 $z = 0$ 的深度. 当容器中盛有液体时, 利用公式 (1.6) 或 (1.7) 可以计算容器底部的压强, 该压强值只与液体的深度有关.

　　如果取不同形状的容器 (图 1) 并倒入同种液体, 则在容器中相同深度的地方, 压强也是相同的. 例如, 在底面水平的所有容器中 (无论其形状如何), 只要底面上液体的深度相同, 底面上的压强就是相同的. 如果容器的底面积相同, 液体作用于容器底部的合力就是相同的. 图 2 中的秤盘处于平衡状态, 因为它们是承受着相同作用力的活塞, 尽管活塞上方液体的重量是不同的 (这时忽略了容器壁与秤盘之间的相互作用力, 包括摩擦力). 如果容器 A 和 B 直接放于秤盘上, 则作用于秤盘上的力是容器和液体的总重量, 而液体的重量是不同的.

　　根据流体静力学原理可以制造出一种测量压强的仪器——压强计. 压强计通常是装有静止的水银、水或酒精等液体的连通器, 在其一端作用着需要测量的压强, 在另一端作用着用于比较的压强. 连通器两端液面的高度差就决定了压强差.

活塞式抽水机　我们来研究活塞式抽水机的工作原理. 设管道中的密封活塞在初始时刻紧靠水面 (图 3 (a)). 向上拉动活塞, 水就会随之上升 (图 3 (b)). 但是, 我们在活塞上移的过程中将看到, 水在某一时刻将与活塞分离, 在管道中的水面与活塞之间将形成一个低压区 (图 3 (c)), 其中的压强等于零或当前温度下的饱合

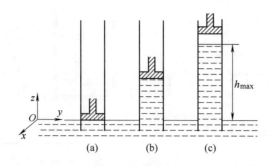

图 3. 活塞式抽水机

蒸气压 p_{svap} [1]. 因此, 用这种方法只能把水提升至某一高度 h_{max}. 在 (1.7) 中, 令 $p_0 = p_{atm}$, $p = 0$, 得

$$h_{max} = \frac{p_{atm}}{\rho g}.$$

如果 [2] $p_{atm} = 9.8 \times 10^4$ Pa, $\rho = 1.0 \times 10^3$ kg/m^3, $g = 9.8$ m/s^2, 则 $h_{max} \approx 10$ m.

完全气体在重力场中的平衡　　现在考虑完全气体在重力场中的平衡. 我们有方程

$$\mathrm{d}p = -\rho g\,\mathrm{d}z, \quad p = \rho RT,$$

由此易得

$$\frac{\mathrm{d}p}{p} = -\frac{g\,\mathrm{d}z}{RT(z)},$$

或

$$p = p_0 \exp\left[-\int_{z_0}^{z} \frac{g\,\mathrm{d}z}{RT(z)}\right]. \tag{1.8}$$

此公式称为气压公式. 只要知道温度对高度的依赖关系 $T(z)$, 就可以利用公式 (1.8) 求出压强随高度的变化.

如果假定 $\rho = \text{const}$ (均质大气), 则根据平衡方程和状态方程, p 和 T 是 z 的线性函数. 根据 (1.6) 可以求出这样的高度 h, 在此高度上 $p = 0$. 因此, 如果认为空气是不可压缩流体, 大气的厚度就是有限的,

$$h = \frac{p_{atm}}{\rho g} \approx 8000 \text{ m}.$$

如果认为大气处于等温平衡状态 ($T = \text{const}$), 则从气压公式 (1.8) 可知, 压强随

---

[1] 实验表明, 在水中一般能够存在与拉伸相对应的负压强 ($p < 0$), 但是有限的负压强只能长时间存在于既不含有被溶解的气体也不含有固体颗粒混合物的水中.

[2] 原文在给出 p_{atm} 和 ρ 时没有使用国际单位 (例如用千克力表示力的单位), 后文也有类似情况, 译文尽可能调整为国际单位. ——译注

高度下降的规律具有指数形式:

$$\frac{p}{p_0} = \exp\left[-\frac{g}{RT}(z-z_0)\right].$$

结果是, 等温大气具有无穷大的厚度[1].

经常认为, 在有限高度 (11 km) 以下, 大气温度按照线性规律随高度递减:

$$T = T_0 - \frac{\Delta}{100}z, \tag{1.9}$$

式中 T_0 是 $z=0$ 时的绝对温度, 而 Δ 是每升高 100 m 时温度的降低值. 对于真实大气, 在许多实际问题中可以取 $\Delta = 0.65$ K, $T_0 = 288$ K, 并且 $z=0$ 对应海平面. 这时从 (1.8) 和 (1.9) 得到

$$\frac{p}{p_0} = \left(1 - \frac{\Delta}{100T_0}z\right)^{100g/R\Delta}. \tag{1.10}$$

大气的厚度是有限的: 当

$$h = \frac{100T_0}{\Delta} = \frac{100 \times 288}{0.65} \approx 48 \text{ km}$$

时 $p=0$. 所以, 假设 (1.9) 显然对整个大气是不适用的.

对于这样的大气, 我们来建立其密度 ρ 与压强 p 之间的关系. 根据 (1.9), 从 (1.10) 得

$$\frac{p}{p_0} = \left(\frac{T}{T_0}\right)^{100g/R\Delta},$$

而从克拉珀龙方程得

$$\frac{p}{p_0} = \frac{\rho T}{\rho_0 T_0},$$

所以

$$\frac{p}{p_0} = \left(\frac{\rho}{\rho_0}\right)^{100g/(100g-R\Delta)},$$

或者

$$p = C\rho^n, \quad C = \text{const}, \quad n = \frac{100g}{100g - R\Delta}.$$

压强与密度之间的这样的关系式称为多方关系式, 但这时必须注意, 由多方关系式联系起来的不同的密度和压强分别属于不同的物质微元. 在第五章曾经研究过多方过程, 其中的密度与压强之间的类似关系式仅对同一个物质微元才成立.

当 $\Delta = 0.65$ K, $R/g = 29.27$ m/K 时, 有 $n = 1.2$. 如果 $n = \gamma = 1.4$, 即如果多方指数等于绝热线指数, 则 $\Delta = 0.98$ K ≈ 1 K.

---

[1] 在等温大气的气压公式中取 $p/p_0 = 0$ 即给出这个结果. 不过, 在星际空间中仍然存在极其稀薄的气体, 其压强虽小但不为零. 从这个意义上讲, 等温大气的厚度其实也是有限的. 例如, 如果取 $p/p_0 = 10^{-20}$, $T = 300$ K, 则等温大气的厚度 $h \approx 400$ km. ——译注

从热流方程可以得到介质的热平衡条件. 当 $v = 0$ 时, 如果只考虑热传导 (见第一卷第五章 (7.23)), 则热流方程的形式为

$$\frac{\partial U}{\partial t} = \frac{\varkappa}{\rho} \Delta T. \tag{1.11}$$

在实际大气中, 除了热传导, 温度按照高度的分布还与辐射和对流现象有关. 在我们的情况下,

$$U = c_V T + \text{const}, \quad T = T(z),$$

所以 $\partial U / \partial t = 0$, 于是从 (1.11) 得

$$\frac{\partial^2 T}{\partial z^2} = 0. \tag{1.12}$$

温度与高度之间的线性关系 (1.9) 满足条件 (1.12).

实际大气的结构既与复杂的、一般随时间变化的 (由太阳和地球的辐射引起的) 热交换机理有关, 也与大气成分的变化性 (例如由太阳辐射引起的离解和电离) 有关. 人们一直在利用热气球、飞机、人造地球卫星和其他方法研究大气的组成和大气中的温度分布.

在工程计算中通常使用 "标准大气". 在实际应用中, 在初步近似下认为, 温度在海拔 11 km 以下按照规律 (1.9) 随高度的增加而降低, 其中 $\Delta = 0.65$ K. 这一层大气称为对流层. 在对流层以上是平流层[1], 其中 $T = \text{const} = 217$ K. 在许多实际问题中需要采用更精确的结果, 因为上述标准大气模型不符合要求, 不过我们在此不讨论这些结果.

关于大气状态的结果对航空业有重要价值. 在不同的飞行高度上, 迎面气流的特性有极为显著的变化. 在地面条件下对高空飞行的模拟就是利用标准大气的数据进行的.

静止流体对流体内部的曲面的作用力和力矩 · 阿基米德定律　现在计算静止的液体或气体对位于其中的固体的作用力. 无论是静止的理想流体, 还是静止的黏性流体, 它们对位于流体内部的物体的某一部分表面 Σ 或流体内部某个假想的曲面 Σ 的作用力的主矢量 $\boldsymbol{A}$ 等于

$$\boldsymbol{A} = \int_\Sigma \boldsymbol{p}_n \, d\sigma = -\int_\Sigma p \boldsymbol{n} \, d\sigma, \tag{1.13}$$

---

[1] 平流层位于海拔 11—50 km 的高度, 其下部 (海拔 11—20 km) 温度恒定 ($T = 217$ K) 的区域称为等温层. 在等温层以上至平流层顶, 温度又逐渐增加到 271 K. 温度分布的不同规律使对流层和平流层内的大气运动特点截然不同. 对流层大气在竖直方向上有强烈的对流运动, 而平流层大气的运动主要发生在水平方向, 这正是其名称的由来. 目前, 在国际上影响较大的是 1976 年的美国标准大气, 它能代表中纬度地区由地面到 1000 km 高度的大气平均结构. 详见: 美国国家海洋和大气局, 国家航宇局和美国空军部. 标准大气 (美国, 1976). 任现淼, 钱志民译. 北京: 科学出版社, 1982. ——译注

主力矩 $\mathscr{M}$ 等于

$$\mathscr{M} = \int_{\Sigma} \boldsymbol{r} \times \boldsymbol{p}_n \, \mathrm{d}\sigma = -\int_{\Sigma} p(\boldsymbol{r} \times \boldsymbol{n}) \, \mathrm{d}\sigma.$$

考虑占据空间区域 V 的固体, 其表面 Σ 完全浸没在静止流体中 (图 1). 为了求出静止流体对该固体的总作用力 (1.13), 我们采取下述方法. 显然, 如果我们在假想中或者真正地把固体所占区域用静止流体来代替, 并且这部分流体的密度和压强满足平衡方程, 则固体周围的流体的平衡不会被破坏 (即力 $\boldsymbol{A}$ 不变). 在此之后, 用奥—高公式即可计算力 $\boldsymbol{A}$. 因为

$$\boldsymbol{n} = \cos(\boldsymbol{n}, x)\,\boldsymbol{i} + \cos(\boldsymbol{n}, y)\,\boldsymbol{j} + \cos(\boldsymbol{n}, z)\,\boldsymbol{k},$$

所以

$$\boldsymbol{A} = -\int_{\Sigma} p\boldsymbol{n} \, \mathrm{d}\sigma = -\int_{V} \operatorname{grad} p \, \mathrm{d}\tau = -\int_{V} \rho \boldsymbol{F} \, \mathrm{d}\tau.$$

如果 $\boldsymbol{F}$ 是重力, z 轴竖直向上, 则 $\boldsymbol{F} = -g\boldsymbol{k}$, 于是

$$\boldsymbol{A} = \int_{V} \rho g \boldsymbol{k} \, \mathrm{d}\tau = -\boldsymbol{G},$$

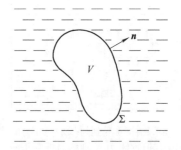

图 4. 用于推导阿基米德定律

式中 $\boldsymbol{G}$ 是区域 V 内的流体的重量.

我们得到了阿基米德定律: 在重力场中被静止流体包围的物体受到流体对它的作用力——浮力, 其大小等于被物体排开的流体的重量. 流体对物体的浮力指向竖直向上的方向, 力图使物体离开流体. 这个力称为流体静力学浮力或阿基米德力. 可以认为, 被流体包围的物体在阿基米德力的作用下失去了一部分重量, 这部分重量等于被物体排开的流体的重量. 之所以出现流体静力学浮力, 是因为流体中的压强分布不均匀, 而在重力场中, 流体的压强随深度的增加而增加.

为了保持叙述的条理性, 我们指出, 如果不从流体平衡的微分方程出发, 而是仅仅直接从积分形式的动量定理出发, 显然也可以得到阿基米德定律. 其实, 对在假想中用来代替物体并占据区域 V 的静止流体应用动量定理, 有

$$\int_{\Sigma} \boldsymbol{p}_n \, \mathrm{d}\sigma + \int_{V} \rho \boldsymbol{F} \, \mathrm{d}\tau = 0,$$

式中 Σ 是物体表面, 而这就是阿基米德定律:

$$\boldsymbol{A} = -\boldsymbol{G}.$$

我们现在证明, 阿基米德力 $\boldsymbol{A}$ 的作用线经过被排开的流体的重心. 其实, 作用于表面 Σ 的面力的合力与区域 V 内的介质微元所受重力的合力平衡, 所以作用于物体表面 Σ 的所有面力可以归结为一个力, 其大小等于在假想中在表面 Σ 的内部

引入密度和压强分布满足平衡方程的流体的重量, 其作用点就是这部分流体的重心.

因此, 如果浸入静止流体中的物体是固体, 则物体与流体之间的相互作用效应可以归结为阿基米德力, 其作用点位于被物体排开的流体的重心. 如果流体是均质的, 则被排开的流体的重心与流体所占区域的重心相同. 这时, 对于完全浸入流体中的物体, 阿基米德力的作用点与物体的方位无关. 在一般情况下, 对于浸入非均质流体中的物体, 阿基米德力及其作用线与物体在流体中的位置和方位都有很大关系.

如果阿基米德力小于物体的重量, 则浸入流体中的物体在没有其他作用力的情况下会下沉; 如果阿基米德力大于物体的重量, 物体就会上浮. 如果在准静态过程的范围内考虑问题, 则物体会一直上浮到其重量与流体静力学浮力平衡为止.

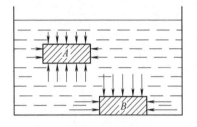

图 5. 物体 A 受到阿基米德浮力的作用, 但物体 B 受到的力把它压向底面, 因为物体 B 的下面没有液体

对于漂浮在水面上的物体, 流体静力学浮力也等于阿基米德力. 其实, 为了计算这个力, 可以引入这样的封闭曲面 Σ, 它由物体表面在水下的部分和物体与静止水平面的截面 π 组成, 并且应当认为该截面上的压强是常量, 它等于自由面上的压强 p_0.

在实际计算船只上的流体静力学作用力的时候, 可以忽略空气在船只不同部位的流体静力学压强的变化, 并认为该压强等于处处相同的大气压 p_0. 显然, 在沿物体的整个表面计算积分 (1.13) 时, 我们得到的就是浸在水下的、以截面 π 为上表面的那一部分物体的阿基米德力.

对于只有一部分浸入液体的物体, 阿基米德力的作用线相对于物体的位置与物体的方位有很大关系.

流体静力学浮力在工程技术中有广泛的应用. 这个力使船舶漂浮于水面, 使潜艇停留在所需深度, 使气球和飞艇悬浮在空中. 根据阿基米德定律, 人们制造出了测量液体密度的比重计、测量牛奶脂肪含量的乳浮计、测量酒精浓度的酒精计等许多工具.

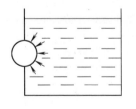

图 6. 用于解释茹科夫斯基佯谬

在推导阿基米德定律的过程中, 重要的一点是假设物体与流体的接触面 Σ 是封闭的. 如果接触面不是封闭的, 阿基米德定律就不成立. 例如, 如果浸在水中的某个物体 A 的所有表面都被水包围 (图 5), 就有竖直向上的浮力作用在该物体上; 但是, 如果同一物体沉于水底并紧贴底面, 浮力就会消失, 并且相反地会产生一个把物体按向水底的力. 与此相关的一个现象是, 潜艇接触到海底后就会失去移动能力, 无法上浮.

我们再来讨论茹科夫斯基佯谬, 其本质如下. 设容器中盛有液体, 如果在容器壁上安装一个可以无摩擦地绕自己的轴旋转的圆柱体 (图 6), 那么似乎应当产生一个浮力, 它作用在圆柱体在液体中的那一部分, 并且圆柱体在这个浮力的作用下应当

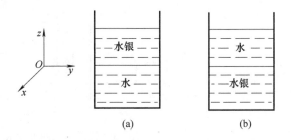

图 7. 不可压缩流体的不稳定平衡和稳定平衡

开始转动. 但是这个现象并没有发生, 其原因在于, 液体对圆柱体的合力不是经过被排开的液体的中心, 而是经过圆柱体的轴, 因为圆柱体表面每一点所受的压力都指向表面的法线方向.

利用诸如 (1.6) 或 (1.8) 的流体静力学压强分布公式, 容易计算由流体静力学压强导致的作用在与静止流体有接触的任何表面或部分表面上的合力和合力矩, 例如作用在容器壁面上和水坝上的合力和合力矩, 作用在空气中或水中的各类仪器上的合力和合力矩, 等等. 我们强调, 这里只考虑因为流体静力学压强而作用于被流体包围的物体的力. 当流体运动时, 作用于物体表面的合力并非只与流体静力学压强有关, 计算合力时也并非只需要流体静力学压强. 以后将证明, 流体静力学压强在一般情况下只是全部压强的一部分.

不可压缩流体和多方大气在重力场中平衡的稳定性　　现在研究不可压缩流体平衡的稳定性. 例如, 如果在容器中有一层水和一层水银, 那么从流体在重力场中的平衡方程的观点看, 图 7 所示的两个平衡状态具有相同的可能性. 但是, 这两种状态都是稳定的吗? 平衡被称为稳定的, 如果系统在发生任意的小扰动之后趋于恢复到原来的平衡状态; 平衡被称为不稳定的, 如果整个系统或部分系统在发生某种小扰动之后趋于更加远离平衡状态; 平衡被称为中性稳定的, 如果系统在发生任何小扰动之后仍然处于平衡状态.

为了建立流体稳定平衡的必要条件, 可以假想某一部分流体已经移动到另一个位置, 然后分析这部分流体的受力情况并研究其运动. 在上面的例子中, 图 7(a) 所示的水和水银的平衡状态显然是不稳定的, 因为移动到水中的一小滴水银所受到的阿基米德力小于它所受到的重力, 于是这滴水银会下沉. 相反, 图 7(b) 所示的平衡状态是稳定的.

显然, 不可压缩流体在重力场中的稳定平衡 (或中性稳定平衡) 的必要条件是, 流体的密度应随深度的增加而增加 (或保持不变), 即 $\partial \rho / \partial z \leqslant 0$.

对于气体, 平衡状态的稳定性问题稍微复杂一些, 因为在气体微元从一层移动到压强不同的另一层后, 微元的密度将发生变化.

我们来研究多方大气平衡的稳定性. 在多方大气中, $p_1/p_2 = (\rho_1/\rho_2)^n$. 我们认为, 密度为 ρ_1 的空气微元在从层 1 移动到层 2 时 (图 8) 发生绝热压缩或绝热膨胀,

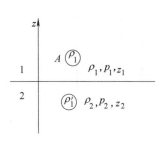

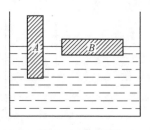

图 9.　漂浮在水面上的木条在状态 B 处于
稳定平衡, 在状态 A 处于不稳定平衡 (图中
画出木条的横截面, 木条垂直于示意图平面)

图 8. 用于研究多方大气平衡的稳定性

即

$$\frac{p_2}{p_1} = \left(\frac{\rho_1'}{\rho_1}\right)^{\gamma},$$

式中 ρ_1' 表示空气微元 A 在移动到层 2 之后的密度. 显然, 稳定平衡要求 $\rho_1' < \rho_2$, 因为这时阿基米德力大于重力; 当 $\rho_1' > \rho_2$ 时, 平衡是不稳定的; 当 $\rho_1' = \rho_2$ 时, 平衡是中性稳定的.

因为

$$\left(\frac{\rho_1'}{\rho_1}\right)^{\gamma} = \frac{p_2}{p_1} = \left(\frac{\rho_2}{\rho_1}\right)^{n},$$

所以平衡在 $n < \gamma$ 时是稳定的, 在 $n > \gamma$ 时是不稳定的, 在 $n = \gamma$ 时是中性稳定的. 如前所述, 绝热大气 $(n = \gamma)$ 所对应的情形是每升高 100 m 气温下降 $\Delta \approx 1\,\mathrm{K}$. 所以, 由

$$n = \frac{100g}{100g - R\Delta}$$

可得, 平衡在 $\Delta < 1\,\mathrm{K}$ 时是稳定的, 在 $\Delta > 1\,\mathrm{K}$ 时是不稳定的, 在 $\Delta \approx 1\,\mathrm{K}$ 时是中性稳定的.

大气底层在受热时是不稳定的, 这种不稳定性经常导致大气的对流.

漂浮物平衡的稳定性　　流体静力学的重要问题之一是研究水面漂浮物平衡的稳定性. 为了定性地解释问题的本质, 我们来注意下面这个例子. 如果一个较轻的均质木条漂浮在水面上 (图 9), 则在状态 A (木条垂直于示意图平面), 木条只要稍微偏离其初始平衡位置就会翻倒, 但在状态 B 却相反, 木条稍微偏离平衡位置后仍会回到初始位置.

漂浮物平衡的稳定性理论对于船舶具有非常重要的应用价值 (利用这个理论可以研究船舶的漂浮问题, 也可以研究船舶在波浪中摇摆的问题). 船舶稳定性理论已经发展为一种优美的几何理论[1], 我们在这里不打算对其进行详细的讨论.

---

[1] 例如, 可以参阅: Аппель П. Руководитель теоретической (рациональной) механики. Т. 3. Москва, 1911 (Appell P. Traité de mécanique rationnelle. Т. 3. Paris: Gauthier-Villars, 1909); Крылов А. Н. Качка корабля. Москва: Изд-во АН СССР, 1951.

流体相对于运动坐标系的平衡

我们再来研究重力场中的不可压缩流体相对于以角速度 ω 匀速转动的坐标系的平衡. 设坐标轴 z 指向竖直方向, 一个盛有液体的容器以角速度 ω 绕 z 轴匀速转动 (图 10), 并且液体相对于容器是静止的. 我们来确定液体自由面的形状. 这时, 除了重力密度, 在平衡方程 (1.2) 的右侧还应引入惯性离心力密度, 所以相对平衡方程的形式为

$$\frac{\partial p}{\partial x} = \rho\omega^2 x, \quad \frac{\partial p}{\partial y} = \rho\omega^2 y, \quad \frac{\partial p}{\partial z} = -\rho g.$$

容易看出, 这些方程的通解由以下公式给出:

$$p = C - \rho g z + \frac{\rho\omega^2 r^2}{2}, \quad r^2 = x^2 + y^2.$$

对于自由面上的点 $r = 0$, $z = z_0$, 我们有 $p = p_0$, 所以

$$C = p_0 + \rho g z_0,$$

从而

$$p = p_0 + \rho g(z_0 - z) + \frac{\rho\omega^2 r^2}{2}.$$

在液体自由面上 $p = p_0$, 于是自由面方程的形式为

$$z - z_0 = \frac{\omega^2 r^2}{2g},$$

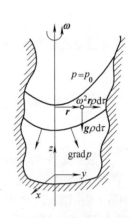

图 10. 不可压缩流体相对于以角速度 ω 匀速转动的容器的平衡

即自由面是旋转抛物面. 其他所有等压面也具有类似的形状. 矢量 $\operatorname{grad} p$ 指向相应抛物面的法线方向, 见图 10. 常量 z_0 可以通过容器中液体的体积求出. 如果在液体中加入具有各种密度的微粒, 则旋转使密度小于液体密度的微粒在重力和离心力所导致的阿基米德力的作用下向上运动并集中在旋转轴附近, 而密度大于液体密度的微粒则向下运动并集中在容器壁上[1].

如果一个容器在重力场中以加速度 $\boldsymbol{a}$ 作匀加速平动 (图 11), 并且容器中的液体相对于容器保持平衡, 则液体自由面是倾斜的, 它与水平面之间的夹角为

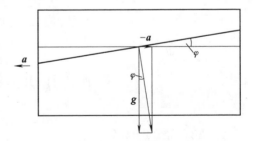

图 11. 液体相对于匀加速运动的容器的平衡

$\varphi = \arctan(a/g)$. 作用在每一个液体微元上的质量力 (重力和惯性力) 的合力与竖直方向之间的夹角也为 φ.

---

[1] 这就是离心分离机的工作原理, 只不过对离心分离机而言, 重力是可以忽略的. ——译注

§2. 理想流体定常运动的一般理论·伯努利积分

我们开始研究理想流体的运动. 为了建立一个重要的代数关系式——理想流体运动方程在定常条件下的一个首次积分, 我们把欧拉运动方程写为葛罗麦卡—兰姆形式[1]:

$$\frac{\partial \boldsymbol{v}}{\partial t} + \operatorname{grad} \frac{v^2}{2} + 2\boldsymbol{\omega} \times \boldsymbol{v} = -\frac{1}{\rho} \operatorname{grad} p + \boldsymbol{F}. \tag{2.1}$$

因为运动是定常的, 所以

$$\frac{\partial \boldsymbol{v}}{\partial t} = 0.$$

此外, 我们还假设外质量力有势,

$$\boldsymbol{F} = \operatorname{grad} \mathscr{U}.$$

考虑流场中的某一条曲线 $\mathscr{L}$, 并引入从某一点 O 开始计算的沿该曲线的弧长 l (在点 O 的两侧, 弧长具有不同的符号). 只要给定 l, 就决定了曲线 $\mathscr{L}$ 上的点. 下面用 $\mathrm{d}\boldsymbol{l}$ 表示曲线 $\mathscr{L}$ 在任意一点 M 的切向微元 (图 12). 在曲线 $\mathscr{L}$ 上的任意一点 M 把方程 (2.1) 投影到切线方向, 在上述假设下得

$$\frac{\partial}{\partial l}\left(\frac{v^2}{2}\right) + \frac{1}{\rho}\frac{\partial p}{\partial l} - \frac{\partial \mathscr{U}}{\partial l} = -2(\boldsymbol{\omega} \times \boldsymbol{v})_l. \tag{2.2}$$

压强函数　在给定的曲线 $\mathscr{L}$ 上, 密度和压强是弧长 l 的函数, 并且这些函数对于不同的曲线 $\mathscr{L}$ 一般是不同的, 即

$$\rho = \rho(l, \mathscr{L}), \quad p = p(l, \mathscr{L}).$$

显然, 沿 $\mathscr{L}$ 总可以认为, 密度 ρ 是压强 p 的函数, 即

$$\rho = \rho(p, \mathscr{L}),$$

所以可以引入压强函数[2]

$$\mathscr{P} = \mathscr{P}(p, \mathscr{L}) = \int_{p_1}^{p} \frac{\mathrm{d}p}{\rho(p, \mathscr{L})}, \quad p_1 = \text{const}, \tag{2.3}$$

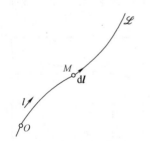

图 12. 用于推导伯努利积分

---

[1] 注意本书中涡量被定义为 $\boldsymbol{\omega} = \operatorname{rot} \boldsymbol{v}/2$. ——译注

[2] 一般而言, 在曲线 $\mathscr{L}$ 上 ρ 未必是 p 的单值函数, 即曲线 $\mathscr{L}$ 上的不同位置可能对应同样的 p 和不同的 ρ. 这时, 最好以弧长 l 为参数沿给定曲线 $\mathscr{L}$ 进行相关运算, 并把压强函数定义为

$$\mathscr{P} = \mathscr{P}(l, \mathscr{L}) = \int_{l_1}^{l} \frac{1}{\rho(l, \mathscr{L})}\frac{\partial p(l, \mathscr{L})}{\partial l} \, \mathrm{d}l.$$

显然, 这样定义的函数 $\mathscr{P}$ 可能是 p 的多值函数. ——译注

于是

$$\frac{1}{\rho}\frac{\partial p}{\partial l} = \frac{\partial \mathscr{P}}{\partial l}.$$

这个等式和定义压强函数 $\mathscr{P}(p, \mathscr{L})$ 的等式 (2.3) 在一般情况下仅在给定曲线 $\mathscr{L}$ 上才成立. 显然, 在确定压强函数时只能精确到相差一个与 p_1 的选取有关的常量, 这个常量还可能与 $\mathscr{L}$ 有关. 我们指出, 在正压过程中, 如果依赖关系 $p = p(\rho)$ 是已知的, 就容易计算这样引入的压强函数 $\mathscr{P}$, 并且只要 p_1 与 $\mathscr{L}$ 无关, 压强函数 $\mathscr{P}$ 就同样与 $\mathscr{L}$ 无关. 例如, 对于不可压缩均质流体,

$$\mathscr{P} = \frac{p}{\rho} + \text{const}.$$

在完全气体的等温过程中, 如果 $\rho = p/RT$, 则

$$\mathscr{P} = RT \ln p + \text{const}.$$

设 $\mathscr{L}$ 是事先未知的流线, 则在下述斜压过程的重要实例中也很容易计算压强函数 $\mathscr{P}(p, \mathscr{L})$. 考虑完全气体的绝热可逆过程, 这时 $\mathrm{d}q^{(e)} = T\,\mathrm{d}s = 0$, 每个固定的物质体微元的质量熵 s 保持不变[1], $s = \text{const}$. 不过, 因为不同微元的熵是不同的, 所以该过程不是正压过程. 因为运动是定常的, 所以沿同一条流线运动的所有物质体微元都具有相同的质量熵.

其实, 流线与轨迹在定常运动中是重合的. 假如沿同一条流线运动的物质体微元具有不同的质量熵, 则这些微元在经过流线的一个固定几何点时, 会导致这一空间点的质量熵随时间而变化, 即运动不是定常的. 但是, 不同流线上的质量熵可能是不同的.

完全气体的状态方程可以写为以下形式 (见第一卷第五章 (5.12)):

$$\rho = \rho_0 \left(\frac{p}{p_0}\right)^{1/\gamma} \exp\frac{s_0 - s}{c_p} = \rho(p, s).$$

因为熵 s 在上述情况下沿流线保持不变, 所以对某一条流线计算压强函数 $\mathscr{P}$, 得

$$\mathscr{P}(p, \mathscr{L}) = \int \frac{\mathrm{d}p}{\dfrac{\rho_0}{p_0^{1/\gamma}} \exp\left(\dfrac{s_0 - s(\mathscr{L})}{c_p}\right) p^{1/\gamma}}$$

$$= \frac{\gamma}{\gamma - 1} \frac{p_0^{1/\gamma}}{\rho_0} \exp\left(\frac{s(\mathscr{L}) - s_0}{c_p}\right) p^{(\gamma-1)/\gamma} + \text{const}. \tag{2.4}$$

利用状态方程, 可以把 $\mathscr{P}(p, \mathscr{L})$ 表示为以下形式:

$$\mathscr{P}(p, \mathscr{L}) = \frac{\gamma}{\gamma - 1} \frac{p}{\rho} + \text{const}. \tag{2.5}$$

在公式 (2.4) 中, 压强函数对流线的依赖关系表现为对两个参量值的依赖关系,

---

[1] 同第一卷一样, 下文中经常省略 "质量" 二字, 例如质量熵简称熵, 质量焓简称焓. ——译注

其一是在每一条流线上保持不变的质量熵 s, 其二是积分常量. 我们强调, 压强函数公式 (2.4) 和 (2.5) 只在流线上才成立.

流线和涡线上的伯努利积分

引入压强函数 $\mathscr{P}(p, \mathscr{L})$ 后, 可以把方程 (2.2) 写为

$$\frac{\partial}{\partial l}\left[\frac{v^2}{2} + \mathscr{P}(p, \mathscr{L}) - \mathscr{U}\right] = -2(\boldsymbol{\omega} \times \boldsymbol{v})_l. \qquad (2.6)$$

现在, 设 $\mathscr{L}$ 是流线. 这时, 方程 (2.6) 右侧的矢积投影 $(\boldsymbol{\omega} \times \boldsymbol{v})_l$ 等于零, 因为矢量 $\boldsymbol{\omega} \times \boldsymbol{v}$ 垂直于流线. 当 $\mathscr{L}$ 是涡线时可以得到类似的结果[1]. 在一般情况下, 流线和涡线上的函数 $\mathscr{P}(p, \mathscr{L})$ 是不同的.

因此, 沿流线和涡线有

$$\frac{\partial}{\partial l}\left[\frac{v^2}{2} + \mathscr{P}(p, \mathscr{L}) - \mathscr{U}\right] = 0, \qquad (2.7)$$

即

$$\frac{v^2}{2} + \mathscr{P}(p, \mathscr{L}) - \mathscr{U} = i^*(\mathscr{L}). \qquad (2.8)$$

我们强调, 右侧的积分常量 $i^*(\mathscr{L})$ 对不同的流线和涡线一般是不同的. $i^*(\mathscr{L})$ 对 $\mathscr{L}$ 的依赖性与两方面因素有关: 一方面, 在斜压过程中 $\mathscr{P}$ 与 $\mathscr{L}$ 有关; 另一方面, 即使函数 $\mathscr{P}$ 与 $\mathscr{L}$ 无关, 关系式 (2.8) 中的积分常量对不同的 $\mathscr{L}$ 仍然是不同的[2].

当压强函数 $\mathscr{P}$ 已知时, 关系式 (2.8) 是理想流体运动方程的首次积分, 因而被称为伯努利积分[3]. 这个积分在理想流体运动理论中具有重要意义, 是大量工程计算的基础.

如果压强函数 $\mathscr{P}$ 和常量 i^* 沿流线或涡线是已知的, 利用伯努利积分就可以在流线或涡线的任何点通过已知的速度求压强, 或者反过来通过已知的压强求速度. 为了确定伯努利积分中的常量 i^*, 只要知道伯努利积分左侧的流体运动特征量在流线或涡线上某一点的值即可.

伯努利积分中的常量不依赖于流线或涡线的几种情况

在正压条件下, 如果矢积 $\boldsymbol{\omega} \times \boldsymbol{v}$ 在部分或全部流体中等于零, 则伯努利积分中的常量对这部分流体都是相同的, 因而不再依赖于流线或涡线. 这在以下 3 种情况下是可能的: (1) $\boldsymbol{v} = 0$ (流体静力学), (2) $\boldsymbol{\omega} = 0$ (有势运动), (3) 涡量 $\boldsymbol{\omega}$ 平行于速度

---

[1] 一般地, 当 $\mathscr{L}$ 是 $\boldsymbol{\omega} \times \boldsymbol{v}$ 的矢量线的正交曲面上的任意一条曲线时都有类似结果. ——译注

[2] 在压强函数 $\mathscr{P}$ 的定义中出现的可加常量最好包括在积分常量 i^* 中.

[3] 对于理想流体在重力场中的定常正压运动, 流线上的伯努利积分也可以视为动能方程的首次积分. 其实, 只要取动量方程与速度矢量的标积, 即可得到微分形式的动能方程, 它在上述条件下可以写为以下形式:

$$\boldsymbol{v} \cdot \operatorname{grad}\left(\frac{v^2}{2} + \mathscr{P} - \mathscr{U}\right) = 0,$$

式中的压强函数 $\mathscr{P}$ 在正压条件下只是压强 p 的函数. 所以, 根据方向导数与梯度矢量之间的关系 (见第一卷第二章 §3), 以上方程就是 (2.7) 在 $\mathscr{L}$ 是流线时的另外一种写法. 用类似的方法可以证明, 理想流体的能量方程在适当条件下也具有首次积分, 见第 45 页的脚注. ——译注

矢量 v.

最后一种情况对于刚体的运动和流体的平面运动[1] 是不可能的; 在流体的平面运动中, ω 垂直于 v. 流体的运动比刚体的运动丰富得多, ω 平行于 v 的情况对于可变形体是可能的. 例如, 如果连续的速度场由以下公式给出:

$$
\begin{aligned}
\frac{u}{V_0} &= -\sin\frac{x}{a} + \cos\frac{x}{a}, \\
\frac{v}{V_0} &= \left(\frac{y}{a} + \frac{z}{a}\right)\sin\frac{x}{a}, \\
\frac{w}{V_0} &= \left(\frac{y}{a} + \frac{z}{a}\right)\cos\frac{x}{a},
\end{aligned}
\tag{2.9}
$$

式中 V_0 和 a 是常量, 则容易检验 $\omega = v/2a$, 所以速度场 (2.9) 的流线与涡线重合.

显然, 在上述 3 种情况下, 为了确定伯努利积分中的常量, 只要在流体的任意一点知道积分左侧的流体运动特征量即可.

我们还特别指出, 如果流线来自或经过所有运动特征量都相同的区域, 则伯努利积分中的常量 i^* 在这些流线上也是相同的. 例如, 如果理想流体从一个很大的容器中通过一个小孔流出并形成一股射流绕某个固体流动 (图 13), 则伯努利积分中的常量 i^* 对不同流线是相同的.

在固体被气体绝热绕流的问题中, 如果远场流具有处处相同的参量, 则 (对一族流线而言) 量 i^* 在全部气流中都是相同的, 甚至当气流中有激波时也是这样.

其实, 对于完全气体的绝热运动, 如果根据 (2.5) 取

$$
\mathscr{P} = \frac{\gamma}{\gamma-1}\frac{p}{\rho},
$$

则从完全气体的静止间断面条件 (见第七章 §6 的 (6.4)) 容易得出, 当流线穿过间断面时, 量

$$
\frac{v^2}{2} + \frac{\gamma}{\gamma-1}\frac{p}{\rho}
$$

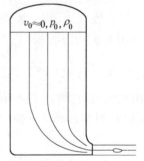

图 13. 伯努利积分中的常量在不同流线上具有相同的值

保持连续, 所以常量 i^* 在间断面两侧保持不变, 但是物质体微元的熵、压强函数 $\mathscr{P}(p,\,s)$ 和速度发生间断. 因此, 在完全气体中存在激波不会引起沿流线成立的伯努利积分中的常量 i^* 的取值发生变化, 但是会引起穿过激波的流线上的熵发生变化. 这时, 不同流线上的熵各不相同, 气流不是正压的.

公式 (2.8) 在流线上成立, 我们来计算由这个公式定义的量 i^* [2] 在正压条件不成立时在任意方向上的全导数 $\mathrm{d}i^*/\mathrm{d}l$. 我们把函数 $\mathscr{P}(p,\,\mathscr{L})$ 定义为某一族曲线上

---

[1] 在本节最后证明了这样的结论: 可压缩流体在正压条件下的平面运动在 $i^* = \mathrm{const}$ 时是有势运动. 如果正压条件不成立, 从等式 $i^* = \mathrm{const}$ 就不能得到运动有势的结果.

[2] 这时 $i^* = i^*(x,\,y,\,z,\,\mathscr{L}) = [v(x,\,y,\,z)]^2/2 + \mathscr{P}[p(x,\,y,\,z),\,\mathscr{L}] - \mathscr{U}(x,\,y,\,z)$. ——译注

的压强函数. 在任意方向 l 上进行微分, 利用公式 (2.5) 和 (2.8) 可得

$$\frac{\mathrm{d}i^*}{\mathrm{d}l} = \frac{\partial}{\partial l}\left[\frac{v^2}{2} + \mathscr{P}(p, \mathscr{L}) - \mathscr{U}\right]_{\mathscr{L}=\text{const}} + \left(\frac{\partial \mathscr{P}}{\partial l}\right)_{p=\text{const}}$$

$$= -2(\boldsymbol{\omega} \times \boldsymbol{v})_l + \left(\frac{\partial \mathscr{P}}{\partial l}\right)_{p=\text{const}}. \tag{2.10}$$

对于绝热可逆运动, 如果在一族流线上定义 $\mathscr{P}(p, s)$ [1], 就可以写出

$$\left(\frac{\partial \mathscr{P}}{\partial l}\right)_{p=\text{const}} = \frac{\partial \mathscr{P}}{\partial s}\frac{\partial s}{\partial l}, \tag{2.11}$$

式中 s 是质量熵, 它在不同流线上取不同的值. 这一项在沿流线进行微分时等于零, 但在沿不平行于流线的切线方向进行微分时一般不等于零.

如果在所研究的流动区域中 $i^* = \text{const}$, 则从 (2.10) 和 (2.11) 可知

$$\frac{\partial \mathscr{P}(p, s)}{\partial s}\frac{\partial s}{\partial l} = 2(\boldsymbol{\omega} \times \boldsymbol{v})_l \neq 0,$$

即流动在 $\partial s/\partial l \neq 0$ 时一定是有旋的. 因此, 均匀平动来流在穿过曲面激波时, 熵的突跃值在不同流线上是不同的, 于是一般有 $\partial s/\partial l \neq 0$, 所以曲面激波之后的速度场一定是有旋的.

在连续运动中, 如果量 i^* 和质量熵在所有流线上都是相同的, 则对任意方向 l 应用等式 (2.10), 根据 (2.11) 可得

$$\boldsymbol{\omega} \times \boldsymbol{v} \equiv 0. \tag{2.12}$$

由此可见, 这时或者运动是有势的, 或者流线与涡线重合. 在平面运动的情况下, 从 (2.12) 可知运动是有势的.

§3. 不可压缩流体在重力场中的伯努利积分

我们来考虑伯努利积分的一些应用. 设均匀不可压缩理想流体在重力场中运动, 令 z 轴竖直向上, 则有 $\mathscr{U} = -gz + \text{const}$, 于是伯努利积分的形式为 [2]

$$\frac{v^2}{2} + \frac{p}{\rho} + gz = i^*. \tag{3.1}$$

只要在流线上选取一点, 就可以根据这一点的坐标 z_1 以及参量值 p_1 和 v_1 来确定伯

---

[1] 例如, 参见公式 (2.4). ——译注

[2] 这时的伯努利积分其实就是机械能守恒方程, 在水力学中经常把它写为以下形式:

$$\frac{v^2}{2g} + \frac{p}{\rho g} + z = z^*,$$

并把式中各项分别称为速度水头、压强水头、高度水头和总水头. 如果考虑机械能损失, 还可以在方程左侧补充水头损失项. ——译注

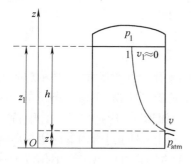
图 14. 液体从容器中流出

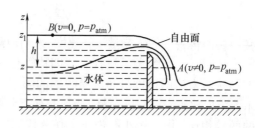
图 15. 水堰

努利积分中的常量 i^*:

$$\frac{v^2}{2} + \frac{p}{\rho} + gz = \frac{v_1^2}{2} + \frac{p_1}{\rho} + gz_1.$$

不可压缩流体从容器中流出的速度 我们来确定液体从容器中流出的速度 (图 14). 尽管当液体从容器中流出时, 液面高度下降, 运动是非定常的, 但是如果假设容器足够大而小孔足够小, 就可以近似地认为流动在不很长的时间间隔内是定常的.

取某一条流线, 然后对流线上的点写出伯努利积分. 所有流线显然都是从容器内液体的自由面开始的, 那里 $p = p_1$, $v_1 \approx 0$. 液体流出后形成射流, 在射流的自由面上 $p = p_{\text{atm}}$. 我们将近似地认为, 在液体刚刚流出容器时, 射流内部的压强处处都等于 $p = p_{\text{atm}}$, 而速度处处都等于 v. 于是,

$$\frac{v^2}{2} + \frac{p_{\text{atm}}}{\rho} + gz = \frac{p_1}{\rho} + gz_1,$$

从而 (见图 14)

$$v = \sqrt{\frac{2(p_1 - p_{\text{atm}})}{\rho} + 2gh}.$$

如果容器内液体自由面上的压强等于大气压, 则

$$v = \sqrt{2gh}. \tag{3.2}$$

众所周知, 若一个质点从高度 h 自由下落或者在理想约束的作用下下落 (这时约束反力不做功), 它也会获得这样的速度. 公式 (3.2) 称为托里拆利公式.

水堰 我们现在考虑流过竖直水堰的水流并计算其自由面上的流速 (图 15). 假设水堰一侧的水体足够大, 而远离水堰的水面高度基本保持不变, 其坐标为 z_1. 运动可以认为是定常的. 自由面是流面, 自由面上的压强等于大气压 p_{atm}. 在远离水堰的地方, 水体的速度为零. 由伯努利积分可知,

$$\frac{p_{\text{atm}}}{\rho} + gz_1 = \frac{p_{\text{atm}}}{\rho} + gz + \frac{v^2}{2},$$

式中 v 是自由面上坐标为 z 的任意一点 A 的速度. 因此,

$$v = \sqrt{2gh}, \quad h = z_1 - z.$$

皮托—普朗特管　为了测量流动速度, 人们通常使用皮托—普朗特管[1], 其示意图见图 16. 皮托—普朗特管是一个细长的管状物, 前端是圆形的. 这样的形状对来流的速度分布只有很弱的影响. 在测量流速时, 应把皮托—普朗特管沿来流方向放置. 在皮托—普朗特管上有两个小孔, 它们分别通过管内的通道与压强计的两端相连. 第一个小孔位于皮托—普朗特管的前端 (点 1), 第二个小孔位于管壁上距离前端足够远的地方 (点 2), 这样在研究第二个小孔附近的流动时就可以不考虑皮托—普朗特管的前端对来流速度场的影响. 当来流绕皮托—普朗特管流动时, 前端的点 1 是临界点, 那里的速度 v 等于零, 而压强 $p = p_1 = p^*$. 临界点的压强有时称作总压或滞止压强[2]. 点 2 的速度和压强近似地等于在来流中没有皮托—普朗特管时的速度和压强, $v_2 = v$, $p_2 = p$.

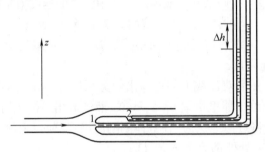

图 16. 皮托—普朗特管的原理图

点 1 和点 2 显然位于同一条流线上, 所以在应用伯努利积分后有

$$\frac{p_1}{\rho} + gz_1 = \frac{v_2^2}{2} + \frac{p_2}{\rho} + gz_2,$$

式中 z_1 和 z_2 是点 1 和点 2 的竖直坐标. 因为量 $g(z_2 - z_1)$ 很小, 所以

$$v = \sqrt{\frac{2(p_1 - p_2)}{\rho}}.$$

压强差 $p_1 - p_2$ 显然等于压强计所使用的液体的比重 $\gamma = \rho_1 g$ 与压强计竖直管道内的液面高度差 Δh 的乘积. 所以, 如果 $\rho_1 = \rho$, 则

$$v = \sqrt{2g\Delta h}.$$

在上述实例中 (液体从容器中流出, 水堰, 皮托—普朗特管), 伯努利积分被用来

---

[1] 在中文文献中通常称之为皮托管. ——译注

[2] 关于滞止参量 (总参量) 的概念, 参见 §5. ——译注

从已知的压强信息求速度.

静压和动压 现在考虑一条流线上压强对速度的依赖关系问题. 为此, 在给定流线上选取竖直坐标为 z 和 z_1 的两个点, 在这两个点的压强和速度值分别表示为 p, p_1 和 v, v_1. 从伯努利积分得

$$p = p_1 + \rho g(z_1 - z) + \frac{\rho v_1^2}{2} - \frac{\rho v^2}{2}. \tag{3.3}$$

由此可见, 流线上两点的压强差由两部分组成, 第一部分 $\rho g(z_1 - z)$ 是因为这两点高度不同而产生的, 这与流体静力学结果相同; 第二部分 $\rho v_1^2/2 - \rho v^2/2$ 与这两点的速度不同有关. 我们称 $p_1 + \rho g(z_1 - z) = p_{\text{hst}}$ 为流体静力学压强 (静压), 称 $\rho v_1^2/2 - \rho v^2/2$ 为动力学压强 (动压), 这一项与速度有关[1].

运动的流体对放置在其中的固体有力的作用, 因为在固体表面, 不仅静压分布不均匀 (阿基米德力), 动压分布也不均匀. 在许多情况下, 例如在飞机飞行时, 动力学升力远远大于静力学浮力.

当液体或气体的常速均匀来流绕物体定常流动时, 在不可压缩流体模型下, 若无穷远速度 v_∞ 不是过大, 我们来比较一下物体不同点的静压与动压之差的量级.

考虑速度为 $v_\infty \approx 100 \text{ m/s} = 360 \text{ km/h}$ 的水平空气流绕非对称翼型的流动 (图 17). 以后将证明 (见 §5), 在这样的流速下, 在计算定常运动中的压强时可以非常精确地把空气当做不可压缩流体.

在非对称翼型绕流运动中, 翼型上表面的流速大于下表面的流速, 而由伯努利积分可知, 压强的情况正好相反, 翼型下表面的压强较大. 假设翼型上、下表面的点 1 和点 2 的速度差 (见图 17) 具有 10 m/s 的

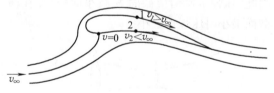

图 17. 非对称翼型绕流

量级. 例如, 设点 1 的速度等于 105 m/s, 点 2 的速度等于 95 m/s, 那么, 因为在通常条件下空气密度 $\rho \approx 1.23 \text{ kg/m}^3$, 所以在点 1 和点 2 由速度差导致的压强差大约是 1200 Pa. 与此同时, 如果翼型的竖直高度具有 1 m 的量级, 则这两点的静压差只有大约 12 Pa. 显然, 即使速度在翼型上部和下部的点 1 和点 2 相差不多 (约 10 m/s), 由此导致的压强差也比由高度差导致的压强差大两个量级.

在飞机空气动力学中, 静压与动压相比是可以忽略的, 这个结论还可以用以下方法得出. 当飞机沿水平方向匀速飞行时, 由压强的相应分布给出的总升力当然等于飞机的重量, 而飞机表面的静压分布所导致的阿基米德力仅仅等于与飞机体积相同的空气的重量, 空气的密度则取决于飞行高度. 显然, 阿基米德力比等于飞机重量的总升力小上千倍.

---

[1] 在下文和其他一些文献中, 有时把运动流体的当地压强也称为静压. 此外, 在一些文献中把动压定义为总压 (即滞止压强, 见 §5) 与当地压强之差, 或者运动流体速度平方与密度乘积之半. 显然, 它们都是上述定义的特例, 只适用于不可压缩流体模型和忽略重力的情况. ——译注

当诸如气球、飞艇、船舶和潜艇等体积较大的物体在空气或水中低速运动时, 动压对于升力的产生不起什么作用. 水的密度比空气的密度大 800 倍, 所以阿基米德力在运动过程中是足够大的, 正是这个力托起了船只和潜艇. 我们指出, 如果运动速度相同, 密度的差异也使在水中运动的动压比在空气中运动的动压大 800 倍. 借助于动压所导致的升力, 水翼船和一种平底船都能够在水面高速航行, 前者依靠位于水下的水翼产生升力, 而后者通过 "平坦的船底" 在水面滑行产生升力.

不可压缩流体在变截面管中的流动　现在研究不可压缩流体在变截面细管中的流动 (图 18). 我们将认为, 管中的流动是一维的, 即横截面 S 上不同点的流体速度可以近似地认为是相同的, 于是在定常运动中, 流体速度仅在不同横截面上才发生变化. 根据流动的连续性, 在单位时间内流过每一个横截面的流体具有相同的体积, 即沿管道成立等式

$$vS = \text{const}.$$

显然, 在管道较细的地方流速较大, 在最小横截面 $S_{\min}$ 的地方流速具有最大值 $v_{\max}$. 从伯努利积分 (在 $z = \text{const}$ 时) 有

$$\frac{p}{\rho} + \frac{v^2}{2} = \text{const}.$$

因此, 压强 p 随着横截面 S 减小而减小, 在横截面最小时压强也最小.

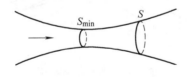

图 18. 变截面管

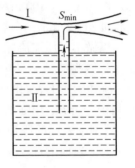

图 19. 喷水泵示意图

流体的这个性质被用于喷水泵 (图 19). 当空气流过变截面管 I 时, 在最小横截面 $S_{\min}$ 处的压强能够小于容器 II 内的压强. 于是, 液体在压强差的作用下从容器 II 上升至管道 I, 进而形成液滴并被气流带出管口, 喷向周围环境.

§4. 空化现象

从伯努利积分可以看出, 在流体的定常运动中, 压强分布与速度分布有密切的关系.

在解决不可压缩流体运动的数学问题时, 在某些流动区域中可能得到负的压强, 而如果在流动中有速度值等于无穷大的点, 压强甚至可能等于负无穷大. 自然界和工业生产中的液体一般含有悬浮的固体微粒和被溶解的气体, 这样的液体在大多数情

况下不能承受拉伸 (负的压强). 在一些特殊条件下能够观察到运动液体中的拉伸应力, 但是在通常情况下, 液体的压强 p 不能低于某个正值, 这个值在常温下 ($\sim 20\,°C$) 很接近零[1].

如果液体中的压强降低到这个值, 流动的连续性就会遭到破坏, 在液体的一些区域中将出现大量小气泡, 气泡内是液体蒸气或原先溶解于液体的气体. 这个现象称为空化. 可以把空化的初始阶段解释为液体在压强降低时的沸腾现象. 当压强进一步降低时, 小气泡结合成大气泡, 于是在流动中出现一些大的空腔并形成空腔流, 在空腔中充满从液体中释放出来的气体和液体蒸气.

可以把饱和蒸气压 p_{svap} 看做液体的一个物理特征量. 当 $p > p_{svap}$ 时, 液体的运动不受这个量的影响. 当 $p = p_{svap}$ 时, 在流动中可能出现空化, 这对液体运动的规律有重要影响. 例如, 可能出现空化现象的地方是管道的最小截面处 (见图 18) 和活塞式抽水机的活塞下方 (当活塞上升时, 活塞下方的水压趋于零, 见图 3). 此外, 当液体绕各种物体流动时也可能出现空化现象.

空化数 对于不可压缩流体在重力场中的定常运动, 根据伯努利积分 (3.3)

$$p = p_{hst} + \frac{\rho v_\infty^2}{2} - \frac{\rho v^2}{2}$$

可以写出

$$\frac{2(p_{hst} - p)}{\rho v_\infty^2} = \frac{v^2}{v_\infty^2} - 1. \tag{4.1}$$

比值 v/v_∞ 在许多情况下取决于问题的运动学条件. 例如, 我们在下文中将看到, 在无界不可压缩理想流体绕物体的连续有势运动中, 最大速度出现于流体边界, 即出现于物体表面 (见 §12), 而比值 v_{max}/v_∞ 只依赖于物体表面的几何性质和物体相对于来流速度的方位[2]. 最小压强 p_{min} 对应流体微元的最大速度 v_{max}. 量 $2(p_{hst} - p)/\rho v_\infty^2$ 在物体表面上的点的取值称为压强系数, 记作 c_p.

根据 (4.1), 最小压强点所对应的压强系数可以写为

$$c_{p_{min}} = \frac{2(p_{hst} - p_{min})}{\rho v_\infty^2} = \frac{v_{max}^2}{v_\infty^2} - 1.$$

---

[1] 此外, 实验和物理理论指出, 甚至在通常条件下, 在液体中可能因为内部拉伸而在很短的时间间隔内产生有限的负压强, 并且不出现间断或沸腾现象. 化学上的纯水能够承受 200 atm 以内的拉伸. 普通自来水能够在极短的时间间隔内承受 4 atm 以内的拉伸, 但是在通常条件下可以认为上述极限压强等于饱和蒸气压 p_{svap}.

[2] 在第一卷第七章中已经证明, 当物体被不可压缩理想流体的平动来流绕流时, 速度场的无量纲特征量取决于无量纲参量组 $x/d,\ y/d,\ z/d,\ \alpha,\ \beta$, 其中 d 是物体的特征长度, α 和 β 是给定物体相对于来流速度的方位的角度. 无量纲的比值 v/v_∞ 不依赖于来流的速度、密度和压强, 所以, 当无量纲坐标 $x/d,\ y/d,\ z/d$ 以及 $\alpha,\ \beta$ 固定时, 该比值是不变的. 最大值 v_{max}/v_∞ 一般对应于物体表面一个完全确定的点. 如果考虑可压缩性, 则对于完全气体的绝热运动可得

$$\frac{v}{v_\infty} = f\left(\alpha,\ \beta,\ \frac{x}{d},\ \frac{y}{d},\ \frac{z}{d},\ M_\infty = \frac{v_\infty}{a_\infty}\right), \quad \frac{v_{max}}{v_\infty} = f_1(\alpha,\ \beta,\ M_\infty).$$

空化的出现取决于条件

$$c_{p_{\min}} = \frac{2(p_{\mathrm{hst}} - p_{\mathrm{svap}})}{\rho v_\infty^2} = \varkappa. \tag{4.2}$$

无量纲数

$$\varkappa = \frac{2(p_{\mathrm{hst}} - p_{\mathrm{svap}})}{\rho v_\infty^2}$$

称为空化数, 它取决于给定的绕流条件. 空化数 $\varkappa$ 的值依赖于无穷远压强, 这是通过 p_{hst} 表现出来的, 而 p_{hst} 依赖于物体在液体中的深度. 当差值 $p_{\mathrm{hst}} - p_{\mathrm{svap}}$ 固定时, 空化数 $\varkappa$ 随着来流速度 v_∞ 的增大而急剧减小.

当 $\varkappa = c_{p_{\min}}$ 时, 在流场中速度达到最大值的地方出现空化, 这可能导致整个流动发生剧烈变化. 如果 $\varkappa < c_{p_{\min}}$, 无量纲的空化数就成为具有重要作用的无量纲主定参量. 这时, 除了雷诺数和弗劳德数, 还必须引入空化数, 它们都是表征流动特性的基本参量和进行模拟时的基本相似律.

显然, 无论在液体中运动的物体形状如何, 只要运动速度不断提高, 都不可避免地会出现空化现象[1]. 比值 $v_{\max}/v_\infty$ 越接近 1, 或者说物体对来流的扰动越小, 空化现象就来得越迟.

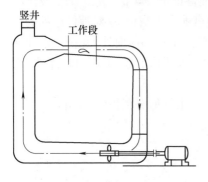

竖井　　工作段

图 20. 空化水洞的原理图

从 (4.2) 可见, 对于给定的物体, 空化现象不仅能够在运动速度增加时出现, 而且能够在 p_{hst} 减小时出现. 显然, 当物体下沉时 p_{hst} 增加, 这时就不容易出现空化.

空化现象的模拟　为了对空化现象进行实验研究, 可以使用各种实验装置, 例如水洞. 图 20 是循环式水洞的原理图. 在这样的水洞中, 电动机带动位于水洞下部的轴流式或离心式水泵驱动水流进行循环, 被绕流物体放置在水洞的上部. 在实验过程中, 所需空化数一般是通过改变 p_{hst} 而实现的. 为此, 在水洞中专门建有带自由水面的竖井. 只要降低竖井中的自由水面上方的压强, 就能降低整个水洞中的水压, 从而能够在绕流速度比实际情况小得多的条件下模拟空化.

当前, 因为物体在水中高速运动的问题具有越来越重要的意义, 对空化现象的研究是非常迫切的.

空化现象的一些实例　在许多实际问题中, 例如, 当水翼船高速航行时, 当船用螺旋桨和涡轮[2]超速旋转时, 当水流在水泵和其他水力机械中运动时, 都会遇到空化现象. 空化现象甚至还会出现于飞机的液压系统, 因为 p_{hst} 随着飞行高度的上升而大幅下降.

---

[1] 高频声波也会导致空化现象, 见第 175 页. ——译注

[2] 涡轮是将流体的能量转换为机械功的叶轮机械, 见 §10. ——译注

随着空化的产生, 水翼、螺旋桨和水泵的流体力学性能将显著降低, 例如水翼的升力会大幅下降.

当空化现象出现以后, 在物体表面压强达到 $p_{\min}$ 的区域产生大量气泡, 气泡中是压强接近于零的蒸气. 这些气泡随后与液体一起运动到压强高一些的区域, 这时液体以较高的速度挤压气泡, 导致气泡闭合[1], 从而使局部压强剧烈增加 (其量级达数百大气压), 结果造成被绕流物体表面的破坏. 这种破坏形式称为空蚀. 这种破坏在某些条件下可能如此之大, 以至于船用螺旋桨在空化工况下运转几个小时就会导致其叶片完全报废.

空化通常伴随有一系列不良现象: 出现振动和巨大的噪声.

气泡的形成和发展过程与某些线性特征尺度 (产生气泡的中心区域的尺度, 表面张力的相关参量, 等等) 有关, 因此, 相似性可能在模拟时遭到破坏. 在小模型上, 气泡的形成时间和存在时间 (气泡从形成到闭合的时间) 较短, 但根据相似律, 这些时间在大尺度现象中不可能增加; 这导致相似性的破坏和尺度效应的出现.

当物体的空化绕流充分发展后, 液体与蒸气就形成明显的边界, 于是在物体附近出现空腔, 并且可以在很高的精度下认为, 空腔与液体的边界上的压强保持不变并等于 p_{svap}. 因此, 这样的边界面可以视为射流边界面, 它是由流过被绕流物体的液体物质点组成的 (见 §8).

§5. 完全气体绝热流动的伯努利积分

现在研究完全气体的伯努利积分, 并且不考虑重力的影响. 我们指出, 在流体力学的一些应用领域 (例如气象学) 中不能忽略重力的影响.

我们将研究完全气体的绝热可逆流动, 这时对固定的气体微元有 $s = \text{const}$,

$$p = p_0\, e^{(s-s_0)/c_V}\left(\frac{\rho}{\rho_0}\right)^{\gamma}.$$

在定常运动中, 在同一条流线上 $s = \text{const}$, 所以对沿流线定义的压强函数 $\mathscr{P}(p, \mathscr{L})$ 容易得到以下表达式[2]:

$$\mathscr{P} = \frac{\gamma}{\gamma-1}\frac{p_0}{\rho_0^{\gamma}}\, e^{(s-s_0)/c_V}\rho^{\gamma-1} = \frac{\gamma}{\gamma-1}\frac{p_0^{1/\gamma}}{\rho_0}\, e^{(s-s_0)/c_p}p^{(\gamma-1)/\gamma} = \frac{\gamma}{\gamma-1}\frac{p}{\rho} = c_p T.$$

$$(5.1)$$

容易看出, 量 $c_p T$ 等于完全气体的焓[3] $i = U + p/\rho$. 我们指出, 对于任意双参

---

[1]气泡闭合指微小气泡在周围液体的挤压下消失的现象, 该现象与周围液体在气泡消失的位置发生碰撞有关. 在俄文中, 在表示气泡闭合时使用的单词 схлопывание 或 захлопывание 本身就有拍击、击打并关闭的含义. ——译注

[2]积分常量没有列入 (5.1).

[3]见第一卷第五章 §6.

量理想介质的定常绝热运动, 压强函数正好就是焓, 因为根据热流方程, 沿流线有

$$dU = -p\,d\frac{1}{\rho},$$

即

$$di = \frac{1}{\rho}\,dp.$$

利用 (5.1), 在绝热运动中沿流线成立的伯努利积分在忽略质量力时可以写为

$$\frac{v^2}{2} + i = i^*,$$

对完全气体则有

$$\frac{v^2}{2} + c_p T = i^*. \tag{5.2}$$

从伯努利积分 (5.2) 和 (5.1) 可见, 同一条流线上的压强、密度和温度随着速度的增加而减小.

滞止参量　　显然, 流线上的最高温度将在 $v = 0$ 的点达到. 记该点的温度为 T^*, 可以把伯努利积分 (5.2) 中的常量写为 $i^* = c_p T^*$. 温度 T^* 称为滞止温度, i^* 称为总焓. 就像熵 s 那样, 不同流线上的总焓可能是不同的.

如果利用 (5.1) 把函数 $\mathscr{P}$ 通过压强或密度表示出来, 则从伯努利积分可知, 在同一条流线上, 不仅温度在 $v = 0$ 的点具有可能的最大值, 压强和密度也在这一点达到可能的最大值. 我们把压强和密度的这些值记为 p^* 和 ρ^*, 于是可以把伯努利积分中的常量表示为以下形式之一:

$$i^* = c_p T^* = \frac{\gamma}{\gamma-1} \frac{p_0^{1/\gamma}}{\rho_0} e^{(s-s_0)/c_p} p^{*(\gamma-1)/\gamma} = \frac{\gamma}{\gamma-1} \frac{p_0}{\rho_0^\gamma} e^{(s-s_0)/c_V} \rho^{*\,\gamma-1} = \frac{\gamma}{\gamma-1} \frac{p^*}{\rho^*}. \tag{5.3}$$

量 p^* 和 ρ^* 分别称为滞止压强和滞止密度[1].

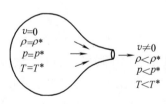

图 21. 气体从气罐中流出

当气体从大型气罐中通过绝热可逆过程定常地流出时, 在气罐内距离出气孔较远的地方, 速度 v 等于零, 而压强、密度和温度分别等于滞止压强、滞止密度和滞止温度 (图 21).

显然, 如果总焓的值 i^* 是给定的, 则滞止温度完全取决于 i^*. 流线上的滞止压强和滞止密度不仅与 i^* 有关, 还与熵的值 $s - s_0$ 有关. 如果熵因为气体微元穿过激波而增加, 则滞止压强和滞止密度会减小. 这个效应与机械能的损失有关, 对实际应用有重要意义.

当气体绕翼型流动时, 在翼型上出现一个临界点, 那里 $v = 0$, $p = p^*$, $\rho = \rho^*$, $T = T^*$. 如果在流线上实际没有 $v = 0$ 的点, 那么, 为了引入滞止参量, 可以假想气

---

[1]滞止参量也称为总参量或驻点参量, 例如滞止温度也称为总温或驻点温度, 滞止压强也称为总压或驻点压强, 总焓也称为滞止焓或驻点焓. ——译注

体微元能够从所研究的当前状态通过可逆绝热过程减速到静止状态, 该静止状态所对应的状态参量就是滞止参量.

气流的最大速度 我们也可以根据伯努利积分表达式的左侧在流线上另外任何一个特征点的取值来确定积分常量, 这个点既可以是流线上真实存在的点, 也可以是利用某一理想过程通过假想而引入的点, 例如在绝热过程中加速到零压强 $p = 0$ 和零密度 $\rho = 0$ 的状态所对应的点.

从伯努利积分可见, 气体速度在 $p = 0$ 的点具有最大值. 如果用 $v_{\max}$ 表示此值, 则伯努利积分中的常量等于

$$i^* = \frac{v_{\max}^2}{2}. \tag{5.4}$$

因为在真空中 $p = 0$, $\rho = 0$, $T = 0$, 所以显然可以把速度 $v_{\max}$ 解释为气体从气罐流向真空时的速度.

比较伯努利积分常量的表达式 (5.3) 和 (5.4), 得

$$v_{\max} = \sqrt{2c_p T^*}. \tag{5.5}$$

由此可见, 最大速度 $v_{\max}$ 只依赖于滞止温度 T^*. 在定常运动中, 气流速度不可能超过 $v_{\max} = \sqrt{2c_p T^*}$. 这个结论与气体运动的定常性有密切关系. 在非定常绝热运动中, 气流的速度、温度、压强和密度可能大于 $v_{\max}$, T^*, p^* 和 ρ^*.

声速 引入声速[1] $a = \sqrt{(\partial p / \partial \rho)_s}$, 它依赖于函数 $p = p(\rho, s)$ 的形式. 完全气体的声速

$$a = \sqrt{\frac{\gamma p}{\rho}} = \sqrt{\gamma RT}$$

只依赖于温度 T.

现在可以把伯努利积分写为

$$\frac{v^2}{2} + \frac{a^2}{\gamma - 1} = \frac{v_{\max}^2}{2}.$$

由此可见, 当气体微元的速度 v 沿流线发生变化时, 声速也发生变化. 如果速度沿流线增加到其最大值 $v_{\max}$, 则声速减小到零.

声速在流线上的最大可能值出现于滞止点, 我们把声速的这个值记为 a^*. 现在, 伯努利积分中的常量还可以写为

$$i^* = c_p T^* = \frac{a^{*2}}{\gamma - 1} = \frac{v_{\max}^2}{2}.$$

于是,

$$a^* = \sqrt{\gamma RT^*}, \quad v_{\max} = \sqrt{\frac{2}{\gamma - 1}}\, a^*. \tag{5.6}$$

---

[1] 见第一卷第七章 §6.

临界速度　　如果气体微元的速度等于当地声速, 该速度就称为临界速度[1], 其记号为 $v_{cr} = a_{cr}$. 当 $v = v_{cr} = a_{cr}$ 时, 从伯努利积分有

$$\frac{v_{cr}^2}{2} + \frac{v_{cr}^2}{\gamma - 1} = \frac{a^{*2}}{\gamma - 1} = \frac{v_{max}^2}{2},$$

所以

$$v_{cr} = \sqrt{\frac{2}{\gamma + 1}}\, a^* = \sqrt{\frac{\gamma - 1}{\gamma + 1}}\, v_{max}. \tag{5.7}$$

v_{cr} 的值只依赖于滞止温度 T^*.

当 $T^* = 288\text{ K} = 15°\text{C}$, $\gamma = 1.4$ 时, 我们来对比一下 a^*, v_{max} 和 v_{cr} 的值:

$$a^* \approx 340\text{ m/s}, \quad v_{max} \approx 756\text{ m/s}, \quad v_{cr} \approx 310\text{ m/s}.$$

在空气动力学中, 上面引入的参量 a, a^*, v_{max} 和 v_{cr} 具有重要意义.

马赫数　　如果气体微元的运动速度小于当地声速 $(v < a)$, 气流就称为亚声速气流; 如果 $v > a$, 气流就称为超声速气流. 气体微元的运动速度与当地声速之比 $v/a = M$ 称为马赫数. 显然, 对亚声速流动而言 $M < 1$, 对超声速流动而言 $M > 1$.

因为速度 v 能够从零变化到 v_{max}, 声速能够从 a^* 变化到零, 所以马赫数 M 能够从零变化到无穷大.

速度因子　　在使用马赫数的同时, 或者说为了取代马赫数, 还经常使用气体微元的速度与临界速度之比

$$\lambda = \frac{v}{v_{cr}} = \sqrt{\frac{\gamma + 1}{\gamma - 1}}\, \frac{v}{v_{max}}.$$

量 λ 称为速度因子. 在 λ 的表达式中, 位于分母的 v_{cr} 在流线上各个点都是相同的, 因为 $v_{cr} = a_{cr}$ 只依赖于滞止温度 T^*, 而滞止温度在绝热可逆运动中沿给定流线是不变的. 容易看出, 速度因子的变化范围是:

$$0 \leqslant \lambda \leqslant \sqrt{\frac{\gamma + 1}{\gamma - 1}}.$$

用压强和滞止参量表示的速度公式　　我们来研究流线上的速度对压强和滞止参量的依赖关系. 为此, 取以下形式的伯努利积分:

$$\frac{v^2}{2} + \frac{\gamma}{\gamma - 1}\frac{p_0^{1/\gamma}}{\rho_0}\, e^{(s-s_0)/c_p} p^{(\gamma-1)/\gamma} = \frac{v_{max}^2}{2},$$

然后在方程的两侧都除以 $v_{max}^2/2$, 再注意到

$$\frac{v_{max}^2}{2} = \frac{\gamma}{\gamma - 1}\frac{p_0^{1/\gamma}}{\rho_0}\, e^{(s-s_0)/c_p} p^{*(\gamma-1)/\gamma},$$

---

[1] 相应参量称为临界参量. "临界" 一词也用来形容流场中速度为零或无穷大的点, 但在气体力学中速度为零的点称为驻点或滞止点. ——译注

得

$$\frac{v^2}{v_{\max}^2} + \left(\frac{p}{p^*}\right)^{(\gamma-1)/\gamma} = 1,$$

所以

$$v^2 = v_{\max}^2 \left[1 - \left(\frac{p}{p^*}\right)^{(\gamma-1)/\gamma}\right], \tag{5.8}$$

或者, 根据 (5.5),

$$v = \sqrt{2c_p T^* \left[1 - \left(\frac{p}{p^*}\right)^{(\gamma-1)/\gamma}\right]}, \tag{5.9}$$

公式 (5.9) 称为圣维南—文策尔公式, 用于计算气体从 $p = p^*$, $T = T^*$ 的气罐经过喷管定常地流向压强为 p 的外部空间时的流速. 不过, 为了使喷管出口的压强确实等于给定压强 p, 必须把喷管做成专门的形状. 这个问题将在下一节中进行研究.

p, ρ, T 与滞止参量和马赫数的关系　用类似的方法可以从伯努利积分得到压强、密度和温度的以下公式:

$$p = p^* \left(1 - \frac{v^2}{v_{\max}^2}\right)^{\gamma/(\gamma-1)} = p^* \left(1 - \frac{\gamma-1}{\gamma+1}\lambda^2\right)^{\gamma/(\gamma-1)},$$

$$\rho = \rho^* \left(1 - \frac{v^2}{v_{\max}^2}\right)^{1/(\gamma-1)} = \rho^* \left(1 - \frac{\gamma-1}{\gamma+1}\lambda^2\right)^{1/(\gamma-1)}, \tag{5.10}$$

$$T = T^* \left(1 - \frac{v^2}{v_{\max}^2}\right) \qquad\quad = T^* \left(1 - \frac{\gamma-1}{\gamma+1}\lambda^2\right).$$

为了在这些公式中引入马赫数, 我们把伯努利积分写为以下形式:

$$\frac{v^2}{2} + \frac{a^2}{\gamma-1} = \frac{v_{\max}^2}{2}.$$

在这个等式的两侧都除以 $v^2/2$, 得

$$\frac{v^2}{v_{\max}^2} = \frac{1}{1 + \dfrac{2}{\gamma-1}\dfrac{1}{M^2}} = \frac{\gamma-1}{\gamma+1}\lambda^2.$$

现在, 公式 (5.10) 可以写为

$$p = p^* \left(1 + \frac{\gamma-1}{2}M^2\right)^{-\gamma/(\gamma-1)},$$

$$\rho = \rho^* \left(1 + \frac{\gamma-1}{2}M^2\right)^{-1/(\gamma-1)}, \tag{5.11}$$

$$T = T^* \left(1 + \frac{\gamma-1}{2}M^2\right)^{-1}.$$

气流对物体的加热　气流的温度随着气流速度的增加而降低. 然而, 如果在气流中有静止的固体, 并且固体的初始温度与气流的温度相同, 则固体将被加热.

其实, 对于空气 ($\gamma = 1.4$), 固体表面驻点附近的温度为[1] $T^* = T(1 + 0.2M^2)$. 如果气流在距离固体较远的地方具有温度 $T = -23°C = 250$ K, 则当气流速度达到声速量级 ($M \approx 1$) 时 $T^* \approx 290$ K, 即驻点附近的气流温度比来流温度高 40°C. 当 $M = 3$, $T = 250$ K 时, 我们有 $T^* = 700$ K, 而当 $M = 5$ 时有 $T^* = 1500$ K.

在高超声速气流绕物体流动时, 高温不仅仅出现于驻点. 被扰流物体表面的实际温度分布既与气体的离解和电离过程有关, 也与绝热性的破坏有关, 因为黏性、辐射以及气体与被扰流物体之间的热交换都会导致过程不再是绝热的. 当物体在气体中运动时, 物体表面可能被剧烈加热, 甚至达到熔化和汽化的程度. 弹道导弹和航天火箭的头部在进入大气层高密度区域时会被严重烧蚀, 之所以没有被全部烧掉, 仅仅是因为它们在这样的条件下只在大气层中运动很短的时间. 物体在大气层中作高超声速运动时会被剧烈加热, 如何克服这种不良效应的问题是空气动力学的基本问题之一, 它关系到飞行器材料的选取和外形的设计.

另一方面, 当 $T^* \approx 290$ K 的静止空气被吸入高速区域时, 能够得到非常低的温度 T, 例如当 $M \approx 5$ 时, 气流中的空气会被极度冷却, 甚至发生液化.

可压缩性如何影响压强和密度对速度的依赖关系　我们现在证明, 只要定常运动的速度足够小, $v^2/v_{\max}^2 \ll 1$, 流体的可压缩性对压强和密度对速度的依赖关系就只有微弱的影响. 首先证明, 当运动速度很小时, 由不可压缩流体公式

$$p = p^* - \rho_0 \frac{v^2}{2}$$

和完全气体绝热可逆运动公式

$$p = p^* \left(1 - \frac{v^2}{v_{\max}^2}\right)^{\gamma/(\gamma-1)} \tag{5.12}$$

分别计算出来的压强是足够接近的. 为此, 我们把表达式 (5.12) 按照参数 $v^2/v_{\max}^2$ 展开为泰勒级数, 再利用 $v_{\max}^2 = 2a^{*2}/(\gamma - 1)$ 和 $\gamma p^*/\rho^* = a^{*2}$, 得

$$p = p^* \left[1 - \frac{\gamma}{\gamma-1}\frac{v^2}{v_{\max}^2} + \frac{\frac{\gamma}{\gamma-1}\left(\frac{\gamma}{\gamma-1}-1\right)}{2!}\frac{v^4}{v_{\max}^4} + \cdots\right]$$

$$= p^* - \frac{\rho^* v^2}{2}\left[1 - \frac{1}{2(\gamma-1)}\frac{v^2}{v_{\max}^2} + \cdots\right]$$

$$= p^* - \frac{\rho^* v^2}{2}\left(1 - \frac{v^2}{4a^{*2}} + \cdots\right).$$

---

[1] 当气流中有激波时, 量 i^* 在穿过激波的流线上保持不变 (见第 15 页).

由此可见, 对于可压缩的完全气体和密度等于气体滞止密度的不可压缩流体, 压强的差别是量级为 $\rho^* v^4 / 8 a^{*2}$ 的小量.

如果 $v^2 / 4 a^{*2} \leqslant 0.01$, 即如果 $v \leqslant a^*/5$, 则上述差别的量级仅有 1%. 这样, 如果 $a^* \approx 340 \text{ m/s}$, 则在速度 $v < 68 \text{ m/s} = 245 \text{ km/h}$ 时, 按照不可压缩流体公式和可压缩气体公式计算出来的压强的区别不到 1%.

类似地, 对于密度将有

$$\frac{\rho}{\rho^*} = 1 - \frac{1}{\gamma - 1} \frac{v^2}{v_{\max}^2} + \cdots.$$

容易检验, 当 $v < a^*/5$ 时, ρ 与 ρ^* 相差约 2%. 于是, 如果认为气体是不可压缩流体, 则在同样的速度 $v = a^*/5$ 下, 压强的误差为 1%, 密度的误差为 2%.

在 20 世纪初, 空气动力学基本上只研究不可压缩流体. 现在, 当飞机的飞行速度达到并且大大超过声速时, 考虑可压缩性就具有头等重要的意义.

与此同时, 也不能认为在 $v < 68 \text{ m/s}$ 时都可以忽略介质的可压缩性, 因为这个结论是根据气体运动的伯努利积分得到的, 而伯努利积分仅对定常运动成立. 如果气体的运动是非定常的, 可压缩性在很小的运动速度下就已经能够明显地表现出来. 例如, 在声波的传播过程中, 气体微元的运动速度很小, 但是这时所有主要的效应都与介质的可压缩性有关.

§6. 可压缩性对流管形状的影响 · 拉瓦尔喷管的基本理论

现在研究可压缩性在气体定常运动时对流管形状的影响. 我们假设流管是细长的, 从而可以认为运动特征量在每一个横截面上的不同点都是相同的, 并且气体微元的运动速度垂直于横截面. 设 S 是流管的任意一个横截面的面积.

不可压缩流体运动中的流管的形状

对于均匀不可压缩流体, 根据连续性方程可知, 流管的质量流量和体积流量都是常量, $\rho_1 = \rho_2$, $v_1 S_1 = v_2 S_2 = vS = \text{const}$, 即

$$S = \frac{\text{const}}{v},$$

所以速度越高, 横截面越小. 该函数图像是双曲线 (图 22).

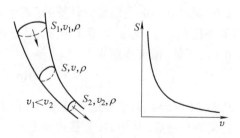

图 22. 不可压缩流体运动中的流管的横截面面积对速度的依赖关系

可压缩流体运动中的流管的形状

如果流体是可压缩的, 则只有流体的质量流量沿流管保持不变, $\rho_1 v_1 S_1 = \rho_2 v_2 S_2 = \rho v S = \text{const}$, 即

$$S = \frac{\text{const}}{\rho v}. \tag{6.1}$$

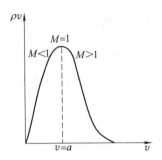

图 23.　ρv 对 v 的依赖关系
取决于流速是否超过声速

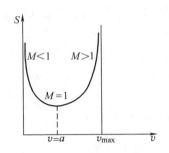

图 24.　完全气体绝热可逆流动中的
流管的横截面面积对速度的依赖关系

可压缩流体的密度依赖于速度. 对于完全气体的绝热可逆流动, 我们有

$$\rho = \rho^* \left(1 - \frac{v^2}{v_{\max}^2} \right)^{1/(\gamma-1)} .$$

只要把这个表达式代入 (6.1), 就得到依赖关系 $S = S(v)$:

$$S = \frac{\text{const}}{\rho^* v \left(1 - \dfrac{v^2}{v_{\max}^2} \right)^{1/(\gamma-1)}}, \tag{6.2}$$

由此可以求出流管的形状[1].

对于任意可压缩理想流体的任何运动 (一般不是绝热运动), 我们通过另外一种形式来阐述流管形状的问题. 为此, 我们用以下方法来计算 $\mathrm{d}(\rho v)$. 取定常运动的欧拉方程在流线上的投影, 得

$$v\,\mathrm{d}v = -\frac{\mathrm{d}p}{\rho} = -a^2 \frac{\mathrm{d}\rho}{\rho},$$

式中 $a^2 = \mathrm{d}p/\mathrm{d}\rho$ 是沿流线计算的. 对于绝热运动, a 就是由 $\sqrt{(\partial p/\partial \rho)_s}$ 定义的声速. 在一般情况下, 量 a 不等于声速, 但是它在对非绝热运动的以下讨论中起着声速的作用. 于是, 沿流线成立

$$v\,\mathrm{d}\rho = -M^2 \rho\,\mathrm{d}v, \tag{6.3}$$

式中 $M = v/a$. 对于非绝热过程, 这里引入的数 M 一般不等于由比值 $v/\sqrt{(\partial p/\partial \rho)_s}$ 定义的马赫数. 从 (6.3) 直接可得等式

$$\mathrm{d}(\rho v) = \rho\,\mathrm{d}v + v\,\mathrm{d}\rho = \rho(1 - M^2)\,\mathrm{d}v.$$

可以看出, 随着速度的增加 ($\mathrm{d}v > 0$), 量 ρv 在亚声速流动中增加 (这时 $v < \sqrt{\mathrm{d}p/\mathrm{d}\rho}$, $M < 1$), 在超声速流动中减小 (这时 $v > \sqrt{\mathrm{d}p/\mathrm{d}\rho}$, $M > 1$). 显然, 在 $v = \sqrt{\mathrm{d}p/\mathrm{d}\rho}$ ($M = 1$) 的点, 量 ρv 具有最大值 (图 23).

---

[1] 这里略微改变了原文的行文顺序, 使逻辑关系更加清晰. ——译注

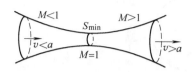

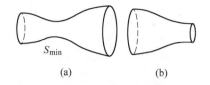

图 25. 可压缩流体运动的流管 | 图 26. (a) 拉瓦尔喷管, (b) 简单喷管 (收缩喷管)

根据公式 (6.1) 和 ρv 的变化特点可以得到一系列重要结论. 在亚声速流动中 ($M < 1$), 流管的横截面随着速度 v 的增加而减小, 随着速度的减小而增加, 这与不可压缩流体的情况相同. 收缩流管中的亚声速流动所能达到的最大速度就是声速.

在超声速流动中 ($M > 1$), 如果流速沿流管增加, 则 ρv 减小, 流管扩张. 相反, 如果流管扩张, 则其中的超声速流加速运动. 如果超声速流沿流管减速运动, 则 ρv 增加, 横截面减小, 因此, 超声速流在收缩管中减速运动. 我们看到, 流管的特点对亚声速流和超声速流截然不同. 所得结论对任何理想气体的任意定常运动都成立.

对于完全气体的绝热可逆流动, 流管横截面面积 S 与速度 v 的关系由 (6.2) 给出, 见图 24. 曲线 $S(v)$ 有 2 条渐近线: $v = 0$ 和 $v = v_{\max}$.

简单喷管·拉瓦尔喷管

我们已经证明, 如果把亚声速气流连续地加速为超声速气流, 则流管的横截面面积在亚声速流动段减小, 在超声速流动段增加, 并且流管在 $M = 1$ 的地方具有最小的横截面面积 $S_{\min}$ (图 25). 我们在设计用来把亚声速气流通过绝热过程加速为超声速气流的喷管时需要考虑这个结论. 这样的喷管称为拉瓦尔喷管, 它具有收缩段、最小横截面 (喉部) 和扩张段 (图 26 (a)).

只有收缩段的喷管称为简单喷管或收缩喷管 (图 26 (b)). 气流在绝热过程中流过简单喷管时能够达到的最大速度就是声速, 这个速度是在最小横截面的地方 (即喷管出口) 达到的. 简单喷管和拉瓦尔喷管在工程中有广泛应用, 例如, 拉瓦尔喷管是火箭发动机、超声速风洞等设备中必有的部件. 下面将更详细地研究简单喷管和拉瓦尔喷管中的绝热流动.

简单喷管中的流动

设气体经过简单喷管从气罐流向外部空间 (图 27 (a)). 外部空间的压强 p_0 称为反压. 流动特征量在喷管出口的值记作 ρ', p', v', 在气罐内距离喷管较远处的值记作 ρ^*, p^*, T^*, v, 并且认为 $v = 0$. 如果 $p^* = p_0$, 在喷管中就没有气流. 如果反压 p_0 略小于 p^*, 气体就开始流动.

当气体与环境之间没有热交换时, 气罐内的温度 T^* 和压强 p^* 保持不变, 我们来建立此时气体流过喷管时的质量流量 $G = \rho v S$ 对压强比 p_0/p^* 的依赖关系. 如果 $p_0/p^* = 1$, 则 $G = 0$ (图 28 中的点 A). 当 p_0/p^* 略小于 1 时, 喷管中出现亚声速气流, 速度在喷管出口达到最大值. 这种流动情况对应图 28 中的点 B. 当 p_0/p^* 继续降低时, 出口速度增加, 流量也增加, 但气流仍然是亚声速的. 最后, 当压强比达到某个值 $p_0/p^* = p_{cr}/p^*$ 时, 出口速度等于当地声速 $v' = v_{cr} = a_{cr}$. 我们来计算在 $v' = v_{cr}$

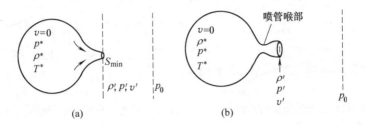

图 27. 在研究气体经过喷管流出气罐时使用的记号. (a) 简单喷管, (b) 拉瓦尔喷管

时在喷管出口的密度和压强的临界值. 根据 (5.10) 和 (5.7), 我们有

$$\rho' = \rho_{\mathrm{cr}} = \rho^* \left(1 - \frac{v_{\mathrm{cr}}^2}{v_{\mathrm{max}}^2}\right)^{1/(\gamma-1)} = \rho^* \left(\frac{2}{\gamma+1}\right)^{1/(\gamma-1)},$$

$$p' = p_{\mathrm{cr}} = p^* \left(\frac{2}{\gamma+1}\right)^{\gamma/(\gamma-1)}. \tag{6.4}$$

实验表明, 当 $p_0 \geqslant p_{\mathrm{cr}}$ 时, 喷管出口的压强大致等于反压 $(p' \approx p_0)$. 所以, 当速度在最小横截面上达到声速时, 可以认为

$$\frac{p_0}{p^*} = \frac{p_{\mathrm{cr}}}{p^*} = \left(\frac{2}{\gamma+1}\right)^{\gamma/(\gamma-1)},$$

从而在 $\gamma = 1.4$ 时

$$\frac{p_{\mathrm{cr}}}{p^*} \approx 0.528.$$

这种流动状态对应图 28 中的点 D. 根据 (6.4), (5.7), (5.3) 和 (5.6), 临界流量为

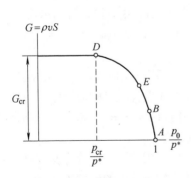

图 28. 简单喷管和拉瓦尔喷管的流量对外部环境压强与气罐内部压强之比的依赖关系

$$G_{\mathrm{cr}} = \rho_{\mathrm{cr}} v_{\mathrm{cr}} S_{\mathrm{min}} = \rho^* a^* S_{\mathrm{min}} \left(\frac{2}{\gamma+1}\right)^{(\gamma+1)/2(\gamma-1)}$$

$$= \sqrt{\frac{2\gamma}{\gamma+1}} \left(\frac{2}{\gamma+1}\right)^{1/(\gamma-1)} \frac{p^* S_{\mathrm{min}}}{\sqrt{RT^*}}. \tag{6.5}$$

当反压 p_0 继续降低时, 喷管内部的流动不再改变, 流量保持在临界流量并停止变化, 而喷管出口的速度则一直等于当地声速[1]. 从 (6.5) 可见, 量 G_{cr} 取决于滞止参量和喷管的最小横截面面积. 因此, 当简单喷管给定 (S_{min} 给定) 时, 如果没有热量从喷管壁面释放出去, 喷管的流量在 p^* 和 T^* 给定的情况下不可能大于 G_{cr}.

---

[1] 这种现象称为喷管的阻塞现象. ——译注

当简单喷管出口速度达到声速以后, 喷管内的流动情况不可能因为反压 p_0 的变化而发生变化, 这在物理上有一个简单的解释. 其实, 反压的微小变化是一种小扰动, 小扰动以声速沿介质微元传播, 但是喷管出口的气体微元本身就以声速运动, 所以扰动只会被气流带走而不可能进入喷管内部. 在临界流动状态下, 喷管内部的气体微元 "不知道" 喷管外部的情况.

然而, 反压 p_0 的变化将影响喷管外部的气体运动. 随着 p_0 的降低, 在喷管外部的自由射流中, 气流能够成为超声速的, 但不再是均匀的 (速度在射流横截面上的分布极不均匀).

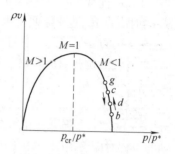

图 29. 绝热可逆流动的质量流密度 ρv 沿流线对 p/p^* 的依赖关系

拉瓦尔喷管中的流动　现在研究气体经过拉瓦尔喷管从气罐中流出的情况 (见图 27 (b)). 在前面一种情况中使用过的所有记号都保持不变. 对于连续的绝热定常流动, 利用流线上的基本关系式 (5.8), (5.7) 和状态方程

$$\frac{\rho}{\rho^*} = \left(\frac{p}{p^*}\right)^{1/\gamma},$$

我们把质量流密度 ρv 的表达式写为比值 p/p^* 的函数:

$$\rho v = \sqrt{\frac{\gamma+1}{\gamma-1}}\,\rho^* v_{\mathrm{cr}}\left(\frac{p}{p^*}\right)^{1/\gamma}\left[1-\left(\frac{p}{p^*}\right)^{(\gamma-1)/\gamma}\right]^{1/2}.$$
$$(6.6)$$

图 29 给出了 ρv 对 p/p^* 的函数图像. 显然, 流线上 $M=1$, $p=p_{\mathrm{cr}}$ 的点对应图像中的最大值点. 曲线 ρv 的右半段对应亚声速流动 ($M<1$, $p>p_{\mathrm{cr}}$), 左半段对应超声速流动 ($M>1$, $p<p_{\mathrm{cr}}$). 拉瓦尔喷管的每一个横截面都对应着曲线 $\rho v = f(p/p^*)$ 的一个确定的点, 沿喷管轴线的每一段位移都相当于按照确定方式沿这条曲线移动.

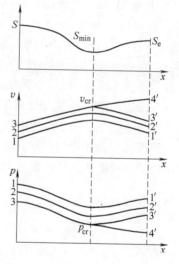

图 30. 速度和压强沿拉瓦尔喷管管轴的分布

气体在拉瓦尔喷管中的理论流动状态　我们将在喷管出口压强 p' 等于环境介质压强 p_0 的条件下定性地研究拉瓦尔喷管内的流动. 喷管中这样的流动状态称为理论流动状态, 而这种条件下的喷管称为理论喷管. 我们关心的是压强和速度沿管轴的分布 (图 30) 和喷管流量 $G = \rho v S$ 对 p_0/p^* 的依赖关系有何特点.

当 $p_0 = p^*$ 时, 在拉瓦尔喷管中没有流动, $G = 0$ (图 28 中的点 A). 如果略微降低反压 p_0, 在喷管中就开始出现亚声速流动, 流量为 G (例如图 28 中的点 B). 图 30

(曲线 $1—1'$) 给出了速度 v 和压强 p 在这种情况下沿管轴的分布. 最大速度和最小压强是在拉瓦尔喷管的最小横截面上达到的. 沿管轴向喷管出口 S_e 方向的位移相当于在 ρv 曲线上从某一点 b 移动至 $S_{\min}$ 的对应点 c, 然后再从点 c 反方向移动至 S_e 的对应点 d. 继续降低反压, 在喷管中还是亚声速流动, 但流量 G 更大一些 (例如图 28 中的点 E); 图 30 中的曲线 $2—2'$ 是速度和压强沿管轴的分布曲线. 与前面类似, 沿管轴的位移对应着沿 ρv 曲线亚声速段的移动 (图 29), 只是向上移动的终点 g 高于点 c.

最后, 当反压进一步降低至某个值时, 速度在喷管最小横截面 $S_{\min}$ 上达到声速 $v = a = v_{cr}$, 而压强 $p = p_{cr}$ (图 30 中的曲线 $3—3'$ 或 $3—4'$, 图 28 中的点 D). 沿管轴的位移对应着沿图 29 中的曲线的移动, 这时终点 g 位于 $M = 1$ 的点. 在拉瓦尔喷管喉部之后, 横截面开始变大, 而 v 或者逐渐减小, 或者逐渐增加, 并且速度减小的情况对应着图 29 中的 ρv 曲线的亚声速段, 速度增加的情况对应着该曲线的超声速段. 相应地, 这时压强沿管轴或者逐渐增加到出口压强 p'_3 (图 30 中的曲线 $3—3'$), 或者逐渐降低到出口压强 p'_4 (图 30 中的曲线 $3—4'$). 如果 $p'_4 < p < p'_3$, 则 (当 $S_e/S_{\min}$ 固定时) 气体在喷管内的连续的理论流动状态是不可能的.

当 $p_0 = p'_3$ 时, 喷管中的流动全部是亚声速的; 当 $p_0 = p'_4$ 时, 在最小横截面之前是亚声速流动, 在最小横截面之后是超声速流动, 并且喷管出口的超声速速度 v'_4 具有确定的值. 我们指出, 对于给定的喷管, 如果不改变气罐中的气体参量而仅仅改变环境压强 p_0, 就不可能得到具有不同出口速度的另外一种超声速流动状态. 当气流的滞止参量不变时, 为了得到不同的超声速流动状态, 必须使用出口横截面与最小横截面的面积之比不同的其他喷管.

气体在拉瓦尔喷管中的非理论流动状态　如果 $p' \neq p_0$, 则气体在拉瓦尔喷管中的流动状态称为非理论流动状态. $p' < p_0$ 的喷管称为过膨胀喷管, $p' > p_0$ 的喷管则称为不完全膨胀喷管. 对于前者, 气流应当在外部介质中进一步减速, 从出口喷出的自由射流发生收缩; 对于后者, 气流应当进一步加速, 自由射流发生膨胀. 如果一个喷管对于给定的 p_0/p^* 是非理论喷管, 则气体从喷管中流出时不再具有一维运动的性质, 并且在气流中会出现激波. 当 $p_0 < p'_4$ 时, 激波出现于喷管出口以外的气体射流中, 而当 $p'_4 < p_0 < p'_3$ 时, 激波出现于喷管以内喉部之后的超声速段. 对于任何 $p_0 < p'_3$ 的情况, 喷管的形状和气体在出口以外的运动都会导致喷管中的气流不再是一维的和连续的.

当气流速度在拉瓦尔喷管的最小横截面上达到声速之后, 喷管的流量将不再随着 p_0 的进一步降低而变化. 这时的流量值等于 $G_{cr} = \rho_{cr} v_{cr} S_{\min}$ (见 (6.5)). 极限流量只依赖于滞止参量和最小横截面面积, 这与简单喷管的情况是一样的. 当滞止参量给定时, 给定的喷管具有确定的最大流量, 气体不可能以超过 G_{cr} 的流量通过喷管. 为了根据给定的流量 G_{cr} 和气体在气罐中的参量来设计喷管, 需要对 $S_{\min}/S_e$ 进行选择.

可调喷管 我们指出, 如果要求经过喷管的气体流量在气体的滞止参量改变时保持不变 ($G_{cr} = \text{const}$), 则喷管一般应具有可调节的喉部, 即 S_{min} 应当是可变的. 根据 (6.5) 可得, 在 $G_{cr} = \text{const}$ 时应有 $p^* S_{min}/\sqrt{T^*} = \text{const}$.

如果滞止温度增加 (给气罐内的气体加热), 但 $p^* = \text{const}$, 就必须扩大喷管的喉部. 当 $T^* = \text{const}$ 时, p^* 可能因为损耗而降低 (熵增加), 这时也必须扩大喷管的喉部. 如果由外部条件给出的流量无法通过喷管, 气体就不可能定常运动, 这时在气流中可能出现剧烈振荡.

§7. 定常运动的积分关系式对有限控制体的应用

在第三章和第五章中, 我们对任意的有限物质体表述了力学和热力学的基本积分关系式. 当运动连续时, 这些积分关系式等价于相应的基本微分方程, 而当运动不连续时, 利用这些关系式可以得出强间断面条件.

积分形式的动力学关系式和能量守恒定律可以表述为第七章的方程 (4.4)—(4.7), 我们现在考虑这些积分关系式的一些重要应用.

设 V^* 是物质体, 即由给定介质的物质点组成的运动的有限几何体, 它全部位于空间中的有限区域内; V 是静止的控制体, 其表面为封闭的控制面 Σ. 此外, 我们假设物质体 V^* 在所研究的时刻 t 与空间中的静止控制体 V 重合, 而物质面 Σ^* 此时与静止控制面 Σ 重合.

根据第二章的一般公式 (8.10) 可知, 在定常运动的情况下, 物质体积分[1] 的随体导数在任何时刻都可以表示为控制面 Σ 上的面积分.

定常运动的基本积分关系式 因此, 对于在任何介质中发生的伴随有任何物理化学过程的任何定常运动, 对被控制面 Σ 包围的任意控制体 V 可以使用以下积分关系式[2]:

---

[1] 以后将认为, 如果被积函数在对某种 "流" 引入理想化假设时具有奇异性, 则所研究的体积分是收敛的, 并且具有有限值.

[2] 即使不引入物质体的概念, 也可以直接利用控制体和控制面来表述物理学中的基本守恒定律. 例如, 利用静止的控制体 V 和控制面 Σ 可以把质量守恒定律表述为

$$\frac{\mathrm{d}}{\mathrm{d}t} \int_V \rho \, \mathrm{d}\tau = -\int_\Sigma \rho v_n \, \mathrm{d}\sigma,$$

即控制体内的物质质量对时间的变化率等于单位时间内通过控制面流入控制体的物质质量与从控制面流出的物质质量之差. 根据导数的定义, 因为所取控制体是静止的, 所以

$$\frac{\mathrm{d}}{\mathrm{d}t} \int_V \rho \, \mathrm{d}\tau = \int_V \frac{\partial \rho}{\partial t} \, \mathrm{d}\tau,$$

从而在定常运动中成立关系式 (7.1). ——译注

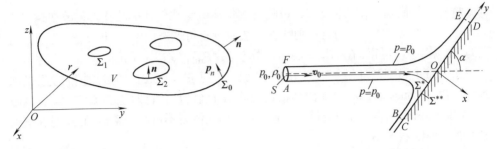

图 31. 控制面示意图　　　　　　　　图 32. 射流冲击平板

质量守恒方程

$$\int_{\Sigma} \rho v_n \, \mathrm{d}\sigma = 0, \tag{7.1}$$

动量方程

$$\int_{\Sigma} \rho \boldsymbol{v} v_n \, \mathrm{d}\sigma = \int_{V} \boldsymbol{F} \rho \, \mathrm{d}\tau + \int_{\Sigma} \boldsymbol{p}_n \, \mathrm{d}\sigma, \tag{7.2}$$

动量矩方程

$$\int_{\Sigma} \rho (\boldsymbol{r} \times \boldsymbol{v} + \boldsymbol{k}) v_n \, \mathrm{d}\sigma = \int_{V} (\boldsymbol{r} \times \boldsymbol{F} + \boldsymbol{h}) \rho \, \mathrm{d}\tau + \int_{\Sigma} (\boldsymbol{r} \times \boldsymbol{p}_n + \boldsymbol{Q}_n) \, \mathrm{d}\sigma, \tag{7.3}$$

能量方程 (热力学第一定律)

$$\int_{\Sigma} \rho \left(\frac{v^2}{2} + U \right) v_n \, \mathrm{d}\sigma = \int_{V} \left(\boldsymbol{F} \cdot \boldsymbol{v} + \frac{\mathrm{d}q^*_{\mathrm{mass}}}{\mathrm{d}t} \right) \rho \, \mathrm{d}\tau + \int_{\Sigma} (\boldsymbol{p}_n \cdot \boldsymbol{v} - q^*_n) \, \mathrm{d}\sigma. \tag{7.4}$$

所有记号都是常用的, 详见前文. 关系式 (7.1)—(7.4) 主要应用于这样一些情形, 这时只要适当选取控制面 Σ 就可以准确地或近似地计算出面积分, 或者把面积分通过已知量或待求量表示出来, 于是 (7.1)—(7.4) 就成为用来确定待求量的方程或公式. 封闭的控制面 Σ 可以由若干个封闭曲面组成, $\Sigma = \Sigma_0 + \Sigma_1 + \cdots$ (图 31).

在控制体 V 内部和某些曲面 Σ_i 上, 介质的定常运动和物理过程可能极其复杂. 例如, 可能有化学反应、燃烧和各种相变, 可能有多种外力的相互作用, 等等. 为了计算面积分, 在全部或部分所选控制面上可以利用某些渐近表达式或假设. 所以, 仅仅根据控制面 Σ 上的给定的或假定的运动, 就可以利用关系式 (7.1)—(7.4) 来计算合力或总能量流. 下面举例说明一些典型应用.

射流对平板的作用力　我们来研究液体或气体射流冲击平板时的定常运动 (图 32). 在冲击平板之后, 流体沿平板流动. 设入射射流的压强 p_0、密度 ρ_0 和速度 $\boldsymbol{v}_0$ 在距离平板较远的横截面 S 上均匀分布并具有给定的值, 而速度矢量 $\boldsymbol{v}_0$ 与平板之间的夹角为 α. 为简单起见, 我们忽略流体的黏性和重量, 但是在一般情况下考虑其可压缩性. 在图中所示的射流自由面 BA 和 EF 上, 我们有边界条

件 $p = p_0$, 式中 p_0 是常量, 即环境介质的压强, 而按照问题的条件, 它也等于入射射流在横截面 S 上的压强.

对于任意的封闭曲面 Ω, 有一个经常用到的公式:

$$\int\limits_{\Omega} p_0 \boldsymbol{n}\, d\sigma = \pm \int\limits_{V_\Omega}\int \left(\frac{\partial p_0}{\partial x}\boldsymbol{i} + \frac{\partial p_0}{\partial y}\boldsymbol{j} + \frac{\partial p_0}{\partial z}\boldsymbol{k} \right) d\tau = 0, \tag{7.5}$$

式中 $\boldsymbol{n} = n_x \boldsymbol{i} + n_y \boldsymbol{j} + n_z \boldsymbol{k}$ 是曲面 Ω 的单位外法向或内法向矢量, V_Ω 是 Ω 所围区域.

射流对平板的作用力垂直于平板, 其大小为

$$\int\limits_{\Sigma^*} p\, d\sigma,$$

式中 Σ^* 是被流体覆盖的那一部分平板表面. 取垂直于平板的方向为 x 轴方向. 如果认为平板的另一侧 (不受射流冲击的一侧) Σ^{**} 上的压强等于 p_0, 那么, 根据平板两侧 $\Sigma^* + \Sigma^{**}$ 的压强分布, 作用在平板上的合力 $\boldsymbol{P}$ 的大小显然可以表示为

$$P = \int\limits_{\Sigma^*} p\, d\sigma - \int\limits_{\Sigma^{**}} p_0\, d\sigma = \int\limits_{\Sigma^*} (p - p_0)\, d\sigma.$$

我们现在指出, 如何利用积分形式的动量方程 (7.2) 来计算这个力. 如图 32 所示, 取封闭曲线 $ABCDEFA$ 所代表的曲面作为控制面 Σ, 包括射流的横截面 S, 被流体覆盖的平板表面 CD, 射流的自由面 AB, FE, 以及沿平板流动的流体的截面 (图 32 中的 BC 和 ED), 并且在该截面上, 流体的速度平行于平板, 而压强则等于自由面上的压强 p_0 [1].

根据 (7.5) 和公式 $\boldsymbol{p}_n = -p\boldsymbol{n}$, 式中 $\boldsymbol{n}$ 是相对于流体的单位外法向矢量, 关系式 (7.2) 给出

$$\int\limits_{\Sigma} \rho \boldsymbol{v} v_n\, d\sigma = -\int\limits_{\Sigma^*} (p - p_0)\boldsymbol{n}\, d\sigma,$$

因为在控制面 Σ 上, 只有在被流体覆盖的平板表面 CD 上才有 $p \neq p_0$. 此外, 除了截面 AF, BC 和 ED, 在控制面的其余部分都有 $v_n = 0$, 而在 AF 上有 $v_n = -v_0$, $v_x = v_0 \sin\alpha$, 在 BC 和 ED 上有 $v_x = 0$, 所以

$$P = \rho_0 v_0^2 S \sin\alpha = G v_0 \sin\alpha, \tag{7.6}$$

式中 G 是射流的质量流量. 公式 (7.6) 给出射流对平板障碍物的动力学作用力. 这个力与射流速度的平方成正比, 它与入射射流的动量矢量的大小和方向在射流冲击平板时发生变化有关. 公式 (7.6) 适用于具有任何形状的横截面 S 的理想流体射流.

---

[1] 在这里和下文中, 通过精确计算得到的相应极限值在理论上只有在远场才能达到, 但是我们总是可以在有限距离的截面上进行近似计算, 同时认为由此带来的误差在极限情况下等于零.

不可压缩流体平面射流对平板的作用　现在更详细地讨论一下不可压缩理想流体平面射流的情况. 这时, 只要对单位宽度的射流应用流量方程、动量方程和动量矩方程, 我们不但能够得到对单位宽度平板的作用力, 而且能够得到其他一些关系式.

流量方程给出[1)]

$$\rho l v_0 = \rho l_1 v_0 + \rho l_2 v_0, \quad \text{或} \quad l = l_1 + l_2,$$

式中 l, l_1, l_2 分别是射流在横截面 AF, BC 和 ED 的厚度.

动量方程在沿平板方向的 y 轴上的投影给出

$$\rho l v_0^2 \cos\alpha = \rho l_2 v_0^2 - \rho l_1 v_0^2, \quad \text{或} \quad l\cos\alpha = l_2 - l_1.$$

由此可知,

$$l_1 = \frac{1-\cos\alpha}{2}l, \quad l_2 = \frac{1+\cos\alpha}{2}l.$$

我们用 h 来表示从射流中心线与平板的交点 O (见图 32) 到力 P 的作用点的距离. 对点 O 的动量矩方程 (7.3) 在 $k = 0$, $F = 0$, $h = 0$, $Q_n = 0$ 时给出[2)]

$$Ph = \frac{\rho l_2^2}{2}v_0^2 - \frac{\rho l_1^2}{2}v_0^2.$$

如果取 $G = \rho l v_0$, 则利用最后一个等式和公式 (7.6) 可得[3)]

$$h = \frac{l_2^2 - l_1^2}{2l\sin\alpha} = \frac{l_2 - l_1}{2\sin\alpha} = \frac{l}{2}\cot\alpha.$$

因此, 在所研究的问题中, 利用一般的积分关系式不仅能够计算合力 P, 而且能够计算这个力在平板上的作用点.

平板滑水　设有一翼展无限大的半无穷长平板以水平速度 v_0 和倾角 α 在水面上常速滑行, 平板的一端始终与水面接触. 物体底部在水面上的这种滑行运动称为滑水. 如图 33 所示, 平板与水面接触的一端用点 B 表示, 这是一条垂直于示意图平面的水平直线, 该直线在所研究的情况下垂直于滑行速度矢量.

我们来研究水相对于平板的定常平面运动, 这样的运动在平行于平面 xy 的所有平面内都是相同的. 水的这种相对运动就是相对于平板的固连坐标系的运动. 设水底是平的, 我们用 H 表示水底在平板之前的深度 (图 33). 为简单起见, 我们忽略重力, 并认为水是不可压缩理想流体. 按照条件, 在平板前方和后方很远的地方, 水在绝对运动中是静止的, 在相对运动中则具有水平的常速度 v_0 (其方向为从右向左, 见图 33). 在相对运动中, 自由面 AB 和 DE, 被绕流的平板边界 BC 和水底 GF 在

[1)] 由伯努利积分可知, 截面 BC 和 ED 上的速度值为 v_0. ——译注

[2)] 这里利用了类似于 (7.5) 的公式 $\int_\Omega p_0 r \times n \, d\sigma = 0$, 式中 Ω 是任意的封闭曲面. ——译注

[3)] 显然, 射流对平板的作用力具有使平板绕点 O 向垂直于射流的位置旋转的作用. ——译注

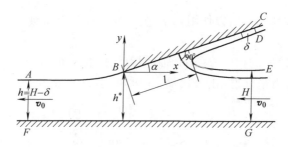

图 33. 平板滑水

xy 平面上都表现为流线. 假设自由面上的压强 p_0 (大气压) 是常量. 当液体的重量被忽略时, 从伯努利积分可知, 自由面上的相对速度的大小保持不变.

在平板滑水端的前面, 水沿平板流动并形成一层厚度 δ 很小的液膜, 最终以射流的形式落回水面. 显然, 液膜自由面上的速度值等于 v_0, 液膜中的速度值在较远的地方也等于 v_0. 因此, 在平板滑水端前面形成的射流在相对运动中的速度等于滑水速度 v_0, 而在绝对运动中 (这时平板前方无穷远处的流体处于静止状态) 的速度在 α 很小时近似地等于 $2v_0$.

选取单位高度的柱体表面为控制面 Σ, 其母线垂直于 xy 平面, 底面平行于该平面, 底面边界在 xy 平面上由封闭曲线 $ABCDEGFA$ 表示, 并且截面 AF, EG 和 CD 位于足够远的地方, 使得这些截面上的压强等于 p_0, 而速度等于 v_0.

从质量守恒方程可知[1)]

$$h = H - \delta. \tag{7.7}$$

因为我们假设水是理想流体, 所以水对平板的作用力垂直于平板. 取动量方程在 x 轴上的投影 (这样可以消去底面对水的作用力), 得

$$\rho H v_0^2 - \rho h v_0^2 + \rho \delta v_0^2 \cos \alpha = -P \sin \alpha, \tag{7.8}$$

式中 P 是单位宽度的平板所受作用力的大小,

$$P = \int_{BC} (p - p_0) \, \mathrm{d}\sigma.$$

从 (7.7) 和 (7.8) 容易求出

$$P = \rho \delta v_0^2 \cot \frac{\alpha}{2}. \tag{7.9}$$

这个公式表明, 水对平板的作用力与液膜的厚度 δ 有很大关系. 该厚度可以视为 α, H 和 h^* 的函数 (见图 33).

如果给定 H 和 h^*, 则相应问题的全部理论解表明, 沿平板流动的液膜的厚度

[1)] 显然, 在应用积分关系式的时候, 在相应方程中, 对控制面 Σ 中平行于 xy 平面的两个截面的积分或者等于零, 或者相互抵消.

在 α 很小时具有量级 α^2, 所以作用力 P 在 α 很小时具有量级 α (因为在 α 很小时 $\cot(\alpha/2) \approx 2/\alpha$).

力 $\boldsymbol{P}$ 在运动速度的相反方向 (x 轴的相反方向) 上的分力是阻力, 在垂直于运动速度方向上的分力是升力. 由公式 (7.9) 可知, 阻力值 R 和升力值 A 可以表示为

$$R = P\sin\alpha = \rho\delta v_0^2(1 + \cos\alpha),$$
$$A = P\cos\alpha = \rho\delta v_0^2 \cot\frac{\alpha}{2}\cos\alpha. \tag{7.10}$$

公式 (7.10) 不依赖于 H, 所以, 在无限水深的情况下, 即当 $H = \infty$, $h = \infty$, $h^* = \infty$ 时, 这些公式也是成立的. 这时, 量 δ 仍然是任意的, 但是可以把这个量通过角 α 和浸水段的 "长度" l 表示出来. 量 l 的定义已经在图 33 中明显地给出.

在实际滑水时, 被绕流的平板表面上的黏性摩擦力导致滑水阻力增加近 1 倍, 但在 α 很小时可以忽略黏性摩擦力对升力 A 的影响. 可以证明, 流体重量的影响在高速滑水时是极其微弱的[1].

博尔达管　设不可压缩流体通过博尔达管从一个很大的、在极限上无穷大的容器中以射流的形式流出 (图 34). 我们认为充满流体的容器位于以 $ABEG$ 为边界的全部左半空间, 不计流体的重量. 在边界上有一个面积为 S 的小孔, 其形状可以是任意的. 在小孔内安装有一个足够长的柱形管 ED—BC, 这样的柱形管称为博尔达管. 在容器中距离小孔很远的地方, 流体的压强为 p_1, 而外部空间中的压强 $p_0 < p_1$. 流体在压强差 $p_1 - p_0$ 的作用下从容器向外部空间定常地流出, 形成表面为 DN—CM 的射流. 距离容器小孔很远的射流横截面的渐近面积记为 S_0. 我们来计算射流的收缩比, 即比值 S_0/S.

我们用 p_0 表示不变的环境压强, 用 v_0 表示射流表面的相应速度. 射流横截面面积在极限情况下等于 S_0, 这时横截面上的压强也等于 p_0. 对不可压缩流体射流中的任何一条流线应用伯努利积分, 得

$$p_1 = p_0 + \frac{\rho v_0^2}{2}, \tag{7.11}$$

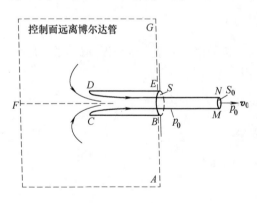

图 34. 流体从博尔达管流出的示意图

式中 ρ 是流体的密度; 这里认为, 容器中的流体在距离小孔很远的地方在极限上具有压强 p_1.

为了求出射流的收缩比, 我们取虚线所表示的曲面 (见图 34)、博尔达管管壁、

---

[1] 参见: Седов Л. И. Плоские задачи гидродинамики и аэродинамики. Москва: Гостех-издат, 1950; 3-е изд. Москва: Наука, 1980 (俄文第一版的英译本: Sedov L. I. Two-Dimensional Problems in Hydrodynamics and Aerodynamics. New York: Wiley, 1965). 书中给出了滑水的平面运动问题在考虑流体重量时的完整的解.

射流表面和横截面 S_0 组成控制面 Σ, 并对它应用动量方程 (7.2). 在图 34 中, 封闭曲线 $ABCMNDEGFA$ 表示控制面 Σ. 利用等式 (7.5) 可以把方程 (7.2) 写为

$$\rho \int_{\Sigma} \boldsymbol{v} v_n \, \mathrm{d}\sigma = - \int_{\Sigma} (p - p_0) \boldsymbol{n} \, \mathrm{d}\sigma.$$

现在, 我们将此方程投影于速度方向, 即平行于博尔达管母线的方向. 对于距离小孔无穷远的部分控制面, 可以认为速度 $\boldsymbol{v}$ 趋于零, 所以通过这部分控制面的动量流等于零. 对于控制面 Σ 上除了 S_0 的其余部分, 有 $v_n = 0$. 又因为流体是理想的, 所以可以写出

$$\rho v_0^2 S_0 = - \int_{BAFGE} (p - p_0) \cos(\boldsymbol{n}, \, \boldsymbol{v}_0) \, \mathrm{d}\sigma = (p_1 - p_0) S, \qquad (7.12)$$

这里使用了对封闭曲面 $BAFGEB$ 成立的等式

$$\int_{BAFGEB} (p_1 - p_0) \cos(\boldsymbol{n}, \, \boldsymbol{v}_0) \, \mathrm{d}\sigma = 0,$$

即

$$\int_{BAFGE} (p_1 - p_0) \cos(\boldsymbol{n}, \, \boldsymbol{v}_0) \, \mathrm{d}\sigma = - \int_{S} (p_1 - p_0) \, \mathrm{d}\sigma.$$

从 (7.11) 和 (7.12) 立即得到

$$\frac{S_0}{S} = \frac{1}{2}. \qquad (7.13)$$

因此, 当不可压缩流体通过博尔达管以射流的形式流出时, 收缩比等于 1/2. 在一般情况下 (对于其他形状的喷管), 收缩比依赖于喷管的几何形状.

对于由亚声速连续气流形成的射流, 如果在射流表面 $p = p_0$, 则公式 (7.12) 仍然成立. 在完全气体的情况下, 可以把这个公式写为

$$\frac{S_0}{S} = \frac{p_1 - p_0}{\rho_0 v_0^2} = \left(\frac{p_1}{p_0} - 1 \right) \frac{1}{\gamma M_0^2},$$

式中 M_0 是截面 S_0 上的马赫数.

现在需要用气体的伯努利积分代替形如 (7.11) 的伯努利积分. 在 (5.11) 的第一个公式中令 $p^* = p_1$, $M = M_0$, 由此可得

$$\frac{S_0}{S} = \frac{\left(1 + \dfrac{\gamma - 1}{2} M_0^2 \right)^{\gamma/(\gamma-1)} - 1}{\gamma M_0^2}. \qquad (7.14)$$

公式 (7.14) 在 $M_0 \to 0$ 时化为公式 (7.13).

当

$$\frac{p_0}{p^*} > \frac{p_{\mathrm{cr}}}{p^*} = \left(\frac{2}{\gamma + 1} \right)^{\gamma/(\gamma-1)}$$

时, 流动是亚声速的. 当压强差很大时, $p_0/p^* < p_{cr}/p^*$, 在射流中出现超声速流动. 如果 p_0/p^* 足够小, 在射流中就会出现激波, 问题的解因而变得非常复杂.

§8. 定常运动的流体与被绕流物体之间的相互作用

我们来研究流体绕某一个或一组物体的定常流动 (图 35).

设 Σ_1, Σ_2, $\cdots$ 是被绕流物体的表面, 它们都位于流管 Σ_0 的内部. 在选取流管 Σ_0 的时候, 我们既可以通过想象在运动流体中直接选取, 也可以采用其他一些方式, 例如, 如果所研究的流体确实在一个管道内流动, 就可以把管壁取作流管 Σ_0. 还可以这样选取流管 Σ_0, 使得它的一部分是某些固体的边界. 控制面 Σ 包括被绕流物体的表面 Σ_1, Σ_2, $\cdots$, 流管 Σ_0, 以及流管 Σ_0 的横截面 S_1 和 S_2. 这样, 我们将对控制面 $\Sigma = \Sigma_0 + \Sigma_1 + \Sigma_2 + \cdots + S_1 + S_2$ 应用关系式 (7.1)—(7.4).

假设流管的横截面 S_1 和 S_2 (其面积是有限的, 也用 S_1 和 S_2 表示) 距离被绕流的物体足够远, 流动在这两个横截面上是均匀的, 于是在横截面上分别有均匀分布的密度 ρ_1, ρ_2 和速度 $\boldsymbol{v}_1$, $\boldsymbol{v}_2$, 并且速度分别垂直于 S_1 和 S_2. 此外, 我们还假设横截面 S_1 和 S_2 上的内应力只以压强 p_1 和 p_2 的形式表现出来[1]. 在流管内部区域和流管表面, 既允许存在与外部物体的各种机理的能量交换, 也允许存在切向应力, 因为在一般情况下我们并不需要理想流体假设.

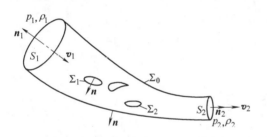

图 35. 流体在管道 (或流管) 中绕一组障碍物定常流动的示意图. 控制面 $\Sigma = \Sigma_0 + \Sigma_1 + \Sigma_2 + \cdots + S_1 + S_2$

反作用力的合力 $\boldsymbol{R}$, 合力矩 $\boldsymbol{M}$ 和流体所 "释放" 的能量 W 下面将使用以下记号:

$$-\boldsymbol{R} = \int_{\Sigma_0+\Sigma_1+\Sigma_2+\cdots} \boldsymbol{p}_n \, \mathrm{d}\sigma, \tag{8.1}$$

$$-\boldsymbol{M} = \int_{\Sigma_0+\Sigma_1+\Sigma_2+\cdots} (\boldsymbol{r} \times \boldsymbol{p}_n + \boldsymbol{Q}_n) \, \mathrm{d}\sigma, \tag{8.2}$$

$$-W = \int_V \left(\boldsymbol{F} \cdot \boldsymbol{v} + \frac{\mathrm{d}q^*_{\mathrm{mass}}}{\mathrm{d}t} \right) \rho \, \mathrm{d}\tau + \int_{\Sigma_0+\Sigma_1+\Sigma_2+\cdots} (\boldsymbol{p}_n \cdot \boldsymbol{v} - q^*_n) \, \mathrm{d}\sigma, \tag{8.3}$$

$$i^* = \frac{v^2}{2} + U + \frac{p}{\rho}. \tag{8.4}$$

显然, 矢量 $-\boldsymbol{R}$ 是内部物体在边界面 Σ_1, Σ_2, $\cdots$ 上对流体的作用力与流体在

---

[1] 这个假设便于应用, 并且在许多情况下是完全可以接受的. 不过, 即使在 S_1 和 S_2 上还有切向应力, 也可以推广下面的公式.

流管 Σ_0 上所受到的面力的合力, 而矢量 $\boldsymbol{R}$ 是相应反作用力的合力, 即流体对被绕流物体和流管 Σ_0 的作用力的合力. 类似的解释适用于对某个固定点的合力矩矢量 $-\boldsymbol{M}$ 和 $\boldsymbol{M}$.

标量 $-W$ 是单位时间内进入控制面 Σ 所包围的控制体 V 的总能量 (包括机械能、热量和其他形式的能量), 减去单位时间内通过横截面 S_1 和 S_2 进入控制体的总能量 (W 是从该区域释放的总能量).

按照定义, 记为 i^* 的量是质量总焓, 即质量动能与质量焓 (见第一卷第五章公式 (6.6)) 之和.

如果考虑重力, 令 $\boldsymbol{F} = \boldsymbol{g}$, 则

$$\int_V \boldsymbol{F} \rho \, \mathrm{d}\tau = \mathscr{M}\boldsymbol{g}, \quad \int_V \boldsymbol{r} \times \boldsymbol{F} \rho \, \mathrm{d}\tau = \mathscr{M}\boldsymbol{r}^* \times \boldsymbol{g}, \quad \int_V \boldsymbol{F} \cdot \boldsymbol{v} \rho \, \mathrm{d}\tau = \mathscr{M}\boldsymbol{v}^* \cdot \boldsymbol{g}, \qquad (8.5)$$

式中 $\mathscr{M}$ 是控制体 V 中流体的质量, $\boldsymbol{r}^*$ 和 $\boldsymbol{v}^*$ 分别是控制体中流体的重心的径矢和速度 (密度在控制体 V 中的分布可能不均匀).

在许多应用中可以认为

$$\boldsymbol{F} = 0, \quad h = 0, \quad \frac{\mathrm{d}q^*_{\mathrm{mass}}}{\mathrm{d}t} = 0.$$

从质量守恒定律 (7.1) 得

$$\rho_1 v_1 S_1 = \rho_2 v_2 S_2 = G, \qquad (8.6)$$

式中 G 表示所研究的流管的质量流量.

根据条件, 在 Σ_0 和被绕流的物体表面 Σ_1, Σ_2, $\cdots$ 上 $v_n = 0$, 所以动量方程 (7.2) 给出以下公式:

$$\boldsymbol{R} = (p_1 + \rho_1 v_1^2) S_1 \frac{\boldsymbol{v}_1}{v_1} - (p_2 + \rho_2 v_2^2) S_2 \frac{\boldsymbol{v}_2}{v_2}. \qquad (8.7)$$

在这个公式中, 我们引入了单位矢量 $\boldsymbol{v}_1/v_1 = -\boldsymbol{n}_1$ 和 $\boldsymbol{v}_2/v_2 = \boldsymbol{n}_2$ 来代替横截面 S_1 和 S_2 上的单位外法向矢量 $\boldsymbol{n}_1$ 和 $\boldsymbol{n}_2$. 要想考虑流体的重量, 根据 (8.1) 和 (8.5), 只要在 (8.7) 的右侧加上横截面 S_1 和 S_2 之间的流体的重量即可.

现在引入横截面 S_1 和 S_2 的几何中心的径矢 $\boldsymbol{r}_1^*$ 和 $\boldsymbol{r}_2^*$, 并且认为在 S_1 和 S_2 上 $\boldsymbol{k} = 0$. 动量矩方程 (7.3) 给出以下公式:

$$\boldsymbol{M} = (p_1 + \rho_1 v_1^2) S_1 \frac{\boldsymbol{r}_1^* \times \boldsymbol{v}_1}{v_1} - (p_2 + \rho_2 v_2^2) S_2 \frac{\boldsymbol{r}_2^* \times \boldsymbol{v}_2}{v_2}. \qquad (8.8)$$

如果考虑流体的重量, 就需要在 (8.8) 的右侧加上横截面 S_1 和 S_2 之间的流体所受重力的合力对流体重心的力矩 (见 (8.5)). 如果外部对全部表面 Σ_0 (在整体上对流管和射流表面) 的压强 p_0 是常量, 则根据前面的结果, 在公式 (8.7) 和 (8.8) 中可以把 p_1 和 p_2 分别替换为 $p_1 - p_0$ 和 $p_2 - p_0$ [1]. 以后可以认为 p_1 和 p_2 等于总压, 或

---

[1] 此时在 $\boldsymbol{R}$ 和 $\boldsymbol{M}$ 的定义中也应进行相应替换. ——译注

者等于在某常压强 p_0 基础上的增量.

最后, 如果认为在 S_1 和 S_2 上 $q_n^* = 0$ (这是一个很自然的假设, 并且容易考虑在 S_1 和 S_2 上 $q_n^* \neq 0$ 的情况, 只不过在很多应用中无此必要), 则能量方程 (7.4) 给出一个形式很简单的公式:

$$W = (i_1^* - i_2^*)G. \tag{8.9}$$

在这个公式中很容易单独考虑 W 的定义式所包含的重力的功 (横截面 S_1 和 S_2 之间的流体的势能之差[1]).

于是, 在 $W = 0$ 时有 $i_1^* = i_2^*$. 对于完全气体, 这个等式在展开后就是伯努利积分 (5.2). 在 $W \neq 0$ 时, 所得方程是对更加复杂的介质才成立的广义伯努利方程, 其中考虑了本来沿流线不变的能量常量因为流体向外部物体 "释放" 能量 W 而发生变化.

在一般情况下, 公式 (8.6)—(8.9) 既适用于连续运动, 也适用于在控制体内部有各种间断的运动. 它们在工程流体力学中具有重要价值, 是对流体机械在一维流动理论中进行各种计算的基本关系式和方程. 显然, 对于横截面 S_1 和 S_2 之间的有限质量的介质, 定常运动公式 (8.6)—(8.9) 与强间断面关系式具有相同的本质. 当横截面 S_1 和 S_2 完全相同并且无限接近时, 公式 (8.6)—(8.9) 变为正激波关系式, 因为根据前面所提假设, S_1 和 S_2 上的速度垂直于相应横截面.

在推导公式 (8.6)—(8.9) 时, 我们曾经假设速度、密度和压强在流管的有限大小的横截面 S_1 和 S_2 上均匀分布. 如果相应流体力学问题的精确解满足这些假设, 则公式 (8.6)—(8.9) 是精确的. 如果根据精确解或实验结果可知这些假设仅仅近似成立, 则所得公式也是近似的, 只不过在许多情况下, 这些假设实际上是完全可以接受的. 与此同时也需要注意, 从实际应用的角度看, 所有理论计算在本质上其实永远都是近似的. 上述公式对无穷细的流管总是成立的, 这时不必对速度、密度和压强在横截面上是否均匀分布提出任何假设. 在一般情况下, 当运动特征量在横截面 S_1 和 S_2 上的分布非常不均匀时, 可以通过对 S_1 和 S_2 进行积分的形式写出类似的公式, 这时必须把横截面 S_1 和 S_2 分割为诸多无穷小的微元 ΔS_1 和 ΔS_2, 然后对这些微元写出 (8.6)—(8.9) 的右侧表达式并求和.

流线上的能量方程　　在理想流体的绝热定常运动中, 如果 $dq^* = 0$, 并且没有因为质量力做功而出现的机械能流, 那么, 只要与流体接触的物体是静止的, 理想流体中的面力 (压强) 在静止曲面 Σ_0 和 $\Sigma_1, \Sigma_2, \cdots$ 上就不做功, 于是从 (8.3) 可知, 对每一个流管都有 $W = 0$. 所以, 根据 (8.9), 在流线上成立以下形式

---

[1] 原文如此, 其实应当是单位时间内流过横截面 S_1 和 S_2 的流体的势能之差. 因此, 如果考虑流体的重量, 则

$$W = G(i_1^* + gz_1^* - i_2^* - gz_2^*),$$

式中 z_1^* 和 z_2^* 分别是横截面 S_1 和 S_2 的几何中心的高度.——译注

的能量方程[1]:

$$\frac{v_1^2}{2} + U_1 + \frac{p_1}{\rho_1} = \frac{v^2}{2} + U + \frac{p}{\rho}. \tag{8.10}$$

在我们所研究的一般情况下, 质量内能 $U(p, \rho, \chi_1, \chi_2, \cdots)$ 可能依赖于表征流体微元内部过程的各种力学参量和物理化学参量 $\chi_1, \chi_2, \cdots$, 这些参量一般是变量, 可能沿流线发生变化. 即使在控制体 V 内的流动中存在强间断——激波, 等式 (8.9) 和相应的 (8.10) 也是成立的.

由于黏性流体在被绕流物体的表面满足无滑移条件, 所以面力在静止固体边界 ($\Sigma_1, \Sigma_2, \cdots$, 还可能包括全部或部分曲面 Σ_0) 上不做功. 然而, 黏性内应力在自由边界 (全部或部分曲面 Σ_0) 上是要做功的, 所以 $W \neq 0$. 此外, 在黏性导热流体中, W 的值还依赖于流动中的热量交换情况. 因此, 对于黏性流体中的微流管, 等式 (8.10) 的右侧在一般情况下应当包括形如 W/G 的一项, 并且在该流管的流量趋于零时有 $W \to 0$.

对于横截面大小有限的静止的绝热固体管道, 只要黏性力在横截面 S_1 和 S_2 上不做功 (精确的或近似的结果), 就可以认为 $W = 0$.

为了在实际中应用方程 (8.9), 我们再给出以下说明.

对外部能量流的一些可能的解释 对于气体, 经常可以使用公式 $U = c_V T + U_0$. 在有化学反应的时候, 例如在燃烧过程中, 在方程 (8.9) 中需要考虑差值

$$U_2 - U_1 = c_{V2}T_2 - c_{V1}T_1 + U_{02} - U_{01}$$

以及可加常量 $U_{02} - U_{01}$ 的变化. 参量 $\chi_1, \chi_2, \cdots$ 的变化导致内能变化, 内能的相应变化量可以解释为内部化学能的变化量, 它等于化学反应的 "反应热". 可以用类似的方法引入熔化能、汽化能、电离能等.

---

[1] 如果考虑重力做功的影响, 流线上的能量方程就可以写为

$$\frac{v_1^2}{2} + U_1 + \frac{p_1}{\rho_1} + gz_1 = \frac{v^2}{2} + U + \frac{p}{\rho} + gz,$$

式中用字母 z 表示高度 (z 坐标轴指向上方). 这个方程实际上是能量方程的一个首次积分, 可以称为能量积分. 其实, 对于理想流体在有势质量力场 $\boldsymbol{F} = \operatorname{grad}\mathscr{U}$ 中的绝热定常运动, 利用连续性方程可以把微分形式的能量方程写为以下形式:

$$\boldsymbol{v} \cdot \operatorname{grad}\left(\frac{v^2}{2} + U + \frac{p}{\rho} - \mathscr{U}\right) = 0.$$

因此, 在流线 $\mathscr{L}$ 上成立能量积分

$$\frac{v^2}{2} + U + \frac{p}{\rho} - \mathscr{U} = C(\mathscr{L}).$$

于是, 作为动量方程 (或动能方程) 和能量方程的首次积分, 伯努利积分和能量积分都是沿流线成立的关系式. 在文献中, 这两个首次积分经常都称为伯努利方程或伯努利公式. ——译注

在实际工程计算中经常对气体使用内能公式

$$U = c_V T,$$

并把化学反应和其他一些类似过程所导致的能量变化当做给定的外部能量流, 这部分能量流通过方程 (8.9) 中的量 W/G 表现出来. 在这种便于应用的研究方法中, 就本质而言, 内部物理化学过程的作用被替换为给定的外部能量流.

现在考虑几个重要的实例.

在管道中运动的流体对管道的反作用力　设流体在静止管道 Σ_0 中作定常运动, 管道一般是弯曲的 (图 36). 根据公式 (8.7), 流体对管壁的反作用力的合力 $\boldsymbol{R}$ 就是利用矢量

$$-(p_2 + \rho_2 v_2^2)S_2 \frac{\boldsymbol{v}_2}{v_2} \quad 和 \quad (p_1 + \rho_1 v_1^2)S_1 \frac{\boldsymbol{v}_1}{v_1}$$

构建起来的平行四边形的对角线. 如果流量 $G = \rho_1 v_1 S_1 = \rho_2 v_2 S_2$ 不等于零, $p_1 \geqslant 0$, $p_2 \geqslant 0$, 横截面 S_1 不平行于 S_2, 则 $\boldsymbol{R}$ 必然不等于零. 显然, 流动方向的任何改变都会导致管壁上的反作用力的合力不等于零.

从公式 (8.8) 容易看出, 如果分别从横截面 S_1 和 S_2 的几何中心引出的垂线相交于点 O, 则流体对管壁的反作用力对点 O 的合力矩等于零[1], 这时可以把管道中的固定点 O 当做力 $\boldsymbol{R}$ 的作用点.

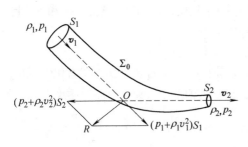

图 36. 流体对管道的反作用力

物体在柱形管中运动时的无穷远条件　为了计算在无界流体中运动的物体所受到的阻力, 首先研究以常速度 $\boldsymbol{v}$ 在无穷长柱形管中沿平行于母线的方向进行平动的一个或一组物体 (图 37). 流体的扰动依赖于物体和柱形道的形状、物体在管中的位置、物体的速度、流体的性质 (黏度、可压缩性等) 以及流体未受扰动时的原始状态. 为了解决这个流体力学问题, 必须根据实验提出某些假设作为相应问题的附加的定解条件.

如果物体的尺寸远小于管道横截面的尺寸, 则在许多情况下可以认为, 由物体运动引起的流体扰动在物体前方无穷远处在极限上完全消失, 即运动物体前方无穷远处的流体处于静止状态[2]. 这个基本假设在应用上和理论上都是可以接受的.

---

[1] 上述垂线一般不相交, 所以流体对管壁的反作用力的合力矩一般不等于零. ——译注

[2] 对于放置在管道中的物体, 这个 "自然的" 假设在某些情况下是不可能的! 例如, 如果物体是静止的, 但是物体上安装有能够驱动流体的螺旋桨, 在物体前方就会形成射流; 因此, 不能认为流体在这样的 "静止" 物体前方处于静止状态, 换言之, 不能认为前方无穷远处的速度在管道横截面上的所有点都趋于零. 在无界流体中不会出现这种效应, 不过, 如果有无限多个物体 (例如翼栅), 在无界流体中也可能出现这种效应.

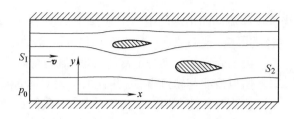

图 37. 柱形管中的固体绕流示意图

我们进一步假设流体的绝对运动和 (在物体的固连坐标系中的) 相对运动是定常的; 这在理论上表示, 所研究的流体运动是极限情况下的运动, 这时具有给定速度的物体已经在流体中运动了无穷长的时间, 换言之, 物体是从后方无穷远处运动到管道中的给定位置的.

定常运动假设使运动物体后方的无穷远条件变得复杂起来. 乍一看似乎可以认为, 就像在前方无穷远处的情况那样, 由物体引起的扰动在后方无穷远处也会消失. 对流动图案更加深入的研究表明, 在所用流体模型的范围内, 例如对理想流体而言, 可以根据物体后方的不同无穷远条件求出各种受扰运动. 在许多重要情况下, 与实验相对应的却正是流体扰动在物体后方无穷远处不消失的一些流动图案.

在研究由流体内部的运动物体引起的流体受扰运动时, 为了更加深入地理解这个问题的数学提法, 我们首先在理想流体假设下研究当物体后方无穷远处没有扰动时物体所受阻力的问题.

流体的相对运动 在发展下述理论时, 考察流体对运动物体的相对运动更加方便, 这时要在流体和固体所组成的系统上叠加一个平动速度, 该速度与物体速度的大小相同但方向相反. 经过这样的变换, 流体从无穷远处流向静止的物体; 根据物体前方的无穷远条件, 来流速度值等于物体绝对运动的速度值, 方向则与之相反 (图 37).

显然, 流体中所有的力和内应力在以上变换下都保持不变. 根据伽利略—牛顿原理, 对任何流体模型都可以进行这样的变换, 使得所有力的相互作用都保持不变. 对于黏性流体, 由于无滑移条件的限制, 在绝对运动中静止不动的柱形管在上述变换后必须沿母线运动. 对于理想流体, 管壁的这种运动对流体运动毫无影响, 所以在变换之后仍然可以认为管壁是静止的. 在通常情况下, 有限长管道的无滑移边界条件仅仅对管壁附近区域才有重要影响, 所以对于放置在管道中心线附近的不大的物体, 绕流时的上述近壁面效应并没有十分重要的实际意义.

因此, 一组物体以相同的速度在流体中匀速运动的问题可以替换为与之等价的静止物体绕流问题, 只要让来流速度与物体运动速度相反即可.

迪比亚佯谬 在实验观察中发现, 如果存在不参与上述变换的其他一些物体, 例如风洞、水槽、船体的固体壁面, 上面两个问题就不是完全等价的. 于是, 我们得到迪比亚佯谬: 在原来静止的流体中运动的物体所受到的阻力不等于该物体静止时因为流体绕该物体流动而出现的阻力. 为了消除迪比亚佯谬, 在模拟时必须消除 (降低) 无关物体的影响, 这一般要求扩大实验装置试验段的尺寸.

有限尺寸物体绕流的达朗贝尔佯谬　　因为介质的运动是定常的, 被绕流的物体是不可渗透的刚体, 所以流线与轨迹重合, 并且来自无穷远的流线在绕过物体后应当延伸至无穷远. 为简单起见, 我们在理想流体模型下考虑完全气体的绝热运动, 不计外质量力. 此时, 在每条流线上都成立伯努利积分. 设来流在无穷远处的密度 ρ_1、压强 p_1 和速度 v_1 是常量, 于是可以把伯努利积分和绝热条件表示为以下两个等式:

$$p = p^* \left(1 - \frac{v^2}{v_{\max}^2}\right)^{\gamma/(\gamma-1)}, \quad \rho = \frac{p^*}{RT^*}\left(1 - \frac{v^2}{v_{\max}^2}\right)^{1/(\gamma-1)}, \tag{8.11}$$

式中

$$\frac{v_{\max}^2}{2} = c_p T^* = i^*, \quad p^{*(\gamma-1)/\gamma} = \frac{\gamma-1}{\gamma}\frac{\rho_1 i^*}{p_1^{1/\gamma}} \, e^{-(s-s_1)/c_p},$$

参量 i^*, T^* 和 $v_{\max}$ 在所有流线上都相同且保持不变, 并且这个结论对连续运动和具有激波的运动都成立. 只有当气体微元从外部获得在形式上不同于压强做功的能量 W 时, 上述参量才有可能发生变化. 在所研究的绝热运动中, 参量 p^* 仅在因为流线穿过激波而导致熵增加时才发生变化.

我们来研究当 $x \to -\infty$ 和 $x \to \infty$ 时横截面 S_1 和 S_2 上的运动特征量. 在从 S_1 延伸到 S_2 的所有流线上都成立等式 $v_{\max 1} = v_{\max 2}$ ($T_1^* = T_2^*$); 此外, 在运动连续的流线上有 $p_1^* = p_2^*$, 而在穿过激波的流线上有 $p_2^* < p_1^*$.

现在考虑横截面 S_2 上的流体运动. 与实验结果相符的一个基本假设是, 在物体后方距离物体很远的横截面 S_2 上, 压强的分布是均匀的, 所以 p_2 在 S_2 上处处相同. 因此从 (8.11) 可知, 如果流动是连续的, 即如果在横截面 S_2 上 $p_2^* = p_1^* = \text{const}$, 则在 S_2 上有 $v_2 = \text{const}$ 和 $\rho_2 = \text{const}$, 并且流量方程给出

$$\rho_1 v_1 S_1 = \rho_2 v_2 S_2. \tag{8.12}$$

在物体前方和后方很远处, 如果流体充满管道的全部横截面, 即如果 $S_1 = S_2 = S$, 则从 (8.12) 可得

$$\rho_1 v_1 = \rho_2 v_2. \tag{8.13}$$

根据 (8.11), 沿每一条流线都容易把 ρv 通过 p^*, T^*, $v_{\max}$ 和 p/p^* 表示出来, 所以从 (8.13) 可知[1], $p_2/p_2^* = p_1/p_1^*$, 或者, 因为 $p_1^* = p_2^*$, 所以 $p_1 = p_2$, $\rho_1 = \rho_2$, $v_1 = v_2$. 于是, 如果假设柱形管中的绕流运动是连续的, 并且在被绕流物体的后方没有延伸到无穷远的空腔, 即认为 $S_1 = S_2$, 那么, 作为压强均匀分布条件的推论可知, 在位于物体前方和后方很远处的横截面 S_1 和 S_2 上, 所有流动参量都保持不变. 这个结论是

---

[1] 这里假设流动速度没有跨越声速, 该假设在 S 远远大于被绕流物体的横截面面积时是成立的.

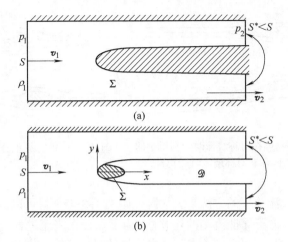

图 38. (a) 柱形管中的半无穷长固体绕流示意图; (b) 柱形管中的固体的基尔霍夫绕流示意图, 在固体表面发生流动分离, 在固体后方出现延伸至无穷远的空腔

对气体的连续绝热运动得出的; 显然, 它对不可压缩流体同样成立.

因此, 从公式 (8.7) 得

$$\boldsymbol{R} = 0. \tag{8.14}$$

当没有外质量力时, 力 $\boldsymbol{R}$ 是流体对被绕流物体的作用力 $\boldsymbol{R}_1$ 和对柱形管壁面的作用力 $\boldsymbol{R}_2$ 的合力,

$$\boldsymbol{R} = \boldsymbol{R}_1 + \boldsymbol{R}_2.$$

公式 (8.14) 对于任何形状的柱形管都成立, 只要在无穷远处 $S_1 = S_2$. 因为管道是柱形的, 所以从理想流体假设可知, 作用于管壁的力 $\boldsymbol{R}_2$ 垂直于管道的母线或中心线, 即垂直于无穷远处的来流速度. 所以, 从 (8.14) 可以得到以下重要结果:

$$\boldsymbol{R}_1 \perp \boldsymbol{v}_\infty. \tag{8.15}$$

因此, 我们在所采用的问题提法下证明了, 在流体绕位于其内部的静止物体定常流动时, 流体对物体的作用力的合力可能不等于零, 但是这个力一定垂直于来流速度 $\boldsymbol{v}_\infty = \boldsymbol{v}_1 = \boldsymbol{v}_2$. 换言之, 升力 $\boldsymbol{R}_1$ 可能不等于零, 但是被绕流物体所受阻力的合力等于零.

这个结论称为达朗贝尔佯谬, 因为它与实验结果有矛盾, 在实验中总可以观察到阻力. 达朗贝尔佯谬是上述一系列假设的结果, 这些假设包括: 流体是理想的, 绕流是定常的和连续的, 流体在物体前方无穷远处具有均匀的平动速度, 在物体后方无穷远处具有均匀的压强 (在被绕流物体后方没有类似于图 38 (b) 那样的延伸至无穷远的空腔).

尽管在流体中常速运动的物体不受阻力的结论乍一看完全不符合实验结果, 但是如果注意到, 当来流速度和被绕流物体的体积都保持不变时, 在实验中可以通过

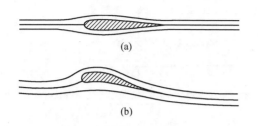

图 39.　(a) 流线型物体在对称绕流时受到很小的
阻力, (b) 流线型物体在非对称绕流时受到升力

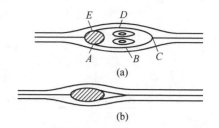

图 40.　固体绕流示意图: (a) 存在尾涡
区, (b) 存在充满气体或静止液体的空腔

把被绕流物体做成流线型的方法来大大降低阻力 (图 39), 就可以认为上述结论与实验结果相差不远. 为了保证流动的连续性, 为了保证在绕流过程中在物体表面不出现类似于图 38 (b) 所示的流动分离, 被绕流物体必须具有流线型外形. 与非流线型物体相比, 例如与球体相比, 流线型物体的阻力小上百倍. 然而, 当具有不可渗透的静止表面的物体被空气或水绕流时, 阻力不可能完全消失, 因为在物体表面存在切向应力——由黏性引起的摩擦力. 只有在没有黏性的超流体中大概才会出现流线型物体完全不受阻力的现象[1].

我们在前面从理想流体在柱形管中绕物体定常流动的问题中得到了达朗贝尔佯谬 (8.15), 这个基本结论与管道横截面 S 的形状和面积都无关, 例如在圆柱形管的情况下, 该结论不依赖于管道半径. 在管道半径趋于无穷大的极限过程中, 公式 (8.14) 和 (8.15) 仍然成立, 所以, 对于无界流体绕一组物体的连续定常流动, 只要流动特征量在距离物体无穷远的地方是均匀的, 就成立达朗贝尔佯谬, 它是同样一组物体在柱形管中的绕流问题的相关结论的极限.

达朗贝尔佯谬是对任何一组物体提出的. 在若干个物体的绕流问题中, 不能认为流体对每一个物体的作用力在来流速度方向上的分力都分别等于零. 我们强调, 我们仅仅证明了一组物体所受到的合力在平行于这组物体的共同平动速度的方向上的分力等于零.

我们还指出, 在证明达朗贝尔佯谬时一般不用假设流体的运动是有势的, 也不用假设在流体中不存在充满气体、蒸气和静止液体的有限空腔 (见图 40).

显然, 在类似于如图 40 所示的理想流体定常绕流问题中, 单独一个 (或一组) 物体所受阻力的合力等于零, 因为从一般方程 (7.2) 显然可知, 如果在一个区域的边界面上 $v_n = 0$, 则物体和流体对该区域的作用力的合力等于零. 例如, 作用于图 40 中的封闭区域 $ABCDEA$ 中的运动流体或静止流体的合力等于零[2].

---

[1] 超流体具有一些非同寻常的特性, 例如超流氦的黏度比液氦的黏度小很多个量级. 关于超流体的基本理论, 可以参阅: Л. Д. 朗道, Е. М. 栗弗席兹. 流体动力学. 李植译. 北京: 高等教育出版社, 2013. 第十六章. 张鹏, 王如竹. 超流氦传热. 北京: 科学出版社, 2009. ——译注

[2] 在相应流动中, 如果流体的速度在这个区域中的某些点达到无穷大, 则应假设表示流体动量的积分在该区域中收敛.

半无穷长物体绕流的达朗贝尔佯谬

有限大小的物体在理想流体中的阻力 R_x 还总是可以用以下公式进行计算:

$$R_x = \int\limits_{\Sigma} (p - p_2) \cos(\boldsymbol{n}, \ x)\, \mathrm{d}\sigma, \tag{8.16}$$

式中 Σ 是物体表面, $\boldsymbol{n}$ 是流体所占区域的外法向矢量, $p_2 = \mathrm{const}$ 是任何常压强, 我们在下面将认为 p_2 等于物体后方无穷远处的压强.

如图 38(a) 所示, 如果物体表面 Σ 延伸到无穷远, 则在不计流体重量的情况下, 对于不可压缩 ($\rho_1 = \rho_2 = \rho$) 理想流体在柱形管中的绕流运动, 物体的阻力 R_x 满足公式

$$R_x = \frac{\rho S}{2}(v_2 - v_1)^2. \tag{8.17}$$

其实, 就像前面那样, 我们认为被绕流物体前方无穷远处和后方无穷远处的流动都是均匀的平动, 在后方无穷远处的压强为 p_2, 速度为 v_2, 但后方流体横截面面积的渐近值 $S^* < S$. 从连续性方程可知 $v_1 S = v_2 S^*$, 所以 $v_2 > v_1$. 从伯努利积分得

$$p_1 - p_2 = \frac{\rho(v_2^2 - v_1^2)}{2},$$

由此可知 $p_2 < p_1$. 利用 (8.16) 和 (8.7), 我们有

$$R_x = (p_1 - p_2)S + G(v_1 - v_2) = \frac{\rho S(v_2^2 - v_1^2)}{2} + \rho S v_1(v_1 - v_2),$$

而这就是公式 (8.17).

现在, 我们用 S_0 表示表面为 Σ 的被绕流物体的横截面在后方无穷远处的极限面积 (横截面垂直于速度 $\boldsymbol{v}_\infty$). 利用等式

$$S_0 = S - S^* = S\left(1 - \frac{v_1}{v_2}\right)$$

可以把公式 (8.17) 改写为

$$R_x = \frac{\rho}{2} S_0 v_2(v_2 - v_1). \tag{8.18}$$

由此可见, 当管道无限扩张时 $v_2 \to v_1$, 于是 R_x 仅在 $S_0 \to \infty$ 时才可能不等于零. 如果已经给定有限值 S_0, 则在极限情况下对这样的半无穷长物体成立达朗贝尔佯谬, 即

$$R_x = 0. \tag{8.19}$$

显然, 这个结论对于向前延伸到无穷远的半无穷长物体被无界流体绕流的情况也是成立的.

附着有气泡的物体在重力场中的绕流问题

我们再来单独研究有限大小的物体在重力场中的绕流问题. 为简单起见, 考虑不可压缩流体的情况, 并且相应流动是在竖直放置的柱形管中进行的. 为了明确地表述问题, 我们只

研究一个物体被绕流的情况, 并认为该物体在管中常速上浮; 相应地, 当物体静止不动时, 来流速度指向下方. 如果有一个重量可以忽略的气泡附着在物体后面, 流动的一般状态就会变得复杂一些 (图 41).

这时, 方程 (8.7) 在考虑重力并在 z 轴投影后给出公式

$$R_z = -(p_1 + \rho v_1^2)S + (p_2 + \rho v_2^2)S - Mg, \tag{8.20}$$

式中 M 是横截面 S_1 和 S_2 之间的流体的质量. 显然, 量 M 满足公式

$$M = \rho Sh - \rho(V_1 + V_2),$$

式中 h 是横截面 S_1 与 S_2 之间的距离, V_1 和 V_2 分别是被绕流物体和附着在物体后面的气泡的体积.

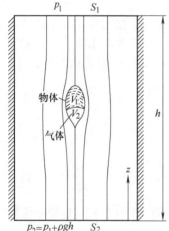

根据伯努利积分 (3.3) 和连续性方程, 再利用压强在横截面 S_1 和 S_2 上均匀分布的条件, 我们立刻得到

$$v_1 = v_2, \quad p_2 - p_1 = \rho gh.$$

据此, 从 (8.20) 得

$$R_z = \rho g(V_1 + V_2).$$

因此, 合力在竖直方向的分量 R_z 就是物体和气泡整体受到的阿基米德力. 当气泡体积因为气体进入或者静压在竖直运动过程中降低而发生变化时, 这个力也会发生变化[1]. 如果通过预先或持续释放气体的方式在物体后面形成气泡, 则合力 R_z 可能远远大于物体的重量. 如果没有附着气泡, 较重的物体就会下

图 41. 重力场中带有附着气泡的物体绕流示意图

沉, 但是附着有气泡的物体可能上浮, 并且是加速上浮, 因为阿基米德力在上浮过程中因为气泡膨胀而增加.

伴有流动分离的被绕流物体的阻力

现在研究不可压缩理想流体 (液体) 在柱形管中绕有限大小的物体按照图 38 (b) 所示方式进行的流动, 不计流体重量. 这时, 在物体后面形成以自由流面为边界的区域 $\mathscr{D}$, 其中充满压强为某个值 $p_{\text{svap}} = p_2$ 的液体蒸气或气体. 就像前面那样, 这里也认为物体前方远处的流动是均匀平动, 但在物体后方很远的地方, 均匀平动仅发生在区域 $\mathscr{D}$ 以外, 这部分流体的压强为 p_2, 速度为 v_2, 横截面面积的渐近值 $S^* < S$. 这时, 物体的阻力 (8.16) 仍然满足公式 (8.17), 因为自由流面上和物体后部的压强满足 $p = p_{\text{svap}}$.

因此, 如果在理想流体绕物体流动时发生上述流动分离现象, 则被绕流物体的

---

[1] 这里忽略相应非定常效应. ——译注

阻力不等于零, 这时不成立达朗贝尔佯谬. 一般而言, 对于管道中的流动, 可以在 $p_2 < p_1$ 的条件下任意给定压强值 p_1 和 $p_2 = p_{\text{svap}}$.

对于理想气体在柱形管中绕物体的绝热流动, 如果气流速度连续变化 (这一般意味着亚声速流动), 则在发生上述流动分离时可以建立类似的理论.

如果伴有流动分离的被绕流物体是一个孤立的物体, 并且在物体后面形成一个内部压强为常量的无穷长空腔, 则为了计算物体的阻力, 必须考虑流体在 $S \to \infty$ 时的极限运动. 对于孤立物体, 该极限[1] 的结果是 $v_2 \to v_1$, 所以

$$p_{\text{svap}} = p_2 \to p_1.$$

因此, 在不计重量的理想流体绕孤立物体的流动中, 在物体后面有可能形成延伸到无穷远的空腔的条件是 $p_1 = p_\infty = p_{\text{svap}}$, 即空腔内部压强 p_{svap} 正好等于距离被绕流物体很远的流体的压强.

当无界流体绕物体流动时, 对于伴有流动分离的基尔霍夫绕流, 如果物体的流体力学阻力不等于零, 则根据 R_x 的公式 (8.18) 可知, 空腔的横截面面积 (横截面垂直于来流速度) 在物体后方无穷远处也应当趋于无穷大, 因为

$$\lim_{v_2 \to v_1} S_0(v_2 - v_1) \neq 0.$$

我们指出, 如果在无界流体绕孤立物体的流动中发生流动分离并在物体后面形成空腔, 其中 $p_{\text{svap}} = p_\infty$, 那么, 若不求解相应流体动力学问题, 就不能从柱形管中绕流的阻力公式 (8.17) 得到孤立物体绕流的阻力公式.

当空腔中的压强 p_{svap} 给定且 $p_{\text{svap}} \neq p_\infty$ 时, 也可以建立相应的绕流运动, 但空腔在这种情况下不可能延伸到无穷远. 可以证明, 如果 $p_{\text{svap}} > p_\infty$, 则结果如图 40 (b) 所示, 这时物体在理想流体中的流体力学阻力等于零.

伴有反向射流的绕流方式 在 $p_{\text{svap}} < p_\infty$ 时可以考虑各种定常绕流方式, 例如图 42 中的方式, 这时形成一股反向射流, 它流向黎曼面第二叶上的无穷远处. 这样的射流最初是由 Д. А. 埃夫罗斯引入并研究的[2]. 显然, 在理论上这样构造出来的空间运动其实无法实现, 这表示在 $p_{\text{svap}} < p_\infty$ 时不可能存在定常绕流. 然而, 实验在许多情况下都明确显示, 在物体后方空腔的尾部区域中存在这种射流, 它在进入空腔边界面后因为耗损而明显减弱, 同时导致该区

---

[1] 这里认为, 伴有流动分离的绕有限大小的孤立物体的流动是基尔霍夫绕流, 其中 $v_1 = v_2$.

[2] 参见: Эфрос Д. А. Гидродинамическая теория плоскопараллельного кавитационного течения. ДАН СССР, 1946, 1(4). 对相应理论更加详细的论述参见: Седов Л. И. Плоские задачи гидродинамики и аэродинамики. Москва: Гостехиздат, 1950; 3-е изд. Москва: Наука, 1980 (俄文第一版的英译本: Sedov L. I. Two-Dimensional Problems in Hydrodynamics and Aerodynamics. New York: Wiley, 1965); 还可以参阅: Гуревич М. И. Теория струй идеальной жидкости. Москва: Физматгиз, 1961; 2-е изд. Москва: Наука, 1979 (俄文第一版的英译本: Gurevich M. I. Theory of Jets in Ideal Fluids. New York: Academic Press, 1965).

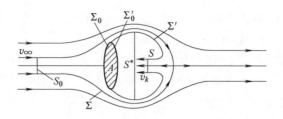

图 42. 伴有反向射流的固体绕流示意图

域中的流体运动具有像沸腾那样的非定常特性. 在伴有反向射流的绕流运动中, 物体的流体力学阻力不等于零.

伴有反向射流时的绕流阻力公式　　现在, 设不可压缩理想流体绕物体流动, 在物体后方形成反向射流, 我们来推导阻力的一般公式. 如图 42 所示, 取控制面 $S_0 + \Sigma + S + \Sigma' + \Sigma_0$ (封闭曲面 $\Sigma_0 + \Sigma_0'$ 是被绕流物体 A 的边界), 然后对其中的流体应用定常运动的动量定理. 如果把物体 A 的总阻力记为

$$R_x = \int\limits_{\Sigma_0 + \Sigma_0'} (p - p_{\text{svap}}) \cos(\boldsymbol{n},\ x)\,\mathrm{d}\sigma = \int\limits_{\Sigma_0} (p - p_{\text{svap}}) \cos(\boldsymbol{n},\ x)\,\mathrm{d}\sigma,$$

式中 $\boldsymbol{n}$ 是流体所占区域边界的外法向矢量, 就可以对所取控制体写出以下动量方程:

$$-R_x - \int\limits_{\Sigma + S_0} (p - p_{\text{svap}}) \cos(\boldsymbol{n},\ x)\,\mathrm{d}\sigma = -\rho Q(v_\infty + v_k),$$

式中 Q 是反向射流的体积流量,

$$Q = Sv_k = S_0 v_\infty.$$

根据达朗贝尔佯谬 (8.19) 和等式

$$\int\limits_{\Sigma} \cos(\boldsymbol{n},\ x)\,\mathrm{d}\sigma = -\int\limits_{S_0} \cos(\boldsymbol{n},\ x)\,\mathrm{d}\sigma,$$

我们有

$$\int\limits_{\Sigma + S_0} (p - p_{\text{svap}}) \cos(\boldsymbol{n},\ x)\,\mathrm{d}\sigma$$

$$= \int\limits_{\Sigma} (p - p_\infty) \cos(\boldsymbol{n},\ x)\,\mathrm{d}\sigma + \int\limits_{\Sigma} (p_\infty - p_{\text{svap}}) \cos(\boldsymbol{n},\ x)\,\mathrm{d}\sigma + \int\limits_{S_0} (p_\infty - p_{\text{svap}}) \cos(\boldsymbol{n},\ x)\,\mathrm{d}\sigma$$

$$= 0.$$

利用这个等式和伯努利积分可得

$$v_k = \sqrt{\frac{2(p_\infty - p_{\text{svap}}) + \rho v_\infty^2}{\rho}} = v_\infty \sqrt{1 + \varkappa},$$

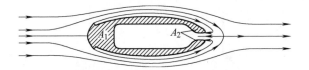

图 43. 被绕流物体 $A_1 + A_2$ 吸收反向射流

式中

$$\varkappa = \frac{2(p_\infty - p_{\mathrm{svap}})}{\rho v_\infty^2}$$

是空化数, 于是可以写出 R_x 的一个简单的公式:

$$R_x = \rho Q(v_\infty + v_k) = \rho Q v_\infty (1 + \sqrt{1 + \varkappa}). \tag{8.21}$$

如果 $\varkappa \to 0$, 并且速度 v_∞ 是固定的, 则 $p_{\mathrm{svap}} \to p_\infty$, 于是伴有反向射流的绕流趋于基尔霍夫绕流, 这时阻力不等于零. 取极限后有 $v_k = v_\infty$,

$$R_{x\,\mathrm{Kirch}} = 2\rho Q v_\infty.$$

因此, 取极限后, 空腔的最大横截面 S^* (见图 42) 位于无穷远处, 其面积趋于无穷大, 而反向射流的流量 $Q \neq 0$.

当 $\varkappa \neq 0$ 时, 如图 43 所示, 可以把上述流动解释为绕能够吸收反向射流的物体 $A_1 + A_2$ 的流动, 反向射流减速至相对于物体静止的状态并留在物体内部. 显然, 我们可以在某一较短的时间间隔内考虑这种绕流问题. 物体 $A_1 + A_2$ 不但受到满足公式 (8.21) 的阻力 R_x, 而且因为在物体内部减速的反向射流所提供的冲量而受到向前的推力 $\rho Q v_k$. 因此, 物体 $A_1 + A_2$ 受到的总阻力 R_{x1} 等于

$$R_{x1} = R_x - \rho Q v_k = \rho Q v_\infty = \rho S v_k v_\infty,$$

式中 S 是被吸收的反向射流的横截面面积.

流体速度方向变为相反方向之后得到一种新的绕流运动　在理想流体绕物体 $A_1 + A_2$ 的上述定常流动中, 在物体后面形成的反向射流被物体吸收. 如果把流体速度方向变为相反方向, 就可以构造出理想流体的一种新的定常流动. 显然, 当压强分布保持不变时, 所有运动方程在这样的变换下仍然成立. 在新的流动中, 可以把原来的反向射流看做物体向前喷出的射流, 它使迎面来流分开并绕物体 $A_1 + A_2$ 流动, 然后又汇合于物体后部.

向前喷出的射流产生推力　显然, 如果物体 $A_1 + A_2$ 在原来的流动中受到阻力 R_{x1}, 则该物体在新的流动中向前 (不是向后, 而是向前!) 喷出射流, 物体受到推力 (即方向与来流方向相反 (!) 的力), 其值等于 R_{x1}. 因此, 在理想流体绕物体的定常流动中, 如果物体吸收或喷出射流, 则达朗贝尔佯谬不成立: 用这种方法既能得到阻力, 也能得到推力.

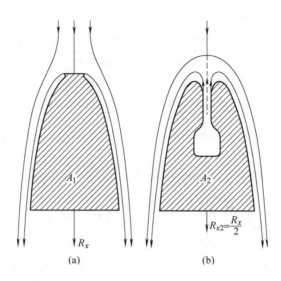

图 44. 伴有流动分离的基尔霍夫绕流: (a) 利用固体空化器形成空腔, (b) 利用反向射流形成空腔

众所周知, 在火箭的经典运动方式中, 当物体向后喷出射流时自然可以得到推力. 然而, 上面的分析表明, 当物体向前喷出射流时也能得到推力. 这时, 射流的反作用力给出阻力, 流体在物体后部的平稳汇合使压强得以恢复, 从而产生推力[1]. 流体在物体后部平稳汇合的这种理论流动状态在实际中很难实现.

存在固体空化器和反向射流时的基尔霍夫绕流

我们再来研究 $p_{\mathrm{svap}} = p_\infty$ 且 $v_k = v_\infty$ 的情况, 这时空腔的最大横截面 S^* (图 42) 位于无穷远处, 其面积趋于无穷大. 如图 44 所示, 我们在这种极限情况下得到物体 A_1 的基尔霍夫绕流或者 (在流体速度方向变为相反方向之后) 向前喷出射流的物体 A_2 的相应绕流, 在物体后方形成无限扩张的空腔.

容易看出, 当空腔的渐近扩张程度相同时, 物体 A_1 的阻力是向前喷出的射流对物体 A_2 的反作用力的 2 倍. 换言之, 如果假设在 $\varkappa \to 0$ 的极限下可以通过把图 43 中的物体 $A_1 + A_2$ 分解的方法得到绕物体 A_1 和 A_2 的上述流动, 则物体 A_1 的阻力是物体 A_2 的阻力的 2 倍.

空腔的渐近行为只与来流受到的合力有关. 对于图 44 (b) 中的流动方式, 反向射流受到的合力指向下游, 其大小为 $2\rho Q v_\infty$ (因为速度为 v_∞ 的反向射流先减速, 然后再被来流加速至 v_∞ 并指向后方). 另一方面, 以速度 v_∞ 向前喷出的射流对物体 A_2 的反作用力等于物体的阻力 $R_{x2} = \rho Q v_\infty$, 即 $R_{x2} = R_x/2$. 对于图 44 (a) 中的流动方式, 作用于具有固体空化器的物体的合力在大小上正好等于作用于来流流体的合力. 无论空腔是利用固体空化器形成的, 还是利用反向射流形成的, 只要其扩张程

[1] 关于这些结果和进一步的论述, 参见: Седов Л. И.　Об обтекании идеальной жидкостью тела со встречной струей. ДАН СССР, 1972, 206(1): 41—42 (Sedov L. I.　Flow of an ideal fluid past a body with a reverse stream. Sov. Phys. Dokl., 1973, 17: 852).

度相同, 作用于来流流体的合力就都等于 $R_x = 2\rho Q v_\infty$.

上述结论具有特别重要的价值, 因为当物体在流体中高速运动时, 发生流动分离并形成一个空腔把运动物体包围起来的分离绕流比不发生流动分离的平稳绕流更加有利. 其原因在于, 由于流体的黏性, 在流体中高速运动的具有给定体积的流线型物体即使在平稳绕流过程中也受到极大的摩擦阻力, 这种摩擦阻力大于前端装有空化器的物体在分离绕流过程中受到的阻力[1].

我们已经在前面指出, 可以利用反向射流形成伴有流动分离的基尔霍夫绕流, 从而把阻力降低至利用固体空化器形成流动分离时的阻力的一半[2].

伴有激波的气流对被绕流物体的阻力　我们来研究理想完全气体的绝热定常绕流问题, 但同时或者假设来流是超声速的, 或者假设在被绕流物体附近的扰动气流中存在超声速流动区域. 在这些情况下会出现激波, 所以不能使用上述关于流动连续的基本假设. 当气流中有激波时, 在穿过激波的流线上, 滞止温度 T^* 仍然保持不变, 但滞止压强 p^* 下降, 因为在穿过激波时熵是增加的, 这时发生不可逆损失, 机械能转化为热. 以滞止压强下降为特点的这些损失导致被气体绕流的物体受到阻力.

我们现在考虑滞止压强和滞止温度在物体前方和后方距离物体无穷远的横截面上不同的情况, 即 $p_2^* \neq p_1^*, T_2^* \neq T_1^*$ 的情况, 并更详细地研究这时的阻力值. 能够引起滞止温度发生变化的因素包括气流中的化学反应 (例如燃烧) 和外力做功, 这时气体获得或失去能量. 我们假设, 在距离物体很远的地方, 运动是绝热的, 压强均匀分布, 速度平行于来流速度[3].

设有限大小的被绕流物体位于柱形管内, ρ_2 和 v_2 在 S_2 上的分布不是均匀的. 根据 (7.2), 气体对被绕流物体的作用力在 x 轴上的投影为

$$R_x = (p_1 - p_2)S + \int_{S_2} \rho_2 v_2 (v_1 - v_2)\, \mathrm{d}\sigma. \tag{8.22}$$

我们在前面已经证明, 在 $T_1^* = T_2^*, p_1^* = p_2^*$ 时有 $p_1 = p_2, v_1 = v_2$, 所以 $R_x = 0$, 这样就得到达朗贝尔佯谬. 当总焓 $i^* = c_p T^* = v_{\max}^2/2$ 和滞止压强发生变化时, 即当 $i_1^* \neq i_2^*, p_1^* \neq p_2^*$ 时, 由 (8.22) 可知, 力 R_x 一般不等于零, 其值依赖于 T^* 和 p^* 在流线上的变化特点. 我们在 $R_x > 0$ 时得到阻力 (见图 37), 在 $R_x < 0$ 时得到推力. 一般而言, 在有能量输入时才会得到推力, 这时总焓增加, $i_2^* > i_1^*$.

我们来考虑 $i_1^* = i_2^*$ 的情况, 但假设在气流中存在不可逆损失, 使得滞止压强在

---

[1] 这正是超空泡鱼雷或其他超空泡武器的原理. ——译注

[2] 由此还显然可知, 利用聚能射流穿透装甲比利用固体炮弹更加有效 (关于聚能射流穿甲弹的原理, 可以参阅: M.A. 拉夫连季耶夫, Б.B. 沙巴特. 复变函数论方法. 施祥林, 夏定中, 吕乃刚译. 北京: 高等教育出版社, 2006. 第三章 §4. ——译注).

[3] 还可以而且需要研究在物体后方无穷远处不满足这些假设的理论绕流方式, 例如有限翼展翼型的绕流 (见 §27), 以及螺旋桨的有旋绕流 (这时要考虑尾流中的涡旋).

物体附近的某一段流线上降低, $p_2^* < p_1^*$. 被绕流物体后方的远场压强 p_2 一般不等于物体前方的远场压强 p_1. 当 ρ_1, v_1, p_1 和 p_2^* 给定后, 为了计算 p_2, 从流量方程可以得到一个很复杂的方程, 利用 (6.6) 可以把它写为以下形式:

$$\frac{1}{S} \int_S \left(\frac{p_2}{p_1}\right)^{1/\gamma} \left(\frac{p_2^*}{p_1^*}\right)^{(\gamma-1)/\gamma} \left[\frac{1-(p_2/p_2^*)^{(\gamma-1)/\gamma}}{1-(p_1/p_1^*)^{(\gamma-1)/\gamma}}\right]^{1/2} \mathrm{d}\sigma = 1. \tag{8.23}$$

从这个方程可以看出, 如果仅在横截面 S 上的有限区域中才有 $p_2^* \neq p_1^*$, 则在 $S \to \infty$ 时有 $p_2/p_1 \to 1$. 对于 $S = \infty$ 的无界气流绕孤立物体的流动, 在许多情况下——例如向无界气流输入能量时 [1]——可以认为

$$\lim_{S \to \infty} (p_1 - p_2)S = 0.$$

所以, 在实际应用中可以使用公式

$$R_x = \int_{S_2} \rho_1 v_1 (v_1 - v_2) \, \mathrm{d}\sigma \tag{8.24}$$

来计算无界气流中的阻力 (或推力) R_x, 并且对 v_1 和 v_2 成立公式 (5.9),

$$v_1 = \sqrt{2c_p T_1^* \left[1 - \left(\frac{p_1}{p_1^*}\right)^{(\gamma-1)/\gamma}\right]}, \quad v_2 = \sqrt{2c_p T_2^* \left[1 - \left(\frac{p_2}{p_2^*}\right)^{(\gamma-1)/\gamma}\right]}.$$

如果 $T_1^* = T_2^*$, 但 $p_2^* < p_1^*$, 则 $v_2 < v_1$, 结果得到阻力. 如果 $T_2^* > T_1^*$, 但 $p_1^* \approx p_2^*$ 或 $p_2^* > p_1^*$, 则 $v_2 > v_1$, 物体受到推力. 这样, 我们阐明了阻力和推力对不可逆损失和来流吸收能量情况的依赖关系的机理.

　　在喷气发动机的理论和实验中, 人们研究和使用在各种飞行条件下向气流输入能量的各种合适的方法, 这些方法也适用于螺旋桨 (包括船用螺旋桨). 我们将在后面研究发动机理论的某些原理. 这里仅仅指出, 例如, 可以利用螺旋桨或者在气流中燃烧燃料的方式向气流输入能量, 从而获得推力. 燃烧可以在位于发动机内部的专门的燃烧室中进行, 这时外部空气会从发动机的前端流入并从后端流出; 燃烧也可以直接发生在被绕流物体的外部气流中, 例如飞机的机翼和机身以外.

翼栅绕流问题中的流体力学作用力　　在流体机械的流体力学理论中, 翼栅 [2] 绕流问题具有重要意义. 设翼栅由形状相同且母线互相平行的无穷多个周期性排列的柱形机翼组成 (见图 45). 在平行于机翼横截面 (翼型) 的平面上取笛卡儿坐标系, 为明确起见将它与某一个翼型关联起来. 我们用 l 表示翼栅的周期矢量, 用 β 表示矢量 l 与 x 轴之间的夹角. 要想组成图 45 中的翼栅, 只

---

[1] 如果 $T_1^* \neq T_2^*$, 则在 (8.23) 中的积分号下出现因子 $\sqrt{T_2^*/T_1^*}$, 该因子仅在横截面 S 上的有限区域中才不等于 1. 这种情况并不改变上述结论. 类似的因子是 $(p_2^*/p_1^*)^{(\gamma-1)/\gamma}$.

[2] 通常把按照一定规律排列起来的一系列相同的机翼称为翼栅. 翼栅理论在叶片式流体机械方面有广泛应用, 所以翼栅也称为叶栅. ——译注

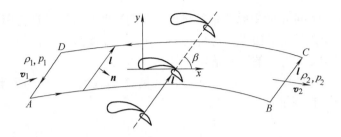

图 45. 柱形翼栅在垂直于母线的平面上的示意图

要把双翼型沿矢量 kl 进行平移即可, 其中 k 是任何正整数或负整数. 如果周期性翼栅是由任何一组翼型通过周期性平移得到的, 则所有下述结论仍然适用.

我们来研究翼栅的平面定常绕流, 并假设流体的密度、速度和应力具有周期 l. 此外, 在翼栅前方无穷远处和后方无穷远处 (在垂直于周期 l 的方向上距离翼栅无穷远的地方), 流动是均匀平动, 分别具有速度 v_1 和 v_2 (见图 45).

为了应用积分关系式, 如图 45 所示, 取单位高度的柱形控制体, 其表面为 Σ, 底面为平面 xy 上的封闭曲线 $ABCDA$ 与被绕流翼型的边界之间的区域, 并且侧面 AD 和 BC 平行于周期矢量 l, AB 是任意曲线, 而 DC 是把 AB 沿周期矢量平移一个周期后得到的. 由流动的周期性和平面性可知, AB 和 DC 上的相应点具有相同的流动特征量, 柱形控制体两个底面上的相应点也具有相同的流动特征量. 这里的控制面在取法上与前面一些应用有所不同, 曲面 AB 和 CD 不是流面, 侧面 AD 和 BC 也不垂直于相应的流动速度.

质量守恒定律给出

$$l\rho_1 v_{1n} = l\rho_2 v_{2n} = G, \tag{8.25}$$

式中 v_{1n} 和 v_{2n} 是流体速度在单位矢量 n 上的投影, 矢量 n 垂直于周期矢量 l, 并且从 l 到 n 是顺时针方向 (见图 45); G 是单位宽度的流体层在一个周期上的质量流量.

根据流动的周期性和平面性, 对于单位宽度的被绕流翼栅在一个周期上所受到的作用力 R, 动量方程在不计质量力时[1] 给出公式

$$R = (p_1 - p_2)ln + G(v_1 - v_2). \tag{8.26}$$

这个简单的公式对翼栅的应用或理论大有益处. 在这个公式中, 第一项垂直于翼栅的周期矢量, 第二项与来流流过翼栅后速度的大小和方向发生变化有关. 第二项一般包含周期矢量方向上的分力, 该分力具有使翼栅向相应方向运动的趋势. 在问题的上述一般提法下, 公式 (8.25) 和 (8.26) 对任何性质的液体和气体都适用, 不论是否需要考虑其黏性[2], 也不论在流动中 (在 Σ 内部) 有何种物理化学过程. 例如, 根

---

[1] 在翼栅理论的相应一些应用中, 在需要研究相对运动时很容易额外考虑惯性质量力.

[2] 因为远场流动是平动, 黏性应力等于零.

据翼栅前后流动特征量的实验测量结果即可利用这些公式来计算作用力 $\boldsymbol{R}$. 下面, 我们将在一些可以接受的假设下对公式 (8.26) 进行变换, 从而得到关于一组孤立翼型在无界流体中受到升力的重要结果.

现在引入封闭曲线 $ABCDA$ 上的速度环量 Γ, 以逆时针方向为环量所对应的正方向. 不难看出, Γ 满足公式

$$\Gamma = (v_{2l} - v_{1l})l, \tag{8.27}$$

式中 v_{1l} 和 v_{2l} 是速度 $\boldsymbol{v}_1$ 和 $\boldsymbol{v}_2$ 在周期矢量 $\boldsymbol{l}$ 上的投影. 在流体有旋运动的一般情况下, 环量 Γ 与积分路径有关[1]. 在计算环量时, 如果封闭曲线附近的流体运动是有势的, 就可以使积分路径变形, 而如果被绕流翼型以外的流动都是有势的, 就可以把封闭曲线 $ABCDA$ 变形为翼型的边界. 因此, 这时可以把满足公式 (8.27) 的环量 Γ 看做一个周期内所有翼型边界上的环量之和, 并且在计算每个环量时都以逆时针方向为正方向.

公式 (8.26) 更宜写为复数形式, 这时把矢量看做复数, 即

$$\boldsymbol{R} = R_x + \mathrm{i}R_y, \quad \boldsymbol{n} = n_x + \mathrm{i}n_y = -\mathrm{i}\,\mathrm{e}^{\mathrm{i}\beta},$$

$$\boldsymbol{v}_1 = v_{1x} + \mathrm{i}v_{1y} = (v_{1l} - \mathrm{i}v_{1n})\,\mathrm{e}^{\mathrm{i}\beta}, \quad \boldsymbol{v}_2 = v_{2x} + \mathrm{i}v_{2y} = (v_{2l} - \mathrm{i}v_{2n})\,\mathrm{e}^{\mathrm{i}\beta}.$$

不难检验, 利用这些记号可以写出

$$\boldsymbol{R} = [(p_2 - p_1)\,\mathrm{i}\,\mathrm{e}^{\mathrm{i}\beta} + \rho_1 v_{1n}\boldsymbol{v}_1 - \rho_2 v_{2n}\boldsymbol{v}_2]l,$$

于是

$$\boldsymbol{R} = -\mathrm{i}\Gamma\frac{\rho_1\boldsymbol{v}_1 + \rho_2\boldsymbol{v}_2}{2} + \mathrm{i}\,\mathrm{e}^{\mathrm{i}\beta}\Gamma\left(\frac{\rho_1 v_{1l} + \rho_2 v_{2l}}{2} + \frac{p_2 - p_1 + \rho_2 v_{2n}^2 - \rho_1 v_{1n}^2}{v_{2l} - v_{1l}}\right). \tag{8.28}$$

这个公式中的第二项垂直于翼栅的周期矢量; 在翼栅绕流的一般情况下, 无论流体是否具有可压缩性, 这一项都不等于零.

关于翼栅和孤立翼型所受流体力学作用力的茹科夫斯基定理　现在考虑一些特殊情况. 设均匀不可压缩 ($\rho_1 = \rho_2 = \rho$) 理想流体绕静止翼栅运动, 没有外部机械能进入系统. 这时存在这样的流线族, 它们覆盖了某一流动区域, 并且每一条流线都延伸到翼栅前后方无穷远处. 从无穷远条件和伯努利积分可知, 被上述流线族覆盖的流动区域是有势运动区域 (见 §2 末尾). 与此同时, 在流动中也可能存在有旋运动区域. 既可以研究伴有有旋运动区域或空腔的各种绕流运动, 也可以研究翼型之外处处有势的绕流运动. 在一组翼型的这样的有势绕流问题中, 即使总环量 Γ 是给定的, 但如果对不同翼型采用不同方式给定相应环量, 则绕流方式也是不同的.

---

[1] 在一般情况下, 如果曲线 AB 和 DC 是全等的, 则环量 Γ 不依赖于这些曲线的取法, 但是, 如果一个周期内的曲线 AB 和 DC 不是全等的, 则环量值一般依赖于这些曲线的形状. 在有势绕流的情况下, 环量 Γ 则不依赖于上述非全等曲线.

对于延伸到翼栅前后方无穷远处的流线, 从伯努利积分可知

$$p_1 + \frac{\rho(v_{1n}^2 + v_{1l}^2)}{2} = p_2 + \frac{\rho(v_{2n}^2 + v_{2l}^2)}{2}. \tag{8.29}$$

根据 (8.29) 和 (8.25), 公式 (8.28) 中的第二项等于零, 所以公式 (8.28) 的形式变为

$$\boldsymbol{R} = -\mathrm{i}\rho\Gamma\,\frac{\boldsymbol{v}_1 + \boldsymbol{v}_2}{2}. \tag{8.30}$$

公式 (8.30) 就是翼栅有势绕流的茹科夫斯基定理. 我们一般研究在翼型之外处处有势的运动. 根据这个公式, 作用力 $\boldsymbol{R}$ 垂直于平均速度 $(\boldsymbol{v}_1 + \boldsymbol{v}_2)/2$, 并且与密度和环量成正比. 环量 Γ 取自一个周期内环绕一组翼型一周的封闭曲线, 该曲线应包含内部有旋运动区域或空腔. 根据公式 (8.30), 只要把平均速度矢量在环量 Γ 所对应的环绕方向的相反方向上旋转 90° (在所给情况下, 如果 $\Gamma > 0$, 则应把平均速度矢量顺时针旋转 90°, 这是与 $-\mathrm{i}$ 相乘的结果), 即可得到力 $\boldsymbol{R}$ 的方向.

在 $l \to \infty$ 时对 (8.30) 取极限, 即可从翼栅过渡至孤立的一个或一组翼型. 显然, 在环量 Γ 有限时取极限, 得 $\boldsymbol{v}_1 = \boldsymbol{v}_2 = \boldsymbol{v}_\infty$. 于是, 公式 (8.30) 给出著名的茹科夫斯基定理用于孤立的一个或一组翼型时的通常形式:

$$\boldsymbol{R} = -\mathrm{i}\rho\Gamma\boldsymbol{v}_\infty, \tag{8.31}$$

式中的总环量 Γ 等于向无穷远扩张的封闭曲线上的环量.

对于孤立的一组或一个翼型, 可以研究各种极限流动, 例如存在有旋流动区域或空腔时的绕流. 公式 (8.31) 对任何这样的绕流都成立.

这个公式具有重大价值, 是机翼空气动力学的基础. 公式 (8.31) 符合达朗贝尔佯谬, 因为从 (8.31) 可知, 在理想流体中, 平行于速度的分力 (阻力) 等于零, 但升力可以不等于零. 升力的存在与非零环量 Γ 有关.

为了计算实际的升力值, 必须指出确定环量 Γ 的方法. C. A. 恰普雷金和 H. E. 茹科夫斯基曾经研究并解决了这个问题[1].

可以把孤立翼型的上述茹科夫斯基定理推广到任何马赫数下的连续绕流情况[2], 只要气体的连续绕流是能够实现的. 其实, 对于周期值 l 趋于无穷大的翼栅, 我们来研究其中一组翼型的绕流序列. 在构造该绕流序列时, 重要的仅仅是以下两个假设: (1) 在 $l \to \infty$ 时存在极限运动; (2) 在极限运动中, 所有来自翼栅前方无穷远处的流线和所有延伸至翼栅后方无穷远处的流线是同一族流线, 并且这些流线上的气体运动是连续的正压运动.

根据假设 (2), 从伯努利积分和无穷远条件可知, 气体的运动在上述来自无穷远处并延伸至无穷远处的流线族所覆盖的区域中是有势的 (见本章 §2). 为确定性起

---

[1] 在中文文献中, 确定环量 Γ 的相应条件通常称为库塔—茹科夫斯基条件. 对于翼型的无分离绕流, 这个条件要求翼型上下表面的流动在尖后缘处汇合. ——译注

[2] 见: Седов Л. И. Гидро-аэродинамические силы при обтекании профилей сжимаемой жидкостью. ДАН СССР, 1948, 63(6): 627—628.

见, 对于所给的全部翼型绕流序列, 设能够在有势运动区域中变形至 $ABCDA$ 的任何封闭曲线上的环量 Γ 都具有固定值.

对于上述序列中的每一种绕流运动, 都成立以下关系式:

正压条件　　　$\rho_2 = f(p_2), \quad \rho_1 = f(p_1),$

流量方程　　　$\rho_2 v_{2n} = \rho_1 v_{1n},$

伯努利积分　　$\dfrac{v_{2n}^2 + v_{2l}^2}{2} - \dfrac{v_{1n}^2 + v_{1l}^2}{2} + \displaystyle\int_{\rho_1}^{\rho_2} \dfrac{\mathrm{d}p}{\mathrm{d}\rho}\dfrac{\mathrm{d}\rho}{\rho} = 0,$ 　　　(8.32)

环量公式　　　$v_{2l} - v_{1l} = \dfrac{\Gamma}{l}.$

如果量 p_1, v_{1n}, v_{1l} 和 Γ/l 是给定的, 就可以把关系式 (8.32) 视为用来计算 $\rho_1, \rho_2, p_2, v_{2n}, v_{2l}$ 的方程组.

在一般情况下, 方程组 (8.32) 有若干个解. 根据所假设的正压条件, 运动的所有特征量沿流线连续变化 (正压条件不允许出现激波). 在某些情况下, 例如在高超声速绕流中, 正压条件是一个过强的假设, 因为在理想气体理论的范围内无法从理论上构造出连续绕流, 这时茹科夫斯基定理不成立. 因此, 我们仅仅局限于上述流动区域中的连续正压运动, 例如绝热运动.

下面我们将认为, 在 l 足够大时, 速度在一些流线上只有很小的变化 (被绕流物体和有旋运动区域的尺寸比 l 小很多). 由此显然可知, 在 l 足够大时, 通过求解方程组 (8.32) 得到的翼栅后方的流动特征量非常接近于翼栅前方的流动特征量. 于是, 在 $l \to \infty$ 时取极限, 有

$$\rho_2 \to \rho_1, \quad p_2 \to p_1, \quad v_{2n} \to v_{1n}, \quad v_{2l} \to v_{1l}.$$

这时, 根据方程组 (8.32), 所有带下标 2 的量都可以视为比值 $\Gamma/l = v_{2l} - v_{1l}$ 的函数, 所以公式 (8.28) 第二项括号中的表达式的极限值可以写为

$$\rho_2 v_{2l} + \frac{\mathrm{d}}{\mathrm{d}v_{2l}}(p_2 + \rho_2 v_{2n}^2).$$

根据流量方程 (8.25), 有

$$\frac{\mathrm{d}}{\mathrm{d}v_{2l}}(\rho_2 v_{2n}^2) = \rho_2 v_{2n}\frac{\mathrm{d}v_{2n}}{\mathrm{d}v_{2l}}.$$

根据伯努利积分, 有

$$\frac{\mathrm{d}p_2}{\mathrm{d}v_{2l}} = -\rho_2 v_{2l} - \rho_2 v_{2n}\frac{\mathrm{d}v_{2n}}{\mathrm{d}v_{2l}}.$$

由此可知, 在 Γ 有限时, (8.28) 中的第二项在取极限后等于零, 从而证明了气体绕孤立的一个或一组翼型的连续流动也满足公式 (8.31).

流体力学作用力对运动翼栅的功　　　在理想流体绕静止翼栅的定常流动中, 翼栅所受流体力学作用力可以通过翼栅前后的流动特征量表示出来, 相应公式 (8.26) 非常简单. 显然, 作用于静止翼栅的力不做功. 这时, 对控制面 Σ (见图 45) 写出的能量方程给出

$$W = (i_1^* - i_2^*)G = \left(\frac{v_1^2}{2} + U_1 + \frac{p_1}{\rho_1} - \frac{v_2^2}{2} - U_2 - \frac{p_2}{\rho_2} \right) G.$$

根据静止翼栅定常绕流的以上结果, 可以研究相对于某个坐标系以常速度匀速平动的翼栅的绕流问题. 为此, 只要在由翼栅和相对于翼栅运动的流体组成的整个系统上叠加平动速度 v_{con} 即可.

考虑一个对应用很重要的实例. 为简单起见, 设平动速度 v_{con} 平行于翼栅的周期矢量, 即 v_{con} 与 x 轴之间的夹角为 β. 在这样的运动中, 翼栅前后的渐近速度为

$$v_{\mathrm{abs}\,1} = v_1 + v_{\mathrm{con}}, \quad v_{\mathrm{abs}\,2} = v_2 + v_{\mathrm{con}}.$$

根据伽利略—牛顿原理显然可知, 在流体绕静止翼栅的相对运动和绝对运动中, 所有的作用力和内部过程所导致的能量流 W 都是相同的, 但是动能不同, 焓 i_{abs}^* 也不等于 i_{rel}^*. 例如, 流体对翼栅的作用力相同, 但是这个力在翼栅的绝对运动中的功率等于 $\boldsymbol{R} \cdot \boldsymbol{v}_{\mathrm{con}}$.

对于流体的绝对运动, 现在考虑一个周期内的焓 i_{abs}^* 的变化. 经过简单变换后容易求出

$$(i_{\mathrm{abs}\,1}^* - i_{\mathrm{abs}\,2}^*)G = \left(\frac{v_{\mathrm{abs}\,1}^2}{2} + U_1 + \frac{p_1}{\rho_1} - \frac{v_{\mathrm{abs}\,2}^2}{2} - U_2 - \frac{p_2}{\rho_2} \right) G$$

$$= (i_{\mathrm{rel}\,1}^* - i_{\mathrm{rel}\,2}^*)G + \boldsymbol{R} \cdot \boldsymbol{v}_{\mathrm{con}} = W + \boldsymbol{R} \cdot \boldsymbol{v}_{\mathrm{con}}.$$

因此, 绝对运动的能量方程表明, 流体在绝对运动中会额外损失一部分能量, 这部分能量正好等于流体对运动翼栅的流体力学作用力的功.

§9. 流体机械的基本部件

运动的流体与固体壁面以及流体内部物体之间有力的相互作用, 我们在前面已经研究了一些对应用颇为重要的相关实例和规律.

管道中非均匀流的平均化　　　为了得出这些基本结果, 我们选取在极限情况下位于无穷远处的控制面, 并假设其横截面上的流动是均匀的. 然而, 有流体流动的所有管道其实都是有限长的, 甚至常常是很短的, 所以在选取控制面时必须注意密度、压强和速度在特征横截面上分布的不均匀性.

例如, 黏性所导致的无滑移条件使流体在静止壁面上的速度永远为零, 所以流体速度在壁面和被绕流物体表面附近区域中的分布总是很不均匀的. 然而实际得到的结果经常是, 在流动边界附近, 例如在管壁附近, 速度分布的不均匀性仅仅在很薄

的一层流体中才表现出来, 这层流体的质量流量与管道的总特征流量相比微不足道.

此外, 因为在实际应用中无法对流体机械各部件中的三维流动进行精确的流体力学计算, 所以发展出来一些工程上用的水力学计算方法. 在这些方法中, 流体在所研究的每个横截面上的运动由为数不多的几个整体特征量来描述. 为了引入这些特征量, 可以对实际上不均匀分布的流动特征量进行某种平均, 它们可以在实验中测量出来.

即使在某些情况下能够考虑并计算流体机械个别部件中的三维流动, 在分析该机械的整体工作状况时, 不同部件之间的关系也是用水力学方法根据流体参量的平均值建立起来的. 相应特征量可以并且应当以某些平均量的形式引入; 鉴于提高计算精度的必要性和用现代技术制造出来的各个部件以及整机的高度完善性, 这些特征量的每一个百分点都具有实际价值.

可以采用并研究各种量的平均值, 例如平均密度和平均温度, 气体通过横截面的平均流量, 各种平均效率, 等等. 在同一个过程中, 这些量的平均值与非均匀流的平均化方法有关, 它们在不同的平均化方法中可能相差甚远. 显然, 统一的平均化方法必须满足一些特殊条件, 并且所采用的那些统一的平均化方法应当具有合理的基础, 使得相应平均值所定义的特征量不但符合力学和物理学基本定律, 而且确实真正体现所研究的机械及其部件需要在实际应用中表现出来的那些效应和性质. 使这个问题变得更加复杂的另外一个原因是, 少数几个平均特征量永远不可能完整地描述非均匀流与机械各部件之间复杂的相互作用. 为了设计和制造更高性能的产品, 在对现象进行更加细致的分析时, 这些复杂的相互作用可能至关重要.

我们在这里仅仅用最一般的形式提及平均化问题[1]和流体机械基本部件的理论. 就本质而言, 我们只是从给出水力机械和气动机械相关术语在力学上的定义并解释其工作的最一般的流体力学原理的角度进行讨论[2].

引入完全气体在管道给定横截面上的平均特征量有多种方法, 其基本思路是确定气体通过假想的绝热可逆过程减速到静止状态时的热力学参量 (对于理想完全气体, 这些参量是滞止压强 p^* 和质量焓 i^*), 或者引入气体在给定横截面上的某种假想的确定的平动, 并且速度 v_{mean}、压强 p 和温度 T 在横截面上均匀分布. 在某些应用中需要引入的不是平动流, 而是一些简单的旋转基本流.

[1]关于流动的平均化, 详见: Седов Л. И., Черный Г. Г. Об осреднении неравномерных потоков газа в каналах. Теоретическая гидромеханика: Сборник статей No. 12, вып. 4. Москва: Оборонгиз, 1954. С. 17—30; 还可参阅: Седов Л. И. Методы подобия и размерности в механике. 9-е изд. Москва: Наука, 1981 (俄文第八版的中译本: Л. И. 谢多夫. 力学中的相似方法与量纲理论. 沈青, 倪锄非, 李维新译. 北京: 科学出版社, 1982).

[2]水力机械和气动机械的理论与应用是内容广泛、成果丰富的一门工程科学, 是在大量经验的基础上发展起来的. 表征气动机械和水力机械完善程度的性能指标与相应机械的经济性、耐用性以及控制和工作的可靠性有关, 而在设计飞机和火箭时, 外形的紧凑性问题和重量的最小化问题则极为突出. 整体上最优的解决方案是各方面因素折中的结果, 只有对流体力学过程进行优化才有可能实现这样的结果, 因为流体力学在这里起主要作用.

对于管道中的非均匀气流, 在每一个横截面上都可以引入以下重要特征量:

气体的总质量流量

$$G = \int\limits_{S} \rho v_n \, d\sigma; \tag{9.1}$$

平均质量总焓

$$i^*_{\mathrm{mean}} = \frac{1}{G} \int\limits_{G} i^* \, dG = \frac{1}{G} \int\limits_{S} i^* \rho v_n \, d\sigma, \tag{9.2}$$

式中 i^* 是流过横截面 S 的气体微元的质量总焓;

平均质量熵

$$s_{\mathrm{mean}} = \frac{1}{G} \int\limits_{G} s \, dG, \tag{9.3}$$

式中 s 是流过横截面的气体微元的质量熵;

给定横截面上的平均冲量

$$\boldsymbol{I}_{\mathrm{mean}} = \frac{1}{G} \int\limits_{S} (p\boldsymbol{n} + \rho \boldsymbol{v} v_n) d\sigma, \tag{9.4}$$

式中 $\boldsymbol{n}$ 是横截面微元 $d\sigma$ 的单位法向矢量. 这里不考虑平均动量矩, 因为它只在基本流不是平动流时才是重要的.

从前面的讨论可知, 在实际流动和假想引入的平均流动中, 量 (9.1)—(9.4) 的守恒性对于得到正确的特征量是非常必要的, 这些特征量决定了气流与被绕流物体之间力和能量的相互作用, 这些相互作用本身也决定了气流的那些所需要的性质. 所以应重点指出, 对于横截面为 S 的给定管道中的气流, 如果把给定的非均匀流替换为平动流, 则量 (9.1)—(9.4) 在这两种流动中不会完全相同. 其实, 当柱形管中的气流是平动流时, 气体的状态取决于 3 个参量

$$\rho, \ p, \ v. \tag{9.5}$$

如果给定面积 S、流量 G、质量总焓 i^* 和质量熵 s, 就可以利用气体力学公式计算参量 (9.5). 现在, 如果再根据给定的 ρ, p, v 计算冲量 $\boldsymbol{I}$ 并用公式 $T = p/R\rho$ 计算绝对温度, 则 $\boldsymbol{I}$ 不等于根据实验测量结果按照公式 (9.4) 计算出来的 $\boldsymbol{I}_{\mathrm{mean}}$, 而温度 $T = p/R\rho$ 既不等于按照横截面或质量取平均而计算出来的温度, 也不等于用其他某种独立于原始引入方法计算出来的平均值.

还可以利用其他一些条件来计算特征平动流的平均值 $\tilde{\rho}$, $\tilde{p}$, $\tilde{\boldsymbol{v}}$, 例如利用 G, i^* 和冲量分量 I_x, I_y, I_z 的守恒条件[1]. 这时可以利用热力学公式计算相应平动流的质量熵 $\tilde{s}$, 但是如果存在不均匀性, 则有 $\tilde{s} > s_{\mathrm{mean}}$, 式中 s_{mean} 由 (9.3) 计算. 这是因为,

---

[1] 更细致的研究表明, 有时可能根本无法这样计算, 即利用 G, i^*, $\boldsymbol{I}$ 的守恒条件计算 ρ, p, $\boldsymbol{v}$ 的问题在某些情况下无解. 然而, 如果在横截面上给定 G, i^*, s, 则类似方程永远有解 (见第 64 页脚注中的文献).

如果在柱形管壁面上没有摩擦力, 则当速度在横截面上的非均匀分布状态在假想的 (或真实的) 内部过程中变为均匀分布状态时 (当非均匀流成为均匀流时), 相应的熵就是 $\tilde{s}$; 在这样的过程中存在不可逆损失, 从而引起熵增加, 滞止压强下降. 一般而言, 这样的过程即使在理论上也并非总是存在的. 如果气流速度向均匀分布的趋势发展, 相应可用能量就会有实际损失; 如果速度仍然保持非均匀分布, 相应可用能量就可能没有实际损失. 由此可知, 要想在某些情况下通过引入相应平动流的方式进行平均化, 更适宜的和更正确的做法是在 G, i^*, s_{mean} 保持不变时进行处理.

在实际问题中, 平均值的上述区别仅对非常不均匀的气流才会明显表现出来. 对于不均匀程度较低的气流, 相应平均值的区别很小, 有时甚至小于测量和计算的精度, 但也并非总是如此. 因此, 无论是为了全面理解问题的本质, 还是为了在计算中使用实验数据, 都必须明确表述引入平均值的条件.

下面将在 G, i^* 和熵 s_{mean} 保持不变的条件下使用气流在管道的给定横截面上的平均特征量. 利用这些条件可以计算 p, ρ 和速度值 v. 至于速度的方向, 在轴对称管道中通常可以认为平均速度指向管轴方向, 在一般情况下则可以认为, 在非均匀流和用来模拟的相应平动流中, 平均冲量 (9.4) 的方向保持不变, 该方向就是速度的方向.

任何平均化运算和特征量数目的降低都导致所研究的现象失去一些性质. 在计算管道横截面和被绕流物体的形状时, 为了更细致地分析和解决问题, 一般需要增加气流平均特征量的数目并研究一些用于模拟的非平动流, 从而需要对所给气流建立更复杂的平均化模型. 不过, 这些复杂模型仅用于一些细节问题, 它们仅在进行更精确的计算时才是需要的.

喷管　　利用专门形状的管道或喷管[1] 可以使流体以所需速度运动. 例如, 收缩喷管用于为亚声速气流加速, 拉瓦尔喷管用于获得超声速气流. 对于理想流体的可逆绝热过程, 我们已经在 §3 和 §6 中详细地研究了这些问题.

这里仅仅指出, 喷管是许多机械和设备的重要部件, 被应用于风洞、火箭发动机、喷气发动机、各种导流管和导向装置、涡轮机 (水轮机、汽轮机、燃气轮机) 和各种试验台. 例如, 火箭发动机和喷气发动机的推力就是因为气流从喷管高速向后喷出而产生的.

可以对喷管提出各种要求. 例如, 对风洞而言, 通常要求气流从喷管进入试验段时具有良好的均匀性, 从而可以用来研究各种物体和装置的绕流. 对喷气发动机而言, 喷出均匀气流有助于提高推力. 从喷管流出的流体, 其流量、速度和均匀性与喷管的几何尺寸和导流管的形状有密切关系.

我们在 §3 和 §6 中曾经研究过一些理想过程. 在流体沿管道的实际流动中, 黏性内应力的影响和管壁对流体的外部摩擦力的影响都会显现出来. 这些影响在管道较长时极为显著, 所以在典型情况下尽量使用较短的喷管. 另一方面, 对于非常短的

---

[1] 喷管一般指用来使流体加速的一段管道. ——译注

喷管, 速度分布的均匀性遭到很大破坏, 从而明显产生非均匀的三维流动, 在壁面可能发生流动分离, 还会出现口袋状回流. 喷管的基本尺寸、形状和相应压强梯度都对喷管内的速度分布有很大影响. 此外, 必须考虑管壁的粗糙程度, 有时还必须考虑通过管壁的热流 (例如, 火箭发动机喷管内的运动气体具有 3000 K 量级的温度). 在超声速流中, 不可逆损失和不均匀性主要来自激波. 在喷管内部, 形成这样的激波可能与喷管形状的某些几何性质有关, 但在非理论流动状态下, 无论喷管形状如何都会形成激波 (见 §6). 因此, 流动特征量在喷管横截面上的平均值可能不等于在 §3 和 §6 中用理想化理论计算出来的结果.

我们分别用 p_1^* 和 p_2^* 表示喷管入口和出口的滞止压强. 对理想喷管有 $p_2^*/p_1^* = 1$, 但在实际流动中

$$\sigma = \frac{p_2^*}{p_1^*} < 1,$$

因为不可逆损失导致气体微元的熵增加. 比值 σ 称为总压恢复率, 是喷管性能的一个重要指标, 它表征流体在喷管中的实际流动状态与理想流动状态的偏离程度. 在实际应用中, 优质喷管的 σ 接近 1: $\sigma \approx 0.98$.

发动机用的喷管具有很高的 σ, 所以起主要作用的是推力因子 $\bar{R} = R/R_{\mathrm{id}}$, 即在进出口压强条件相同时具有给定喷管的发动机的推力 R 与具有理论喷管的发动机的推力 R_{id} 之比. 理想的理论喷管没有不可逆损失, 其出口气流是均匀的. 对于优质喷管, $\bar{R} = 0.98$—0.996.

气流的非均匀率

$$e = \frac{\Delta v}{v}$$

对风洞有重要价值, 式中 Δv 是试验段气流速度对相应平均速度的偏离值对横截面和对时间的平均值. 对于性能优秀的风洞, e 的量级为 1%.

在许多应用中 (例如风洞), 为了保证所需流量或喷管出口流速, 需要采用可调喷管或可更换喷管. 对于亚声速喷管, 主要可调特征量是出口横截面面积; 对于超声速喷管, 主要可调特征量则是喉部横截面面积, 气流在这里达到临界速度 (见 §6).

扩散段 为了使流动速度降低、压强增加, 可以利用被称为扩散段 (或扩压段、扩散器、扩压器) 的一段专门的管道. 就像喷管那样, 扩散段也是喷气发动机、各种机械和试验台的组成部分. 例如, 气流流过风洞的亚声速或超声速试验段后仍然具有很高的机械能, 应当为这部分气流减速[1], 所以在风洞中设计有扩散段. 如何降低扩散段不可逆损失的问题就是如何保持可用机械能的问题. 只要解决了这个问题, 对风洞而言就可以保证其装置的经济性, 对喷气发动机而言就可以提高其推力.

扩散段中的过程与喷管中的过程正好相反, 所以亚声速流动的扩散段在流动方

---

[1] 无论是为了把空气流排放到压强大于风洞试验段压强的大气中, 还是为了让空气流通过风扇段后再循环使用, 都必须使流动减速. 在回流风洞中应当使空气减速, 以便降低壁面阻力并改善风扇的工作条件.

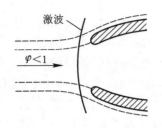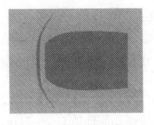

图 46. 超声速绕流时简单扩散器入口之前的激波示意图和照片

向上是扩张管, 而超声速流动的扩散段先收缩再扩张, 气流速度在其喉部减速至声速, 然后再减速至亚声速.

利用扩散段得到损失很小的平稳气流要比利用喷管得到损失很小的高速气流困难得多. 无论是扩散段还是喷管, 理想的可逆运动都因为同样的原因和同样的流体性质而遭到破坏, 但是这些因素在气流减速时表现得更加显著. 扩散段中的气流在压强增加的情况下减速, 喷管中的气流在压强降低的情况下加速. 相对而言, 前者在壁面发生流动分离的条件更容易实现[1]. 为了避免流动分离, 亚声速扩散段应当是光滑的, 既不能有接缝和尖点, 也不能有过大的扩张角. 当超声速气流进入超声速扩散段时, 一般在入口形成激波, 从而出现巨大的机械能损失.

表征扩散段的基本指标是总压恢复率

$$\sigma = \frac{p_2^*}{p_1^*}.$$

在理想扩散段中 $\sigma = 1$, 但实际上即使在性能极好的扩散段中, σ 的值也小于具有类似出入口压强的喷管的总压恢复率.

用于超声速飞行的扩散段　　在喷气发动机前方有一个进气道, 它是扩散段的前部. 我们将在下面证明, 空气进入进气道后应当减速, 以便获得能量来形成向后喷出的高速射流, 从而产生所需推力.

在超声速飞行中, 当相对速度大于声速的气流接近喷气发动机扩散段时, 或者在扩散段内部, 可能因为激波而出现极高的机械能损失. 如图 46 所示, 在简单扩散段入口之前形成一道正激波.

利用正激波条件 (见第七章 §6) 和 §5, §6 中的气体力学一般公式, 容易得到激波后的滞止压强 p_2^* 与激波前的滞止压强 p_1^* 之比对来流马赫数 $M_1 = v_1/a_1$ (马赫数 M_1 对应飞行速度, 也称为飞行马赫数) 的依赖关系公式:

$$\sigma = \frac{p_2^*}{p_1^*} = \frac{\dfrac{\gamma-1}{\gamma+1}\left(\dfrac{2\gamma}{\gamma-1}M_1^2 - 1\right)}{\left[\dfrac{4\gamma}{(\gamma+1)^2} - \dfrac{2(\gamma-1)}{(\gamma+1)^2}\dfrac{1}{M_1^2}\right]^{\gamma/(\gamma-1)}\left(1 + \dfrac{\gamma-1}{2}M_1^2\right)^{\gamma/(\gamma-1)}}.$$

---

[1] 参见 §25. ——译注

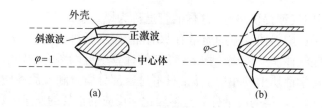

图 47. 超声速来流进入扩散段的示意图

当 $\gamma = 1.4$ 时, 由此可知

$$\sigma = \begin{cases} 0.96, & \text{若 } M_1 = 1.4, \\ 0.72, & \text{若 } M_1 = 2, \\ 0.33, & \text{若 } M_1 = 3. \end{cases}$$

显然, 当飞行马赫数增加时, 损失增长极快. 为了避免如此巨大的损失, 扩散段被设计为具有锋利前缘和锥状中心体, 以便在入口前面产生斜激波 (见图 47). 这时, 正激波仅出现于一系列斜激波之后. 因为利用斜激波法向速度计算出来的马赫数 M 不大, 所以斜激波的损失也不大. 气流在穿过最后面的正激波后变为亚声速流, 正激波之前的马赫数 M 这时已经接近于 1, 所以正激波的损失也很小. 斜激波的数目越多, 超声速流减速时的总压损失就越小. 在实际飞行时, 如果飞行马赫数在 $M_1 \approx 3$ 以内, 则只要 1 至 2 个斜激波就足以使损失降低到可接受的程度.

扩散段的另一个重要指标是流量因子 φ, 它被定义为超声速飞行时扩散段的实际流量与可能的最大流量之比. 如果流入扩散段的那部分气流在无穷远处的横截面面积等于扩散段入口面积, 则相应流量就是最大流量. 扩散段在亚声速飞行中能够吸入气流, 所以 φ 以及扩散段流量的可能的最大值对应扩散段入口的临界速度. 由此可知,

$$\varphi_{\max} = \frac{\rho_{\mathrm{cr}} v_{\mathrm{cr}}}{\rho_\infty v_\infty}.$$

如果斜激波正好位于超声速扩散段外壳的前缘 (图 47 (a)), 则 $\varphi = 1$. 如果完全关闭气道, 则全部气流都在扩散段以外流动, $\varphi = 0$. 在实际流动的某些工况下, 能够进入扩散段的全部流量可能无法通过扩散段的最小横截面——喉部, 这时 $0 < \varphi < 1$, 流入扩散段的部分外侧气流又沿着相反方向流出扩散段, 并且斜激波可能出现在扩散段外壳前方或者与之相交 (图 47 (b)). 所有这些因素都会引起扩散段外部阻力的额外增加. 如果这部分阻力很大, 从而必须采取减阻措施, 就可以采用喉部横截面可变的可调扩散段. 例如, 可以改变锥状中心体相对于扩散段外壳的位置, 或者采用其他一些方法, 以便实现这种调节作用.

燃烧室 我们在前面已经指出, 要想让完全气体流能够对内部物体产生推力, 就要从外部向气流输入能量, 或者通过化学反应 (例如燃烧) 向气流释放能量. 在产生推力的发动机中总有能量输入. 向气流输入的能量通常或者表现为热量, 或者表现为外部面力或质量力的功. 混合有燃料的空气在流经发动机内部的专门管道时

发生燃烧, 从而向气流提供热量. 这样的管道称为燃烧室.

在空气中添加燃料使气流的质量有所增加, 而当燃料在空气中燃烧并释放热量时还会形成一些气体——燃烧产物. 在详细的计算中可以考虑额外增加的这些质量和气流在物理化学性质上的相应变化, 只不过这部分质量和气流性质的变化实际上经常相对较小, 因为燃料的质量分数与参加化学反应的空气的质量分数相比很小, 甚至在化学计量混合气中这一比例也是很小的. 例如, 煤油的质量与煤油燃烧所需空气的质量之比为 $\alpha_{\text{stoich}} \approx 1/15$. 在空气喷气发动机的燃烧室中, 空气的质量分数其实远远大于化学计量混合气的相应质量分数, 比值 α 的量级为 1.5% 至 3%.

我们来研究完全气体在燃烧室中运动的基本效应和原理, 并且只考虑理想完全气体在定常流动中所获得的热量. 我们将用水力学理论来研究燃烧室中气流参数的变化, 换言之, 在计算中将认为燃烧室的管道是柱形的, 气流的所有特征量在其横截面上均匀分布.

气流的质量熵在有热量输入时总是增加的, 因为

$$s_2 - s_1 = \int_1^2 \mathrm{d}s \geqslant \int_1^2 \frac{\mathrm{d}q^{(\mathrm{e})}}{T}, \quad \mathrm{d}q^{(\mathrm{e})} > 0, \tag{9.6}$$

式中用下标 1 表示燃烧室入口的参量, 用下标 2 表示所研究的横截面上的参量或者燃烧室出口的参量, $\mathrm{d}q^{(\mathrm{e})}$ 是单位质量的气体在中间位置获得的热量.

根据能量方程 (8.9), 我们有

$$i_2^* - i_1^* = c_p(T_2^* - T_1^*) = q^{(\mathrm{e})} > 0, \tag{9.7}$$

式中 $q^{(\mathrm{e})}$ 表示所研究的横截面之间的单位质量的气体所获得的总热量. 于是

$$\mathrm{d}q^{(\mathrm{e})} = c_p \mathrm{d}T^*. \tag{9.8}$$

滞止压强之比可以用滞止温度和熵表示出来, 相应公式为 (见第五章公式 (5.12))

$$\sigma = \frac{p_2^*}{p_1^*} = \left(\frac{T_2^*}{T_1^*}\right)^{\gamma/(\gamma-1)} \mathrm{e}^{-(s_2-s_1)/(c_p-c_V)}.$$

由此可知, 当初始总焓 $i^* = c_p T^*$ 和热流 $q^{(\mathrm{e})}$ 给定时, 即当比值 T_2^*/T_1^* 给定时, 熵增加越多 $(s_2 - s_1 > 0)$, 则比值 σ 越小. 根据滞止温度 T^* 的定义, 当气体从温度为 T 的给定状态通过绝热过程减速至 $i = i^* = \text{const}$ 的静止状态时, 我们有

$$T = T^* - \frac{v^2}{2c_p}. \tag{9.9}$$

利用 (9.6), (9.7) 和 (9.8) 可得

$$s_2 - s_1 \geqslant \int_1^2 \frac{c_p \mathrm{d}T^*}{T^* - v^2/2c_p}. \tag{9.10}$$

公式 (9.10) 表明, 在输入热量时流速越小, 则熵增越小, 滞止压强的损失也越小. 显然, 可能的最小熵增对应 $v = 0$ 的静止流体中的可逆传热过程, 此外还要求没有其他耗散损失. 在这种理想情况下, 我们有

$$s_2 - s_1 = \int_1^2 \frac{c_p \mathrm{d} T^*}{T^*} = c_p \ln \frac{T_2^*}{T_1^*},$$

所以

$$\mathrm{e}^{-(s_2-s_1)/(c_p-c_V)} = \left(\frac{T_2^*}{T_1^*} \right)^{-\gamma/(\gamma-1)},$$

从而

$$\sigma = \frac{p_2^*}{p_1^*} = 1.$$

在燃烧室的实际条件下永远有 $\sigma < 1$.

上述重要结论是利用一维水力学理论得到的, 这些结论在该理论的范围内对非柱形燃烧室也显然成立. 我们强调, 要想降低水力学损失并在燃烧室中实现输入热量的适宜条件, 气流相对于燃烧室的速度在极限情况下等于零. 此外, 又因为燃料被喷射入燃烧室后必须在运动的空气中完成燃烧过程, 所以需要对进入燃烧室的空气流进行预减速. 为了部分或者全部实现气流的预减速, 可以在燃烧室之前设计合适的扩散段. 在超声速飞行中需要使用专门的扩散段为超声速流减速 (见前面第 68 页).

根据对推力问题的分析 (公式 (8.24)) 显然可知, 为了增加推力, 必须增加滞止温度之差 $T_2^* - T_1^*$ 并尽量增加或保持滞止压强之比 p_2^*/p_1^*. 前面已经证明, 比值 p_2^*/p_1^* 在向气流输入热量的理想情况下保持不变, 这时无法增加这一比值. 下面将证明, 比值 p_2^*/p_1^* 在外力对气流做功时能够远远大于 1.

为了进一步分析燃烧室中的气流的性质, 我们考虑气流的速度、密度、压强和马赫数在柱形燃烧室中的变化规律. 理想完全气体在柱形管中的定常运动满足以下方程:

流量方程 (为简单起见不计燃料质量)

$$\mathrm{d}(\rho v) = \rho \, \mathrm{d} v + v \, \mathrm{d}\rho = 0;$$

动量方程 (不计外质量力)

$$\mathrm{d} p + \rho v \, \mathrm{d} v = 0;$$

热流方程

$$\mathrm{d} U = \frac{1}{\gamma - 1} \mathrm{d} \frac{p}{\rho} = -p \, \mathrm{d} \frac{1}{\rho} + \mathrm{d} q^{(\mathrm{e})},$$

因为内能满足公式

$$U = \frac{1}{\gamma - 1} \frac{p}{\rho} + \mathrm{const}.$$

从这 3 个方程解出微分 dv, $d\rho$, dp, 得

$$\frac{dv}{v} = \frac{1}{1-M^2}(\gamma-1)\frac{dq^{(e)}}{a^2},$$

$$\frac{d\rho}{\rho} = -\frac{dv}{v}, \tag{9.11}$$

$$\frac{dp}{p} = -\frac{\gamma M^2}{1-M^2}(\gamma-1)\frac{dq^{(e)}}{a^2},$$

式中 $a^2 = (\partial p/\partial \rho)_s = \gamma p/\rho$, 而 $M = v/a$ 是马赫数, 并且根据 (9.8), (9.9) 和完全气体的状态方程 $p = \rho RT$ 容易得到

$$(\gamma-1)\frac{dq^{(e)}}{a^2} = \left(1 + \frac{\gamma-1}{2}M^2\right)\frac{dT^*}{T^*}. \tag{9.12}$$

由公式 (9.11) 可知, 柱形管中的亚声速气流在吸收热量 ($dq^{(e)} > 0$) 时其速度增加而压强降低, 超声速气流的情况则相反.

根据 (9.11) 和马赫数的定义 $M^2 = v^2/(\gamma p/\rho)$ 容易得到

$$\frac{dM^2}{M^2} = 2\frac{dv}{v} + \frac{d\rho}{\rho} - \frac{dp}{p} = \frac{1+\gamma M^2}{1-M^2}(\gamma-1)\frac{dq^{(e)}}{a^2}, \tag{9.13}$$

所以, 向亚声速气流输入热量将导致其马赫数 M 增加, 向超声速气流输入热量将导致其马赫数降低. 利用 (9.12) 容易求出等式 (9.13) 的积分, 从而把它替换为代数关系式.

因此, 在向柱形管 (燃烧室) 中的亚声速气流输入热量时, 气流速度只能增加到临界值 v_{cr}. 在达到临界速度后, 继续向柱形管中的气体输入热量是不可能的, 这种现象称为热阻塞. 如果试图输入更多热量 (例如继续燃烧燃料), 就会出现以下两种情况之一: 或者出现流动状态的变化, 这时燃烧室入口参量发生变化, 使得出口速度有所下降, 以便在继续输入热量后燃烧室出口速度能够达到声速; 或者, 如果流动的上述变化无法发生 (例如, 利用一些专门装置能够保证进入燃烧室的气体具有严格确定的参量), 则在强制输入热量时不可能维持定常流动, 在气流中出现非定常振荡 (例如喘振).

火焰前锋在气体中的传播速度仅有几米每秒的量级, 所以即使流速不大, 火焰的直接前锋也无法稳定地停留在气流中, 它将被气流带出燃烧室. 为了保证燃烧的稳定性, 必须在燃烧室中安装用来点燃气流的稳定器, 在稳定器后面形成锥形火焰前锋 (见图 48).

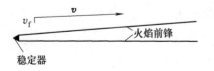

图 48. 燃烧室火焰稳定器作用原理示意图

根据火焰在气体中的传播速度和来流速度就可以计算火焰前锋的倾角. 因为该角度不大, 所以为了不让燃烧室的形状过于细长, 在燃烧室横截面上必须安装若干

个稳定器.

压缩机 (泵)　压缩机是一种把机械能转化为气体的内能或动能的流体机械, 它能够提高气体的有效做功能力. 当工作物是液体时, 类似的机械经常用于提升液体的高度, 从而使液体势能增加. 这样的机械称为泵.

当气体在准静态过程中被缓慢压缩时, 其内能一般而言会增加. 不过, 如果气体在被压缩的过程中同时被冷却, 例如气休同时与环境介质发生热交换, 则气体的内能也可能不增加. 其实, 完全气体的质量内能只依赖于气体的温度, 所以内能就是热运动的能量. 如果气体的缓慢压缩过程是在温度保持不变的条件下进行的, 则气体在接受机械能的同时也向外释放同样数量的热量, 气体的总能量不变, 但质量熵 $s = c_p \ln(T p^{-(\gamma-1)/\gamma}) + \mathrm{const}$ 降低. 然而, 气体的实际有效做功能力, 即把内能直接转化为机械力的功或直接转化为动能的能力, 显然不仅依赖于气体所具有的内能, 而且依赖于其压强. 从工程应用的观点看, 对于温度给定的一定质量的气体, 其能量在压强较高时 (即熵较低时) 具有更高的品质[1], 尽管完全气体的能量永远是热运动的能量.

气体压缩机有很多种类型. 在活塞式压缩机中, 活塞的运动使进入气缸的低压气体得到压缩. 广泛应用于航空技术和工业生产的是连续作用的压缩机, 气体在其导流管内或者直接在开放区域中在专门的旋转叶片的作用下获得能量. 旋转叶轮 (或风扇、螺旋桨) 是压缩机以及电动机、内燃机和涡轮机等动力装置中负责把能量传递给气体或水的装置的基本而典型的部件.

螺旋桨还用于获得推力. 螺旋桨把机械能传递给气体并在后方制造出一个高压区, 从而为喷气射流的发展创造条件. 工业用风机和家用风扇经常用于制造压强差并形成所需气流. 例如, 在回流风洞中, 为了保证气流的连续循环, 为了克服各种阻力并补偿机械能损失, 风扇装置是必须的. 我们还指出, 因为在风洞的工作过程中机械能不断转化为热量, 所以如果通过自然方式不足以全部释放这部分热量, 就必须设法进行冷却.

在暂冲式风洞中, 必须预先用压缩机把空气压缩进专门的气罐中, 这部分空气在风洞启动后经过风洞流入大气或真空罐[2]. 在各种喷气发动机和活塞式发动机中, 尤其是当它们在高空的稀薄大气环境中工作时, 利用压缩机使流入扩散段的空气在进入燃烧室之前预先减速并压缩是大有好处的.

连续作用的压缩机有两种基本类型: 径流压缩机 (离心压缩机) 和轴流压缩机. 图 49 给出这两种压缩机的示意图. 在径流压缩机中, 气体主要沿径向流过叶轮, 并且在相对运动中, 气体是被离心力加速并压缩的. 在轴流压缩机中, 气体主要以绕柱形叶片流动的方式流过旋转叶轮, 叶轮对气体的作用类似于前面研究过的翼栅 (叶

---

[1] 见第一卷第 173—174 页.

[2] 暂冲式风洞一般用于研究超声速流, 尤其是高超声速流. 暂冲式风洞分为下吹式 (气流排向大气)、吹吸式 (气流流入真空罐) 和吹引式 (气流流过引射器后再排向大气, 见下文). ——译注

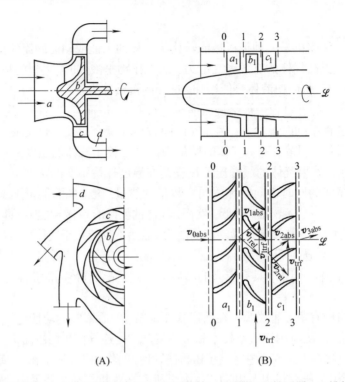

图 49. 压缩机示意图: (A) 单级径流压缩机 (a. 进气管, b. 叶轮, c. 扩压器, d. 排气管); (B) 轴流压缩机 (a_1. 进口导流器, b_1. 叶轮, c_1. 出口导流器, $\mathscr{L}$. 叶轮转轴). 把压缩机叶轮与同样以 $\mathscr{L}$ 为轴的圆柱面相交的部分展开为平面图案, 可以得到如下图所示的叶栅. 如果该圆柱面的半径远大于叶片横截面的尺寸, 则在许多情况下可以忽略气体的径向运动, 从而可以在良好近似下把气体绕柱形叶片的运动看做叶栅平面绕流. 在图中标出了相应横截面上的绝对速度、相对速度和牵连速度的方向

栅) 平面绕流的情况. 通向旋转叶轮的进口导流器和通向排气管的扩压器是压缩机的重要部件.

在单级压缩机实际工作时, 使气体高度压缩 (即获得很大的增压比 $\pi = p_2^*/p_1^*$) 而不出现巨大的不可逆损失是难以实现的, 所以必须使用由中间导流器连接起来的若干个叶轮逐步进行压缩. 因此, 人们设计出多级压缩机, 以便对气流进行高度压缩.

表征压缩机工作状况的基本参量是: 气体的质量流量 $G = \rho_1 v_1 S_1 = \rho_2 v_2 S_2$ (S_1 和 S_2 分别是压缩机进气口和排气口的面积); 滞止温度 T_1^*, T_2^*; 增压比 $\pi = p_2^*/p_1^*$ (也可以引入其它一些等价指标来代替量 π).

下面考虑气体在压缩机的静止管道中的运动并研究上述参量. 从能量方程可知, 在实际过程中, 单位时间内对气体做功的总量等于

$$-W = A = c_p(T_2^* - T_1^*)G.$$

容易证明, 这部分功总是大于为了获得同样的增压比 π 而在无损失的可逆过程中必

须对气体做功的理想值. 其实, 对完全气体成立以下一般公式:

$$T_1^* = \alpha \frac{\gamma - 1}{\gamma} p_1^{*(\gamma-1)/\gamma} \mathrm{e}^{(s_1-s_0)/c_p}, \quad T_2^* = \alpha \frac{\gamma - 1}{\gamma} p_2^{*(\gamma-1)/\gamma} \mathrm{e}^{(s_2-s_0)/c_p}$$

(α 是使量纲平衡的常量), 并且由于压缩机内部流动的不可逆损失 (黏性、激波、流动分离、非均匀流混合等), 我们有

$$s_2 - s_0 > s_1 - s_0.$$

假想气体经过一个绝热可逆过程后, 其滞止压强从 p_1^* 变为 p_2^*. 在这个理想过程中没有不可逆损失, 熵保持不变, 所以对滞止温度得到另一个值 $T_{2\,\mathrm{ad}}^*$, 它满足公式

$$T_{2\,\mathrm{ad}}^* = \alpha \frac{\gamma - 1}{\gamma} p_2^{*(\gamma-1)/\gamma} \mathrm{e}^{(s_1-s_0)/c_p} < T_2^*.$$

在理想过程中应当输入的机械功 A_{ad} 等于

$$A_{\mathrm{ad}} = c_p(T_{2\,\mathrm{ad}}^* - T_1^*)G < A = c_p(T_2^* - T_1^*)G.$$

比值

$$\frac{A_{\mathrm{ad}}}{A} = \eta_{\mathrm{ad}} < 1$$

称为压缩机的整体绝热效率. 也可以单独考虑每一级的绝热效率. 绝热效率是表征压缩机技术性能完善程度的主要指标.

对于一台给定的压缩机, 绝热效率 η_{ad} 和增压比 π 主要依赖于流量 G 和增压叶轮的转速. 在一般情况下, 流量可由外部条件 (飞行速度、气道横截面面积等) 来调节. 对给定的压缩机而言, 存在最优的理论工作状态, 这时 η_{ad} 具有最大值, 这个值依赖于压缩机的类型、用途和工作条件. 在最好的航空压缩机中, 每一级压缩在增压比 $\pi \approx 1.5$—1.4 时具有效率 $\eta_{\mathrm{ad}} \approx 0.87$—$0.88$.

如果在定常运动中有外部能量流

$$A + Q^{(\mathrm{e})} = c_p T_1^* \big[\pi^{(\gamma-1)/\gamma} \mathrm{e}^{(s_2-s_1)/c_p} - 1\big] G \tag{9.14}$$

进入 (或者有能量流离开), 则从一般公式可知, 为了获得给定的增压比 π, 可以通过降低熵 s_2 的方式来降低压缩过程所需的机械功 A. 为了降低熵 s_2, 可以给气体降温 ($Q^{(\mathrm{e})} < 0$), 因为气体在失去热量时熵会减小. 在这种情况下, 被压缩的气体可能最初具有明显很低的温度, 但是当这部分气体贮存到气罐中之后, 其温度最终会因为热传导而变得与环境温度一致.

为了定量估计在压缩气体时给气体降温可能带来的好处, 我们对气体的准静态可逆等温压缩过程应用公式 (9.14). 这时, 公式 (9.14) 和等式 $T\,\mathrm{d}S = \mathrm{d}Q^{(\mathrm{e})}$ 给出

$$A_{\mathrm{isoth}}^{(\mathrm{e})} = -Q^{(\mathrm{e})} = -T(s_2 - s_1)G.$$

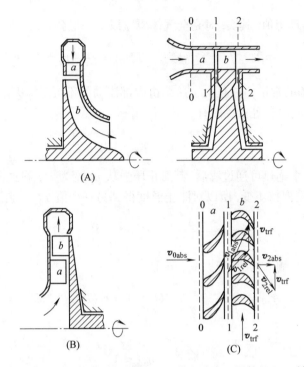

图 50. 各种涡轮机的示意图: (A) 径流向心涡轮机; (B) 径流离心涡轮机; (C) 轴流涡轮机 (a. 导流器, b. 叶轮), 右下图给出叶轮的相应翼栅图案和速度方向

在等温过程中, 我们有

$$1 = \frac{T_2^*}{T_1^*} = \left(\frac{p_2^*}{p_1^*}\right)^{(\gamma-1)/\gamma} e^{(s_2-s_1)/c_p}, \quad \text{即} \quad s_2 - s_1 = -c_p \ln \pi^{(\gamma-1)/\gamma},$$

所以

$$A_{\text{isoth}}^{(e)} = Gc_pT_1 \ln \pi^{(\gamma-1)/\gamma} < A_{\text{ad}} = Gc_pT_1^*\left[\pi^{(\gamma-1)/\gamma} - 1\right],$$

因为在 $\alpha = \pi^{(\gamma-1)/\gamma} > 1$ 时显然成立不等式

$$\ln \alpha = \int_1^\alpha \frac{d\alpha}{\alpha} < \int_1^\alpha d\alpha = \alpha - 1.$$

涡轮机   流体在流过压缩机时获得能量, 与此相反, 涡轮机用于从运动的流体中获得机械能. 在通过涡轮机的绝热 ($Q^{(e)} = 0$) 流动中 $A < 0$, 所以根据 (9.14) 可知, 在涡轮机中 $\pi < 1$, 即气体在流过涡轮机后其总压下降, $p_2^* < p_1^*$. 图 50 是轴流涡轮机和径流涡轮机的典型示意图.

已经在磨坊中使用了多个世纪的风车和水车是最简单的涡轮机. 各种功率的水轮机广泛应用于水电站, 单机容量可达百万千瓦. 汽轮机和燃气轮机广泛应用于解决诸多重要的工业问题. 数十万千瓦量级的大功率燃气轮机用于推动现代航空发动机的螺旋桨和压缩机叶轮. 涡轮机在许多情况下也用于船舶发动机.

在涡轮机叶轮上有专门设计的叶片, 叶轮的旋转使水流或气流在流过叶片时改变方向, 从而使叶轮受到巨大的反作用力并输出正的机械功. 这样, 能量从流体转移到旋转的叶轮. 在许多情况下, 为了获得最佳速度, 可以利用专门的静止导流器使流体在流过叶轮以前预先旋转起来, 而在流过叶轮以后再停止旋转 (见图 50). 导流器也能够控制流体的速度值. 就像压缩机那样, 涡轮机也可以由若干级组成, 每一级的转速既可相同也可不同.

考虑涡轮机 (或压缩机) 中的匀速旋转的叶轮并研究作用在叶轮上的流体力学作用力 (对静止旋转轴) 的力矩.

我们首先指出, 在不同惯性参考系下的相对运动中, 介质每一点的相互作用力以及合力、合力矩都是相同的. 这一性质在前面曾经多次被提及和使用. 现在假设涡轮机叶轮以角速度 ω 绕静止轴匀速旋转, 并考虑流体的下述两种运动: 第一种是相对于静止的惯性坐标系的运动, 第二种是相对于与旋转叶轮固连在一起的非惯性坐标系的运动. 在第二种运动中必须引入作用在介质上的离心力和科里奥利力, 这两种惯性力都是外质量力. 在相对运动中出现惯性质量力, 这关系到广义 "阿基米德力" 及其力矩.

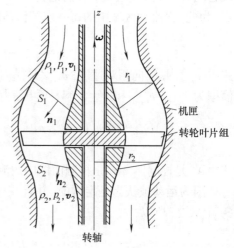

图 51. 涡轮机流程和相应控制面的示意图

这些力不仅作用于流体, 而且作用于旋转叶轮和固定在叶轮上的叶片. 当涡轮机叶轮高速旋转时, 角速度 ω 很大, 惯性质量力很大, 结果在涡轮机叶轮中出现巨大的拉伸应力, 在叶片中尤其如此. 主要正是因此才不得不限制涡轮机和空气螺旋桨的转速. 受涡轮机强度条件的这种限制, 钢质叶片的圆周速度不允许超过 700 m/s. 这是一个非常重要的限制条件, 在设计空气螺旋桨和旋转叶轮时必须考虑这个条件. 显然, 在设计静止导流器的部件时不会产生这种拉伸应力. 从应用观点看, 静止部件上的作用力和力矩应当在静止坐标系中进行研究, 而运动部件上的作用力和力矩应当在运动的随体坐标系中进行研究. 在计算涡轮机旋转叶轮上的流体力学作用力的合力矩时, 可以假设流体相对于叶轮的运动是定常的 [1].

为明确起见, 我们来考虑涡轮机的一个叶轮 (图 51), 并把叶片表面、轴对称机壳表面、套在转轴上的整流装置表面 (与流体接触的部分) 以及涡轮机入口和出口的

---

[1] 这个假设在存在导流器时仅仅在平均意义上符合实际情况, 因为涡轮机叶片的位置相对于导流器管道有周期性变化, 而流体的周期性运动是非定常的. 相应周期在转速很高时很小, 增加叶片数目也能降低周期.

圆锥面 S_1, S_2 取作控制面.

我们来计算涡轮机叶片上的流体力学作用力对涡轮机转轴的力矩. 为简单起见, 我们忽略静止机壳、整流装置和圆锥面 S_1, S_2 上的摩擦力, 仅在理想流体范围内考虑问题.

显然, 一部分控制面是以 z 轴为对称轴的旋转曲面, 作用在这部分控制面上的所有压力都与 z 轴相交或平行, 所以这些力对 z 轴的力矩等于零. 于是, 只有作用在旋转叶片上的压力对 z 轴的力矩一般才不等于零.

作用在叶片上的离心力与 z 轴相交, 其力矩也等于零. 作用在流体微元上的科氏力的合力矩不等于零, 我们把它记为 M_{kz}. 在定常运动的情况下很容易计算该力矩. 为此, 在流动区域中的每一点把流体的相对速度 $\boldsymbol{v}_{\mathrm{rel}}$ 表示为

$$\boldsymbol{v}_{\mathrm{rel}} = \boldsymbol{v}_{r\,\mathrm{rel}} + \boldsymbol{v}_{t\,\mathrm{rel}} + \boldsymbol{v}_{z\,\mathrm{rel}},$$

式中 $\boldsymbol{v}_{r\,\mathrm{rel}}$ 是径向相对速度, $\boldsymbol{v}_{t\,\mathrm{rel}}$ 是横向相对速度, $\boldsymbol{v}_{z\,\mathrm{rel}}$ 是轴向相对速度, 相应速度值记为 $v_{r\,\mathrm{rel}}$, $v_{t\,\mathrm{rel}}$ 和 $v_{z\,\mathrm{rel}}$. 容易看出, 力矩 M_{kz} 等于

$$M_{kz} = -2\omega \int_V rv_{r\,\mathrm{rel}}\rho\,\mathrm{d}\tau = -2\omega \int_{\mathscr{M}} r\frac{\mathrm{d}r}{\mathrm{d}t}\mathrm{d}m = -\omega\frac{\mathrm{d}}{\mathrm{d}t}\int_{\mathscr{M}} r^2\mathrm{d}m,$$

式中 V 是控制体, $\mathscr{M}$ 是控制面以内的流体质量.

因为运动被认为是定常的, 并且在控制面上 $v_{n\,\mathrm{rel}} \neq 0$ 的条件仅在圆锥面 S_1 和 S_2 上成立, 所以

$$M_{kz} = \omega\int_{S_1} r_1^2\,\mathrm{d}G - \omega\int_{S_2} r_2^2\,\mathrm{d}G = \int_{S_1} r_1 u_1\,\mathrm{d}G - \int_{S_2} r_2 u_2\,\mathrm{d}G, \tag{9.15}$$

式中 G 是质量流量, $\mathrm{d}G = \rho v_n\,\mathrm{d}\sigma$, u_1 和 u_2 分别是圆锥面 S_1 和 S_2 上的牵连线速度值, 法向矢量 $\boldsymbol{n}$ 的方向见图 51.

根据定常运动的动量矩方程 (7.3) (其中 $\boldsymbol{k} = 0$, $\boldsymbol{h} = 0$, $\boldsymbol{Q}_n = 0$), 压力对叶轮的力矩为

$$M_z = \int_{S_1} r_1 v_{t1\,\mathrm{rel}}\,\mathrm{d}G - \int_{S_2} r_2 v_{t2\,\mathrm{rel}}\,\mathrm{d}G + M_{kz}. \tag{9.16}$$

可以引入横向绝对速度来代替横向相对速度,

$$v_{t1\,\mathrm{rel}} = v_{t1\,\mathrm{abs}} - u_1, \quad v_{t2\,\mathrm{rel}} = v_{t2\,\mathrm{abs}} - u_2,$$

所以根据 (9.15) 和 (9.16) 可以得到

$$M_z = \int_{S_1} r_1 v_{t1\,\mathrm{abs}}\,\mathrm{d}G - \int_{S_2} r_2 v_{t2\,\mathrm{abs}}\,\mathrm{d}G. \tag{9.17}$$

公式 (9.17) 称为欧拉公式. 如果考虑流体的定常绝对运动, 则 $M_{kz} = 0$, 这时直接从公式 (9.16) 出发很容易得到这个公式. 使用这种简单而直接的方法推导欧拉公

图 52. 引射器示意图. 引射流体 (通过横截面 S_1) 和被引射流体 (通过横截面 S_2) 从入口流入引射器, 混合室后的流动在横截面 S_3 和 S_4 上是均匀的

式是非常自然的, 但是上述方法也不算复杂. 与此同时, 要想更深入地理解这个问题的本质, 要想更清晰地体会相对运动, 我们所采用的方法不无裨益.

扭转力矩 M_z 与流体机械的流量以及流体在流过旋转叶轮时在入口和出口的扭转情况 ($v_{t1\,\mathrm{abs}}$ 和 $v_{t2\,\mathrm{abs}}$) 有密切关系. 流量、最大流量和扭转情况不仅依赖于导向装置和叶轮的几何参数, 而且依赖于流体的给定参量和叶轮的角速度.

类似于压缩机的绝热效率 η_{ad}, 可以把涡轮机的绝热效率 η_{ad} 定义为所得功率与绝热可逆过程中的理想功率之比:

$$\eta_{\mathrm{ad}} = \frac{c_p(T_1^* - T_2^*)}{c_p(T_1^* - T_{2\,\mathrm{ad}}^*)} = \frac{A}{A_{\mathrm{ad}}}.$$

在绝热可逆过程中没有任何损失, 熵保持不变.

相对于压缩机而言, 涡轮机中的流体力学过程更易于完善, 所以涡轮机的效率通常较高, 并且一般高于压缩机的效率. 最好的燃气轮机的效率可达 $\eta_{\mathrm{ad}} \approx 0.94$. 涡轮机与压缩机之间的定性关系近似于喷管与扩散器之间的关系.

从燃气轮机燃烧室流出的气体具有很高的温度 T_1 和滞止温度 T_1^*, 所以燃气轮机叶片的工作条件比压缩机叶片的工作条件更加恶劣. 因此, 如何冷却涡轮叶片和涡轮盘[1], 如何保证它们的强度和工作寿命, 都是与此相关的重要问题.

水轮机在高速运转时有出现空化现象的危险. 涡轮机中的液体或气体在失去大量能量时, 其温度会大为降低, 这种效应可用于气体液化装置 (涡轮制冷压缩机).

一台给定的涡轮机在不同转速下能够具有不同的工作状态, 这取决于对流量的控制, 控制方法是限定来流流量和调整出口压强或出口截面.

引射器　　为了利用一种气流提高另一种气流的总压, 通常可以使用一段专门的管道——引射器. 具有不同总压、流速一般也不同的液体或气体从引射器入口流入, 然后在被称为混合室的管道中发生混合和能量交换, 压强、密度和温度因此变得处处基本相同, 结果形成均匀的混合流体, 以便进一步通过混合室后面的扩散段或喷管减速或加速. 图 52 是引射器的示意图. 引射器还用于需要通过入口吸入液体或气体的一些装置.

引射流体 (主流体) 具有较高的总压, 其参量用下标 1 表示. 引射流体从出口横截面为 S_1 的喷管流出后带动横截面 S_2 上的被引射流体一起进入混合室. 被引射流

---

[1]冷却过程中的不可逆损失导致涡轮机效率降低 2%—4%.

体 (次流体) 的参量用下标 2 表示. 混合室是一段具有圆形 (或其他形状) 横截面的柱形 (或非柱形) 管道, 两种流体在这里发生混合, 并且经过混合室直径 8—10 倍的距离后, 在横截面 S_3 上就能得到基本均匀的流动. 图 53 给出了速度剖面在混合过程中的变化特点. 在图 52 和 53 中, 引射流体位于中央, 但也可能存在其他一些不同情况, 引射流体可以位于外侧, 两种流体也可以分别从若干个喷管流入混合室. 在后一种方法中, 采用较短的混合室即可完成混合过程.

　　引射流体和被引射流体在引射器入口具有不同的速度, 其混合机理在许多情况下取决于初始速度间断面的不稳定性, 这与黏性效应和扩散现象有密切关系, 在某些情况下还与物理化学过程有关, 例如与混合室内的燃烧有关. 尽管如此, 对柱形混合室而言, 如果忽略固体壁面上的摩擦力, 则在混合过程能够实际发生的许多情况下可以认为, 横截面 S_3 上的流动特征量不依赖于混合室中的中间过程. 引射器横截面 $S_1 + S_2$ 和 S_3 上的流动参量之间的关系满足普适的守恒方程, 这在本质上类似于强间断 (激波) 的情况. 我们知道, 在许多情况下 (但并非总是如此) 可以在理想流体范围内对强间断引入普适的守恒方程并加以研究, 尽管实际现象中的相应内部过程其实也是连续的, 只不过其变化过程非常剧烈, 它们与黏性、热传导、化学反应动理学等因素有关.

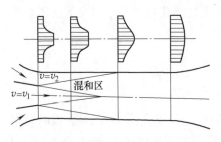

图 53. 引射器亚声速混合状态下的典型速度分布剖面

　　流动混合问题对于混合室的设计 (例如对于混合室长度的确定) 有重要价值. 然而, 如果对于给定的引射器已经在入口给定了引射流体和被引射流体, 则在某些情况下根据上述一般守恒方程即可回答流动混合能否实现的问题. 但是, 在某些重要情况下, 例如当混合室中存在超声速射流时, 需要分析射流形状的变化和射流在引射器内部发生混合的机理才能回答这个问题.

　　对于柱形混合室中的定常流动, 无论其中的内部过程有何特性, 都可以对由混合室壁面、横截面 $S_1 + S_2$ 和 S_3 组成的控制面写出一般的积分关系式, 其形式如下.

　　质量流量守恒方程

$$G_1 + G_2 = G_3, \tag{9.18}$$

式中 $G_k = \rho_k v_k S_k$.

　　没有外部能量流时的能量方程

$$G_1 i_1^* + G_2 i_2^* = G_3 i_3^*, \tag{9.19}$$

式中

$$i_k^* = \frac{v_k^2}{2} + U_k + \frac{p_k}{\rho_k}$$

是质量总焓, i_1^* 和 i_2^* 是引射流体和被引射流体 (它们一般是不同的流体) 在进入引射器时的质量总焓, i_3^* 是混合物在流出引射器时的质量总焓, 并且从热力学上讲, 混合物的焓在其组分给定时具有确定的表达式.

柱形混合室的动量方程

$$p_1 S_1 + G_1 v_1 + p_2 S_2 + G_2 v_2 = p_3 S_3 + G_3 v_3. \tag{9.20}$$

如果混合室不是柱形的, 例如, 如果其形状是以 x 轴为对称轴的旋转曲面, 则在 (9.20) 的右侧必须增加一项:

$$-\int_{\Sigma_0} p \cos(\boldsymbol{n},\ x)\, \mathrm{d}\sigma = -R_{\Sigma_0},$$

式中 $\boldsymbol{n}$ 是混合室壁面 Σ_0 的单位外法向矢量, p 是 Σ_0 上的压强, 其数值与混合现象的细节有关. 量 R_{Σ_0} 是作用于混合室壁面 Σ_0 上的阻力 (或推力). 在某些情况下可以使用方程 (9.20) 来计算 R_{Σ_0}, 而在其他一些情况下则可以根据实验或与实验相符的假设给出 R_{Σ_0}. 还可以在方程 (9.20) 中近似地引入与 Σ_0 上的黏性摩擦力有关的半经验阻力项.

面积 S_1, S_2 和 S_3 是引射器的几何特征量. 如果混合室是柱形的, 则

$$S_1 + S_2 = S_3. \tag{9.21}$$

被引射流体流量 G_2 与引射流体流量 G_1 之比

$$n = \frac{G_2}{G_1} = \frac{\rho_2 v_2 S_2}{\rho_1 v_1 S_1} \tag{9.22}$$

称为引射率, 它是引射器工作过程的基本指标之一. 如果被引射流体和引射流体不是同一种流体, 则 i_3^* 与引射率 n 有关. 关系式 (9.18)—(9.22) 对液体和气体均成立. 如果在扩散段出口给定某些流动特征量 (例如在亚声速流动中给定出口压强), 则在上述方程组中应当补充描述流体在扩散段中的运动的关系式 (在实际应用中还要考虑扩散段的不可逆损失). 在 (9.18)—(9.21) 这 4 个关系式中含有 12 个参量: ρ_k, p_k, v_k, S_k, 而流体的特性是通过总焓的表达式 $i_k^*(\rho_k, p_k, v_k)$ 表现出来的.

无论是为了设计引射器, 还是为了确定引射器中的流动性质, 相关理论和计算都密切关系到并在很大程度上基于对相应未知参量的上述方程组的分析和求解[1]. 究竟哪些参量是给定的已知参量, 哪些参量是待求的未知参量, 在不同问题中可能各不相同, 这依赖于问题的提法. 原来相互分离的非均匀来流从入口 $S_1 + S_2$ 进入引射器, 从横截面 S_3 流出时已经变为均匀流. 在柱形混合室中的实际混合过程可以视为在动量守恒条件下的一种平均化过程, 这时实际流动与平均流动都满足条件 (9.20).

---

[1] 可以从一些专著和论文中了解所用求解方法和结果, 例如: Абрамович Г. Н. Прикладная газовая динамика. 4-е изд. Москва: Наука, 1976; 5-е изд. В 2 ч. 1991. Григорян С. С. К теории газового эжектора. Теоретическая гидромеханика: Сборник статей. No. 13, вып. 5. Москва: Оборонгиз, 1954.

对方程 (9.18)—(9.21) 的分析表明, 当 p_1, ρ_1, v_1, S_1, p_2, ρ_2, v_2 (或 p_1^*, T_1^*, $\lambda_1 = v_1/v_{cr\,1}$, S_1, p_2^*, T_2^*, λ_2, S_2) 给定时, 在 $S_3 = S_1 + S_2$ 的条件下并非总是能够从该方程组解出 p_3, ρ_3, v_3 (或 p_3^*, T_3^*, λ_3). 因此, 这种平均化方法一般可能无法实现. 亚声速来流应当具有相同的入口压强, 即 $p_1 = p_2$. 如果两股来流都是 (或其中之一是) 超声速的, 则 $p_1 = p_2$ 可能不成立. 在 p_1^*, T_1^* 和 p_2^*, T_2^* 给定时, p_1, ρ_1, v_1 和 p_2, ρ_2, v_2 依赖于入口管道的形状.

在混合过程能够发生的情况下, 利用方程 (9.18)—(9.21) 可以计算熵的变化

$$(G_1 + G_2)s_3 - G_1 s_1 - G_2 s_2 = \Delta S. \tag{9.23}$$

计算结果应当满足

$$\Delta S > 0,$$

因为混合过程是不可逆的.

可以考虑理想的可逆混合过程 (这时存在外质量力), 于是 $\Delta S = 0$, 从而可以把动量守恒方程 (9.20) 替换为右侧为零的方程 (9.23) 并计算相应总压 $p_{3\,\mathrm{id}}^*$. 那么, 可以引入以下比值作为混合室的一个基本指标 (混合室效率):

$$\sigma_{\mathrm{ej}} = \frac{p_3^*}{p_{3\,\mathrm{id}}^*} < 1,$$

式中 p_3^* 是实际过程中的总压, $p_{3\,\mathrm{id}}^*$ 是引射器入口流动情况相同时的理想过程中的总压.

混合过程中的动能损失　　我们再来定性地研究引射器内流动的一些重要效应. 假设来流是速度不同但压强相同的同一种不可压缩流体, $p_1 = p_2$, $\rho_1 = \rho_2 = \mathrm{const}$. 对于不可压缩流体,

$$i^* = \frac{v^2}{2} + cT + \frac{p}{\rho},$$

式中 c 是热容, cT 是内能. 可以这样选择轴对称引射器的形状, 使得流体在混合过程中始终具有处处相同的压强 $p = p_1 = p_2$. 我们认为混合室中的混合过程是由黏性引起的 (但忽略混合室壁面和横截面 S_1, S_2, S_3 上的黏性摩擦). 在问题的这种提法下, 能量方程 (9.19) 和动量方程 (9.20) 给出

$$G_1 \frac{v_1^2}{2} + G_2 \frac{v_2^2}{2} + G_1 cT_1 + G_2 cT_2 = (G_1 + G_2) \frac{v_3^2}{2} + (G_1 + G_2)cT_3,$$

$$G_1 v_1 + G_2 v_2 = (G_1 + G_2)v_3,$$

因为压强在 S_1, S_2, S_3 和 Σ_0 上处处相同, 其合力为零. 由此直接得到

$$\Delta E = (G_1 + G_2) \frac{v_3^2}{2} - G_1 \frac{v_1^2}{2} - G_2 \frac{v_2^2}{2} = -\frac{G_1 G_2}{G_1 + G_2} \frac{(v_1 - v_2)^2}{2}$$

$$= G_1 cT_1 + G_2 cT_2 - (G_1 + G_2)cT_3 < 0 \tag{9.24}$$

在不可压缩流体在混合室中发生混合的过程中, 由于压强是常量, 所以动能损失 ΔE 就是机械能的全部损失. 损失掉的能量变为热量, 这类似于完全非弹性碰撞过程中的能量损失, 这时物体在碰撞之后也具有相同的速度. 从 (9.24) 的右侧可见, 内能在流体发生混合之后增加. 利用 (9.24) 可以计算混合物的温度 T_3.

混合室中的超声速气流引射器　我们来研究完全气体在引射器中的混合. 随着总压之比 p_1^*/p_2^* 的增加以及扩散段出口截面 S_4 (见图 52) 上的反压的降低, 混合室入口的气流速度不断增加. 在上述参量满足一定的关系时, 高压引射气流在使用收缩喷管时达到声速, $M_1 = \lambda_1 = 1$, 在使用拉瓦尔喷管时达到超声速, $\lambda_1 = \lambda_{\text{theor}} > 1$, 式中 λ_{theor} 是喷管出口的速度因子在拉瓦尔喷管理论流动状态下的值. 当 p_1^*/p_2^* 或 p_0/p_4 (式中 p_0 是拉瓦尔喷管前方很远处的静止气体的压强) 进一步增加时, λ_1 已经不能再发生变化. 于是, 在 p_0/p_4 等于某个值时, 速度在拉瓦尔喷管的喉部达到声速, 并且从这一时刻开始, 引射气流的流量达到临界值. 这时, 混合室入口的引射气流和被引射气流可能具有不同的静压, 所以一般可以

任意给定速度因子 λ_2. 然而实验表明, 要想使被引射气流在引射器中的流量 G_2 不等于零, λ_2 仅有确定的取值范围. 为了确定 λ_2 的可能取值, 必须分析气流刚进入混合室时的流动情况. 引射气流达到或超过声速时 ($\lambda_1 \geqslant 1$ 时) 出现的效应与亚声速情况下或不可压缩流体情况下的效应有定性的区别.

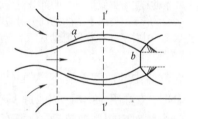

图 54. 气流刚进入混合室时的流动示意图, 中间的超声速引射气流发生膨胀. a. 引射气流与被引射气流的边界, b. 激波

如果达到或超过声速的引射气流在拉瓦尔喷管出口的静压 p_1 大于被引射气流的静压, 则引射气流在进入混合室后继续膨胀, 其平均速度增加, 横截面扩张. 引射气流的横截面面积在位置 $1'-1'$ (图 54) 达到最大值, 这时其核心部位的静压远小于周围气流的静压. 此后, 引射流体又被压缩, 形成一种以周期 "桶状" 结构为特点的气流, 压强和速度在纵向和横向都发生明显变化.

引射气流从拉瓦尔喷管出口到第一个 "桶状" 结构的最大横截面之间的流动特性对引射器中的基本流动规律有非常重要的影响, 这个横截面 (图 54 中的 $1'-1'$) 称为阻塞截面. 利用基于实验结果的一系列假设可以对混合室前部的流动进行近似计算, 但我们在此并不关注定量的计算, 仅仅概括地指出在混合室中形成阻塞截面时的某些定性的流动特点. 横截面 $1-1$ 与 $1'-1'$ 之间的引射气流加速运动, 带动被引射气流也加速运动. 因为被引射气流在横截面 $1-1$ 是亚声速的, 所以在横截面 $1'-1'$ 之前, 被引射气流的加速主要是由压强差引起的, 这时两种气流的混合相对很弱.

被引射气流在位置 $1'-1'$ 具有最小的横截面, 速度因子 λ_2' 达到最大值, $\lambda_2' \leqslant 1$. 最大值 $\lambda_2' = 1$ 对应气流在引射器入口的临界值 $\tilde\lambda_2$, 并且利用降低引射器扩散段出口反压 p_4 的方法不能提高该临界值. 不过, 利用这种方法可以在小于 $\tilde\lambda_2$ 的范围内

任意改变被引射气流的速度因子 λ_2. 如果 (在横截面 1—1 上) $\lambda_2 = \tilde{\lambda}_2$ ($\tilde{\lambda}_2$ 依赖于比值 p_1^*/p_2^*), 则引射器中的定常流动称为临界流动.

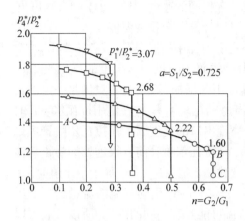

图 55. 不同比值 p_1^*/p_2^* 下的引射器特征量. 在各条曲线中, 类似于 AB 的部分对应临界状态之前的流动, 类似于 BC 的部分对应临界流动状态. 引射率 n 在临界流动状态下与反压无关

图 55 给出超声速气流引射器的实验结果.

在临界流动状态下, 随着 p_4^*/p_1^* 的下降和 p_1^*/p_2^* 的上升, 引射气流的膨胀程度增加, 而被引射气流的通过面积减小, 所以引射率 $n = G_2/G_1$ 降低. 当 p_1^*/p_2^* 达到依赖于比值 p_4^*/p_1^* 和 S_2/S_1 的某个值时, 引射气流在位置 1′—1′ 膨胀到充满混合室横截面 (图 56), 结果使引射率 n 降为零, 这时引射过程完全停止, 在引射器中发生阻塞现象. 阻塞现象使柱形混合室中的某些混合方式不可能实现, 尽管相应流动能够根据方程 (9.18)— (9.21) 计算出来.

在实际应用中, 引射器中的临界流动状态是最佳状态, 因为相应引射率最高, 混合气流中的速度差最小, 从而使损失最小. 就像间断面条件那样, 当完全气体发生混合时, 方程组 (9.18)—(9.21) 具有两个解. 一个解对应混合室出口的亚声速流动, 另一个解对应超声速流动. 只要对混合室中的流动进行分析, 就能选择出所需的解. 可以证明, 能够在混合室出口实现的流动状态在很大程度上取决于阻塞截面上的一些条件.

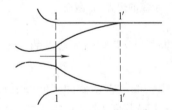

图 56. 引射流体在引射器阻塞时发生膨胀的示意图

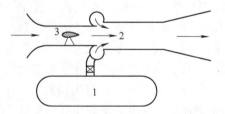

图 57. 引射式风洞示意图. 1. 压缩空气气罐, 2. 引射器, 3. 试验段

引射器的应用　引射器是一种简单而方便的装置, 具有广泛的实际应用. 例如, 位于风洞出口的引射器可以起到抽吸空气的作用. 引射器经常用于向大气排气的高马赫数超声速风洞. 当高温高压气体流过超声速风洞试验段时, 气流具有很高的总压和总温, 相应条件全部或部分满足高速飞行的相似律. 高马赫数气流在通过风洞试验段以后, 其总压在接下来的减速过程中不可避免地大幅下降. 借助于扩散段和起压缩机或抽气机作用的引射器, 再利用气罐中的压缩空气, 就可以保

证气流按照所需方式流过风洞 (图 57).

为了进一步利用喷气射流的能量, 可以加装引射器, 使喷气射流与被吸入的空气发生混合. 只要在专门混合室的入口和内部形成适宜的压强分布, 就能够提高推力. 然而, 除了额外的推力, 在引射器外表面还有额外的阻力, 这种情况以及其他一些原因使得引射器在提高推力方面的作用是有限的. 还可以把引射器当做气泵, 这样能够形成高度的真空. 例如, 以水银蒸气为工作对象, 利用引射器可以获得几百万分之一大气压的真空. 此外, 引射器还广泛应用于与气体的开采和管道输送有关的许多装置.

§10. 喷气推进理论基础

火箭发动机　　火箭发动机是一种典型的喷气发动机[1]. 考虑一个静止的或匀速平动的物体, 在其内部的一个区域中存有或者能够通过燃烧物体本身携带的一些物质 (通常是固体推进剂或液体推进剂, 发生燃烧的区域是燃烧室) 形成总压为 p^*、总温为 T^* 的压缩气体. 假设压缩气体通过一个专门的喷管从燃烧室流到物体以外的空间, 外部空间的压强 $p_0 < p^*$ (图 58). 如果比值 $p^*/p_0 \sim 1$, 喷管出口的流速就是亚声速的; 如果 $p^*/p_0 \gg 1$, (在使用拉瓦尔喷管时) 就产生超声速射流.

我们用 S 表示气流流出物体时的出口横截面面积. 如果气流相对于物体的速度是亚声速的, 则出口的均匀气流的压强 (根据一维流动理论假设) 等于外部空间的压强 p_0. 如果拉瓦尔喷管是理论喷管, 则出

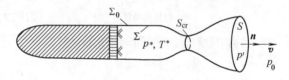

图 58. 火箭发动机示意图

口的超声速气流也具有压强 p_0. 拉瓦尔喷管中的气流在临界截面之后达到超声速后, 也能够在喷管内部通过一系列激波减速为亚声速气流, 这时气流在喷管出口的压强 (在一维理论范围内) 仍然等于外部压强 p_0. 在超声速非理论流动状态下, 气流在出口横截面 S 上的压强 p' 不等于 p_0; 如果 $p' > p_0$, 则相应喷管是不完全膨胀喷管, 而如果 $p' < p_0$, 就得到过膨胀喷管. 在一维理论中, 气流流出喷管时的相对速度矢量 $\boldsymbol{v}$ 在出口横截面上均匀分布并且垂直于该截面.

我们来研究气流和外部常压强 p_0 对物体的总作用力. 气流对物体的作用力分布于喷管和燃烧室的壁面 Σ, 压强 p_0 则作用在物体的外表面 Σ_0.

我们把火箭发动机的推力 $\boldsymbol{R}$ 定义为壁面 $\Sigma + \Sigma_0$ 上的面力之和. 因为

$$-\int_{\Sigma_0} p_0 \boldsymbol{n} \, \mathrm{d}\sigma = \int_S p_0 \boldsymbol{n} \, \mathrm{d}\sigma = p_0 S \boldsymbol{n},$$

---

[1] 火箭发动机是自带推进剂的喷气发动机. 推进剂是燃烧剂 (燃料) 和氧化剂的总称. ——译注

所以推力 $\boldsymbol{R}$ (见定义 (8.1)) 满足公式

$$\boldsymbol{R} = -\int_{\Sigma} \boldsymbol{p}_n \, \mathrm{d}\sigma - \int_{\Sigma_0} p_0 \boldsymbol{n} \, \mathrm{d}\sigma = -\int_{\Sigma} \boldsymbol{p}_n \, \mathrm{d}\sigma + p_0 S \, \boldsymbol{n}, \tag{10.1}$$

式中最后一项中的 $\boldsymbol{n}$ 是 S 的单位法向矢量, 其方向与气流方向一致. 为了计算推力, 我们对相对于物体运动的气体应用动量方程, 相应的封闭控制面由曲面 Σ 和喷管出口截面 S 组成. 假设气体相对于火箭发动机的运动是定常的, 不计质量力, 则有

$$\int_{\Sigma+S} \rho \boldsymbol{v} v_n \, \mathrm{d}\sigma = \int_{\Sigma} \boldsymbol{p}_n \, \mathrm{d}\sigma - \int_{S} p' \boldsymbol{n} \, \mathrm{d}\sigma. \tag{10.2}$$

因为在固体壁面上 $v_n = 0$, 所以在忽略进入燃烧室的高密度液态或固态推进剂诸组元的微小动量之后, 我们从 (10.1) 和 (10.2) 得到火箭发动机推力的基本公式:

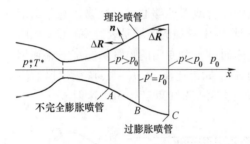

图 59. 不同流动状态所对应的喷管出口横截面示意图

$$\boldsymbol{R} = -[(p' - p_0)S + \rho v^2 S] \, \boldsymbol{n}. \tag{10.3}$$

括号前的负号表明, 矢量 $\boldsymbol{R}$ 在括号中的表达式大于零时指向 S 的外法向矢量 $\boldsymbol{n}$ 的相反方向, 所以它确实是推力.

在理论流动状态这种特殊情况下, 推力的大小满足非常简单的公式:

$$R = \rho v^2 S = Gv,$$

式中 $G = \rho v S$ 是喷管的流量.

理论喷管给出最大的推力　喷管的流量完全取决于喉部的横截面积. 下面将证明, 在流量给定时, 理论喷管的推力具有最大值. 图 59 是不同流动状态所对应的喷管横截面示意图. 我们来考虑推力在不同流动状态下的区别.

如果不考虑喷管壁面的摩擦, 则从一般公式 (10.1) 可知, 在不完全膨胀喷管中有一部分推力 ΔR 无法实现, 其表达式为 AB 段的积分:

$$\Delta R = -\int_{AB} (p - p_0) \cos(\boldsymbol{n}, \, x) \, \mathrm{d}\sigma > 0,$$

因为在 AB 上 $p > p_0$, $\cos(\boldsymbol{n}, \, x) < 0$. 对于过膨胀喷管, 推力的增量 ΔR 小于零:

$$\Delta R = -\int_{BC} (p - p_0) \cos(\boldsymbol{n}, \, x) \, \mathrm{d}\sigma < 0,$$

因为在 BC 上 $p < p_0$, $\cos(\boldsymbol{n}, \, x) < 0$. 由此可见, 理论喷管在理论上是最优喷管.

然而, 实际的火箭发动机用于高空飞行 (以及在宇宙空间中飞行), 这时无法保证

气体以理论流动状态流出喷管, 因为理论流动状态要求喷管具有过于巨大的出口横截面. 例如, 如果燃烧室中的压强为 $p^* = 10^7$ Pa, 飞行高度为 30 km ($p_0 = 10^3$ Pa), 则出口横截面面积应当是临界横截面面积的大约 500 倍. 当 $p_0 \to 0$ 时 $S/S_{cr} \to \infty$. 所以, 火箭发动机的喷管一般是在不完全膨胀状态下工作的.

燃烧产物的总温和反应热　我们用 T'^* 和 p'^* 表示火箭发动机喷管出口气流的总温和总压, 并把高温喷气射流当做完全气体, 用 i'^* 表示其质量总焓. 如果忽略通过燃烧室和喷管壁面的少量热交换, 就可以写出

$$i'^* = c_p T'^* = i_1^* = i_2^* + h,$$

式中 c_p 是燃烧产物的平均质量定压热容, i_1^* 是进入燃烧室的推进剂诸组元在初始温度下的质量总焓[1], i_2^* 是 (在不同燃烧过程中发生完全或不完全燃烧时的) 相应化学反应产物在同样初始温度下的质量总焓, h 是流出喷管的单位质量气体的相应反应热[2].

对于给定的推进剂诸组元和相应燃烧产物, 焓就像内能那样可以精确到相差一个常量. 只要把这个常量用确定方式固定下来, 就可以对气体 (反应产物) 使用公式

$$i^* = c_p T^*,$$

式中 T^* 是总温.

量 i_1^* 和 h 是所用推进剂的基本化学特征量, 这些量不仅显著依赖于进入发动机燃烧室的推进剂各组元的质量比, 还显著依赖于燃烧的完全性[3], 而这取决于推进剂的汽化和混合过程以及化学反应的动理学性质. 可以根据推进剂组成和化学热力学实验结果对量 i_1^* 进行计算, i_1^* 的最大值对应化学计量混合物. 利用推进剂组元供应系统即可保证进入燃烧室的推进剂各组元的比例符合化学计量数之比. 可以采用化学计量混合物或者在组元质量比的某些给定区间上对比和评价火箭推进剂的各种组合.

下面的表格给出目前正在使用的和将来有希望使用的一些推进剂的某些数据. 从表格可以看出, 液氢和锂是高能燃料. 尽管从力学观点来看, 液氟比液氧具有更大的优势, 但是氟有毒性, 并且在化学上非常活泼. 氧原子和氢原子在发生复合时会释放出极多的热量.

在使用某种推进剂时, 除了要考虑在表格中列出的数据, 还要关注如何在火箭发动机燃烧室中实现燃烧过程的问题. 此外, 具有重要意义的问题还包括推进剂诸组元的毒性、侵蚀性和爆炸性, 其存放的方便性和可能性, 以及制造成本等其他某些

---

[1] 在总焓 i_1^* 中, 进入燃烧室的推进剂各组元的动能仅占微不足道的比例, 实际上小于 h 的万分之一.

[2] 在许多对实际应用很重要的情况下, 特别是在使用低温液体推进剂 (例如液氧和液氢) 时, 对现代火箭发动机而言成立不等式 $i_2^* \ll h$.

[3] 在现代的发动机中可以实现程度极高的完全燃烧.

推进剂化学计量混合物的反应热*

燃烧剂	氧化剂	单位质量推进剂的反应热 h / $kcal \cdot kg^{-1}$	$p'/p'^* = 0.01$ 时的单位推力 $R_{sp.id.}$ / s
液氢 H_2	液氧 O_2	3 030	400
锂	同上	3 500	370
煤油	同上	2 270	310
乙醇	同上	2 020	300
肼	同上	1 940	320
液氢 H_2	液氟 F_2	3 030	420
锂	同上	3 170	420
肼	同上	2 420	370
煤油	硝酸	1 440	265
煤油	四氧化二氮	1 720	285
氧原子 O	氧原子 O	3 800	
氢原子 H	氢原子 H	51 600	4 500
氢原子 H	氧原子 O	11 300	

* 在以下文献中可以找到关于燃烧剂与氧化剂的各种组合的详细的热力学数据: Sutton G. P. Rocket Propulsion Elements. New York: Wiley, 1963; Баррер М. и др. Ракетные двигатели. Москва: Оборонгиз, 1962; Sarner S. F. Propellant Chemistry. New York: Reinhold, 1966.

因素. 例如, 由于制造和存放的困难, 在表格中列出的氧原子和氢原子的复合反应目前还没有得到实际应用, 尽管该反应能够释放很多热量.

因为热量散失或者部分释放出来的能量被用于推进剂组元供应系统, i_1^* 和 T_1^* 降低至 i'^* 和 T'^* ($i'^* < i_1^*$, $T'^* < T_1^*$), 这些量可以在专门的计算中加以考虑.

总压与推进剂流量 在理想的燃烧过程中, 如果最终的总焓只与被释放出来的化学能有关, 则在发动机的理想过程中, 总压在喷管的临界横截面 S_{cr} 给定时首先依赖于推进剂诸组元的质量流量. 此外, 总压还依赖于燃烧室中的不可逆过程以及气体在喷管中运动时的不可逆损失, 这些不可逆特性都导致熵增加.

气体的质量流量满足公式 (见 (6.5))

$$G = \sqrt{\frac{2\gamma^2}{\gamma^2 - 1}\left(\frac{2}{\gamma + 1}\right)^{1/(\gamma - 1)}} \frac{p^* S_{cr}}{\sqrt{c_p T^*}},$$

式中 p^* 和 T^* 是临界截面上的总压和总温.

如果燃烧过程在喷管的临界截面之前已经完成, 并且可以忽略热量的散失, 则 $T^* = T'^*$. 从流量 G 的公式显然可以看出, 流量 G 与 p^* 实际成正比. 只要对进入燃烧室的推进剂流量进行控制, 即可改变总压.

前面已经指出 (见 §9), 比值

$$\frac{p'^*}{p^*} = \sigma$$

表征喷管中临界截面与出口截面之间的损失. 量 σ 通常接近于 1, 优质喷管的 σ 的取值范围是 0.98—0.99.

发动机的推力　根据火箭发动机的推力公式 (10.3) 和 §6 中的公式可以写出

$$R = (Gv + p'S) - p_0 S = [p'^* f(\lambda) - p_0]S, \qquad (10.4)$$

式中

$$\lambda = \frac{v}{v'_{\mathrm{cr}}} = \sqrt{\frac{\gamma - 1}{\gamma + 1}} \frac{v}{\sqrt{2c_p T'^*}},$$

$$f(\lambda) = (1 + \lambda^2)\left(1 - \frac{\gamma - 1}{\gamma + 1}\lambda^2\right)^{1/(\gamma - 1)},$$

S 是喷管出口横截面面积. 当 $p^* \gg p_0$ 时 (p^* 的量级为 50—100 atm, 在地球表面 $p_0 \sim 1$ atm, 在高空 $p_0 \sim 0$), (10.4) 右侧括号中的第二项比第一项小得多.

喷管出口的速度因子 λ 在忽略喷管中的微小损失时可以根据 §6 中的公式通过比值 S_{cr}/S 表示出来, 即

$$\lambda\left(1 - \frac{\gamma - 1}{\gamma + 1}\lambda^2\right)^{1/(\gamma - 1)} = \left(\frac{2}{\gamma + 1}\right)^{1/(\gamma - 1)} \frac{S_{\mathrm{cr}}}{S}.$$

比值 S_{cr}/S 是由喷管的结构定义的. 由此可知,

$$v = \sqrt{c_p T^*}\, F\left(\gamma, \frac{S_{\mathrm{cr}}}{S}\right).$$

喷气射流的速度依赖于燃烧热和燃烧产物的泊松绝热线指数 γ.

由 (10.4) 可知, 在 $p_0 \sim 0$ 时推力正比于流量 G 或总压 p^*, 总压的所有损失直接表现为推力的损失. 用流量来控制总压 p^* 就相当于控制推力.

单位推力　单位推力 (也称为比推力或比冲) 是火箭发动机推力与每秒消耗推进剂重量的比值 (单位是 s):

$$R_{\mathrm{sp}} = \frac{R}{gG},$$

式中 gG 是燃烧产物通过喷管的重量流量. 单位推力是表征火箭发动机的推进剂性能、燃烧过程完善程度和喷气特性的重要实际指标.

对于 $p' = p_0$ 的理论喷管, 从 (10.4) 有

$$R_{\mathrm{sp}} = R'_{\mathrm{sp}} = \frac{v}{g} = \frac{\sqrt{2i'^*}}{g}\left[1 - \left(\frac{p'}{p'^*}\right)^{(\gamma - 1)/\gamma}\right]^{1/2},$$

或者 $R_{\mathrm{sp}} = R'_{\mathrm{sp}} \approx 0.1 v$.

对于非理论喷管 (见 (10.3) 和图 59), 有

$$R_{\mathrm{sp}} = R'_{\mathrm{sp}} + \frac{p' - p_0}{g \rho' v}.$$

从最后两个公式显然可以看出, 单位推力显著依赖于推进剂的发热量 (即量 i'^*) 和比值 p'/p^*, 后者表征压强在发动机中的下降程度; 单位推力对燃烧产物的泊松绝热线指数 γ 也相当敏感. 从理论喷管的公式可知, 在其余条件相同的情况下, 单位推力 R_{sp} 随 γ 的增加而增加 (对于单原子气体, $\gamma = 5/3$, 对于分子结构具有更多自由度的气体, $1 < \gamma < 5/3$). 显然, 火箭发动机的单位推力与飞行速度毫无关系, 与飞行高度则有微弱的关系 (通过量 p_0 表现出来). 当飞行高度增加时, 压强 p' 保持不变, 压强 p_0 降低, 所以单位推力随着 p_0 的降低而略有增加.

在前面的表格中列出了推进剂各种组合的化学计量混合物在理想过程中给出的单位推力, 在计算时认为发动机中的燃烧是完全的, 气流流出喷管的运动是可逆的, 并且压强的下降满足 $p'/p'^* = 1/100$. 从这个表格可以看出, 仅有更大的燃烧热并不足以获得更大的单位推力. 例如, 肼和液氧比乙醇和液氧具有更大的单位推力, 这是因为相应燃烧产物的分子组成具有不同的性质.

现代液体火箭发动机在地球表面的单位推力为

$$R_{\mathrm{sp}} \sim 240\text{—}420 \text{ s},$$

而固体火箭发动机的相应指标为

$$R_{\mathrm{sp}} \sim 220\text{—}250 \text{ s}.$$

这些指标对于未来的发动机还能更高. 单位推力在高空更大一些.

作为推进剂和发动机的一个指标, 也可以考虑并使用单位推力的倒数

$$c_{\mathrm{sp}} = \frac{1}{R_{\mathrm{sp}}} = \frac{gG}{R}$$

(单位是 s^{-1}) 来取代单位推力. 这个指标给出获得 1 N 推力时每秒所需消耗的推进剂的重量 (推进剂的单位重量流量).

火箭发动机的基本特性　火箭发动机推进剂的单位重量流量 c_{sp} 很大, 而当飞行器在非常高的高空飞行时, 化学推进剂应当储存在飞行器上, 所以火箭发动机一般只能短时间工作. 甚至对于具有超大推力的现代火箭而言, 主发动机的工作时间也仅有几分钟而已. 其他一些类型的发动机在大气层中工作时可以从周围空气中获取氧气, 由这样的发动机驱动的飞行器所携带的燃料具有小得多的消耗率. 所以, 从这个角度讲, 它们比火箭发动机更加合算.

火箭发动机的质量较小, 能够在真空中工作, 并且能够在短时间内提供其他类型发动机所无法提供的巨大推力. 例如, 目前的单喷管液体火箭发动机能够在飞行中

提供 800 吨力的推力, 而现代大型航天火箭的第一级具有若干个这样的发动机. 固体火箭发动机的推力可达几千吨力.

空气喷气发动机和其他类型的发动机 用于在地球大气层中飞行的发动机可以使用空气中的氧气作为氧化剂. 从大气吸入的空气与飞行器所带燃料共同用于形成喷气射流 (将来可以用核反应代替燃烧来加热工作介质), 从而产生推力. 这时, 工作气流中的空气的重量比燃料的重量大得多. 这样的过程可以直接在空气喷气发动机中实现. 在同样使用空气的活塞式发动机和燃气涡轮发动机中, 燃烧产物的能量通过涡轮转化为机械能并带动螺旋桨旋转, 而螺旋桨又把机械能传递给空气或水并形成推进射流, 从而产生推力.

驱动飞行器在大气中飞行、物体在水中运动、交通工具在地面和水面行驶的发动机形式各异, 种类繁多. 实验和理论表明, 针对推进系统的不同运动条件和维护条件, 适宜并且能够采用不同类型的发动机. 例如, 立刻可以看出, 在真空 (太空) 中暂时只能采用火箭发动机, 但发动机中的工作过程、能量源 (包括核能) 和产生喷气射流的工作介质可能各不相同; 化学燃料的燃烧产物、被加热的气体、等离子体流和离子流等, 甚至光子流和其他基本粒子流 (这时出现如何发明新型发动机的问题, 这种发动机使用太空中的稀薄介质, 就像空气喷气发动机使用地球大气那样) 都可能是工作介质. 在一般情况下, 如何选择和设计最优的推进系统的问题与具体应用条件有最密切的关系. 不过, 仍然存在某些普适的关系式, 它们是描述任何具体的推进系统及其最佳工作条件的基础. 现在, 我们就来对各种空气喷气发动机系统建立一些类似的普适的概念和指标.

空气喷气发动机的飞行效率 可以利用以下公式来定义发动机的飞行效率:

$$\eta = \frac{\boldsymbol{R} \cdot \boldsymbol{v}}{W} = \frac{\text{有用功率}}{\text{所消耗的功率}}, \tag{10.5}$$

式中 $\boldsymbol{R}$ 是推进系统的推力, $\boldsymbol{v}$ 是飞行速度, W 是单位时间内向气流输入的能量. 量 W 一般正比于单位时间内所消耗的燃料的重量.

类似于卡诺循环的效率 (见第五章), 可以引入发动机的理想效率. 之所以引入理想效率, 是为了针对能够实现的某种发动机结构得到一种判据来评价所输入的能量能够被使用的最高极限以及接近该极限的程度. 热力学表明, 理想效率小于 1. 理想效率是在理想可逆过程中达到的, 而实际效率由于现象的不可避免的不可逆性永远小于理想效率. 尽管如此, 在许多情况下, 正确设计的发动机能够足够好地满足理想条件. 实际效率与理想效率之差表征一台发动机在技术上的完善程度. 在设计发动机时, 可以利用理想发动机的特征量来指导如何选择基本参量, 如何采用正确的方法来实现工作过程. 理想效率值还可以用来评价未来的各种可能性.

图 60 给出空气相对于具有空气喷气发动机的飞行器的定常运动的示意图, 图中的阴影部分表示发动机和飞行器的结构部件, 虚线表示直接与发动机部件发生能量交换的空气微元所对应的流线, 实线表示没有直接从燃料或发动机运动部件 (例如

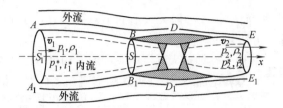

图 60. 空气相对于具有空气喷气发动机的飞行器的定常运动的示意图

螺旋桨) 获得外部能量 (热量或机械能) 的空气微元所对应的流线. 这里把第一种流线所代表的气流称为内流, 把第二种流线所代表的气流称为外流, 它们都来自 $-\infty$ 并流向 $+\infty$.

实验表明, 在高速飞行时, 外流对飞行器的作用力和内流对飞行器的作用力有密切的关系, 两者在力学上缺一不可. 从流动的一般图案也可以看出这一点. 利用实验方法和计算方法都能够得到效率的实际数值. 在进行计算时, 应在考虑不可逆效应的条件下构造出具有相互作用的外流和内流, 然后进行细致的分析. 这些方法都很复杂, 与具体对象的特点密切相关.

下面将在理想可逆过程的极限条件下对理想效率的计算进行分析. 前面已经证明, 在气体绕有限大小的任意一组物体的可逆定常连续流动的理想条件下, 如果没有能量从外部进入气流, 物体所受推力和阻力就等于零 (达朗贝尔佯谬). 在有能量交换时, 必须把理想条件下的推力理解为气流对飞行器所有部件的内表面和外表面的合力.

我们首先证明[1], 如果曲面 $ABDEE_1D_1B_1A_1$ (见图 60) 以外全部空间中的外流是理想气体的连续定常绝热正压运动, 并且无穷远处的横截面 S_1 和 S_2 是有限的[2], 就可以得到达朗贝尔佯谬的一种更一般的表述. 用这种方式表述的达朗贝尔佯谬表明, 在上述条件下, 外流对飞行器外表面和延伸到飞行器前方和后方无穷远处的内流表面的总阻力或总推力等于零. 根据这个命题可知, 外流对飞行器表面的总推力 (或总阻力) 一般不等于零, 其大小等于外流对与之接触的内流表面的总阻力 (或总推力), 而方向则相反.

就像前面在证明体积有限的物体的达朗贝尔佯谬时的处理方法那样, 我们把理想气体的上述外流看做柱形管中的一种极限流动, 该柱形管的母线平行于无穷远处的流动速度矢量, 横截面记为 S^*. 此外, 我们认为前方无穷远处的压强 p_1 和后方无穷远处的压强 p_2 在管道横截面上均匀分布. 对位于无穷远处的横截面 $S^* - S_1$ 与

---

[1] 参阅: Седов Л. И. О полетном коэффициенте полезного действия идеального винта и идеального воздушно-ракетного двигателя. Теоретическая гидромеханика: Сборник статей. No. 13, вып. 5. Москва: Оборонгиз, 1954. C. 3—12.

[2] 容易证明, 在理想流体理论的范围内, 只要物体的外形合适, 在亚声速情况下就存在这样的绕流运动, 但在超声速情况下一般会在气流中形成激波. 不过, 在理论上可以这样选择被绕流物体的外形, 使激波完全消失或者只给气流带来无穷小的损失. 在计算理想效率时应忽略外流中的损失.

$S^* - S_2$ 之间的外流所占区域应用流量方程和动量方程, 并将后者在管轴上投影, 得

$$\rho_1 v_1 (S^* - S_1) = \rho_2 v_2 (S^* - S_2), \tag{10.6}$$

$$R = (p_2 - p_1)(S^* - S_2) + \rho_1 v_1 (S^* - S_1)(v_2 - v_1), \tag{10.7}$$

式中 R 是阻力, 其定义为

$$R = - \int_{ABDEE_1D_1B_1A_1} (p - p_1)\, \mathrm{d}\sigma_x,$$

其中 $\mathrm{d}\sigma_x$ 是被绕流的曲面微元在垂直于来流的平面上的投影 (速度 v 平行于 x 轴).

在 $S_1 \neq S_2$ 时, 从 (10.6) 有

$$S^* - S_2 = \frac{\rho_1 v_1 (S_2 - S_1)}{\rho_2 v_2 - \rho_1 v_1}, \quad S^* - S_1 = \frac{\rho_2 v_2 (S_2 - S_1)}{\rho_2 v_2 - \rho_1 v_1}.$$

利用这个结果和 (10.7), 得

$$R = \frac{p_2 - p_1 + \rho_2 v_2 (v_2 - v_1)}{\rho_2 v_2 - \rho_1 v_1} \rho_1 v_1 (S_2 - S_1) = \rho_1 v_1 (S_2 - S_1) \int_{v_1}^{v_2} \frac{\rho_2 v_2 - \rho v}{\rho_2 v_2 - \rho_1 v_1}\, \mathrm{d}v, \tag{10.8}$$

因为沿流线成立等式

$$\rho v\, \mathrm{d}v = -\mathrm{d}p.$$

如果 S_1 和 S_2 的面积有限, S^* 的面积趋于无穷大, 则 $p_2 \to p_1 \to p_\infty$, $v_2 \to v_1$. 由此可知 $R \to 0$, 因为 (10.8) 中的积分在 $v_2 \to v_1$ 时趋于零.

如果 $S_1 = S_2$, 则 $\rho_1 v_1 = \rho_2 v_2$, 再根据正压条件一般可得 $p_1 = p_2$ 和 $v_1 = v_2$, 所以 $R = 0$. 这时, 阻力为零的结果不仅对无界绕流成立, 对具有任意横截面 S^* 的管道也成立.

在以上推导过程中, 起重要作用的仅仅是气体运动的正压性和连续性, 并且所有流线都从 $x = -\infty$ 延伸到 $x = +\infty$ (在无穷远处没有反向流动). 只要运动是正压的, $R = 0$ 的结论对非绝热运动也成立. 如果仅仅外流可逆, 但内流不可逆, 则达朗贝尔佯谬的上述广义表述仍然成立. 所以, 内流对外流在它们的交界面上的阻力正好等于飞行器的外部阻力.

我们用 $G = \rho_1 v_1 S_1 = \rho_2 v_2 S_2$ 表示内流的流量, 式中 ρ_1, v_1 和 ρ_2, v_2 分别是内流在前方无穷远处和后方无穷远处的密度和速度. 根据问题的提法和 §8 中的公式可知, 总推力 R 和进入气体的总能量流 W 满足公式

$$R = G(v_2 - v_1), \tag{10.9}$$

$$W = G(i_2^* - i_1^*). \tag{10.10}$$

这样就证明了, 对于可逆绝热外流和任何不可逆内流都成立公式 (10.9) 和 (10.10).

如果从外部进入的能量 W 表现为热量, 则由等式 (10.5) 定义的总飞行效率 (理想效率或实际效率) 总是可以表示为以下形式:

$$\eta = \eta_{\text{therm}}\eta_{\text{prop}}, \tag{10.11}$$

式中 η_{therm} 是热效率,

$$\eta_{\text{therm}} = \frac{G(v_2^2/2 - v_1^2/2)}{W} < 1, \tag{10.12}$$

η_{prop} 是推进效率或飞行机械效率, 利用 (10.9) 可以把它表示为

$$\eta_{\text{prop}} = \frac{Rv_1}{G(v_2^2/2 - v_1^2/2)} = \frac{2}{1 + v_2/v_1} < 1. \tag{10.13}$$

如果推进系统能够被分解为输出机械能的发动机 (例如活塞式发动机) 和推进装置 (例如螺旋桨), 则总效率根据 (10.11) 可以表示为热效率与推进效率之积. 热效率和推进效率分别是发动机和推进装置的基本指标. 对空气喷气发动机而言, 这种分解方法仅仅是形式上的一种假设, 因为 η_{therm} 和 η_{prop} 这两种效率是发动机整体作为同一个对象的不同指标.

在实际应用中, 对船舶、飞机上的活塞式发动机而言, 在稳定运转时热效率最高的是柴油机, η_{therm} 的量级为 0.45, 而蒸汽机的最大热效率 $\eta_{\text{therm}} \sim 0.35$; 对于现代大功率航空燃气涡轮发动机, 则有 $\eta_{\text{therm}} \sim 0.35$—0.45.

因为为了得到推力, 必须成立不等式

$$v_2 > v_1,$$

所以显然在 v_2 与 v_1 相差不多时才有最大的推进效率. 在一般情况下, 为了在推力给定时降低 v_2 的值, 必须提高喷气射流的质量流量 G. 采用增加发动机相应管道横截面面积或螺旋桨直径的方法可以提高流量 G, 但是这些方法导致被绕流管道的阻力上升, 旋转部件的角速度下降, 推进系统因此变得笨重. 这些问题和其他一些原因迫使人们寻找和采用一些折中的方案.

对于空气喷气发动机, 量 $v_1, p_1^*, T_1^*, \rho_1^*, i_1^*$ 的值取决于飞行条件 (飞行速度和飞行高度, 而大气的数据是已知的).

为了计算质量流量 G, 需要知道流量因子 φ,

$$G = \varphi\rho_1 v_1 S,$$

式中 S 是发动机进气道面积, 它取决于发动机的构造和工作状态.

喷气射流的速度　喷气射流的速度 v_2 可以通过总压和静压表示出来. 对于不可压缩流体, 根据 p^* 的定义有

$$v_2 = \sqrt{\frac{2(p_2^* - p_{\text{st}})}{\rho}}, \quad p_{\text{st}} = p_2. \tag{10.14}$$

对于完全气体,

$$v_2 = \sqrt{2c_p T_2^* \left[1 - \left(\frac{p_{\mathrm{st}}}{p_2^*}\right)^{(\gamma-1)/\gamma}\right]}, \tag{10.15}$$

由于机械能的损失或输入, 射流的总压 p_1^* 和 p_2^* 可能不同. 总增压比 $\pi = p_2^*/p_1^*$ 适宜作为空气喷气发动机或螺旋桨工作时的空气动力学过程的基本指标.

对于不可压缩流体, 根据条件 $p_1 = p_2$ 容易得到以下公式来代替公式 (10.14):

$$v_2 = \sqrt{v_1^2 + \frac{2(p_2^* - p_1^*)}{\rho}}, \tag{10.16}$$

对于气体, 根据公式 (5.10) 和 (5.11) 可以写出

$$\pi^{(\gamma-1)/\gamma} = \frac{1 + \dfrac{\gamma-1}{2}M_2^2}{1 + \dfrac{\gamma-1}{2}M_1^2} = \frac{1 - \dfrac{\gamma-1}{\gamma+1}\lambda_1^2}{1 - \dfrac{\gamma-1}{\gamma+1}\lambda_2^2},$$

由此得到

$$\begin{aligned}
M_2 &= \sqrt{\pi^{(\gamma-1)/\gamma}\left(M_1^2 + \frac{2}{\gamma-1}\right) - \frac{2}{\gamma-1}}, \\
\lambda_2 &= \sqrt{\pi^{-(\gamma-1)/\gamma}\left(\lambda_1^2 - \frac{\gamma+1}{\gamma-1}\right) + \frac{\gamma+1}{\gamma-1}}.
\end{aligned} \tag{10.17}$$

这些公式可以代替公式 (10.15), 它们把 M_2 和 λ_2 通过发动机总增压比 $\pi = p_2^*/p_1^*$ 和来流的给定参量 M_1, λ_1 表示出来. 显然, 当 $\pi > 1$ 时总有 $M_2 > M_1$, $\lambda_2 > \lambda_1$, 而当 $\pi < 1$ 时 $M_2 < M_1$, $\lambda_2 < \lambda_1$.

内流在无穷远处的面积比　我们再来在最一般的情况下计算内流在无穷远处的面积比. 对于不可压缩流体, 根据 (10.16) 有

$$\frac{S_2}{S_1} = \frac{v_1}{v_2} = \frac{1}{\sqrt{1 + \dfrac{2(p_2^* - p_1^*)}{\rho_1 v_1^2}}}.$$

对于气体, 从公式 (5.10) 和 (5.11) 得

$$\frac{S_2}{S_1} = \frac{\rho_1 v_1}{\rho_2 v_2} = \frac{q(M_1)p_1^*}{q(M_2)p_2^*}\sqrt{\frac{T_2^*}{T_1^*}}, \tag{10.18}$$

式中

$$q(M) = \frac{\rho v}{\rho_{\mathrm{cr}} v_{\mathrm{cr}}} = \left(\frac{\gamma+1}{2}\right)^{(1+\gamma)/2(\gamma-1)} \frac{M}{\left(1 + \dfrac{\gamma-1}{2}M^2\right)^{(1+\gamma)/2(\gamma-1)}}. \tag{10.19}$$

根据状态方程, 我们进一步有

$$\pi = \frac{p_2^*}{p_1^*} = \varkappa \left(\frac{T_2^*}{T_1^*} \right)^{\gamma/(\gamma-1)}, \quad \varkappa = e^{(s_1-s_2)/R}, \tag{10.20}$$

式中 $R = c_p - c_V$ 是气体常量, s_1 和 s_2 是横截面 S_1 和 S_2 上的质量熵. 通常 $\varkappa < 1$, 因为不可逆损失或气体在燃烧室中受热导致熵增加. 对于螺旋桨、压缩机或涡轮, π 等于相对于旋转部件的定常气流的总压之比 $p_{2\,\mathrm{rel}}^*/p_{1\,\mathrm{rel}}^* = \sigma$. 在理想可逆过程中 $\sigma = 1$.

根据 (10.20), 式 (10.18) 可以改写为

$$\frac{S_2}{S_1} = \frac{q(M_1)}{q(M_2)\pi^{(\gamma+1)/2\gamma}\varkappa^{(\gamma-1)/2\gamma}}$$

$$= f(M_1, \pi, \varkappa),$$

式中 M_2 和 $q(M)$ 分别由 (10.17) 和 (10.19) 计算. 图 61 给出 f 在 $\varkappa = 1$ 时对 M_1 和 π 的依赖关系.

沿发动机管道的机械能损失和加热导致比值 S_2/S_1 增加, 不过增加值一般不大, 因为 $\varkappa$ 的指数很小, $(\gamma - 1)/2\gamma \ll 1$.

上面对各种空气喷气发动机、船用螺旋桨和空气螺旋桨提出了某些普适的定义和关系式. 对相应关系式的进一步分析和

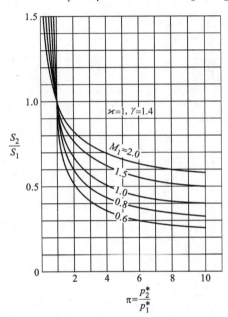

图 61. 比值 S_2/S_1 对喷气射流增压比 π 和飞行马赫数 M_1 的依赖关系

具体应用需要考虑能量输入机理和内流的不可逆损失.

冲压式空气喷气发动机　　我们来研究冲压式空气喷气发动机. 从一般流动状态的角度讲, 这是最简单的一种空气喷气发动机, 图 62 给出其示意图.

从空气动力学的观点看, 冲压式空气喷气发动机由扩散段、燃烧室和尾喷管组成. 为了在燃烧室中形成适宜的燃烧状态, 扩散段是必须的, 因为气流速度这时应当较低. 为了利用燃烧室中的高温气体与外部空间之间的压强差来加速气流, 尾喷管也是必须的. 对扩散段和尾喷管的分析指出, 它们的形状在超声速流动和亚声速流动的情况下有显著区别 (见 §9).

如果忽略进入燃烧室的燃料质量 (见 (10.12), (10.13), (10.10), (8.4) 和伯努利积分), 则可以写出

$$\eta_{\mathrm{therm}} = \frac{v_2^2 - v_1^2}{2c_p(T_2^* - T_1^*)} = \frac{\gamma - 1}{\gamma + 1} \frac{\dfrac{T_2^*}{T_1^*}\lambda_2^2 - \lambda_1^2}{\dfrac{T_2^*}{T_1^*} - 1}, \quad \eta_{\mathrm{prop}} = \frac{2}{\dfrac{\lambda_2}{\lambda_1}\sqrt{\dfrac{T_2^*}{T_1^*}} + 1}, \tag{10.21}$$

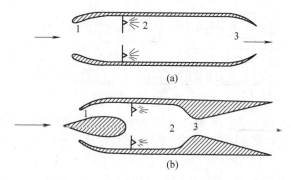

图 62. 冲压式空气喷气发动机的示意图: (a) 用于亚声速飞行, (b) 用于超声速飞行. 1. 扩散段, 2. 燃烧室, 3. 尾喷管

因为按照定义有

$$\lambda^2 = \frac{v^2}{v_{cr}^2} = \frac{\gamma - 1}{\gamma + 1} \frac{v^2}{2c_p T^*}.$$

η_{therm} 的上述公式是在实际冲压式空气喷气发动机的一般情况下引入的. 公式 (10.21) 给出 η_{therm} 和 η_{prop} 通过比值 T_2^*/T_1^* (该比值容易通过进入发动机单位质量内流的热量表示出来) 和飞行速度因子 λ (或马赫数) 的表达式. 根据 (5.10), λ_2 可以通过总压损失 $\pi = p_2^*/p_1^* = \sigma$ 表示出来. 对于冲压式发动机, 比值 σ 取决于扩散段、燃烧室和尾喷管中的过程的空气动力学性质. 该比值对超声速扩散段中的损失特别敏感, 因为激波能够导致巨大损失. 例如, 根据公式 (10.17) 可以指出 π 的这样一些取值 (< 1), 这时不仅有 $\lambda_2 < \lambda_1$, 而且有 $v_2 \leqslant v_1$, 结果得到阻力而不是推力.

对于冲压式空气喷气发动机中的理想可逆过程, 扩散段、燃烧室、尾喷管和外流中的总压保持不变, 即 $p_2^* = p_1^*$, 所以从 (10.17) 可知 $M_2 = M_1$, $\lambda_2 = \lambda_1$, 但是 $v_2 > v_1$, 因为加热导致 $T_2^* > T_1^*$. 于是, 对于理想的冲压式空气喷气发动机, 我们有

$$\eta_{\mathrm{therm}} = \frac{\gamma - 1}{\gamma + 1} \lambda_1^2 < 1, \quad \eta_{\mathrm{prop}} = \frac{2}{\sqrt{\dfrac{T_2^*}{T_1^*} + 1}} < 1. \tag{10.22}$$

利用公式 (10.22) 容易估计理想的冲压式空气喷气发动机的热效率 η_{therm}. 对于空气, $\gamma = 1.4$, 在 $\lambda_1 = M_1 = 1$ 时 $\eta_{\mathrm{therm}} = 17\%$, 在 $\lambda_1 = 1.93$, $M_1 = 3$ 时 $\eta_{\mathrm{therm}} = 64\%$, 在 $\lambda_1 = 2.39$, $M_1 = 10$ 时 $\eta_{\mathrm{therm}} = 99\%$.

从以上分析可知, 即使理想的冲压式空气喷气发动机也不能 "立刻" (在 $v_1 = 0$ 时) 产生推力.

如果 T_1^* 较高, 即 $T_2^*/T_1^* \approx 1$, 但 $T_2^* - T_1^*$ 又不算小, 则 η_{therm} 的上述取值和 η_{prop} 的一些一般尚可接受的取值表明, 在低速飞行时 (λ_1 较小而 T_1^* 较高) 应用冲压式发动机并不合算, 这种发动机的功效只有在超声速飞行时才能很好地体现出来. 然而需要注意, 总温在马赫数高于 $M = 4$ 时变得很高. 要想把发动机内的气流温度

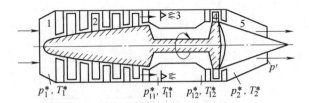

图 63. 涡轮喷气发动机示意图. 图中标出主要的特征横截面以及相应总压和总温: 1. 扩散段, 2. 压缩机, 3. 燃烧室, 4. 涡轮, 5. 尾喷管 (可能带有加力燃烧室)

保持在可以接受的范围之内, 可以控制发动机内的气流速度值.

如果改变设计方案, 也可以考虑这样一种发动机, 其 "内流" 位于 "外部空间", 并且由相应保护层与发动机表面隔开.

涡轮喷气发动机　综上所述, 只有在高速飞行时才能应用冲压式空气喷气发动机. 为了让喷气发动机在低速飞行时 (包括速度为零的起飞时刻) 也能工作, 必须大幅度提高进入燃烧室的气流的总压. 为此, 可以在燃烧室之前安装压缩机, 同时在燃烧室之后安装涡轮, 以便提供压缩机运转所必须的机械功. 这种形式的发动机称为涡轮喷气发动机. 现代飞机主要采用涡轮喷气发动机.

图 63 给出最简单的涡轮喷气发动机的示意图. 当涡轮喷气发动机工作时, 压缩机对空气做功 L_{comp}, 使其总压和总温增加,

$$\frac{p_{11}^*}{p_1^*} = \pi_{\mathrm{comp}} > 1, \quad L_{\mathrm{comp}} = c_p(T_{11}^* - T_1^*) = c_p T_1^* \left[\left(\frac{\pi_{\mathrm{comp}}}{\sigma_{\mathrm{comp}}} \right)^{(\gamma-1)/\gamma} - 1 \right],$$

式中 $\sigma_{\mathrm{comp}} = \mathrm{e}^{(s_1 - s_{11})/R}$ 是压缩机的损失指标. 对于实际应用的发动机, π_{comp} 的值可达 8—15 以上. 安装涡轮的目的是为了利用高温气体的能量来驱动压缩机. 对于涡轮, 我们有

$$\frac{p_{12}^*}{p_2^*} = \pi_{\mathrm{turbo}} > 1, \quad L_{\mathrm{turbo}} = c_p(T_{12}^* - T_2^*) = c_p T_2^* \left[(\pi_{\mathrm{turbo}} \sigma_{\mathrm{turbo}})^{(\gamma-1)/\gamma} - 1 \right],$$

式中 $\sigma_{\mathrm{turbo}} = \mathrm{e}^{(s_{12} - s_2)/R}$ 是涡轮的损失指标. 总温 T_{12}^* 的量级为 1200—1500 K. 涡轮叶片在工作状态下受到巨大的拉伸应力, 叶片的耐热强度限制了总温的最大值, 该最大值还关系到是否能够对叶片采取冷却措施.

对进入气体的总能量流可以写出

$$W = c_p G(T_2^* - T_1^*) = c_p G(T_{12}^* - T_{11}^*) > 0.$$

因为压缩机和涡轮的做功量相同[1],

$$L_{\mathrm{comp}} = L_{\mathrm{turbo}},$$

---

[1] 在实际情况下 L_{turbo} 略大于 L_{comp}, 因为必须使用一部分能量来支持某些装置 (例如保证燃烧室的燃料供应).

所以

$$c_p T_1^* \left[\left(\frac{\pi_{\text{comp}}}{\sigma_{\text{comp}}} \right)^{(\gamma-1)/\gamma} - 1 \right] = c_p T_2^* \left[(\pi_{\text{turbo}} \sigma_{\text{turbo}})^{(\gamma-1)/\gamma} - 1 \right].$$

因为 $T_2^* > T_1^*$, 所以

$$\pi_{\text{comp}} > \pi_{\text{turbo}} \sigma_{\text{comp}} \sigma_{\text{turbo}}. \tag{10.23}$$

又因为在燃烧室中有热量输入, 所以

$$\sigma_{\text{comb}} = \frac{p_{12}^*}{p_{11}^*} = \left(\frac{T_{12}^*}{T_{11}^*} \right)^{\gamma/(\gamma-1)} e^{(s_{11}-s_{12})/R} \leqslant 1,$$

并且在理想可逆过程中取等号.

对发动机的总增压比可以写出

$$\pi = \frac{p_2^*}{p_1^*} = \frac{p_2^*}{p_{12}^*} \frac{p_{12}^*}{p_{11}^*} \frac{p_{11}^*}{p_1^*} = \frac{\pi_{\text{comp}}}{\pi_{\text{turbo}}} \sigma_{\text{comb}}. \tag{10.24}$$

在理想过程中 $\sigma_{\text{comp}} = \sigma_{\text{turbo}} = \sigma_{\text{comb}} = 1$, 根据不等式 (10.23) 可得

$$\pi = \frac{\pi_{\text{comp}}}{\pi_{\text{turbo}}} > 1.$$

因此, 由于推动涡轮旋转的高温气体在流过涡轮后满足 $T_2^* > T_1^*$, 所以只要高温气体流过涡轮后总压的降低小于低温气体流过压缩机后总压的增加 ($\pi_{\text{turbo}} < \pi_{\text{comp}}$), 涡轮就对压缩机做功. 这一效应使涡轮喷气发动机的总增压比 $\pi = p_2^*/p_1^*$ 大于 1, 但是对冲压式空气喷气发动机而言, 该比值在理想过程中等于 1, 在有损失时则小于 1. 在实际情况下, 公式 (10.24) 中的 π 的量级为 2—3. 因为对涡轮喷气发动机有 $\pi > 1$, 所以根据 (10.17) 可得 $\lambda_2 > \lambda_1$, $M_2 > M_1$. 因此, 涡轮喷气发动机能够在起飞时工作, 这时压缩机吸入空气, 在 $\varphi > 1$ 时形成内流, 从而产生推力.

当 $\pi \approx 2.3$ 时, 理论喷管的出口速度接近声速. 在收缩喷管的情况下, 没有完全膨胀的气流可能以声速流出. 因为总温 T_2^* 很高, 所以出口速度也相当高.

要想在总增压比 π 基本保持不变的情况下额外增加涡轮喷气发动机的推力, 可以提高尾喷管的出口总温, 为此可以在涡轮之后的喷管中再安装加力燃烧室. 流过加力燃烧室后, 气流在出口的温度可以提高到 2000 K 甚至更高, 这远远高于主燃烧室中的温度, 因为气流在流过主燃烧室时的温度不能过高, 以保证涡轮叶片的强度. 当涡轮喷气发动机用于超声速飞行时, 正如前面已经指出的那样, 必须使用专门的扩散段来降低损失.

必须注意, 为了在上述条件下增加发动机推力, 还可以采用更复杂的设计方案. 现在广泛应用的是涡轮螺旋桨喷气发动机和双路式涡轮喷气发动机. 在双路式发动机中, 一部分被压缩机压缩的空气在受热后并不流过涡轮, 而是从旁边流入尾喷管. 双路式涡轮喷气发动机近来之所以获得广泛应用, 是因为这种发动机把用于低速飞行的普通螺旋桨和用于高速巡航飞行的涡轮喷气发动机这两者的优点结合起来.

为了计算涡轮喷气发动机在理想或实际工作状态下的效率 $\eta_{\text{therm}}, \eta_{\text{prop}}$ 和 η, 可以使用公式 (10.21), 这时可以根据公式 (10.17) 把量 λ_2 ($> \lambda_1$) 通过总增压比 π 和来流的 λ_1 表示出来. 显然, 涡轮喷气发动机的热效率依赖于总增压比 π、马赫数和比值 T_2^*/T_1^*. 如果飞行速度为零, 则在 $\pi > 1$ 时

$$\eta_{\text{therm}} > 0.$$

对于给定的涡轮喷气发动机, 当飞行马赫数 (或 λ_1) 给定时, 只要控制燃烧室的燃料供应, 就可以控制总增压比 π, 从而控制涡轮和压缩机的转速.

理想螺旋桨理论　　最后, 我们来研究用作推进器的螺旋桨 (包括船用螺旋桨) 的理想推进效率. 螺旋桨在专门的发动机 (电动机、活塞式发动机或燃气涡轮发动机) 驱动下产生推力, 发动机的动力指标是通过专门的技术手册给定的或已知的. 考虑具有最优外形的某个装置被不可压缩理想流体 (或理想完全气体) 的定常绝热连续绕流, 并假设在这个装置中的物体对流体的作用下, 机械能以可逆形式进入流体, 从而形成一股射流. 我们将在这种情况下研究该装置的理想推进效率.

该装置是一台理想压缩机. 根据前面给出的定义, 我们把外流和射流 (内流) 对此压缩机整体的合力称作推力. 我们还认为, 无穷远处的压强处处相同, 内流在无穷远处的横截面 S_1 和 S_2 上具有均匀的速度, 并且外流和内流在前方无穷远处的特征量在极限上也是相同的.

根据运动的连续性、绝热性和来流的均匀性可知, 所有流体微元都具有相同的质量熵. 又因为无穷远处的压强处处相同, 所以位于装置后方无穷远处的内流和外流微元具有相同的密度和温度. 因此, 这时在内流的无穷远横截面 S_1 和 S_2 上有

$$p_1 = p_2, \quad \rho_1 = \rho_2, \quad s_1 = s_2, \quad T_1 = T_2.$$

外力做功使

$$v_1 \neq v_2,$$

并且根据等式 (10.9), (10.10) 和 (8.4) 有

$$W = \frac{1}{2}G(v_2^2 - v_1^2), \quad R = G(v_2 - v_1). \tag{10.25}$$

因此, 在所研究的情况下, 无论流体的可压缩性如何, 无论飞行速度是否超过声速, 理想的飞行效率 $\eta = \boldsymbol{R} \cdot \boldsymbol{v}_1 / W$ (见 (10.5)) 和推进效率 (见 (10.13)) 都等于

$$\eta = \frac{2}{1 + \dfrac{v_2}{v_1}}. \tag{10.26}$$

显然, 在 $v_2 \to v_1$ 时 $\eta \to 1$; 为了得到有限的推力 R, 这时必须增加内流的流量, $G \to \infty$. 在一般情况下, 正如我们将在下面证明的那样, 在推力给定时, 理想效率随着内流流量的增加而增加. 喷气射流的质量流量越大, 其效果越好.

作为螺旋桨或压缩机工作状态的一个重要指标, 引入负荷率

$$B = \frac{2R}{\rho_1 v_1^2 S},$$

式中 S 是压缩机入口的面积或内流在螺旋桨之前的面积. 对空气螺旋桨或船用螺旋桨而言, S 等于螺旋桨叶片扫过的圆的面积.

根据公式 (10.25) 可以写出

$$B = \frac{2R\varphi}{\rho_1 v_1^2 S_1} = 2\varphi \left(\frac{v_2}{v_1} - 1 \right), \tag{10.27}$$

式中 $\varphi = S_1/S$. 利用这一结果, 在公式 (10.26) 中引入负荷率 B 后可得

$$\eta = \frac{1}{1 + \dfrac{B}{4\varphi}}. \tag{10.28}$$

因子 φ 一般依赖于推进器形状的几何特性和它的工作状态. 在 B 给定时, 可能的最大效率 η 对应着 φ 的可能的最大值. 换言之, 当外形和推力给定时, 最佳情况对应着能够通过推进器的最大流量.

对于不可压缩流体, 我们有

$$p_1^* = p_1 + \frac{\rho v_1^2}{2}, \quad p_2^* = p_2 + \frac{\rho v_2^2}{2};$$

根据 (10.26) 和 $p_1 = p_2$ 可得

$$\eta = \frac{2}{1 + \sqrt{1 + \left(\dfrac{p_2^*}{p_1^*} - 1 \right) \dfrac{2p_1^*}{\rho v_1^2}}}. \tag{10.29}$$

无量纲的欧拉数 $\rho v_1^2 / 2p^*$ 类似于马赫数, 它取决于飞行条件. 在公式 (10.29) 中, 比值 $\pi = p_2^*/p_1^*$ 是唯一一个与压缩机有关的参数, 在 $\pi \to 1$ 时 $\eta \to 1$.

可以用因子 φ (见 (10.28)) 来代替比值 π. 在理想过程中, 为了保证螺旋桨所必须的因子 φ 的值, 可以使用专门的环形导流管 (对船用螺旋桨而言指布里格斯—科特导流管), 见图 64. 利用这种导流管可以增加流过螺旋桨的来流的面积. 显然, 在负荷率 B 较大 (推力大但速度低) 时使用这样的导流管是有好处的. 高负荷率的拖船在使用导流管后, 推力最高增加 50%, 效率最高增加 60%. 不过, 这样的导流管在实际应用中也遇到一定困难, 因为被绕流面积增加使黏性摩擦力增加, 从而给系统带来额外的阻力.

如果螺旋桨的作用可以归结为分布在螺旋桨桨盘上的外力的作用, 并且假设流体在桨盘上的轴向速度 v' 保持不变, 就可以计算出因子 φ. 我们先来计算速度 v'. 设 p_2' 和 p_1' 分别表示桨盘两侧的压强, 则压强差 $p_2' - p_1'$ 与螺旋桨所受外力平衡, 该

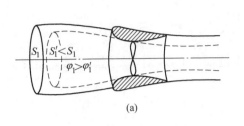
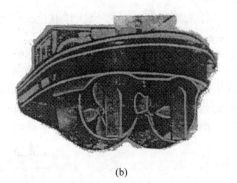

图 64. 环形导流管的作用. (a) 虚线表示无导流管时的内流, 实线表示有导流管时的内流. (b) 具有导流管的双螺旋桨拖船的照片

外力对流体做功的功率等于

$$v' \int_S (p_2' - p_1') \, \mathrm{d}\sigma = Rv' = G(v_2 - v_1)v' = \frac{G}{2}(v_2^2 - v_1^2).$$

由此可知

$$v' = \frac{1}{2}(v_1 + v_2).$$

从流量方程得到

$$v'S = \frac{1}{2}(v_1 + v_2)S = v_1 S_1,$$

所以

$$\varphi = \frac{S_1}{S} = \frac{1}{2}\left(\frac{v_2}{v_1} + 1\right).$$

把 φ 的这个值代入 (10.27), 得

$$B = \left(\frac{v_2}{v_1}\right)^2 - 1, \quad 或 \quad \frac{v_2}{v_1} = \sqrt{1 + B}.$$

因此, 根据 (10.26) 成立公式

$$\eta = \frac{2}{1 + \sqrt{1 + B}}. \tag{10.30}$$

公式 (10.30) 给出了按照上述理论计算出来的理想效率. 由此可知, 当 $B = 0$ 时 $\eta = 1$. 在上述理论中, 最大的理想效率对应 B 是小量的情况. 在这种情况下, 当推力 R 和设计速度 v_1 给定时应当增加 S, 但是强度的要求和产生空化的可能性使我们不得不限制船用螺旋桨的直径. 按照图 64 的方式使用环形导流管可以在大负荷率下得到比 (10.30) 更大的理想效率和实际效率.

在空气中运动时, 因为 $p_1 = p_2$, $\rho_1 = \rho_2$, 所以声速 $a_1 = a_2$, 根据 (10.17) 得

$$\frac{v_2}{v_1} = \sqrt{\frac{2[\pi^{(\gamma-1)/\gamma} - 1]}{(\gamma-1)M_1^2} + \pi^{(\gamma-1)/\gamma}}.$$

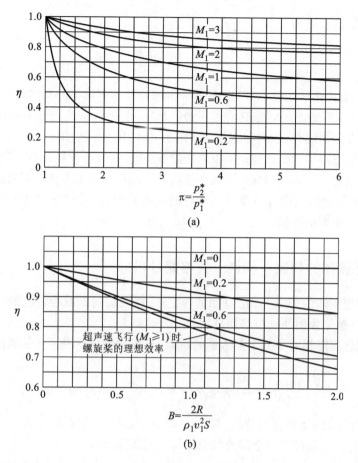

图 65. (a) 螺旋桨或压缩机风扇的效率对 $\pi = p_2^*/p_1^*$ 和马赫数 M_1 的函数关系, (b) 理想推进器 (螺旋桨) 的飞行效率在亚声速和超声速飞行时对负荷率和马赫数 M_1 的函数关系

把 v_2/v_1 的这个表达式代入公式 (10.13), 就得到 $\eta(\pi, M_1)$. 图 65 (a) 给出 $\eta(\pi, M_1)$ 的图像.

在空气中飞行时, 容易给出一种规则来确定因子 φ 的最佳值. 根据超声速流的性质, 在 $M \geqslant 1$ 时应取 $\varphi = 1$. 在亚声速流的情况下, 如果气体在进入发动机时 (在横截面 S 上) 的速度等于声速, 则 φ 取最大值. 现代航空压缩机明显在向满足这个条件的趋势发展. 这时可得

$$\varphi = \frac{S_1}{S} = \frac{\rho_{cr} v_{cr}}{\rho_1 v_1} = \frac{1}{q(M_1)}.$$

综上所述, 超声速情况下的效率为

$$\eta = \frac{1}{1 + \dfrac{B}{4}}, \tag{10.31}$$

亚声速情况下的效率为

$$\eta = \frac{1}{1 + \dfrac{Bq(M_1)}{4}}.\tag{10.32}$$

公式 (10.32) 在 M_1 较小时与前面得到的螺旋桨理想效率的常用公式有区别. 其原因在于, 这里所考虑的问题具有更一般的提法, 其中包括采用导流管使螺旋桨推力增加的情况. 图 65 (b) 给出函数关系 (10.31) 和 (10.32) 的图像.

根据理想螺旋桨的上述理论可以做出以下结论: 在设计重量最小的发动机时, 发动机的进气装置和气道应当保证进入压缩机的气流在理论工作状态下的速度接近声速. 为了评价发动机的设计方案并揭示可能的前景和发展趋势, 发动机效率的上述理论具有非常重要的价值.

§11. 理想流体的势流 · 柯西—拉格朗日积分

对于理想流体的势流, 无论流动是否定常, 都可以得到欧拉方程的一个首次积分, 这个积分被称为柯西—拉格朗日积分.

考虑理想流体相对于某个参考系的运动. 首先写出葛罗麦卡—兰姆形式的运动方程

$$\frac{\partial \boldsymbol{v}}{\partial t} + \operatorname{grad} \frac{v^2}{2} + 2\boldsymbol{\omega} \times \boldsymbol{v} = -\frac{1}{\rho} \operatorname{grad} p + \boldsymbol{F},\tag{11.1}$$

并进一步假设: (1) 运动是有势的, 即 $\boldsymbol{\omega} = 0$, $\boldsymbol{v} = \operatorname{grad} \varphi$, φ 是速度势; (2) 运动是正压的, $p = p(\rho)$, 从而可以对全部流场引入统一的压强函数

$$\mathscr{P}(p) = \int \frac{\mathrm{d}p}{\rho(p)}, \quad \frac{1}{\rho} \operatorname{grad} p = \operatorname{grad} \mathscr{P}.$$

在这些假设下, 葛罗麦卡—兰姆方程的形式为

$$\operatorname{grad} \left(\frac{\partial \varphi}{\partial t} + \frac{v^2}{2} + \mathscr{P} \right) = \boldsymbol{F}.$$

由此可见, 质量力这时应当是有势的, 我们把相应势函数记为 $\mathscr{U}$. 方程 (11.1) 的形式变为

$$\operatorname{grad} \left(\frac{\partial \varphi}{\partial t} + \frac{v^2}{2} + \mathscr{P} - \mathscr{U} \right) = 0,$$

由此可知

$$\frac{\partial \varphi}{\partial t} + \frac{v^2}{2} + \mathscr{P} - \mathscr{U} = f(t),\tag{11.2}$$

式中 $f(t)$ 是时间 t 的某个任意的函数.

关系式 (11.2) 就是柯西—拉格朗日积分, 它在流体有势运动区域中的所有点都成立.

为了计算函数 $f(t)$, 只要知道积分左侧在流场中某一点对时间的函数关系即可. 有时, 可以在流动边界上选取这样的点. 在流场延伸至无穷远的情况下, 可以根据速度势 φ 和其他一些特征量在无穷远处的给定值来计算函数 $f(t)$. 因为速度势只能精确到相差一个时间的函数, 所以可以引入另一个速度势

$$\varphi_1 = \varphi - \int f(t)\,\mathrm{d}t$$

来代替速度势 φ. 附加项 $\int f(t)\,\mathrm{d}t$ 对速度场没有影响, 因为

$$\boldsymbol{v} = \operatorname{grad}\varphi = \operatorname{grad}\varphi_1.$$

在 (11.2) 中把 $\partial\varphi/\partial t$ 替换为 $\partial\varphi_1/\partial t$ 之后, 柯西—拉格朗日积分的右侧等于零. 这时, 速度势可以精确到相差一个与时间和坐标都无关的常量.

柯西—拉格朗日积分和伯努利积分具有相同的用处; 如果已知速度势和外力势 $\mathscr{U}$, 就可以利用柯西—拉格朗日积分来计算压强分布.

在定常运动的特例中, 流体有势运动的柯西—拉格朗日积分在形式上与伯努利积分相同:

$$\frac{v^2}{2} + \mathscr{P} - \mathscr{U} = \mathrm{const} = i^*,$$

但其中的常量 i^* 在整个流场中处处相同, 并且压强函数 (根据正压条件) 只依赖于压强.

运动坐标系下的柯西—拉格朗日积分　　在推导柯西—拉格朗日积分 (11.2) 时, 我们首先要选择某个参考系, 并假设速度势 φ 可以表示为时间和参考系坐标的函数. 不过, 在相对于某个参考系描述运动时, 还可以 (也经常) 使用相对于参考系运动的另一个坐标系, 例如在流体中运动的物体的固连坐标系.

设 x, y, z 是参考系的笛卡儿坐标, ξ, η, ζ 是运动坐标系的坐标, 则坐标变换公式

$$x = x(\xi,\ \eta,\ \zeta,\ t), \quad y = y(\xi,\ \eta,\ \zeta,\ t), \quad z = z(\xi,\ \eta,\ \zeta,\ t) \tag{11.3}$$

可以视为运动坐标系相对于参考系的运动规律. 速度势 φ 既可以表示为 x, y, z, t 的函数, 也可以表示为 ξ, η, ζ, t 的函数:

$$\varphi(x(\xi,\ \eta,\ \zeta,\ t),\ y(\xi,\ \eta,\ \zeta,\ t),\ z(\xi,\ \eta,\ \zeta,\ t),\ t) = \varphi(\xi,\ \eta,\ \zeta,\ t). \tag{11.4}$$

柯西—拉格朗日积分是动量方程的推论, 所以其中包含速度势 φ 对时间 t 的偏导数, 该偏导数是在用来描述流体运动的坐标系中计算的. 我们指出,

$$\left.\frac{\partial\varphi}{\partial t}\right|_{x,\ y,\ z=\mathrm{const}} \neq \left.\frac{\partial\varphi}{\partial t}\right|_{\xi,\ \eta,\ \zeta=\mathrm{const}}.$$

其实, 在计算第一个偏导数时假设 x, y, z 不变, 即计算是在空间中的固定点 x, y, z 进行的; 在计算第二个偏导数时假设 ξ, η, ζ 不变, 即计算是在相对于参考系 x, y, z

按照运动规律 (11.3) 运动的点进行的. 容易建立这两种导数之间的关系; 根据 (11.4), 我们有

$$\frac{\partial \varphi(\xi,\, \eta,\, \zeta,\, t)}{\partial t} = \frac{\partial \varphi(x,\, y,\, z,\, t)}{\partial t} + \frac{\partial \varphi}{\partial x}\left(\frac{\partial x}{\partial t}\right)_{\xi,\,\eta,\,\zeta} + \frac{\partial \varphi}{\partial y}\left(\frac{\partial y}{\partial t}\right)_{\xi,\,\eta,\,\zeta} + \frac{\partial \varphi}{\partial z}\left(\frac{\partial z}{\partial t}\right)_{\xi,\,\eta,\,\zeta},$$
(11.5)

并且

$$\frac{\partial \varphi}{\partial x} = v_x, \quad \frac{\partial \varphi}{\partial y} = v_y, \quad \frac{\partial \varphi}{\partial z} = v_z,$$

而

$$\left(\frac{\partial x}{\partial t}\right)_{\xi,\,\eta,\,\zeta} = v_{x\,\mathrm{con}}, \quad \left(\frac{\partial y}{\partial t}\right)_{\xi,\,\eta,\,\zeta} = v_{y\,\mathrm{con}}, \quad \left(\frac{\partial z}{\partial t}\right)_{\xi,\,\eta,\,\zeta} = v_{z\,\mathrm{con}}$$

是与运动坐标系固连在一起的点的运动速度在参考系 x, y, z 中的分量, 即牵连速度 $\boldsymbol{v}_{\mathrm{con}}$ 的相应分量. 因此, 可以把等式 (11.5) 改写为

$$\frac{\partial \varphi(\xi,\, \eta,\, \zeta,\, t)}{\partial t} = \frac{\partial \varphi(x,\, y,\, z,\, t)}{\partial t} + \mathrm{grad}\,\varphi \cdot \boldsymbol{v}_{\mathrm{con}}.$$

标积 $\mathrm{grad}\,\varphi \cdot \boldsymbol{v}_{\mathrm{con}}$ 是不变量, 我们可以分别在坐标系 ξ, η, ζ 和 x, y, z 中用相应分量的形式写出其表达式.

如果速度势 φ 由 ξ, η, ζ 的函数给出, 则柯西—拉格朗日积分的形式为

$$\frac{\partial \varphi(\xi,\, \eta,\, \zeta,\, t)}{\partial t} - \boldsymbol{v}\cdot\boldsymbol{v}_{\mathrm{con}} + \frac{v^2}{2} + \mathscr{P} - \mathscr{U} = f(t).$$
(11.6)

如果假设运动坐标系像刚体那样运动, 则

$$\boldsymbol{v}_{\mathrm{con}} = \boldsymbol{v}_{O_1} + \boldsymbol{\Omega} \times \boldsymbol{r},$$

式中 $\boldsymbol{v}_{O_1}$ 是运动坐标系原点 O_1 相对于参考系 x, y, z 的运动速度, $\boldsymbol{\Omega}$ 是运动坐标系的瞬时角速度, $\boldsymbol{r}$ 是所研究的点相对于运动坐标系的径矢. 例如, 当运动坐标系沿 x 轴以常速度 $\boldsymbol{V}$ 平动时, 柯西—拉格朗日积分的形式为

$$\frac{\partial \varphi(\xi,\, \eta,\, \zeta,\, t)}{\partial t} - \frac{\partial \varphi}{\partial \xi}V + \frac{(\mathrm{grad}\,\varphi)^2}{2} + \mathscr{P} - \mathscr{U} = f(t),$$

而在不可压缩流体这一特例中 $\mathscr{P} = p/\rho$, 所以

$$\frac{\partial \varphi(\xi,\, \eta,\, \zeta,\, t)}{\partial t} - \frac{\partial \varphi}{\partial \xi}V + \frac{(\mathrm{grad}\,\varphi)^2}{2} + \frac{p}{\rho} - \mathscr{U} = f(t).$$
(11.7)

速度势的存在为流体力学的相应数学问题带来重大简化, 与此同时, 势流也是物理上非常重要的一类流动.

势流的保持性　　对于理想流体在有势质量力场中的连续正压运动, 在第六章 §7 中讨论了与涡量 $\boldsymbol{\omega} = \mathrm{rot}\,\boldsymbol{v}/2$ 的性质有关的几个定理. 例如, 在上述条件下成立的拉格朗日定理表明, 势流在下一时刻仍是势流.

许多运动可以看做是从静止状态发展而来的, 在初始时刻 $\boldsymbol{v}=0$, 所以 $\boldsymbol{\omega}=0$. 这样的运动在以后的所有时刻应当也是有势的.

在许多实际问题中可以把流体的运动看做势流, 例如水波和空气中的声波运动, 固体在流体中运动所引起的各种连续流动, 液体射流, 等等.

我们强调, 第六章 §7 中的定理是在一定假设下提出的, 这些假设要求介质和过程的性质满足相应条件. 如果这些条件得不到满足, 流动的有势性就会遭到破坏. 例如, 黏性能够导致涡量的产生, 而理想气体中的间断能够导致速度间断面的产生, 从而破坏流动的正压性.

速度势的一种动力学解释·不可压缩理想流体在压强冲量作用下产生的运动的狄利克雷问题   现在给出不可压缩理想流体的速度势的一种动力学解释. 设某一区域中的不可压缩理想流体在无穷小时间间隔 τ 内受到无穷大压强 p' 的作用, 其冲量

$$p_t = \lim_{\tau \to 0} \int_0^\tau p' \, \mathrm{d}t$$

是有限的. 写出欧拉方程

$$\frac{\mathrm{d}\boldsymbol{v}}{\mathrm{d}t} = \boldsymbol{F} - \frac{1}{\rho}\operatorname{grad} p \tag{11.8}$$

并对时间从 0 到 τ 进行积分, 然后在 $\tau \to 0$ 时取极限. 因为 (11.8) 中的普通的压强和质量力是有限的, 相应积分在取极限时等于零, 所以上述极限的结果是

$$\boldsymbol{v}' - \boldsymbol{v} = -\lim_{\tau \to 0} \int_0^\tau \frac{1}{\rho}\operatorname{grad} p' \, \mathrm{d}t, \tag{11.9}$$

式中 $\boldsymbol{v}$ 和 $\boldsymbol{v}'$ 分别是同一个物质点在压强冲量作用之前和作用之后的速度. 只要压强的冲量是有限的, 物质点的速度在无穷小时间 τ 内就发生有限的变化. 在 $\tau \to 0$ 的极限下, 物质点的位移为零, 所以速度 $\boldsymbol{v}$ 和 $\boldsymbol{v}'$ 是固定的空间点的速度. 物质点的速度发生突跃, 流体的这种流动是由碰撞造成的. 因为物质点的坐标在碰撞过程中保持不变, 所以在 (11.9) 中取极限时可以交换对空间点的梯度和对时间的积分的运算顺序, 从而得到

$$\boldsymbol{v}' - \boldsymbol{v} = -\frac{1}{\rho}\operatorname{grad} p_t.$$

如果流体是均匀的 (ρ 与坐标无关), 则

$$\boldsymbol{v}' - \boldsymbol{v} = \operatorname{grad}\varphi,$$

式中

$$\varphi = -\frac{p_t}{\rho}. \tag{11.10}$$

如果均匀流体的初始状态是静止状态, 则碰撞的结果是在流体中出现有势的速度场, 相应速度势 $\varphi(x, y, z)$ 与压强冲量的关系由 (11.10) 给出. 这个关系式可以视

为速度势的一种动力学解释.

从不可压缩流体的连续性方程 $\mathrm{div}\, \boldsymbol{v} = 0$ 可知, 速度势 $\varphi(x,\, y,\, z,\, t)$ 满足拉普拉斯方程

$$\Delta \varphi = 0. \tag{11.11}$$

满足拉普拉斯方程的函数 φ 称为调和函数.

拉普拉斯方程在某区域 $\mathscr{D}$ 中的解取决于函数 φ 在该区域边界 Σ 上的给定值. 根据调和函数在区域 $\mathscr{D}$ 的边界上的值求该函数在区域 $\mathscr{D}$ 中的值的问题称为狄利克雷问题. 在单连通区域的情况下, 这个问题一般具有唯一的单值解. 因此, 如果在边界上给出外部压强冲量 $p_t = -\rho\varphi$ 的值, 则区域 $\mathscr{D}$ 内部的流体运动和压强冲量是完全确定的.

在利用压强冲量的概念解释速度势的时候, 流体的不可压缩性极为重要. 在不可压缩流体中, 压强的任何变化立刻就会在全部流动区域中体现出来.

现在研究势流的一般理论中的某些问题.

理想流体在正压条件下的势流　在正压过程中 $(\rho = \rho(p))$, 理想流体有势运动的基本方程是连续性方程

$$\frac{1}{\rho}\frac{\mathrm{d}\rho}{\mathrm{d}t} + \mathrm{div}(\mathrm{grad}\,\varphi) = 0 \tag{11.12}$$

和柯西—拉格朗日积分

$$\frac{\partial \varphi}{\partial t} + \frac{1}{2}(\mathrm{grad}\,\varphi)^2 + \mathscr{P}(p) - \mathscr{U} = 0. \tag{11.13}$$

因为压强函数 $\mathscr{P} = \displaystyle\int \frac{\mathrm{d}p}{\rho(p)}$ 的微分等于

$$\mathrm{d}\mathscr{P} = \frac{\mathrm{d}p}{\rho} = \frac{a^2}{\rho}\mathrm{d}\rho,$$

式中 $a = \sqrt{\mathrm{d}p/\mathrm{d}\rho}$, 所以

$$\frac{1}{\rho}\frac{\mathrm{d}\rho}{\mathrm{d}t} = \frac{1}{a^2}\frac{\mathrm{d}\mathscr{P}}{\mathrm{d}t}, \quad a = a(\mathscr{P}),$$

于是可以把方程组 (11.12), (11.13) 改写为

$$\begin{aligned} &\frac{1}{a^2}\frac{\mathrm{d}\mathscr{P}}{\mathrm{d}t} + \Delta\varphi = 0, \\ &\frac{\partial\varphi}{\partial t} + \frac{1}{2}(\mathrm{grad}\,\varphi)^2 + \mathscr{P} - \mathscr{U} = 0. \end{aligned} \tag{11.14}$$

在这个方程组中, 压强函数 $\mathscr{P}$ 和速度势 φ 是未知函数. 尽管在一般情况下难以求解这个非线性微分方程组, 但是一些特殊情况下的求解方法已经被详细而透彻地研究过. 下面列举与之相应的几类重要的势流.

不可压缩流体的势流 对于不可压缩流体, $a^2 = dp/d\rho \to \infty$, 所以 (11.14) 中的第一个方程变为拉普拉斯方程 (11.11), 第二个方程则用于计算压强分布. 很多重要问题采用这种提法, 例如固体在水下运动所引起的流动, 水波运动, 液体射流, 等等. 我们将在后面详细研究固体在不可压缩流体中运动的问题.

可压缩流体的某种已知平衡状态或运动状态的小扰动 当可压缩流体某种已知的平衡状态或运动状态受到小扰动时, 可以采用有势运动的提法. 例如, 在声学 (声波传播问题) 和流线型细长体的某些空气动力学问题中可以研究这样的运动.

在求解小扰动问题时, 可以假设速度、密度、压强和它们对坐标和时间的导数是已知函数与未知的小扰动量之和, 相应方程组在忽略高于 1 阶的小量之后就成为线性的.

在静止状态受到小扰动时, 比值 $|\mathrm{grad}\,\rho|/\rho$ 很小, 方程组 (11.14) 在精确到 1 阶小量时可以写为

$$\frac{1}{a_0^2}\frac{\mathrm{d}\mathscr{P}}{\mathrm{d}t} + \Delta\varphi = 0,$$

$$\frac{\partial\varphi}{\partial t} + \mathscr{P} - \mathscr{U} = 0,$$

式中 a_0^2 是导数 $dp/d\rho$ 在未受扰动的静止状态下的值.

如果质量力的势函数与时间无关, 则从上面两个方程可以得到 φ 的方程

$$\Delta\varphi = \frac{1}{a_0^2}\frac{\partial^2\varphi}{\partial t^2}. \tag{11.15}$$

这个线性方程称为波动方程. 如果流体是不可压缩的, 则 $a_0 \to \infty$, 波动方程 (11.15) 变为拉普拉斯方程.

可压缩流体的定常运动 在可压缩流体的定常运动中, 获得最大发展的是平面运动理论. 这时, 待求函数只依赖于 x 和 y 这两个变量, 并且只要对自变量和待求函数进行一个特殊的变换, 就可以把运动方程变换为线性方程. 这个变换是由 C. A. 恰普雷金在他发表于 1902 年的著名论文《论气体射流》[1] 中提出并使用的, 这篇论文随后成为空气动力学中的许多现代理论得以发展的基础.

一维非定常流动 在一维非定常流动中, 所有运动参量只依赖于时间 t 和 1 个空间变量 r. 在曲面 $r = \mathrm{const}$ 上, 所有运动特征量都是相同的. 平面波、柱面波和球面波都是一维非定常流动. 在第一卷第七章研究过的活塞问题、爆炸波传播问题和许多其他的重要实际问题都属于这一类问题. 在这一类问题中, 方程组是非线性的.

---

[1] Чаплыгин С. А. О газовых струях. Собр. соч. Т. 2. Москва: Гостехиздат, 1948. Отдельное издание, 1949.

§12. 不可压缩流体的势流·调和函数的性质

现在研究不可压缩理想流体的势流.

拉普拉斯方程的特解　首先研究拉普拉斯方程的一些主要的特解. 前面 (见第二章 §3) 曾经研究过拉普拉斯方程的基本解

$$\varphi = -\frac{Q}{4\pi r}, \quad r = \sqrt{(x-x_0)^2 + (y-y_0)^2 + (z-z_0)^2}, \tag{12.1}$$

其物理意义是位于点 x_0, y_0, z_0 的点源 $(Q > 0)$ 或点汇 $(Q < 0)$.

拉普拉斯方程是线性方程, 所以对它的解显然可以进行叠加和微分运算, 结果得到新的特解. 例如, 只要求出解 $\varphi = 1/r$ 在方向 s 上的方向导数, 即可得到拉普拉斯方程的一个特解:

$$\varphi = C\frac{\partial}{\partial s}\frac{1}{r} = -C\frac{(x-x_0)\alpha + (y-y_0)\beta + (z-z_0)\gamma}{r^3} = -C\frac{\boldsymbol{r} \cdot \boldsymbol{s}^0}{r^3}, \tag{12.2}$$

式中 $C = \mathrm{const}$, $\alpha = \mathrm{d}x/\mathrm{d}s$, $\beta = \mathrm{d}y/\mathrm{d}s$, $\gamma = \mathrm{d}z/\mathrm{d}s$ 分别是方向 s 与坐标轴 x, y, z 之间的夹角的余弦, $\boldsymbol{r}$ 是引自点 x_0, y_0, z_0 的径矢, $\boldsymbol{s}^0$ 是方向 s 上的单位矢量. 在 s 指向 x 轴方向的特殊情况下, 我们得到拉普拉斯方程的以下解:

$$\varphi = C\frac{\partial}{\partial s}\frac{1}{r} = -C\frac{\partial}{\partial x_0}\frac{1}{r} = -C\frac{x-x_0}{r^3}.$$

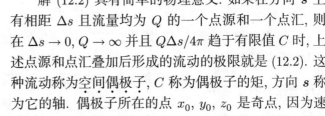

图 66. 偶极子流动

解 (12.2) 具有简单的物理意义. 如果在方向 s 上有相距 Δs 且流量均为 Q 的一个点源和一个点汇, 则在 $\Delta s \to 0, Q \to \infty$ 并且 $Q\Delta s/4\pi$ 趋于有限值 C 时, 上述点源和点汇叠加后形成的流动的极限就是 (12.2). 这种流动称为空间偶极子, C 称为偶极子的矩, 方向 s 称为它的轴. 偶极子所在的点 x_0, y_0, z_0 是奇点, 因为速度在这一点的值等于无穷大. 在 $C > 0$ 时, 流体从点 x_0, y_0, z_0 沿方向 s 流出, 再从相反方向流入同一个点 (图 66).

解 (12.1) 和 (12.2) 在构造拉普拉斯方程的其他一些更一般的解时起重要作用.

如果对速度势 (12.1) 在不同方向 $s_1, s_2, \cdots, s_n$ 上多次进行微分运算, 就可以得到拉普拉斯方程的新的解

$$\varphi = C_n\frac{\partial}{\partial s_1}\frac{\partial}{\partial s_2}\cdots\frac{\partial}{\partial s_n}\frac{1}{r}. \tag{12.3}$$

在 x_0, y_0, z_0 固定不变时, 流体的相应运动在点 x_0, y_0, z_0 以外的所有空间点 x, y, z 都是正则的[1]; 与 $1/r$ 相比, 速度势 (12.3) 及其导数在无穷远处更快地趋于零. 点

---

[1] 正则流动 (регулярное течение) 指没有奇异性的流动. ——译注

x_0, y_0, z_0 $(r = 0)$ 是奇点, 流体速度在这一点等于无穷大. 用这种方法构造出来的流动称为多极子流动. 多极子流动的性质取决于常量 C_n 和用来计算方向导数的方向 $s_1, s_2, \cdots, s_n$, 这些方向可以任意选取.

由形如 (12.3) 的解可以组成在 $r \geqslant r_0$ 时收敛的级数 (r_0 是适当选取的收敛半径)

$$\varphi = \sum_{n=1}^{\infty} C_n \frac{\partial}{\partial s_1} \frac{\partial}{\partial s_2} \cdots \frac{\partial}{\partial s_n} \frac{1}{r},$$

这样的级数具有很大任意性. 相应速度势确定了以点 x_0, y_0, z_0 为球心、以 r_0 为半径的球面之外的区域中的正则流动.

按体积分布的源和体积位势　设区域 $\mathscr{D}$ 中充满运动的不可压缩流体, 并且该区域不是全部无界空间. 在区域 $\mathscr{D}$ 之外选取某区域 V_0, 其中的点的坐标表示为 x_0, y_0, z_0. 显然, 由以下积分定义的函数 $\varphi(x, y, z)$ 是区域 $\mathscr{D}$ 中的调和函数:

$$\varphi = -\frac{1}{4\pi} \iiint\limits_{V_0} \frac{Q(x_0, y_0, z_0) \, \mathrm{d}x_0 \mathrm{d}y_0 \mathrm{d}z_0}{\sqrt{(x - x_0)^2 + (y - y_0)^2 + (z - z_0)^2}}, \tag{12.4}$$

式中 $Q(x_0, y_0, z_0)$ 是某个任意的可积函数. 在解决某些流体力学问题时, 只要从公式 (12.4) 出发, 选取适当的函数 Q 即可求出所需速度势 φ. 可以证明 (见本章 §26), 如果函数 $Q(x_0, y_0, z_0)$ 是区域 V_0 中的分段光滑函数, 则速度势 $\varphi(x, y, z)$ 在 V_0 中满足泊松方程

$$\Delta\varphi = Q(x, y, z).$$

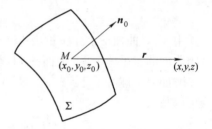

图 67. 用于构造单层位势和双层位势的示意图

在区域 V_0 的内部存在按体积分布的源, 其密度为 $Q(x, y, z)$. 如果把不可压缩流体的运动延拓到区域 V_0 中, 则在这个区域中不成立不可压缩条件[1] ($\mathrm{div}\, \boldsymbol{v} = 0$).

单层位势和双层位势　设某一个封闭的或不封闭的曲面 Σ 位于运动流体所在区域 $\mathscr{D}$ 之外 (图 67). 在某些情况下, 曲面 Σ 可以与区域 $\mathscr{D}$ 的全部或部分边界重合. 考虑积分

$$\varphi = \int\limits_{\Sigma} \frac{q(M) \, \mathrm{d}\sigma_0}{r}, \tag{12.5}$$

式中 q 是曲面 Σ 上的点的某个任意的可积函数. 显然, 利用分布于曲面 Σ 的源得到的势函数 φ 是 Σ 之外的调和函数. 由公式 (12.5) 表示出来的拉普拉斯方程的解称为单层位势.

---

[1] 不可压缩条件 $\mathrm{div}\, \boldsymbol{v} = 0$ 是在没有质量源的前提下提出的, 在存在质量源时要对该条件进行相应修正. ——译注

类似地, 可以利用分布于曲面 Σ 的偶极子来构造拉普拉斯方程的解. 设偶极子轴指向 Σ 的法线方向 $\boldsymbol{n}_0$, 则

$$\varphi = \int_{\Sigma} \mu(M) \frac{\partial}{\partial n_0} \frac{1}{r} \, d\sigma_0, \tag{12.6}$$

式中 $\mu(M)$ 是曲面 Σ 上的点的某个可积函数. 由公式 (12.6) 定义的函数 φ 是 Σ 之外的调和函数, 它称为双层位势.

在许多应用中, 可以把求解速度势 $\varphi(x, y, z)$ 的问题归结为寻找公式 (12.5) 或 (12.6) 中的被积函数的问题, 即计算分布于曲面 Σ 的源或偶极子的密度 $q(M)$ 或 $\mu(M)$ 的问题, 这些函数是曲面 Σ 上的点的函数. 这时, 因为未知函数是被积函数, 所以它们所满足的相应方程是积分方程.

调和函数的性质 我们来研究调和函数的几个非常重要的性质. 设不可压缩流体在区域 $\mathscr{D}$ 内的运动是正则势流, S 是区域 $\mathscr{D}$ 中的某个封闭曲面. 从连续性方程直接可以看出, 以下等式永远成立:

$$\int_{S} v_n \, d\sigma = \int_{S} \frac{\partial \varphi}{\partial n} \, d\sigma = \int_{V} \Delta\varphi \, d\tau = 0, \tag{12.7}$$

式中 V 是曲面 S 所包围的区域. 于是, 不可压缩流体经过位于区域 $\mathscr{D}$ 中的任何封闭曲面的流量等于零. 曲面 S 可以与区域 $\mathscr{D}$ 的边界重合.

如果把球心位于某一点 M 且半径为 R 的球面取作曲面 S, 则根据公式 (12.7) 可以写出

$$\int_{\Omega} \frac{\partial \varphi}{\partial R} R^2 \, d\omega = 0, \quad \text{或} \quad \frac{\partial}{\partial R} \int_{\Omega} \varphi \, d\omega = 0,$$

式中 $d\omega$ 是立体角, Ω 是与 S 同心的单位球面, 被积函数的值取自 Ω 在 S 上的对应点. 由此可知, 不论球面 S 的半径如何, 都有

$$\int_{\Omega} \varphi \, d\omega = \text{const}, \quad \text{即} \quad \int_{\Omega} \varphi \, d\omega = 4\pi\varphi_M,$$

最后一个公式还可以改写为

$$\varphi_M = \frac{1}{4\pi R^2} \int_{S} \varphi \, d\sigma. \tag{12.8}$$

所以, 调和函数在给定点 M 的值 φ_M 等于该函数在球心位于点 M 的任何球面上的平均值.

这是调和函数的一个重要性质. 可以证明, 具有连续的二阶导数的任何连续函数, 只要它在区域 $\mathscr{D}$ 中满足由公式 (12.8) 表述的均值定理, 其中 S 是 $\mathscr{D}$ 中的任意半径的球面, 该函数就是调和函数, 换言之, 该函数就满足拉普拉斯方程.

设函数 $\varphi(x, y, z)$ 是区域 $\mathscr{D}$ 中的调和函数. 利用性质 (12.8) 容易证明, 函数 φ 在区域 $\mathscr{D}$ 的内部既不可能达到最大值, 也不可能达到最小值.

其实, 采用反证法, 假设函数 φ 在区域 $\mathscr{D}$ 内部某一点 M 达到最小值, 则在点 M 的任意小邻域内的所有点 N 都应当成立不等式

$$\varphi_M < \varphi_N. \tag{12.9}$$

但是, 如果该不等式成立, 公式 (12.8) 就不可能成立, 所以对于点 M 的邻域内的所有点 N 不可能成立不等式 (12.9). 用类似方法可以得到, 函数 φ 在区域 $\mathscr{D}$ 内部没有最大值. 因此, 对于区域 $\mathscr{D}$ 中的不可压缩流体的正则势流, 势函数 φ 只能在区域 $\mathscr{D}$ 的边界上达到最大值和最小值. 这个性质对所有调和函数都成立, 例如, 它对导数 $\partial\varphi/\partial x$, $\partial\varphi/\partial y$, $\partial\varphi/\partial z$ 也成立.

现在考虑不可压缩流体势流的速度值的平方

$$v^2 = \left(\frac{\partial\varphi}{\partial x}\right)^2 + \left(\frac{\partial\varphi}{\partial y}\right)^2 + \left(\frac{\partial\varphi}{\partial z}\right)^2.$$

尽管速度值及其平方不是调和函数, 但是, 对于不可压缩流体的正则势流, 速度的最大值也是在流动边界上达到的.

仍然用反证法来证明这个结论. 假设速度在 $\mathscr{D}$ 内部某一点 M 达到最大值, 即 $v_M^2 > v_N^2$, 其中 N 是点 M 的足够小邻域内的任意一点. 如果取点 M 的速度方向为 x 轴方向, 则有

$$\left(\frac{\partial\varphi}{\partial x}\right)_M = v > 0, \quad \left(\frac{\partial\varphi}{\partial y}\right)_M = 0, \quad \left(\frac{\partial\varphi}{\partial z}\right)_M = 0.$$

因为调和函数 $\partial\varphi/\partial x$ 在点 M 不可能达到最大值, 所以在点 M 的任何一个小邻域中都存在这样的点 N, 使得

$$\left(\frac{\partial\varphi}{\partial x}\right)_N > \left(\frac{\partial\varphi}{\partial x}\right)_M.$$

但是, 如果这个不等式成立, 就更应成立不等式

$$\left[\left(\frac{\partial\varphi}{\partial x}\right)^2 + \left(\frac{\partial\varphi}{\partial y}\right)^2 + \left(\frac{\partial\varphi}{\partial z}\right)^2\right]_N > \left(\frac{\partial\varphi}{\partial x}\right)_M^2 = v_M^2.$$

所以, 速度的最大值不可能出现于流动区域的内部. 不可压缩流体势流的最大速度总是出现在流动边界上.

当无界不可压缩流体连续地绕物体流动时, 最大速度出现于被绕流物体的表面. 在定常绕流的情况下, 根据伯努利积分, 最大流动速度对应压强的最小值, 所以压强最小的点位于物体表面. 因为空化现象最先出现在压强接近最小值的区域, 所以这种现象一般发生在被绕流物体表面附近.

速度的最小值既可能出现在势流的边界上, 也可能出现在其内部. 例如, 速度为零的临界点可能位于势流内部. 以势函数 $\varphi = (x^2 + y^2)/2 - z^2$ 为例, 速度在流动内

部的点 $x = y = z = 0$ 等于零, 而这正好是速度的最小值.

格林公式　　我们现在引入格林公式. 格林公式是奥—高公式的简单而有用的推论. 设正则曲面 S 是有限区域 V 的边界, 在区域 V 中给定 3 个连续的单值函数 P, Q, R, 它们的一阶偏导数也是连续的. 奥—高公式可以写为以下形式:

$$\int_{\Sigma} [P\cos(\boldsymbol{n},\, x) + Q\cos(\boldsymbol{n},\, y) + R\cos(\boldsymbol{n},\, z)]\mathrm{d}\sigma = \int_{V} \left(\frac{\partial P}{\partial x} + \frac{\partial Q}{\partial y} + \frac{\partial R}{\partial z} \right) \mathrm{d}\tau, \quad (12.10)$$

式中 $\cos(\boldsymbol{n},\, x),\ \cos(\boldsymbol{n},\, y),\ \cos(\boldsymbol{n},\, z)$ 是区域 V 的表面 S 的单位外法向矢量 $\boldsymbol{n}$ 的分量. 设 P, Q, R 分别等于

$$P = \psi\frac{\partial\varphi}{\partial x}, \quad Q = \psi\frac{\partial\varphi}{\partial y}, \quad R = \psi\frac{\partial\varphi}{\partial z},$$

式中 $\varphi(x,\, y,\, z)$ 和 $\psi(x,\, y,\, z)$ 是区域 V 内部的任意的单值函数, 并且其一阶和二阶导数在该区域内部也是连续的. 把它们代入 (12.10), 我们得到格林第一公式

$$\int_{V} \psi\Delta\varphi\,\mathrm{d}\tau + \int_{V} \mathrm{grad}\,\varphi \cdot \mathrm{grad}\,\psi\,\mathrm{d}\tau = \int_{S} \psi\frac{\partial\varphi}{\partial n}\,\mathrm{d}\sigma. \quad (12.11)$$

从格林第一公式容易得到格林第二公式. 为此, 在 (12.11) 中交换 φ 和 ψ, 然后把所得结果与原来的公式相减, 就得到

$$\int_{V} (\psi\Delta\varphi - \varphi\Delta\psi)\,\mathrm{d}\tau = \int_{S} \left(\psi\frac{\partial\varphi}{\partial n} - \varphi\frac{\partial\psi}{\partial n} \right) \mathrm{d}\sigma. \quad (12.12)$$

流体的动能　　设 φ 是不可压缩理想流体的速度势, 令 $\psi = \varphi$, 则从公式 (12.11) 可得

$$\frac{E}{\rho} = \frac{1}{2} \int_{V} |\,\mathrm{grad}\,\varphi|^2\,\mathrm{d}\tau = \frac{1}{2} \int_{S} \varphi\frac{\partial\varphi}{\partial n}\,\mathrm{d}\sigma. \quad (12.13)$$

显然, 量 E 等于区域 V 中的流体的动能. 公式 (12.13) 表明, 区域 V 中的流体的动能可以表示为区域表面 S 上的曲面积分. 按照公式 (12.13) 的含义, 速度势 φ 的单值性非常重要. 不过, 如果正则势流所在区域 V 是单连通的, φ 自动就是单值函数. 速度势 φ 的单值性仅在多连通区域的情况下才是一个非常重要的假设.

如果函数 φ 或其方向导数 $\partial\varphi/\partial n$ 在有限区域 V 的边界 S 上等于零, 或者在该封闭曲面的一部分成立 $\varphi = 0$, 而在其余部分成立 $\partial\varphi/\partial n = 0$, 则从 (12.13) 可知 $E = 0$, 所以在这些情况下在 V 的内部成立 $|\,\mathrm{grad}\,\varphi| = 0$, 即 $\partial\varphi/\partial x = \partial\varphi/\partial y = \partial\varphi/\partial z = 0$, 从而 $\varphi = \mathrm{const}$, 即流体在 V 中静止.

狄利克雷问题, 诺伊曼问题和混合边界问题　　设某个区域 $\mathscr{D}$ 是给定的, 其边界为曲面 Σ. 根据所求函数在区域 $\mathscr{D}$ 的边界 Σ 上的给定值求该区域内的正常调和函数 $\varphi(x,\, y,\, z)$ 的问题称为狄利克雷问题. 根据所求函数在区域边界 Σ 上的法向导数 $\partial\varphi/\partial n$ 的给定值求区域 $\mathscr{D}$ 内的正则调和函数 $\varphi(x,\, y,\, z)$ 的问题称为诺伊曼问题. 如果在区域 $\mathscr{D}$ 的一部分边界上给定函

数 φ 的值, 而在其余边界上给定法向导数 $\partial\varphi/\partial n$ 的值, 则根据边界 Σ 上的这些条件求区域 $\mathscr{D}$ 内的调和函数 $\varphi(x, y, z)$ 的问题称为混合边界问题.

当区域 $\mathscr{D}$ 内部不包含无穷远点时, 相应问题称为内部问题, 否则称为外部问题. 在外部问题中必须额外给出无穷远条件. 作为这样的条件, 可以要求速度在无穷远处等于零, 即沿任何路径趋于无穷远时, 在极限下都有

$$|\operatorname{grad}\varphi|_\infty = 0. \tag{12.14}$$

内部问题的解的唯一性 现在很容易证明, 如果假设速度势 φ 是单值函数, 流体具有有限的动能, 并且 $\mathscr{D}$ 可以是多连通区域, 则不可压缩流体势流的上述内部问题的解是唯一的.

其实, 设两个单值调和函数 φ_1 和 φ_2 给出所研究的问题的两个解, 我们来考虑调和函数 $\varphi = \varphi_1 - \varphi_2$. 显然, 对单值函数 φ 得到的问题与函数 φ_1 和 φ_2 的问题是相同的, 只是函数 φ 在边界 Σ 上的值等于零. 对函数 $\varphi = \varphi_1 - \varphi_2$ 应用公式 (12.13), 得 $\varphi = \text{const.}$ 在狄利克雷问题或混合边界问题中 $\varphi = 0$, 在诺伊曼问题中相应常量可能不等于零, 但是流体的运动是唯一确定的.

关于解的唯一性的上述结论的重要基础是公式 (12.13), 而这个公式成立的前提条件是关于积分

$$\int_{\mathscr{D}} |\operatorname{grad}\varphi|^2 \,\mathrm{d}\tau \tag{12.15}$$

存在的假设. 有一类解在边界 Σ 附近有非常复杂的性质, 使得积分 (12.15) 不存在, 这时解的唯一性遭到破坏.

为了利用公式 (12.13) 证明外部问题的解的唯一性, 除了解在 Σ 附近的性质所应满足的条件, 还必须考虑到区域 $\mathscr{D}$ 包含无穷远点, 从而必须证明, 对速度势 φ 在无穷远点附近的性质提出的一些附加条件能够保证对相应区域 $\mathscr{D}$ 的积分 (12.15) 的收敛性, 这些附加条件要求 φ 在无穷远点附近是正则的和有限的. 为了解决这个问题, 我们将在下面更详细地研究空间问题中的正则调和函数 φ 在无穷远处的行为.

我们还指出, 对于多连通区域 $\mathscr{D}$, 诺伊曼问题和混合边界问题不仅有唯一的单值解, 而且可能还有多值解, 这时势函数 φ 是多值函数. 在多连通区域中, 由多值函数 φ 给出的解不具有唯一性 为了挑选出唯一的多值解, 这时需要提出一些附加条件, 这些条件把多值函数的周期固定下来, 即把不能在多连通区域 $\mathscr{D}$ 的内部收缩到一点的封闭曲线上的环量固定下来.

格林函数 · 把调和函数表示为单层位势与双层位势之和 利用格林第二公式可以把区域 V 中的调和函数 $\varphi(x, y, z)$ 通过 φ 和 $\partial\varphi/\partial n$ 在该区域边界 S 上的值表示出来.

设函数 $\psi(x_0, y_0, z_0, x, y, z)$ 对自变量 x_0, y_0, z_0 和 x, y, z 都是调和函数, 它在 $x = x_0$, $y = y_0$, $z = z_0$ 时具有奇异

性, 并且在该点附近满足渐近公式

$$\psi = \frac{1}{\sqrt{(x-x_0)^2+(y-y_0)^2+(z-z_0)^2}} + h(x_0,\,y_0,\,z_0,\,x,\,y,\,z) = \frac{1}{r} + h, \quad (12.16)$$

式中 h 对前 3 个自变量和后 3 个自变量都是区域 V 中的正则调和函数. 下面在使用公式 (12.12) 时将认为 x_0, y_0, z_0 是积分变量. 因为函数 ψ 在点 $r = 0$ 具有奇异性, 所以我们首先从区域 V 中去掉以点 $r = 0$ 为球心的一个足够小的球形区域 (图 68), 其半径为 ε, 其表面为球面 S_ε, 然后对这样得到的区域 V_1 应用公式 (12.12).

因为 φ 和 ψ 按照条件是区域 V_1 中的正则单值函数, 所以从公式 (12.12) 得

$$\int\limits_{S_\varepsilon} \left(\psi\frac{\partial\varphi}{\partial n} - \varphi\frac{\partial\psi}{\partial n} \right) d\sigma + \int\limits_{S} \left(\psi\frac{\partial\varphi}{\partial n} - \varphi\frac{\partial\psi}{\partial n} \right) d\sigma = 0.$$

令球面半径 $\varepsilon \to 0$, 利用渐近公式 (12.16) 计算对球面 S_ε 的积分, 我们有

$$\lim_{\varepsilon\to 0}\int\limits_{S_\varepsilon} \left(\psi\frac{\partial\varphi}{\partial n} - \varphi\frac{\partial\psi}{\partial n} \right) d\sigma = \lim_{\varepsilon\to 0}\left[\frac{1}{\varepsilon}\int\limits_{S_\varepsilon}\frac{\partial\varphi}{\partial n}\,d\sigma + \int\limits_{\Omega}\varphi\left(\frac{\partial}{\partial\varepsilon}\frac{1}{\varepsilon}\right)\varepsilon^2\,d\omega \right] = -4\pi\varphi(x,\,y,\,z),$$

所以

$$\varphi(x,\,y,\,z) = \frac{1}{4\pi}\int\limits_{S} \left(\psi\frac{\partial\varphi}{\partial n} - \varphi\frac{\partial\psi}{\partial n} \right) d\sigma. \quad (12.17)$$

只要认为曲面 S 与 Σ 重合, 并且在 Σ 上 $\psi = 0$, 这个公式就给出狄利克雷内部问题的解. 如果调和函数 ψ 取决于 Σ 上的条件 $\partial\psi/\partial n = 0$, 则同样的公式给出诺伊曼内部问题的解. 由这些条件确定的两个不同的函数 ψ 称为狄利克雷问题或诺伊曼问题的格林函数. 调和函数 $\psi(x_0,\,y_0,\,z_0,\,x,\,y,\,z)$ 在 $\mathscr{D}$ 的内部有奇异性, 正则调和函数 h 在 Σ 上的相应边界条件为

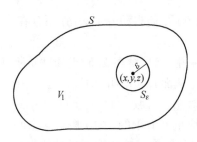

图 68. 计算势函数时的积分域

$$h = -\frac{1}{r} \quad \text{或} \quad \frac{\partial h}{\partial n} = -\frac{\partial}{\partial n}\frac{1}{r}. \quad (12.18)$$

利用这种方法, 我们把函数 φ 的一般形式的狄利克雷问题和诺伊曼问题归结为函数 h 的特殊形式的狄利克雷问题和诺伊曼问题, 前者具有任意的边界条件, 而后者具有边界条件 (12.18). 显然, 利用同样的方法可以构造出混合边界问题的格林函数.

令 $\psi = 1/r$, 即令 $h = 0$, 则公式 (12.17) 的形式变为

$$\varphi(x,\,y,\,z) = \frac{1}{4\pi}\int\limits_{S}\frac{1}{r}\frac{\partial\varphi}{\partial n}\,d\sigma - \frac{1}{4\pi}\int\limits_{S}\varphi\frac{\partial}{\partial n}\frac{1}{r}\,d\sigma. \quad (12.19)$$

这里可以认为 S 是函数 φ 的正则区域内部的任何曲面, 还可以认为 S 与区域 $\mathscr{D}$ 的边界 Σ 重合. 公式 (12.19) 把势函数 φ 表示为单层位势与双层位势之和.

在无穷远区域中把势函数展开为级数 现在可以证明, 满足条件 (12.14) 的调和函数 φ 在把区域 $\mathscr{D}$ 的边界 Σ 包含在内的任何足够大的球面之外都能够展开为级数, 其形式为

$$\varphi = C - \frac{M}{4\pi R} + \frac{c_1 x + c_2 y + c_3 z}{R^3} + \cdots + \frac{\mathscr{P}_n(x,\ y,\ z)}{R^{2n+1}} + \cdots, \tag{12.20}$$

式中 $R = \sqrt{x^2 + y^2 + z^2}$, C, c_1, c_2, c_3 是常量, $\mathscr{P}_n$ 是 n 次齐次调和多项式,

$$M = \int\limits_{\Sigma_1} \frac{\partial \varphi}{\partial n}\, d\sigma,$$

并且 Σ_1 是环绕区域 $\mathscr{D}$ 的边界 Σ 仅 1 周的任何封闭曲面. 曲面 Σ_1 可以与曲面 Σ 重合, 因为只要函数 φ 在 Σ_1 与 Σ 之间的区域是正则的, 根据 (12.7) 就有

$$\int\limits_{\Sigma_1} \frac{\partial \varphi}{\partial n}\, d\sigma - \int\limits_{\Sigma} \frac{\partial \varphi}{\partial n}\, d\sigma = 0.$$

第二个积分之所以取负号, 是因为 Σ 的法线这时指向 $\mathscr{D}$ 的内部. 显然, 量 M 等于流体通过曲面 Σ 的体积流量, 即

$$M = \int\limits_{\Sigma} v_n\, d\sigma = \frac{dV}{dt},$$

式中 dV/dt 是 Σ 以内区域的体积变化率, 它一般可以不等于零. 如果 Σ 由流体中的运动固体表面组成, 则流量 $M = 0$. 如果我们研究诸如球面在不可压缩流体中扩张的问题, 流量 M 就等于不为零的有限值.

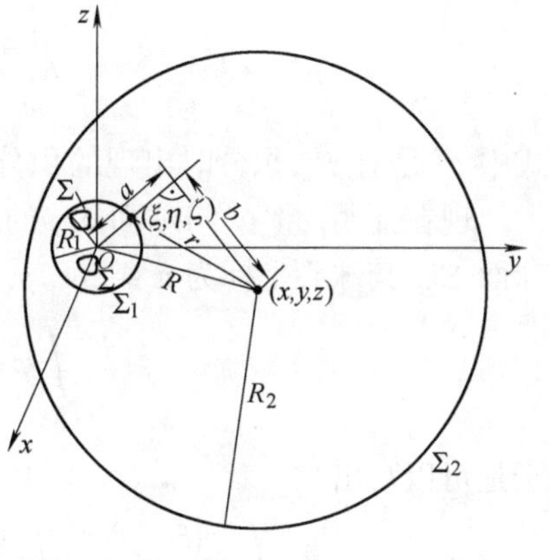

图 69. 用于证明展开式 (12.20) 的示意图

现在证明展开式 (12.20) 的正确性. 设 Σ_1 是球心位于坐标系原点的球面, 其半径为 R_1, 并且曲面 Σ 位于该球面以内; Σ_2 是球心位于点 x, y, z 的球面, 其半径 R_2 足够大, 使得球面 Σ_1 位于该球面内部 (图 69).

速度势 $\varphi(x, y, z)$ 是球面 Σ_1 与 Σ_2 之间的区域中的调和函数, 所以根据 (12.19) 可以写出

$$\varphi = \frac{1}{4\pi} \int\limits_{\Sigma_1} \left(\varphi \frac{\partial}{\partial R_1} \frac{1}{r} - \frac{1}{r} \frac{\partial \psi}{\partial R_1} \right) d\sigma - \frac{1}{4\pi} \int\limits_{\Sigma_2} \left(-\frac{\varphi}{R_2^2} - \frac{1}{R_2} \frac{\partial \varphi}{\partial R_2} \right) d\sigma. \tag{12.21}$$

下面计算球面 Σ_2 上的积分在半径 $R_2 \to \infty$ 时的极限值.

因为

$$\int\limits_{\Sigma_2} \frac{\partial \varphi}{\partial R_2}\, d\sigma = M, \tag{12.22}$$

所以

$$\lim_{R_2 \to \infty} \frac{1}{R_2} \int_{\Sigma_2} \frac{\partial \varphi}{\partial R_2} \, d\sigma = 0. \tag{12.23}$$

因为球面 Σ_2 的微元 $d\sigma = R_2^2 \, d\omega$, 式中 ω 是立体角, 所以式 (12.22) 给出

$$\frac{\partial}{\partial R_2} \int_{\Omega} \varphi \, d\omega = \frac{M}{R_2^2},$$

从而

$$\int_{\Omega} \varphi \, d\omega = -\frac{M}{R_2} + 4\pi C,$$

于是

$$\lim_{R_2 \to \infty} \int_{\Sigma_2} \varphi \, \frac{d\sigma}{R_2^2} = 4\pi C, \tag{12.24}$$

式中 C 是对 R_2 积分时出现的积分常量.

现在证明, 量 C 与球面 Σ_2 的球心坐标 x, y, z 无关. 其实, 取半径 $R_2' = R_2$ 的球面 Σ_2', 其球心坐标为 $x + \Delta x, y, z$. 对该球面有

$$\int_{\Omega'} \varphi \, d\omega = -\frac{M}{R_2'} + 4\pi C',$$

于是可以写出

$$\int_{\Omega} \frac{\varphi(\xi + \Delta x, \, \eta, \, \zeta) - \varphi(\xi, \, \eta, \, \zeta)}{\Delta x} \, d\omega = 4\pi \frac{C' - C}{\Delta x},$$

式中 ξ, η, ζ 是球面 Σ_2 上的点的坐标. 在 $\Delta x \to 0$ 时取极限, 得

$$\int_{\Omega} \frac{\partial \varphi}{\partial \xi} \, d\omega = 4\pi \frac{\partial C}{\partial x}.$$

根据条件 (12.14), 偏导数 $\partial \varphi / \partial \xi$ 在 $R_2 \to \infty$ 时趋于零, 所以 $\partial C / \partial x = 0$. 类似地可以证明 $\partial C / \partial y = \partial C / \partial z = 0$. 因此, C 是与坐标 x, y, z 无关的常量.

根据 (12.23) 和 (12.24), 从公式 (12.21) 得到

$$\varphi = \frac{1}{4\pi} \int_{\Sigma_1} \left(\varphi \, \frac{\partial}{\partial R_1} \frac{1}{r} - \frac{1}{r} \frac{\partial \varphi}{\partial R_1} \right) d\sigma + C. \tag{12.25}$$

这个公式是公式 (12.19) 向外部问题的推广. 显然, 只要把公式 (12.25) 中的偏导数 $\partial / \partial R_1$ 替换为方向导数 $\partial / \partial n$, 就可以把该公式中的积分域 (球面 Σ_1) 替换为把区域 $\mathscr{D}$ 的所有边界包含在内的任何其他封闭曲面.

在区域 $\mathscr{D}$ 的具有有限坐标 x', y', z' 的任何内点的邻域中, 函数 $1/r$ 和 $\partial(1/r)/\partial n$ 可以按 $x - x', y - y', z - z'$ 展开为在 $r \neq 0$ 的某球形区域内绝对一致收敛的泰勒

级数. 由此可知, 只要速度势 $\varphi(x, y, z)$ 在点 x', y', z' 的邻域中是正则的, 它在该邻域中就可以表示为 $x - x'$, $y - y'$, $z - z'$ 的收敛的幂级数. 因此, 调和函数在正则点 x', y', z' 是具有任意阶导数的解析函数.

从图 69 容易看出

$$\frac{1}{r} = \frac{1}{\sqrt{b^2 + (a - R_1)^2}} = f(a - R_1),$$

并且 $f(a) = 1/R$. 函数 $f(a - R_1) = 1/r$ 在 $r \neq 0$ 的点是正则的. 如果在距离球面 Σ_1 足够远的点 x, y, z 定义势函数 φ, 我们就可以把函数 $f(a - R_1)$ 对 R_1 展开为泰勒级数:

$$f(a - R_1) = \frac{1}{r} = \frac{1}{R} - \frac{\partial}{\partial a}\left(\frac{1}{R}\right) R_1 + \frac{1}{2!}\frac{\partial^2}{\partial a^2}\left(\frac{1}{R}\right) R_1^2 - \cdots \tag{12.26}$$

在方向 $\boldsymbol{a}$ 上的导数等于

$$\frac{\partial}{\partial a} = \alpha \frac{\partial}{\partial x} + \beta \frac{\partial}{\partial y} + \gamma \frac{\partial}{\partial z},$$

式中 α, β, γ 是连接坐标原点与球面 Σ_1 上的变动点 ξ, η, ζ 的矢量 $\boldsymbol{R}_1$ 的方向余弦. 对于一阶导数

$$f'(a) = \frac{\partial}{\partial a}\left(\frac{1}{R}\right) = \frac{\partial}{\partial a}\left(\frac{1}{\sqrt{x^2 + y^2 + z^2}}\right),$$

我们有

$$f'(a) = -\frac{\alpha x + \beta y + \gamma z}{R^3} = \frac{\pi_1(x, y, z)}{R^3},$$

式中 π_1 是 x, y, z 的一次齐次多项式. 利用数学归纳法容易证明, 如果

$$f^{(n)}(a) = \frac{\pi_n(x, y, z)}{R^{2n+1}},$$

式中 π_n 是 x, y, z 的 n 次齐次多项式, 并且其系数依赖于 ξ, η, ζ, 则

$$f^{(n+1)}(a) = \frac{\pi_{n+1}(x, y, z)}{R^{2(n+1)+1}},$$

式中 π_{n+1} 是 x, y, z 的 $n+1$ 次齐次多项式, 其系数也依赖于 ξ, η, ζ.

这样, 展开式 (12.26) 可以写为

$$\frac{1}{r} = \frac{1}{R} - \frac{\alpha x + \beta y + \gamma z}{R^3} R_1 + \frac{\pi_2(x, y, z)}{R^5} R_1^2 - \cdots + (-1)^n \frac{\pi_n(x, y, z)}{R^{2n+1}} R_1^n + \cdots, \tag{12.27}$$

其中每一项都是调和函数, 分别代表位于坐标系原点 O 的点源、偶极子和更高阶的多极子. 此级数一致收敛, 可以逐项进行微分和积分运算.

把 $1/r$ 的展开式 (12.27) 代入势函数 φ 的公式 (12.25), 我们得到展开式 (12.20). 直接从推导过程显然可以看出, 展开式 (12.20) 中的每一项都是调和函数.

展开式 (12.20) 中的齐次多项式 $\mathscr{P}_n$ 是调和函数, 因为直接进行微分运算即可得到等式

$$\Delta\left(\frac{\mathscr{P}_n(x,\ y,\ z)}{R^{2n+1}}\right) = \frac{\Delta\mathscr{P}_n(x,\ y,\ z)}{R^{2n+1}},$$

对 $1/R$ 进行微分运算并求和后得到的齐次调和函数 $\pi_n(x,\ y,\ z)/R^{2n+1}$ 以及 $\mathscr{P}_n(x,\ y,\ z)/R^{2n+1}$ 称为球函数. 因此, 满足条件 (12.14) 的任何调和函数可以在球面 Σ_1 之外展开为球函数 $\mathscr{P}_n(x,\ y,\ z)/R^{2n+1}$ 的级数.

速度势在无穷远处的量级　在速度势 φ 的展开式 (12.20) 中, 常量 C 对速度场无关紧要, 所以可以从条件 $\varphi_\infty = 0$ 求出 $C = 0$. 显然, 如果流体的运动是由位于其中的运动物体引起的 (这时 $M = 0$), 则速度势 φ 在无穷远处至少像 $1/R^2$ 那样趋于零; 当 $M \neq 0$ 时, 诺伊曼外部问题的解在无穷远处至少像 $1/R$ 那样趋于零.

无穷远处速度为零的无界流体的动能　设以 S 为边界的区域 V 中充满不可压缩理想流体, 则其动能满足公式 (12.13). 我们来研究区域 V 无界, 并且在无穷远处成立条件 (12.14) 的情况. 这时, 速度势 φ 在无穷远点的邻域内满足展开式 (12.20). 在流体所在区域内取足够大的曲面 Σ_1, 使流体中的运动物体位于其中, 然后让 Σ_1 无限扩大. 令曲面 S 由 Σ_1 和物体表面 Σ 组成, 则

$$E = \frac{\rho}{2}\int\limits_{\Sigma}\varphi\frac{\partial\varphi}{\partial n}\,\mathrm{d}\sigma + \frac{\rho}{2}\int\limits_{\Sigma_1}\varphi\frac{\partial\varphi}{\partial n}\,\mathrm{d}\sigma.$$

对于我们所研究的流动, 如果乘积 $\varphi(\partial\varphi/\partial n)$ 在物体表面 Σ 是可积函数, 则第一个积分取有限值. 在 $M = 0$ 或 $C = 0$ 时, 根据展开式 (12.20), 第二个积分在 $\Sigma_1 \to \infty$ 时趋于零, 因为被积表达式这时至少像 $1/R^3$ 那样减小. 因此, 对于无界流体的动能 E, 我们有 [1]

$$E = \frac{\rho}{2}\int\limits_{V}(\operatorname{grad}\varphi)^2\mathrm{d}\tau = \frac{\rho}{2}\int\limits_{\Sigma}\varphi\frac{\partial\varphi}{\partial n}\,\mathrm{d}\sigma. \tag{12.28}$$

于是, 在无界不可压缩流体的正则势流中, 只要无穷远处的速度等于零, 流体的动能就是有限的.

三种外部问题的解在 $(\operatorname{grad}\varphi)_\infty = 0$ 时的唯一性　只要动能存在并且有限, 在 (12.14) 和 $\varphi_\infty = C = 0$ 的条件下对狄利克雷内部问题、诺伊曼内部问题和混合边界内部问题单值解的唯一性的上述证明自动就能应用到外部问题的情况.

我们指出, 如果边界面 Σ 延伸到无穷远, 则上述关于调和函数在无穷远处的行为的讨论是不对的, 这时需要单独的与此类似的专门研究. 例

---

[1] 如果 $C \neq 0$ 且 $M \neq 0$, 则在 (12.28) 的右侧额外还有一项 $\rho CM/2$. 我们还记得, 如果曲面 Σ 所包围的区域的体积不变, 则 $M = 0$. 因为速度势 φ 只能确定到相差一个可加的函数 $f(t)$, 所以总是可以认为 $C = 0$.

如在平面问题中, 如果曲面 Σ 代表无穷大圆柱, 就需要这样的专门研究, 只不过在这种情况下, 要求速度在远离区域内部边界的无穷远处等于零的条件和速度势的单值条件保证了上述基本边值问题的解的唯一性.

调和函数的镜面对称条件　设点 x', y', z' 附近的正则调和函数 $\varphi(x, y, z)$ 在平面 $z = z'$ 上经过点 x', y', z' 的任意小的面微元上等于零. 显然, φ 对 x 和 y 的所有偏导数在点 x', y', z' 都等于零. 根据前面证明的结果, 如果令 $x - x' = \xi$, $y - y' = \eta$, $z - z' = \zeta$, 则把函数 $\varphi(\xi, \eta, \zeta)$ 展开为泰勒级数后可得, $\varphi(\xi, \eta, \zeta)$ 在点 $\xi = \eta = \zeta = 0$ 附近具有以下形式:

$$\varphi = \zeta \sum_{n=0}^{\infty} \mathscr{P}_n(\xi, \eta, \zeta^2) + \zeta^2 \sum_{n=0}^{\infty} \mathscr{Q}_n(\xi, \eta, \zeta^2), \tag{12.29}$$

式中 $\mathscr{P}_n$ 和 $\mathscr{Q}_n$ 是 ξ, η, ζ 的 n 次多项式. 在泰勒级数 (12.29) 中, 第一项包括 ζ 的所有奇数次项, 第二项包括 ζ 的所有偶数次项.

我们现在证明, 从调和函数的性质可知, 在我们的情况下所有 $\mathscr{Q}_n \equiv 0$. 采用直接微分的方法容易验算, ξ, η, ζ 的齐次多项式被拉普拉斯算子作用后还是齐次多项式, 并且其次数下降 2. 于是,

$$\Delta(\zeta \mathscr{P}_n) = \zeta \mathscr{R}_{n-2}(\xi, \eta, \zeta^2), \tag{12.30}$$

$$\Delta(\zeta^2 \mathscr{Q}_n) = \zeta^2 \mathscr{S}_{n-2}(\xi, \eta, \zeta^2) + 2 \mathscr{Q}_n(\xi, \eta, \zeta^2), \tag{12.31}$$

式中 $\mathscr{R}_{n-2}$ 和 $\mathscr{S}_{n-2}$ 是 ξ, η, ζ 的 $n - 2$ 次齐次多项式.

因为对于任何整数 n, 齐次多项式 (12.30) 中的 ζ 的指数都是奇数, 而 (12.31) 中的相应指数都是偶数, 又因为 ξ, η, ζ 的齐次多项式在次数不同时是线性无关的, 所以 (12.30) 和 (12.31) 的右侧根据调和函数 φ 的性质应当恒等于零. 由此可知, 多项式 $\zeta^2 \mathscr{Q}_n(\xi, \eta, \zeta^2)$ 对于所有有限的 ξ, η, ζ 都应当是正则调和函数. 然而, 这是不可能的, 因为上述多项式在平面 $\zeta = 0$ 上的一些点不满足均值定理. 其实, 假设

$$\zeta^2 \mathscr{Q}_n(\xi, \eta, \zeta^2) = \zeta^{2p} \mathscr{Q}'_n(\xi, \eta, \zeta^2),$$

式中 $\mathscr{Q}_n(\xi, \eta, 0)$ 在 ξ, η 取某些非零值时不等于零, 并且整数 $p \geqslant 1$. 根据均值定理, 等式

$$0 = \int_S \zeta^{2p} \mathscr{Q}'_n(\xi, \eta, \zeta^2) \, d\sigma \tag{12.32}$$

应当精确成立, 式中 S 是球心位于平面 $\zeta = 0$ 上 $\varphi = 0$ 的区域中的固定点 ξ_1, η_1 ($\xi_1 \neq 0, \eta_1 \neq 0$) 的任意球面. 当球面 S 的半径 ε 足够小时, 我们有

$$\zeta^{2p} \mathscr{Q}'_n(\xi, \eta, \zeta^2) = \zeta^{2p} \mathscr{Q}'_n(\xi_1, \eta_1, 0)[1 + O(\varepsilon)], \tag{12.33}$$

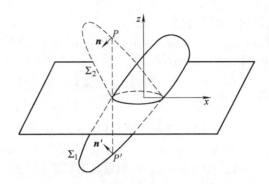

图 70. 用于液面漂浮物的碰撞问题

式中 $O(\varepsilon)$ 是与 ε 一同趋于零的量. 把 (12.33) 代入 (12.32) 后可知, 在 ε 足够小但不等于零时, (12.32) 中的积分不等于零. 由此可见, 对于任何 n 都有 $\mathscr{Q}_n = 0$.

　　要想证明对于任何 n 都有 $\mathscr{Q}_n = 0$, 另一种方法是直接从 (12.31) 出发, 令其右侧等于零并进行相应分析.

　　于是, 如果假设 φ 在平面 $\zeta = 0$ 上某个任意小的区域中等于零, 则等式 (12.29) 的形式变为

$$\varphi = \zeta\omega(\xi,\ \eta,\ \zeta^2), \tag{12.34}$$

式中 $\omega(\xi,\ \eta,\ \zeta^2)$ 是其自变量的某个解析函数. 由此直接得到速度势 $\varphi(\xi,\ \eta,\ \zeta)$ 的以下对称性:

$$\varphi(\xi,\ \eta,\ \zeta) = -\varphi(\xi,\ \eta,\ -\zeta), \quad \text{或} \quad \varphi(P) = -\varphi(P'), \tag{12.35}$$

式中 P 和 P' 是相对于平面 $\zeta = 0$ 对称的点, 它们互为镜像 (见图 70). 由此易得

$$\left(\frac{\partial\varphi}{\partial\xi}\right)_P = -\left(\frac{\partial\varphi}{\partial\xi}\right)_{P'}, \quad \left(\frac{\partial\varphi}{\partial\eta}\right)_P = -\left(\frac{\partial\varphi}{\partial\eta}\right)_{P'}, \quad \left(\frac{\partial\varphi}{\partial\zeta}\right)_P = \left(\frac{\partial\varphi}{\partial\zeta}\right)_{P'}. \tag{12.36}$$

　　上面仅在级数 (12.29) 的收敛区域中证明了对称性 (12.35) 和 (12.36). 在对函数 φ 进行解析延拓之后, 这种对称性在调和函数 φ 的全部定义域 $\mathscr{D}$ 中都成立, 这时区域 $\mathscr{D}$ 相对于平面 $\zeta = 0$ 对称.

　　函数 φ 在平面 $\zeta = 0$ 上位于以级数 (12.29) 的收敛半径为半径的球面内部的区域中等于零, 但这并不表明 φ 在平面 $\zeta = 0$ 上的所有点都等于零. 如果能够对函数 φ 进行解析延拓, 则在 ξ, η 足够大时, 在平面 $\zeta = 0$ 上可能出现 $\varphi \neq 0$ 的区域; 如果从不同侧面接近平面 $\zeta = 0$ 的这部分区域, 则 φ 的值能够具有不同的符号. 区域 $\mathscr{D}$ 可以具有很多叶, 在平面 $\zeta = 0$ 上可以有奇点.

漂浮物的碰撞问题　　设不可压缩流体 (液体) 充满下半空间, 一个固体漂浮在水平液面上 (图 70). 为简单起见, 我们认为液体和固体最初处于静止状态, 然后在外部压强冲量的突然作用下开始运动. 在碰撞发生之后, 液体的运动是

有势的, 速度势在碰撞后瞬间等于 (见 (11.10))

$$\varphi(x,\ y,\ z) = -\frac{p_t}{\rho},$$

式中

$$p_t = \lim_{\tau \to 0} \int_0^\tau p\,\mathrm{d}t$$

是在碰撞时作用于液体的压强冲量.

用于计算碰撞后瞬间的调和函数 $\varphi(x,\ y,\ z)$ 的条件是: 在液体自由面 (平面 xOy 在物体以外的部分) 上

$$\varphi = 0; \tag{12.37}$$

在物体表面在液体中的部分 Σ_1 上, 压强冲量 p_t 不等于零, 但事先一般是未知的. 然而, 如果物体受碰撞之后的运动是已知的, 则在液体与固体保持接触 (液体不脱离固体) 的情况下, 曲面 Σ_1 上的条件是

$$\frac{\partial \varphi}{\partial n} = V_n, \tag{12.38}$$

式中 V_n 是物体速度在其表面法线方向的已知分量. 我们还认为流体在无穷远处静止, 于是

$$(\operatorname{grad} \varphi)_\infty = 0.$$

因此, 计算速度势 $\varphi(x,\ y,\ z)$ 的问题归结为求解混合边界问题.

根据条件 (12.37), 利用关系式 (12.35) 可以把速度势 φ 解析延拓至上半空间, 结果得到定义于对称曲面 $\Sigma_1 + \Sigma_2$ 之外全部空间的速度势 $\varphi(x,\ y,\ z)$, 并且由等式 (12.36) 和曲面 $\Sigma_1 + \Sigma_2$ 的对称性可知, 在对称点 P 和 P' 成立关系式

$$\left(\frac{\partial \varphi}{\partial n}\right)_P = -\left(\frac{\partial \varphi}{\partial n}\right)_{P'}. \tag{12.39}$$

其实, 设 $\alpha,\ \beta,\ \gamma$ 是物体表面在点 P' 的法线的方向余弦, 则点 P 的相应方向余弦为 $\alpha,\ \beta,\ -\gamma$ (见图 70), 所以从等式 (12.36) 可得 (12.39).

由 (12.38) 和 (12.39) 可知, 对于液体水平表面上的漂浮物受碰撞所引起的液体运动, 液体扰动速度势的混合边界问题等价于对封闭曲面 $\Sigma_1 + \Sigma_2$ 以外的对称区域提出的诺伊曼问题, 相应的对称边界条件是 (12.38) 和 (12.39).

根据诺伊曼问题和混合边界问题的解的唯一性不难看出, 这样提出的对称的诺伊曼问题完全等价于相应混合边界问题. 由此可知, 要求在对称封闭曲面 $\Sigma_1 + \Sigma_2$ 上满足对称边界条件 (12.39) 的上述诺伊曼问题的解[1] 具有对称性 (12.34), (12.35) 和 (12.36).

---

[1] 参见: Седов Л. И. Об ударе твердого тела, плавающего на поверхности несжимаемой жидкости. Труды ЦАГИ, No. 187. 1933.

速度势在对称点取值相同的情况 如果把等式 (12.34) 替换为

$$\varphi = \omega(\xi,\ \eta,\ \zeta^2),$$

则速度势 $\varphi(\xi,\ \eta,\ \zeta)$ 将满足以下对称性:

$$\varphi(\xi,\ \eta,\ \zeta) = \varphi(\xi,\ \eta,\ -\zeta),$$

并且

$$\left(\frac{\partial\varphi}{\partial\xi}\right)_P = \left(\frac{\partial\varphi}{\partial\xi}\right)_{P'},\quad \left(\frac{\partial\varphi}{\partial\eta}\right)_P = \left(\frac{\partial\varphi}{\partial\eta}\right)_{P'},\quad \left(\frac{\partial\varphi}{\partial\zeta}\right)_P = -\left(\frac{\partial\varphi}{\partial\zeta}\right)_{P'}. \tag{12.40}$$

从等式 (12.40) 可知, 在液体内部的平面 $\zeta = 0$ 上成立

$$\frac{\partial\varphi}{\partial\zeta} = 0,\quad \varphi(\xi,\ \eta,\ 0) \neq 0.$$

这时, 对称曲面 $\Sigma_1 + \Sigma_2$ 以外区域的诺伊曼问题在 $\Sigma_1 + \Sigma_2$ 上具有对称条件

$$\left(\frac{\partial\varphi}{\partial n}\right)_P = \left(\frac{\partial\varphi}{\partial n}\right)_{P'},$$

该问题显然等价于以下诺伊曼问题:

$$在\ \Sigma_1\ 上\ \frac{\partial\varphi}{\partial n} = V_n,\quad 在物体以外的平面\ \zeta = 0\ 上\ \frac{\partial\varphi}{\partial n} = \frac{\partial\varphi}{\partial\zeta} = 0.$$

相应问题可以描述如下: 设液体表面不是自由面, 而是液体无法穿过的静止水平壁面, 一个紧挨壁面的固体位于液体中, 求固体受到碰撞后的液体运动.

半空间的格林函数 设区域 $\mathscr{D}$ 是平面 $z = 0$ 以上或以下的半空间. 我们将根据上述镜面对称性来构造区域 $\mathscr{D}$ 的狄利克雷问题和诺伊曼问题的格林函数. 容易看出, 在区域 $z > 0$ 的狄利克雷问题中, 格林函数 ψ_1 对于点 x, y, z 和 x_0, y_0, z_0 $(z > 0, z_0 > 0)$ 可以表示为以下公式:

$$\psi_1 = \frac{1}{\sqrt{(x-x_0)^2 + (y-y_0)^2 + (z-z_0)^2}} - \frac{1}{\sqrt{(x-x_0)^2 + (y-y_0)^2 + (z+z_0)^2}}$$
$$= \frac{1}{r_{MP}} - \frac{1}{r_{MP'}},$$

因为函数 ψ_1 满足条件 (12.16), 并且在边界 Σ (平面 $z = 0$) 上 $\psi_1 = 0$. 从条件 (12.16) 显然可知, 下半空间 $z < 0$ 的相应格林函数是 $\psi_1' = -\psi_1$.

显然, 半空间 $z > 0$ 和 $z < 0$ 的诺伊曼问题具有同样的格林函数 ψ_2, 其公式为

$$\psi_2 = \frac{1}{r_{MP}} + \frac{1}{r_{MP'}},$$

因为在 $z = 0$ 时成立边界条件

$$\frac{\partial\psi_2}{\partial n} = \frac{\partial\psi_2}{\partial z} = 0.$$

半空间 $z > 0$ 中的奇点系的速度势　设不可压缩流体充满以平面 $z = 0$ 为边界的上半空间, 其中给定由点源、偶极子和多极子组成的奇点系, 我们来研究相应流动速度势的计算问题. 为了满足绕流条件

$$在 \ z = 0 \ 时 \quad \frac{\partial \varphi}{\partial z} = 0, \qquad (12.41)$$

只要在下半空间引入与上半空间中的给定奇点相对应的虚像流动即可, 换言之, 应当在下半空间的相应镜面对称点放置同样的奇点系. 显然, 叠加后的流动满足边界条件 (12.41).

例如, 如果待求流动是由位于点 P_k 的点源和位于点 Q_j 的偶极子引起的, 则不可压缩流体在坐标为 x, y, z 的点 M 的相应速度势可以表示为以下公式:

$$\varphi(M) = -\frac{1}{4\pi} \sum_k q_k \left(\frac{1}{r_{MP_k}} + \frac{1}{r_{MP_k'}} \right) + \sum_j m_j \left(\frac{\partial}{\partial s_j} \frac{1}{r_{MQ_j}} + \frac{\partial}{\partial s_j'} \frac{1}{r_{MQ_j'}} \right),$$

式中 q_k 和 m_j 是给定的常量, P_k 和 P_k', Q_j 和 Q_j', $\mathrm{d}s_j$ 和 $\mathrm{d}s_j'$ 分别是相对于平面 $z = 0$ 的镜面对称点和镜面对称方向.

相对于球面的反演变换　设 S 是给定的球面, 其球心位于坐标系原点, 半径为 R. 考虑坐标变换

$$\xi = \frac{xR^2}{r^2}, \quad \eta = \frac{yR^2}{r^2}, \quad \zeta = \frac{zR^2}{r^2}, \quad 式中 \ r^2 = x^2 + y^2 + z^2.$$

不难看出, 球面以内坐标为 x, y, z 的点 P 和相应半径 r 对应球面以外坐标为 ξ, η, ζ 的点 P' 和相应半径 $r' = R^2/r$, 并且连接点 P 和点 P' 的直线通过球心. 容易验算, 逆变换公式是类似的:

$$x = \frac{\xi R^2}{r'^2}, \quad y = \frac{\eta R^2}{r'^2}, \quad z = \frac{\zeta R^2}{r'^2}, \quad 式中 \ r'^2 = \xi^2 + \eta^2 + \zeta^2.$$

点 P 和 P' 称为相对于球面 S 的镜像对称点. 在球面 S 上有 $P' = P$, 因为这时 $\xi = x$, $\eta = y$, $\zeta = z$.

球面狄利克雷问题中的格林函数　我们来研究相对于球面 S 对称的点 $P(x, y, z)$ 和 $P'(\xi, \eta, \zeta)$ 到球面以内某一点 $M(x_0, y_0, z_0)$ 的距离 r_{PM} 和 $r_{P'M}$:

$$r_{PM}^2 = (x - x_0)^2 + (y - y_0)^2 + (z - z_0)^2 = r^2 + r_0^2 - 2\boldsymbol{r} \cdot \boldsymbol{r}_0,$$

$$r_{P'M}^2 - (\xi - x_0)^2 + (\eta - y_0)^2 + (\zeta - z_0)^2 = r_0^2 + r'^2 - 2\boldsymbol{r}' \cdot \boldsymbol{r}_0$$

$$= r_0^2 + \frac{R^4}{r^2} - 2\boldsymbol{r}_0 \cdot \boldsymbol{r} \frac{R^2}{r^2},$$

式中 $\boldsymbol{r}$, $\boldsymbol{r}'$ 和 $\boldsymbol{r}_0$ 分别是点 P, P' 和 M 相对于球心的径矢. 显然, 若点 M 位于球面 S 上 $(r_0 = R)$, 则

$$r_{P'M}^2 = \frac{R^2}{r^2} r_{PM}^2. \qquad (12.42)$$

相对于变量 x, y, z 和 x_0, y_0, z_0 对称的函数

$$\psi_1 = \frac{1}{r_{PM}} - \frac{R}{r\,r_{P'M}} = \frac{1}{r_{PM}} - \frac{R}{\sqrt{r^2 r_0^2 + R^4 - 2R^2 \boldsymbol{r} \cdot \boldsymbol{r}_0}} \tag{12.43}$$

是 S 以内的调和函数, 它在点 P 附近具有 $1/r_{PM}$ 类型的奇点, 但在 S 以内不再具有其他奇异性. 此外, 根据 (12.42), 此函数在球面 S 上等于零. 因此, 由公式 (12.43) 定义的函数 ψ_1 是球面狄利克雷内部问题中的格林函数.

容易看出, 公式

$$\psi_1' = \frac{1}{r_{P'M}} - \frac{r}{R\,r_{PM}} \tag{12.44}$$

给出球面狄利克雷外部问题中的格林函数. 于是, 利用公式 (12.17) 可以得到球面的狄利克雷内部问题和外部问题的所有的解, 其中的格林函数 ψ_1 和 ψ_1' 由公式 (12.43) 和 (12.44) 定义.

§13. 圆球在无界不可压缩理想流体中的运动问题

我们来研究球形刚体在无界不可压缩理想流体中的运动问题, 不考虑外质量力对流体的作用. 设半径为 a 的圆球在无界不可压缩理想流体中以速度 $\boldsymbol{V}(t)$ 相对于某静止参考系 x_1, y_1, z_1 以平动方式运动. 圆球的运动引起流体也发生运动, 我们将把流体相对于该参考系的运动称为 "绝对运动".

为了研究流体的 "绝对运动", 我们将使用与圆球固连在一起的运动坐标系 x, y, z, 其原点位于球心.

圆球运动问题的提法　如果流体从静止状态开始运动, 并且运动是连续的, 流体的上述受扰运动就是有势的. 根据不可压缩流体的连续性方程, 速度势 φ 应当在球面外部处处满足拉普拉斯方程

$$\Delta \varphi = 0,$$

此外还应当满足以下附加条件: 流体在无穷远处静止, 即

$$(\operatorname{grad} \varphi)_\infty = 0;$$

在球面 Σ 上, 流体既不能流入球面 (无渗透条件), 也不能离开球面 (保持接触条件), 即流体速度的法向分量 v_n 应当等于球面速度的法向分量 V_n.

如果圆球以速度 $\boldsymbol{V}$ 沿 x 轴平动 (这样选取 x 轴), 则绕流条件可以写为:

$$\left(\frac{\partial \varphi}{\partial r}\right)_{r=a} = V\cos(\boldsymbol{r},\, x) = V\cos\theta, \tag{13.1}$$

式中 θ 表示 r 与 x 轴之间的夹角. 我们指出, 从绕流条件来看, 圆球以速度 $V(t)$ 沿 x 轴运动的情况是圆球在理想流体中运动的最一般的情况, 因为圆球是完全对称的. 因此, 需要解决的是最简单的一种诺伊曼问题.

绝对运动的速度势　　所提问题具有唯一解, 并且很容易利用拉普拉斯方程的上述特解构造出这个解. 点源类型的解 $-1/r$ 显然不适用, 因为它不满足无渗透条件. 我们可以尝试使用位于坐标系原点 O 的偶极子流动, 其轴平行于 x 轴. 令

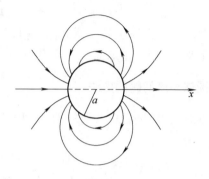

$$\varphi = A\frac{\partial}{\partial x}\frac{1}{r} = -A\frac{x}{r^3} = -A\frac{\cos\theta}{r^2},$$

式中 A 是某个常量. 这样的函数不但在球面以外满足拉普拉斯方程, 而且满足无穷远边界条件, 即函数本身及导数在无穷远处都趋于零.

图 71. 圆球在理想流体中运动时的流线

我们来看, 是否能够适当选取常量 A, 使边界条件 (13.1) 也得到满足. 在球面上显然有

$$\left(\frac{\partial\varphi}{\partial r}\right)_{r=a} = \left[\frac{\partial}{\partial r}\left(-A\frac{\cos\theta}{r^2}\right)\right]_{r=a} = \frac{2A\cos\theta}{a^3}.$$

把这个值代入 (13.1), 得

$$\frac{2A\cos\theta}{a^3} = V\cos\theta,$$

所以只要取

$$A = \frac{Va^3}{2},$$

就能满足条件 (13.1).

因此, 函数

$$\varphi = -\frac{Va^3}{2}\frac{x}{r^3} = -\frac{a^3}{2}\frac{V\cos\theta}{r^2} \tag{13.2}$$

给出上述关于圆球在流体中运动的问题的解, 相应流线见图 71. 如果圆球的平动速度方向相对于坐标轴是任意的, 则流体的扰动速度势满足公式

$$\varphi = -\frac{a^3}{2r^3}(V_1 x + V_2 y + V_3 z), \tag{13.3}$$

式中 V_1, V_2, V_3 表示圆球速度 V 在坐标轴上的分量. 如果圆球的平动速度与时间有关, 则这种时间相关性在速度势中仅通过函数 $V_1(t), V_2(t), V_3(t)$ 表现出来.

如果圆球绕通过球心的某个轴转动, 则球面速度的法向分量显然等于零, 所以理想流体不受这种转动的影响.

在一般情况下, 对于圆球的任意刚体运动, 速度势仍由公式 (13.3) 给出, 其中 V_1, V_2, V_3 是球心速度在运动坐标轴上的分量.

为了计算球面上的压强分布, 应当使用柯西—拉格朗日积分. 在沿 x 轴的平动中, 如果函数 $\varphi(x,\,y,\,z,\,t)$ 是在运动坐标系中计算的, 则根据 (11.7) 有

$$p = p_\infty - \rho\frac{\partial\varphi}{\partial t} + \rho\frac{\partial\varphi}{\partial x}V - \rho\frac{(\operatorname{grad}\varphi)^2}{2}, \tag{13.4}$$

(11.7) 中的函数 $f(t)$ 这时已经根据无穷远条件 $\varphi = 0$, $|\operatorname{grad}\varphi| = 0$ 和 $p = p_\infty$ 确定下来. 只要知道球面 Σ 上的压强分布, 就可以计算流体对球面 Σ 的作用力.

圆球绕流问题的提法　现在研究不可压缩理想流体绕静止圆球流动的问题. 设流体在无穷远处的速度等于 $-\boldsymbol{V}$, 其方向平行于 x 轴. 流体的运动这时可以称为 "相对运动", 因为与圆球一起运动的观察者所看到的正是这样的流动图案. 速度势 (用 φ_{rel} 表示) 应当在球面以外处处满足拉普拉斯方程

$$\Delta\varphi_{\text{rel}} = 0,$$

而边界条件是: 在无穷远处

$$(\operatorname{grad}\varphi_{\text{rel}})_\infty = -\boldsymbol{V},$$

在球面 Σ 上

$$(v_n)_\Sigma = \left(\frac{\partial\varphi_{\text{rel}}}{\partial r}\right)_{r=a} = 0.$$

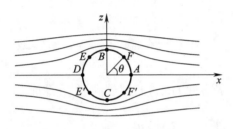

图 72. 理想流体绕圆球流动吋的流线

相对运动的速度势　为了得到这个问题的解, 我们将应用关于圆球在静止流体中运动的前一个问题的解. 容易看出, 如果在前一个问题中让流体和圆球的速度都叠加上速度 $-\boldsymbol{V}$, 其中 $\boldsymbol{V}$ 是圆球的运动速度, 我们就得到圆球绕流问题的解. 这时, 圆球成为静止的, 而在流体原先的运动上又叠加了平行于 x 轴的平动, 平动速度势为 $\varphi_1 = -Vx$. 所得流动的速度势

$$\varphi_{\text{rel}} = -\frac{Va^3}{2}\frac{x}{r^3} - Vx = -V\cos\theta\left(r + \frac{a^3}{2r^2}\right) \tag{13.5}$$

是调和函数, 它既满足无穷远条件

$$\operatorname{grad}\varphi_{\text{rel}} = \frac{\partial\varphi_{\text{rel}}}{\partial x}\boldsymbol{i} = -\boldsymbol{V},$$

也满足球面上的边界条件

$$\left(\frac{\partial\varphi_{\text{rel}}}{\partial r}\right)_{r=a} = -V\cos\theta\left(1 - \frac{a^3}{r^3}\right)_{r=a} = 0.$$

因此, 公式 (13.5) 给出所提问题的解. 图 72 画出这种流动的流线, 球面这时是流面.

显然, 在非定常运动中, 无论是绝对运动还是相对运动, 任何一个固定时刻 t_1 的流线都与速度 $\boldsymbol{V} = \boldsymbol{V}(t_1)$ 所对应的定常运动中的流线相同. 流线图案与球心速度矢量有关, 坐标系在一般情况下可以绕该速度矢量旋转任意角度.

相对速度在球面上的分布　　我们来计算相对速度在球面上的分布:

$$v_{r=a} = \left(\frac{\partial \varphi_{\mathrm{rel}}}{\partial s} \right)_{r=a} = \left(\frac{1}{r} \frac{\partial \varphi_{\mathrm{rel}}}{\partial \theta} \right)_{r=a} = \frac{3}{2} V \sin \theta.$$

因此, 在 $\theta = 0$ 的点 A 和 $\theta = \pi$ 的点 D (见图 72), 速度 $v = 0$, 这些点是临界点. 速度在 $\theta = \pi/2$ 和 $\theta = 3\pi/2$ 时达到最大值, 相应点位于垂直于 V 的大圆上, 例如点 B 和 C. 最大速度等于 $3V/2$, 即来流速度的 1.5 倍.

圆球的达朗贝尔佯谬　　只要知道球面上的速度分布, 就可以计算球面上的压强分布. 如果速度 V 与时间无关, 则流动是定常的, 从而可以使用伯努利积分:

$$p = p_\infty + \frac{\rho}{2}(V^2 - v^2) = p_\infty + \frac{\rho V^2}{2} \left(1 - \frac{9}{4} \sin^2 \theta \right). \tag{13.6}$$

现在考虑如何计算流体对位于其中的运动球体的作用力. 如果圆球的速度 V 保持不变, 则球面上的压强分布在绝对运动和相对运动中是相同的 (见 (13.4)), 可以用公式 (13.6) 进行计算. 由公式 (13.6) 可知, 压强在诸如 E, E', F, F' 的对称点是相同的, 所以流体对被绕流球体的合作用力显然精确地等于零. 球体既没有阻力, 也没有升力. 这个结论就是达朗贝尔佯谬.

前面已经证明 (见 §8), 达朗贝尔佯谬不仅对圆球成立, 对任意形状的任何有限体积的物体都成立, 只要该物体在理想流体中常速运动, 在物体表面不发生流动分离, 并且流体在无穷远处的速度等于零. 其实, 由于球体的无分离绕流无法实现, 所以该佯谬并无神秘之处. 在实际流动中, 不断有涡旋从球面脱落下来, 流动图案发生变形, 压强分布在前后半球表面的对称性遭到破坏.

流体对变速运动的球体的作用力　　现在考虑球心沿 x 轴变速运动的情况. 这时, 相对流动是非定常的, 可以用柯西—拉格朗日积分 (13.4) 计算压强分布, 用公式 (13.2) 计算速度势. 不难看出, 在计算合力时只要使用公式 (13.4) 中含有

$$\frac{\partial \varphi}{\partial t} = -\frac{a \cos \theta}{2} \frac{\mathrm{d}V}{\mathrm{d}t}$$

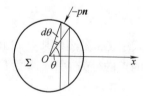

图 73. 用于计算圆球加速运动时的阻力

的那一项即可, 因为用其他项计算出的那一部分压强在对称点 E, E', F, F' 是相同的 (这部分压强等于以所考虑的瞬时速度值作定常流动时的计算结果).

把球面划分为诸多带状微元 (图 73), 每个带状微元的面积为 $\mathrm{d}\sigma = 2\pi a^2 \sin \theta \, \mathrm{d}\theta$, 然后对整个球面进行积分, 我们得到流体对圆球的作用力的以下表达式:

$$X = -\int_\Sigma p \cos \theta \, \mathrm{d}\sigma = -\rho a^3 \pi \frac{\mathrm{d}V}{\mathrm{d}t} \int_0^\pi \cos^2 \theta \sin \theta \, \mathrm{d}\sigma = -\frac{2}{3} \pi a^3 \rho \frac{\mathrm{d}V}{\mathrm{d}t}.$$

设质量为 m 的圆球受到某个外力 F_x (不包括流体对它的作用力) 的作用, 则运动方程在 x 轴上的投影为

$$m\frac{dV}{dt} = F_x - \frac{2}{3}\pi a^3\rho\frac{dV}{dt}.$$

令

$$\mu = \frac{2}{3}\pi a^3\rho,$$

我们把这个方程改写为

$$(m+\mu)\frac{dV}{dt} = F_x.$$

圆球的附加质量　　由此可知, 圆球在某外力 F_x 的作用下在流体中的运动相当于该物体的质量增加 μ 后在该外力的作用下在真空中的运动. 量 μ 称为圆球的附加质量, 它等于圆球所排开的流体质量的一半. 外部介质 (流体) 只引起圆球的惯性增加.

§14. 刚体在无界不可压缩理想流体中运动的相关运动学问题

设一个具有有限体积和任意形状的刚体在不可压缩理想流体的无界区域 $\mathscr{D}$ 中运动. 假设流体在这个刚体的给定运动的作用下从静止状态开始运动, 并且运动是连续的, 我们来研究如何提出相应问题, 以便计算流体的这种运动. 无穷远处的流体相对于静止坐标系处于静止状态. 为了描述流体相对于静止坐标系的绝对运动, 我们选取刚体的一个随体坐标系——运动的笛卡儿坐标系 x, y, z, 并用 $\boldsymbol{i}, \boldsymbol{j}, \boldsymbol{k}$ 表示相应坐标轴的单位矢量.

刚体中的速度分布　　众所周知, 在刚体的任意运动中, 刚体任何一点的速度 $\boldsymbol{U}$ 满足欧拉公式:

$$\boldsymbol{U} = \boldsymbol{U}_0 + \boldsymbol{\Omega} \times \boldsymbol{r},$$

式中 $\boldsymbol{U}_0$ 是刚体某点 O 的速度, $\boldsymbol{\Omega}$ 是刚体的瞬时旋转角速度, $\boldsymbol{r}$ 是从点 O 到所研究的点的径矢. 引入速度 $\boldsymbol{U}_0$ 和角速度 $\boldsymbol{\Omega}$ 在运动坐标系的坐标轴上的投影:

$$\boldsymbol{U}_0 = U^1\boldsymbol{i} + U^2\boldsymbol{j} + U^3\boldsymbol{k},$$

$$\boldsymbol{\Omega} = U^4\boldsymbol{i} + U^5\boldsymbol{j} + U^6\boldsymbol{k} = \Omega^1\boldsymbol{i} + \Omega^2\boldsymbol{j} + \Omega^3\boldsymbol{k}.$$

只要知道 6 个函数 $U^i(t)$, 就知道刚体中的速度场.

流体运动问题的提法　　如果不可压缩理想流体的连续运动是由刚体的运动引起的, 并且流体最初处于静止状态, 而外质量力有势或者可以忽略不计, 则流体的运动有势, $\boldsymbol{v} = \operatorname{grad}\varphi$, 并且速度势 φ 是坐标的单值函数[1].

---

[1] 刚体表面以外的区域, 即流体受到扰动后进行连续流动的区域, 可能是多连通的. 因为任何封闭曲线上的速度环量都等于零, 所以利用汤姆孙定理和流动的连续性即可证明速度势的单值性.

为了计算流体的运动, 只要计算速度势 $\varphi(x, y, z, t)$ 即可. 速度势应当在刚体以外的区域 $\mathscr{D}$ 中处处满足拉普拉斯方程

$$\Delta\varphi = \frac{\partial^2\varphi}{\partial x^2} + \frac{\partial^2\varphi}{\partial y^2} + \frac{\partial^2\varphi}{\partial z^2} = 0.$$

相应边界条件是: 在无穷远处

$$(\mathrm{grad}\,\varphi)_\infty = 0,$$

因为刚体的运动应当不影响无穷远处的流体; 在刚体表面应当成立无渗透和保持接触条件

$$\frac{\partial\varphi}{\partial n} = U_n = \boldsymbol{U}_0\cdot\boldsymbol{n} + (\boldsymbol{\Omega}\times\boldsymbol{r})\cdot\boldsymbol{n} = \boldsymbol{U}_0\cdot\boldsymbol{n} + \boldsymbol{\Omega}\cdot(\boldsymbol{r}\times\boldsymbol{n}), \tag{14.1}$$

式中 $\boldsymbol{n}$ 是刚体表面 Σ 的法线矢量, 它相对于流体所占区域是外法线矢量. 因此, 待求速度势应当是诺伊曼外部问题的解.

把流体运动问题转化为只与刚体的几何性质有关的 6 个诺伊曼问题　　我们在 §12 中已经证明, 如果流体速度有限, 则流体的上述受扰运动具有有限的动能, 并且这样提出的诺伊曼问题具有唯一解.

因为上述诺伊曼外部问题是线性的, 所以在求解速度势 φ 时可以把它表示为和的形式:

$$\varphi = U^i\varphi_i = \boldsymbol{U}_0\cdot\boldsymbol{\Phi}_1 + \boldsymbol{\Omega}\cdot\boldsymbol{\Phi}_2, \tag{14.2}$$

式中

$$\boldsymbol{\Phi}_1 = \varphi_1\boldsymbol{i} + \varphi_2\boldsymbol{j} + \varphi_3\boldsymbol{k}, \quad \boldsymbol{\Phi}_2 = \varphi_4\boldsymbol{i} + \varphi_5\boldsymbol{j} + \varphi_6\boldsymbol{k}, \tag{14.3}$$

并且 $\varphi_1, \varphi_2, \cdots, \varphi_6$ 与运动坐标系 (刚体的随体坐标系) 的坐标 x, y, z 有关.

为了计算每一个单值势函数 φ_i, 我们有诺伊曼外部问题: 在 Σ 以外处处成立

$$\Delta\varphi_i = 0,$$

在无穷远点

$$(\mathrm{grad}\,\varphi_i)_\infty = 0,$$

在刚体表面 Σ 上 (见条件 (14.1))

$$\frac{\partial\varphi_i}{\partial n} = n_i, \quad i = 1, 2, 3,$$

$$\frac{\partial\varphi_{j+3}}{\partial n} = (\boldsymbol{r}\times\boldsymbol{n})_j, \quad j = 1, 2, 3.$$

利用 (14.3), 还可以把表面 Σ 上的条件写为以下形式:

$$\frac{\partial\boldsymbol{\Phi}_1}{\partial n} = \boldsymbol{n}, \quad \frac{\partial\boldsymbol{\Phi}_2}{\partial n} = \boldsymbol{r}\times\boldsymbol{n}. \tag{14.4}$$

这样一来, 我们得到分别对 6 个势函数 φ_i 提出的 6 个诺伊曼外部问题, 用来代替对 1 个速度势 φ 提出的 1 个诺伊曼外部问题, 并且后者的提法 (刚体表面条件) 包含时间 t, 而前者的提法却不包含时间.

根据诺伊曼问题的解的线性性质和唯一性直接可知, 对于任意的 U^1, U^2, $\cdots$, U^6, 求解对速度势 φ 提出的 1 个问题等价于求解上述 6 个问题. 绝妙的是, 势函数 φ_1, φ_2, $\cdots$, φ_6 在刚体固连坐标系中对坐标 x, y, z 的函数关系只依赖于刚体表面的几何性质, 与刚体的运动无关. 因此, 对于给定形状的刚体, 势函数 φ_1, φ_2, $\cdots$, φ_6 一旦被计算出来, 其结果就一直成立.

如果 $U^1 = 1$, $U^i = 0$, $i = 2, 3, 4, 5, 6$, 则速度势 $\varphi = \varphi_1$, 这时 φ_1 是刚体以单位速度在 x 轴方向上平动时的流体扰动速度势. 类似地, φ_2 和 φ_3 是刚体以单位速度分别在 y 轴和 z 轴方向上平动时的流体扰动速度势, 而 φ_4, φ_5 和 φ_6 是刚体以单位角速度分别绕 x 轴, y 轴和 z 轴转动时的流体扰动速度势.

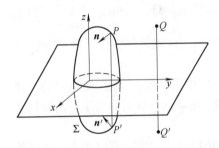

图 74. 表面 Σ 相对于平面 xy 对称

公式 (14.2) 给出速度势 φ 对时间的依赖关系. 在运动坐标系中, 流体的速度势对时间 t 的依赖关系仅仅通过刚体的速度矢量 $\boldsymbol{U}_0$ 和瞬时角速度矢量 $\boldsymbol{\Omega}$ 的分量表现出来.

平面对称刚体的势函数 φ_i 的性质　在刚体相对于平面 xy 对称时不难看出, 对于刚体表面上相对于平面 xy 对称的点 P 和 P', 成立以下关系式 (图 74):

$$\left(\frac{\partial \varphi_i}{\partial n}\right)_P = \left(\frac{\partial \varphi_i}{\partial n}\right)_{P'}, \quad i = 1, 2, 6,$$
$$\left(\frac{\partial \varphi_k}{\partial n}\right)_P = -\left(\frac{\partial \varphi_k}{\partial n}\right)_{P'}, \quad k = 3, 4, 5. \tag{14.5}$$

由此可知, 在位于流体内部的平面 xy 上成立等式

$$\frac{\partial \varphi_1}{\partial z} = \frac{\partial \varphi_2}{\partial z} = \frac{\partial \varphi_6}{\partial z} = 0, \quad \varphi_3 = \varphi_4 = \varphi_5 = 0.$$

在相对于平面 xy 对称的点 Q 和 Q' (见本章 §12), 我们有

$$\varphi_i(Q) = \varphi_i(Q'), \quad i = 1, 2, 6,$$
$$\varphi_k(Q) = -\varphi_k(Q'), \quad k = 3, 4, 5. \tag{14.6}$$

旋转体的势函数 φ_i 的性质　对于绕 x 轴的旋转体 (图 75), 势函数 φ_1 显然与角 θ 无关 (θ 是平面 yz 上的极角), 这时只有 3 个互不相同的势函数 φ_1, φ_2, φ_5 是重要的. 其实, 因为绕 x 轴的转动无关紧要, 所以

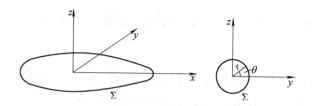

图 75. 坐标轴在旋转体中的方位

$\varphi_4 = 0$; 根据对称性, 势函数 φ_3 和 φ_6 可以通过 φ_2 和 φ_5 表示出来, 相应公式为

$$\varphi_3(x,\ y,\ z) = \varphi_2(x,\ z,\ -y),$$

$$\varphi_6(x,\ y,\ z) = \varphi_5(x,\ z,\ -y).$$

这些公式在柱面坐标系中具有以下形式:

$$\varphi_3(x,\ r,\ \theta) = \varphi_2\Big(x,\ r,\ \theta - \frac{\pi}{2}\Big),$$

$$\varphi_6(x,\ r,\ \theta) = \varphi_5\Big(x,\ r,\ \theta - \frac{\pi}{2}\Big),$$

式中 r 是平面 yz 上的极半径.

现在确定势函数 φ_2 和 φ_5 对极角 θ 的依赖关系. 势函数 φ_2 和 φ_3 对应刚体以单位速度分别在 y 轴和 z 轴方向上的平动. 如果刚体以单位速度在垂直于 x 轴并且与 y 轴之间的夹角为 ϑ 的方向上进行平动, 则有

$$\varphi(x,\ r,\ \theta) = \varphi_2(x,\ r,\ \theta - \vartheta) = \cos\vartheta\,\varphi_2(x,\ r,\ \theta) + \sin\vartheta\,\varphi_3(x,\ r,\ \theta),$$

所以

$$\varphi_2(x,\ r,\ \theta - \vartheta) = \cos\vartheta\,\varphi_2(x,\ r,\ \theta) + \sin\vartheta\,\varphi_2\Big(x,\ r,\ \theta - \frac{\pi}{2}\Big).$$

令 $\theta = 0$, 把角 ϑ 替换为 $-\theta$, 再注意到

$$\varphi_2\Big(x,\ r,\ -\frac{\pi}{2}\Big) = 0,$$

得

$$\varphi_2(x,\ r,\ \theta) = \varphi_2(x,\ r,\ 0)\cos\theta,$$

$$\varphi_3(x,\ r,\ \theta) = \varphi_2(x,\ r,\ 0)\sin\theta. \tag{14.7}$$

用类似方法容易得到公式

$$\varphi_5(x,\ r,\ \theta) = \varphi_5\Big(x,\ r,\ \frac{\pi}{2}\Big)\sin\theta,$$

$$\varphi_6(x,\ r,\ \theta) = -\varphi_5\Big(x,\ r,\ \frac{\pi}{2}\Big)\cos\theta.$$

因此, 旋转体任意运动的速度势 φ 可以表示为

$$\varphi = \varphi_1(x,\ r)U^1 + \varphi_2(x,\ r,\ 0)(U^2\cos\theta + U^3\sin\theta) + \varphi_5\Big(x,\ r,\ \frac{\pi}{2}\Big)(\Omega^2\sin\theta - \Omega^3\cos\theta).$$

§15. 刚体在流体中运动时流体的动能、动量和动量矩 · 附加质量理论基础

前面已经证明, 均匀不可压缩流体的任何势流都可以看做原先处于静止状态的流体突然受到碰撞的结果, 并且速度势与压强冲量之间的关系为

$$p_t = -\rho\varphi,$$

式中 ρ 是流体的密度 (所有流体微元的密度 ρ 都相同并且保持不变).

在根据速度势 $\varphi(x, y, z)$ 在区域边界 Σ 上的值求单值调和函数 φ 的狄利克雷问题中, 如果边界 Σ 延伸到无穷远, 并且在无穷远处 $\varphi = 0$, 则该问题具有唯一解.

无界流体的动能、动量和动量矩　我们将通过刚体表面对流体的压强冲量 p_t 来定义无界流体的动能 E、动量矢量 $\boldsymbol{Q}$ 和动量矩矢量 $\boldsymbol{K}$, 这些量也可以通过 φ 来定义. 利用 (14.4), 相应公式具有以下形式[1]:

$$2E = \rho \int_\Sigma \varphi \frac{\partial\varphi}{\partial n} \, d\sigma = \rho \int_\Sigma \varphi U_n \, d\sigma = -\int_\Sigma p_t U_n \, d\sigma, \tag{15.1}$$

$$\boldsymbol{Q} = -\int_\Sigma p_t \boldsymbol{n} \, d\sigma = \rho \int_\Sigma \varphi \boldsymbol{n} \, d\sigma = \rho \int_\Sigma \varphi \frac{\partial\boldsymbol{\Phi}_1}{\partial n} \, d\sigma, \tag{15.2}$$

$$\boldsymbol{K} = -\int_\Sigma (\boldsymbol{r} \times \boldsymbol{n}) p_t \, d\sigma = \rho \int_\Sigma (\boldsymbol{r} \times \boldsymbol{n})\varphi \, d\sigma = \rho \int_\Sigma \varphi \frac{\partial\boldsymbol{\Phi}_2}{\partial n} \, d\sigma, \tag{15.3}$$

式中 $\boldsymbol{n}$ 是 Σ 的单位法向矢量, 它指向流体所在区域 $\mathscr{D}$ 的外部, 而 $\boldsymbol{r}$ 是 Σ 上的点相对于用来计算动量矩的点 O 的径矢. 矢量 $\boldsymbol{Q}$ 和 $\boldsymbol{K}$ 分别等于表面为 Σ 的刚体从外部对流体的作用力的总冲量和对点 O 的总冲量矩.

因为 $U_n = \boldsymbol{U}_0 \cdot \boldsymbol{n} + \boldsymbol{\Omega} \cdot (\boldsymbol{r} \times \boldsymbol{n})$, 式中 $\boldsymbol{U}_0$ 是与刚体固连在一起的运动的点 O 的速度, $\boldsymbol{U}_0 = U^1\boldsymbol{i} + U^2\boldsymbol{j} + U^3\boldsymbol{k}$, $\boldsymbol{\Omega} = U^4\boldsymbol{i} + U^5\boldsymbol{j} + U^6\boldsymbol{k}$, 所以从公式 (15.1), (15.2), (15.3) 和 (14.2) 可知

$$2E = \boldsymbol{Q} \cdot \boldsymbol{U}_0 + \boldsymbol{K} \cdot \boldsymbol{\Omega} = \sum_{i,k=1}^6 \lambda_{ik} U^i U^k, \tag{15.4}$$

式中的分量 Q_k $(k = 1, 2, 3)$ 和 K_{k-3} $(k = 4, 5, 6)$ 满足公式

$$Q_k = \sum_{i=1}^6 \lambda_{ik} U^i, \quad K_{k-3} = \sum_{i=1}^6 \lambda_{ik} U^i,$$

并且

$$\lambda_{ik} = \rho \int_\Sigma \varphi_i \frac{\partial\varphi_k}{\partial n} \, d\sigma. \tag{15.5}$$

---

[1] 下一节将证明, 这些量与有限系统动力学中的相应量具有同样的用处.

刚体的动能、动量和动量矩　在刚体运动理论中可以引入刚体的动能 E_0、动量 $\boldsymbol{Q}_0$ 和动量矩 $\boldsymbol{K}_0$, 它们之间的关系类似于 (15.4),

$$2E_0 = \boldsymbol{Q}_0 \cdot \boldsymbol{U}_0 + \boldsymbol{K}_0 \cdot \boldsymbol{\Omega} = \sum_{i,\,k=1}^{6} m_{ik} U^i U^k,$$

$$Q_{0k} = \sum_{i=1}^{6} m_{ik} U^i, \quad k = 1,\,2,\,3,$$

$$K_{0\,k-3} = \sum_{i=1}^{6} m_{ik} U^i, \quad k = 4,\,5,\,6.$$

系数矩阵 (m_{ik}) 表征刚体的惯性. 在一般情况下, 当坐标系原点位于刚体的某个任意的点 O 时, 矩阵 (m_{ik}) 具有以下专门形式:

$$\begin{pmatrix} m & 0 & 0 & 0 & mz^* & -my^* \\ 0 & m & 0 & -mz^* & 0 & mx^* \\ 0 & 0 & m & my^* & -mx^* & 0 \\ 0 & -mz^* & my^* & J_x & -D_z & -D_y \\ mz^* & 0 & -mx^* & -D_z & J_y & -D_x \\ -my^* & mx^* & 0 & -D_y & -D_x & J_z \end{pmatrix}, \tag{15.6}$$

式中 m 是刚体的质量, x^*, y^*, z^* 是刚体质心的坐标, J_x, J_y, J_z 是刚体对坐标轴的转动惯量, D_x, D_y, D_z 是惯性积, 例如

$$J_x = \int_m (y^2 + z^2)\,\mathrm{d}m, \quad D_x = \int_m yz\,\mathrm{d}m.$$

附加质量系数及其性质　矩阵 (15.6) 是对称的, 由 (15.5) 组成的矩阵 (λ_{ik}) 也是对称的, 因为只要对调和函数 φ_i 和 φ_k 应用格林公式 (12.12), 再考虑到这两个函数在无穷远处像 $1/r^2$ 那样趋于零, 即可得到

$$\lambda_{ik} - \lambda_{ki} = \rho \int_{\Sigma} \left(\varphi_i \frac{\partial \varphi_k}{\partial n} - \varphi_k \frac{\partial \varphi_i}{\partial n} \right) \mathrm{d}\sigma = 0.$$

系统 (刚体和流体) 的总动能可以表示为

$$E + E_0 = \frac{1}{2} \sum_{i,\,k=1}^{6} (m_{ik} + \lambda_{ik}) U^i U^k. \tag{15.7}$$

量 λ_{ik} 称为附加质量系数. 附加质量矩阵 (λ_{ik}) 表征流体的惯性, 这种性质比刚体的惯性更加复杂. 与矩阵 (15.6) 相比, 矩阵 (λ_{ik}) 具有更一般的形式.

　　显然, 在刚体的固连坐标系中, 量 λ_{ik} (见 (15.5)) 与时间无关, 它们只依赖于固连坐标系的选取和刚体表面 Σ 的几何性质. 对称矩阵 (λ_{ik}) 的独立非零元素的数目在一般情况下等于 21, 而对称矩阵 (m_{ik}) (15.6) 一般只有 10 个独立的非零元素. 在

进行坐标变换时, 利用公式 (15.4) 以及矢量 U 和 Ω 的分量的变换公式容易得到矩阵 (λ_{ik}) 的元素的变换公式. 例如, 当坐标轴的方向和点 O 在刚体中的位置发生变化时, 我们有

$$U'_0 = U_0 + \Omega \times (r_O - r_{O_1}), \quad \Omega' = \Omega.$$

不难看出, 系数 λ_{11}, λ_{22}, λ_{33}, λ_{12}, λ_{13} 和 λ_{23} 只与坐标轴的方向有关, 而其余系数既与坐标轴的方向有关, 也与点 O 在刚体中的位置有关 (换言之, 与矢量 $r_{O_1} - r_O$ 的分量有关).

运动的主方向和刚体的中心点　当刚体平动时, 刚体的动量 $Q_0 = mU_0$ 的方向与运动速度方向一致, 而质量 m 与运动方向无关.

流体的动量一般不平行于刚体的平动速度. 附加质量系数 λ_{ik} (i, $k = 1, 2, 3$) 组成对称的二阶张量, 所以存在 3 个相互垂直的主方向, 当刚体在这些方向上平动时, 流体的动量平行于刚体的平动速度, 而在其他情况下根本没有这样的平行关系. 如果笛卡儿坐标轴指向主方向, 则 $\lambda_{12} = \lambda_{13} = \lambda_{23} = 0$, 并且一般有

$$\lambda_{11} \neq \lambda_{22} \neq \lambda_{33} \neq \lambda_{11}. \tag{15.8}$$

因此, 附加质量系数与刚体的平动方向有关.

如果点 O 位于刚体的质心, $x^* = y^* = z^* = 0$, 则矩阵 (15.6) 变得非常简单. 因此, 刚体的质心具有特别的动力学意义.

设坐标轴指向主方向. 因为矢量 $r_{O^*} - r_O$ 的 3 个分量决定点 O^* 的位置, 所以不难检验, 可以这样选取这 3 个分量, 使得

$$\lambda_{15} = \lambda_{24}, \quad \lambda_{16} = \lambda_{34}, \quad \lambda_{26} = \lambda_{35}. \tag{15.9}$$

满足这些等式的点 O^* 称为中心点.

如果坐标轴指向主方向, 坐标系原点 (动量矩等量是对坐标系原点定义的) 位于中心点, 则根据 (15.8) 和 (15.9), 对称矩阵 (λ_{ik}) 只有 15 个独立元素.

平面对称刚体的附加质量系数　如果刚体表面 Σ 具有某种对称性, 则部分附加质量系数 λ_{ik} 等于零. 其实, 设表面 Σ 具有一个对称面, 我们认为这个对称面是平面 xy (图 74), 则可以写出

$$\lambda_{ik} = \rho \int_{\Sigma_1 + \Sigma_2} \varphi_i \frac{\partial \varphi_k}{\partial n} \, d\sigma,$$

式中 Σ_1 和 Σ_2 是组成 Σ 的相互对称的部分. 根据关系式 (14.5) 和 (14.6), 在表面 Σ 的对称点显然有

$$\left(\varphi_i \frac{\partial \varphi_k}{\partial n} \right)_{P'} = - \left(\varphi_i \frac{\partial \varphi_k}{\partial n} \right)_P, \quad i = 1, 2, 6, \quad k = 3, 4, 5,$$

所以

$$\lambda_{ik} = \lambda_{ki} = 0, \quad i = 1, 2, 6, \quad k = 3, 4, 5.$$

如果表面 Σ 相对于平面 xz 对称, 则

$$\lambda_{ik} = \lambda_{ki} = 0, \quad i = 1, 3, 5, \quad k = 2, 4, 6.$$

如果表面 Σ 相对于平面 xy 和 xz 对称, 则只有以下附加质量系数不为零:

$$\lambda_{11}, \ \lambda_{22}, \ \lambda_{33}, \ \lambda_{44}, \ \lambda_{55}, \ \lambda_{66}, \ \lambda_{26}, \ \lambda_{35}.$$

对于具有 3 个对称面 xy, xz 和 yz 的表面 Σ, 例如椭球面, 在该坐标系中只有以下 6 个附加质量系数不为零:

$$\lambda_{11}, \ \lambda_{22}, \ \lambda_{33}, \ \lambda_{44}, \ \lambda_{55}, \ \lambda_{66}.$$

旋转体的附加质量系数和中心点　设刚体表面 Σ 是绕 x 轴的旋转曲面, 我们从对称性额外得到 $\lambda_{22} = \lambda_{33}, \lambda_{55} = \lambda_{66}, \lambda_{44} = 0$. 因为刚体绕 x 轴的转动对流体没有影响, 所以 $\varphi_4 = 0$. 此外, $\lambda_{26} = -\lambda_{35}$, 因为当刚体绕 z 轴转动时, 流体动量在 y 轴的投影为 $Q_y = \lambda_{26}\Omega^3$, 而当刚体以同样的角速度绕 y 轴转动时, 流体动量在 z 轴的投影为 $Q_z = \lambda_{35}\Omega^2$, 并且 $Q_y = -Q_z$.

因此, 当上述旋转体在流体中运动时, 流体的动量和动量矩的相应分量是

$$
\begin{aligned}
Q_x &= \lambda_{11}U^1, & Q_y &= \lambda_{22}U^2 + \lambda_{26}\Omega^3, & Q_z &= \lambda_{22}U^3 - \lambda_{26}\Omega^2, \\
K_x &= 0, & K_y &= -\lambda_{26}U^3 + \lambda_{55}\Omega^2, & K_z &= \lambda_{26}U^2 + \lambda_{55}\Omega^3,
\end{aligned}
\tag{15.10}
$$

而流体的动能满足

$$2E = \lambda_{11}(U^1)^2 + \lambda_{22}[(U^2)^2 + (U^3)^2] + \lambda_{55}[(\Omega^2)^2 + (\Omega^3)^2] + 2\lambda_{26}(\Omega^3 U^2 - \Omega^2 U^3).$$

如果坐标系原点沿 x 轴移动 ξ, 则新原点的速度具有以下分量:

$$U'^1 = U^1, \quad U'^2 = U^2 + \Omega^3\xi, \quad U'^3 = U^3 - \Omega^2\xi.$$

根据 (15.4), 新坐标系和旧坐标系中的附加质量系数满足关系式

$$\lambda'_{11} = \lambda_{11}, \quad \lambda'_{22} = \lambda_{22}, \quad \lambda'_{55} = \lambda_{55} + \lambda_{22}\xi^2 - 2\lambda_{26}\xi, \quad \lambda'_{26} = \lambda_{26} - \lambda_{22}\xi.$$

中心点显然位于 x 轴, 其坐标 ξ^* 为

$$\xi^* = \frac{\lambda_{26}}{\lambda_{22}}.$$

便于计算 λ_{ik} 的流体动量公式　对于任何形状的刚体在不可压缩理想流体中的任意运动, 我们现在建立流体动量 $\boldsymbol{Q}$ 的以下公式:

$$\boldsymbol{Q} = -\rho V \boldsymbol{U}^* - 4\pi\rho\boldsymbol{c}, \tag{15.11}$$

式中

$$\boldsymbol{U}^* = \frac{1}{V} \int\limits_V \boldsymbol{U} \, \mathrm{d}\tau,$$

$\boldsymbol{U}$ 是刚体任意一点的运动速度, V 是刚体的体积, $\boldsymbol{c} = c_1\boldsymbol{i} + c_2\boldsymbol{j} + c_3\boldsymbol{k}$, 其中 c_1, c_2, c_3 是流体速度势 φ 在无穷远点邻域中的展开式 (12.20) 中的一次齐次多项式的系数.

根据公式 (15.2), 我们有

$$\boldsymbol{Q} = \rho \int\limits_\Sigma \varphi \boldsymbol{n} \, \mathrm{d}\sigma = \rho \int\limits_\Sigma \varphi \frac{\partial \boldsymbol{r}}{\partial n} \, \mathrm{d}\sigma, \tag{15.12}$$

式中 $\boldsymbol{r} = x\boldsymbol{i} + y\boldsymbol{j} + z\boldsymbol{k}$. 引入球心位于刚体某点 O 并且把刚体表面 Σ 包围在内的球面 Σ_1, 然后对 Σ 和 Σ_1 之间的流体有限区域和函数 φ, $\boldsymbol{r}$ 应用格林第二公式. 因为 φ 和 $\boldsymbol{r}$ 在 Σ 和 Σ_1 之间的区域中是调和函数, 所以结果是

$$\int\limits_{\Sigma+\Sigma_1} \left(\varphi \frac{\partial \boldsymbol{r}}{\partial n} - \boldsymbol{r} \frac{\partial \varphi}{\partial n} \right) \mathrm{d}\sigma = 0.$$

又因为在 Σ 上成立条件 $\partial\varphi/\partial n = U_n$, 所以根据 (15.12) 有

$$\boldsymbol{Q} = \rho \int\limits_\Sigma \boldsymbol{r} U_n \, \mathrm{d}\sigma - \rho \int\limits_{\Sigma_1} \left(\varphi \frac{\partial \boldsymbol{r}}{\partial n} - \boldsymbol{r} \frac{\partial \varphi}{\partial n} \right) \mathrm{d}\sigma. \tag{15.13}$$

速度矢量 $\boldsymbol{U}$ 是对表面 Σ 以内的刚体的点定义的. 利用奥—高定理, 得

$$\int\limits_\Sigma \boldsymbol{r} U_n \, \mathrm{d}\sigma = -\int\limits_V \left(\frac{\partial \boldsymbol{r} U_x}{\partial x} + \frac{\partial \boldsymbol{r} U_y}{\partial y} + \frac{\partial \boldsymbol{r} U_z}{\partial z} \right) \mathrm{d}\tau = -\int\limits_V \boldsymbol{U} \, \mathrm{d}\tau = -V\boldsymbol{U}^*. \tag{15.14}$$

令球面 Σ_1 趋于无穷大. 在计算 (15.13) 中对球面 Σ_1 的积分时可以使用速度势的展开式 (12.20), 这时只有 $(c_1 x + c_2 y + c_3 z)/R^3$ 这一项是重要的, 因为在 $C = M = 0$ 的条件下, 其余各项在无穷远处像 $1/R^3$ 那样趋于零. 我们指出, 在球面 Σ_1 上

$$\varphi \sim \frac{\boldsymbol{c} \cdot \boldsymbol{R}}{R^3} = \frac{c_n}{R^2}, \quad \frac{\partial \varphi}{\partial n} = \frac{\partial \varphi}{\partial R} \sim -\frac{2c_n}{R^3},$$

所以

$$\int\limits_{\Sigma_1} \left(\varphi \frac{\partial \boldsymbol{r}}{\partial n} - \boldsymbol{r} \frac{\partial \varphi}{\partial n} \right) \mathrm{d}\sigma = 3 \int\limits_{\Sigma_1} \boldsymbol{n} c_n \frac{\mathrm{d}\sigma}{R^2} = 3 \int\limits_S \boldsymbol{r} c_n \, \mathrm{d}\sigma_S,$$

式中 S 是与 Σ_1 同心的单位球面. 利用奥—高公式,

$$\int\limits_S \boldsymbol{r} c_n \, \mathrm{d}\sigma_S = \int\limits_V \left[\frac{\partial (\boldsymbol{r} c_1)}{\partial x} + \frac{\partial (\boldsymbol{r} c_2)}{\partial y} + \frac{\partial (\boldsymbol{r} c_3)}{\partial z} \right] \mathrm{d}\tau = \int\limits_V \boldsymbol{c} \, \mathrm{d}\tau = \frac{4\pi}{3} \boldsymbol{c},$$

所以

$$\int\limits_{\Sigma_1} \left(\varphi \frac{\partial \boldsymbol{r}}{\partial n} - \boldsymbol{r} \frac{\partial \varphi}{\partial n} \right) \mathrm{d}\sigma = 4\pi \boldsymbol{c}. \tag{15.15}$$

只要把计算结果 (15.14) 和 (15.15) 代入 (15.13), 即可得到公式 (15.11).

如果知道速度势, 一般就容易计算矢量 c, 并进一步用公式 (15.11) 计算 Q. 利用公式 (15.11) 计算附加质量系数也很方便, 用这种方法可以计算 $i < 4$ 而 k 取任意值或 $k < 4$ 而 i 取任意值时的所有系数 λ_{ik}.

例如, 我们在前面已经详细研究了半径为 a 的圆球在流体中的运动, 相应速度势的形式为 $\varphi - -a^3 U^1 x / 2r^3$, 即 $c_1 - -a^3 U^1/2$, $c_2 = c_3 = 0$. 圆球是完全对称的, 所以

$$Q = Q_1 i = \lambda_{11} U^1 i.$$

根据 (15.11) 有

$$Q_1 = \rho \frac{2\pi a^3}{3} U^1,$$

所以圆球的附加质量等于

$$\lambda_{11} = \lambda_{22} = \lambda_{33} = \frac{2\pi a^3 \rho}{3} = \frac{\rho V}{2},$$

式中 V 是圆球的体积. 这与前面直接得到的结果一致. 其余系数 $\lambda_{ik} = 0$.

为了得到附加质量系数 (15.5), 我们既可以用理论方法计算, 也可以用实验方法测量. 如前所述, 对于具有专门形状的物体, 某些系数 $\lambda_{ik} = 0$.

§16. 无界理想流体对位于其中的运动刚体的作用力

有一些问题与物体在流体中的运动有关, 这时必须研究流体的运动并考虑流体与物体之间的相互作用力.

研究刚体在流体中的运动问题的两种方法 在解决刚体在无界不可压缩理想流体中的运动问题时, 可以采用以下两种方法.

1. 把刚体和流体当做具有 6 个自由度的统一的力学系统, 其动能由公式 (15.7) 给出, 其中 U^k ($k = 1, 2, \cdots, 6$) 是广义速度, 它们等于刚体的平动速度矢量和角速度矢量在运动坐标轴上的投影. 利用系统动能公式和刚体所受外力 (假设类似的外力对流体不起作用) 对系统 (刚体和流体) 的元功的相关结果, 可以写出第二类拉格朗日方程, 并利用这些方程提出并求解各种问题. 这时得到的方程类似于自由刚体的运动方程, 但具有更一般的形式, 因为系统 (刚体和流体) 的惯性由矩阵

$$(m_{ik} + \lambda_{ik})$$

给出, 它比自由刚体的相应矩阵 (m_{ik}) 具有更一般的本质.

如果先写出系统 (刚体和流体) 整体的运动方程, 再单独写出刚体的运动方程, 则通过对比容易得到流体对刚体的合力与合力矩.

2. 可以从一开始就直接研究刚体的运动方程, 这时必须用公式

$$A = \int_{\Sigma} p n \, d\sigma, \quad \mathcal{M}_0 = \int_{\Sigma} p(r \times n) \, d\sigma \tag{16.1}$$

给出流体对刚体的合力 A 与合力矩 $\mathcal{M}_0$. 在公式 (16.1) 中, 力矩 $\mathcal{M}_0$ 是对刚体中与刚体固连并一起运动的任意一点 O 计算的, 而单位法向矢量 n 和径矢 r 的定义方法与公式 (15.2), (15.3) 中的用法相同. 在实际应用中, 可以选取刚体的质心、中心点或其他某一点当做点 O. 只要知道物体表面的压强分布, 就可以计算出积分 (16.1).

这种研究方法还适用于流体除边界 Σ 外还有其他边界的情况, 以及流动无势的情况. 绝妙的是, 如果不可压缩流体充满刚体表面 Σ 以外的全部空间 $\mathscr{D}$, 则在流动有势的情况下, 对于具有任何给定形状的刚体, 都可以利用柯西—拉格朗日积分把积分 (16.1) 通过上述矢量 U_0 和 Ω 的分量及其对时间的导数表示出来.

为了把无界流体看做力学系统而作出的虽不严格但正确的两个假设　对于任意形状的刚体和任何形式的运动, 如果使用以下两个假设, 就容易写出相应公式. 这些假设的正确性将在后文中得到证明.

A. 无界流体可以视为一个力学系统, 其总动量 Q 和总动量矩 K 由前一节中的公式 (15.2) 和 (15.3) 定义.

B. 如果无界流体在无穷远处静止, 则所有作用在流体上的外力和外力矩根据条件等于矢量 $-A$ 和 $-\mathcal{M}_0$, 见 (16.1). 可以把速度势 φ 和 $\mathrm{grad}\,\varphi$ 在无穷远处等于零的条件当做附加的外部约束. 一般而言, 这样的约束可能导致外部反力, 不过在这里其实并不存在这样的外部反力 (见第 143 页).

在计算无界流体的动量和动量矩时遇到的困难　这些假设非常重要. 例如, 由积分 $\int_{\mathscr{D}} \rho v \, d\tau$ 定义的动量对无界流体一般没有意义, 因为在 (12.20) 中的 $M = 0$ 时, 被积函数在无穷远处的量级为 $1/R^3$, 从而使该积分仅仅条件收敛. 其实, 考虑极限关系式

$$\int_{\mathscr{D}} \rho v \, d\tau = \lim_{\mathscr{D}_n \to \mathscr{D}} \int_{\mathscr{D}_n} \rho v \, d\tau,$$

式中 $\mathscr{D}_n$ 是刚体表面 Σ 与曲面 Σ_n 之间的有限区域, 并且 Σ_n 的所有的点在极限过程中都趋于无穷远. 该极限可能根本就不存在, 这取决于序列 Σ_n 的性质; 即使极限存在, 它也与曲面 Σ_n 的形状有关. 对于由积分 $\int_{\mathscr{D}_n} (r \times v\rho) \, d\tau$ 定义的流体动量矩矢量, 在 $\mathscr{D}_n \to \mathscr{D}$ 时情况更糟, 因为该积分根本不收敛.

在采用方法 1 进行研究时, 必须处理的量唯流体动能而已, 这时不存在相关积分的收敛性难题. 然而, 这时仍然需要证明, 在 $\varphi_\infty = 0$ 和 $(\mathrm{grad}\,\varphi)_\infty = 0$ 的条件下没有能量流从无穷远处进入流体.

流体对刚体的作用力 根据假设 A 和 B 可以写出
和力矩的一般公式

$$-\boldsymbol{A} = \frac{\mathrm{d}\boldsymbol{Q}}{\mathrm{d}t} = \frac{\mathrm{d}'\boldsymbol{Q}}{\mathrm{d}t} + \boldsymbol{\Omega} \times \boldsymbol{Q}, \tag{16.2}$$

式中的导数 $\mathrm{d}\boldsymbol{Q}/\mathrm{d}t$ 和 $\mathrm{d}'\boldsymbol{Q}/\mathrm{d}t$ 分别是矢量 $\boldsymbol{Q}$ 在惯性坐标系和刚体的固连坐标系中的变化率. 公式 (16.2) 给出流体对刚体的合力, 因为根据 (15.2), 矢量 $\boldsymbol{Q}$ 可以通过 λ_{ik} 和 U^i 表示出来, 相应公式为

$$\boldsymbol{Q} = \rho \int\limits_{\Sigma} \varphi_i U^i \frac{\partial \boldsymbol{\Phi}_1}{\partial n} \, \mathrm{d}\sigma = \sum_{\substack{i=1,2,\cdots,6 \\ k=1,2,3}} \lambda_{ik} U^i \boldsymbol{e}^k, \tag{16.3}$$

式中 $\boldsymbol{e}^k$ 是运动坐标系的基矢量 ($\boldsymbol{e}^1 = \boldsymbol{i}$, $\boldsymbol{e}^2 = \boldsymbol{j}$, $\boldsymbol{e}^3 = \boldsymbol{k}$).

为了得到刚体所受力矩的方程, 我们注意到力矩中心 (点 O) 是运动的点. 引入静止点 O_1, 设 $\boldsymbol{r}$ 是从点 O_1 到点 O 的径矢, $\boldsymbol{K}_1$ 和 $\boldsymbol{K}$ 分别是流体对点 O_1 和 O 的动量矩. 显然, $\boldsymbol{K}_1$ 和 $\boldsymbol{K}$ 满足关系式

$$\boldsymbol{K}_1 = \boldsymbol{K} + \boldsymbol{r} \times \boldsymbol{Q}. \tag{16.4}$$

再用 $\mathscr{M}_1$ 和 $\mathscr{M}_0$ 表示流体对刚体的合力对点 O_1 和 O 的力矩. 显然, 与 (16.4) 一起还成立等式

$$\mathscr{M}_1 = \mathscr{M}_0 + \boldsymbol{r} \times \boldsymbol{A} = \mathscr{M}_0 - \boldsymbol{r} \times \frac{\mathrm{d}\boldsymbol{Q}}{\mathrm{d}t}. \tag{16.5}$$

利用 (16.4) 可以把对静止点 O_1 的流体动量矩方程写为

$$-\mathscr{M}_1 = \frac{\mathrm{d}\boldsymbol{K}_1}{\mathrm{d}t} = \frac{\mathrm{d}'\boldsymbol{K}}{\mathrm{d}t} + \boldsymbol{\Omega} \times \boldsymbol{K} + \boldsymbol{U}_0 \times \boldsymbol{Q} + \boldsymbol{r} \times \frac{\mathrm{d}\boldsymbol{Q}}{\mathrm{d}t}, \tag{16.6}$$

这里使用了显然成立的等式 $\boldsymbol{U}_0 = \mathrm{d}\boldsymbol{r}/\mathrm{d}t$. 从 (16.6) 和 (16.5) 可得最终结果:

$$-\mathscr{M}_0 = \frac{\mathrm{d}'\boldsymbol{K}}{\mathrm{d}t} + \boldsymbol{\Omega} \times \boldsymbol{K} + \boldsymbol{U}_0 \times \boldsymbol{Q}. \tag{16.7}$$

这个公式给出流体对刚体的力矩矢量 $\mathscr{M}_0$ 的所求表达式, 其中 $\boldsymbol{Q}$ 可以表示为 (16.3), $\boldsymbol{K}$ 根据 (15.3) 可以表示为

$$\boldsymbol{K} = \rho \int\limits_{\Sigma} \varphi_i U^i \frac{\partial \boldsymbol{\Phi}_2}{\partial n} \, \mathrm{d}\sigma = \sum_{\substack{i=1,2,\cdots,6 \\ k=1,2,3}} \lambda_{i\,3+k} U^i \boldsymbol{e}^k.$$

公式 (16.2) 和 (16.7) 表明, 求合力的问题归结为计算附加质量系数 λ_{ik}. 系数 λ_{ik} 和所有的力都正比于流体密度 ρ.

对所提假设的证明 为了论述假设 A 和 B 的合理性, 现在证明公式 (16.2) 和 (16.6), 其中 $\boldsymbol{A}$ 和 $\mathscr{M}_0$ 由公式 (16.1) 定义, $\boldsymbol{Q}$ 和 $\boldsymbol{K}$ 由 (15.2) 和 (15.3) 定义 (力矩和动量矩都是对同一个静止点 O_1 计算的). 为此, 我们从无界区域 $\mathscr{D}$ 中选取有限的物质体 $\mathscr{D}_n$, 其表面分别为运动曲面 Σ 和 Σ_n. 应用动量定理和动量矩定

理, 有

$$-\boldsymbol{A} + \boldsymbol{F}_{\Sigma_n} = \frac{\mathrm{d}}{\mathrm{d}t}\, \rho \int\limits_{\mathscr{D}_n} \operatorname{grad}\varphi\,\mathrm{d}\tau = \frac{\mathrm{d}}{\mathrm{d}t}\, \rho \int\limits_{\Sigma} \varphi\boldsymbol{n}\,\mathrm{d}\sigma + \frac{\mathrm{d}}{\mathrm{d}t}\, \rho \int\limits_{\Sigma_n} \varphi\boldsymbol{n}\,\mathrm{d}\sigma,$$

$$-\mathscr{M}_1 + \mathscr{M}_{\Sigma_n} = \frac{\mathrm{d}}{\mathrm{d}t}\, \rho \int\limits_{\mathscr{D}_n} (\boldsymbol{r}_1 \times \operatorname{grad}\varphi)\,\mathrm{d}\tau = \frac{\mathrm{d}}{\mathrm{d}t}\, \rho \int\limits_{\Sigma} \varphi(\boldsymbol{r}_1 \times \boldsymbol{n})\,\mathrm{d}\sigma + \frac{\mathrm{d}}{\mathrm{d}t}\, \rho \int\limits_{\Sigma_n} \varphi(\boldsymbol{r}_1 \times \boldsymbol{n})\,\mathrm{d}\sigma. \tag{16.8}$$

根据静止坐标系中的柯西—拉格朗日积分

$$p = p_0 - \rho\frac{\partial\varphi}{\partial t} - \frac{\rho v^2}{2}$$

可以写出

$$\boldsymbol{F}_{\Sigma_n} = \rho \int\limits_{\Sigma_n} \frac{\partial\varphi}{\partial t}\boldsymbol{n}\,\mathrm{d}\sigma + \rho \int\limits_{\Sigma_n} \frac{v^2}{2}\boldsymbol{n}\,\mathrm{d}\sigma,$$

$$\mathscr{M}_{\Sigma_n} = \rho \int\limits_{\Sigma_n} \frac{\partial\varphi}{\partial t}(\boldsymbol{r}_1 \times \boldsymbol{n})\,\mathrm{d}\sigma + \rho \int\limits_{\Sigma_n} \frac{v^2}{2}(\boldsymbol{r}_1 \times \boldsymbol{n})\,\mathrm{d}\sigma, \tag{16.9}$$

因为在 Σ_n 上对常量 p_0 的积分等于零. 此外,

$$\frac{\mathrm{d}}{\mathrm{d}t}\, \rho \int\limits_{\Sigma_n} \varphi\boldsymbol{n}\,\mathrm{d}\sigma = \lim_{\Delta t \to 0} \frac{\rho}{\Delta t}\left(\int\limits_{\Sigma_n'} \varphi'\boldsymbol{n}'\,\mathrm{d}\sigma' - \int\limits_{\Sigma_n} \varphi\boldsymbol{n}\,\mathrm{d}\sigma \right)$$

$$= \rho \int\limits_{\Sigma_n} \frac{\partial\varphi}{\partial t}\boldsymbol{n}\,\mathrm{d}\sigma + \lim_{\Delta t \to 0} \frac{\rho}{\Delta t}\left(\int\limits_{\Sigma_n'} \varphi\boldsymbol{n}\,\mathrm{d}\sigma - \int\limits_{\Sigma_n} \varphi\boldsymbol{n}\,\mathrm{d}\sigma \right)$$

$$= \rho \int\limits_{\Sigma_n} \frac{\partial\varphi}{\partial t}\boldsymbol{n}\,\mathrm{d}\sigma + \lim_{\Delta t \to 0} \frac{\rho}{\Delta t} \int\limits_{\Delta\mathscr{D}_n} \operatorname{grad}\varphi\,\mathrm{d}\tau = \rho \int\limits_{\Sigma_n} \frac{\partial\varphi}{\partial t}\boldsymbol{n}\,\mathrm{d}\sigma + \rho \int\limits_{\Sigma_n} \boldsymbol{v} v_n\,\mathrm{d}\sigma,$$

式中 $\Delta\mathscr{D}_n$ 是 Σ_n' 与 Σ_n 之间的区域, 并且对体微元 $\mathrm{d}\tau$ 有 $\mathrm{d}\tau = v_n\,\mathrm{d}\sigma\,\mathrm{d}t$. 用类似方法得到公式

$$\frac{\mathrm{d}}{\mathrm{d}t}\, \rho \int\limits_{\Sigma_n} \varphi(\boldsymbol{r}_1 \times \boldsymbol{n})\,\mathrm{d}\sigma = \rho \int\limits_{\Sigma_n} \frac{\partial\varphi}{\partial t}(\boldsymbol{r}_1 \times \boldsymbol{n})\,\mathrm{d}\sigma + \rho \int\limits_{\Sigma_n} (\boldsymbol{r}_1 \times \boldsymbol{v}) v_n\,\mathrm{d}\sigma.$$

根据这些结果以及 $\boldsymbol{Q}$ 和 $\boldsymbol{K}_1$ 的定义 (15.2), (15.3), 我们把方程 (16.8) 写为以下形式:

$$-\boldsymbol{A} = \frac{\mathrm{d}\boldsymbol{Q}}{\mathrm{d}t} + \rho \int\limits_{\Sigma_n} \left(\boldsymbol{v} v_n - \frac{v^2}{2}\boldsymbol{n} \right)\mathrm{d}\sigma,$$

$$-\mathscr{M}_1 = \frac{\mathrm{d}\boldsymbol{K}_1}{\mathrm{d}t} + \rho \int\limits_{\Sigma_n} \left[(\boldsymbol{r}_1 \times \boldsymbol{v}) v_n - (\boldsymbol{r}_1 \times \boldsymbol{n})\frac{v^2}{2} \right]\mathrm{d}\sigma. \tag{16.10}$$

在这些公式中, 曲面积分的结果与积分域 Σ_n 无关, 所以与物质体 $\mathscr{D}_n$ 的选取方式无关. 这是因为, 公式中的其余各项与 Σ_n 无关. 根据速度势的渐近展开式 (12.20) 显然

可知, 如果 $M \neq 0$, 则当 Σ_n 的点趋于无穷远时, (16.10) 中的被积函数分别具有量级 $1/r^4$ 和 $1/r^3$. 因此, 这些积分对于任何趋于无穷远的曲面 Σ_n 都精确地等于零.

如果把渐近公式 (12.20) 直接代入 (16.10) 中的被积函数, 然后对物质面 Σ_n 以外区域应用奥—高公式, 同时要求速度势在该区域中是正则的, 则用常规推导方法也可以证明这些积分等于零.

综上所述, 我们证明了方程 (16.2) 和 (16.6) 的正确性. 因此, 由等式 (15.2) 和 (15.3) 定义的有限矢量 $\boldsymbol{Q}$ 和 $\boldsymbol{K}$ 可以视为无界流体的动量和动量矩. 我们同时也证明了, 流体在无穷远处静止的条件与在无穷远处引入非零的反力或能量流的做法是无关的.

流体对旋转体的作用力 对于在流体中运动的旋转体, 根据方程 (16.2), (16.7) 和公式 (15.10) 容易得到流体对旋转体的作用力 $\boldsymbol{A}$ 和力矩 $\mathscr{M}_0$ 在运动坐标轴上的投影

$$A_x = -\lambda_{11}\frac{\mathrm{d}U^1}{\mathrm{d}t} - \lambda_{22}(\Omega^2 U^3 - \Omega^3 U^2) + \lambda_{26}[(\Omega^2)^2 + (\Omega^3)^2],$$

$$A_y = -\lambda_{22}\frac{\mathrm{d}U^2}{\mathrm{d}t} - \lambda_{26}\frac{\mathrm{d}\Omega^3}{\mathrm{d}t} - \lambda_{11}U^1\Omega^3 + \lambda_{22}\Omega^1 U^3 - \lambda_{26}\Omega^1\Omega^2, \qquad (16.11)$$

$$A_z = -\lambda_{22}\frac{\mathrm{d}U^3}{\mathrm{d}t} + \lambda_{26}\frac{\mathrm{d}\Omega^2}{\mathrm{d}t} + \lambda_{11}U^1\Omega^2 - \lambda_{22}U^2\Omega^1 - \lambda_{26}\Omega^1\Omega^3,$$

$$\mathscr{M}_x = 0,$$

$$\mathscr{M}_y = -\lambda_{55}\frac{\mathrm{d}\Omega^2}{\mathrm{d}t} + \lambda_{26}\frac{\mathrm{d}U^3}{\mathrm{d}t}$$
$$\qquad + \lambda_{26}(U^2\Omega^1 - U^1\Omega^2) + \lambda_{55}\Omega^1\Omega^3 + (\lambda_{22} - \lambda_{11})U^1 U^3, \qquad (16.12)$$

$$\mathscr{M}_z = -\lambda_{55}\frac{\mathrm{d}\Omega^3}{\mathrm{d}t} - \lambda_{26}\frac{\mathrm{d}U^2}{\mathrm{d}t}$$
$$\qquad + \lambda_{26}(U^3\Omega^1 - U^1\Omega^3) - \lambda_{55}\Omega^1\Omega^2 - (\lambda_{22} - \lambda_{11})U^1 U^2.$$

这些公式把流体对旋转体的作用力和力矩通过力矩中心的速度和旋转体的角速度这两个矢量在运动坐标轴上的投影显式地表达出来, 并且力矩中心位于 x 轴上, 而 x 轴就是旋转体的对称轴. 如果力矩中心与中心点重合, 则在 (16.11) 和 (16.12) 中必须令 $\lambda_{26} = 0$. 例如, 对于平面 xOy 上的常速平动, 若速度 $\boldsymbol{U}$ 与 x 轴之间的夹角为 α (α 是漂移角), 则有

$$\Omega^1 = \Omega^2 = \Omega^3 = 0,$$

$$U^1 = U\cos\alpha, \quad U^2 = U\sin\alpha, \quad U^3 = 0,$$

$$A_x = A_y = A_z = 0,$$

$$\mathscr{M}_x = \mathscr{M}_y = 0, \quad \mathscr{M}_z = -\frac{1}{2}(\lambda_{22} - \lambda_{11})U^2\sin 2\alpha.$$

在实际运动中, 流体对刚体的作用力并不等于上述理论所给出的理想流体在受到扰动后形成的连续有势运动的结果. 导致二者不同的主要因素包括黏性摩擦力, 在流体速度场内部出现间断, 气体可压缩性的影响, 以及存在其他一些物体的边界. 不过, 尽管存在这些额外的影响, 上述理论及其主要思路仍然具有重要意义. 这种理论是更精确的后续理论的基础, 在许多实际问题中也有直接的应用.

达朗贝尔佯谬　　对于任何形状的刚体的常速平动, 从方程 (16.2) 和 (16.6) 直接可得

$$A = 0, \tag{16.13}$$

$$\mathcal{M}_0 = -U_0 \times Q. \tag{16.14}$$

等式 (16.13) 就是势流的达朗贝尔佯谬: 如果刚体在不可压缩理想流体中常速平动, 流体的运动是连续的和有势的, 并且流体在无穷远处静止, 则流体对刚体的合力为零. 在一般情况下, 在不可压缩理想流体中常速平动的刚体受到力偶的作用, 力偶矩为 (16.14). 如果 Q 平行于 U_0, 即如果刚体向运动的 3 个主方向之一运动, 则力偶矩为零.

我们强调, 这里讨论的达朗贝尔佯谬只针对势流, 尽管该佯谬在流动无势的其他许多情况下也成立 (还参见 §8 和 §10). 其实, 在定常流动中, 如果能够考虑流体的动量, 即如果流体具有有限的动量, 则该动量与时间无关, 它对时间的导数为零. 此导数等于刚体对流体的作用力[1], 所以在一般情况下成立

$$-A = \frac{\mathrm{d}Q}{\mathrm{d}t} = 0.$$

由此可知, 在无界流体的定常流动中, 流体对位于其内部的刚体的作用力仅在定义流体动量 (诸流体微元的动量之和) 的积分发散时才可能不等于零. 显然, 这个结论并非仅对理想流体才成立; 它对一般情况下的任何运动和任何流体乃至任何介质都成立, 只要所研究的物体在介质内部匀速运动, 而介质相对于物体的运动是定常的.

另一方面, 我们知道, 无论在哪种介质中, 大致匀速运动的物体所受到的阻力其实都不等于零. 无论充满物体之外全部空间的无界流体是黏性流体还是理想流体, 只要存在阻力, 则流体的所有运动状态 (包括有激波的情况) 所对应的相对速度场甚至绝对速度场都具有无穷大的动量.

然而, 在流体动量无穷大时不一定都存在阻力. 例如, 在前面研究过的理想流体受到扰动后形成的势流中, 相对于引起扰动的物体而言, 流体在无穷远处的速度是常量, 流体具有无穷大的动量, 但这时没有阻力.

在阻力有限的情况下, 动量之所以会在流体的绝对运动中积累并达到无穷大, 是因为相应定常运动只能是一系列在理论上持续无穷长时间的非定常运动的极限.

---

[1] 如果无穷远条件在引入外力时不起作用, 则量 A 等于流体对刚体的作用力. 我们将在以后研究黏性流体绕圆球流动的问题, 在相应解中出现的外力就是由无穷远条件引起的.

存在质量力时的流体力学作用力 在理想流体的有势运动中, 如果存在质量力, 在柯西—拉格朗日积分中就会出现流体静力学压强, 它可以通过质量力势表示出来. 由于这个以及其他一些原因, 质量力在许多重要情况下对速度场有影响. 例如, 利用包含质量力项的柯西—拉格朗日积分可以表述自由面上的边界条件.

因此, 如果理想流体在重力场中的连续有势运动是因为受到在水平方向上常速平动的刚体的扰动而形成的, 例如在自由面上运动的刚体 (船) 或在自由面以下不远处在流体内部运动的刚体 (潜艇) 的情形, 则达朗贝尔佯谬不成立. 这时会产生波阻和升力, 而表示流体动量的积分在定常流动的情况下并不收敛.

在深水中运动的物体所受到的流体力学作用力 当潜艇在深水中航行时, 水面的存在对潜艇附近速度场的影响微乎其微. 这时, 阻力既与黏性摩擦力有关, 也与在水流中形成的涡旋有关, 而这些因素在低速航行时都是由水的黏性造成的. 在理想流体的范围内, 如果可以认为自由面的影响很小, 就可以认为物体附近的速度势同无界流体情况下的速度势一样. 所以, 当潜艇在水下以平动方式匀速航行时, 只要把得自柯西—拉格朗日积分的压强表达式代入公式 (16.1), 我们就得到, 导致力 A 不为零的原因只能是流体静力学压强, 这个力精确地等于阿基米德力 (见 §8). 相应力矩 $\mathscr{M}$ 等于按照流体静力学方法计算的阿基米德力的力矩与按照公式 (16.14) 计算的动力学力矩之和.

如果运动不是匀速的, 则为了在所研究的情况下计算合力 A 与合力矩 $\mathscr{M}$, 需要在公式 (16.2) 和 (16.6) 的右侧补充阿基米德力及其力矩. 对于旋转体, 可以使用公式 (16.11) 和 (16.12), 并补充阿基米德力的相关结果.

加速运动的来流对被绕流物体的作用力 前面研究了物体在流体中常速平动时的流体相对运动问题. 根据伽利略—牛顿原理, 在一个系统的每一点都加上一个常速度并不影响压强分布和作用力. 物体在流体中运动的问题可以替换为与之等价的静止物体绕流问题, 相应来流速度与物体运动速度大小相同, 方向相反.

现在, 我们在不可压缩流体的范围内考虑完全静止的物体在来流不断加速时的相对绕流问题. 在涉及物体在流体中运动的许多应用中, 在远离物体的地方, 流动状态是由力学上与该物体无关的一些外部因素决定的. 例如, 飞艇在风向不定的气象条件下飞行, 船只在流动水域中航行, 相对较小的物体在复杂的非定常水流中运动, 等等.

在关系到不可压缩流体势流的问题中, 不论物体表面和无穷远处的边界条件如何, 速度势都是调和函数. 设流体在无穷远处具有非零的有限速度, 并且该速度随时间变化, 即流体在远离物体的地方处于不断变化的运动状态. 我们用 $U_{\mathrm{trans}}(t)$ 表示来流速度在一个 "静止" 坐标系中对时间的依赖关系, 并选取以速度 $U_{\mathrm{trans}}(t)$ 平动的运动坐标系 π 为参考系.

假设有一个任意运动的物体, 物体各点的速度随时间变化. 我们用 U_a 表示物体各点在上述 "静止" 坐标系中的速度, 并且在确定 U_a 时考虑物体的转动. 我们来研究该物体相对于非惯性坐标系 π 运动的问题. 在坐标系 π 中, 物体各点的相对速度为

$$U = U_a - U_{\text{trans}}(t). \tag{16.15}$$

容易看出, 无界不可压缩流体相对于坐标系 π 的受扰运动问题就是我们已经在前面详细研究过的问题. 因此, 由公式 (16.15) 给出的速度分布 U 所对应的速度势与前面给出的绝对速度所对应的速度势完全相同.

非惯性参考系中的相对运动问题与惯性参考系中的相应问题的区别仅仅在于, 前者的运动方程包含类似于重力的惯性质量力, 这些惯性力导致在柯西—拉格朗日积分中出现与 "流体静力学" 压强有关的一项. 从 (16.1) 显然可以看出, 合力与合力矩的相应区别在于, 利用相对速度 U (16.15) 计算出来的合力与合力矩含有惯性力所对应的 "流体静力学" 压强的相关项. 在计算这些力时需要注意, 相对于 "静止的" 惯性坐标系计算的导数 $-\mathrm{d}U_{\text{trans}}/\mathrm{d}t$ 现在起着重力加速度 g 的作用. 例如, 如果一个物体在流向不定的理想流体中处于静止状态, 则流体对它的作用力是阿基米德力 $\rho V \mathrm{d}U_{\text{trans}}/\mathrm{d}t$, 式中 V 是物体的体积. 这个力并不指向流动方向, 而是指向其加速度方向. 显然, 这个力可能与流动方向相反. 然而, 应当注意, 这时我们所考虑的是不可压缩理想流体的连续运动, 在来流加速度为零时成立达朗贝尔佯谬.

在研究加速运动的来流对物体的作用力时, 如果采用非惯性坐标系, 就会出现惯性力, 由此导致的 "阿基米德力" 使流体对物体的作用力有别于采用惯性坐标系的结果. 在一般情况下, 上述结论对其他一些流动状态和其他一些介质仍然成立, 只要决定来流的那些条件具有运动学特性并且不依赖于运动方程中的质量力的任何变化.

§17. 气体中的小扰动

在 §11 中已经证明, 对于静止气体受小扰动后的正压运动, 速度势 $\varphi(x, y, z, t)$ 的计算问题归结为求解波动方程

$$\Delta\varphi = \frac{1}{a_0^2}\frac{\partial^2\varphi}{\partial t^2}. \tag{17.1}$$

在研究具体问题时, 必须使波动方程的解满足相应的附加条件: 边界条件、初始条件或其他一些条件.

波动方程的平面波解　　首先考虑气体的平面波运动, 这时速度势 φ 只依赖于 1 个坐标 x 和时间 t, 波动方程的形式简化为

$$\frac{\partial^2\varphi}{\partial x^2} = \frac{1}{a_0^2}\frac{\partial^2\varphi}{\partial t^2}. \tag{17.2}$$

容易看出, 此方程的通解为

$$\varphi(x,\ t) = f_1(x - a_0 t) + f_2(x + a_0 t) = f_1(\xi) + f_2(\eta), \tag{17.3}$$

式中 $f_1(\xi)$ 和 $f_2(\eta)$ 是其自变量

$$\xi = x - a_0 t, \quad \eta = x + a_0 t$$

的任意的 2 次可微函数. 其实, 对 (17.3) 进行微分运算, 有

$$\frac{\partial^2 \varphi}{\partial x^2} = f_1''(\xi) + f_2''(\eta), \quad \frac{\partial^2 \varphi}{\partial t^2} = a_0^2 [f_1''(\xi) + f_2''(\eta)].$$

由此直接可以看出, 对于任何函数 f_1 和 f_2, (17.3) 都满足方程 (17.2). 在解决具体问题时, 必须利用一些附加条件来确定函数 f_1 和 f_2 的形式.

行波 现在证明方程 (17.2) 的解的某些基本性质. 首先考虑情况

$$\varphi(x,\ t) = f_1(x - a_0 t) = f_1(\xi),$$

并假设扰动速度势 φ 在时刻 $t = 0$ 的图像如图 76 中的虚线所示, 即函数 $f_1(\xi)$ 这时仅在从 0 到 $x_0 = \xi_0$ 的区间上不等于零. 在此后的任何时刻 $t\ (> 0)$, 速度势 $\varphi(x,\ t)$

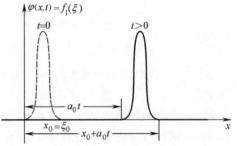

图 76. 任意时刻的扰动

仅在 $0 \leqslant x - a_0 t \leqslant x_0$ 即 $a_0 t \leqslant x \leqslant x_0 + a_0 t$ 时不等于零 (图 76 中的实线表示 $\varphi(x,\ t)$ 在 $t > 0$ 时的图像). 可以看出, 扰动区域沿 x 轴向右移动了距离 $x = a_0 t$. 显然, 扰动形状在空间中保持不变, 这是方程 (17.2) 的小扰动平面波解的一个重要特性. 这种受扰运动就是向右传播的形状不变的行波 (见图 76). 初始扰动沿 x 轴的传播速度等于 $a_0 = \sqrt{(\mathrm{d}p / \mathrm{d}\rho)_0}$, 即未受扰动的静止状态下的 "声速". 由此直接可以看出, 波速 a_0 其实就是微小扰动的传播速度. 之所以把 a_0 称为 "声速", 是因为声波振动可以看做液体、气体以及一般的可变形介质中的微弱机械扰动.

类似地, 解

$$\varphi(x,\ t) = f_2(\eta)$$

是以声速 a_0 向左传播的行波, 而这两种解之和

$$\varphi(x,\ t) = f_1(\xi) + f_2(\eta)$$

是以声速 a_0 沿 x 轴分别向右和向左传播的行波 $f_1(\xi)$ 和 $f_2(\eta)$ 的叠加 (图 77). 在一般情况下, 如果 $f_1(\xi)$ 和 $f_2(\eta)$ 分别仅在有限区间 $0 \leqslant \xi \leqslant x_0$ 和 $0 \leqslant \eta \leqslant x_0$ 上不等于零, 则初始扰动将在有限的时间 $t_1 = x_0 / a_0$ 内逐渐分解为向不同方向传播的两个单独的行波. 如果初始时刻的静止介质所占区域在 x 轴的左、右两则都延伸到无

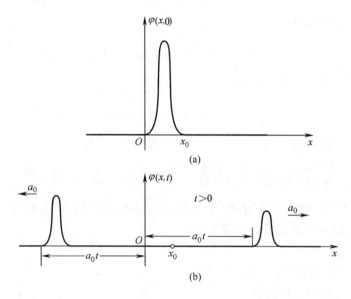

图 77.　(a) 初始扰动; (b) 以波速 a_0 分别向右和向左传播的两个行波

穷远, 则在有限区域中给定的扰动从某一时刻起将分解为向不同方向传播的两个行波, 并且这种效应将一直持续到 $t = \infty$. 如果在 x 轴上有边界点 (平面壁面、自由面等), 则行波在接近边界时将与之发生相互作用, 从而可能形成从边界向介质内部传播的 "反射波".

波动方程的球面波解　　　　如果气体的扰动相对于坐标原点具有球面对称性, 则扰动速度势 φ 只依赖于 $r = \sqrt{x^2 + y^2 + z^2}$ 和时间 t. 在球面波扰动的情况下, 波动方程的形式为

$$\frac{\partial^2(r\varphi)}{\partial r^2} = \frac{1}{a_0^2} \frac{\partial^2(r\varphi)}{\partial t^2},$$

因为在 $\varphi = \varphi(r, t)$ 时 $\Delta\varphi = \frac{1}{r} \frac{\partial^2(r\varphi)}{\partial r^2}$. 波动方程的球面波通解为

$$\varphi = \frac{f_1(r - a_0 t)}{r} + \frac{f_2(r + a_0 t)}{r}, \tag{17.4}$$

式中 f_1 和 f_2 是其自变量 $r \mp a_0 t$ 的 2 次可微函数. 为了研究解 (17.4), 取函数

$$\varphi = -\frac{Q(a_0 t - r)}{4\pi r}. \tag{17.5}$$

为简单起见, 先认为 Q 是其自变量的解析函数. 不难看出, 满足波动方程的速度势 (17.5) 可以视为不可压缩流体点源的相应速度势 $\varphi = -Q(t)/4\pi r$ 的推广, 后者满足拉普拉斯方程. 其实, 当 r 很小时, 把 $Q(a_0 t - r)$ 展开为泰勒级数, 得

$$\varphi = -\frac{Q(a_0 t)}{4\pi r} + \frac{Q'(a_0 t)}{4\pi} + O(r),$$

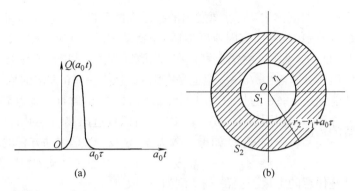

图 78. (a) 点源流量对时间的依赖关系的一个例子; (b) 点源流量仅在有限时间 τ 内不为零, 由它引起的扰动在时刻 $t > \tau$ 位于阴影区域

其中主要的一项与不可压缩流体中位于点 $r = 0$ 的点源的速度势具有相同的表达式, 该点源的体积流量与时间有关, 由函数 $Q(a_0 t)$ 给出.

为了描述介质的相应球对称运动的基本特性, 现在假设在某无穷小时间 τ 内在无界流体中的点 $r = 0$ 存在一个点源, 其流量 $Q(a_0 t)$ 对时间 t 的依赖关系如图 78 (a) 所示, 该函数仅在 $0 \leqslant t \leqslant \tau$ 时不等于零.

我们来看, 由该点源发出的扰动如何在流体所占区域内传播. 从解 (17.5) 的形式显然可知, 在 $t > 0$ 和 $r > 0$ 时, 扰动速度势仅在 $a_0 t - r$ 属于区域 $0 \leqslant a_0 t - r \leqslant a_0 \tau$ 时才不等于零. 在每一个固定时刻 $t > 0$, 速度势 φ 仅在 r 满足不等式

$$a_0 t \geqslant r \geqslant a_0 (t - \tau)$$

时才不等于零. 因此, 扰动区域 ($\varphi \neq 0$) 位于以点 $r = 0$ 为球心的两个球面 S_1 和 S_2 之间, 相应半径为 $r_1 = a_0 (t - \tau)$ 和 $r_2 = a_0 t = r_1 + a_0 \tau$ (图 78 (b)). 该扰动区域是运动的, 扰动的前端 S_2 和后端 S_1 以速度 a_0 在流体中传播,

$$\frac{\mathrm{d} r_1}{\mathrm{d} t} = \frac{\mathrm{d} r_2}{\mathrm{d} t} = a_0.$$

与平面波的不同之处在于, 平面波的形状在传播过程中保持不变, 而球面波的强度在传播过程中越来越小, 因为在公式 (17.5) 中存在因子 $1/r$. 这是因为, 在扰动的传播过程中, 球面 S_1 和 S_2 之间区域的体积正比于 r^2 增加.

波动方程 (17.5) 的解表示从点 $r = 0$ 出发的发散球面波运动. 用类似方法还可以研究波动方程的以下形式的解:

$$\varphi = \frac{Q(r + a_0 t)}{4 \pi r},$$

它表示从无穷远处向点 $r = 0$ 传播的汇聚球面波 (无穷远处的源). 这种球面波的扰动强度在不断接近对称中心的过程中越来越大. 虽然发散球面波在许多应用中特别重要, 但是汇聚球面波加强扰动的效应在许多问题中也有实际应用价值.

延迟势　　在不可压缩流体中, 从点源发出的扰动在瞬间即可传播至全部流体. 在可压缩介质中, 扰动以有限速度传播, 小扰动则以 "声速" $a_0 = \sqrt{(\mathrm{d}p/\mathrm{d}\rho)_{\rho=\rho_0}}$ 传播. 前面已经证明 (见第一卷第七章), 在可压缩介质中, 间断 (有限扰动) 的传播速度大于相应声速 $a = \sqrt{(\mathrm{d}p/\mathrm{d}\rho)_s}$, 但也是有限的. 从点 $r = 0$ 发出的扰动只有经过一定时间后才能到达 $r \neq 0$ 的某一点. 因此, 形如 (17.5) 的解称为延迟势.

波动方程的解的构造方法　　利用解 (17.4) 或 (17.5) 可以构造出波动方程的其他一些解. 举例来说, 如果函数 $\varphi(x, y, z, t)$ 是波动方程的解, 则函数 $\varphi(x-x_0, y-y_0, z-z_0, t-t_0)$ 也是波动方程的解, 其中 $x_0,$ y_0, z_0, t_0 是某些任意的常量. 这样一来, 例如, 函数

$$\varphi^*(x, y, z, t) = -\frac{Q(a_0(t-t_0) - \sqrt{(x-x_0)^2 + (y-y_0)^2 + (z-z_0)^2})}{4\pi\sqrt{(x-x_0)^2 + (y-y_0)^2 + (z-z_0)^2}} \qquad (17.6)$$

是波动方程 (17.1) 的解. 如果函数 $Q(a_0t)$ 由图 78 (a) 定义, 则解 (17.6) 对应着从时刻 t_0 开始在坐标为 x_0, y_0, z_0 的点起作用的点源. 波动方程 (17.1) 是线性方程, 所以波动方程的解在叠加后仍是该方程的解. 据此, 只要取不同的 x_0, y_0, z_0, t_0 并把相应的形如 (17.6) 的解相加, 就可以构造出波动方程的新的解. 可以考虑这样的一系列点 $x_0, y_0, z_0,$ 使得位于这些点的各种常强度或变强度点源在不同时刻 t_0 开始起作用并持续作用某一段时间 (点源强度 Q_{t_0} 不仅依赖于在 (17.6) 中列出的自变量, 而且还依赖于可以任意取值的参量 t_0). 对这样的扰动点源势函数求和, 就可以在能够应用小扰动理论的情况下构造出细长体空气动力学各种问题的解. 例如, 可以考虑表示细长体炮弹运动轨迹的曲线 $x_0 = x_0(t_0), y_0 = y_0(t_0), z_0 = z_0(t_0)$, 并利用分布于该曲线的点源来模拟炮弹的运动, 这时要求相应点源在炮弹通过该点时才开始起作用, 然后持续作用一小段时间. 在某些情况下可以认为, 引起扰动的物体的运动规律 $x_0 = x_0(t_0), y_0 = y_0(t_0), z_0 = z_0(t_0)$ 就是运动点源的运动规律, 这时可以用公式

$$\varphi = \int_0^t \varphi^* \,\mathrm{d}t_0$$

来计算可压缩介质的扰动速度势, 其中 φ^* 由式 (17.6) 给出. 炮弹在时刻 $t = t_0$ 通过点 $x_0, y_0, z_0,$ 这时引起的扰动在此后的时刻 $t > t_0$ 在空间中传播. 每一个这样的扰动在时刻 $t > t_0$ 的边界都是球心位于点 x_0, y_0, z_0 的球面, 相应半径为 $r = a_0(t-t_0)$.

设一个点源以常速度 U_0 沿直线运动, 我们来更加详细地研究由此引起的扰动的传播问题. 尤为重要的是, 扰动的传播方式在点源亚声速运动 ($U_0 < a_0$) 和超声速运动 ($U_0 > a_0$) 这两种情况下有显著区别.

沿直线亚声速常速运动的点源所引起的扰动的传播 · 多普勒效应　　我们首先研究在无界流体中以亚声速速度 $U_0 < a_0$ 沿直线常速运动的点源所引起的扰动速度场 (图 79 (a)). 设一个点源在某初始时刻 t_{01} 位于坐标为 x_{01} 的点 N_1, 由此引起的全部扰动在该时刻也集中在这一点 N_1. 选取另外某个时刻

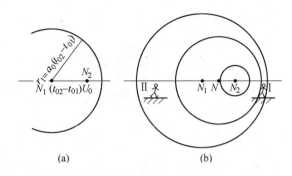

图 79. 沿直线亚声速常速运动的点源所引起的扰动的传播

$t = t_{02} > t_{01}$. 点源在时间 $t_{02} - t_{01}$ 内移动了距离 $(t_{02} - t_{01})U_0$ 并到达坐标为 x_{02} 的点 N_2. 由点源在时刻 t_{01} 位于点 N_1 时发出的扰动经过时间 $t_{02} - t_{01}$ 传播到以点 N_1 为球心、以 $r_1 = (t_{02} - t_{01})a_0$ 为半径的球面上, 并且点源位于扰动范围以内 $(r_1 > N_1 N_2 = x_{02} - x_{01})$.

我们指出, 沿直线亚声速运动的点源所引起的扰动的上述传播方式具有以下特点. 第一, 点源所引起的扰动的传播速度大于点源本身的运动速度, 所以点源的运动是在已经被扰动的介质中进行的; 点源前方的介质已经受到扰动. 第二, 点源在更早的时刻从更前面的位置发出的扰动总是把它在更晚的时刻从更后面的位置发出的扰动包围起来, 并且在点源的运动时间趋于无穷大时, 点源前方和后方的全部介质都会受到扰动.

第三, 与静止点源所引起的扰动不同 (见图 78 (b)), 运动点源所引起的扰动的传播方式并不对称 (见图 79); 显然, 声源前方的声音比它后方的声音具有更高的频率 (见图 79 (b)). 最后一个结果解释了被称作多普勒效应的一种现象, 该现象表明, 与位于运动声源后方的观察者 II 所听到的声音相比, 位于运动声源前方的观察者 I 所听到的声音具有更高的声调. 类似地, 不断远离地球的运动光源 (例如恒星) 的光谱向波长更长的红色谱线方向移动, 而不断接近地球的运动光源的光谱向波长更短的紫色谱线方向移动. 根据谱线的位移值可以确定恒星相对于地球的运动速度.

沿直线超声速常速运动的点源所引起的扰动的传播

现在研究以超声速速度 $U_0 > a_0$ 沿直线运动的点源所引起的扰动的传播 (图 80). 就像上述情形那样, 设一个点源在时刻 t_{01} 位于坐标为 x_{01} 的点 N_1, 在时刻 $t = t_{02} > t_{01}$ 位于坐标为 $x_{02} = x_{01} + U_0(t_{02} - t_{01})$ 的点 N_2. 在时刻 t_{01} 位于点 N_1 的点源所发出的扰动在时刻 t_{02} 达到以点 N_1 为球心、以 $r_1 = a_0(t_{02} - t_{01})$ 为半径的球面. 因为 $U_0 > a_0$, 所以点源在时间 $t_{02} - t_{01}$ 以内经过的路程大于 r_1.

设时刻 t_0 在时刻 t_{01} 之后, 在时刻 t_{02} 之前, $t_{01} < t_0 < t_{02}$. 显然, 点源在时刻 t_0 发出的扰动在时刻 t_{02} 达到以点 $N(x_0)$ $(x_{01} < x_0 < x_{02})$ 为球心、以 $r = (t_{02} - t_0)a_0$ 为半径的相应球面 (见图 80), 并且所有这些扰动都位于点源的后方.

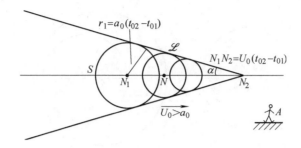

图 80. 沿直线超声速常速运动的点源所引起的扰动的传播

因此, 在超声速运动的点源的前方, 介质不受扰动; 位于超声速运动的点源的前方的观察者 A "不知道" 引起扰动的点源正在不断接近; 他不可能听见从超声速运动的声源发出的声音信号. 总之, 分别由超声速运动的点源和亚声速运动的点源引起的扰动在传播方式上有根本区别.

马赫锥和马赫角　显然, 如果沿直线超声速常速运动的点源在任意时刻 t_{02} 之前已经运动了无穷长时间, 则由此引起的扰动在时刻 t_{02} 位于一个圆锥内部, 其顶点位于点 N_2, 而侧面是半径为 $r = a_0(t_{02} - t_0)$ 的诸多球面的包络面, 式中 $t_0 \leqslant t_{02}$. 把受扰动区域与未受扰动区域区别开来的这个圆锥称为马赫锥. 马赫锥半顶角 α 的正弦等于马赫数 $M = U_0/a_0$ 的倒数, 即

$$\sin \alpha = \frac{r_1}{M_1 M_2} = \frac{a_0}{U_0} = \frac{1}{M}.$$

角 α 称为马赫角. 我们指出, 如果点源从时刻 t_{01} 开始运动, 则由此引起的扰动在时刻 t_{02} 位于马赫锥以内的这样的区域, 其边界由马赫锥的部分表面 $\mathscr{L}$ 和以点 N_1 为球心、以 $r_1 = a_0(t_{02} - t_{01})$ 为半径的一部分球面组成.

马赫锥表面 $\mathscr{L}$ 的两侧分别是波动方程的 2 种解, 分别对应静止状态 $\varphi = 0$ 和扰动状态 $\varphi = \varphi(x, y, z, t)$. 把具有不同解析性质的解分开的类似曲面称为偏微分方程的特征面. 特征面在一般情况下是扰动间断面; 在我们所研究的上述理论中, 气流的速度、压强和其他一些参量在这个曲面上发生间断, 但间断值不大. 在极限情况下, 这样的曲面对应弱间断面, 即待求函数本身连续、但这些函数对坐标的导数一般发生间断的曲面. 显然, 特征面 (马赫锥) 在静止介质中向垂直于该曲面的方向传播, 传播速度正好等于声速.

信号在超声速气流中的传播　如果在如图 80 所示的流动上叠加一个常速度场 $-U_0$, 则充满全部空间的介质将以超声速速度 U_0 向 x 轴的负方向运动, 而扰动点源将静止不动. 在超声速气流中, 由位于点 N_2 的点源引起的扰动只会出现在以点 N_2 为顶点、开口方向与流动方向一致的马赫锥的内部, 而该马赫锥之前的气流一直是速度 U_0 保持不变的未受扰动的均匀来流. 在超声

速气流中的任意一点, 如果介质运动参量的变化是由位于其他位置的扰动点源引起的, 则该扰动点源只可能位于以所考虑的点为顶点、开口方向与流动方向相反的马赫锥的内部.

§18. 有限振幅平面波 (黎曼波) 的传播

在前面几节中, 我们研究了弱扰动的传播, 相应运动方程是可以化为波动方程的线性方程.

理想气体一维正压运动方程组的黎曼平面波解　在平面波的情况下, 我们研究了波动方程的行波解. 这种解只依赖于 $x \pm a_0 t$, 相应的波沿 x 轴以波速 a_0 常速传播, 波形在传播过程中保持不变, 并且波速对所有扰动都是相同的.

在这样的行波中, 速度、密度、压强 (以及其他一些运动特征量) 仅仅是 $x \pm a_0 t$ 的函数, 从而能够互相表示出来 (例如 $u = u(\rho)$, $p = p(\rho)$, 等等), 相应表达式既不显式地包括坐标, 也不显式地包括时间 t.

现在列出可压缩理想流体一维正压运动的非线性运动方程组, 包括欧拉方程

$$\frac{\partial u}{\partial t} + u \frac{\partial u}{\partial x} + \frac{1}{\rho} \frac{\partial p}{\partial x} = 0, \tag{18.1}$$

连续性方程

$$\frac{\partial \rho}{\partial t} + \rho \frac{\partial u}{\partial x} + u \frac{\partial \rho}{\partial x} = 0, \tag{18.2}$$

以及正压条件

$$p = f(\rho). \tag{18.3}$$

对于完全气体中的正压过程, 正压条件的形式为

$$p = A\rho^{\gamma}, \tag{18.4}$$

式中 A 是对气体所有微元都相同的常量.

在考虑到正压流动条件 (18.3) 之后, 利用方程组 (18.1), (18.2) 中的两个方程就能确定密度 ρ 和速度 u 对坐标 x 和时间 t 的函数关系. 一般而言, 下面的讨论对于 p 对 ρ 的任何依赖关系 (18.3) 都成立, 而完全气体正压运动的情况 (18.4) 仅仅是为了说明所得结论的一个特例.

尽管上述气体运动方程组 (18.1)—(18.3) 没有只依赖于 $x \pm a_0 t$ 的解, 但是我们能够求出其平面波解, 这种解推广了线性近似方程的形如 $f(x \pm a_0 t)$ 的解.

我们将寻找方程组 (18.1)—(18.3) 的这样的特解, 使得速度 u 仅仅是密度 ρ 的函数, 即

$$u = u(\rho), \tag{18.5}$$

式中 $\rho = \rho(x,\ t)$. 方程组 (18.1)—(18.3) 的这样的特解称为黎曼解, 相应运动称为黎曼波.

根据所提假设 (18.5), 以上方程组可以改写为

$$\frac{\mathrm{d}u}{\mathrm{d}\rho}\frac{\partial\rho}{\partial t} + \left(u\frac{\mathrm{d}u}{\mathrm{d}\rho} + \frac{1}{\rho}\frac{\mathrm{d}p}{\mathrm{d}\rho}\right)\frac{\partial\rho}{\partial x} = 0,$$

$$\frac{\partial\rho}{\partial t} + \left(u + \rho\frac{\mathrm{d}u}{\mathrm{d}\rho}\right)\frac{\partial\rho}{\partial x} = 0. \tag{18.6}$$

显然, 这两个方程在满足条件

$$\rho\frac{\mathrm{d}u}{\mathrm{d}\rho} = \frac{\dfrac{1}{\rho}\dfrac{\mathrm{d}p}{\mathrm{d}\rho}}{\dfrac{\mathrm{d}u}{\mathrm{d}\rho}} \tag{18.7}$$

时才是相容的. 等式 (18.7) 之所以必须成立, 是为了满足假设 (18.5), 这个假设要求存在形如 $u = u(\rho)$ 的解.

因此, 根据 (18.7) 有

$$\frac{\mathrm{d}u}{\mathrm{d}\rho} = \pm\sqrt{\frac{1}{\rho^2}\frac{\mathrm{d}p}{\mathrm{d}\rho}}. \tag{18.8}$$

由此可知, 在黎曼波的情况下, 计算速度 u 对 ρ 的函数关系是一个独立的过程, 与运动方程 (18.1), (18.2) 的求解过程无关. 对于速度 $u(\rho)$, 我们有

$$u = \pm\int\sqrt{\frac{\mathrm{d}p}{\mathrm{d}\rho}}\frac{\mathrm{d}\rho}{\rho}. \tag{18.9}$$

根据条件 (18.7), 方程组 (18.6) 中的 2 个方程归结为 1 个方程, 由此可以求解密度 $\rho(x,\ t)$. 这个方程在引入记号

$$\frac{\mathrm{d}p}{\mathrm{d}\rho} = a^2(\rho) \tag{18.10}$$

并使用 (18.9) 中带正号的解之后可以改写为

$$\frac{\partial\rho}{\partial t} + (u + a)\frac{\partial\rho}{\partial x} = 0. \tag{18.11}$$

引入量

$$c(\rho) = u + a. \tag{18.12}$$

显然, 这个量具有速度的量纲, 并且根据方程 (18.11) 可以把它解释为密度值 ρ 保持不变的状态的传播速度.

其实, 可以把方程 (18.11) 的形式改写为[1]

$$\frac{\mathrm{d}\rho(x,\,t)}{\mathrm{d}t} = \frac{\partial\rho}{\partial t} + \frac{\mathrm{d}x}{\mathrm{d}t}\frac{\partial\rho}{\partial x} = 0,$$

式中

$$\frac{\mathrm{d}x}{\mathrm{d}t} = c. \tag{18.13}$$

还可以类似地考虑传播速度 $c = u - a$. 根据 (18.9) 和 (18.10), 量 c 在正压过程中是密度 ρ 的函数. 为了确定密度 $\rho(x,\,t)$, 我们有非线性方程

$$\frac{\partial\rho}{\partial t} + c(\rho)\frac{\partial\rho}{\partial x} = 0.$$

我们来计算完全气体绝热运动情况下的量 $c = u + a$. 从 (18.4) 得

$$a^2 = \frac{\mathrm{d}p}{\mathrm{d}\rho} = A\gamma\rho^{\gamma-1},$$

$$u(\rho) = \pm\int\sqrt{A\gamma}\,\rho^{(\gamma-1)/2-1}\mathrm{d}\rho = \pm\frac{2\sqrt{A\gamma}}{\gamma-1}\rho^{(\gamma-1)/2} + \mathrm{const},$$

所以

$$c(\rho) = u + a = \sqrt{A\gamma}\left(1 + \frac{2}{\gamma-1}\right)\rho^{(\gamma-1)/2} + \mathrm{const}. \tag{18.14}$$

由此可见, 速度 a 和 c 是密度 ρ 的单调递增函数. 对于 p 对 ρ 的任意依赖关系 (18.3), 可以类似地研究 a 和 c 对密度 ρ 的依赖关系的特点.

因为密度 ρ 和速度 $u = u(\rho)$ 的值保持不变的状态以速度 c 在空间中移动, 所以可以写出

$$\left(\frac{\mathrm{d}x}{\mathrm{d}t}\right)_{\rho,\,u} = c(\rho) = u + a.$$

积分后得

$$x = tc(\rho) + F(\rho), \tag{18.15}$$

式中 $F(\rho)$ 是密度的任意函数, 而函数 $c(\rho) = u + a$ 由诸如 (18.14) 的公式计算.

公式 (18.15), (18.12) 和 (18.9) 给出黎曼解. 在这个解中, 函数 $F(\rho)$ 是任意的, 可以让它满足某些附加的特别条件.

在所得黎曼解中, 密度以及其他一些流动参量被表示为 x 和 t 的隐函数. 对于每一个确定的密度值 ρ, 我们有 $x = c_1 t + c_2$, 式中 c_1 和 c_2 是常量. 换言之, 速度和密度具有固定值 (状态的相位特性) 的点在空间中常速移动. 在这个意义下, 所得黎

---

[1] 在一维情况下, 函数 $\rho(x,\,t)$ 的自变量是 xt 平面上的点, (18.13) 表示该平面上的一条曲线. 函数 $\rho(x,\,t)$ 沿曲线 (18.13) 对时间 t 的导数等于

$$\frac{\mathrm{d}\rho}{\mathrm{d}t} = \frac{\partial\rho}{\partial t} + \frac{\mathrm{d}x}{\mathrm{d}t}\frac{\partial\rho}{\partial x} = \frac{\partial\rho}{\partial t} + c\frac{\partial\rho}{\partial x}.$$

因此, 根据 (18.11) 可知, ρ 在曲线 (18.13) 上保持不变. 这里的记号 $\mathrm{d}\rho/\mathrm{d}t$ 不是物质导数 (ρ 沿轨迹 $\mathrm{d}x/\mathrm{d}t = u$ 对 t 的导数才是物质导数). ——译注

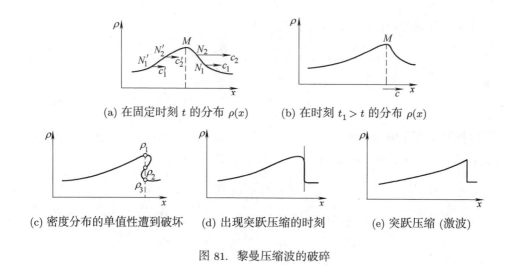

(a) 在固定时刻 t 的分布 $\rho(x)$　　　　(b) 在时刻 $t_1 > t$ 的分布 $\rho(x)$

(c) 密度分布的单值性遭到破坏　　(d) 出现突跃压缩的时刻　　(e) 突跃压缩 (激波)

图 81. 黎曼压缩波的破碎

曼解表示一种波. 扰动在空间中的传播速度等于 $c = u + a$ 或 $c = u - a$, 扰动沿气体微元的传播速度等于 $+a$ 或 $-a$. 不同符号对应不同的解, 相应的波分别向 x 轴的正方向或负方向沿气体微元传播. 作为非线性运动方程的精确解, 这种特殊运动经常被称为简单波.

黎曼压缩波的破碎　　在黎曼波中, 密度随着波的传播而不断增加的部分是压缩波, 密度随着波的传播而不断减小的部分是膨胀波. 在向右传播 $(c = u + a)$ 的黎曼波中, 设密度 ρ 对 x 的分布曲线在某一固定时刻 t 具有如图 81 (a) 所示的形状. 点 M 的左侧对应膨胀波, 密度 ρ 随 x 的增加而增加; 点 M 的右侧对应压缩波, 密度 ρ 随 x 的增加而减小. 因为密度 ρ 的确定值的传播速度 c 依赖于该密度值本身, 所以密度 ρ 的分布曲线将随时间的推移而发生变化. 我们来考虑类似于完全气体绝热运动的一种情况[1], 这时传播速度 c 随 ρ 的增加而增加, 随 ρ 的减小而减小. 因为点 N_2 越来越接近点 N_1, 所以压缩波变得越来越短, 波形越来越陡. 与此同时, 因为点 N_2' 越来越远离点 N_1', 所以膨胀波变得越来越长, 波形则越来越平缓 (见图 81 (b)). 从数学观点看, 可能存在这样的时刻 t_2, 这时在某个位置 x 将出现几个密度值 ρ (见图 81 (c)), 而这在物理上是不允许的.

显然, 黎曼波所对应的单值连续解只能存在到密度分布曲线 $\rho(x)$ 开始具有垂直于 x 轴的切线的时刻 t 为止 (见图 81 (d)). 从这一时刻开始, 连续的黎曼解不再有效. 实验和理论表明, 这时应当把连续的黎曼解替换为更一般的具有突跃压缩 (激波) 的间断解 (图 81 (e)). 压缩波的破碎导致突跃压缩的出现.

因此, 只要黎曼解包括压缩波, 在理想 (无黏性) 介质中就一定会产生突跃压缩. 如果密度在黎曼波的传播方向上一直单调递增, 就像活塞从充满气体的管道向外连

---

[1] 为了简化讨论过程, 我们认为 (18.14) 中的常量大于或等于零. 在 $c(\rho)$ 的表达式中加上任何常量都不会改变下述所有结论.

续运动时的情形那样, 则不会形成间断. 能够出现的是突跃压缩而不是突跃膨胀, 因为膨胀波的波形在传播过程中越来越平缓.

在考虑带负号的第二个解时, 可以把 x 轴改为相反方向, 所有上述结论仍然成立. 以上结果与函数 $p = f(\rho)$ 的形式有密切的关系.

使黎曼波的波形不变的函数关系 $p = f(\rho)$　可以提出这样的问题: 黎曼压缩波的破碎效应在什么样的函数关系 $p = f(\rho)$ 下不再出现? 例如, 如果传播速度 c 是常量, 即 $dc/d\rho = 0$, 就不会出现这种效应. 为了回答这个问题, 我们从 (18.8), (18.10) 和 (18.12) 得到一个简单的微分方程来确定 p 对 ρ 的函数关系:

$$\frac{1}{\rho}\sqrt{f'(\rho)} + \frac{\mathrm{d}}{\mathrm{d}\rho}\sqrt{f'(\rho)} = 0.$$

积分后得到

$$p = f(\rho) = A - \frac{B}{\rho}, \tag{18.16}$$

式中 A 和 B 是任意常量. 我们既可以把方程 (18.16) 看做完全气体或任何其他一种介质中与某种合适的热流相对应的过程方程, 也可以把方程 (18.16) 看做绝热线的切线方程. 用这种方法可以近似地给出绝热线, 但是在这样的近似中也同时丧失了波形趋于破碎的重要趋势.

其他一些连续介质模型中的黎曼波　黎曼简单波理论可以直接应用于其他某些复杂连续介质模型中的平面波运动. 在这样的平面波运动中, 变形状态取决于与密度有单值函数关系的 1 个变量, 而波的相位平面上的应力垂直于该平面, 其大小取决于变形状态, 即取决于密度.

例如, 黎曼波理论可以直接应用于非线性弹性理论中的平面波运动, 这时波的相位平面垂直于 x 轴, 而位移平行于 x 轴. 在这些应用中, 没有必要把密度当做主要的未知量, 我们可以选取对密度的依赖关系已知的其他任何一个参量当做待求量. 此时, 黎曼解在形式上的相应变化是显然的.

自相似黎曼波 (中心黎曼波)　在构造连续介质运动问题的解时, 怎样才能知道在哪些情况下必须采用黎曼解呢?

利用量纲理论, 从问题的提法就能知道待求的解在哪些情况下具有自相似性. 容易看出, 在自相似平面波运动中 (见第一卷第七章), 因为自变量 x 和 t 以组合 x/t 的形式出现, 即

$$u = u_0 f\left(\frac{x}{t}\right), \quad \rho = \rho_0 \varphi\left(\frac{x}{t}\right),$$

所以

$$u = u(\rho).$$

因此, 这样的自相似运动或者是黎曼波, 或者是黎曼解的分段光滑组合, 但在自相似波所对应的情况中, 公式 (18.15) 中的函数 $F(\rho)$ 等于零. 相应的解称为中心波, 因为

量 u 和 ρ 在 xt 平面上经过坐标原点的每一条直线

$$\frac{x}{t} = \text{const}$$

上都保持不变.

在一般情况下, 关系式 (18.15) 在 u 和 ρ 保持不变时也定义了一族直线, 但是如果 $F(\rho) \neq 0$, 则无论 u 和 ρ 的取值如何, 这族直线都不经过坐标原点. 显然, 沿每一条这样的直线都可以把黎曼解与介质的静止或匀速运动状态连续地连接起来 (匀速运动也是一种最简单的黎曼解). 因此, 这些直线是特征线, 从而可以把黎曼解定义为具有一族直线特征线的解.

可以利用黎曼解来构造许多问题的解, 其主要根据就是黎曼解的上述特性. 例如, 利用黎曼解容易构造出活塞问题的自相似解. 在这个问题中, 假设带有活塞的柱形管内充满完全气体, 活塞和气体在 $t \leqslant 0$ 时都处于静止状态, 活塞在 $t > 0$ 时向管口常速运动, 此外还假设气体的运动是绝热的, 或更一般地假设气体的运动是正压的, 要求计算活塞后面的气体运动.

在各种应用中存在大量这样的问题, 要想精确地或近似地解决这些问题, 就必须利用上述黎曼简单波理论.

§19. 气泡在液体中的振动

在含有大量气泡的液体中发生的现象的一般特性　　经过大量的理论和实验研究, 人们已经发现, 气泡在液体中的行为——气泡的扩张、振动和闭合[1]——具有一些奇妙的力学特性, 并且这些特性是液体中的气泡所固有的. 近来, 相关研究成果仍不断涌现.

在许多情况下需要研究气泡在液体中的振动. 当爆炸物在水下爆炸时会出现很大的气泡, 其中充满液体蒸气或气体; 利用电火花或激光束聚焦也能产生较大的气泡. 另一方面, 当压强下降时, 蒸气或原来溶解在液体中的气体会释放出来并形成大量小气泡, 例如空化现象和液体沸腾, 在用于研究基本粒子径迹的气泡室中也会出现这种现象. 许多论文致力于研究单个气泡的运动和含有大量气泡的可压缩流体的运动, 后者伴随有声波和强激波. 例如, 在某些物理实验中需要重点了解存在超声波时氢气泡在液氢中的行为.

计算表明, 当微小气泡在水中振动时, 在收缩阶段能够在短时间 (10^{-6}—10^{-9} s) 内产生高压和高温, 其量级可达 10^4 atm 和 10^4°C. 在压强为 1 atm 的水中, 半径小于 1 cm 的气泡在平衡位置附近的固有振动周期的量为 10^{-3}—10^{-6} s. 在下文中将给出气泡在水中的振动周期的计算结果. 尽管相关现象转瞬即逝, 但是因为高温高压状态的出现, 在许多情况下必须考虑液体的可压缩性, 气体向液体的传热, 气泡中

---

[1] 关于气泡的闭合, 可以参考第 23 页对空蚀的解释. ——译注

的气体和蒸气的复杂状态方程, 相变——在气泡表面发生液体汽化和蒸气凝结, 以及一系列其他的内部相互作用机理.

最大的困难是建立气泡生成理论和非对称运动理论. 引起非对称运动的因素在于气泡的球面边界在气泡闭合过程中的不稳定性, 液体的重量, 以及流动中的各种不均匀性 (边界条件、运动激波等) 所造成的压强梯度. 计算和实验表明, 气泡在固壁附近或在运动激波作用下发生闭合时, 气泡边界发生很大的变形; 一个典型的效应是, 从气泡边界形成极细的液体射流并高速流向固壁. 这样的射流与物体表面发生相互作用, 可能导致物体表面的破坏.

气泡的边界条件 我们来研究充满气体的孤立球形气泡在无界液体中作径向运动的动力学问题. 在远离气泡的无穷远处, 液体处于静止状态, 压强 $p_\infty(t)$ 和温度 $T_\infty(t)$ 作为时间的函数是给定的. 这个问题的提法与气泡的边界条件有重要关系. 气泡边界是运动的球面, 其半径 $R(t)$ 是变化的. 该球面是强间断面, 因为球面两侧一般分别是密度不同的液体和气体.

我们首先写出间断面 (气泡边界) 上的一般条件 (考虑液体汽化和蒸气凝结, 以及气体的释放或吸收, 引起这些现象的因素是扩散、液体黏性、表面张力和传热). 这些条件在本质上是局部的, 它们独立于流体 (气体或液体) 在气泡以内或以外的径向运动性质的相关假设. 质量守恒条件的形式为

$$\frac{1}{4\pi R^2}\frac{\mathrm{d}m}{\mathrm{d}t} = \rho_g(\dot R - v_g) = \rho_f(\dot R - v_f) = \rho_g j_n, \tag{19.1}$$

式中 $\dot R = \mathrm{d}R/\mathrm{d}t$, m 是气泡中气体的质量, j_n 是单位球面上由扩散和汽化 (或蒸气凝结) 引起的从液体进入气泡的气体体积流量, ρ_g, ρ_f 和 v_g, v_f 分别是气泡边界上的气体和液体的宏观密度和宏观速度.

动量方程的形式为

$$-p_f + \tau_{rrf} + \frac{1}{4\pi R^2}\frac{\mathrm{d}m}{\mathrm{d}t}v_f = -p_g + \frac{1}{4\pi R^2}\frac{\mathrm{d}m}{\mathrm{d}t}v_g + \frac{2\sigma}{R}, \tag{19.2}$$

式中 p_f, p_g 分别是液体和气体的压强, σ 是气液分界面的表面张力系数, τ_{rrf} 是球面边界上的流体黏性应力的径向分量. 在许多情况下可以认为, 水和空气分界面的表面张力系数 σ 只取决于温度 (在 $15\,^\circ\mathrm{C}$ 下 $\sigma = 0.0735\ \mathrm{N/m}$). 在方程 (19.2) 中忽略了气体的黏度.

如果考虑从液体和气体向球面边界上的物质点输送的热流, 就可以把能量方程写为以下形式:

$$(\tau_{rrf}-p_f)v_f + k_f\frac{\partial T_f}{\partial r} + \frac{1}{4\pi R^2}\frac{\mathrm{d}m}{\mathrm{d}t}\left(\frac{v_f^2}{2}+U_f\right) = -p_g v_g + \frac{\mathrm{d}q}{\mathrm{d}t} + \frac{1}{4\pi R^2}\frac{\mathrm{d}m}{\mathrm{d}t}\left(\frac{v_g^2}{2}+U_g\right) + \frac{2\sigma}{R}\frac{\mathrm{d}R}{\mathrm{d}t}, \tag{19.3}$$

式中 T_f, k_f, U_f 和 U_g 分别是液体的温度、热导率、质量内能 (计算内能时考虑溶解在液体中的气体) 和气体的质量内能. $\mathrm{d}q/\mathrm{d}t$ 表示单位面积边界上的能量流, 包括由

于气体传热而释放出来的热流和从气泡边界上的各种过程中释放出来的能量流, 这种能量流一般也表现为热流. 边界上的这些过程取决于有时极薄的过渡层的结构. 在方程 (19.3) 中, 这样的过渡层就是液体与气体之间的球面边界. 过渡层可能是组成肥皂泡的肥皂膜, 气球的橡胶膜, 气液混合物中的相变层, 等等. 在气泡高频振动时和其他一些情况下, 特征参量在过渡层中的分布极不均匀, 过渡层中的内部过程是非平衡的不可逆过程. 与过渡层性质有关的能量流对 dq/dt 的相对贡献一般很小, 仅在 R 很小的时候才能够明显表现出来, 而过渡层在 R 很小的时候变得相对较厚. 在实际计算中, 在 dq/dt 的表达式中通常只考虑气体传热. 方程 (19.3) 中的最后一项[1] $2\sigma\dot{R}/R$ 给出表面张力引起的径向力的功.

方程 (19.1), (19.2) 和 (19.3) 适用于带有相变的间断面. 差值

$$U_{\mathrm{g}} - U_{\mathrm{f}} = L \tag{19.4}$$

包括质量相变能 (汽化热或凝结热), L 的值依赖于间断面两侧的液体和气体的热力学参量, 这些参量一般发生突跃.

根据方程 (19.2) 和记号 (19.4), 可以把方程 (19.3) 改写为以下形式:

$$p_{\mathrm{g}}(v_{\mathrm{f}} - v_{\mathrm{g}}) + \frac{1}{4\pi R^2}\frac{\mathrm{d}m}{\mathrm{d}t}\left[\frac{(v_{\mathrm{f}} - v_{\mathrm{g}})^2}{2} + L\right] + \frac{2\sigma}{R}(\dot{R} - v_{\mathrm{f}}) + \frac{\mathrm{d}q}{\mathrm{d}t} = k_{\mathrm{f}}\frac{\partial T_{\mathrm{f}}}{\partial r}. \tag{19.5}$$

我们给出一些有代表性的个别情况.

气泡中的气体质量保持不变时的边界条件　如果在气泡边界上没有汽化、凝结和扩散, 则气泡中的气体质量保持不变,

$$m = m_0 = \mathrm{const}, \quad j_n = 0.$$

这时, 条件 (19.1) 和 (19.2) 的形式非常简单:

$$v_{\mathrm{f}} = v_{\mathrm{g}} = \dot{R}, \quad p_{\mathrm{f}} = p_{\mathrm{g}} - \frac{2\sigma}{R} + \tau_{rr\mathrm{f}}.$$

忽略气泡内部气体参量分布的不均匀性　对于气泡内部的气体或蒸气, 在理论上的计算中不但经常忽略其惯性和动能, 而且经常忽略密度和温度分布的不均匀性. 这主要是因为气泡半径很小, 声音和激波在气泡内的传播速度远远大于液体和气体的运动速度以及气泡半径的变化速度, 此外, 气泡中的气体或蒸气的密度在量级上通常总是 (或者大致总是) 液体密度的千分之一. 所以, 在很多问题中可以认为, 气泡内部的压强 p_{g}、密度 ρ_{g} 和绝对温度 T_{g} 只依赖于时

---

[1] 在不同问题中或一般情况下, 唯一确定的总和 $\dfrac{\mathrm{d}q}{\mathrm{d}t} + \dfrac{2\sigma}{R}\dfrac{\mathrm{d}R}{\mathrm{d}t}$ 可以改为 $\dfrac{\mathrm{d}q'}{\mathrm{d}t} + \dfrac{1}{4\pi R^2}\dfrac{\mathrm{d}(4\pi R^2 \sigma)}{\mathrm{d}t}$, 或 $\dfrac{\mathrm{d}q''}{\mathrm{d}t} + \dfrac{1}{4\pi R^2}\dfrac{\mathrm{d}[4\pi R^2(\sigma - T\,\mathrm{d}\sigma/\mathrm{d}T)]}{\mathrm{d}t}$, 或其他一些表达式, 其中 $\dfrac{\mathrm{d}q}{\mathrm{d}t}, \dfrac{\mathrm{d}q'}{\mathrm{d}t}, \dfrac{\mathrm{d}q''}{\mathrm{d}t}$ 之间的关系是显而易见的.

间 [1] 并满足状态方程

$$p_g = f(\rho_g,\ T_g,\ \chi_1,\ \chi_2,\ \cdots),$$
$$U_{mg} = \rho_g V_g U_g(\rho_g,\ T_g,\ \chi_1,\ \chi_2,\ \cdots), \tag{19.6}$$

式中 U_{mg} 是气泡内部气体的总内能, V_g 是气泡体积, $\chi_1, \chi_2, \cdots$ 表示某些参量. 如果在气泡内部有化学反应, 或者如果其中的气体混合物的组成发生变化, 则参量 χ_1, $\chi_2, \cdots$ 可能发生变化, 并且在热力学可逆过程中可以认为参量 χ_i 是 ρ_g 和 T_g 的已知函数 (见第五章 §10).

因此, 如果 $\chi_i = \chi_i(\rho_g, T_g)$, 就可以认为, 气泡内部气体的热力学状态可由以下 4 个时间的函数来描述:

$$p_g,\ T_g,\ \rho_g,\ R(t).$$

这些函数出现在状态方程 (19.6) 中.

气泡内部气体参量只与半径有关的情况 如果质量内能 U_g 只与 p_g 和 ρ_g 有关, 气泡内部气体具有固定的质量 m_0, 并且可以认为其压强和密度只与时间有关, 就可以把气泡的热流方程写为以下形式:

$$m_0 \frac{dU_g(p_g,\ \rho_g)}{dt} = -m_0 p_g \frac{d}{dt} \frac{1}{\rho_g} + \frac{dQ}{dt}, \quad \text{并且} \quad \rho_g = \frac{m_0}{4\pi R^3/3}. \tag{19.7}$$

如果允许假设过程是绝热的, 即如果认为 $dQ = 0$, 则从方程 (19.7) 得到

$$p_g = f(\rho_g) = p_g(R).$$

如果绝热假设不成立, 但 dQ/dt 是给定的, 从 (19.7) 就可以计算出 $p_g(R)$. 如果假设气泡内部气体运动是等温过程, 则应从状态方程和 (19.7) 计算相应热流 dQ/dt. 用这样的方法可以分析气泡内部的多方过程.

为了在更一般的情况下计算 $p_g(R)$, 必须把方程 (19.7) 与用来确定热流 dQ/dt 的其他一些关系式联立起来进行求解, 因为事先不知道热流.

在所有上述情况下, 为了确定函数 $R(t)$, 必须使用能够计算液体运动的方程.

给定气泡内部压强的模型 如果可以近似地认为气泡内部的蒸气在液体汽化或蒸气凝结的过程中处于静止状态, 并且气泡内部压强 p_g 只与温度 T_g 有关, 例如压强 p_g 等于饱和蒸气压的情况, 或者压强 p_g 等于气体各组元已知分压之和并且所有分压都取决于温度 T_g 的情况, 那么, 在这些情况以及其他一些情况下, 从气体的状态方程就可以计算函数 $\rho_g(T_g)$、气体的内能和方程 (19.3) 中的 dq/dt.

---

[1] 本节后面将证明, 如果气泡内部的不可逆效应很重要, 则还是需要考虑气泡内部气体参量按半径分布的不均匀性.

在 v_g/a_g (a_g 是声速) 很小时, 可以假设气泡内部的 p_g 只是 t 的函数, 即假设压强沿半径均匀分布. 与此同时, 仍然能够假设密度 ρ_g 和绝对温度 T_g 显著依赖于半径, 因为气体中的热流和气体与液体之间的热流与此有关. 在气体的热导率很高时, 可以认为 T_g 和 ρ_g 只是 t 的函数.

　　这时, 间断面上的条件将包含表征气泡状态的 2 个待求参量: $T_g(t)$ 和 $R(t)$. 为了完整地解决问题, 还必须使用液体的运动方程、扩散方程和传热方程.

　　在某些应用中, 有时可以把气泡边界上的能量方程 (19.3) 替换为诸如 $T_g = \text{const}$ 这样的简单假设, 于是 $p_g = \text{const}$, $\rho_g = \text{const}$, 气泡内部气体或蒸气的状态从而完全确定下来.

　　在气泡闭合时, 在某些情况下会在气泡内部或附近液体中产生非常高的压强和温度, 它们大于相应临界值. 在这些情况下, 与相变有关的性质会消失, 而气泡"边界"或者变为接触间断面 ($\dot{R} = v_f = v_g$), 或者在与运动激波发生碰撞之后分裂为在液体中高速运动的激波, 这种激波的运动速度大于局部声速.

气泡外部的可压缩流体的动能方程　　为了研究整体的动能方程, 现在考虑液体的连续运动, 并选取一个无限大的物质体, 其边界是一个球面, 该球面的半径 $R^* \geqslant R(t)$. 在发生汽化时, 对于无限接近的两个时刻 t' 和 $t' + dt$, 我们认为

$$R^*(t') > R(t'), \quad R^*(t' + dt) = R(t' + dt),$$

即气泡边界追上所取物质体的边界. 在发生凝结时则认为

$$R^*(t') = R(t'), \quad R^*(t' + dt) > R(t' + dt),$$

即气泡边界落后于所取物质体的边界.

　　根据条件, 从时刻 t' 到时刻 $t' + dt$, 上述物质体在这两种情况下的运动是连续的, 所以成立以下积分关系式:

$$\frac{dE}{dt} = \frac{dA^{(e)}}{dt} + \frac{dA^{(i)}}{dt}, \tag{19.8}$$

并且动能变化率为

$$\frac{dE}{dt} = \frac{d}{dt}\int_{R^*}^{\infty} \frac{\rho_f v_f^2}{2}\, d\tau = \frac{d}{dt}\int_{R}^{\infty} \frac{\rho_f v_f^2}{2}\, d\tau + \frac{dm}{dt}\frac{v_f^2(R)}{2} \quad (d\tau = 4\pi r^2\, dr), \tag{19.9}$$

式中 dm/dt 是气泡内部流体的质量流量, 在发生汽化时 $dm/dt > 0$, 在发生凝结时 $dm/dt < 0$; 对于从气泡发出的或者在气体或液体中向气泡中心运动的激波, 可以得到类似的不等式.

　　为了计算外力的功, 可以考虑半径分别为 $R^*(t)$ 和 $\tilde{R}^*(t)$ 的同心球面之间的区域. 在 $\tilde{R}^* \to \infty$ 时取极限, 得

$$\frac{dA^{(e)}}{dt} = -p_\infty(t)\left(\frac{dV_f}{dt}\right)_\infty - 4\pi R^2 p_{rr}(R)v_f(R) = -p_\infty \int_{R}^{\infty} \frac{d\, d\tau}{dt} - 4\pi R^2 (p_{rr} + p_\infty)v_f,$$
$$\tag{19.10}$$

因为流过半径为 $\tilde{R}^*$ 的球面的流体的总体积流量在 $\tilde{R}^* \to \infty$ 时等于 $(dV_f/dt)_\infty$, 它

满足公式

$$\left(\frac{\mathrm{d}V_{\mathrm{f}}}{\mathrm{d}t}\right)_{\infty} = [4\pi\tilde{R}^{*2}v_{\mathrm{f}}(\tilde{R}^{*})]_{\tilde{R}^{*}\to\infty} = \int\limits_{R}^{\infty} \operatorname{div}\boldsymbol{v}_{\mathrm{f}}\,\mathrm{d}\tau + 4\pi R^2 v_{\mathrm{f}}(R).$$

进一步, 根据流体运动的连续性, 对所取可压缩流体物质体中的内面力的功可以写出

$$\frac{\mathrm{d}A^{(\mathrm{i})}}{\mathrm{d}t} = -\int\limits_{R}^{\infty} p^{ij}e_{ij}\,\mathrm{d}\tau = \int\limits_{R}^{\infty} p_{\mathrm{f}}\frac{\mathrm{d}\,\mathrm{d}\tau}{\mathrm{d}t} - \int\limits_{R}^{\infty} \tau^{ij}e_{ij}\,\mathrm{d}\tau, \tag{19.11}$$

式中 e_{ij} 是应变率张量的分量, τ^{ij} 是黏性应力张量的分量. 我们指出, 如果在运动流体中存在间断, 公式 (19.11) 就不再成立; 因此, 前面在选取物质体时提出的那些条件是重要的[1].

根据等式 (19.9), (19.10) 和 (19.11), 方程 (19.8) 的形式为

$$\frac{\mathrm{d}}{\mathrm{d}t}\int\limits_{R}^{\infty} \frac{\rho_{\mathrm{f}}v_{\mathrm{f}}^2}{2} 4\pi r^2\,\mathrm{d}r + \frac{\mathrm{d}m}{\mathrm{d}t}\frac{v_{\mathrm{f}}^2}{2} = 4\pi R^2(p_{\mathrm{f}} - p_{\infty} - \tau_{rr\,\mathrm{f}})v_{\mathrm{f}} + \int\limits_{R}^{\infty}(p_{\mathrm{f}} - p_{\infty})\frac{\mathrm{d}\,\mathrm{d}\tau}{\mathrm{d}t} - \int\limits_{R}^{\infty} \tau^{ij}e_{ij}\,\mathrm{d}\tau.$$

现在, 如果再使用间断面上的动量方程 (19.2), 即

$$p_{\mathrm{f}} - \tau_{rr\,\mathrm{f}} = p_{\mathrm{g}} - \frac{2\sigma}{R} + \frac{1}{4\pi R^2}\frac{\mathrm{d}m}{\mathrm{d}t}(v_{\mathrm{f}} - v_{\mathrm{g}}),$$

就可以进一步把方程 (19.8) 写为以下形式:

$$\frac{\mathrm{d}}{\mathrm{d}t}\int\limits_{R}^{\infty} \frac{\rho_{\mathrm{f}}v_{\mathrm{f}}^2}{2}\,\mathrm{d}\tau + \frac{\mathrm{d}m}{\mathrm{d}t}\left[\frac{v_{\mathrm{g}}^2}{2} - \frac{(v_{\mathrm{f}} - v_{\mathrm{g}})^2}{2}\right]$$

$$= 4\pi R^2 v_{\mathrm{f}}\left(p_{\mathrm{g}} - p_{\infty} - \frac{2\sigma}{R}\right) + \int\limits_{R}^{\infty}(p_{\mathrm{f}} - p_{\infty})\frac{\mathrm{d}\,\mathrm{d}\tau}{\mathrm{d}t} - \int\limits_{R}^{\infty} \tau^{ij}e_{ij}\,\mathrm{d}\tau. \tag{19.12}$$

这个方程考虑了流体的可压缩性和黏性. 方程的形式在存在热传导时并不发生变化, 但是方程中的积分以及 p_{g}, v_{g}, v_{f} 和 σ 依赖于问题的完整的解, 而这个解与热传导有关.

补充了方程 (19.12) 之后, 就可以根据前面建立起来的间断面条件计算函数 $R(t)$ 和 $T_{\mathrm{g}}(t)$. 为了得到 $R(t)$ 和 $T_{\mathrm{g}}(t)$ 的封闭方程组, 可以提出某些假设, 以便估计或计算 (19.12) 中的所有积分.

---

[1] 在第一卷第 296 页上已经指出, 在可压缩流体物质体的绝热运动中, 如果在物质体内部存在间断面, 积分形式的熵守恒定律就不成立. 我们在这里又遇到一个类似的例子, 积分形式的公式 (19.11) 对连续运动成立, 对不连续运动则不成立. 因此, 我们强调, 在连续运动的情况下完全等价于相应微分关系式的积分关系式, 在不连续运动的情况下可能根本不成立. 我们还记得, 与此相关的另一个问题是, 仅有微分形式的运动方程无法得到间断面条件.

气泡外部的不可压缩流体的动能方程　例如, 如果假设半径为 R 的球面以外是满足纳维—斯托克斯定律的均质不可压缩流体, 就容易计算这些积分. 这时有

$$\frac{\mathrm{d}\,\mathrm{d}\tau}{\mathrm{d}t} = 0, \quad \rho_\mathrm{f} = \mathrm{const}, \quad v_\mathrm{f} = \frac{v_\mathrm{f}(R)R^2}{r^2},$$

所以

$$\frac{\mathrm{d}}{\mathrm{d}t}\int_R^\infty \frac{\rho_\mathrm{f} v_\mathrm{f}^2}{2}\,\mathrm{d}\tau = 2\pi\rho_\mathrm{f}\frac{\mathrm{d}}{\mathrm{d}t}[R^3 v_\mathrm{f}^2(R)], \quad \int_R^\infty \tau^{ij} e_{ij}\,\mathrm{d}\tau = \frac{4\mu}{R} v_\mathrm{f}^2 4\pi R^2$$

(黏度 $\mu > 0$). 这时, 从方程 (19.12) 得到

$$2\pi\rho_\mathrm{f}\frac{\mathrm{d}}{\mathrm{d}t}[R^3 v_\mathrm{f}^2(R)] + \frac{\mathrm{d}m}{\mathrm{d}t}\left\{\frac{v_\mathrm{g}^2(R)}{2} - \frac{[v_\mathrm{f}(R) - v_\mathrm{g}(R)]^2}{2}\right\}$$

$$= 4\pi R^2 v_\mathrm{f}(R)\left[p_\mathrm{g} - p_\infty - \frac{4\mu v_\mathrm{f}(R)}{R} - \frac{2\sigma}{R}\right]. \quad (19.13)$$

在 $\mathrm{d}m/\mathrm{d}t = 0$ 时有 $v_\mathrm{f} = \dot{R}$, 所以方程 (19.13) 就是通常使用的气泡振动方程

$$\frac{1}{2R^2\dot{R}}\frac{\mathrm{d}}{\mathrm{d}t}(R^3\dot{R}^2) = \frac{1}{\rho_\mathrm{f}}\left(p_\mathrm{g} - p_\infty - \frac{2\sigma}{R} - \frac{4\mu\dot{R}}{R}\right). \quad (19.14)$$

气泡的绝热振动和多方振动　假设 $p_\infty = \mathrm{const}$, 气体压强 p_g 是 R 的已知函数, 我们来研究方程 (19.14) 的解的性质. 例如, 在完全气体的多方过程中,

$$p_\mathrm{g} = p_{\mathrm{g}0}\left(\frac{R_0}{R}\right)^{3n}, \quad (19.15)$$

式中 $n \geqslant 1$. 如果 $n = \gamma$ (γ 是泊松绝热线指数), 则 (19.15) 给出 $p_\mathrm{g}(R)$ 的绝热关系式. 为简单起见, 我们认为 $p_{\mathrm{g}0}$ 和 R_0 对应气泡在初始时刻 $t = 0$ 的状态, 并且这时 $\dot{R} = 0$.

方程 (19.14) 的形式可以改写为

$$\frac{\mathrm{d}}{\mathrm{d}R}(R^3\dot{R}^2) = \frac{2}{\rho_\mathrm{f}}R^2\left(p_\mathrm{g} - p_\infty - \frac{2\sigma}{R}\right) - \frac{8\mu}{\rho_\mathrm{f}}R\dot{R}. \quad (19.16)$$

如果函数 $p_\mathrm{g}(R)$ 已经给定, 则在 $\mu = 0$ 和 $\sigma = \mathrm{const}$ 时可以把方程 (19.16) 的解用积分的形式表示出来:

$$\dot{R}^2 = \frac{2}{\rho_\mathrm{f} R^3}\int_{R_0}^R [(p_\mathrm{g} - p_\infty)R^2 - 2\sigma R]\,\mathrm{d}R,$$

$$t = \pm\sqrt{\frac{\rho_\mathrm{f}}{2}}\int_{R_0}^R \frac{R^{3/2}\,\mathrm{d}R}{\sqrt{\displaystyle\int_{R_0}^R [(p_\mathrm{g} - p_\infty)R^2 - 2\sigma R]\,\mathrm{d}R}}.$$

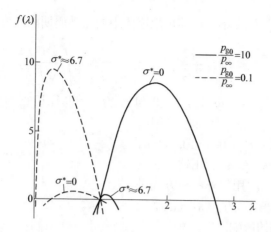

图 82. 公式 (19.17) 中根号内的函数 $f(\lambda)$ 在 p_{g0}/p_∞ 和 σ^* 等于个别值 $(p_{g0}/p_\infty - 1 - \sigma^* \gtrless 0)$ 时的图像

在选择平方根的符号时应保证时间是增加的. 令

$$\frac{R}{R_0} = \lambda, \qquad \frac{p_g}{p_\infty} = p^*, \qquad \frac{2\sigma}{p_\infty R_0} = \sigma^*,$$

则由此可以写出

$$t\frac{1}{R_0}\sqrt{\frac{2p_\infty}{\rho_f}} = \tau = \pm \int\limits_1^\lambda \frac{\lambda^{3/2}\,\mathrm{d}\lambda}{\sqrt{\int\limits_1^\lambda [(p^*-1)\lambda^2 - \sigma^*\lambda]\,\mathrm{d}\lambda}}.$$

对于多方过程或绝热过程 $(n = \gamma)$, 根据 (19.15) 可得

$$\tau = \pm\sqrt{3}\int\limits_1^\lambda \frac{\lambda^{3/2}\,\mathrm{d}\lambda}{\sqrt{f(\lambda)}}, \tag{19.17}$$

式中

$$f(\lambda) = \frac{p_{g0}}{p_\infty(n-1)}[1 - \lambda^{3(1-n)}] + (1 - \lambda^3) - \frac{3\sigma^*}{2}(\lambda^2 - 1).$$

平方根的符号必须与 $\mathrm{d}\lambda$ 相同, 因为变量 τ 是单调递增函数.

图 82 给出了公式 (19.17) 中根号内的函数 $f(\lambda)$ 在 $p_{g0}/p_\infty = 0.1, 10;\ \sigma^* = 0,$ $\sigma^* \approx 6.7$ 时的图像, 这些参量值所对应的情况满足

$$\frac{p_{g0}}{p_\infty} - 1 - \sigma^* \gtrless 0.$$

若 $p_{g0}/p_\infty - 1 - \sigma^* < 0$, 则振动发生于 $\lambda_2^*\ (1 > \lambda_2^* = R_2^*/R_0)$ 和 $\lambda_0 = 1$ 之间, 而若 $p_{g0}/p_\infty - 1 - \sigma^* > 0$, 则振动发生于 $\lambda_0 = 1$ 和 $\lambda_1^*\ (1 < \lambda_1^* = R_1^*/R_0)$ 之间; 这里的 $\lambda_0 = 1, \lambda_1^*$ 和 λ_2^* 是方程 $f(\lambda) = 0$ 的根.

气泡的振动周期　气泡在不可压缩理想流体中的振动周期满足公式

$$t^* = R_0 \sqrt{\frac{\rho_f}{2p_\infty}}\, \tau^*, \quad \tau^* = \pm 2\sqrt{3} \int_1^{\lambda_i^*} \frac{\lambda^{3/2}\,\mathrm{d}\lambda}{\sqrt{f(\lambda)}}. \tag{19.18}$$

函数 $\tau^* = \tau^*(p_{g0}/p_\infty,\ \sigma^*,\ n)$ 在 $\sigma^* = 0$ 和 $p_{g0}/p_\infty = 0.1, 10$ 时对 n $(1 \leqslant n \leqslant 1.4)$ 的依赖关系如图 83 (a) 所示, 图 83 (b) 则给出 τ^* 在 $n = 4/3$ 和 $\sigma^* = 0, 1, 10, 100$ 时对 $\lg(p_{g0}/p_\infty)$ 的依赖关系. 利用这些曲线能够估计多方指数 n (用另外一种方式讲就是热交换) 和比值 p_{g0}/p_∞ 对气泡半径的无量纲振动周期的影响.

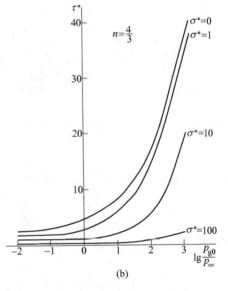

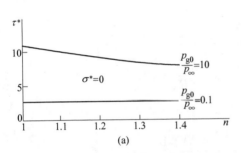

图 83.　不可压缩理想流体中气泡半径的无量纲振动周期在不同情况下对不同参数的依赖关系: (a) 在 p_{g0}/p_∞ 等于个别值并且不考虑表面张力时对气体状态方程多方指数 n 的依赖关系, (b) 在 $n = 4/3$ 并且表面张力系数等于不同值时对 $\lg(p_{g0}/p_\infty)$ 的依赖关系

从图 83 和公式 (19.18) 可以得到一个重要结论: 若 $R < 1\,\mathrm{cm}$, 则在 $p_\infty = 1\,\mathrm{atm}$ 时 $t^* < 10^{-3}\,\mathrm{s}$. 因为

$$t^* = R_0 \sqrt{\frac{\rho_f}{2p_\infty}}\, \tau^*,$$

所以气泡的振动周期具有很大的变化范围, 这取决于压强 p_∞ 和初始半径 R_0; 在 p_∞ 很小时, 振动周期能够变得很大, 从而能够与含有气泡的流体的宏观运动特征量发生变化的时间相比.

气泡闭合速度　我们再来研究孤立气泡在不可压缩理想流体中运动的某些性质. 在 $\mu = 0$ 和 $\sigma = 0$ 时, 从 (19.16) 有

$$\frac{\mathrm{d}}{\mathrm{d}R}(R^3 \dot{R}^2) = \frac{2}{\rho_f}(p_g - p_\infty)R^2.$$

如果在 $R = R_0$ 时有 $\dot{R} = 0$, 则

$$\dot{R}^2 = \frac{1}{2\pi\rho_f R^3} \int_{R_0}^R (p_g - p_\infty) 4\pi R^2\,\mathrm{d}R.$$

因为不可压缩流体的动能满足公式

$$E = 2\pi\rho_{\mathrm{f}} R^3 \dot{R}^2,$$

所以

$$E = \int\limits_{R_0}^{R} (p_{\mathrm{g}} - p_\infty) 4\pi R^2 \, \mathrm{d}R = \int\limits_{V_0}^{V} (p_{\mathrm{g}} - p_\infty) \, \mathrm{d}V, \tag{19.19}$$

式中 V 是气泡的体积.

在 $p_{\mathrm{g}} - p_\infty < 0$ 时气泡能够完全闭合. 在 $E \neq 0$ 的一般情况下, 在气泡完全闭合 $(R \to 0)$ 时有

$$\dot{R} \to \infty, \quad E \to \int\limits_{R_0}^{0} (p_{\mathrm{g}} - p_\infty) 4\pi R^2 \, \mathrm{d}R.$$

所以, 如果 $p_{\mathrm{g}} < p_\infty$, 并且相应积分不等于零, 则 E 在气泡完全闭合时等于不为零的有限值.

气泡附近的压强分布　　　如果流体是不可压缩的, 则气泡以外的速度势等于

$$\varphi = -\frac{\dot{R} R^2}{r}, \quad v_{\mathrm{f}} = \frac{\partial \varphi}{\partial r} = \frac{\dot{R} R^2}{r^2}.$$

根据柯西—拉格朗日积分, 我们有

$$p = p_\infty(t) - \rho_{\mathrm{f}} \frac{\partial \varphi}{\partial t} - \frac{\rho_{\mathrm{f}}}{2} \left(\frac{\partial \varphi}{\partial r} \right)^2 = p_\infty(t) + \frac{\rho_{\mathrm{f}}}{r} \frac{\mathrm{d}}{\mathrm{d}t}(R^2 \dot{R}) - \frac{\rho_{\mathrm{f}}}{2r^4} R^4 \dot{R}^2.$$

当半径 r 发生变化时, 压强 $p(t)$ 的最大值所对应的半径值 r_1 满足方程

$$\frac{\partial p}{\partial r} = \frac{\rho_{\mathrm{f}}}{r_1^2} \left[-\frac{\mathrm{d}}{\mathrm{d}t}(R^2 \dot{R}) + \frac{2R^4 \dot{R}^2}{r_1^3} \right] = 0,$$

所以 $r_1 = \infty$ 或者

$$r_1^3 = \frac{2R^4 \dot{R}^2}{\dfrac{\mathrm{d}}{\mathrm{d}t}(R^2 \dot{R})}.$$

在第二种情况下, 如果 $r_1 > R$, 则

$$p_{\max} = p_\infty(t) + \frac{3\rho_{\mathrm{f}}}{4r_1} \frac{\mathrm{d}}{\mathrm{d}t}(R^2 \dot{R}).$$

进一步的推导是对任意的规律 $p_\infty(R)$ 和 $p_{\mathrm{g}}(R)$ (相应于 $R(t)$) 进行的. 我们有

$$\frac{\mathrm{d}}{\mathrm{d}t}(R^2 \dot{R}) = \dot{R} \frac{\mathrm{d}}{\mathrm{d}R}(R^2 \dot{R}) = \frac{1}{R} \left(\frac{R^3}{2} \frac{\mathrm{d}\dot{R}^2}{\mathrm{d}R} + 2R^2 \dot{R}^2 \right)$$

$$= \frac{1}{2R} \frac{\mathrm{d}}{\mathrm{d}R}(R^3 \dot{R}^2) + \frac{R}{2} \dot{R}^2 = \frac{1}{\rho_{\mathrm{f}}}(p_{\mathrm{g}} - p_\infty)R + \frac{1}{\rho_{\mathrm{f}} R^2} \int\limits_{R_0}^{R} (p_{\mathrm{g}} - p_\infty)R^2 \, \mathrm{d}R.$$

根据 (19.19) 和这个变换可以写出

$$4\left(\frac{R}{r_1}\right)^3 = 1 + \frac{(p_g - p_\infty)4\pi R^3}{E} = 1 + \frac{2(p_g - p_\infty)}{\rho_f \dot{R}^2},$$

$$p_{\max} = p_\infty(t) + \frac{3R}{4r_1}\left(p_g - p_\infty + \frac{\rho_f}{2}\dot{R}^2\right),$$

从而最终得到 [1]

$$p_{\max} = p_\infty(t) + \frac{3\rho_f}{2^{11/3}}\dot{R}^2\left[1 + \frac{2(p_g - p_\infty)}{\rho_f \dot{R}^2}\right]^{4/3}.$$

由此显然可知, 如果 [2] $p_g = 0$, $p_\infty > 0$, 则在 $R \to 0$, $\dot{R} \to \infty$ 时有 $r_1 > R$ ($r_1 \approx \sqrt[3]{4}R$), 并且在气泡闭合时, 不可压缩流体中的最大压强趋于无穷大, $p_{\max}(r_1) \to \infty$.

因此, 甚至在气泡没有反压 ($p_g = 0$) 的情况下, 气泡附近的液体压强在 $R \to 0$ 时仍然会变得巨大无比. 由此显然可知, 即使气泡内部压强为零, 液体的可压缩性在气泡闭合时也能够显著表现出来.

气泡的绝热振动　在气泡缩小的过程中, 如果气泡边界上的压强 p_g 上升, 则液体将减速运动, 速度甚至可能降低到零, 这时 $E = 0$, 根据 (19.19) 则有

$$\int_{V_0}^{V^*} (p_g - p_\infty)\,\mathrm{d}V = 0.$$

在 $(p_g - p_\infty, V)$ 平面上, 运动规律由相应曲线表示, 而动能由阴影部分的面积之差表示 (图 84). 我们强调, p_g 是气泡边界上的压强 ($\mu = 0$, $\sigma = 0$). 在一般情况下, 气泡内部的压强具有某种分布. 如果假设气泡内部的压强和密度与 r 无关, 则图 84 中的曲线 AC 将表示气泡内部气体状态的整体变化过程.

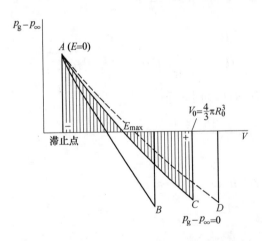

图 84. 用于在 $(p_g - p_\infty, V)$ 平面上绘制表示气泡在不可压缩理想流体中的扩张过程的曲线

如果假设气体的压缩过程是绝热的和可逆的, 这条曲线就是泊松绝热线. 如果假设压缩过程绝热但不可逆, 则对于每一个体积值 V, 由于熵随时间的推移而增加, 图 84 中表示过程的点在不同时刻都将位于泊松绝热线以上, 并且后一时刻所对应的点也将位于前一时刻所对应的点以

---

[1] 原书把这个公式中的 $2^{11/3}$ 误写为 $2^{7/3}$. ——译注

[2] 这时得到一个自相似问题, 在以下专著中也研究了这个问题: Седов Л. И. Методы подобия и размерности в механике. 9-е изд. Москва: Наука, 1981 (俄文第八版的中译本: Л. И. 谢多夫. 力学中的相似方法与量纲理论. 沈青, 倪锄非, 李维新译. 北京: 科学出版社, 1982).

上. 因此, 若压强 p_∞ 保持不变, 则在气泡的绝热不可逆振动过程中, 相应扩张曲线应当具有曲线 AD 的形式. 但是, 这将导致气泡振幅不断增加, 而这在物理上是不可能的, 所以不可能出现这样的过程.

然而, 如果保留绝热不可逆假设 (这在物理上完全允许), 那么, 显然只有气体参量在气泡径向的不均匀分布才可能给出真实的形如 AB 的扩张曲线. 例如, 气泡闭合时的压缩波和气泡扩张时的膨胀波都会导致气体参量的不均匀分布. 气泡内部过程的不均匀性能够具有重要意义, 上述讨论可以视为这个结论的基础.

显然, 从气体向液体传热 (不绝热) 有助于降低熵, 从而能够让 $(p_g - p_\infty, V)$ 平面上的过程曲线位于泊松绝热线以下. 这样的过程对应气泡振动的衰减.

气泡在内部压强均匀分布时的扩张和收缩 前面已经证明, 密度和温度在气泡内部均匀分布的假设是不可接受的. 与此同时, 在许多典型情况下允许假设压强在气泡内部均匀分布, 即 $p_g = p(t)$.

对于双参量介质中的平衡过程, 如果压强 p 和温度 T 为独立参量, 则在一般情况下, 焓 $i(p, T)$ 的导数满足以下公式 (见第一卷第五章公式 (6.14)):

$$\left(\frac{\partial i}{\partial p}\right)_T = \frac{1}{\rho^2}\left[T\left(\frac{\partial \rho}{\partial T}\right)_p + \rho\right].$$

对于热容 c_p 和 c_V 是常量的完全气体, 我们有

$$\rho = \frac{p}{T(c_p - c_V)}, \quad \left(\frac{\partial i}{\partial p}\right)_T = 0,$$

$$i = U + \frac{p}{\rho} + \text{const} = c_p T + \text{const}. \tag{19.20}$$

根据热力学一般公式显然可知, 在气泡内部, 密度 $\rho(r, t)$ 对半径 r 和时间 t 的依赖关系可以通过函数 $p(t)$ 和 $T(r, t)$ 表示出来, 而这些函数本身则需要从还包含 $v(r, t)$ 的偏微分方程 (连续性方程和能量方程) 才能确定下来, 并且在提出气泡中心和气泡表面的边界条件时, 除了条件 (19.1)—(19.4) 或 (19.5), 还要运用气体扩散、蒸气凝结或液体汽化的相关定律. 前面在第 160 页上已经指出, 如果气泡内部的气体质量固定不变, 气泡表面的边界条件就变得极为简单.

在研究气泡在液体中的扩张或收缩时, 如果气泡含有该液体的蒸气, 则在某些重要情况下可以认为, 气泡边界上的相变是由相变平衡条件控制的. 在这些条件下, 在气泡边界上沿饱和线成立克拉珀龙—克劳修斯方程, 该方程把饱和蒸气的温度 T_{svap} 与压强联系起来:

$$\frac{\mathrm{d}T_{\text{svap}}}{\mathrm{d}p} = \frac{T_{\text{svap}}[1 - \rho_g(R)/\rho_f]}{\mathscr{L}\rho_g(R)}, \tag{19.21}$$

式中 $T_{\text{svap}} = T_g(R)$, $\mathscr{L} = i_g^* - i_f^*$, 总焓 i_g^* 和 i_f^* 的值取自饱和线上的点. 对于非平衡相变过程, 可以把 (19.21) 替换为一些更复杂的关系式, 其中还可以考虑气泡的曲率

半径[1] [2]. 如果压强和温度在气泡边界上没有间断, 则 $\mathscr{L}$ 只是温度或压强的函数.

对于气泡内部气体的球对称运动, 如果忽略黏性但考虑传热, 则连续性方程和热流方程的形式为

$$\frac{\mathrm{d}\rho}{\mathrm{d}t} + \frac{\rho}{r^2}\frac{\partial}{\partial r}(r^2 v) = 0, \tag{19.22}$$

$$\rho\frac{\mathrm{d}i}{\mathrm{d}t} = \frac{\mathrm{d}p}{\mathrm{d}t} - \frac{1}{r^2}\frac{\partial}{\partial r}(r^2 q_{\mathrm{g}}). \tag{19.23}$$

对气体中的传热过程使用傅里叶热传导定律, 我们有

$$q_{\mathrm{g}} = -k_{\mathrm{g}}\frac{\partial T}{\partial r}, \tag{19.24}$$

式中 k_{g} 是气体的热导率. 连续性方程 (19.22) 乘以 i 后与热流方程 (19.23) 相加, 得

$$\frac{\mathrm{d}}{\mathrm{d}t}(\rho i) + \frac{\rho i}{r^2}\frac{\partial}{\partial r}(v r^2) = \frac{\mathrm{d}p}{\mathrm{d}t} + \frac{1}{r^2}\frac{\partial}{\partial r}\left(r^2 k_{\mathrm{g}}\frac{\partial T}{\partial r}\right). \tag{19.25}$$

我们在下面将认为液体是不可压缩的, 而气泡内部的气体由完全气体状态方程 (19.20) 描述. 对完全气体状态方程与水蒸气参量的数据进行对比, 二者在压强和温度的变化范围分别是 1—10 atm 和 370—450 K 的时候符合良好 (相差 3% 以内).

对于完全气体, 用 r^2 乘方程 (19.25), 然后对 r 从 0 到 R 进行积分, 得

$$\frac{\mathrm{d}p(t)}{\mathrm{d}t} = \frac{\mathrm{d}p_{\mathrm{g}}}{\mathrm{d}t} = \frac{3(\gamma-1)}{R}\left(k_{\mathrm{g}}\frac{\partial T}{\partial r}\right)_{r=R} - \frac{3\gamma p_{\mathrm{g}} v_{\mathrm{g}}(R)}{R}. \tag{19.26}$$

利用公式 (19.20) 和 (19.24) 可以把热流方程 (19.23) 改写为

$$\frac{\gamma}{\gamma-1}\frac{p}{T_{\mathrm{g}}}\left(\frac{\partial T_{\mathrm{g}}}{\partial t} + v_{\mathrm{g}}\frac{\partial T_{\mathrm{g}}}{\partial r}\right) = \frac{1}{r^2}\frac{\partial}{\partial r}\left(r^2 k_{\mathrm{g}}\frac{\partial T_{\mathrm{g}}}{\partial r}\right) + \frac{\mathrm{d}p(t)}{\mathrm{d}t}. \tag{19.27}$$

液体的热流方程可以写为以下形式:

$$\rho_{\mathrm{f}} c_{\mathrm{f}}\left(\frac{\partial T_{\mathrm{f}}}{\partial t} + v_{\mathrm{f}}\frac{\partial T_{\mathrm{f}}}{\partial r}\right) = \frac{1}{r^2}\frac{\partial}{\partial r}\left(r^2 k_{\mathrm{f}}\frac{\partial T_{\mathrm{f}}}{\partial r}\right), \tag{19.28}$$

式中 c_{f} 是液体的质量热容. 气泡周围液体中的速度分布为

$$v_{\mathrm{f}}(r,\ t) = v_{\mathrm{f}}(R)\frac{R^2}{r^2}.$$

在函数 $\rho_{\mathrm{g}}(p, T_{\mathrm{g}})$, $i(p, T)$, $\mathscr{L}$ 给定时, 为了计算 $v_{\mathrm{g}}(r, t)$, $p(t)$, $T_{\mathrm{g}}(r, t)$ 和 $T_{\mathrm{f}}(r, t)$, 可以利用方程 (19.22), (19.26)—(19.28) 和以下边界条件:

在 $r = 0$ 时

$$v_{\mathrm{g}} = 0, \qquad \frac{\partial T_{\mathrm{g}}}{\partial r} = 0;$$

―――――――

[1] 例如, 参见: Нигматулин Р. И. Основы механики гетерогенных сред. Москва: Наука, 1978.

[2] 还可参考: Нигматулин Р. И. Динамика многофазных сред. Ч. 1. Москва: Наука, 1987 (Nigmatulin R. I. Dynamics of Multiphase Media. V. 1. New York: Hemisphere, 1990). ――译注

在 $r = R$ 时

$$v_g = v_g(R), \quad \frac{1}{4\pi R^2}\frac{dm}{dt} = \rho_g(\dot{R} - v_g) = \rho_f(\dot{R} - v_f),$$

$$T_g = T_f = T_{svap}(p), \quad k_f\frac{\partial T_f}{\partial r} - k_g\frac{\partial T_g}{\partial r} = \frac{1}{4\pi R^2}\frac{dm}{dt}\mathscr{L}. \tag{19.29}$$

关系式 (19.29) 是气泡边界上的一般条件的简化写法. 在对实际应用颇为重要的许多情况下, 例如在毛细效应无关紧要时, 这样的简化是允许的.

在平衡相变过程中, (19.29) 中的最后一个条件用于计算相变速度. 在非平衡相变过程中 $T_g(R) \neq T_{svap}(p)$, $T_g(R) \neq T_f(R)$, 必须额外提出动理学关系式才能计算相变速度.

用 r^2 乘方程 (19.25), 然后对 r 从 0 到 r 进行积分, 再利用 (19.26) 和边界条件 (19.29), 我们得到气泡中的速度分布公式

$$v_g(r,\ t) = \frac{r}{R}v_g(R) + \frac{\gamma - 1}{\gamma p_g}\left[\left(k_g\frac{\partial T_g}{\partial r}\right)_r - \frac{r}{R}\left(k_g\frac{\partial T_g}{\partial r}\right)_R\right].$$

方程 (19.13) 描述气泡径向运动的动力学行为.

在上面提出的问题中, 可以在考虑液体运动时从方程 (19.27), (19.28), (19.26), (19.13) 以及相应初始条件和边界条件计算 p_g, T_g, T_f 和 R. 尽管在不可压缩流体和给定无穷远压强的情况下, 气泡边界上的所有参量都可以用简单的公式通过函数 $R(t)$ 表示出来, 这个问题仍很复杂.

可以利用数值计算得到函数 $T_g(r,\ t)$, $T_f(r,\ t)$, $\rho_g(r,\ t)$, $v_g(r,\ t)$, $p(t)$ 和 $R(t)$ 的相应的解.

在求解液体中气泡的非定常径向运动问题时得到的定性结果和定量结果不但有趣, 而且有用. 图 85 (a) 给出质量不变的空气泡在水中振动的计算结果[1]. 计算所需的水和空气的热物理参量值为:

$$T_0 = 300\ \text{K}, \quad \rho_{g0} = 1.29\ \text{kg}\cdot\text{m}^{-3}, \quad \gamma = 1.4, \quad c_p = 1000\ \text{m}^2\cdot\text{s}^{-2}\cdot\text{K}^{-1},$$

$$c_f = 4200\ \text{m}^2\cdot\text{s}^{-2}\cdot\text{K}^{-1}, \quad k_g = 0.0247\ \text{kg}\cdot\text{m}\cdot\text{s}^{-3}\cdot\text{K}^{-1}, \quad k_f = 0.68\ \text{kg}\cdot\text{m}\cdot\text{s}^{-3}\cdot\text{K}^{-1}.$$

在时间 t 内通过气泡边界进入液体的无量纲形式的总热量为

$$Q^* = \frac{4\pi}{c_p\rho_{g0}T_0R_0^3}\int_0^t R^2(t')q_R(t')\,dt', \quad \text{式中} \quad q_R = -\left(k_g\frac{\partial T_g}{\partial r}\right)_{r-R}.$$

计算这个量是有用的, 它表征液体动能的耗散 (见图 85 (a)).

[1] 参见: Нигматулин Р. И., Хабеев Н. С. Теплообмен газового пузырька в жидкости. Изв. АН СССР. МЖГ, 1974, вып. 5: 94—100 (Nigmatulin R. I., Khabeev N. S. Heat exchange between a gas bubble and a liquid. Fluid Dyn., 1974, 9(5): 759—764); Нигматулин Р. И., Хабеев Н. С. Динамика паровых пузырьков. Изв. АН СССР. МЖГ, 1975, вып. 3: 59—67 (Nigmatulin R. I., Khabeev N. S. Dynamics of vapor bubbles. Fluid Dyn., 1975, 10(3): 415—421).

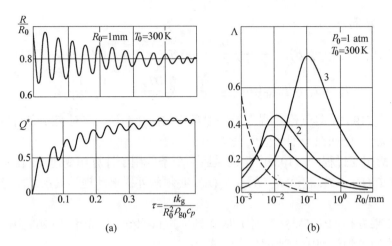

图 85.　(a) 把水的压强 p_∞ 从 $p_0 = 1$ atm 突然提高到 $p_l = 2$ atm 之后, 空气泡半径 R 和释放到水中的热量 Q^* 随时间的变化情况. (b) 水中气泡小振幅自由振动衰减率对气泡平衡半径的依赖关系. 虚线表示由水的黏性引起的振动衰减率, 点虚线表示由水的可压缩性引起的振动衰减率, 曲线 1, 2, 3 表示由传热引起的振动衰减率 Λ_T (见 (19.31), (19.32)), 它们分别对应充满二氧化碳 ($D_g = 1.1 \times 10^{-5}$ m²/s)、空气 ($D_g = 2.1 \times 10^{-5}$ m²/s) 和氦气 ($D_g = 1.8 \times 10^{-4}$ m²/s) 的气泡

当液体的压强从 p_0 突然提高到 p_l 后, 气泡开始振动, 其状态参量从初始值 R_0, p_0, T_0 变为 R_l, p_l, T_l, 其中 $R_l/R_0 \approx (p_0/p_l)^{1/3}$. 这里认为毛细效应很弱. 液体动能耗散为热量, 从而导致气泡振动的衰减.

上述问题的数值解表明, 即使气泡受到强烈压缩, 以至于气泡中心的气体温度达到很高的值 (约 1000 K), 气泡表面的温度也基本不变并近似地等于起恒温器作用的周围液体的温度. 因此, 在不考虑相变的情况下, 气泡内部的传热问题起主要作用, 气泡表面的边界条件可以写为 $T|_{r=R} = T_0$ 的形式. 这是因为, 与气体相比, 液体具有大得多的热导率和小得多的热扩散率[1] $D_f = k_f/\rho_f c_f$.

在研究振动气泡内部气体的典型温度分布时可以发现, 热流方向在某些时间段指向气泡内部, 尽管气体的平均温度可能高于液体的温度. 这是因为, 在气泡收缩时, 在气泡表面极薄的过渡层内形成很大的温度梯度并发生剧烈的热量释放, 而液体善于吸收由此导致的热量; 在气泡膨胀时, 气体的热传导却来不及抵消由此引起的气体过渡层的冷却.

如果在气泡边界上发生液体汽化或蒸气凝结, 则相变潜热主要由液体释放或吸收, 因为液体的热导率通常远大于气体的热导率. 因此, 对于由蒸气组成的气泡, 外部 (液体) 的传热问题起主要作用, 这与气泡内不含蒸气的情况有所不同.

蒸气泡的惯性控制状态和传热控制状态　当液体压强改变时, 蒸气泡有两种极限运动状态: 由惯性控制的运动状态和由传热控制的运动状态.

实现惯性控制状态 (或称瑞利运动状态) 的条件是液体

---

[1] 热扩散率就是线性热传导方程 (见第一卷第 189 页) 中的系数. ——译注

的热导率足够大, 以至于液体能够吸收或提供在相变过程中释放或吸收的全部热量. 这时, 气泡内部的压强不随时间变化:

$$p_{\mathrm{g}} = p_0 = \mathrm{const}, \quad T_{\mathrm{g}} = T_0 = \mathrm{const}.$$

从形式上看, 这些条件在 $k_{\mathrm{f}} = \infty$, $\sigma = 0$, $\mu = 0$ 时成立.

在这样的运动状态下, 过程只取决于液体的惯性并由动能方程 (19.13) 描述. 在实际应用中, 如果成立条件

$$\Delta p = p_0 - p_\infty = \mathrm{const}, \quad \rho_{\mathrm{g}} \ll \rho_{\mathrm{f}}, \quad \frac{2\sigma}{R} \ll \Delta p, \quad \frac{\mu}{\rho_{\mathrm{f}} R} \sqrt{\frac{\rho_{\mathrm{f}}}{\Delta p}} \ll 1,$$

即可实现惯性控制状态. 经过上述简化, 方程 (19.13) 在初始条件

$$在 \ t = 0 \ 时 \quad R = R_0, \quad v_{\mathrm{f}}(R) = 0$$

下的解具有以下形式:

$$v_{\mathrm{f}}(R) = \pm \sqrt{\frac{2\Delta p}{3\rho_{\mathrm{f}}}\left[1 - \left(\frac{R_0}{R}\right)^3\right]}. \tag{19.30}$$

正号对应气泡扩张:

$$\Delta p > 0, \quad R > R_0 \quad (R \to \infty, \quad v_{\mathrm{f}}(R) \to \sqrt{2\Delta p/3\rho_{\mathrm{f}}}\,);$$

负号对应气泡闭合:

$$\Delta p < 0, \quad R < R_0 \quad (R \to 0, \quad v_{\mathrm{f}}(R) \to \infty).$$

从方程 (19.30) 可以计算气泡完全消失所需时间 t_*:

$$t_* = -\int_{R_0}^{0}\left\{\frac{2\Delta p}{3\rho_{\mathrm{f}}}\left[1 - \left(\frac{R_0}{R}\right)^3\right]\right\}^{-1/2}\mathrm{d}R = R_0\sqrt{-\frac{\rho_{\mathrm{f}}}{6\Delta p}}\int_0^1 x^{-1/6}(1-x)^{-1/2}\,\mathrm{d}x$$

$$= R_0\sqrt{-\frac{\rho_{\mathrm{f}}}{6\Delta p}}\,\frac{\Gamma\!\left(\dfrac{5}{6}\right)\Gamma\!\left(\dfrac{1}{2}\right)}{\Gamma\!\left(\dfrac{4}{3}\right)} \approx 0.915 R_0\sqrt{-\frac{\rho_{\mathrm{f}}}{\Delta p}}.$$

蒸气泡的第二种运动状态——传热控制状态——取决于液体吸收或提供相变热的能力, 实现这种运动状态的条件是

$$\frac{D_{\mathrm{f}}}{R_0} \ll \sqrt{\frac{\Delta p}{\rho_{\mathrm{f}}}}.$$

这时没有惯性效应, 蒸气的压强和温度因为公式 $p_{\mathrm{g}} = p_\infty + 2\sigma/R$, $T_{\mathrm{g}} = T_{\mathrm{svap}}(p_{\mathrm{g}})$ 而变化很小, 蒸气泡在过热液体中单调扩张, 在受热不足的液体中则发生闭合. 与蒸气泡大小不变的情况相比, 单位面积表面上的热交换在蒸气泡扩张时更加剧烈. 这是

因为, 紧贴蒸气泡表面的液体过渡层由于气泡扩张而越来越薄, 过渡层中的温度梯度则越来越大. 在气泡闭合时出现相反的效应.

无量纲主定参量   在 $p_\infty(t)$, $T_\infty(t)$ 的变化规律给定时, 气泡在不可压缩流体中的行为在一般情况下取决于以下参量:

$$R_0,\ p_0,\ \rho_{g0},\ \rho_f,\ \gamma,\ k_g,\ k_f,\ c_p,\ c_f,\ \sigma,\ \mu_f,\ \mathscr{L},\ t_0,\ T_\infty(t_0).$$

从这些主定参量可以组成 10 个独立的无量纲组合:

$$\gamma,\quad \varkappa^{(\rho)} = \frac{\rho_{g0}}{\rho_f},\quad \varkappa^{(k)} = \frac{k_g}{k_f},\quad \varkappa^{(D)} = \frac{D_g}{D_f},\quad d = \frac{D_g}{R_0\sqrt{p_0/\rho_f}},$$

$$S = \frac{\sigma}{R_0 p_0},\quad M = \frac{\mu_f}{\rho_f D_g},\quad l = \frac{\mathscr{L}\rho_{g0}}{p_0},\quad St = \frac{t_0}{R_0}\sqrt{\frac{p_0}{\rho_f}},\quad \frac{c_p \rho_{g0} T_\infty(t_0)}{p_0},$$

式中 $D_g = k_g/\rho_{g0}c_p$ 是气体的热扩散率.

因此, 在外部作用 $p_\infty(t)$, $T_\infty(t)$ 已经固定的情况下, 气泡运动问题的所有的解都取决于上述无量纲主定参量组. 独立的无量纲主定参量有 10 个之多, 这说明问题的解具有多种可能的运动状态. 参量 l 在没有相变时无关紧要.

如果压强对气泡的作用不算强并且没有相变, 则气泡外部的传热问题就不再重要, 因为 $\varkappa^{(\rho)} \ll 1$, $\varkappa^{(k)} \ll 1$, $\varkappa^{(D)} \gg 1$; 此外, 对于充满惰性气体的气泡, 过程取决于独立的无量纲参量 M, γ, d, S, St, 这些参量的数目显然还是相当多的.

气泡的小幅振动   我们将在 $p_\infty = p_0 = \mathrm{const}$ 的条件下研究气泡在液体中的小幅自由振动问题, 并认为振动具有以下形式:

$$R(t) = R_0\left[1 + A_0 \exp\left(-\frac{\Lambda\omega t}{2\pi}\right)\sin\omega t\right],\quad A_0 \ll 1. \tag{19.31}$$

利用线性化的基本方程组 (气泡动力学方程和液体与气泡内部气体之间的传热传质方程) 即可得到这个问题的解析解. 对于足够大的气泡 $(R_0 \gg \sqrt{D_g/\omega})$, 该解析解给出自由振动的频率 ω 和衰减率 Λ 的以下表达式[1]:

$$\omega = \frac{1}{R_0}\sqrt{\frac{3\gamma p_0}{\rho_f}},\quad \Lambda = \Lambda_\mu + \Lambda_a + \Lambda_T,$$

$$\Lambda_\mu = \frac{4\pi\mu_f}{\rho_f R_0^2 \omega},\quad \Lambda_a = \frac{\pi\omega R_0}{a_f},\quad \Lambda_T = \frac{3\pi(\gamma-1)}{R_0}\sqrt{\frac{D_g}{2\omega}}, \tag{19.32}$$

式中 a_f 是液体中的声速. 为了得到公式 (19.32), 可以从公式 (19.18) 出发, 在传热过程对气泡自由振动频率没有重要影响的条件下对气泡非线性振动周期进行渐近分析 (在 $(p_{g0} - p_\infty)/p_\infty \to 0$ 时). 量 $\Lambda_\mu, \Lambda_a, \Lambda_T$ 分别表示由黏性、可压缩性和传热引起的气泡振动衰减率. 只要分别求解绝热不可压缩黏性流体、绝热可压缩理想流体和

---

[1] Chapman R. B., Plesset M. S. Thermal effects in the free oscillation of gas bubbles. Trans. ASME D, J. Basic Eng., 1971, 93(3): 373—376.

可传热不可压缩理想流体中的相应问题, 即可得到上述表达式.

图 85 (b) 给出了水中气泡衰减率对气泡尺寸的依赖关系[1]. 可以看出, 对于黏度在量级上与水相当的液体 ($\mu = 10^{-3}$ kg·s^{-1}·m^{-1}), 在 1 mm > R_0 > 10^{-2} mm 时, 气泡振动的衰减不取决于液体的黏性和可压缩性, 而取决于气体的热扩散率 D_g, 即热耗散占据优势. 黏性耗散仅在黏度很大的液体中才有优势. 例如, 纯甘油的黏度比水大 10^3 倍[2], 对于纯甘油中的空气泡, 在 $R_0 = 1$ mm 时比值 $\Lambda_T/\Lambda_\mu = 0.17$. 由液体的可压缩性引起的耗散, 即无界可压缩液体中的孤立气泡在振动时向远方发出声波扰动的现象, 仅在 $R_0 > 1$ mm 时才会表现出来. 热耗散状态与液体动能转变为热量的不可逆过程有关. 具体而言, 在气泡收缩时, 气体温度高于液体温度, 气体向液体释放热量; 在气泡扩张时, 气体温度低于液体温度, 液体向气体释放热量, 并且返回气体的这部分热量少于气体在气泡收缩阶段失去的热量.

对图 85 (b) 中的曲线 2 和 3 进行对比之后即可证实, 在其余条件相同的情况下, 氢气泡振动的衰减速度比空气泡快得多.

众所周知, 若存在相变, 则气泡的固有振动频率降低, 总衰减率大幅上升. 由于耗散很大, 微小的蒸气泡基本上无法完成自由的径向振动. 已经证明, 如果相变和毛细效应同时存在, 就会出现新的不等于气泡自由振动频率 (19.32) 的共振频率. 蒸气泡具有两个共振频率, 因为蒸气泡可压缩性的影响显著依赖于振动频率, 这与不含蒸气的气泡有所不同.

在实验中发现并通过计算证实的一个有趣的效应[3] 是, 在超声波作用下, 蒸气泡平均半径能够从微观尺度 ($R \sim 0.1$ μm) 显著增长到可见尺度 ($R \sim 0.1$ mm). 这类研究之所以很有迫切性, 是因为需要制造用于探测带电粒子径迹的超声波液氢气泡室. 在带电粒子穿过气泡室的时候, 沿其轨迹会产生微观尺度的蒸气核, 这些蒸气核在超声波的作用下即成长为可见的蒸气泡. 蒸气核成长的基本机理在于外部声场的能量被液体吸收并用于汽化.

§20. 圆球在不可压缩黏性流体中的运动

势流假设是关于物体在不可压缩理想流体中运动的问题能够被有效解决的保证条件, 这时得到用来计算速度势的一个线性问题.

在不可压缩黏性流体的情况下, 类似问题中的流动是无势的, 需要求解非线性的纳维—斯托克斯方程和连续性方程. 从数学上讲, 关于物体在黏性流体中运动的问题在精确的提法下非常困难. 要想在理论研究中获得相应的解, 总要额外引入一

[1] 参见: Нигматулин Р. И. Эффекты и их математическое описание при распространении волн в пузырьковых средах. В сб.: Избранные вопросы современной механики (к 50-летию С. С. Григоряна). Ч. 1. Москва: Изд-во Моск. ун-та, 1981.

[2] 原书第一卷第四章中的甘油数据有误. 甘油在 15 °C 下的黏度为 2.3 kg·s^{-1}·m^{-1}. ——译注

[3] 这就是被广泛应用于超声清洗、超声化学、超声医学等许多领域的超声空化效应. ——译注

些假设. 例如, 许多理论都关系到运动方程的线性化.

斯托克斯近似的数学提法

斯托克斯近似是这样的线性化处理的一个最简单的例子, 它仅仅适用于非常小的雷诺数[1] $Re = Ud/\nu$ (U 是物体的速度值, d 是特征长度, $\nu = \mu/\rho$ 是运动黏度). 这时, 纳维—斯托克斯方程中的非线性对流项完全被忽略不计.

在这样的近似提法下, 定常运动方程组在笛卡儿坐标系下的形式为[2]

$$\frac{\partial u}{\partial x} + \frac{\partial v}{\partial y} + \frac{\partial w}{\partial z} = 0, \tag{20.1}$$

$$\mu\Delta u = \frac{\partial p}{\partial x}, \quad \mu\Delta v = \frac{\partial p}{\partial y}, \quad \mu\Delta w = \frac{\partial p}{\partial z}. \tag{20.2}$$

在黏度 μ 是常量时, 仅仅根据方程 (20.1), (20.2), 以及物体表面的无滑移条件和流体绝对速度在无穷远处等于零的条件, 就可以解决许多具体问题.

黏性流体对物体的作用力公式

我们来研究静止物体被不可压缩流体定常绕流的问题, 认为无穷远处的流速 U 和压强 p_0 都是给定的. 对于具有给定几何形状的物体, 它的各种几何尺寸都取决于特征长度 d; 几何相似的物体具有不同的特征长度.

显然, 在斯托克斯近似下 (方程组 (20.1), (20.2)), 整体流动的特征量只依赖于以下参量[3]:

$$\mu, \ d, \ U, \ \alpha, \ \beta, \ p_0,$$

其中的角 α, β 给出物体相对于来流的方位. 显然, 无穷远处的常压强 p_0 以相加的形式出现在压强的解中, 所以在计算流体对物体的合力 A 时, p_0 并不重要.

根据第七章中的相似与量纲理论, 对于任何形状的物体都成立公式

$$A^i = c^i_k(\alpha, \ \beta)\, U^k \mu d, \tag{20.3}$$

式中 A^i, U^k 分别是作用力和速度在笛卡儿坐标轴上的分量, c^i_k 是无量纲系数, 它们是一个依赖于物体形状的常张量的分量. 在一般情况下, 作用力矢量 A 和速度矢量 U 具有不同的方向, 流体对物体的作用力包括升力和侧向力. 为了确定常系数 c^i_k, 必须求解数学问题或进行相应的实验测量.

圆球绕流问题中的压强分布问题

现在, 我们在斯托克斯近似下研究不可压缩黏性流体的圆球绕流问题.

从方程 (20.2) 和 (20.1) 可知

$$\Delta p = 0,$$

---

[1] 关于低雷诺数流动的系统性结果, 可以参考: 严宗毅. 低雷诺数理论. 北京: 北京大学出版社, 2002. ——译注

[2] 这里不考虑质量力的影响. ——译注

[3] 我们在这里和以后一直认为黏度 μ 与坐标无关.

即 p 是调和函数. 为了研究函数 $p(x, y, z)$ 的性质, 我们假设 p 在无穷远处等于零. 求出 $p_\infty = 0$ 所对应的解之后, 只要加上 p_0, 即可得到 $p_\infty = p_0 \neq 0$ 所对应的解.

因为问题是线性的, 所以对于任意的来流方向都显然成立以下等式:

$$p = U^1 p_1 + U^2 p_2 + U^3 p_3,$$

其中的函数 $p_1(x, y, z)$, $p_2(x, y, z)$, $p_3(x, y, z)$ 类似于在 §14 中引入的势函数 φ_1, φ_2, φ_3.

首先让笛卡儿坐标系原点位于球心. 根据每一个求解 p_i 的问题的轴对称性, 我们有

$$p_1 = p_1\big(x, \sqrt{y^2 + z^2}\big), \quad p_2 = p_2\big(y, \sqrt{z^2 + x^2}\big), \quad p_3 = p_3\big(z, \sqrt{x^2 + y^2}\big); \quad (20.4)$$

另一方面, 得到势函数 φ_i 的公式 (14.7) 的方法在这里仍然适用, 于是有

$$p_2 = f\big(x, \sqrt{y^2 + z^2}\big) \frac{y}{\sqrt{y^2 + z^2}}. \tag{20.5}$$

根据 (20.4), 可以引入函数 F, 使得[1]

$$p_2 = F\big(y, \sqrt{z^2 + x^2}\big) y.$$

若令 $f = g\sqrt{y^2 + z^2}$, 则 (20.5) 可以改写为

$$p_2 = g\big(x, \sqrt{y^2 + z^2}\big) y.$$

由此可知

$$F\big(y, \sqrt{z^2 + x^2}\big) = g\big(x, \sqrt{z^2 + y^2}\big). \tag{20.6}$$

函数关系式 (20.6) 仅在

$$F = g = \chi\big(\sqrt{x^2 + y^2 + z^2}\big) \tag{20.7}$$

时才能得到满足, 式中 χ 是 $r = \sqrt{x^2 + y^2 + z^2}$ 的某个函数. 其实, 在 $y = 0$, $x = \xi$, $z = \eta$ 时有

$$g(\xi, \eta) = F\big(0, \sqrt{\xi^2 + \eta^2}\big) = \chi\big(\sqrt{\xi^2 + \eta^2}\big).$$

于是, 只要令 $\xi = x$, $\eta = \sqrt{z^2 + y^2}$, 即可得到 (20.7). 因此, 如果取 $\chi = \psi'(r)/r$, 则 $p_i(x, y, z)$ 满足以下公式:

$$p_1 = \psi'(r) \frac{x}{r} = \frac{\partial \psi(r)}{\partial x}, \quad p_2 = \frac{\partial \psi(r)}{\partial y}, \quad p_3 = \frac{\partial \psi(r)}{\partial z}.$$

因为压强满足拉普拉斯方程, 所以容易看出, 函数 $\psi(r)$ 只可能具有以下形式:

$$\psi(r) = -\mu \frac{a_1}{r} + b,$$

---

[1] 这里对原文略作改写, 使表述更加清晰. ——译注

式中 a_1 和 b 是常量, 负号和系数 μ 是为了简化后续推导过程而添加的.

不失一般性, 我们进一步认为来流在无穷远处平行于 x 轴. 在这样的情况下, 压强满足以下公式:

$$p = p_0 + \frac{\mu a}{r^3} x, \tag{20.8}$$

式中 a 是待求常量.

速度场的计算问题 把压强的表达式 (20.8) 代入方程 (20.2), 我们得到速度分量 u, v, w 的简单的泊松方程, 其右侧函数是已知的.

设被绕流圆球的半径为 R, 令

$$
\begin{aligned}
u &= \frac{a}{2}\left(\frac{1}{r^3} - \frac{R^2}{r^5}\right)x^2 - \frac{a}{2r} + \frac{aR^2}{6r^3} + u_1 = \frac{\partial \varphi}{\partial x} + u_1, \\
v &= \frac{a}{2}\left(\frac{1}{r^3} - \frac{R^2}{r^5}\right)xy + v_1 = \frac{\partial \varphi}{\partial y} + v_1, \\
w &= \frac{a}{2}\left(\frac{1}{r^3} - \frac{R^2}{r^5}\right)xz + w_1 = \frac{\partial \varphi}{\partial z} + w_1.
\end{aligned}
\tag{20.9}
$$

在公式 (20.9) 中, 第一项对应速度势为

$$\varphi = -\frac{ax}{2r} + \frac{aR^2 x}{6r^3}$$

的势流, 该速度势满足泊松方程

$$\Delta \varphi = \frac{ax}{r^3} = \frac{1}{\mu}(p - p_0). \tag{20.10}$$

为了计算公式 (20.9) 中被记为 u_1, v_1, w_1 的其余各项, 根据 (20.2), 我们有以下方程:

$$\Delta u_1 = \Delta v_1 = \Delta w_1 = 0,$$

即 $u_1(x, y, z)$, $v_1(x, y, z)$, $w_1(x, y, z)$ 是调和函数. 根据 (20.9), 我们有以下无穷远条件:

$$u_1 = U, \quad v_1 = w_1 = 0,$$

而球面上的无滑移条件则给出

$$
\begin{aligned}
0 &= u = -\frac{a}{3R} + u_1, \quad 即 \quad u_1 = \frac{a}{3R}, \\
0 &= v = v_1, \\
0 &= w = w_1.
\end{aligned}
$$

由此显然可见, 因为 v_1 和 w_1 满足狄利克雷问题, 并且它们在球面和无穷远处等于零, 所以相应的解恒等于零,

$$v_1 = w_1 = 0.$$

速度分量 u_1 在球面上的值等于 $a/3R$, 在无穷远处的值等于常量 U. 只要取调和函数

$$u_1 = U + \frac{c}{r},$$

式中 c 是常量, 就能满足上述两个条件. 球面上的条件给出

$$U + \frac{c}{R} = \frac{a}{3R}, \quad \text{即} \quad c = \frac{a}{3} - RU. \tag{20.11}$$

为了计算 a, 最后再使用方程 (20.1), 其形式为

$$\frac{\partial u_1}{\partial x} + \frac{\partial v_1}{\partial y} + \frac{\partial w_1}{\partial z} + \Delta\varphi = 0.$$

利用 $v_1 = w_1 = 0$ 和 (20.10), 此方程的形式变为

$$\frac{\partial u_1}{\partial x} = -\frac{cx}{r^3} = -\Delta\varphi = -\frac{ax}{r^3}.$$

利用 (20.11), 由此可得

$$a = c = -\frac{3RU}{2}.$$

压强和速度的公式　因此, 对于上述圆球定常绕流问题, 在均匀来流的速度 U 平行于 x 轴时, 完整的解可以通过以下公式表示出来:

$$p = p_0 - \frac{3RU\mu x}{2r^3},$$

$$u = -\frac{3RU}{4}\left(\frac{1}{r^3} - \frac{R^2}{r^5}\right)x^2 + \frac{3RU}{4r} - \frac{R^3U}{4r^3} + U,$$

$$v = -\frac{3RU}{4}\left(\frac{1}{r^3} - \frac{R^2}{r^5}\right)xy, \tag{20.12}$$

$$w = -\frac{3RU}{4}\left(\frac{1}{r^3} - \frac{R^2}{r^5}\right)xz.$$

从公式 (20.12) 可知, 运动特征量的分布相对于与来流速度垂直的平面 yz 并不对称[1].

阻力的计算　在公式 (20.12) 的基础上能够计算流动区域中任意一点的应力, 从而能够计算球面上的应力分布, 由此容易计算阻力[2]. 黏性流体对圆球的总作用力 $\boldsymbol{A}$ 为

$$\boldsymbol{A} = \int_{\Sigma_0} \boldsymbol{p}_n \, \mathrm{d}\sigma,$$

式中 Σ_0 是球面 $x^2 + y^2 + z^2 = R^2$ (在这里和下文中, 法线指向半径增加的方向).

---

[1] 这种不对称性主要体现在压强上, 上游压强大于下游压强. 显然, 流线相对于通过球心的 yz 平面是对称的. ——译注

[2] 这是直接计算阻力的常规方法. 根据对称性, 用球面坐标进行计算更方便. 下面的计算没有采用常规方法, 而是采用了一种与第 144 页上的相关讨论 (见那里的脚注) 相呼应的方法. ——译注

定常流动的斯托克斯方程 (20.2) 可以写为静力学方程的形式:

$$\frac{\partial \boldsymbol{p}_x}{\partial x} + \frac{\partial \boldsymbol{p}_y}{\partial y} + \frac{\partial \boldsymbol{p}_z}{\partial z} = 0.$$

由此可知, 对于流动区域中的任何封闭曲面 Σ^*, 只要被它包围的流体具有有限的体积, 并且这部分流体的运动是连续的, 则在斯托克斯近似下成立公式

$$\int\limits_{\Sigma^*} \boldsymbol{p}_n \, \mathrm{d}\sigma = \int\limits_{V} \left(\frac{\partial \boldsymbol{p}_x}{\partial x} + \frac{\partial \boldsymbol{p}_y}{\partial y} + \frac{\partial \boldsymbol{p}_z}{\partial z} \right) \mathrm{d}\tau = 0. \tag{20.13}$$

此关系式可以视为动量方程, 因为在斯托克斯近似下, 在定常流动中忽略加速度, 所以对于任何区域都必须忽略流体动量的变化, 即忽略

$$\frac{\mathrm{d}\boldsymbol{Q}}{\mathrm{d}t} = \int\limits_{\Sigma^*} \rho \boldsymbol{v} v_n \, \mathrm{d}\sigma.$$

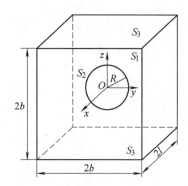

图 86. 流动区域中的控制面由长方体和球面组成

在一般情况下, 对于任何控制面 Σ^* 都有 $\mathrm{d}\boldsymbol{Q}/\mathrm{d}t \neq 0$, 但因为流体速度很小, 所以动量变化率相对而言是 2 阶小量. 我们在下面将这样选取曲面 Σ^*, 使得 $\mathrm{d}\boldsymbol{Q}/\mathrm{d}t = 0$, 于是可以把关系式 (20.13) 看做在斯托克斯近似下用来求解流体运动和内应力的精确的动量方程.

现在假设控制面 Σ^* 由球面 Σ_0 和流动区域中任何把该球面包围在内的封闭曲面 Σ 组成. 由 (20.13) 可知

$$\boldsymbol{A} = \int\limits_{\Sigma_0} \boldsymbol{p}_n \, \mathrm{d}\sigma = \int\limits_{\Sigma} \boldsymbol{p}_n \, \mathrm{d}\sigma. \tag{20.14}$$

如图 86 所示, 选取中心位于坐标原点的长方体的表面作为曲面 Σ, 其各面平行于坐标面, 并且平行于 x 轴的棱的长度为 $2l$, 分别平行于 y 轴和 z 轴的棱的长度为 $2b$. 根据解的对称性, 公式 (20.14) 在 x 轴上的投影给出[1]

$$A_x = W = 4 \int\limits_{S_3(l,b)} p_{zx} \, \mathrm{d}\sigma + \int\limits_{S_1(b,b)} p_{xx} \, \mathrm{d}\sigma - \int\limits_{S_2(b,b)} p_{xx} \, \mathrm{d}\sigma, \tag{20.15}$$

式中 S_1 和 S_2 分别表示长方体的下游面和上游面, 它们垂直于 x 轴, S_3 表示垂直于 z 轴的面 (见图 86). 根据对称性, 分别垂直于 z 轴和 y 轴的 4 个面上的力是相同的, 所以对 S_3 的积分具有因子 4. 为了计算上述面力积分, 我们来计算 p_{zx} 和 p_{xx}. 根据

---

[1] 对于动量在 x 轴的投影的变化率, 我们有 $\mathrm{d}Q_x/\mathrm{d}t = \int \rho u v_n \, \mathrm{d}\sigma$, 式中的积分域为长方体表面. 根据对称性, 对所有侧面的积分等于零, 对上、下游两个面的积分大小相同而符号相反, 因为这两个面到球心的距离相同, 由解 (20.12) 可知 $u(x) = u(-x)$, 并且在上游面上 $v_n = -u$, 在下游面上 $v_n = u$. 因此, 对于这样选取的控制面 $\Sigma^* = \Sigma_0 + \Sigma$, 解 (20.12) 精确地满足等式 $\mathrm{d}Q_x/\mathrm{d}t = 0$.

解 (20.12) 和纳维—斯托克斯定律, 我们有

$$p_{xx} = -p + 2\mu\frac{\partial u}{\partial x} = -p_0 + \frac{9\mu RUx^3}{2r^5} + \cdots, \tag{20.16}$$

$$p_{zx} = \mu\left(\frac{\partial u}{\partial z} + \frac{\partial w}{\partial x}\right) = \frac{9\mu RUx^2z}{2r^5} + \cdots, \tag{20.17}$$

式中只列出了主项, 其余各项在 r 很大时都是高阶小量.

首先在 $b \to \infty$ 时对 (20.15) 取极限. 由 (20.17) 可知, 若 x 有限, 则量 p_{zx} 在 $r \to \infty$ 时具有量级 $1/r^4$, 所以在 $b \to \infty$ 时有

$$\lim_{b\to\infty}\int_{S_3} p_{zx}\,\mathrm{d}\sigma = 0.$$

利用这个结果和公式 (20.16), 在 $b \to \infty$ 时从 (20.15) 可得

$$W = 9\mu RU\iint_{S_1}\left[\frac{l^3}{(l^2+\eta^2)^{5/2}} + \cdots\right]\eta\,\mathrm{d}\eta\,\mathrm{d}\theta, \tag{20.18}$$

式中 η 和 θ 是平面 S_1 上的极坐标. 括号中的第一项具有量级 $1/l^2$, 其余没有明确写出的各项具有量级 $1/l^4$. 令 $\eta = l\lambda$, 在 $l \to \infty$ 时取极限, 得

$$W = 18\pi\mu RU\int_0^\infty \frac{\lambda\,\mathrm{d}\lambda}{(1+\lambda^2)^{5/2}} = 6\pi\mu RU, \tag{20.19}$$

因为在 (20.18) 中没有明确写出的各项所对应的积分在 $l \to \infty$ 时趋于零, 而 (20.19) 中的定积分与 l 无关, 积分结果为 $1/3$. 圆球在不可压缩黏性流体中运动时, 阻力不等于零[1]. 在这种情况下, 公式 (20.3) 中的系数 c_k^i 显然归结为 $c\delta_k^i$, 并且在 $d = R$ 时 $c = 6\pi$.

我们在上面解决了圆球在不可压缩黏性流体中运动的问题. 公式 (20.19) 仅在雷诺数很小 ($Re = RU/\nu \ll 1$) 时才符合实际情况. 关于公式 (20.19) 的适用范围, 可以参考第一卷第 335 页的图 63.

§21. 不可压缩黏性流体在柱形管中的运动

我们来研究不可压缩黏性流体在很长的柱形管中的运动, 管道横截面具有任意的形状.

---

[1] 低雷诺数圆球绕流阻力公式 $W = 6\pi\mu RU$ 通常称为斯托克斯阻力公式. 容易证明, 在上述提法下, 由球面上的法向应力引起的阻力 (压差阻力或诱导阻力) 占总阻力的 $1/3$, 由球面上的切向应力引起的阻力 (摩擦阻力) 占总阻力的 $2/3$. ——译注

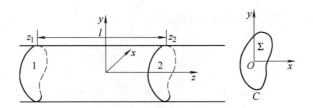

图 87. 用于研究黏性流体在柱形管中的流动

运动方程组　选取这样的笛卡儿坐标轴, 使得 z 轴平行于管轴, 并用 Σ 表示管道在 xy 平面上的横截面, 用 C 表示其边界 (图 87). 假设流线是平行于 z 轴的直线, 即 $u = v = 0, w \neq 0$. 我们将在这样的假设下求解运动方程.

流体的封闭的运动方程组包括连续性方程

$$\operatorname{div} \boldsymbol{v} = 0$$

和纳维－斯托克斯方程

$$\frac{\mathrm{d}\boldsymbol{v}}{\mathrm{d}t} = -\frac{1}{\rho} \operatorname{grad} p + \nu \Delta \boldsymbol{v},$$

这些方程在上述条件下简化为以下形式:

$$\frac{\partial w}{\partial z} = 0, \tag{21.1}$$

$$\frac{\partial p}{\partial x} = \frac{\partial p}{\partial y} = 0, \tag{21.2}$$

$$\frac{\partial w}{\partial t} = -\frac{1}{\rho} \frac{\partial p}{\partial z} + \nu \left(\frac{\partial^2 w}{\partial x^2} + \frac{\partial^2 w}{\partial y^2} \right). \tag{21.3}$$

从 (21.1) 和 (21.2) 直接可知

$$w = w(x,\ y,\ t), \quad p = p(z,\ t).$$

显然, 只有成立以下条件, 方程 (21.3) 才有可能成立. 这个条件要求

$$\frac{\partial p}{\partial z} = \mu \left(\frac{\partial^2 w}{\partial x^2} + \frac{\partial^2 w}{\partial y^2} \right) - \rho \frac{\partial w}{\partial t}$$

在非定常运动中只是时间 t 这 1 个自变量的函数, 而在定常运动中是常量.

压强沿管轴的分布　若把 $\partial p/\partial z$ 表示为 $-i$, 则有

$$p = -iz + C_1, \tag{21.4}$$

式中 C_1 是积分常量, 在非定常运动中一般依赖于 t. 因此, 压强在垂直于管轴的同一个平面上具有均匀的分布, 但按照线性规律沿管轴变化, 即 p 是 z 的线性函数. 量

$$i = -\frac{\partial p}{\partial z}$$

是压强在单位长度管道上的降低值, 称为沿管轴的压降. 直线 (21.4) 表征压强沿管轴的变化. 为了完全确定这条直线的形态, 换言之, 为了计算压降 i 和 C_1, 只要给出管道的任意两个横截面上的压强值即可.

计算流场的问题　现在假设压降 i 已经给定, 我们来研究如何计算流体在管道中的运动速度. 为了计算 $w(x, y, t)$, 根据 (21.3) 和 (21.4) 有以下方程:

$$\frac{\partial w}{\partial t} = \frac{i}{\rho} + \frac{\mu}{\rho}\Delta w,$$

而边界 C 上的无滑移条件为

$$w = w_0, \tag{21.5}$$

式中 w_0 是给定的管壁速度值, 该速度平行于 z 轴. 如果管壁静止, 则 $w_0 = 0$. 在一般情况下, 边界 C 可以由若干条封闭曲线组成, 其中某些曲线可以是运动的. 对于流体的非定常运动, 在计算流场时还应给定 $t = t_0$ 时的初始条件

$$w(x, y, t_0) = f(x, y),$$

式中 $f(x, y)$ 是已知函数.

如果研究黏性流体在柱形管中的稳态振动, 这时

$$i = \mathrm{Re}(i_0 \mathrm{e}^{\mathrm{i}\omega t}),$$

式中 i_0 和 ω 是给定常量, 则在求解时可以把 w 写为以下形式:

$$w(x, y, t) = \mathrm{Re}[f_1(x, y)\mathrm{e}^{\mathrm{i}\omega t}].$$

在定常运动中 $i = \mathrm{const}$, $\partial w/\partial t = 0$, 速度 $w(x, y)$ 应当满足右侧为常量的泊松方程

$$\Delta w = -\frac{i}{\mu} \tag{21.6}$$

和边界 C 上的条件 (21.5). 利用待求函数的一个简单的变换

$$w(x, y) = \psi(x, y) - \frac{i}{4\mu}(x^2 + y^2) \tag{21.7}$$

可以把上述求解函数 $w(x, y)$ 的问题转化为一个狄利克雷问题, 即求解以 C 为边界的区域 Σ 中的调和函数 $\psi(x, y)$ 的问题. 其实, 把 (21.7) 代入泊松方程 (21.6), 我们看出, 函数 $\psi(x, y)$ 应当满足拉普拉斯方程

$$\frac{\partial^2 \psi}{\partial x^2} + \frac{\partial^2 \psi}{\partial y^2} = 0.$$

根据 w 的边界条件 (21.5), 函数 ψ 在 C 上的值应当等于

$$\psi = w_0 + \frac{i}{4\mu}(x^2 + y^2). \tag{21.8}$$

显然, 当速度 w_0 已知时, 函数 ψ 在给定边界曲线 C 上的值是已知的. 狄利克雷内部问题具有唯一解, 所以计算流场 $w(x, y)$ 的问题也具有唯一解.

对于许多形状的横截面, 例如圆形、三角形、矩形、椭圆形等形状的横截面, 以及横截面由两个同心圆或非同心圆之间区域组成的情况, 上述问题已经得到解决[1].

只要知道速度矢量 $\boldsymbol{v}$ 的各个分量 (此处是 $0, 0, w$), 就很容易计算应变率张量的分量

$$e_{ij} = \frac{1}{2}\left(\frac{\partial u_i}{\partial x^j} + \frac{\partial u_j}{\partial x^i}\right).$$

这里显然有

$$e_{11} = e_{22} = e_{33} = e_{12} = 0, \quad e_{13} = \frac{1}{2}\frac{\partial w}{\partial x}, \quad e_{23} = \frac{1}{2}\frac{\partial w}{\partial y}.$$

知道了应变率张量的分量, 利用纳维—斯托克斯定律

$$p_{ij} = -pg_{ij} + \tau_{ij}, \quad \tau_{ij} = 2\mu e_{ij}$$

容易计算应力张量的分量. 在上述问题中, 我们有

$$\tau_{11} = \tau_{22} = \tau_{33} = \tau_{12} = 0, \quad \tau_{13} = \mu\frac{\partial w}{\partial x}, \quad \tau_{23} = \mu\frac{\partial w}{\partial y}.$$

由此可知, 黏性应力张量的分量 τ_{ij} 与 z 无关, 分量 τ_{13} 和 τ_{23} 是由速度 w 的梯度引起的.

流体运动速度 w 与 z 无关. 在定常运动中, 每一个流体微元都常速运动, 加速度为零 $(\mathrm{d}\boldsymbol{v}/\mathrm{d}t = 0)$, 所以作用在流体中任何控制体上的所有外力之和等于零. 因此, 作用在每一个流体微元表面上的黏性应力都与作用在该表面上的压力平衡.

不难证明, 我们所研究的流体运动是有旋的, 尽管流线都是直线; 涡量 $\boldsymbol{\omega}$ 的计算公式为

$$\boldsymbol{\omega} = \frac{1}{2}\operatorname{rot}\boldsymbol{v} = \frac{1}{2}\left(\frac{\partial w}{\partial y}\boldsymbol{i} - \frac{\partial w}{\partial x}\boldsymbol{j}\right).$$

静止圆管中的定常流动问题　设静止管道 $(w_0 = 0)$ 的横截面是半径为 a 的圆. 令坐标原点位于圆心, 则根据 (21.7) 有

$$w(x, y) = \psi(x, y) - \frac{ir^2}{4\mu},$$

式中 $r = \sqrt{x^2 + y^2}$. 根据条件 (21.8), 函数 $\psi(x, y)$ 在圆周 C 上的值应当是常量, 即在 $r = \sqrt{x^2 + y^2} = a$ 时 $\psi = ia^2/4\mu$.

显然,

$$\psi = \frac{ia^2}{4\mu}$$

---

[1] 对于三角形、矩形等形状的横截面, 上述问题的解是用级数给出的. ——译注

就是上述狄利克雷问题的解, 因为常量 $\psi = ia^2/4\mu$ 既满足拉普拉斯方程, 也满足圆周 C 上的边界条件.

用以上方法求出函数 ψ 之后, 我们进一步得到圆管横截面上的速度分布公式

$$w = \frac{i}{4\mu}(a^2 - r^2). \tag{21.9}$$

圆管横截面上的速度剖面 (21.9) 是旋转抛物面. 最大速度出现于管轴, 在 $r - 0$ 时有

$$w_{\max} = \frac{ia^2}{4\mu}.$$

我们来计算体积流量 Q, 即单位时间内流过管道横截面的流体的体积. 我们有

$$Q = \int\limits_0^a w \cdot 2\pi r \,\mathrm{d}r = \frac{i\pi}{2\mu} \int\limits_0^a (a^2 - r^2)\, r \,\mathrm{d}r = \frac{i\pi a^4}{8\mu}. \tag{21.10}$$

我们指出, 流量 Q 强烈地依赖于圆管半径 a, 它正比于 a 的 4 次方.

圆管中的平均流速等于

$$w_{\mathrm{avg}} = \frac{Q}{\pi a^2} = \frac{ia^2}{8\mu} = \frac{w_{\max}}{2}. \tag{21.11}$$

具有任意横截面的柱形管中的定常流动的一般性质 对于不可压缩黏性流体在具有任意横截面的静止柱形管中的定常流动, 现在考虑类似的问题. 这时, 整体流动的主定参量显然是

$$a, \ \mu, \ i, \tag{21.12}$$

其中 a 是横截面的特征尺寸. 这里不需要把密度 ρ 列在主定参量组之中, 因为所研究的流动没有加速度, 流体的惯性并不重要. 用主定参量 (21.12) 无法组成无量纲量, 所以, 对于具有任意横截面的管道, 根据量纲理论可以得到以下公式:

$$w_{\max} = k_1 \frac{ia^2}{\mu}, \quad Q = k_2 \frac{ia^4}{\mu}, \quad w_{\mathrm{avg}} = k_3 \frac{ia^2}{\mu},$$

式中 k_1, k_2, k_3 是无量纲常数因子, ia^2/μ 和 ia^4/μ 分别具有速度和体积流量的量纲. 因此, 对于具有任意横截面的管道, 最大速度、流量和平均速度对 i, a 和 μ 的依赖关系在形式上与圆管的情况相同. 从以上计算结果可知, 对于圆管,

$$k_1 = \frac{1}{4}, \quad k_2 = \frac{\pi}{8}, \quad k_3 = \frac{1}{8}.$$

为了确定因子 k_1, k_2, k_3 在其他情况下的值, 必须进行理论计算或实验测量.

流体对圆管的作用力 我们来计算流体对长度为 l 的一段圆管的作用力 R. 一方面, 对半径为 a、长度为 l 的圆柱形控制体写出的动量方程给出[1]

$$R = (p_1 - p_2)\pi a^2, \tag{21.13}$$

---

[1] 注意公式 (21.13) 并非直接得自公式 (8.7), 因为前提条件有所不同. ——译注

式中 p_1 和 p_2 是相距 l 的横截面上的压强 (见图 87). 另一方面, 可以根据纳维—斯托克斯定律

$$\tau = -\mu \frac{\partial w}{\partial r}$$

和 (21.9) 计算流体对管壁的切向应力, 在 $r = a$ 时得到

$$\tau = \frac{ia}{2} = \tau_0.$$

因此, 管壁上的切向应力处处相同, 阻力 R 等于

$$R = 2\pi a l \tau_0. \tag{21.14}$$

摩擦系数　所谓摩擦系数 c_f, 是指作用力 R 与 $\rho w_{\mathrm{avg}}^2 S/2$ 之比

$$c_f = \frac{R}{\dfrac{\rho w_{\mathrm{avg}}^2}{2} S},$$

式中 S 是某个特征面积. 如果认为 S 是所研究的那一部分管道的侧面面积, 则在圆管的情况下, 从 (21.13) 和 (21.14) 可得

$$c_f = \frac{2\tau_0}{\rho w_{\mathrm{avg}}^2} = \frac{ia}{\rho w_{\mathrm{avg}}^2},$$

或者利用 (21.11) 把它表示为

$$c_f = \frac{8\mu}{\rho a w_{\mathrm{avg}}} = \frac{16}{Re},$$

式中 $Re = \rho d w_{\mathrm{avg}}/\mu$ 是雷诺数, $d = 2a$ 是圆管直径.

　　关于上述流动的研究工作最早是由泊肃叶和哈根在 19 世纪中期完成的[1]. 在实际应用中, 这种流动一般仅在不高的雷诺数下才能实现. 在研究直径很小的管道 (毛细管) 中的流动时, 上述流动尤其重要.

§22. 流体的湍流运动

雷诺实验　考虑以下经典实验. 某种液体在压强差 $p_1 - p_{\mathrm{atm}}$ (> 0) 的作用下从一个大容器中通过一根很长的玻璃圆管流出 (图 88), 同时从漏斗 A 通过一根细管向流出的液体中注入被染色的同一种液体. 为了控制流量, 可以升高或降低容器中的液面高度, 或者改变玻璃圆管的长度 (从而改变压降 i).

　　只要知道流量和玻璃管半径, 显然就可以计算液体在玻璃管中的平均流速 w_{avg}. 对液体在玻璃管中的流动进行观察, 我们看到, 在流速 w_{avg} 较低时, 被染色的液体

---

[1] 流量公式 (21.10) 称为哈根—泊肃叶定律, 而黏性流体在圆管中的上述定常流动称为哈根—泊肃叶流动 (在中文文献中通常称为泊肃叶流动). ——译注

在玻璃管中始终形成一条细线, 液体在玻璃管中的流动非常平稳, 每一层液体都具有清晰的边界. 这样的流动很好地符合上述泊肃叶解.

当流速 w_{avg} 增加时, 我们发现, 从某一个速度值开始, 被染色的液体不再稳定流动, 整个玻璃管中的液体都被染色, 换言之, 液体微元的速度在垂直于管轴的方向上的分量 u 和 v 开始不等于零, 在流动中出现横向混合现象.

如果把上述玻璃管替换为直径更大的玻璃管并重复同样的实验, 我们将发现, 管中的流动在流速较低时仍然是平稳的, 但在流速升高后变得不再平稳, 被染色的液体开始与未被染色的液体发生混合. 然而, 混合现象在后一种情况下在更低的流速 w_{avg} 下即可出现. 如果采用第一根玻璃管和运动黏度 $\nu = \mu/\rho$ 更大的另外一种液体重复实验, 我们将发现, 液体在管中发生混合的现象在平均流速 w_{avg} 比第一种情况更大时才会出现.

临界雷诺数 · 层流和湍流

大量类似实验可以表明, 在对不同介质 (水、空气、油, 等等) 进行的所有实验中, 稳定流动状态的破坏都是在雷诺数 $Re = rw_{avg}/\nu$ (r 是圆管半径) 等于同样的数值时发生的. 该数值称为临界雷诺数, 用 Re_{cr} 表示.

在 $Re < Re_{cr}$ 时, 被染色液体稳定流动, 而在 $Re > Re_{cr}$ 时, 管中的全部流体迅速被染色, 流动不是稳定的. 在通常条件下, 圆管流动的临界雷诺数为 1200—1400.

我们把流体的那种平稳而有序的、每一层流体都具有清晰的边界、并且在与基本运动方向垂直的方向上没有强烈的无规则混合的流动称

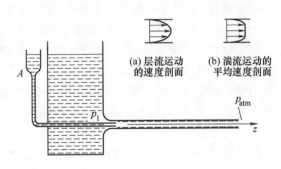

图 88. 雷诺实验

为层流. 相反, 我们把那种无序的、不规则的、流体微元不但具有基本的平均运动速度、而且还不断随机地偏离平均运动方向的非定常流动称为湍流. 在上述实验中, 层流在 $Re = Re_{cr}$ 时向湍流转变. 对于黏性流体在管道中的运动, 从层流向湍流的转变恰恰发生在确定的雷诺数下, 而不是发生在其他某个参数的某个确定值下, 这是十分自然的, 因为可以选取

$$r, \ \mu, \ \rho, \ w_{avg}$$

作为整体流动的主定参量, 并且由此只能组成 1 个无量纲组合——雷诺数. 所以, 这个无量纲组合是黏性流体的上述流动的基本的运动特征量和相似参数. 湍流并非只出现在管道中, 自然界和工程应用中的许多流动都是湍流. 举例来说, 大气层中的气流, 液体和气体在流体机械以及风洞或水洞中的运动, 输水管中的水流, 江河中的水流, 大型物体 (如飞机、船舶等) 边界层中的流动, 这些都是典型的湍流. 近来, 各种

实验装置和技术设备中的等离子体湍流, 天体物理学领域中的湍流, 例如星云和恒星中的湍流, 等等, 引起了广泛关注.

实验和一般理论表明, 无论流动状态是层流还是湍流, 平均压强沿静止管道的轴线的变化规律都是线性的. 我们在前一节中研究过流体在圆管中的流动, 其横截面上的速度剖面是旋转抛物面, 这样的流动仅在层流状态下才会出现; 在湍流状态下, 平均速度剖面的形状变得比较平缓, 管道横截面上的混合与动量交换使平均速度 w 在整个横截面上基本处处相同, 速度仅在管壁附近很薄的一层中才因为无滑移条件而迅速减小到零 (见图 88 (b)).

管道中的层流运动的稳定性和不稳定性　　在雷诺数远小于 Re_{cr} 时, 层流对不大的扰动并不敏感. 即使在外部存在不太剧烈的振动, 管道内壁有些粗糙, 流动在从容器进入管道时不够平缓, 流动仍然保持层流状态 (不转变为湍流). 在雷诺数接近 Re_{cr} 时, 层流运动对这类因素则非常敏感. 如果尽量避免外部振动, 使用非常光滑的管道, 保证容器中的液体处于安静状态, 并让液体进入管道时非常平稳, 就能够扩大层流状态的存在范围, 使流动在雷诺数高于 1400 时仍然保持层流状态. 如果采用所有这些防备措施, 层流状态就能够在雷诺数量级达到 20000 时一直保持. 因此, 我们设想, 管道中的层流可能是不稳定的, 哈根—泊肃叶流动的不稳定性导致湍流的出现. 这个问题在一百多年以来一直是研究热点, 至今在这一领域仍然不断出现引人关注的新的工作. 多数工作致力于研究无穷长管道中的哈根—泊肃叶流动的不稳定性. 一种流动, 若其中的小扰动随时间的推移而消失, 我们就称之为稳定流动; 若这些扰动随时间的推移而增长, 我们就称之为不稳定流动. 然而, 更详细的分析表明, 管道具有无穷大的长度对该理论而言至关重要. 因此, 真正实现无限长管道中的哈根—泊肃叶流动的不稳定性的发展过程是不可能的, 必须考虑有限长管道的边界条件. 此外, 既然实验表明, 只要利用一些专门装置来保证流体平稳地流入管道, 稳定流动就能够在很大范围内存在 (在 $Re = 20000$ 以内), 所以最应引起注意的和看来最有前景的是那些研究有限长管道中的哈根—泊肃叶流动的稳定性的工作, 在这些工作中要考虑管道入口和出口截面上的条件. 与无限长管道的情况相比, 提出并研究有限长管道中的稳定性问题要困难得多, 因为扰动在有限长管道中随时间的演化特性对管道出口和入口条件的形式及组合有很强的依赖关系, 扰动在沿管道传播的过程中受到这些条件的影响, 在管道两端发生扰动的反射, 出口与入口的边界条件发生相互作用.

降低摩擦系数的方法　　在雷诺数很大的情况下使流动保持层流状态具有重要的实际意义. 摩擦系数表征物体在流体中运动时物体表面的黏性摩擦阻力. 实验和理论表明, 在相同的雷诺数下, 层流边界层 (见 §23) 所对应的摩擦系数远小于湍流边界层所对应的摩擦系数. 所以, 人们对保持层流边界层的方法进行了大量研究, 从而在降低阻力方面获得了巨大成功.

增加物体表面的光滑度, 使其像镜面一样光滑, 这有助于保持绕流的层流状态;

即使绕流是湍流, 增加光滑度也可能降低阻力. 此外, 在物体表面制作专门的孔或缝隙, 使边界层中的流体能够被吸到物体内部, 这样也能推迟层流向湍流的转变.

用实验方法已经证明, 只要向物体附近的运动液体中加入微量 (几万分之一) 特殊的聚合物 (添加剂), 即可明显影响物体表面附近的流体运动, 用这种方法也能降低管壁的摩擦阻力[1]. 添加如此微量的添加剂实际上既不会改变液体的密度和黏度, 也不会明显地通过低雷诺数层流运动中的速度分布体现出来, 却能够影响被绕流壁面附近的湍流运动. 因此显然可以看出, 在这种情况下需要对我们至今仍然采用的关于黏性流体运动的纳维—斯托克斯理论进行重要改进. 可以完全确定地说, 介质在某些湍流运动区域中才能够表现出来的某些性质对纳维—斯托克斯方程所描述的平稳的层流运动并不重要.

用于描述湍流运动的连续介质模型 湍流运动的特点在于, 尽管流体微元被视为连续介质, 但是其实际速度场就像组成物体的单个分子的不规则速度那样具有不规则的非定常涨落. 在湍流运动中, 流体微元的轨迹极其蜿蜒曲折. 精确的测量表明, 湍流运动的所有流动参量随时间变化的图像都具有如图 89 所示的形式. 在图中给出了空间中一个给定点的密度随时间 t 的变化实例, 这种变化特点对湍流运动而言是典型的. 密度不但具有主要的变化趋势 (图中的平滑虚线), 而且具有不规则的高频涨落. 在固体中也能够观察到状态特征量的类似变化, 地震仪所记录的地壳振动传播信号就是这种类型的曲线.

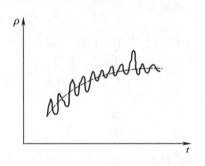

图 89. 空间中一个给定点的密度在湍流状态下随时间的典型变化

研究流体微元在湍流状态下的瞬时运动是非常复杂的, 一般而言其实也无此必要. 因为宏观观点在描述由大量运动分子组成的气体的运动时取得了巨大成功, 所以在许多湍流问题中仅研究平均运动也是合理的. 在研究湍流运动时, 通常引入平均速度分量 $\bar{u}, \bar{v}, \bar{w}$, 平均压强 $\bar{p}$, 平均密度 $\bar{\rho}$, 平均温度 $\bar{T}$ 以及运动的其他一些平均特征量 (在这里和本节下文中, 上划线表示平均化运算). 为了确定运动的平均特征量, 可以提出并求解相应数学问题.

---

[1] 例如, 可以从以下文献中获得详细情况和计算结果: Lumley J. L. Drag reduction by additives. Ann. Rev. Fluid Mech., 1969, 1: 367—384; White F. M. An analysis of flat-plate drag with polymer additives. J. Hydronaut., 1968, 2(4): 181—186; Sever F. A. Friction reduction in flow of polymer solution. J. Fluid Mech., 1970, 40: 807—819; Васецкая Н. Г., Иоселевич В. А. О построении полуэмпирической теории турбулентности слабых растворов полимеров. Изв. АН СССР. МЖГ, 1970, вып. 2: 136—146 (Vasetskaya N. G., Ioselevich V. A. Semiempirical turbulence theory for dilute polymer solutions. Fluid Dyn., 1970, 5(2): 289—296); Иоселевич В. А., Пилипенко В. Н. Логарифмический профиль скорости при течении слабых растворов в пограничном слое гладких и шероховатых пластин. Докл. АН СССР, 1973, 208(2) (Ioselevich V. A., Pilipenko V. N. Logarithmic velocity profile for flow of a weak polymer solution near a rough surface. Sov. Phys. Dokl., 1974, 18: 790).

因此, 在湍流运动的情况下, 离散介质的连续介质模型中的复杂运动被再次平均化, 这时出现如何提出运动的平均特征量所满足的封闭方程组的问题, 以及如何在实验中测量平均特征量的问题. 与前面研究过的一些流体力学分支不同的是, 在湍流理论中没有并且看来也不可能有统一的方法来研究所有可能出现的问题; 为了研究不同种类的流动问题, 人们提出各种湍流理论. 现在, 对于管道、大气层、喷气发动机尾流中的湍流以及许多其他情况下的湍流, 已经发展出各不相同的湍流理论.

平均化方法 建立湍流运动模型的实际尝试表明, 在建立湍流理论封闭方程组的过程中, 平均运动特征量的引入方法一般而言并不重要; 然而, 这些方法是发展各种平均量的实验测量方法的主要基础, 为了对理论结果与实验数据进行对比, 必须了解这些平均量的特性.

我们在这里给出某些可能的平均化方法, 以便计算瞬时运动特征量的平均值. 设 $A(x, y, z, t)$ 是湍流运动的某个瞬时特征量. 在空间中的任何一个固定点都可以把 A 对时间 t 进行平均, 平均值 $\overline{A}$ 等于

$$\overline{A} = \frac{1}{T} \int_{t-T/2}^{t+T/2} A \, \mathrm{d}t,$$

式中的时间间隔 T 既远远大于单独涨落的时间间隔, 也远远小于平均特征量发生明显改变的时间间隔 (平均运动可能是非定常的).

另一方面, 在确定时刻 t 可以把 A 对体积进行平均,

$$\overline{A} = \frac{1}{V} \int_V A \, \mathrm{d}\tau,$$

并且体积 V 应当满足的条件与上面对时间间隔 T 提出的条件类似. 还可以同时对时间和体积 V 进行平均化运算.

对上述时间平均和空间平均方法还可以进行加权处理, 例如, A 的平均值可以定义为

$$\overline{A} = \frac{1}{T} \int_{t-T/2}^{t+T/2} A g(t) \, \mathrm{d}t,$$

式中 $g(t)$ 是某个给定的函数. 在不同问题中可以采用不同方法来选取 V 和 T, 但在已有的应用中可以认为平均化运算的结果与 V 和 T 无关.

在许多情况下可以使用概率方法进行平均化运算, 平均值 $\overline{A}$ 经常被定义为 A 的数学期望.

在引入平均值 $\overline{A}$ 之后, 可以把瞬时值 A 表示为以下形式:

$$A = \overline{A} + A',$$

式中 A' 是 A 的涨落量. 涨落量的平均值等于零,

$$\overline{A'} = 0.$$

平均化运算的性质　我们要求平均化运算在所有情况下都具有以下性质:

(1) 和的平均值等于平均值之和,

$$\overline{A + B} = \overline{A} + \overline{B};$$

(2) 湍流运动的瞬时特征量的偏导数的平均值等于平均值的偏导数,

$$\overline{\frac{\partial A}{\partial x}} = \frac{\partial \overline{A}}{\partial x};$$

(3) 如果在两个量中只有一个量具有湍流涨落, 则这两个量的乘积的平均值等于其平均值的乘积. 例如, $\overline{\overline{A}A'} = 0$. 两个具有湍流涨落的量的乘积的平均值不等于平均值的乘积,

$$\overline{AB} \neq \overline{A}\,\overline{B},$$

而是等于平均值的乘积与相应涨落量乘积的平均值之和,

$$\overline{AB} = \overline{A}\,\overline{B} + \overline{A'B'}.$$

我们指出, 如果平均值是通过对时间或空间的积分定义的, 则平均化运算的上述性质仅仅近似成立[1].

对不同的量采用不同的平均化方法　对速度 u 进行平均化运算, $u = \overline{u} + u'$. 速度的平方 u^2 的平均值不等于 u 的平均值的平方:

$$\overline{u^2} = \overline{u}^2 + \overline{u'^2}.$$

我们也可以把通过其他方式引入的宏观量 $\widetilde{u^2}$ 称作 u^2 的平均值, 例如

$$\widetilde{u^2} = \overline{u}^2.$$

这时, 可以把瞬时值 u^2 写为

$$u^2 = \overline{u^2} + u^{2\prime} = \widetilde{u^2} + u^{2\prime\prime},$$

并且

$$\overline{u^{2\prime}} = 0, \quad 但\ \overline{u^{2\prime\prime}} \neq 0.$$

如果用同样的方式引入在流体力学中出现的 $\rho, u, v, w, p, T, U, E, \mathrm{d}A$ 等量的平均值, 则对于这样平均化的连续介质, 其运动特征量将不满足实际的瞬时运动所满足的那些基本守恒定律和状态方程.

---

[1] 性质 $\overline{A'} = 0$ 在概率平均下严格成立, 在时间或空间局部平均下近似成立. ——译注

其实, 例如, 如果我们在研究完全气体的湍流运动时对 p, ρ, T 使用同样的平均化方法, 则

$$\bar{p} = \overline{\rho RT} = \bar{\rho} R \bar{T} + \overline{\rho' T'} R.$$

平均量不满足克拉珀龙方程, 因为存在 $\overline{\rho' T'} R$ 这一项. 如果保持克拉珀龙方程的形式对我们来说更加方便, 就可以选择另一种方法对 p 进行平均化, 可以引入 $\tilde{p}$, 使

$$\tilde{p} = \bar{\rho} R \bar{T},$$

于是 $p = \bar{p} + p' = \tilde{p} + p''$, 并且

$$\overline{p''} \neq 0.$$

在各种湍流理论中, 对于确定的一组基本量, 例如 p, ρ, ρu_i, 可以用同样的某种方法引入平均值, 其他一些量的平均值则是根据约定引入的, 以便基本物理定律具有这些量在实际瞬时运动中的通常定义下所对应的形式 [1].

不可压缩流体的湍流运动　　我们来研究不可压缩黏性流体的湍流运动. 众所周知, 封闭的运动方程组这时由连续性方程和动量方程组成, 它们在笛卡儿坐标系下具有以下形式:

$$\frac{\partial v^k}{\partial x^k} = 0, \tag{22.1}$$

$$\rho \left(\frac{\partial v_i}{\partial t} + v^k \frac{\partial v_i}{\partial x^k} \right) = -\frac{\partial p}{\partial x^i} + \frac{\partial \tau_i^k}{\partial x^k} + \rho F_i, \tag{22.2}$$

式中 τ_i^k 是黏性应力张量的分量. 对于黏性流体, τ_{ij} 依赖于 e_{ij}, 对于不可压缩各向同性线性黏性流体, 根据纳维—斯托克斯定律有

$$\tau_{ik} = 2\mu e_{ik}, \quad e_{ik} = \frac{1}{2} \left(\frac{\partial v_i}{\partial x^k} + \frac{\partial v_k}{\partial x^i} \right) \tag{22.3}$$

我们在下面将不限定 τ_{ik} 对 $e_{\alpha\beta}$ 的依赖关系, 这里仅仅指出, τ_{ik} 在一般情况下能够依赖于 $e_{\alpha\beta}$ 的导数. 利用连续性方程 (22.1) 和条件 $\mathrm{d}\rho/\mathrm{d}t = 0$ 容易证明, 纳维—斯托克斯方程的左侧可以写为

$$\rho \left(\frac{\partial v_i}{\partial t} + v^k \frac{\partial v_i}{\partial x^k} \right) = \frac{\partial \rho v_i}{\partial t} + \frac{\partial \rho v_i v^k}{\partial x^k}. \tag{22.4}$$

湍流运动的许多理论研究的前提是假设不断发生涨落的非定常瞬时运动满足方程 (22.1), (22.2). 然而, 因为湍流运动中的流体微元轨迹蜿蜒曲折, 极度复杂, 所以通过求解这些方程来研究湍流运动是一项繁琐而复杂的任务. 由此就提出寻找平均量之间的函数关系的问题.

---

[1] 参见: Wilcox D. C. Turbulence Modeling for CFD. 3rd ed. La Cañada: DCW Industries, 2006. 这本教材的第五章给出了可压缩流体湍流运动的数学表述, 详细讨论了对不同的量采用不同的平均化方法的相关问题. ——译注

只要对描述瞬时运动状态的方程 (22.1), (22.2) 进行平均化运算, 即可得到平均量的运动方程.

对连续性方程 (22.1) 进行平均化运算, 根据相应运算性质容易得到平均量的连续性方程

$$\frac{\partial \overline{v}^k}{\partial x^k} = 0,$$

其形式与瞬时速度所满足的连续性方程 (22.1) 相同.

现在对运动方程进行平均化运算, 其左侧已经预先写为 (22.4) 的形式. 因为

$$\overline{\rho v_i v^k} = \rho \overline{v}_i \overline{v}^k + \overline{\rho v'_i v'^k}$$

(密度 ρ 是处处相同的常量), 所以显然得到被称为雷诺方程的以下方程:

$$\frac{\partial \rho \overline{v}_i}{\partial t} + \frac{\partial \rho \overline{v}_i \overline{v}^k}{\partial x^k} = -\frac{\partial \overline{p}}{\partial x^i} + \frac{\partial \left(\overline{\tau}_i^k - \overline{\rho v'_i v'^k} \right)}{\partial x^k} + \rho \overline{F}_i \quad (i = 1,\ 2,\ 3). \tag{22.5}$$

如果 τ_i^k 与 $e_{\alpha\beta}$ (可能还包括 $e_{\alpha\beta}$ 的导数) 之间的关系是线性的, 并且 $\mu = \text{const}$, 则 $\overline{\tau}_i^k$ 对 $\overline{e}_{\alpha\beta}$ 的表达式就是 τ_i^k 对 $e_{\alpha\beta}$ 的表达式. 所以, 雷诺方程 (22.5) 与瞬时运动的动量方程 (22.2) 之间的区别仅仅在于形如

$$-\frac{\partial \overline{\rho v'_i v'^k}}{\partial x^k}$$

的那些项. 在雷诺方程中,

$$-\overline{\rho v'_i v'^k}$$

这 6 个量称为湍流应力[1]. 我们指出, 气体中的瞬时应力 τ_{ij} 也可以用类似公式通过分子微观速度表示出来[2]. 湍流应力对流动平均特征量的依赖关系在不同类型的问题中可能具有不同的形式, 这些关系式需要根据专门假设或实验结果来建立或提出.

因此, 在对瞬时运动的非线性方程进行平均化运算之后, 我们得到比方程数目更多的未知量. 由此可知, 为了在数学上研究平均的湍流运动, 仅有流体力学方程是不够的, 尽管这些方程对于研究瞬时运动已经足够了. 所以, 只有根据某些附加的定律或假设才有可能对平均的湍流运动进行全面的理论研究, 而这些附加的定律或假设的正确性归根结底只能来自实验.

关于湍流应力对平均速度及其梯度的依赖关系, 存在着各种各样的简单而自然的假设, 利用这些假设就能够在理论上提出并求解涉及湍流运动的一些主要的个别问题. 关于湍流的许多研究工作的内容就是研究这些假设的正确性. 对于任意的平均的湍流运动, 目前还没有一般的数学提法, 甚至连是否能够给出这样的数学提法还根本没有研究清楚.

---

[1] 湍流应力也称为雷诺应力. ——译注

[2] 参见: Е. М. 栗弗席兹, Л. П. 皮塔耶夫斯基. 物理动理学. 第二版. 徐锡申, 徐春华, 黄京民译. 北京: 高等教育出版社, 2008. 第一章 §8. ——译注

有时使用类似于纳维—斯托克斯定律 (22.3) 的一个假设:

$$\tau_{ik}^* = \overline{\tau}_{ik} - \rho \overline{v_i' v_k'} = M_1 \overline{e}_{ik}, \tag{22.6}$$

式中 $M_1 = \mu + M$, M 是湍流黏度[1]. 与分子黏度 μ 不同, 湍流黏度 M 依赖于平均流动的动理学特征量.

我们指出, 纳维—斯托克斯定律对湍流运动而言是一个次要的定律, 因为这时不必研究 τ_{ij} 对 $e_{\alpha\beta}$ 的依赖关系, 可以直接提出 τ_{ij}^* 对 $\overline{e}_{\alpha\beta}$ 和其他一些平均运动特征量的依赖关系假设, 从而完全不用考虑纳维—斯托克斯定律. 此外, 一般而言, 纳维—斯托克斯定律并不反映流体在湍流运动中表现出来的那些重要性质.

§23. 层流边界层方程

与理想流体的运动方程相比, 黏性流体的运动方程是更高阶的微分方程, 这就要求对运动介质所在区域提出更多的边界条件. 例如, 流体在运动物体表面或静止壁面上的无滑移条件和应力矢量的各个分量在两种介质的接触面上保持连续的条件就是典型的这样的边界条件.

在研究理想流体绕物体流动的问题时, 绕流条件归结为流体速度与物体速度在物体表面上具有相同的法向分量. 因为流体速度与物体速度在物体表面上具有不同的切向分量, 所以在理想流体模型下, 流体微元能够沿物体表面滑移. 不难看出, 黏性对速度场的影响就是通过禁止这种滑移的边界条件而明显表现出来的.

以物体在不可压缩流体中的运动为例, 可以很好地说明这种情况. 我们在前面详细研究过不可压缩流体的势流与被绕流物体的相互作用. 容易看出, 相应势流的流场和压强场也是纳维—斯托克斯方程的精确解. 这个结论显然成立, 因为不可压缩流体的势流满足方程

$$\Delta\varphi = 0, \quad \text{grad}\,\Delta\varphi = \Delta v = 0,$$

于是 $\mu\Delta v = 0$, 即纳维—斯托克斯方程在这种情况下就是理想流体运动的欧拉方程. 由此显然可知, 当固体以同样方式分别在黏性流体和理想流体中运动时, 黏性流体所对应的速度场不同于理想流体所对应的速度场, 因为这种不同与黏性流体运动所应当满足的无滑移边界条件有很大关系[2].

边界层的概念　实验和定性的理论方法指出, 在高雷诺数的某些重要情况下, 流体边界上的无滑移条件仅对该边界附近区域内紧贴被绕流物体表面的很薄的一层流体的运动有重要影响.

由此产生了边界层理论——在黏性流体边界上很薄的一层流体内不能忽略黏性.

---

[1] 湍流黏度也称为涡黏度, 它不是流体本身的物理属性. 为了强调湍流黏度与普通的黏度 μ 的区别, 有时也把后者称为分子黏度. 假设 (22.6) 称为布西内斯克假设. ——译注

[2] 由于无滑移条件的存在, 在物体表面附近, 流动一般是有旋的. ——译注

在这个理论中认为, 在主要流动区域中可以采用理想流体模型, 而边界层中的流体应视为黏性流体, 这两种流动在边界层外缘上连续地汇合在一起. 对黏性流体流场结构的这种观点在很多典型问题中是可以接受的, 但是也存在不符合实际情况的大量实例. 只有深入了解边界层理论, 才有可能比较明确地解释, 在哪些问题中不能采用这个理论, 从而比较明确地界定边界层理论的应用范围.

边界层理论给出了丰硕的成果, 其原因有二. 第一, 有了这个理论, 就能够在已有的理想流体方程的解的基础上构造黏性流体运动理论. 第二, 复杂的纳维—斯托克斯方程在很薄的边界层中能够被替换为更简单的边界层方程.

边界层理论中的方程和基本概念是由 L. 普朗特在 1904 年建立起来的.

层流边界层方程 就像管道中的流动那样, 流体在边界层中的运动状态可能是层流, 也可能是湍流. 在不同状态下, 边界层中的层流运动或平均的湍流运动的基本特性和规律有显著区别. 我们在下面研究层流边界层理论.

为了得到边界层方程, 我们来研究一个基本的模型问题. 设不可压缩黏性流体均匀来流绕静止平板流动, 平板平行于来流方向 (图 90). 边界层方程是在量级分析的基础上得到的, 这时要对纳维—斯托克斯方程中各项的量级进行估计, 然后忽略量级较小的项, 仅仅保留量级有限的项.

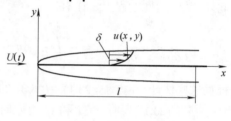

图 90. 平板边界层

对于 xy 平面上的不可压缩黏性流体平面运动, 我们有以下运动方程[1]:

$$\frac{\partial u}{\partial t} + u\frac{\partial u}{\partial x} + v\frac{\partial u}{\partial y} = -\frac{1}{\rho}\frac{\partial p}{\partial x} + \nu\left(\frac{\partial^2 u}{\partial x^2} + \frac{\partial^2 u}{\partial y^2}\right), \tag{23.1}$$

$\qquad 1 \qquad\qquad 1\cdot 1 \qquad \delta\cdot(1/\delta) \qquad\qquad\qquad 1 \qquad 1/\delta^2$

$$\frac{\partial v}{\partial t} + u\frac{\partial v}{\partial x} + v\frac{\partial v}{\partial y} = -\frac{1}{\rho}\frac{\partial p}{\partial y} + \nu\left(\frac{\partial^2 v}{\partial x^2} + \frac{\partial^2 v}{\partial y^2}\right), \tag{23.2}$$

$\qquad \delta \qquad\qquad 1\cdot\delta \qquad \delta\cdot 1 \qquad\qquad\qquad\qquad \delta \qquad 1/\delta$

$$\frac{\partial u}{\partial x} + \frac{\partial v}{\partial y} = 0. \tag{23.3}$$

$\qquad\qquad 1 \qquad\quad 1$

设 l 是某个特征长度, 例如平板的长度. 我们用 δ 表示边界层的 "厚度", 依照基本假设, 我们认为沿法线方向到被绕流物体表面 (平板) 的距离为 δ 的地方是边界层的 "外缘", 这里的速度与外部主要流动速度基本相同[2] (以百分数或其他某个比例表示出来的速度差实际很小, 这取决于附加条件).

---

[1] 我们用量 δ (边界层厚度) 来估计这些方程中各项的量级, 并把结果写在各项的下方. 稍后将分析这些量级的正确性.

[2] 这样定义的边界层厚度一般称为名义厚度. ——译注

量 δ, 或者更确切地说, 比值 δ/l, 是基本的小参数. 作变换

$$x = l\xi, \quad y = \delta\eta,$$

并假设变量 ξ, η 和 x 在边界层中的变化范围是有限的, 而变量 y 在边界层中的变化范围具有量级 δ. 进一步还认为, 量 $U(t)$ (来流速度), $u(x,\,y,\,t)$, 它们对时间的导数, 以及导数 $\partial u/\partial x$ 和 $\partial^2 u/\partial x^2$ 在边界层的内部和外缘上是有限的.

因为 u 和 η 的变化范围有限, 所以从等式

$$\frac{\partial u}{\partial y} = \frac{1}{\delta}\frac{\partial u}{\partial \eta}, \quad \frac{\partial^2 u}{\partial y^2} = \frac{1}{\delta^2}\frac{\partial^2 u}{\partial \eta^2}$$

得到

$$\frac{\partial u}{\partial y} \sim \frac{1}{\delta}, \quad \frac{\partial^2 u}{\partial y^2} \sim \frac{1}{\delta^2}.$$

此外, 从连续性方程 (23.3) 有

$$\frac{\partial v}{\partial y} = -\frac{\partial u}{\partial x}, \quad v = -\int_0^y \frac{\partial u}{\partial x}\,\mathrm{d}y \sim \delta, \quad \frac{\partial^2 v}{\partial y^2} \sim \frac{1}{\delta}, \quad \frac{\partial v}{\partial x} \sim \delta, \quad \frac{\partial^2 v}{\partial x^2} \sim \delta.$$

根据这些估计, 在方程 (23.1)—(23.3) 的各项之下写出了相应量级.

方程 (23.1) 表明, 在 l 和 U 有限时, 比值 ν/δ^2 也应有限, 所以在无量纲形式下应有

$$\frac{\delta^2}{l^2} \approx \frac{\nu}{Ul}, \quad \text{即} \quad \delta \approx l\sqrt{\frac{\nu}{Ul}}. \tag{23.4}$$

这些粗略的估计就是在边界层中简化纳维—斯托克斯方程的基础. 在方程 (23.1) 和 (23.2) 中仅仅保留量级有限的项, 得到以下边界层方程:

$$\frac{\partial u}{\partial t} + u\frac{\partial u}{\partial x} + v\frac{\partial u}{\partial y} = -\frac{1}{\rho}\frac{\partial p}{\partial x} + \nu\frac{\partial^2 u}{\partial y^2},$$
$$\frac{\partial p}{\partial y} = 0 \quad \text{或} \quad p = p(x,\,t). \tag{23.5}$$

边界层方程组还必须包括连续性方程 (23.3). 方程 (23.5) 仍是非线性的. 在横穿边界层时, 压强保持不变, 所以边界层中的压强等于主要流动区域中的压强在边界层外缘上的值. 可以使用理想流体理论来计算主要流动区域中的压强, 因此可以认为, 方程 (23.5) 中 $\partial p/\partial x$ 这一项是已知的.

与纳维—斯托克斯方程不同的是, 在许多重要情况下能够求出边界层方程组 (23.5), (23.3) 的解. 如果进行近似计算, 则利用该方程组不仅能够研究平板边界层中的运动, 而且能够研究弯曲表面上的边界层中的运动. 在一般情况下可以认为, 坐标 x 代表沿物体表面的弧长, 而坐标轴 y 垂直于物体表面. 函数 $U(x,\,t)$ 给出边界层外缘上的速度, 它是理想流体理论中的相应问题的解. 为了考虑被绕流物体表面的弯曲情况以及更一般的三维问题, 可以对方程 (23.5) 进行修正.

可以用下述方法给出方程 (23.5) 的更正式的数学推导过程, 这时可以把相应假设用更明确的方式表述出来. 对方程 (23.1)—(23.3) 进行以下变换:

$$x = lx_1, \quad y = \sqrt{\frac{\nu l}{U_0}}\, y_1, \quad t = \frac{l}{U_0} t_1, \quad u = U_0 u_1, \quad v = \sqrt{\frac{\nu U_0}{l}}\, v_1, \quad p = \rho U_0^2 p_1, \quad (23.6)$$

式中 l 和 U_0 是某些常量——特征长度和特征速度. 变换后得到

$$\frac{\partial u_1}{\partial t_1} + u_1 \frac{\partial u_1}{\partial x_1} + v_1 \frac{\partial u_1}{\partial y_1} = -\frac{\partial p_1}{\partial x_1} + \frac{1}{Re} \frac{\partial^2 u_1}{\partial x_1^2} + \frac{\partial^2 u_1}{\partial y_1^2},$$

$$\frac{1}{Re}\left(\frac{\partial v_1}{\partial t_1} + u_1 \frac{\partial v_1}{\partial x_1} + v_1 \frac{\partial v_1}{\partial y_1}\right) = -\frac{\partial p_1}{\partial y_1} + \frac{1}{Re^2} \frac{\partial^2 v_1}{\partial x_1^2} + \frac{1}{Re} \frac{\partial^2 v_1}{\partial y_1^2}, \qquad (23.7)$$

$$\frac{\partial u_1}{\partial x_1} + \frac{\partial v_1}{\partial y_1} = 0,$$

式中 $Re = U_0 l / \nu$ 是雷诺数. 这些方程是用相应无量纲量写出的精确的纳维—斯托克斯方程.

现在假设 (23.6) 和 (23.7) 中所有带下标 1 的量在 $Re \to \infty$ 时仍然是有限的. 在 $Re \to \infty$ 时对 (23.7) 取极限, 我们得到

$$\frac{\partial u_1}{\partial t_1} + u_1 \frac{\partial u_1}{\partial x_1} + v_1 \frac{\partial u_1}{\partial y_1} = -\frac{\partial p_1}{\partial x_1} + \frac{\partial^2 u_1}{\partial y_1^2},$$

$$0 = -\frac{\partial p_1}{\partial y_1}, \qquad (23.8)$$

$$\frac{\partial u_1}{\partial x_1} + \frac{\partial v_1}{\partial y_1} = 0.$$

根据 (23.6) 对这些方程作逆变换, 又得到方程 (23.5) 和 (23.3). 因此, 在某种意义上讲, 可以把边界层方程看做纳维—斯托克斯方程在雷诺数 $Re = U_0 l / \nu$ 趋于无穷大时的极限形式.

在绕流问题中必须在以下边界条件下求解方程组 (23.8): 在 $y_1 = 0$ 时 $u_1 = v_1 = 0$ (物体表面的无滑移条件), 在 $y_1 = \infty$ 时 [1] $u_1 = U/U_0$ (边界层外缘条件), 并且在边

---

[1] 从边界层内到边界层外, 速度逐渐恢复到主要流动速度. 如果认为纵向速度分量 u 达到主要流动速度的 99.5% 的地方是边界层外缘, 则边界层外缘条件本来应当写为: 在 $y_1 = \delta\sqrt{U_0/\nu l}$ 时 $u_1 = 0.995 U/U_0$ (在 $y = \delta$ 时 $u = 0.995 U$); 但是因为边界层的名义厚度 δ 事先是未知的, 所以这样的表述并不实用. 根据量级估计的结果 (23.4), 边界层外缘对应某个有限的 y_1, 而这样的点其实距离被绕流表面很近, 因为边界层很薄. 即使让 y_1 的值再增加若干倍而变得很大, 相应的点仍然距离被绕流表面不远. 因此, 为了把边界层内外的流动渐近地连接起来, 可以认为

$$\lim_{y_1 \to \infty} u_1(x_1,\ y_1,\ t_1) = \lim_{y \to 0} \frac{u(x,\ y,\ t)}{U_0},$$

这就是文中的边界层外缘条件. 此外, 因为边界层外缘条件不涉及横向速度分量 v, 所以边界层理论给出的速度场在边界层外缘上一般会有间断, 但间断值很小. ——译注

界层内部 p_1 与 y_1 无关, 它取决于外部绕流问题的解.

外部的理想流体绕流问题的解在初步近似下与边界层无关, 因为边界层厚度根据 (23.4) 满足

$$\frac{\delta}{l} \approx \sqrt{\frac{\nu}{U_0 l}} = \frac{1}{\sqrt{Re}} \to 0 \quad (\text{在 } Re \to \infty \text{ 时}),$$

即在雷诺数很大时边界层的厚度很小. 对实际应用很重要的许多问题都以高雷诺数为特点.

§24. 不可压缩流体的平板边界层 · 布拉修斯问题

现在给出半无穷长平板定常边界层[1] 的完整的解. 设半平面 $y = 0$, $x \geqslant 0$ 代表一个光滑的厚度很小的静止平板 (见图 90), 均匀来流的速度 U_0 保持不变并指向 x 轴 (平行于平板).

这时, 因为运动是定常的, 在边界层以外是压强 p_0 保持不变的均匀流, 所以方程 (23.5) 和 (23.3) 给出

$$\begin{aligned} u\frac{\partial u}{\partial x} + v\frac{\partial u}{\partial y} &= \nu\frac{\partial^2 u}{\partial y^2}, \\ \frac{\partial u}{\partial x} + \frac{\partial v}{\partial y} &= 0. \end{aligned} \tag{24.1}$$

在平板上有无滑移条件

$$\text{在 } y = 0, \ x \geqslant 0 \text{ 时} \quad u = v = 0, \tag{24.2}$$

边界层外缘条件为

$$\text{在 } y = \infty \text{ 时} \quad u = U_0. \tag{24.3}$$

布拉修斯自相似解　因为上述问题没有特征长度, 所以有量纲的主定参量为

$$U_0, \ \nu, \ x, \ y,$$

由此可以组成 2 个无量纲量:

$$\frac{y}{x}, \ \frac{y}{\sqrt{\nu x/U_0}}.$$

因此, 待求函数 $u(x, y)$ 和 $v(x, y)$ 可以通过无量纲函数 f 和 Φ 表示为以下形式:

$$u = U_0 f\left(\frac{y}{x}, \frac{y}{\sqrt{\nu x/U_0}}\right), \quad v = \sqrt{\frac{\nu U_0}{x}}\,\Phi\left(\frac{y}{x}, \frac{y}{\sqrt{\nu x/U_0}}\right). \tag{24.4}$$

---

[1] 半无穷长平板定常层流边界层问题是历史上成功应用边界层理论的第一个实例, 相关计算是由普朗特的学生布拉修斯完成的. 方程 (24.10) 称为布拉修斯方程, 相应边值问题 (24.11) 称为布拉修斯问题. 值得一提的是, 科钦求出了此问题的纳维—斯托克斯方程的精确解, 见: Кочин Н. Е., Кибель И. А., Розе Н. В. Теоретическая гидромеханика. Ч. 2. Москва: Физматгиз, 1963 (本书参考文献[37]). ——译注

现在对方程 (24.1) 和边界条件 (24.2), (24.3) 进行变换:

$$x = l x_1, \quad y = \sqrt{\frac{\nu l}{U_0}}\, y_1, \quad u = U_0 u_1, \quad v = \sqrt{\frac{\nu U_0}{l}}\, v_1,$$

结果是

$$u_1 \frac{\partial u_1}{\partial x_1} + v_1 \frac{\partial u_1}{\partial y_1} = \frac{\partial^2 u_1}{\partial y_1^2}, \tag{24.5}$$

$$\frac{\partial u_1}{\partial x_1} + \frac{\partial v_1}{\partial y_1} = 0, \tag{24.6}$$

$$\begin{aligned} &\text{在 } x_1 \geqslant 0,\ y_1 = 0 \text{ 时 } u_1 = v_1 = 0, \\ &\text{在 } y_1 = \infty \text{ 时 } u_1 = 1. \end{aligned} \tag{24.7}$$

因为函数 $u_1(x_1,\, y_1)$ 和 $v_1(x_1,\, y_1)$ 所满足的方程和边界条件不包含参量 l, 所以问题 (24.5)—(24.7) 的解应当与 l 无关. 从 (24.4) 得

$$\frac{u}{U_0} = u_1 = f\left(\frac{y_1}{x_1 \sqrt{U_0 l/\nu}},\ \frac{y_1}{\sqrt{x_1}} \right) = f\left(\frac{y_1}{\sqrt{x_1}} \right),$$

$$\frac{v}{\sqrt{\nu U_0/l}} = v_1 = \frac{1}{\sqrt{x_1}} \Phi\left(\frac{y_1}{x_1 \sqrt{U_0 l/\nu}},\ \frac{y_1}{\sqrt{x_1}} \right) = \frac{1}{\sqrt{x_1}} \Phi\left(\frac{y_1}{\sqrt{x_1}} \right), \tag{24.8}$$

因为自变量 $\dfrac{y_1}{x_1 \sqrt{U_0 l/\nu}}$ 包含参量 l, 而解与之无关.

从公式 (24.8) 可知, 偏微分方程 (24.5) 和 (24.6) 可以化为常微分方程, 其独立自变量为

$$\xi = \frac{y_1}{\sqrt{x_1}} = \frac{y}{\sqrt{\nu x/U_0}}.$$

从连续性方程 (24.6) 可知, 在不可压缩流体平面运动的一般情况下存在流函数 $\psi(x_1,\, y_1)$ (见第一卷第七章):

$$u_1 = \frac{\partial \psi}{\partial y_1}, \quad v_1 = -\frac{\partial \psi}{\partial x_1}.$$

设 $f(\xi)$ 的原函数为 $\varphi(\xi)$, 即

$$f(\xi) = \varphi'(\xi) = \varphi'\left(\frac{y_1}{\sqrt{x_1}} \right),$$

则

$$\psi = \sqrt{x_1}\, \varphi\left(\frac{y_1}{\sqrt{x_1}} \right).$$

因此, 根据连续性方程, 速度分量 u_1 和 v_1 可以通过函数 $\varphi(\xi)$ 表示为以下形式:

$$\begin{aligned} u_1 &= \varphi'(\xi), \\ v_1 &= \frac{1}{2\sqrt{x_1}} [\xi \varphi'(\xi) - \varphi(\xi)]. \end{aligned} \tag{24.9}$$

把 (24.9) 代入运动方程 (24.5), 经过简单整理后得到

$$2\varphi'''(\xi) + \varphi''(\xi)\varphi(\xi) = 0. \tag{24.10}$$

必须求出区间 $0 < \xi < \infty$ 上的函数 $\varphi(\xi)$, 它满足三阶非线性常微分方程 (24.10) 和以下边界条件:

$$\varphi(0) = \varphi'(0) = 0, \quad \varphi'(\infty) = 1. \tag{24.11}$$

这些边界条件来自 (24.7). 为了确定函数 $\varphi(\xi)$, 需要求解的问题是边值问题. 如果利用方程 (24.10) 的解的下述一般性质, 就容易把这个边值问题转化为柯西问题, 这时所有边界条件都是在区间的一端提出的.

设 $\varphi_0(\xi)$ 是方程 (24.10) 的某个解. 直接验算即可证明, 函数

$$\varphi(\xi) = \alpha^{1/3}\varphi_0(\alpha^{1/3}\xi) \tag{24.12}$$

也是方程 (24.10) 的解, 其中 α 是任意常数.

现在令 $\varphi_0(\xi)$ 是方程 (24.10) 的以下柯西问题的解:

$$\varphi_0(0) = \varphi_0'(0) = 0, \quad \varphi_0''(0) = 1. \tag{24.13}$$

对于 $\xi > 0$, 不难用已知的数值方法求解这个柯西问题[1], 根据计算结果可以求极限

$$\lim_{\xi \to \infty} \varphi_0'(\xi) = k \neq 1, \quad 并且 \quad k^{3/2} = \frac{1}{0.332}. \tag{24.14}$$

现在计算公式 (24.12) 中的常数 α, 以便满足 (24.11) 中的最后一个条件 ($\xi \to \infty$ 时的条件). 我们有

$$\varphi'(\xi) = \alpha^{2/3}\varphi_0'(\eta), \quad \eta = \alpha^{1/3}\xi,$$
$$\varphi''(\xi) = \alpha\varphi_0''(\eta), \quad \varphi''(0) = \alpha.$$

由此可知

$$\lim_{\xi \to \infty} \varphi'(\xi) = \alpha^{2/3} \lim_{\eta \to \infty} \varphi_0'(\eta) = \alpha^{2/3}k.$$

显然, 只要取 $\alpha^{2/3}k = 1$, 即可从公式 (24.12) 得到待求函数 $\varphi(\xi)$. 根据 (24.14), 这时

$$\alpha = k^{-3/2} = 0.332.$$

因此, 在得到柯西问题 (24.13) 的数值解 $\varphi_0(\xi)$ 之后, 公式 (24.9) 和 (24.12) 就给出完整的解.

---

[1] 最初, 布拉修斯利用级数展开法得到了近似解. 现在, 利用诸如 Maple, Mathematica 等数学软件计算类似问题的数值解极为简单. ——译注

摩擦阻力 现在计算平板表面的黏性摩擦应力的切向分量 τ. 根据纳维—斯托克斯定律, 我们有 [1]

$$\tau = \mu\left(\frac{\partial u}{\partial y}\right)_{y=0} = \mu U_0\left[\frac{\partial \varphi'\left(y/\sqrt{\nu x/U_0}\right)}{\partial y}\right]_{y=0} = \alpha\sqrt{\frac{\rho\mu U_0^3}{x}} = 0.332\sqrt{\frac{\rho\mu U_0^3}{x}}. \quad (24.15)$$

摩擦应力与坐标 x 有关, 随 x 的增加而减小.

平板表面矩形部分所受阻力等于

$$R = b\int_0^L \tau\,\mathrm{d}x = 0.664b\sqrt{\rho\mu L U_0^3}, \quad (24.16)$$

式中 b 为矩形的宽, L 为矩形的长 (从平板前端起沿来流方向). 由此可得摩擦系数 [2]

$$c_f = \frac{R}{\rho b L U_0^2/2} = \frac{1.328}{\sqrt{Re}}, \quad 其中 \quad Re = \frac{U_0 L}{\nu}.$$

因此, 这时的总阻力正比于来流速度 U_0 的二分之三次方, 摩擦系数反比于雷诺数的平方根.

我们还记得, 在不可压缩黏性流体中匀速平动的物体所受到的阻力在低雷诺数的情况下正比于速度的一次方, 而对于在不可压缩理想流体中匀速平动的物体, 相应阻力在达朗贝尔佯谬不成立的情况下正比于速度的二次方.

边界层的名义厚度和位移厚度 根据 (24.9), 纵向速度分量在边界层中的分布满足公式

$$\frac{u}{U_0} = \varphi'\left(\frac{y}{\sqrt{\nu x/U_0}}\right),$$

分布曲线的形状如图 90 所示. 如果边界层名义厚度 $y = \delta$ 由诸如 $u/U_0 = 0.995$ 的条件定义, 即速度相差大约 0.5%:

$$U_0 - u \approx 0.005 U_0,$$

就可以从方程

$$0.995 = \varphi'\left(\frac{\delta}{\sqrt{\nu x/U_0}}\right) \quad (24.17)$$

来计算 δ 的值. 根据函数 $\varphi'(\xi)$ 的计算结果, 从 (24.17) 可得

$$\delta = 5.16\sqrt{\frac{\nu x}{U_0}}.$$

---

[1] 从切向应力公式 (24.15) 可以看出, 布拉修斯解在平板前端具有奇异性, 这里的应力等于无穷大 (速度分量 v 也等于无穷大). 显然, 在平板前端附近不能使用边界层理论. ——译注

[2] 在雷诺数 $Re = U_0 L/\nu$ 的量级为 10^4—10^5 时, 平板边界层的布拉修斯解给出的相关结果与实验相符. 在更高的雷诺数下, 层流边界层理论不再适用. ——译注

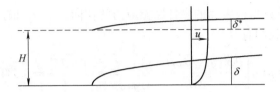

图 91. 用于定义边界层的名义厚度 δ 和位移厚度 δ^* ($H \to \infty$)

对于很大的速度 U_0、很小的运动黏度 $\nu = \mu/\rho$ 和适当的坐标 x, 边界层的名义厚度 δ 是非常小的.

在 $x > 0$ 且 $y > 0$ 时, 在远离平板的地方, 流线因为流体在边界层中减速而向外偏移了距离 δ^* (图 91), 这个距离称为边界层的位移厚度[1]. 位移厚度的计算公式为

$$\delta^* U_0 = \int_0^\infty (U_0 - u)\,\mathrm{d}y = U_0 \int_0^\infty [1 - \varphi'(\xi)]\,\mathrm{d}\xi \sqrt{\frac{\nu x}{U_0}} = U_0 \cdot 1.72 \sqrt{\frac{\nu x}{U_0}},$$

即

$$\delta^* = 1.72 \sqrt{\frac{\nu x}{U_0}} \approx \frac{\delta}{3}.$$

在求解关于物体绕流的其他一些问题时, 如果边界层外缘的压强分布是给定的, 就可以用类似方法计算边界层的名义厚度 δ 和位移厚度 δ^*. 在某些情况下, 如果让物体稍微膨胀一些, 使其表面在法线方向上向外移动的距离等于位移厚度 δ^*, 就可以根据外部理想流体绕流的结果进一步获得物体表面上更精确的压强分布.

§25. 边界层流动的某些重要效应

在物体绕流问题中, 物体表面的压强等于边界层外缘的压强, 它是一个变量. 所以, 方程 (23.5) 中的纵向压强梯度 (偏导数 $\partial p/\partial x$) 不等于零.

边界层的分离点　　在物体表面上压强等于极小值的点 $\partial p/\partial x = 0$, 从这一点到前驻点有 $\partial p/\partial x < 0$, 在极小压强点之后有 $\partial p/\partial x > 0$.

在定常绕流问题中, 根据无滑移条件 $u = v = 0$ 和方程 (23.5), 在被绕流物体表

---

[1] 类似于位移厚度的定义方法, 还可以引入边界层的动量损失厚度 (简称动量厚度) δ^{**}. 在远离平板的地方, 流线向外偏移的距离 δ^* 是位移厚度; 在该流线与平板之间的区域, 来流的动量因为流体在边界层中减速而有所损失. 动量损失厚度被定义为单位时间内通过单位宽度横截面的流体的相应动量损失与 ρU_0^2 之比. 利用位移厚度公式不难得到动量损失厚度公式

$$\delta^{**} U_0^2 = \int_0^\infty u(U_0 - u)\mathrm{d}y.$$

根据布拉修斯问题的数值解, 我们有 $\delta^{**} = 0.664\sqrt{\nu x/U_0}$. 显然, 阻力公式 (24.16) 可以通过动量损失厚度表示为 $R = b\rho U_0^2 \delta^{**}$, 这实际上是积分形式的动量方程的推论. ——译注

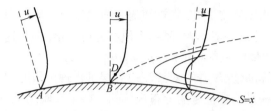

图 92. 在点 B 有 $\tau = 0$, 这里出现边界层分离. 速度分布曲线上的点 D 是拐点

面成立方程

$$\mu \left(\frac{\partial^2 u}{\partial y^2} \right)_{y=0} = \frac{\partial p}{\partial x}, \tag{25.1}$$

此外, 被绕流物体表面的黏性摩擦应力等于

$$\tau = \mu \left(\frac{\partial u}{\partial y} \right)_{y=0}.$$

纵向速度分布曲线是边界层的重要特性. 图 92 给出 $\partial p / \partial x \neq 0$ 时边界层中的各种形式的纵向速度分布曲线. 在点 B, 曲线 $u(y)$ 的切线垂直于被绕流物体表面, 所以 $\partial u / \partial y = 0$, 于是 $\tau = 0$. 在点 B 左侧 $\tau > 0$, 在其右侧 $\tau < 0$. 在点 B 出现边界层分离, 点 B 之后的流体逆向运动.

在经过点 B 的曲线 $u(y)$ 上一定存在拐点 D, 所以在点 B 有 $\partial^2 u / \partial y^2 > 0$, 根据 (25.1) 则有 $\partial p / \partial x > 0$. 因此, 分离点 B 应当位于极小压强点之后, 而在极小压强点有 $\tau > 0$, $\partial^2 u / \partial y^2 = 0$. 如果压强沿物体表面单调下降, 就不会出现边界层分离. 边界层分离伴随着边界层厚度的急剧增加, 从而能够导致外部主要流动状态的显著变化, 这时的主要流动已经与流体黏性有重要关系[1].

层流边界层向湍流边界层的过渡 就像流体在管道中的运动那样, 流体在被绕流物体表面边界层中的运动既可能是层流, 也可能是湍流. 在高雷诺数下, 在被绕流物体表面的前部形成层流边界层, 它在到物体前端某一距离的位置转变为湍流边界层. 在边界层中, 层流向湍流的转变也像管道中的流动那样发生在特定的标志下——存在临界雷诺数. 层流边界层转变为湍流边界层的现象与管道中的层流运动转变为湍流运动的现象具有很多共同点.

过渡区或过渡点的特征是, 边界层中的速度、压强、(可压缩流体的) 密度等量开始发生强烈的涨落. 一般而言, 层流边界层横截面上的速度分布与湍流边界层横截面上的速度分布截然不同. 在湍流边界层中, 流体的宏观微元也像管道中的湍流那样具有强烈的横向混合, 从而导致横截面上的平均速度基本处处相同. 与此同时, 在被绕流壁面上的无滑移条件的约束下, 在壁面附近出现更大的速度梯度, 这就导致壁面上的摩擦力和相应摩擦阻力大幅增加.

---

[1] 因此, 边界层理论在分离点之后不再适用. ——译注

在表面光滑的物体被绕流时, 在被绕流表面的湍流边界层中有一层非常薄的层流底层, 其中的流体速度一般不大, 基本上没有速度涨落, 但是速度具有非常大的横向梯度, 从而引起很大的摩擦应力 $\tau = \mu\,\partial u/\partial y$.

同管道湍流计算的情况一样, 对湍流边界层进行理论研究和计算的基础是关于平均速度和其他一些平均特征量的分布规律的一些半经验结果, 以及利用各种守恒定律建立起来的一些专门的积分关系式.

摩擦阻力的作用　当飞机、船舶、潜艇等流线型物体在流体中运动时, 由黏性摩擦引起的阻力占总阻力的 50% 至 90%. 因此, 计算边界层的理论和方法以及能够影响边界层流动性质的方法具有非常重大的实际价值.

湍流边界层的摩擦阻力与被绕流表面的粗糙程度有密切的关系, 这一点在 §22 中已经指出, 并且在粗糙程度降低时摩擦阻力也明显降低 (降低粗糙程度的措施在于消除被绕流表面上的各种不平整因素: 凸起的铆钉和焊缝, 表面的波纹, 等等, 换言之, 应把被绕流表面加工得像镜面一样光滑).

对于流线型物体, 若能使边界层尽量保持层流状态, 或者说, 若能消除引起扰动的各种因素, 使边界层不转变为湍流状态, 就能获得特别巨大的好处. 通过各种专门措施可以使层流边界层向湍流边界层转变的位置沿物体表面向下游移动, 从而大幅降低阻力 (有时能够把阻力降低到原来的一半甚至更少).

可以采用多种方式来维持层流边界层的存在, 现举例如下. (1) 采用专门的不会引起分离的流线型外形, 保证压强分布的平稳性. 我们指出, 流动分离的产生一般与边界层的快速湍流化有关. (2) 使被绕流表面像镜面一样光滑. 如果被绕流表面明显粗糙, 或者在表面上存在各种凸起, 就会提早引起边界层的湍流化. (3) 因为来流的不均匀性和各种扰动 (例如由各种振动引起的扰动) 很容易让边界层提早失去稳定性并进一步转变为湍流边界层, 所以在某些情况下可以把已经减速的流体从边界层中吸走, 从而维持边界层的层流状态.

上面研究的是层流边界层分离问题. 湍流边界层也可能发生分离, 这种现象就像层流边界层分离的情况那样也与流体在压强上升区域中的运动有关 (压强在流动方向上不断升高导致流速降低).

关于气体中的边界层　层流边界层或湍流边界层并非不可压缩流体运动所特有, 它们也是气体运动的特性. 在气体边界层的横截面上, 不仅速度因壁面无滑移条件而剧烈变化, 温度、密度、在某些情况下甚至连气体的化学组分也剧烈变化.

在滞止温度和静力学温度很高时, 在气流中能够出现各种类型的物理化学过程, 这些过程不仅涉及电离、化学反应以及被绕流物体表面的熔化和气化, 而且涉及扩散和辐射. 这时, 被绕流物体与气体或液体之间的传热性质具有特别重要的意义. 当物体在气体中高速运动时, 传热问题和物体被加热的问题在很大程度上就是边界层问题. 尽管边界层很薄, 所有上述现象在边界层内部仍然具有重要意义.

§26. 根据给定的涡量和散度计算速度场

我们来回忆速度场的散度和涡量的概念. 设速度分量 $v^i(x^1,\ x^2,\ x^3,\ t)$ 在欧几里得空间的某个区域 $\mathscr{D}$ 中是空间坐标 x^i 和时间 t 的分段连续可微函数, 则对于速度场 $\boldsymbol{v} = v^i \boldsymbol{e}_i$ 的散度 $\varepsilon(x^1,\ x^2,\ x^3,\ t)$ 和涡量 $\boldsymbol{\omega}(x^1,\ x^2,\ x^3,\ t)$, 我们有

$$\varepsilon = \operatorname{div} \boldsymbol{v} = \nabla_k v^k$$

$$\boldsymbol{\omega} = \frac{1}{2} \operatorname{rot} \boldsymbol{v} = \frac{1}{2\sqrt{g}} \begin{vmatrix} \boldsymbol{e}_1 & \boldsymbol{e}_2 & \boldsymbol{e}_3 \\ \dfrac{\partial}{\partial x^1} & \dfrac{\partial}{\partial x^2} & \dfrac{\partial}{\partial x^3} \\ v_1 & v_2 & v_3 \end{vmatrix},$$

式中 $\boldsymbol{e}_i$ 为基矢量, $g = \det(g_{ij})$, g_{ij} 是度规张量的分量. 在笛卡儿坐标系中 $g = 1$, $\boldsymbol{e}_i = \boldsymbol{e}^i$. 我们已经在第二章中详细阐述了不变量 ε 和 $\boldsymbol{\omega}$ 的力学意义. 对于不可压缩流体, 在没有质量源时 $\varepsilon = 0$, 在 $\boldsymbol{\omega} \neq 0$ 时介质的运动是有旋的.

根据给定的矢量场计算 ε 和 $\boldsymbol{\omega}$ 如果已知速度场 $\boldsymbol{v}$, 通过微分运算就容易计算 ε 和 $\boldsymbol{\omega}$. 对任何矢量场都能引入不变量 ε 和 $\boldsymbol{\omega}$, 所以所有下述理论能够被应用于任何矢量场, 而不仅仅是速度场.

例如, 对于定常电磁场, 从麦克斯韦方程 (见第一卷第六章) 可知, 磁场强度矢量 $\boldsymbol{H}$ 满足方程

$$\operatorname{rot} \boldsymbol{H} = \frac{4\pi}{c} \boldsymbol{j}, \quad \operatorname{div} \boldsymbol{H} = -4\pi \operatorname{div} \boldsymbol{M},$$

式中 $\boldsymbol{j}$ 是电流矢量, $\boldsymbol{M}$ 是磁化强度矢量. 如果没有磁化, 或者成立关系式 $\boldsymbol{M} = k_1 \boldsymbol{H}$ ($k_1 = \text{const}$), 则

$$\operatorname{div} \boldsymbol{H} = 0.$$

对于定常电场, 从麦克斯韦方程可知, 电场强度矢量 $\boldsymbol{E}$ 满足方程

$$\operatorname{rot} \boldsymbol{E} = 0, \quad \operatorname{div} \boldsymbol{E} = 4\pi(\rho_e - \operatorname{div} \boldsymbol{P}),$$

式中 $\boldsymbol{P}$ 是极化强度矢量, ρ_e 是电荷密度. 如果没有极化, 或者成立关系式 $\boldsymbol{P} = k_2 \boldsymbol{E}$ ($k_2 = \text{const}$), 则

$$(1 + 4\pi k_2) \operatorname{div} \boldsymbol{E} = 4\pi \rho_e.$$

根据给定的 ε 和 $\boldsymbol{\omega}$ 计算矢量场 下面研究逆问题: 根据待求矢量的散度和旋度计算该矢量场. 力学和物理学的许多理论与这个问题有直接的关系, 在提出问题时会预先给出待求矢量的散度和旋度, 或者通过求解辅助方程能够计算出待求矢量的散度和旋度. 根据量 ε 和 $\boldsymbol{\omega}$ 计算相应矢量场的重要问题就是这样出现的.

为了术语上的方便, 下面将讨论连续介质运动的速度场 $\boldsymbol{v}$、散度场 ε 和涡量场 $\boldsymbol{\omega}$. 下述理论是运动学理论, 不直接涉及介质的性质. 介质的动力学性质和物理性质可

以通过给出函数 $\varepsilon(x^1,\ x^2,\ x^3,\ t)$ 和 $\boldsymbol{\omega}(x^1,\ x^2,\ x^3,\ t)$ 对坐标尤其是对时间 t 的依赖关系而明显表现出来. 下面得到的公式和结果适用于各种矢量场的理论.

首先考虑在无界空间中计算速度场 $\boldsymbol{v}$ 的问题, 这时在全部空间中给定了标量场 ε 和矢量场 $\boldsymbol{\omega}$. 在以下结果中, 时间 t 仅仅是外部参量. 根据条件, 我们认为

$$\text{在 } R_1 = \sqrt{x^2+y^2+z^2} \to \infty \text{ 时 } \varepsilon \to 0, \quad \boldsymbol{\omega} \to 0,$$

即 ε 和 $\boldsymbol{\omega}$ 在无穷远处等于零 (x, y, z 是空间点的笛卡儿坐标). 我们将寻找这样的矢量 $\boldsymbol{v}$, 它在无穷远处等于零, 即满足条件

$$\text{在 } R_1 \to \infty \text{ 时 } \boldsymbol{v} \to 0, \tag{26.1}$$

所提问题的解的唯一性　　不难证明, 所提问题只可能具有唯一的解. 其实, 假设存在两个解 $\boldsymbol{v}_1(x,\ y,\ z)$ 和 $\boldsymbol{v}_2(x,\ y,\ z)$, 我们来证明矢量 $\boldsymbol{v} = \boldsymbol{v}_1 - \boldsymbol{v}_2$ 在条件 (26.1) 下恒等于零. 对于矢量场 $\boldsymbol{v}$, 我们有

$$\operatorname{div}\boldsymbol{v} = 0, \quad \operatorname{rot}\boldsymbol{v} = 0.$$

从 $\operatorname{rot}\boldsymbol{v} = 0$ 可知矢量 $\boldsymbol{v}$ 有势, 所以存在势函数 $\varphi(x, y, z)$, 使 $\boldsymbol{v} = \operatorname{grad}\varphi$. 从 $\operatorname{div}\boldsymbol{v} = 0$ 和 (26.1) 可知,

$$\Delta\varphi = 0, \quad (\operatorname{grad}\varphi)_\infty = 0,$$

即函数 $\varphi(x,\ y,\ z)$ 是调和函数, 并且其梯度在无穷远处等于零. 考虑半径为 R_1 且球心位于坐标原点的球面. 在 §12 中已经证明, 势流中的最大速度 $v_{\max}$ 应当是在流动所占区域的边界上达到的. 由此可知, 对于任何球面所包围的区域,

$$\left[\sqrt{\left(\frac{\partial\varphi}{\partial x}\right)^2 + \left(\frac{\partial\varphi}{\partial y}\right)^2 + \left(\frac{\partial\varphi}{\partial z}\right)^2}\,\right]_{\max}$$

在球面上才能达到. 但是我们还有条件 (26.1), 所以处处都有

$$\sqrt{\left(\frac{\partial\varphi}{\partial x}\right)^2 + \left(\frac{\partial\varphi}{\partial y}\right)^2 + \left(\frac{\partial\varphi}{\partial z}\right)^2} = 0, \quad \text{或 } |\operatorname{grad}\varphi| = 0,$$

即成立恒等式 $\boldsymbol{v} \equiv 0$, 这就证明了所提问题的解的唯一性.

既然解的唯一性已经得到证明, 我们把基本问题分解为以下两个问题. 问题一: 在 $\varepsilon \neq 0$ 和 $\boldsymbol{\omega} = 0$ 时计算有势 (无旋) 速度场; 问题二: 在 $\varepsilon = 0$ 和 $\boldsymbol{\omega} \neq 0$ 时计算不可压缩流体有旋运动的速度场. 显然, 全部问题的解可以表示为问题一的解与问题二的解之和.

根据散度场计算速度场的问题的提法　　考虑问题一:

$$\boldsymbol{v} = \operatorname{grad}\Phi, \quad \Delta\Phi = \varepsilon. \tag{26.2}$$

求解过程归结为寻找满足泊松方程的势函数 $\Phi(x,\ y,\ z)$, 泊

松方程的右侧是给定的函数 $\varepsilon(x,\ y,\ z)$.

在求解时必须对函数 $\varepsilon(\xi,\ \eta,\ \zeta)$ 的性质提出一些假设. 在这里和下文中, 我们用 ξ, η, ζ 表示已知散度 ε 的点的坐标, 用 x, y, z 表示需要求解势函数 Φ 的点的坐标. 我们认为 $\varepsilon(\xi,\ \eta,\ \zeta)$ 是分段光滑函数, 并且在 $R = \sqrt{\xi^2 + \eta^2 + \zeta^2} = R_0$ 足够大时成立不等式

$$|\varepsilon| < \frac{k}{R^{2+\lambda}}, \tag{26.3}$$

式中 k 和 λ 是合适的常数, 并且 $k > 0$, $0 < \lambda < 1$. 例如, 当 ε 仅在空间中某一有限区域中不等于零时, 不等式 (26.3) 就是成立的.

表示解的积分的收敛性　　因为散度 ε 的含义是按体积分布的源的流量密度, 所以自然可以把势函数 $\Phi(x,\ y,\ z)$ 表示为位于各个点 $\xi,\ \eta,\ \zeta$ 的点源的势函数之和, 即

$$\Phi = -\frac{1}{4\pi} \int \frac{\varepsilon\,\mathrm{d}\tau}{r} = -\frac{1}{4\pi} \iiint \frac{\varepsilon(\xi,\ \eta,\ \zeta)\,\mathrm{d}\xi\,\mathrm{d}\eta\,\mathrm{d}\zeta}{\sqrt{(x-\xi)^2 + (y-\eta)^2 + (z-\zeta)^2}}, \tag{26.4}$$

式中 (见图 93)

$$r = \sqrt{(x-\xi)^2 + (y-\eta)^2 + (z-\zeta)^2}.$$

我们首先证明, 在条件 (26.3) 下, 对全部空间的积分 (26.4) 是收敛的, 并且这样定义的函数 $\Phi(x,\ y,\ z)$ 在 $R_1 = \sqrt{x^2 + y^2 + z^2} \to \infty$ 时趋于零.

其实, 在积分 (26.4) 中, 对球心位于坐标原点且半径为 R_0 的球的那一部分积分

$$\int\limits_{\xi^2 + \eta^2 + \zeta^2 \leqslant R_0^2} \frac{\varepsilon\,\mathrm{d}\tau}{r}$$

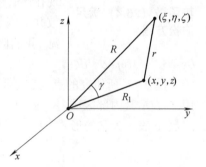

图 93. 用于计算 r 的示意图

定义了自变量为 x, y, z 的一个函数, 它在无穷远处像 $1/R_1$ 那样趋于零. 如果在无界区域中 $\varepsilon \neq 0$, 则由不等式 (26.3) 可知,

$$\left| \int\limits_{\xi^2 + \eta^2 + \zeta^2 \geqslant R_0^2} \frac{\varepsilon\,\mathrm{d}\tau}{r} \right| < \int\limits_{\xi^2 + \eta^2 + \zeta^2 \geqslant R_0^2} \frac{k\,\mathrm{d}\tau}{r R^{2+\lambda}} < k \int\limits_0^\infty \int\limits_0^{2\pi} \int\limits_0^{\pi} \frac{\mathrm{d}R \sin\theta\,\mathrm{d}\theta\,\mathrm{d}\varphi}{R^\lambda \sqrt{R^2 + R_1^2 - 2RR_1\cos\gamma}}, \tag{26.5}$$

因为在球面坐标系中 $\mathrm{d}\tau = R^2\mathrm{d}R \sin\theta\,\mathrm{d}\theta\,\mathrm{d}\varphi$, 量 $R_1 = \sqrt{x^2 + y^2 + z^2}$ 和 γ 的含义如图 93 所示. 从条件 $0 < \lambda < 1$ 显然可知, (26.5) 中的最后一个体积分在 $R_1 \neq 0$ 时收敛, 我们把这个积分记为 $f(R_1)$.

速度势和速度在无穷远处的量级　容易计算函数 $f(R_1)$, 结果精确到相差一个常数因子. 其实,

$$f(R_1) = \int\limits_0^\infty \int\limits_0^{2\pi} \int\limits_0^\pi \frac{\mathrm{d}\left(\dfrac{R}{R_1}\right)\sin\theta\,\mathrm{d}\theta\,\mathrm{d}\varphi}{R_1^\lambda \left(\dfrac{R}{R_1}\right)^\lambda \sqrt{\left(\dfrac{R}{R_1}\right)^2 + 1 - 2\left(\dfrac{R}{R_1}\right)\cos\gamma}} = \frac{f(1)}{R_1^\lambda}.$$

因此, 在不等式 (26.3) 成立时, 函数 $f(R_1)$ 乃至 (26.4) 所定义的势函数 $\Phi(x,\,y,\,z)$ 在 $R_1 \to \infty$ 时至少像 $1/R_1^\lambda$ 那样趋于零.

如果函数 ε 在某些单独的点、曲线或曲面上有间断, 或者取值无穷大但可积, 则上述结论仍然成立. 对 $\operatorname{grad}\Phi$ 可以写出

$$\boldsymbol{v} = \operatorname{grad}\Phi = \frac{1}{4\pi}\int \frac{\varepsilon\boldsymbol{r}}{r^3}\,\mathrm{d}\tau. \tag{26.6}$$

如果 ε 在空间的有限区域中是有限的或可积的, 在坐标原点也是有限的或可积的, 并且满足 (26.3), 则 (26.6) 中的积分收敛, 速度 $\boldsymbol{v}$ 在无穷远处至少像 $1/R_1^{\lambda+1}$ 那样趋于零. 如果给定的 ε 不满足可积条件或限制条件 (26.3)[1], 则 (26.4) 中的积分可能没有意义, 从而不能把问题的解表示为 (26.4) 的形式. 这时, 所提问题可能根本无解.

势函数 (26.4) 满足泊松方程　现在还必须证明, 公式 (26.4) 所定义的函数 Φ 具有二阶偏导数并且满足泊松方程 (26.2). 在证明这个结论时, 为简单起见, 我们假设[2] $\varepsilon(\xi,\,\eta,\,\zeta)$ 连续并且具有有限的一阶偏导数 $\partial\varepsilon/\partial\xi$, $\partial\varepsilon/\partial\eta$, $\partial\varepsilon/\partial\zeta$.

设 M 是所研究的点, 其坐标为 x, y, z. 取球心位于点 M 且半径很小的球面 Σ, 用 T 表示其内部区域, 用 $\mathscr{D}'$ 表示 T 以外的流动区域. 我们把公式 (26.4) 所定义的函数 Φ 表示为和的形式:

$$\Phi = \Phi' + \Phi'',$$

式中

$$\Phi' = -\frac{1}{4\pi}\int\limits_T \frac{\varepsilon\,\mathrm{d}\tau}{r}, \quad \Phi'' = -\frac{1}{4\pi}\int\limits_{\mathscr{D}'} \frac{\varepsilon\,\mathrm{d}\tau}{r}.$$

显然, 函数 $\Phi''(x,\,y,\,z)$ 在区域 $\mathscr{D}'$ 之外的点 M 是解析的. 因为点 ξ, η, ζ 属于 $\mathscr{D}'$, 所以在 $r = \sqrt{(x-\xi)^2 + (y-\eta)^2 + (z-\zeta)^2} \neq 0$ 时在点 M 有 $\Delta(1/r) = 0$, 于是

$$\Delta\Phi'' = 0,$$

从而

$$\Delta\Phi = \Delta\Phi'.$$

---

[1] 在牛顿力学中, 根据质量分布计算引力势的问题就是这样的问题 (第一卷第 223, 224 页). 如果认为宇宙是无限的, 而质量的平均密度是常量, 则 (26.3) 不成立.

[2] 在更细致的分析中可以弱化这个假设.

现在研究 $\Phi'(x,\,y,\,z)$ 在点 $M(x,\,y,\,z)$ 的偏导数. 我们有

$$\frac{\partial\Phi'}{\partial x}=-\frac{1}{4\pi}\int_T\varepsilon\frac{\partial}{\partial x}\Big(\frac{1}{r}\Big)\mathrm{d}\tau=\frac{1}{4\pi}\int_T\varepsilon\frac{\partial}{\partial\xi}\Big(\frac{1}{r}\Big)\mathrm{d}\tau=\frac{1}{4\pi}\int_T\frac{\partial}{\partial\xi}\Big(\frac{\varepsilon}{r}\Big)\mathrm{d}\tau-\frac{1}{4\pi}\int_T\frac{1}{r}\frac{\partial\varepsilon}{\partial\xi}\,\mathrm{d}\tau,$$

这里已经注意到

$$\frac{\partial}{\partial x}\frac{1}{r}=-\frac{\partial}{\partial\xi}\frac{1}{r}.$$

考虑这个公式中的第一个积分. 对于球面 Σ 和 Σ' 之间的区域 $T-T'$ (图 94),
相应积分可以用奥—高公式进行变换, 从而得到

$$\frac{1}{4\pi}\int_{T-T'}\frac{\partial}{\partial\xi}\Big(\frac{\varepsilon}{r}\Big)\mathrm{d}\tau=\frac{1}{4\pi}\int_\Sigma\frac{\varepsilon}{r}\cos(\boldsymbol{n},\,\xi)\,\mathrm{d}\sigma-\frac{1}{4\pi}\int_{\Sigma'}\frac{\varepsilon}{r}\cos(\boldsymbol{n},\,\xi)\,\mathrm{d}\sigma.$$

根据对函数 $\varepsilon(x,\,y,\,z)$ 的假设, 在 Σ' 收缩至点 M 时有

$$\lim_{\Sigma'\to M}\frac{1}{4\pi}\int_{\Sigma'}\frac{\varepsilon}{r}\cos(\boldsymbol{n},\,\xi)\,\mathrm{d}\sigma=0,$$

所以偏导数 $\partial\Phi'/\partial x$ 满足公式

$$\frac{\partial\Phi'}{\partial x}=\frac{1}{4\pi}\int_\Sigma\frac{\varepsilon}{r}\cos(\boldsymbol{n},\,\xi)\,\mathrm{d}\sigma-\frac{1}{4\pi}\int_T\frac{1}{r}\frac{\partial\varepsilon}{\partial\xi}\,\mathrm{d}\tau.$$

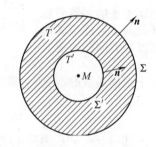

图 94. 区域 $T-T'$ (阴影部分)

现在可以写出二阶导数, 这时要对被积函数中的 $1/r$
进行微分运算. 用这种方法得到公式

$$\frac{\partial^2\Phi'}{\partial x^2}=-\frac{1}{4\pi}\int_\Sigma\varepsilon\cos(\boldsymbol{n},\,\xi)\frac{\partial}{\partial\xi}\frac{1}{r}\,\mathrm{d}\sigma+\frac{1}{4\pi}\int_T\frac{\partial\varepsilon}{\partial\xi}\frac{\partial}{\partial\xi}\frac{1}{r}\,\mathrm{d}\tau.$$

对 $\partial^2\Phi'/\partial y^2$ 和 $\partial^2\Phi'/\partial z^2$ 可得类似公式, 所以

$$\Delta\Phi'=-\frac{1}{4\pi}\int_\Sigma\varepsilon\frac{\partial}{\partial n}\frac{1}{r}\,\mathrm{d}\sigma+\frac{1}{4\pi}\int_T\operatorname{grad}\varepsilon\cdot\operatorname{grad}_{\xi,\,\eta,\,\zeta}\frac{1}{r}\,\mathrm{d}\tau. \tag{26.7}$$

现在证明, (26.7) 的右侧正好等于 $\varepsilon(x,\,y,\,z)$. 为此, 在区域 $T-T'$ 中对

$$\varepsilon(\xi,\,\eta,\,\zeta) \quad \text{和} \quad \frac{1}{r}=\frac{1}{\sqrt{(x-\xi)^2+(y-\eta)^2+(z-\zeta)^2}}$$

这两个函数应用格林第一公式 (见 §12), 得

$$\int_{T-T'}\varepsilon\Delta\frac{1}{r}\,\mathrm{d}\tau+\int_{T-T'}\operatorname{grad}\varepsilon\cdot\operatorname{grad}_{\xi,\,\eta,\,\zeta}\frac{1}{r}\,\mathrm{d}\tau=\int_{\Sigma+\Sigma'}\varepsilon\frac{\partial}{\partial n}\frac{1}{r}\,\mathrm{d}\sigma,$$

式中 $\boldsymbol{n}$ 是 $T-T'$ 的外法线矢量. 考虑到 $\Delta(1/r)=0$, 在球面 Σ' 向点 M 收缩的极

限过程中, 我们有

$$\lim_{\Sigma' \to M} \int_{\Sigma'} \varepsilon \frac{\partial}{\partial n} \frac{1}{r} \, d\sigma = \lim_{\Sigma' \to M} \int_{\Sigma'} \frac{\varepsilon r^2 \, d\Omega}{r^2} = 4\pi\varepsilon(M),$$

因为在球面 Σ' 上 $\partial/\partial n = -\partial/\partial r$, $d\sigma = r^2 \, d\Omega$, 式中 Ω 是立体角. 由此可知,

$$-\int_{\Sigma} \varepsilon \frac{\partial}{\partial n} \frac{1}{r} \, d\sigma + \int_{T} \operatorname{grad} \varepsilon \cdot \operatorname{grad}_{\xi, \eta, \zeta} \frac{1}{r} \, d\tau = 4\pi\varepsilon(M).$$

所以, 等式 (26.7) 最终给出

$$\Delta\Phi = \Delta\Phi' = \varepsilon(x, \ y, \ z).$$

因此, 公式 (26.6) 给出了问题一的完整的解, 这时要在无界空间中根据给定的散度分布 $\varepsilon(\xi, \eta, \zeta)$ 在该函数满足上述限制条件的情况下计算速度场.

根据给定的涡量分布 ω 计算不可压缩流体速度场的问题的提法　　现在求解问题二——在无界流体区域 T_∞ 中根据给定的涡量分布 ω 计算速度场 v. 我们有

$$\operatorname{div} v = 0, \quad \operatorname{rot} v = 2\omega. \tag{26.8}$$

根据涡量的定义, 涡量是无源矢量, 即

$$\operatorname{div} \omega = 0, \tag{26.9}$$

因为 $\operatorname{div} \operatorname{rot} v = 0$. 为简单起见, 我们认为矢量 ω 在有旋流动区域中是空间点的分段光滑函数, 这与求解问题一时所提出的假设类似. 与 (26.9) 相应, 在矢量 ω 的间断面 S 上, 我们认为该矢量的法向分量 ω_n 是连续的. 此外, 我们还认为 ω 在无穷远处趋于零, 并且从某一足够大的半径 $R = \sqrt{\xi^2 + \eta^2 + \zeta^2}$ 开始成立不等式

$$|\omega(\xi, \ \eta, \ \zeta)| < \frac{k}{R^{2+\lambda}},$$

式中 k 和 λ 是适当的常数, 并且 $k > 0$, $0 < \lambda < 1$.

矢量势　　只要令

$$v = \operatorname{rot} A, \tag{26.10}$$

即可满足不可压缩条件 $\operatorname{div} v = 0$. 这里的 A 就是矢量势, 它是空间点的任意函数. 显然, 如果把矢量 A 替换为与之相差一个梯度矢量的矢量 A_1, 即如果令

$$A_1 = A + \operatorname{grad} \psi,$$

式中 ψ 是任意标量函数, 则速度场不变. 因此, (26.10) 中的矢量势对于给定的场不是唯一确定的. 为了解决这个问题, 我们对矢量 A 提出一个附加条件:

$$\operatorname{div} A = 0. \tag{26.11}$$

只要适当选取标量函数 $\psi(x, \ y, \ z)$, 即可满足这个条件.

矢量势的计算　为了得到计算矢量势的方程, 把 (26.10) 代入 (26.8), 得

$$\operatorname{rot}\operatorname{rot} \boldsymbol{A} = 2\boldsymbol{\omega}. \tag{26.12}$$

我们对方程 (26.12) 进行变换. 投影到 x 轴, 有

$$\frac{\partial}{\partial y}\left(\frac{\partial A_y}{\partial x} - \frac{\partial A_x}{\partial y}\right) - \frac{\partial}{\partial z}\left(\frac{\partial A_x}{\partial z} - \frac{\partial A_z}{\partial x}\right) = 2\omega_x,$$

即

$$\frac{\partial}{\partial x}\left(\frac{\partial A_x}{\partial x} + \frac{\partial A_y}{\partial y} + \frac{\partial A_z}{\partial z}\right) - \left(\frac{\partial^2 A_x}{\partial x^2} + \frac{\partial^2 A_x}{\partial y^2} + \frac{\partial^2 A_x}{\partial z^2}\right) = 2\omega_x.$$

据此, 我们把方程 (26.12) 改写为以下形式:

$$\operatorname{grad}\operatorname{div} \boldsymbol{A} - \Delta \boldsymbol{A} = 2\boldsymbol{\omega}. \tag{26.13}$$

根据条件 (26.11), 从方程 (26.13) 得到矢量形式的泊松方程

$$\Delta \boldsymbol{A} = -2\boldsymbol{\omega}, \tag{26.14}$$

它等价于 3 个标量形式的泊松方程.

利用问题一的解可得方程 (26.14) 的解:

$$\boldsymbol{A} = \frac{1}{2\pi} \int\limits_{T_\infty} \frac{\boldsymbol{\omega}(\xi,\,\eta,\,\zeta)}{r}\, \mathrm{d}\tau. \tag{26.15}$$

从前面的讨论可知, 在 $R_1 = \sqrt{x^2 + y^2 + z^2} \to \infty$ 时有

$$|\boldsymbol{A}| < \frac{C}{R_1^\lambda}, \quad |\operatorname{rot} \boldsymbol{A}| < \frac{C}{R_1^{1+\lambda}}.$$

我们现在检验, 由公式 (26.15) 给出的矢量 $\boldsymbol{A}$ 满足无源条件 (26.11). 我们有

$$\operatorname{div} \boldsymbol{A} = \frac{1}{2\pi} \int\limits_{T_\infty} \operatorname{div}_{x,\,y,\,z} \frac{\boldsymbol{\omega}(\xi,\,\eta,\,\zeta)}{r}\, \mathrm{d}\tau = -\frac{1}{2\pi} \int\limits_{T_\infty} \operatorname{div}_{\xi,\,\eta,\,\zeta} \frac{\boldsymbol{\omega}(\xi,\,\eta,\,\zeta)}{r}\, \mathrm{d}\tau,$$

因为 $\operatorname{div}_{\xi,\,\eta,\,\zeta} \boldsymbol{\omega}(\xi,\,\eta,\,\zeta) = 0$. 选取球心位于坐标原点、半径为 R_0 的球 T_0, 其表面为 Σ_0. 根据对全部空间 T_∞ 的积分的定义, 可以写出

$$\int\limits_{T_\infty} \operatorname{div} \frac{\boldsymbol{\omega}}{r}\, \mathrm{d}\tau = \lim_{R_0 \to \infty} \int\limits_{T_0} \operatorname{div} \frac{\boldsymbol{\omega}}{r}\, \mathrm{d}\tau = \lim_{R_0 \to \infty} \int\limits_{\Sigma_0} \frac{\omega_n}{r}\, \mathrm{d}\sigma. \tag{26.16}$$

在使用奥—高公式把等式 (26.16) 中的体积分变换为面积分时, 必须把矢量 $\boldsymbol{\omega}$ 在积分域内部的间断面的两侧当做边界, 不过, 因为我们在前面已经提出了 ω_n 在间断面上连续的条件, 所以在 $\boldsymbol{\omega}$ 的内部间断面的两侧, 上述面积分互相抵消.

当 R_0 足够大时, 我们有 $|\boldsymbol{\omega}| < k/R^{2+\lambda}$, 所以

$$\lim_{R_0 \to \infty} \int\limits_{\Sigma_0} \frac{\omega_n}{r}\, \mathrm{d}\sigma = 0.$$

由此可知 div $\boldsymbol{A} = 0$, 所以不仅成立方程 (26.14), 而且成立方程 (26.13), 后者是基本方程 (26.12) 或 (26.8) 的另外一种写法.

所有上述公式都适用于一种特别情况, 这时仅在空间的有界区域 $\mathscr{D}^*$ 中才有涡量, 而在该区域边界 Σ^* 之外 $\boldsymbol{\omega} = 0$. 根据 ω_n 在 Σ^* 上的连续性条件, 在 Σ^* 上成立等式 $\omega_n = 0$, 所以曲面 Σ^* 应当是涡面.

根据 (26.15) 和 (26.10) 可以写出

$$\boldsymbol{v}(x,\,y,\,z) = \frac{1}{2\pi}\,\mathrm{rot}\int\limits_{T_\infty}\frac{\boldsymbol{\omega}(\xi,\,\eta,\,\zeta)}{r}\,\mathrm{d}\tau = \frac{1}{2\pi}\int\limits_{T_\infty}\mathrm{grad}\,\frac{1}{r}\times\boldsymbol{\omega}\,\mathrm{d}\tau = \frac{1}{2\pi}\int\limits_{T_\infty}\frac{\boldsymbol{\omega}\times\boldsymbol{r}}{r^3}\,\mathrm{d}\tau,$$

$$(26.17)$$

式中 $\boldsymbol{r}$ 是在积分过程中从坐标为 $\xi,\,\eta,\,\zeta$ 的变化的点指向坐标为 $x,\,y,\,z$ 的所研究的点的径矢.

全部问题的解　　在无界空间中根据散度 ε 和涡量 $\boldsymbol{\omega}$ 计算速度矢量场的问题的完整的解可以表示为以下形式:

$$\boldsymbol{v} = \mathrm{grad}\,\Phi + \mathrm{rot}\,\boldsymbol{A} = \mathrm{grad}\left(-\frac{1}{4\pi}\int\limits_{T_\infty}\frac{\varepsilon}{r}\,\mathrm{d}\tau\right) + \mathrm{rot}\left(\frac{1}{2\pi}\int\limits_{T_\infty}\frac{\boldsymbol{\omega}}{r}\,\mathrm{d}\tau\right),$$

即

$$\boldsymbol{v} = \frac{1}{4\pi}\int\frac{\varepsilon\boldsymbol{r}}{r^3}\,\mathrm{d}\tau + \frac{1}{2\pi}\int\frac{\boldsymbol{\omega}\times\boldsymbol{r}}{r^3}\,\mathrm{d}\tau. \qquad (26.18)$$

上述问题在有界区域中的解　　如果区域 $\mathscr{D}$ 具有边界 Σ, 并且需要根据在该区域中给定的 ε 和 $\boldsymbol{\omega}$ 来计算该区域中的速度场 $\boldsymbol{v}$, 就必须在 Σ 上额外给出边界条件. 这样的边界条件可能是各种各样的. 我们来研究对流体力学颇为重要的一种特殊情况, 这时在 Σ 上给出了矢量 $\boldsymbol{v}$ 的法向分量 v_n. 为确定起见, 我们考虑外部问题, 即区域 $\mathscr{D}$ 包含无穷远点的情况.

我们已经解决了根据无界空间中的散度和涡量计算速度矢量场的问题, 由此即可构造出所提问题的解, 这时要把在有界区域 $\mathscr{D}$ 中给定的函数 ε 和 $\boldsymbol{\omega}$ 延拓到全部空间. 为了满足 Σ 上的边界条件, 需要求出 $\mathscr{D}$ 中的一种无旋 (有势) 速度场, 使得

$$\varepsilon = 0, \quad \boldsymbol{\omega} = 0.$$

为了把 $\mathscr{D}$ 中的函数 ε 和 $\boldsymbol{\omega}$ 延拓到 $\mathscr{D}$ 以外的空间, 可以采用多种方法. 尽管在根据散度场构造速度场时要考虑各种相关假设, 但是在给出 ε 在 $\mathscr{D}$ 以外的分布时, 我们仍然具有很大的选择余地. 例如, 可以认为在 $\mathscr{D}$ 以外 $\varepsilon = 0$. 在许多个别情况下, 在把 ε 延拓到全部空间时, 与区域 $\mathscr{D}$ 和相应边界条件的对称性有关的各种方法 (镜像法等) 大有用处.

在把涡量 $\boldsymbol{\omega}$ 通过曲面 Σ 延拓到全部空间时, 该曲面在一般情况下可能是涡量 $\boldsymbol{\omega}$ 的间断面. 为了使用公式 (26.18), 必须保证 ω_n 在 Σ 上的连续性.

设 $\mathscr{D}'$ 是区域 $\mathscr{D}$ 的外部, Σ 也是 $\mathscr{D}'$ 的边界. 可以用以下方法在 $\mathscr{D}'$ 中构造连续分布的涡量 $\boldsymbol{\omega}$. 在 $\mathscr{D}'$ 中令

$$\boldsymbol{\omega} = \operatorname{grad} \chi.$$

为了确定函数 $\chi(x, y, z)$, 我们这时得到区域 $\mathscr{D}'$ 中的一个诺伊曼问题. 其实, 因为 $\operatorname{div} \boldsymbol{\omega} = 0$, 所以

$$\Delta \chi = 0. \tag{26.19}$$

根据 ω_n 的连续性, 在 Σ 上成立

$$\frac{\partial \chi}{\partial n} = \omega_n, \tag{26.20}$$

式中 ω_n 是 Σ 上的已知函数, 因为在区域 $\mathscr{D}$ 中已经给定 $\boldsymbol{\omega}$. 如果在 $\mathscr{D}$ 中给定的 $\boldsymbol{\omega}$ 满足条件: 在 Σ 上 $\omega_n = 0$, 则根据 (26.20) 和 (26.19) 得 $\chi = \text{const}$. 因此, 只要在 $\mathscr{D}'$ 中令 $\boldsymbol{\omega} = 0$, 就可以用这样的方法把区域 $\mathscr{D}$ 中的涡量 $\boldsymbol{\omega}$ 延拓到区域 $\mathscr{D}'$.

在解决某些个别问题时, 在把区域 $\mathscr{D}$ 中的给定矢量 $\boldsymbol{\omega}$ 延拓到 $\mathscr{D}'$ 中的时候, 一些基于对称性的方法同样大有用处.

设 ε 和 $\boldsymbol{\omega}$ 已经从区域 $\mathscr{D}$ 延拓到全部空间. 我们用 $\boldsymbol{v}_1(x, y, z)$ 表示由公式 (26.18) 给出的速度矢量, 并令

$$\boldsymbol{v} = \boldsymbol{v}_1 + \boldsymbol{v}^*,$$

式中 $\boldsymbol{v}$ 是 ε 和 $\boldsymbol{\omega}$ 在 $\mathscr{D}$ 中的给定分布所对应的待求速度矢量. 为了计算矢量场 $\boldsymbol{v}^*$, 我们得到以下诺伊曼问题. 在区域 $\mathscr{D}$ 中有

$$\operatorname{div} \boldsymbol{v}^* = 0, \quad \operatorname{rot} \boldsymbol{v}^* = 0,$$

所以

$$\boldsymbol{v}^* = \operatorname{grad} \varphi, \quad \Delta \varphi = 0.$$

在区域 $\mathscr{D}$ 的边界 Σ 上有

$$v_n^* = \frac{\partial \varphi}{\partial n} = v_n - v_{1n},$$

并且 $v_n - v_{1n}$ 是已知函数, 因为依照条件, v_n 在 Σ 上是给定的. $\boldsymbol{v}$ 和 $\boldsymbol{v}_1$ 在无穷远处等于零, 由此给出

$$(\operatorname{grad} \varphi)_\infty = 0.$$

因此, 为了最终获得有界区域中的边值问题的解, 按照上述方法, 在一般情况下首先应把 ε 和 $\boldsymbol{\omega}$ 延拓到 $\mathscr{D}$ 以外的区域并使用解 (26.18), 然后需要求解一个边值问题来确定调和函数 $\varphi(x, y, z)$.

§27. 涡量场的一些重要实例

我们来考虑在前一节中建立起来的一般理论的某些应用.

毕奥—萨瓦尔定律　　假设在无界不可压缩流体中有一个孤立的封闭的无穷细涡管 C (图 95), 在极限情况下可以把它看做封闭涡丝[1]. 我们也可以把这样的涡丝看做恒定电流 $4\pi j/c$ 的回路, 相应磁场为 $\boldsymbol{H}$.

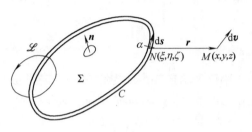

为了确定磁场 $\boldsymbol{H}$ 或涡丝的相应速度矢量场 $\boldsymbol{v}$, 根据公式 (26.17) 可以写出

$$\boldsymbol{v} = \frac{1}{2\pi} \int\limits_{T_\infty} \frac{\boldsymbol{\omega} \times \boldsymbol{r}}{r^3} \, d\tau, \qquad (27.1)$$

积分域是涡管所包围的区域. 沿细涡管有

$$\boldsymbol{\omega} \, d\tau = \boldsymbol{\omega} \, ds \, d\sigma = \omega \, ds \, d\sigma = \frac{1}{2} \Gamma \, d\boldsymbol{s},$$

图 95. 无界流体中的封闭细涡管

式中 $d\boldsymbol{s}$ 是曲线 C 的线微元, $d\sigma$ 是涡管的横截面积, Γ 是环绕涡管 1 周的任意封闭曲线 $\mathscr{L}$ 上的速度环量 (见图 95). 环量值 Γ 沿涡管保持不变, 这是涡管的基本运动学性质. 在 $d\sigma \to 0$, $\omega \to \infty$ 并且环量 $\Gamma = 2\omega \, d\sigma$ 有限的条件下对 (27.1) 取极限, 得

$$\boldsymbol{v} = \frac{\Gamma}{4\pi} \int\limits_{C} \frac{d\boldsymbol{s} \times \boldsymbol{r}}{r^3}. \qquad (27.2)$$

这个公式给出涡丝所对应的速度分布, 或者相应线电流所对应的磁场强度分布.

可以把公式 (27.2) 写为以下形式:

$$\boldsymbol{v}(x, \ y, \ z) = \int\limits_{C} d\boldsymbol{v}, \quad d\boldsymbol{v}(x, \ y, \ z) = \frac{\Gamma}{4\pi} \frac{d\boldsymbol{s} \times \boldsymbol{r}}{r^3}. \qquad (27.3)$$

可以把矢量 $d\boldsymbol{v}$ 解释为涡丝微元 $d\boldsymbol{s}$ 在所研究的点所对应的无穷小速度 (见图 95).

矢量等式 (27.2) 或其另一种写法 (27.3) 就是毕奥—萨瓦尔定律. 涡丝微元 $d\boldsymbol{s}$ 所对应的速度 $d\boldsymbol{v}$ 垂直于矢量 $d\boldsymbol{s}$ 和 $\boldsymbol{r}$ 所在平面, 其大小为

$$|d\boldsymbol{v}| = \frac{\Gamma}{4\pi} \frac{|ds \sin \alpha|}{r^2},$$

式中 α 是 $d\boldsymbol{s}$ 与 $\boldsymbol{r}$ 之间的夹角 (见图 95).

涡丝所对应的速度势　　显然, 孤立涡丝的速度场在涡丝所在点之外的全部空间中都是无旋的, 即有势的. 我们来计算孤立的封闭涡丝所对应的速度势. 因为

$$r = \sqrt{(x - \xi)^2 + (y - \eta)^2 + (z - \zeta)^2},$$

---

[1] 涡丝 (也称线涡) 是涡量只集中于某一条曲线时相应流动的数学模型, 这时涡量和速度在该曲线上具有奇异性. 显然, 涡丝所在曲线是涡线. ——译注

所以

$$\frac{\boldsymbol{r}}{r^3} = \operatorname{grad}_{N(\xi, \eta, \zeta)} \frac{1}{r} \quad (\boldsymbol{r} = \overline{NM}),$$

从而根据公式 (27.2) 有

$$v_x = \left[\frac{\Gamma}{4\pi} \int_C \mathrm{d}\boldsymbol{s} \times \operatorname{grad}_N \frac{1}{r} \right]_x = \frac{\Gamma}{4\pi} \int_C \left[\frac{\partial}{\partial \zeta} \frac{1}{r} \mathrm{d}\eta - \frac{\partial}{\partial \eta} \frac{1}{r} \mathrm{d}\zeta \right]. \qquad (27.4)$$

现在, 对曲线积分 (27.4) 应用斯托克斯公式

$$\int_C P\,\mathrm{d}\xi + Q\,\mathrm{d}\eta + R\,\mathrm{d}\zeta = \int_\Sigma \left[\alpha \left(\frac{\partial R}{\partial \eta} - \frac{\partial Q}{\partial \zeta} \right) + \beta \left(\frac{\partial P}{\partial \zeta} - \frac{\partial R}{\partial \xi} \right) + \gamma \left(\frac{\partial Q}{\partial \xi} - \frac{\partial P}{\partial \eta} \right) \right] \mathrm{d}\sigma,$$

式中 Σ 是张于封闭曲线 C 的曲面, α, β, γ 是 Σ 的法线的方向余弦, 法线的正方向取决于沿曲线 C 进行积分的方向, 该方向与涡量 $\boldsymbol{\omega}$ 的方向有关. 令

$$P = 0, \quad Q = \frac{\partial}{\partial \zeta} \frac{1}{r}, \quad R = -\frac{\partial}{\partial \eta} \frac{1}{r},$$

再考虑到 $\Delta_N(1/r) = 0$, 得

$$v_x = \frac{\Gamma}{4\pi} \int_\Sigma \left(\alpha \frac{\partial^2}{\partial \xi^2} \frac{1}{r} + \beta \frac{\partial^2}{\partial \eta\,\partial \xi} \frac{1}{r} + \gamma \frac{\partial^2}{\partial \zeta\,\partial \xi} \frac{1}{r} \right) \mathrm{d}\sigma = \frac{\Gamma}{4\pi} \int_\Sigma \frac{\partial}{\partial n_N} \frac{\partial}{\partial \xi} \frac{1}{r} \mathrm{d}\sigma.$$

因为

$$\frac{\partial}{\partial \xi} \frac{1}{r} = -\frac{\partial}{\partial x} \frac{1}{r},$$

所以

$$v_x = -\frac{\Gamma}{4\pi} \frac{\partial}{\partial x} \int_\Sigma \frac{\partial}{\partial n_N} \frac{1}{r} \mathrm{d}\sigma,$$

最终得到

$$\boldsymbol{v} = \operatorname{grad} \varphi, \quad \varphi = -\frac{\Gamma}{4\pi} \int_\Sigma \frac{\partial}{\partial n_N} \frac{1}{r} \mathrm{d}\sigma. \qquad (27.5)$$

安培定理 因此, 无界流体中的封闭涡丝所对应的速度势可以视为双层位势——在张于涡丝的曲面 Σ 上分布的等强度偶极子的势函数. 如果把这个结论应用于磁场, 则结果表明, 电流回路所对应的磁场可以视为在张于电流回路的曲面 Σ 上分布的等密度磁元系的磁场, 即磁壳的磁场.

公式 (27.5) 中的曲面积分取决于点 M 的位置和曲面 Σ; 该积分是几何特征量, 它只依赖于点 M 的坐标和封闭曲线 C, 因为曲面 Σ 可以是张于曲线 C 的任何曲面[1].

---

[1] 指可定向曲面. ——译注

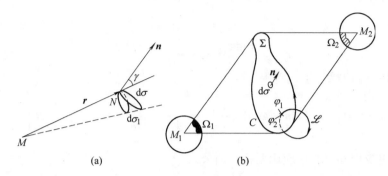

图 96. (a) 公式 (27.5) 中的被积表达式 $-\dfrac{\partial}{\partial n_N}\dfrac{1}{r}\,\mathrm{d}\sigma$ 的几何意义. (b) 对于点 M_1 有 $\Omega_1 > 0$, 对于点 M_2 有 $\Omega_2 < 0$

双层位势的几何意义　我们来详细解释公式 (27.5) 中的势函数 φ 的几何意义. 选取曲面 Σ 的微元 $\mathrm{d}\sigma$ (图 96 (a)). 我们有

$$-\frac{\partial}{\partial n_N}\frac{1}{r}\,\mathrm{d}\sigma = \frac{1}{r^2}\frac{\partial r}{\partial n_N}\,\mathrm{d}\sigma = \frac{\cos\gamma\,\mathrm{d}\sigma}{r^2} = \frac{\mathrm{d}\sigma_1}{r^2} = \mathrm{d}\Omega, \tag{27.6}$$

式中 $\mathrm{d}\sigma_1$ 是面微元 $\mathrm{d}\sigma$ 在垂直于径矢 $\boldsymbol{r}$ 的平面上的投影, $\mathrm{d}\Omega$ 是 $\mathrm{d}\sigma$ 对点 M 的立体角. 如果 $\gamma < 90°$ (γ 是 $\boldsymbol{n}$ 与 $\overline{MN}$ 之间的夹角), 则 $\mathrm{d}\Omega > 0$; 如果 $\gamma > 90°$, 则 $\mathrm{d}\Omega < 0$. 根据 (27.6) 得

$$\varphi = \frac{\Gamma}{4\pi}\int_{\Sigma}\mathrm{d}\Omega = \frac{\Gamma}{4\pi}\Omega,$$

式中 Ω 是曲面 Σ 对所研究的点 M 的总立体角 (图 96 (b)). 对于点 M_1 有 $\gamma < 90°$, 所以 $\Omega_1 > 0$; 对于点 M_2 有 $\gamma > 90°$, 所以 $\Omega_2 < 0$.

　　根据毕奥—萨瓦尔公式, 速度场在涡丝所在曲线 C 以外的全部空间区域中都是连续的. 从公式 (27.5) 可知, 速度势 $\varphi(x,\,y,\,z)$ 在无穷远处像 $1/R^2$ 那样趋于零, 其中 $R = \sqrt{x^2 + y^2 + z^2}$, 而速度值在无穷远处像 $1/R^3$ 那样趋于零.

势函数 φ 和立体角 Ω 在曲面 Σ 上发生间断　曲面 Σ 是张于曲线 C 的曲面. 由公式 (27.5) 定义的势函数 φ 在曲面 Σ 以外的全部空间中是正则调和函数. 如果 $\mathscr{L}$ 是环绕涡丝 1 周的封闭曲线, 则速度沿 $\mathscr{L}$ 的环量总是相同的并等于 Γ. 我们有公式

$$\int_{\mathscr{L}}\boldsymbol{v}\cdot\mathrm{d}\boldsymbol{r} = \int_{\mathscr{L}}\mathrm{d}\varphi = \varphi_2 - \varphi_1 = \Gamma,$$

式中 φ_2 和 φ_1 是势函数在曲面 Σ 两侧的值. 由此可知, 曲面 Σ 是势函数 φ 的间断面 (见图 96 (b)). 因此, 曲面 Σ 既是势函数 φ 的间断面, 也是立体角 Ω 的间断面, 并且其间断值在曲面 Σ 上处处相同. 对于孤立涡丝, 我们有

$$\varphi_2 - \varphi_1 = \Gamma = \mathrm{const}, \quad \Delta\Omega = [\Omega] = 4\pi.$$

因为 φ 的间断值在 Σ 上处处相同, 所以速度场在 Σ 上是连续的. 在上面的例子中, 可以选取张于封闭涡丝 C 的任何曲面作为曲面 Σ. 当 Γ 有限时, 只有涡丝 C 所在曲线是速度场的奇异曲线, 所以在接近曲线 C 时, 积分 (27.2) 不收敛, 这时速度 v 趋于无穷大. 如果把空间沿曲面 Σ 割开, 势函数 φ 就成为单值正则调和函数. 在奇异曲线 C 以外的双连通空间中, 势函数 φ 是多值周期正则调和函数. 势函数在沿形如 $\mathscr{L}$ 的封闭曲线环绕 1 周之后会获得一个增量, 这个增量等于环量 Γ.

涡丝系的速度势　　从一般公式 (27.1) 显然可知, 在相应表达式收敛的条件下, 可以通过求和来计算有限条或无限条涡丝所对应的速度场和速度势:

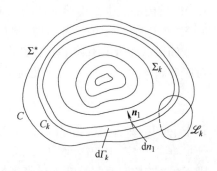

$$v = \sum_k \frac{\Gamma_k}{4\pi} \int\limits_{C_k} \frac{\mathrm{d}s \times r}{r^3},$$

$$\varphi = -\sum_k \frac{\Gamma_k}{4\pi} \int\limits_{\Sigma_k} \frac{\partial}{\partial n}\frac{1}{r}\,\mathrm{d}\sigma.$$

图 97. 连续分布于曲面 Σ^* 的涡丝所对应的速度场在 Σ^* 上具有切向速度间断

现在考虑边界为 C 的有限曲面 Σ^*, 在该曲面上连续地分布着一族封闭涡丝[1], 涡丝强度也是连续的 (图 97). 如果用 $\mathrm{d}\Gamma_k$ 表示涡丝 C_k 的强度, 则这一族涡丝的速度势可以表示为积分

$$\varphi = -\frac{1}{4\pi}\int \mathrm{d}\Gamma_k \int\limits_{\Sigma_k}\frac{\partial}{\partial n}\frac{1}{r}\,\mathrm{d}\sigma. \tag{27.7}$$

这时, 速度势 φ 在曲面 Σ^* 的每一侧都是有限的和连续的, 但在沿法线方向穿过 Σ^* 时发生间断. 在任何中间的涡丝 C_k 上有

$$\varphi_2 - \varphi_1 = \Gamma_k = \int\limits_C^{C_k} \mathrm{d}\Gamma_k. \tag{27.8}$$

曲面 Σ^* 是切向速度间断面　　因为环量沿 C_k 保持不变, $\Gamma_k = \mathrm{const}$, 所以沿 C_k 对 (27.8) 求导, 得

$$\frac{\partial\varphi_2}{\partial s} - \frac{\partial\varphi_1}{\partial s} = v_{2s} - v_{1s} = 0,$$

即速度场在涡丝 C_k 上的切向分量是连续的. 如果在曲面 Σ^* 的切平面内取 C_k 的法

---

[1] 这样的曲面 Σ^* 一般被称为涡片或面涡, 即涡量只集中于某一个曲面时相应流动的数学模型, 这时涡量在该曲面上有奇异性. 一般而言, 在有限曲面 Σ^* 上可以分布有多族封闭涡丝. 如下文所述, 涡片是切向速度间断面. ——译注

向矢量 $\boldsymbol{n}_1$ (见图 97), 则有

$$\frac{\partial \Gamma}{\partial n_1} = \frac{\partial \varphi_2}{\partial n_1} - \frac{\partial \varphi_1}{\partial n_1} = v_{2n_1} - v_{1n_1}, \tag{27.9}$$

即 Σ^* 上的切向速度在 $\boldsymbol{n}_1$ 方向上的分量在 Σ^* 上发生间断. 公式 (27.9) 表明, 速度的该切向间断值与像 $\mathscr{L}_k$ 那样 (见图 97) 穿过曲面 Σ^* 的封闭曲线上的环量在 Σ^* 上的分布有关. 在一般情况下, 如果 $\partial \Gamma / \partial n_1$ 在 Σ^* 上连续, 则速度在 Σ^* 上的法向分量在 Σ^* 的内部点也是连续的. 因此, 曲面 Σ^* 这时仅仅是流体切向速度的间断面. 在向 Σ^* 的边界 C 上的点靠近时, 流体速度在一般情况下可能趋于无穷大.

如果已经给出函数 $\Gamma(N)$, 其中 N 是 Σ^* 上的点, 则 Σ^* 上的曲线 $\Gamma(N) = \text{const}$ 对应着涡丝. Σ^* 上的切向速度间断矢量可由以下公式计算:

$$\text{grad}_{\Sigma^*} \varphi_2 - \text{grad}_{\Sigma^*} \varphi_1 = \boldsymbol{v}_{s2}^* - \boldsymbol{v}_{s1}^* = \text{grad}_{\Sigma^*} \Gamma(N), \tag{27.10}$$

式中 $\text{grad}_{\Sigma^*} \varphi$ 表示矢量 $\text{grad}\,\varphi$ 在 Σ^* 的切平面上的分矢量. Σ^* 上的切向速度间断矢量垂直于 Σ^* 上的涡丝. 从公式 (27.10) 可知, 如果流体运动在 Σ^* 以外处处有势, 则 Σ^* 上的切向速度间断矢量应当具有势函数 $\Gamma(N)$.

击水 考虑击水问题. 设静止的不可压缩流体充满下半空间 $z < 0$, 水平自由面位于 xy 平面 (图 98). 如果自由面上的某区域 Σ^* 突然受到冲击, 则在冲击发生后的瞬间, 流体的受扰运动是有势的. 为了计算这一时刻的速度势 φ, 我们在下半空间

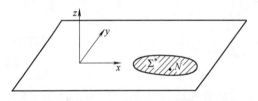

图 98. 区域 Σ^* 在时刻 $t = 0$ 受到压强冲量的作用 (冲击)

有狄利克雷问题. 在 xy 平面上 Σ^* 以外的区域中, 压强冲量为零, 根据 (11.10) 有

$$p_t = -\rho \varphi = 0.$$

如果已知区域 Σ^* 中的压强冲量, 则

$$p_t = -\rho \varphi_1(N),$$

所以 $\varphi_1(N)$ 是 Σ^* 上的已知函数. 再考虑到在无穷远处没有扰动的条件, 并利用关系式 (见 §12)

$$\varphi(x, y, z) = -\varphi(x, y, -z) \tag{27.11}$$

把调和函数 φ 解析延拓至上半空间, 我们就得到速度势在区域 Σ^* 中发生间断的无界流体运动. 若把势函数 φ 在 Σ^* 的上侧面的值记为 φ_2, 则有 $\varphi_2 = -\varphi_1$, 于是根据 (27.8) 和 (27.11) 有

$$\varphi_2 - \varphi_1 = -2\varphi_1 = \Gamma \neq 0.$$

可以把区域 Σ^* 看做切向速度分量 $\partial \varphi / \partial x$ 和 $\partial \varphi / \partial y$ 的间断面. 根据 (27.11), 在 $z = 0$ 时法向速度分量 $\partial \varphi / \partial z$ 相同.

因此, 可以把不可压缩流体在下半空间的有势运动或延拓到全部空间的运动看做分布于区域 Σ^* 的涡量所对应的运动. 涡量分布与压强冲量分布有关, 而压强冲量

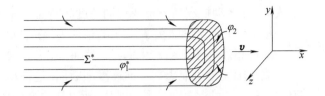

图 99. 滑水时或有限翼展机翼在无界流体中运动时的涡系示意图

可以直接给定或通过求解诺伊曼问题计算出来, 只要在提出对 Σ^* 的冲击问题时已知 Σ^* 上的法向速度 $\partial\varphi/\partial z$ (见 §12).

利用毕奥—萨瓦尔公式, 根据 Σ^* 上的给定速度势 φ_1 就可以计算液体的扰动速度场. 求解环量分布 $\Gamma(N) = -2\varphi_1(N)$ 的数学问题可以在公式 (27.7) 的基础上进行表述.

把滑水看做一系列击水

可以把上述击水问题变得更加复杂, 进而研究在水面上移动的一系列连续的击水过程. 用这种方法可以构造出滑艇 (一种能够在水面上高速滑行的小型船只) 的底部与水面相互作用的问题的解.

在研究线性化的滑水问题时, 边界条件是在未受扰动的水平自由面上表述的, 并且在 xy 平面上受冲击区域之外始终成立条件[1] $\varphi = 0$, 这样就可以把液体的运动延拓到上半空间, 从而得到全部空间中的运动, 其速度势间断面位于 xy 平面. 该间断面就是在 xy 平面上移动的受冲击区域的尾流区, 相应涡系的一般图形如图 99 所示. 如果运动是从 $t = -\infty$ 开始的, 则以有限速度航行的滑艇的尾流区会向后延伸到无穷远.

有限翼展机翼理论中的涡系

为了概括有限翼展机翼在流体中运动时流体的实际运动, 也可以引入类似的涡系. 对于滑水时下半空间流体的受扰运动和相应选取的有限翼展机翼在无界流体中运动时流体的受扰运动, 相应计算问题在近似提法下是一样的. 在机翼获得向上的升力时, 相应流体主要被抛向下方. 在图 99 中, 流体的运动方向由箭头指示.

解决问题的主要困难在于确定 xy 平面上的涡系. 显然, 这归结为确定像 $\mathscr{L}_k$ 那样 (图 97) 穿过曲面 Σ^* 的封闭曲线上的环量在 Σ^* 上的分布.

图 99 中的阴影区域对应着运动的机翼 (或滑艇底部), 它在这里与流体发生力的相互作用, 从而形成间断值 φ_1 和 φ_2. 在间断面的其余部分——在自由 "涡片" 上——已经不再发生 "冲击", 间断 $\varphi_1^* = -\varphi_2^*$ 保持不变. 因此, 在不可压缩理想流体受

---

[1] 如果忽略重力和液体绝对运动速度的平方 v^2 (该速度很小), 则根据柯西—拉格朗日积分

$$p - p_0 = -\rho\frac{\partial\varphi}{\partial t} - \frac{\rho v^2}{2}$$

可知, 自由面上气压 p_0 恒定的条件给出 $\partial\varphi/\partial t = 0$, 即 $\varphi = \text{const}$. 在 xy 平面上未受冲击的地方有 $\varphi = 0$.

扰运动的上述流动方式中, 在运动机翼后方形成切向速度间断面——涡片.

汤姆孙定理和涡片的形成

根据汤姆孙定理, 在 $F = 0$ 的条件下, 在初始静止的不可压缩理想流体中不会产生涡量. 然而, 在机翼尖锐后缘附近的流体中完全可能出现切向速度间断面, 这种动力学效应很好地符合实际情况. 流体中这样的间断面可以视为涡片, 所以从这个意义上可以说, 在理想流体中出现有旋运动与汤姆孙定理并无矛盾之处. 在第一卷第六章 §7 中已经部分地讨论过这个问题.

有时会给出这样的解释: 在流线型机翼后面出现的涡片是由流体黏性引起的. 一般而言, 该说法是不对的[1]. 在机翼问题中, 黏性的作用表现为把涡片——切向速度间断面——转变为速度连续变化的很薄的边界层. 边界层延伸向机翼后方, 在远离机翼的地方发生剧烈变形, 最终消失在周围的流体中. 然而, 这些效应对机翼附近流体的受扰运动没有显著影响. 因此, 在理想流体理论的范围内对机翼附近的流动进行计算仍然给出正确的压强分布模式. 利用这样计算出来的压强分布不但可以正确计算机翼的升力, 而且可以正确计算由压强分布引起的诱导阻力.

我们强调, 按照理想流体定常运动理论范围内的这种流动方式, 在机翼后方无穷远处与 yz 平面平行的平面上, 流体仍然处于受扰动的状态 (压强和速度分布不均匀), 于是能量不断聚集在这样的扰动中, 从而导致理想流体中的诱导阻力.

只要把诱导阻力与利用边界层理论计算出来的摩擦阻力相加, 即可得到总阻力.

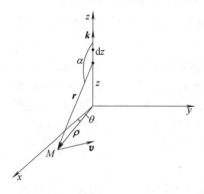

图 100. 用于计算位于 z 轴的直线涡丝所对应的速度场

这就是在不可压缩理想流体模型的提法下研究有限翼展机翼绕流问题的一般原理, 利用以上方法可以定性地概括流动的一般情况. 在机翼的线性化理论以及其他许多问题中, 根据毕奥—萨瓦尔定律, 可以把计算扰动流场的问题转化为计算与待求流场相对应的涡系的问题.

直线涡丝的速度场和速度势

一般而言, 真正按照毕奥—萨瓦尔公式 (27.2) 计算整个速度场会给出繁琐的公式, 甚至在涡丝 C 只不过是圆形涡丝时, 积分后的公式也相当复杂. 不过, 当圆形涡丝的半径趋于无穷大时, 圆形涡丝成为直线涡丝, 所有结果在这个极限下变得非常简单.

设涡丝位于笛卡儿坐标系 x, y, z 的 z 轴 (图 100), 并且涡量方向与 z 轴方向一致. 我们利用公式

$$v = \frac{\Gamma}{4\pi} \int_{-\infty}^{+\infty} \frac{k \times r}{r^3} \, dz,$$

---

[1] 作者这样讲是为了强调仅用理想流体模型已经能够解决机翼升力问题. ——译注

来计算速度场, 式中 $\boldsymbol{k}$ 是指向 z 轴方向的单位矢量.

考虑 xy 平面上的点 $M(x, y)$. 显然, 点 $M(x, y)$ 的速度矢量位于 xy 平面并且垂直于点 M 的径矢 $\boldsymbol{\rho}$. 对于速度的大小, 我们有

$$v = \frac{\Gamma}{4\pi} \int_{-\infty}^{+\infty} \frac{\sin\alpha\, \mathrm{d}z}{\rho^2 + z^2},$$

式中 α 是 $\boldsymbol{k}$ 与 $\boldsymbol{r}$ 之间的夹角, $\boldsymbol{r}$ 是从 z 轴上的点指向点 M 的径矢. 容易计算这个积分. 我们有

$$\frac{z}{\rho} = -\cot\alpha, \quad \mathrm{d}z = \frac{\rho\, \mathrm{d}\alpha}{\sin^2\alpha}, \quad \rho^2 + z^2 = \frac{\rho^2}{\sin^2\alpha},$$

所以

$$v = \frac{\Gamma}{4\pi\rho} \int_0^\pi \sin\alpha\, \mathrm{d}\alpha = \frac{\Gamma}{2\pi\rho}.$$

由此可知, 在 xy 平面上以及 z 轴以外的任何一个点都有

$$v_x = -\frac{\Gamma y}{2\pi\rho^2}, \quad v_y = \frac{\Gamma x}{2\pi\rho^2}. \tag{27.12}$$

相应流动是平面流动[1], 换言之, 所有与 xy 平面平行的平面上的运动都是相同的; 此外, 流动相对于 z 轴具有对称性.

从公式 (27.12) 可知,

$$\boldsymbol{v} = \operatorname{grad}\varphi, \quad \varphi = \frac{\Gamma}{2\pi} \arctan\frac{y}{x} + \text{const} = \frac{\Gamma}{2\pi}\theta + \text{const}, \tag{27.13}$$

式中 θ 是 xy 平面上的极角. 速度势 (27.13) 是 xy 平面上的多值调和函数. 坐标原点 $x = y = 0$ 是速度势 φ 和流体速度矢量 (27.12) 的奇点.

令 $\psi(x, y)$ 是流函数——速度势 φ 的共轭调和函数, 则柯西—黎曼条件

$$-\frac{\partial\psi}{\partial x} = \frac{\partial\varphi}{\partial y} = \frac{\Gamma x}{2\pi\rho^2}, \quad \frac{\partial\psi}{\partial y} = \frac{\partial\varphi}{\partial x} = -\frac{\Gamma y}{2\pi\rho^2}$$

给出

$$\psi = -\frac{\Gamma}{2\pi} \ln\rho + \text{const}.$$

流动的相应复势具有以下形式:

$$w(z) = \varphi + \mathrm{i}\psi = \frac{\Gamma}{2\pi\mathrm{i}}(\ln\rho + \mathrm{i}\theta) + \text{const} = \frac{\Gamma}{2\pi\mathrm{i}} \ln z + \text{const}. \tag{27.14}$$

显然, 如果直线涡丝的涡量方向指向 z 轴的负方向, 即如果它是涡量 $\boldsymbol{\omega}$ 指向该方向的无穷细涡管的极限, 则公式 (27.14) 仍然成立, 因为环量 Γ 这时具有负值. 如果直线涡丝不与 z 轴重合, 但与它平行, 则复势 $w(z)$ 满足公式

$$w = \frac{\Gamma}{2\pi\mathrm{i}} \ln(z - z_0) + \text{const},$$

---

[1] 因此, 直线涡丝所对应的平面流动也被称为平面上的点涡. ——译注

式中 $z_0 = x_0 + \mathrm{i} y_0$ 是直线涡丝与 xy 平面的交点的复数坐标.

直线涡丝系的速度场和速度势　对于有限的或无限的直线涡丝系, 若所有涡丝都平行于 z 轴, 则有

$$w = \sum_k \left[\frac{\Gamma_k}{2\pi\mathrm{i}} \ln(z - z_{0k}) + \frac{\Gamma_k}{2\pi\mathrm{i}} \ln C_k \right], \qquad (27.15)$$

式中 z_{0k} 是各涡丝与 xy 平面的交点的坐标, C_k 是常数, 并且在选取这些常数时应保证级数 (27.15) 收敛.

导数 $\mathrm{d}w/\mathrm{d}z = u - \mathrm{i}v$ 是共轭复速度, 由此可得速度场. 根据 (27.15) 有

$$\frac{\mathrm{d}w}{\mathrm{d}z} = u - \mathrm{i}v = \sum_k \frac{\Gamma_k}{2\pi\mathrm{i}\,(z - z_{0k})}. \qquad (27.16)$$

按照定义, 在计算位于涡丝所在点 z_{0s} 的流体微元的速度时, 必须在级数 (27.16) 中去掉点 z_{0s} 所对应的那一项:

$$\frac{\Gamma_s}{2\pi\mathrm{i}\,(z - z_{0s})}.$$

涡列的速度场和速度势　例如, 设一列环量相同的点涡周期性分布于 xy 平面上的一条直线上, 记各点涡的环量为 Γ, 周期为 l (l 可能是复数), 则有 $z_{0k} = z_0 + kl$ ($-\infty < k < +\infty$). 在合并含有 z_{0k} 和 $z_{0(-k)}$ 的项之后, 容易计算相应级数 (27.16), 结果是

$$\frac{\mathrm{d}w}{\mathrm{d}z} = \frac{\Gamma}{2\mathrm{i}l} \cot \frac{\pi(z - z_0)}{l}, \qquad (27.17)$$

于是

$$w = \frac{\Gamma}{2\pi\mathrm{i}} \ln \sin \frac{\pi(z - z_0)}{l} + \mathrm{const}. \qquad (27.18)$$

对 (27.17) 进行积分就得到公式 (27.18), 该公式也可以直接从 (27.15) 推导出来, 只要适当选取 C_k. 在 $C_k = 1$ 时, (27.15) 中的级数不收敛.

可以采用对形如 (27.17) 的公式求和的方法来构造位于同一条直线或不同直线的若干周期性涡列的速度场.

以上结论都涉及给定涡系所对应的速度场.

如果运动流体所占区域是有界的, 则在构造涡系所对应的速度场时必须使用在前一节最后给出的方法. 在我们所关注的许多情况下, 可以利用镜像法来满足由直线段或圆弧组成的边界上的条件. 在把流动通过边界进行解析延拓时, 有可能必须在多叶黎曼空间中研究速度场——这种情况在平面问题和空间问题中都可能出现.

连续分布的直线涡丝的速度场　设点涡系连续地分布于 xy 平面上的某条曲线段 S. 为了研究相应平面运动, 我们有

$$\frac{\mathrm{d}w}{\mathrm{d}z} = \frac{1}{2\pi\mathrm{i}} \int_S \frac{\mathrm{d}\Gamma(s)}{z - z_0(s)} = \frac{1}{2\pi\mathrm{i}} \int_S \frac{\mathrm{e}^{-\mathrm{i}\theta}\dfrac{\mathrm{d}\Gamma}{\mathrm{d}s}\mathrm{d}z_0}{z - z_0}, \tag{27.19}$$

式中 θ 是曲线段 S 的微元 $\mathrm{d}z_0$ 的辐角.

对共轭复速度 $\mathrm{d}w/\mathrm{d}z$ 得到柯西型积分. 根据 (27.19), 导数 $\mathrm{d}w/\mathrm{d}z$ 在沿 S 有一割缝的整个平面上是正则函数. 曲线段 S (涡丝所在曲面与 xy 平面的交线) 是切向速度间断线.

在平面运动中, 如果涡量连续地分布于 xy 平面上的某个区域 Σ, 则对共轭复速度 $u - \mathrm{i}v$ 可以写出

$$u - \mathrm{i}v = \frac{1}{2\pi\mathrm{i}} \int_\Sigma \frac{\gamma(M)\,\mathrm{d}\sigma}{z - z_0},$$

式中 $\gamma(M)\,\mathrm{d}\sigma = \mathrm{d}\Gamma$ 是无穷小面微元 $\mathrm{d}\sigma$ 所对应的直涡管的环量. 因为 $\mathrm{d}\Gamma = 2\omega\,\mathrm{d}\sigma$, 所以 $\gamma(M) = 2\omega(M)$.

如果区域 Σ 中的涡量 ω 是常量, 则对速度场得到公式

$$u - \mathrm{i}v = \frac{\gamma}{2\pi\mathrm{i}} \int_\Sigma \frac{\mathrm{d}\sigma}{z - z_0} = \frac{\gamma}{2\pi\mathrm{i}} \iint_\Sigma \frac{\mathrm{d}x_0\,\mathrm{d}y_0}{x - x_0 + \mathrm{i}(y - y_0)}. \tag{27.20}$$

容易看出, (27.20) 右侧的积分对区域 Σ 内外的点 z 都收敛; 即使被积函数在 $z = z_0$ 时等于无穷大, 该积分仍然收敛.

常涡量圆形区域所对应的速度场　如果 Σ 是半径为 a 的圆, 圆心位于坐标原点, 就容易计算积分 (27.20). 在极坐标下有

$$u - \mathrm{i}v = \frac{\gamma}{2\pi\mathrm{i}} \int_0^a \int_0^{2\pi} \frac{\rho_0\,\mathrm{d}\rho_0\,\mathrm{d}\theta_0}{z - \rho_0\mathrm{e}^{\mathrm{i}\theta_0}}.$$

在半径为 ρ_0 的圆 $\mathscr{K}(\rho_0)$ 上有 $\mathrm{d}\theta_0 = \mathrm{d}z_0/\mathrm{i}z_0$, 所以

$$u - \mathrm{i}v = -\frac{\gamma}{2\pi} \int_0^a \rho_0\,\mathrm{d}\rho_0 \int_{\mathscr{K}(\rho_0)} \frac{\mathrm{d}z_0}{z_0(z - z_0)} = -\frac{\gamma}{2\pi z} \int_0^a \rho_0\,\mathrm{d}\rho_0 \int_{\mathscr{K}(\rho_0)} \left(\frac{1}{z_0} + \frac{1}{z - z_0}\right)\mathrm{d}z_0. \tag{27.21}$$

如果点 $z = \rho\mathrm{e}^{\mathrm{i}\theta}$ 位于半径为 a 的圆以外, 则内侧积分等于 $2\pi\mathrm{i}$, 所以在涡量所在区域以外的点有

$$u - \mathrm{i}v = \frac{\gamma\pi a^2}{2\pi\mathrm{i}z} = \frac{\Gamma}{2\pi\mathrm{i}}\frac{1}{z} = -\frac{\Gamma}{2\pi\rho}\mathrm{i}\mathrm{e}^{-\mathrm{i}\theta}.$$

在涡量所在圆形区域以外, 速度场就是位于圆心并且具有同样环量的点涡的速度场.

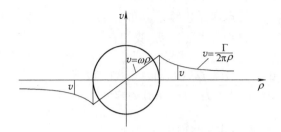

图 101. 圆柱形涡的速度分布

对于涡量所在圆形区域以内的点, 在 $\rho_0 < \rho$ 时, 对 $\mathscr{K}(\rho_0)$ 的积分还是等于 $2\pi i$, 该积分在 $\rho_0 > \rho$ 时正好等于零, 所以外侧积分的上限 a 应当替换为 ρ. 从公式 (27.21) 可得

$$u - \mathrm{i}v = \frac{\gamma \pi \rho^2}{2\pi \mathrm{i} z} = -\omega \rho\, \mathrm{i} e^{-\mathrm{i}\theta}.$$

因此, 在强度密度为 $\gamma = 2\omega$ 的圆柱形涡的内部, 速度分布与流体以角速度 ω 绕 z 轴如刚体般转动时的速度分布相同. 两种情况下的速度方向[1] 由因子 $-\mathrm{i}e^{-\mathrm{i}\theta}$ 给出, 这表明速度矢量垂直于径矢 $\boldsymbol{\rho}$, 并且在 $\Gamma > 0$ 时指向极角 θ 增加的方向. 涡量所在区域以外的速度值等于

$$|\boldsymbol{v}| = \frac{\Gamma}{2\pi\rho}, \quad \Gamma = 2\omega\pi a^2, \tag{27.22}$$

涡量所在区域以内的速度值等于

$$|\boldsymbol{v}| = \omega\rho = \frac{\Gamma\rho}{2\pi a^2}. \tag{27.23}$$

速度分布如图 101 所示[2]. 在涡量所在区域的边界上, 速度是连续的. 显然, 点涡的速度场在远场可以解释为半径较小的有限强度圆柱形涡所对应的速度场, 反之亦然.

§28. 圆柱形涡的动力学理论

我们在前一节中研究了速度场与涡量场之间的运动学关系, 现在考虑涡旋运动的一些动力学性质. 相关问题涉及流体中的涡旋对压强场的影响, 以及涡量场随时间的运动和变化规律.

有限半径圆柱形涡所对应的压强分布　　我们来研究不可压缩理想流体中的圆柱形涡所对应的定常运动, 其速度场已经在前一节中计算出来. 在这样的平面运动中, 所有流体微元沿同心圆常速运动, 速度取决于半径, 因此,

---

[1] 为了明确, 我们认为 $\omega > 0$.

[2] 这样的圆柱形涡经常被称为兰金涡. 由对称性, 根据斯托克斯定理可以更容易地得出速度分布结果. ——译注

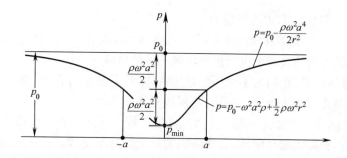

图 102. 有限半径圆柱形涡所对应的压强分布

流体微元只有大小为 v^2/r 的向心加速度. 欧拉方程的径向投影给出

$$\rho a_r = -\rho \frac{v^2}{r} = -\frac{\partial p}{\partial r},$$

式中 ρ 是流体密度. 令无穷远压强为 p_0, 则有

$$p - p_0 = \int_{\infty}^{r} \frac{\rho v^2}{r}\, \mathrm{d}r. \tag{28.1}$$

由此可知, 从无穷远处到涡旋中心, 压强单调下降. (在本节的公式中, 用字母 r 表示运动平面 xy 上的径矢, 而不是像前一节那样用字母 ρ 表示这个量.)

在密度 ρ 是常量的情况下, 在涡量所在区域以外, 即在 $r > a$ 时, 从 (28.1) 和 (27.22) 可得

$$p = p_0 - \frac{\rho \omega^2 a^4}{2 r^2}.$$

在涡量所在区域内部, 即在 $r < a$ 时, 从 (28.1), (27.22) 和 (27.23) 可得

$$p = p_0 - \rho \omega^2 a^2 + \frac{\rho \omega^2 r^2}{2}.$$

最小压强出现在涡旋中心,

$$p_{\min} = p_0 - \rho \omega^2 a^2.$$

图 102 给出压强沿半径的分布. 相应压强降低值正比于 ω 的平方或总环量 $\Gamma = 2\omega\pi a^2$ 的平方. 对于不均匀流体, 若密度依赖于 r, 则相应情况也容易描述.

压强在涡旋中心附近很低是大强度涡旋的一个特点. 在不同流动中经常能够观察到压强在涡旋中心降低的效应. 例如, 旋转液体自由面的形状像漏斗一样向下凹陷, 这种现象就可以用压强在涡旋中心降低的效应进行解释.

一个有代表性的涡旋运动实例是龙卷风. 在陆地和海洋上都能观察到龙卷风. 龙卷风中心的压强很低, 由此形成的流动能够将尘土、水和其他各种物体卷入其中. 已知的案例表明, 在龙卷风经过的狭窄区域内, 树叶全部被吹掉, 水和水中的小鱼、青蛙甚至埋藏在水下的古代钱币也一起被吸入气流, 所有这些动物和物品随后又以

青蛙雨、金币雨等独特形式落回地面.

在机翼、空气螺旋桨和船用螺旋桨之后能够形成涡旋. 在这些情况以及其他许多情况下, 在涡旋运动区域中也会出现压强下降的效应.

根据汤姆孙定理, 在均匀不可压缩理想流体中, 若质量力有势, 涡旋就不能沿流体微元传播. 涡旋与流体微元一起运动, 涡线是物质线.

如果在平面运动中给定一组点涡 (点涡系), 则只要知道每一个点涡的运动, 即可确定速度场. 根据汤姆孙定理, 每个点涡的环量保持不变, $\Gamma_k = \text{const.}$ 为了确定各点涡在无界流体中的运动规律, 即为了确定坐标 z_{0k}, 我们有以下常微分方程组:

$$\frac{\mathrm{d}x_{0s}}{\mathrm{d}t} - \mathrm{i}\frac{\mathrm{d}y_{0s}}{\mathrm{d}t} = \frac{\mathrm{d}\overline{z}_{0s}}{\mathrm{d}t} = \frac{1}{2\pi\mathrm{i}}\sum_k{}' \frac{\Gamma_k}{z_{0s} - z_{0k}}, \tag{28.2}$$

式中 $\sum_k{}'$ 表示对 $k = s$ 以外的所有项求和.

点涡系运动方程的首次积分　　方程组 (28.2) 具有绝妙的首次积分. 用 Γ_s 乘 (28.2) 并对 s 求和, 得

$$\sum_s \Gamma_s \frac{\mathrm{d}\overline{z}_{0s}}{\mathrm{d}t} = \frac{1}{2\pi\mathrm{i}}\sum_s\sum_k{}' \frac{\Gamma_k\Gamma_s}{z_{0s} - z_{0k}} = 0,$$

因为右侧各项可以成对抵消. 于是,

$$\sum_s \Gamma_s \overline{z}_{0s} = \text{const.}$$

因此, 如果 $\sum_s \Gamma_s \neq 0$, 则点涡系的 "重心" 保持不动.

如果用 $\Gamma_s z_{0s}$ 乘 (28.2) 并对 s 求和, 就得到另一个首次积分. 我们有

$$\sum_s \Gamma_s z_{0s} \frac{\mathrm{d}\overline{z}_{0s}}{\mathrm{d}t} = \frac{1}{2\pi\mathrm{i}}\sum_s\sum_k{}' \frac{\Gamma_k\Gamma_s z_{0s}}{z_{0s} - z_{0k}} = -\frac{1}{2\pi\mathrm{i}}\sum_s\sum_k{}' \frac{\Gamma_k\Gamma_s z_{0k}}{z_{0s} - z_{0k}},$$

从而

$$\sum_s \Gamma_s z_{0s} \frac{\mathrm{d}\overline{z}_{0s}}{\mathrm{d}t} = \frac{1}{4\pi\mathrm{i}}\sum_s\sum_k{}' \Gamma_k\Gamma_s. \tag{28.3}$$

因为此式右侧是虚数, 所以

$$\sum_s \Gamma_s \left(z_{0s}\frac{\mathrm{d}\overline{z}_{0s}}{\mathrm{d}t} + \overline{z}_{0s}\frac{\mathrm{d}z_{0s}}{\mathrm{d}t} \right) = 0,$$

从而

$$\sum_s \Gamma_s z_{0s}\overline{z}_{0s} = \text{const.} \tag{28.4}$$

此外, 从 (28.3) 可知

$$\sum_s \Gamma_s \left(y_{0s}\frac{\mathrm{d}x_{0s}}{\mathrm{d}t} - x_{0s}\frac{\mathrm{d}y_{0s}}{\mathrm{d}t} \right) = -\frac{1}{4\pi}\sum_s\sum_k{}' \Gamma_k\Gamma_s. \tag{28.5}$$

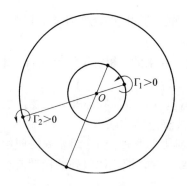

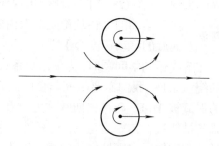

图 103. 两个点涡沿同心圆周移动, 圆心位于它们的"重心"

图 104. 环量大小相同但符号相反的两个点涡沿直线移动

可以把关系式 (28.4) 和 (28.5) 分别看做点涡系的"转动惯量"守恒方程和"动量矩"守恒方程.

方程 (28.2) 可以改写为

$$\frac{\mathrm{d}x_{0s}}{\mathrm{d}t} = \frac{\partial \psi_s}{\partial y_{0s}}, \quad \frac{\mathrm{d}y_{0s}}{\mathrm{d}t} = -\frac{\partial \psi_s}{\partial x_{0s}}, \tag{28.6}$$

式中

$$\psi_s = -\frac{1}{2\pi} \sum_k{}' \Gamma_k \ln |z_{0s} - z_{0k}|.$$

如果利用公式

$$H = -\frac{1}{2\pi} \sum_s \sum_k{}' \Gamma_s \Gamma_k \ln |z_{0s} - z_{0k}|$$

引入函数 H, 就可以把点涡系方程 (28.6) 写为以下形式[1]:

$$\Gamma_s \frac{\mathrm{d}x_{0s}}{\mathrm{d}t} = \frac{1}{2} \frac{\partial H}{\partial y_{0s}}, \quad \Gamma_s \frac{\mathrm{d}y_{0s}}{\mathrm{d}t} = -\frac{1}{2} \frac{\partial H}{\partial x_{0s}}. \tag{28.7}$$

容易直接检验, 微分方程组 (28.7) 具有积分

$$H = \mathrm{const},$$

这个积分可以用作点涡系的"能量"守恒积分.

点涡运动的一些例子　　　我们以两个点涡为例来研究相应运动.

取两个点涡, 其环量 $\Gamma_1 > 0$, $\Gamma_2 > 0$. 容易看出, 每个点涡都将沿同心圆周移动, 圆心 O 位于它们的"重心"并且静止不动 (图 103).

环量大小相同但符号相反的两个点涡将沿直线移动, 该直线垂直于点涡中心的连线 (图 104). 要想让这两个点涡停止移动, 只要在相应流动上叠加与点涡移动速度大小相同、方向相反的均匀流动即可.

---

[1] 由此可见, 点涡系是一个非线性哈密顿系统, 方程 (28.7) 是哈密顿正则方程. ——译注

如果流动区域具有固体边界或自由面, 计算点涡运动的问题就变得复杂起来. 在边界的影响下, 在 (28.2) 的右侧会出现一些附加项.

附着涡　　涡旋运动的上述理论是对自由的涡旋建立起来的. 相对于流体而言, 自由涡旋的移动速度等于零.

在解决运动学问题时, 为了用涡系代替机翼或其他被绕流物体并满足物体表面上的绕流条件, 我们需要研究非自由涡旋——与被绕流物体联系在一起的涡旋, 这样的涡旋被 H. E. 茹科夫斯基称为附着涡. 在茹科夫斯基理论中, 附着涡按照给定方式与被绕流物体一起运动, 其速度不等于通过假想方式把物体以外的扰动流场解析延拓到物体所占区域之后的相应流速.

H. E. 茹科夫斯基研究了常速均匀来流绕无限翼展机翼的定常平面流动. 在不可压缩流体绕机翼的平面势流问题中, 可以在双连通流动区域中找到环量不等于零的解, 这里的环量是在环绕机翼 1 周的封闭曲线上计算的. 相应速度势是多值函数. 如果把这样的绕流运动连续地延拓到整个平面, 则依照斯托克斯定理, 在机翼所占区域内部可以得到有旋流动.

对于机翼的定常有势绕流, H. E. 茹科夫斯基证明了, 机翼在环量不等于零的情况下受到升力的作用 (见 §8). 对于作用于横向单位宽度的机翼的升力, H. E. 茹科夫斯基得到了以下公式:

$$A = \rho v_\infty \Gamma, \tag{28.8}$$

式中 ρ 是流体密度, v_∞ 是来流速度, Γ 是环绕机翼 1 周的封闭曲线上的环量. 升力 A 垂直于来流速度矢量 v_∞; 只要把矢量 v_∞ 向机翼环量相应环绕方向的相反方向旋转 90°, 即可得到升力的方向 (见 §8).

有了这个公式, 就能够在理想流体绕流理论的范围内理解机翼升力的力学本质. 在理想流体连续定常绕流理论中, 如果速度势是单值函数, 就会出现达朗贝尔佯谬, 即流体对被绕流物体的合力为零. 只有在速度势是多值函数时, 相应环量才不等于零, 从而出现升力. 关于升力的这个发现具有根本的意义, 所以茹科夫斯基定理至关重要.

可以把茹科夫斯基定理 (28.8) 推广到按照给定方式运动的任何非定常附着点涡 (附着直线涡丝) 的情况.

对涡量不为零的无穷小控制体写出动量方程, 由此即可表明, 如果我们所研究的不是自由涡旋, 即如果该控制体的移动速度 U 不等于属于该控制体的流体微元的速度, 则该流体微元应当受到外力的作用. 在极限情况下, 对于单位长度的涡丝所受到的外力, 从动量方程可以得到

$$X + \mathrm{i}Y = -\mathrm{i}\rho \boldsymbol{q}_{\mathrm{rel}}\Gamma, \tag{28.9}$$

式中 Γ 是涡丝的环量, 而用复数表示的矢量

$$\boldsymbol{q}_{\mathrm{rel}} = q_x + \mathrm{i}q_y$$

是涡丝相对于流体的移动速度, 即

$$q_{\mathrm{rel}} = U - v$$

(U 是涡丝的移动速度, v 是流体的速度).

在自由涡旋的情况下 $q_{\mathrm{rel}} = 0$, 所以 $X + \mathrm{i}Y = 0$; 这时, 涡旋所在流体不受上述外力的作用. 如果 $q_{\mathrm{rel}} \neq 0$, 则涡旋所在流体受到外力的作用, 相应公式为 (28.9).

若涡丝的运动方式是由外部物体给出的, 则流体对该物体的作用力等于[1]

$$-(X + \mathrm{i}Y) = \mathrm{i}\rho q_{\mathrm{rel}}\Gamma. \tag{28.10}$$

这个力是茹科夫斯基力的推广.

公式 (28.9) 和 (28.10) 中的因子 i 表明, 使涡丝按照给定方式移动的力和它的反作用力都垂直于矢量 q_{rel} (复数形式的矢量 q_{rel} 和 $-(X + \mathrm{i}Y)$ 的辐角相差 $\pi/2$, 因为 $\mathrm{i} = \mathrm{e}^{\mathrm{i}\pi/2}$).

在许多情况下可以把机翼替换为直线涡丝, 从而可以把力 (28.9) 和 (28.10) 看做流体与按照给定方式运动的机翼之间的相互作用力.

§29. 连续分布的涡在理想流体中的运动

从流体运动的动力学方程出发, 可以得到用来计算涡量场 $\boldsymbol{\omega} = \mathrm{rot}\,v/2$ 的方程. 考虑理想流体运动方程的葛罗麦卡—兰姆形式:

$$\frac{\partial v}{\partial t} + \mathrm{rot}\,v \times v = \boldsymbol{F} - \frac{1}{\rho}\,\mathrm{grad}\,p - \frac{1}{2}\,\mathrm{grad}\,v^2. \tag{29.1}$$

如果外质量力有势,

$$\boldsymbol{F} = \mathrm{grad}\,\mathscr{U}, \tag{29.2}$$

流体中的过程是正压的, 即 $p = f(\rho)$, 亦即可以引入压强函数

$$\mathscr{P} = \int \frac{\mathrm{d}p(\rho)}{\rho},$$

使得

$$\frac{1}{\rho}\,\mathrm{grad}\,p = \mathrm{grad}\,\mathscr{P}, \tag{29.3}$$

那么, 根据 (29.2) 和 (29.3), 可以把方程 (29.1) 写为

$$\frac{\partial v}{\partial t} + 2\boldsymbol{\omega} \times v = \mathrm{grad}\left(\mathscr{U} - \mathscr{P} - \frac{v^2}{2}\right).$$

---

[1] 以下论文详细给出了关于附着涡所引起的力的结论: Седов Л. И. О силе, вынуждающей вихрь двигаться предназначенным способом. ПММ, 1936, 3(1): 70—75.

对此矢量方程作旋度运算, 得

$$\frac{\partial \boldsymbol{\omega}}{\partial t} + \mathrm{rot}(\boldsymbol{\omega} \times \boldsymbol{v}) = 0. \tag{29.4}$$

我们指出, 方程 (29.4) 就是第一卷第六章中的方程 (7.3), 这里重复了推导过程.

亥姆霍兹方程　　现在把方程 (29.4) 化为经典的亥姆霍兹方程. 方程 (29.4) 在 x 轴的投影为

$$\frac{\partial \omega_x}{\partial t} + \frac{\partial}{\partial y}(\omega_x v - \omega_y u) - \frac{\partial}{\partial z}(\omega_z u - \omega_x w) = 0.$$

因为

$$\frac{\partial \omega_x}{\partial x} + \frac{\partial \omega_y}{\partial y} + \frac{\partial \omega_z}{\partial z} = \mathrm{div}\,\boldsymbol{\omega} \equiv 0,$$

所以上述投影还可以写为以下形式:

$$\frac{\partial \omega_x}{\partial t} + u\frac{\partial \omega_x}{\partial x} + v\frac{\partial \omega_x}{\partial y} + w\frac{\partial \omega_x}{\partial z} + \omega_x\left(\frac{\partial u}{\partial x} + \frac{\partial v}{\partial y} + \frac{\partial w}{\partial z}\right) - \omega_x\frac{\partial u}{\partial x} - \omega_y\frac{\partial u}{\partial y} - \omega_z\frac{\partial u}{\partial z} = 0.$$

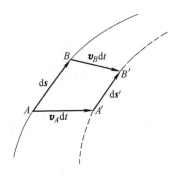

图 105. 组成涡线微元 d$\boldsymbol{s}$ 的物质点经过 dt 时间后运动到曲线微元 d$\boldsymbol{s}'$

对方程 (29.4) 在 y 轴和 z 轴的投影也可以进行类似的变换, 从而得到矢量方程

$$\frac{\mathrm{d}\boldsymbol{\omega}}{\mathrm{d}t} + \boldsymbol{\omega}\,\mathrm{div}\,\boldsymbol{v} = (\boldsymbol{\omega}\cdot\nabla)\boldsymbol{v}, \tag{29.5}$$

式中 $\nabla = \dfrac{\partial}{\partial x}\boldsymbol{i} + \dfrac{\partial}{\partial y}\boldsymbol{j} + \dfrac{\partial}{\partial z}\boldsymbol{k}$. 根据连续性方程

$$\frac{\mathrm{d}\rho}{\mathrm{d}t} + \rho\,\mathrm{div}\,\boldsymbol{v} = 0,$$

可以把方程 (29.5) 改写为

$$\frac{\mathrm{d}}{\mathrm{d}t}\frac{\boldsymbol{\omega}}{\rho} = \left(\frac{\boldsymbol{\omega}}{\rho}\cdot\nabla\right)\boldsymbol{v}. \tag{29.6}$$

方程 (29.6) 称为亥姆霍兹方程[1]. 在研究理想流体中的涡量在空间中的传播和随时间的演化时, 可以把这个方程当做基本方程.

　　从方程 (29.6) 容易得到涡旋运动的一些动力学性质. 我们曾经利用汤姆孙定理得到相关结果, 而汤姆孙定理得自 (29.4) (见第一卷第六章 §7). 因为这些性质极为重要, 我们从方程 (29.6) 出发再次推导这些结果.

涡线是物质线　　选取一条涡线并考虑其微元 d$\boldsymbol{s} = \varepsilon\boldsymbol{\omega}/\rho$, 式中 ε 是小常量. 涡线微元 d$\boldsymbol{s}$ 的起点和终点记为 $A(x,\,y,\,z)$ 和 $B(x+\mathrm{d}x,\,y+\mathrm{d}y,\,z+\mathrm{d}z)$,

---

[1] 一般把不可压缩流体的涡量方程 $\mathrm{d}\boldsymbol{\omega}/\mathrm{d}t = (\boldsymbol{\omega}\cdot\nabla)\boldsymbol{v}$ 称为亥姆霍兹方程. 方程 (29.6) 是贝尔特拉米在 1871 年提出的一个方程的简化特例 (见: Truesdell C. The Kinematics of Vorticity. Bloomington: Indiana Univ. Press, 1954). ——译注

其中的微分 $\mathrm{d}x, \mathrm{d}y, \mathrm{d}z$ 可以视为微元 $\mathrm{d}s$ 在笛卡儿坐标轴上的投影. 我们有等式

$$\frac{\mathrm{d}x}{\omega_x} = \frac{\mathrm{d}y}{\omega_y} = \frac{\mathrm{d}z}{\omega_z} = \frac{\mathrm{d}s}{\omega} = \frac{\varepsilon}{\rho},$$

$$\boldsymbol{v}_B - \boldsymbol{v}_A = \frac{\partial \boldsymbol{v}}{\partial x}\,\mathrm{d}x + \frac{\partial \boldsymbol{v}}{\partial y}\,\mathrm{d}y + \frac{\partial \boldsymbol{v}}{\partial z}\,\mathrm{d}z = (\mathrm{d}\boldsymbol{s}\cdot\nabla)\boldsymbol{v} = \varepsilon\left(\frac{\boldsymbol{\omega}}{\rho}\cdot\nabla\right)\boldsymbol{v}.$$

从图 105 中的无穷小四边形 $ABB'A'$ 可知, 组成涡线微元 $\mathrm{d}\boldsymbol{s}$ 的物质点经过 $\mathrm{d}t$ 时间后运动到曲线微元 $\mathrm{d}\boldsymbol{s}'$, 并且

$$\mathrm{d}\boldsymbol{s}' = \mathrm{d}\boldsymbol{s} + \boldsymbol{v}_B\,\mathrm{d}t - \boldsymbol{v}_A\,\mathrm{d}t = \varepsilon\left[\frac{\boldsymbol{\omega}}{\rho} + \left(\frac{\boldsymbol{\omega}}{\rho}\cdot\nabla\right)\boldsymbol{v}\,\mathrm{d}t\right]. \tag{29.7}$$

另一方面, 涡线微元 $\mathrm{d}\boldsymbol{s}$ 在时刻 $t + \mathrm{d}t$ 变为新的涡线微元 $\mathrm{d}\boldsymbol{s}''$, 后者应当满足公式

$$\mathrm{d}\boldsymbol{s}'' = \varepsilon\left(\frac{\boldsymbol{\omega}}{\rho} + \mathrm{d}\frac{\boldsymbol{\omega}}{\rho}\right). \tag{29.8}$$

公式 (29.7) 和 (29.8) 具有运动学本质, 它们不仅对理想流体成立 (这时我们有亥姆霍兹方程 (29.6)), 在一般情况下也成立, 例如对黏性流体和其他介质均成立.

在亥姆霍兹方程 (29.6) 成立时, 从公式 (29.7) 和 (29.8) 可知

$$\mathrm{d}\boldsymbol{s}' = \mathrm{d}\boldsymbol{s}''.$$

这个等式表明, 涡线就像物质线那样运动, 它们在给定时刻 t 是重合的. 于是, 涡线就是物质线.

以后将证明, 对于黏性流体, 在方程 (29.6) 的右侧还有附加项, 所以 $\mathrm{d}\boldsymbol{s}' \neq \mathrm{d}\boldsymbol{s}''$, 于是黏性流体中的涡线相对于流体微元是移动的.

涡管强度不随时间变化　现在考虑时刻 t 的一个无穷细涡管, 其横截面为 $\mathrm{d}\sigma$. 经过 $\mathrm{d}t$ 时间后, 该涡管与流体微元一起移动到新的位置并仍然是涡管, 相应横截面为 $\mathrm{d}\sigma'$. 我们有等式

$$\mathrm{d}s = \varepsilon\frac{\omega}{\rho}, \quad \mathrm{d}s' = \varepsilon\frac{\omega'}{\rho'} \tag{29.9}$$

和质量守恒定律

$$\rho\,\mathrm{d}s\,\mathrm{d}\sigma = \rho'\,\mathrm{d}s'\,\mathrm{d}\sigma'. \tag{29.10}$$

从 (29.9) 和 (29.10) 得到

$$\frac{\omega}{\rho\,\mathrm{d}s} = \frac{\omega'}{\rho'\,\mathrm{d}s'}, \quad \omega\,\mathrm{d}\sigma = \omega'\,\mathrm{d}\sigma',$$

换言之, 与流体一起运动的涡管具有不随时间变化的环量:

$$\Gamma = 2\omega\Delta\sigma = \mathrm{const}.$$

这个结论就是前面用另一种方法证明的汤姆孙定理. 从上述结果可以得到第一卷第六章 §7 中的所有相关推论.

我们强调, 所有上述结论是对自由涡旋作出的.

如果方程 (29.1) 右侧的质量力具有不为零的旋度 (连续分布的茹科夫斯基力),
理想流体中的涡旋就会相对于流体运动.

§30. 涡量在不可压缩黏性流体中的扩散

现在研究涡量在不可压缩黏性流体中传播的方程.

涡量扩散方程　　这时, 在方程 (29.1) 的右侧必须补充黏性项 $\nu\Delta\boldsymbol{v}$, 式中 ν 是假设为
常量的运动黏度. 利用不可压缩条件 $\operatorname{div}\boldsymbol{v}=0$, 我们从补充了黏性
项的方程 (29.5) 得到

$$\frac{\mathrm{d}\boldsymbol{\omega}}{\mathrm{d}t}=(\boldsymbol{\omega}\cdot\nabla)\boldsymbol{v}+\nu\Delta\boldsymbol{\omega}. \tag{30.1}$$

矢量方程 (30.1) 在笛卡儿坐标系 z 轴上的投影为

$$\frac{\mathrm{d}\omega_z}{\mathrm{d}t}=\omega_x\frac{\partial w}{\partial x}+\omega_y\frac{\partial w}{\partial y}+\omega_z\frac{\partial w}{\partial z}+\nu\Delta\omega_z, \tag{30.2}$$

而在 x 轴和 y 轴的投影也具有类似的形式. 对于缓慢的流动, 在精确到一阶小量时
可以把方程 (30.2) 写为

$$\frac{\partial\omega_z}{\partial t}=\nu\Delta\omega_z.$$

这个方程等同于扩散方程或静止介质中的热传导方程 (见第一卷第五章 §7).

因此, 涡量的分量在流体中趋于均匀分布的规律类似于不均匀受热物体的温度
趋于均匀分布的规律. 在黏性流体中, 涡量沿空间和流体微元扩散, 具有在整个空间
中均匀分布的一般趋势.

对于黏性流体的平面运动, 方程 (30.2) 在 $w=0$ 时具有以下形式:

$$\frac{\partial\omega_z}{\partial t}+u\frac{\partial\omega_z}{\partial x}+v\frac{\partial\omega_z}{\partial y}=\nu\left(\frac{\partial^2\omega_z}{\partial x^2}+\frac{\partial^2\omega_z}{\partial y^2}\right). \tag{30.3}$$

有限强度直线涡丝的　设流体中的一条直线涡丝在时刻 $t=0$ 位于 z 轴, 涡丝的环
扩散　　　　　　量 Γ 是给定的有限量, 我们来研究涡丝的扩散问题. 在此后
　　　　　　　　　的时刻 $t>0$, 涡量将向整个空间扩散, 我们来计算任何时刻
$t>0$ 的涡量分布. 显然, 待求的解相对于 z 轴对称, 所以分量 ω_z 只依赖于 xy 平面
上的极半径 r 和时间 t, 流体速度也依赖于 r 和 t 并指向以坐标原点为圆心的圆周
的切线方向.

因为 $\partial\omega_z/\partial s_v=0$, 其中 $\boldsymbol{s}_v$ 指向沿流线的方向, 即

$$\frac{u}{|\boldsymbol{v}|}\frac{\partial\omega_z}{\partial x}+\frac{v}{|\boldsymbol{v}|}\frac{\partial\omega_z}{\partial y}=0,$$

所以, 根据上述对称性, 方程 (30.3) 变为线性的热传导方程, 它在极坐标下的形式为

$$\frac{\partial \omega_z}{\partial t} = \nu \left(\frac{\partial^2 \omega_z}{\partial r^2} + \frac{1}{r} \frac{\partial \omega_z}{\partial r} \right). \tag{30.4}$$

考虑以坐标原点为圆心、以 r 为半径的圆周上的环量 $\Gamma(r, t)$. 根据斯托克斯定理, 我们有

$$\Gamma(r, t) = 2 \int\limits_0^r \int\limits_0^{2\pi} \omega_z r \, \mathrm{d}r \, \mathrm{d}\theta = 4\pi \int\limits_0^r r \omega_z(r, t) \, \mathrm{d}r.$$

在初始时刻 $t = 0$, 对于任何 r (包括任意小的 r), 我们有

$$\Gamma(r, 0) = \Gamma = \mathrm{const}. \tag{30.5}$$

这是问题的初始条件.

根据问题的提法, 待求的解具有以下形式:

$$\omega_z = \omega_z(r, t, \nu, \Gamma).$$

从方程 (30.4) 的线性性质和初始条件 (30.5) 可知

$$\omega_z = \Gamma f(r, t, \nu). \tag{30.6}$$

从问题的提法、(30.6) 和 Π 定理可知, 无量纲组合

$$\frac{\omega_z \nu t}{\Gamma}$$

只能依赖于无量纲变量

$$\xi = \frac{r^2}{\nu t},$$

即

$$\omega_z = \frac{\Gamma}{\nu t} \psi(\xi). \tag{30.7}$$

把公式 (30.7) 代入偏微分方程 (30.4), 得到常微分方程

$$\psi(\xi) + \xi \psi'(\xi) + 4[\psi'(\xi) + \xi \psi''(\xi)] = 0,$$

积分后得到

$$\xi \psi + 4\xi \psi' = C.$$

对于待求的解, $\psi(0)$ 和 $\psi'(0)$ 是有限的, 所以常数 C 等于零.

对方程

$$4 \frac{\mathrm{d}\psi}{\mathrm{d}\xi} + \psi = 0$$

进行积分, 结果是

$$\psi = A e^{-\xi/4},$$

由此给出

$$\omega_z = \frac{\Gamma}{\nu t} A e^{-r^2/4\nu t}.$$

利用初始条件 (30.5) 即可计算常数 A. 我们有

$$\Gamma(r,\ t) = 4\pi \frac{\Gamma}{\nu t} A \int_0^r r e^{-r^2/4\nu t}\,\mathrm{d}r = 8\pi A\Gamma\big(1 - e^{-r^2/4\nu t}\big). \tag{30.8}$$

根据 (30.5), 对于 $t = 0$ 和任何 $r > 0$, 由此可得 $\Gamma = 8\pi A\Gamma$, 即 $A = 1/8\pi$. 因此,

$$\omega_z = \frac{\Gamma}{8\pi\nu t}\,e^{-r^2/4\nu t}. \tag{30.9}$$

这个公式给出待求的 ω_z.

现在计算速度分布 $v(r,\ t)$. 因为

$$\Gamma(r,\ t) = 2\pi r v(r,\ t),$$

所以根据 (30.8) 最终得到公式

$$v(r,\ t) = \frac{\Gamma}{2\pi r}\big(1 - e^{-r^2/4\nu t}\big). \tag{30.10}$$

在 $t = 0$ 时, 所得结果就是位于 z 轴的直线涡丝的速度分布规律. 在理想流体中, 这样的运动在此后时刻 $(t > 0)$ 一直保持. 在黏性流体中发生涡量的扩散, 这是由公式 (30.10) 中的括号中的第二项导致的.

公式 (30.9) 表明, 在 xy 平面上的每一点, 涡量的分量 ω_z 随着时间的推移先从零增加到最大值 $\Gamma/2\pi r^2 e$, 然后又减小并趋于零[1].

线性方程 (30.4) 适用于研究任何相对于 z 轴对称的运动, 例如任何给定函数 $\omega_z(r,\ 0)$ 所对应的初值问题. 在该线性问题中, 相应的解可以通过点涡解的叠加构造出来.

---

[1] 自相似解 (30.9) 称为奥森涡, 它是相应解族中最简单的一个解. 关于方程 (30.4) 的全部自相似解, 可以参考以下专著的第 261—263 页: Wu J.-Z., Ma H.-Y., Zhou M.-D. Vorticity and Vortex Dynamics. Berlin: Springer, 2006. 该专著系统地阐述了涡量和涡旋运动的理论和结果. ——译注

第九章 弹性力学

§1. 引言

我们来研究可变形"固体"理论. 就像前面那样, 我们把固体当做物质连续介质. 为了研究连续介质各物质点的运动, 引入参考系 x^i 以及与介质一起运动的拉格朗日坐标系 ξ^i (图 106). 只要知道函数

$$x^i = x^i(\xi^1,\ \xi^2,\ \xi^3,\ t),$$

即只要给出连续介质的运动规律, 我们就知道介质的每一个物质点在任何时刻 t 的位置.

可变形固体最重要的特征量之一是应变张量. 在流体力学中基本不使用这个张量, 因为对流体而言, 只有体积的变化才是与变形有关的重要特征量. 对"固体"而言, 形状的变化也很重要, 即应变张量的所有分量都很重要. 应变张量是通过对比固体的任意线微元在所研究时刻的长度与该微元在被称为"初始状态"的某个理想状态下的长度而引入的.

例如, 就像在经典的弹性力学中总是认为的那样, 初始状态可能就是所研究的有界固体在某个初始时刻 t_0 的状态. 但是也存在一些理论, 其中的"初始状态"无法在欧几里得空间中真正实现[1]

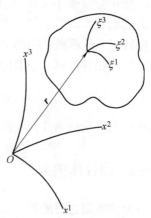

图 106. 参考系 x^i 和拉格朗日坐标系 ξ^i

---

[1] 在牛顿力学中, 实际的三维物理空间是欧几里得空间. 在弹性力学中通常认为, 用于进行对比的初始状态可以在相差刚体位移 (介质作刚体运动时的位移) 的条件下单值地确定下来. 可以研究初始状态具有一定任意性的连续介质模型.

(见第一卷第二章 §5).

　　众所周知, 如果分别用 $\mathring{g}_{ij}$ 和 $\hat{g}_{ij}$ 表示度规张量在 "初始状态" 和当前状态下的拉格朗日坐标系中的分量, 就可以用以下公式引入应变张量的分量:

$$\varepsilon_{ij} = \frac{1}{2}(\hat{g}_{ij} - \mathring{g}_{ij}).$$

初始应变　如果初始状态能够真正实现, 就可以引入从初始状态到当前状态的位移矢量 $\boldsymbol{w}$. 这时, 应变张量的分量可以通过位移矢量 $\boldsymbol{w}$ 的分量表示出来, 并且应变张量的分量满足协调方程. 如果 "初始状态" 无法在实际的物理空间中实现, 则 ε_{ij} 不满足协调方程. 在这种情况下, 有时引入某种有代表性的中间状态 (不带引号的初始状态) 及其度规张量 $\ddot{g}_{ij}$, 以便引入从中间状态 °° 到当前状态 ^ 的位移. 于是,

$$\varepsilon_{ij} = \frac{1}{2}(\hat{g}_{ij} - \mathring{g}_{ij}) = \frac{1}{2}(\hat{g}_{ij} - \ddot{g}_{ij}) + \frac{1}{2}(\ddot{g}_{ij} - \mathring{g}_{ij}), \quad \text{或} \quad \varepsilon_{ij} = \varepsilon_{ij}^1 + \overset{*}{\varepsilon}_{ij}.$$

分量 ε_{ij}^1 可以通过位移表示, 但分量 $\overset{*}{\varepsilon}_{ij}$ 不能通过位移表示. 张量分量 $\overset{*}{\varepsilon}_{ij}$ 定义了一个 "初始" 应变状态.

几何线性理论　在固体变形理论中经常研究变形和相对位移都很小的情况. 在这种情况下, 如果拉格朗日坐标系在某一时刻 (例如初始时刻) 与参考系重合, 则它此后将一直与参考系相差很小, 并且任何张量或矢量在这两个坐标系下的分量显然也将相差很小. 如果在理论中只考虑一阶小量, 则对于诸如应变张量的一些小张量或小矢量, 它们在拉格朗日坐标系和参考系中的分量这时没有区别 (因为它们相差高阶小量). 所以, 在弹性力学的许多经典教程中只研究无穷小变形, 不明确引入这两种不同的坐标系.

　　在相对位移很小的固体变形理论中, 对于张量的分量 ε_{ij}^1 和 ε_{ij}, 我们有公式

$$\varepsilon_{ij}^1 = \frac{1}{2}(\nabla_i w_j + \nabla_j w_i), \quad \varepsilon_{ij} = \frac{1}{2}(\nabla_i w_j + \nabla_j w_i) + \overset{*}{\varepsilon}_{ij}. \tag{1.1}$$

这样的理论称为几何线性理论.

§2. 弹性体模型

弹性体变形过程的可逆性　弹性力学区别于其他一些可变形固体理论 (塑性力学、蠕变理论等) 的主要特征是, 弹性体的所有连续变形过程根据定义都是可逆的. 此外还通常认为, 对所有弹性体微元都可以引入局部温度 T. 因此, 对弹性体微元总是可以使用关系式[1]

$$T \, \mathrm{d}s = \mathrm{d}q^{(\mathrm{e})}. \tag{2.1}$$

---

[1] 关系式 (2.1) 对弹性体中的某些不可逆过程也成立. 下面的结论将同样适用于这样的过程 (例如热传导过程).

弹性体的状态参量   经典弹性力学的第二个基本前提是如下假设: 弹性体微元的状态完全取决于应变张量、温度 T (或质量熵 s)、某些表征介质的力学和物理化学性质的一般可变的参量 $\chi_k(\xi^1,\ \xi^2,\ \xi^3,\ t)$ $(k = 1, 2, \cdots, N)$ 以及常量 $k^B(\xi^1,\ \xi^2,\ \xi^3)$ $(\mathrm{d}k^B = 0)$ $(B = 1, 2, \cdots, \mu)$. 例如, 某些 χ_k, k^B 可能是可变的或不变的相密度. 如有必要, 可以把初始应变张量的分量 $\overset{*}{\varepsilon}_{ij}$ 列入参量 χ_k, k^B. 晶体的对称性也可以利用参量 χ_k, k^B 给出, 其中部分参量可能是矢量或张量的分量. 参量 χ_k, k^B 还可以包括表征电磁场的矢量, 以及建立数学模型时出现的某些参量. 在广泛使用的一些经典弹性体模型中, 我们认为在每一个弹性体微元中 $\chi_k = \mathrm{const}$, 即 $\mathrm{d}\chi_k = 0$.

此外, 我们还假设初始状态的度规张量与时间无关, 即

$$\mathring{g}_{ij} = \mathring{g}_{ij}(\xi^1,\ \xi^2,\ \xi^3),$$

这也是弹性体模型的一个有代表性的性质.

因此, 在定义普通的 [1] 弹性体模型时, 对弹性体的质量内能 U 或质量自由能

$$F = U - Ts$$

可以写出

$$
\begin{aligned}
U &= U(s,\ \mathring{g}_{ij},\ \hat{\varepsilon}_{ij},\ \chi_k,\ k^B),\\
F &= F(T,\ \mathring{g}_{ij},\ \hat{\varepsilon}_{ij},\ \chi_k,\ k^B).
\end{aligned}
\tag{2.2}
$$

在函数 U 和 F 的自变量中, 需要明确地 (显式地) 指出度规张量的分量 $\mathring{g}_{ij}(\xi^1,\ \xi^2,\ \xi^3)$ (或 $\hat{g}_{ij}(\xi^1,\ \xi^2,\ \xi^3,\ t) = 2\hat{\varepsilon}_{ij} + \mathring{g}_{ij}$), 因为标量 U 和 F 其实只依赖于作为自变量而列出的那些分量所对应的张量的不变量, 而不直接依赖于这些分量本身. 一般而言, 为了从分量 $\hat{\varepsilon}_{ij}$ 和 χ_k 组成不变量, 必须使用度规张量的分量 $\mathring{g}_{ij}$ 或 $\hat{g}_{ij}$.

一种弹性体, 若其热力学函数 U 和 F 并不显式地依赖于拉格朗日坐标 ξ^i, 我们就称之为均质弹性体; 若某些参量 χ_k, k^B 与 ξ^i 相等或者是 ξ^i 的给定函数, 我们就称之为非均质弹性体.

基本方程   我们来回忆并写出连续介质力学方程, 它们是弹性力学封闭方程组的基础. 我们有:

(a) 用来计算密度的公式 (拉格朗日形式的连续性方程)

$$\rho\sqrt{\hat{g}} = \rho_0\sqrt{\mathring{g}} = f(\xi^1,\ \xi^2,\ \xi^3),\tag{2.3}$$

---

[1] 目前可以引入一些更一般的弹性介质模型, 其中 U 和 F 的自变量可以包括应变张量的分量对时间和坐标的各阶导数. 还有一些模型的主定参量并不包括对称的有限应变张量的分量, 取代这些分量的是导数 $\partial x^i / \partial \xi^j$, 并且单位质量介质的热力学函数不仅依赖于弹性体微元变形的特征量, 而且依赖于弹性体微元在空间中的方位. 例如, 对于电磁场中可被极化和磁化的物体就可以采用这样的模型. 应力张量的分量 p^{ij} 这时一般不是对称的.

(b) 动量方程

$$\rho \hat{a}^i = \rho \hat{F}^i + \hat{\nabla}_j \hat{p}^{ij}, \tag{2.4}$$

(c) 热流方程的两种等价形式:

$$dU = \frac{\hat{p}^{ij}}{\rho} d\hat{\varepsilon}_{ij} + T\,ds + dq^{**} \tag{2.5}$$

或

$$dF = \frac{\hat{p}^{ij}}{\rho} d\hat{\varepsilon}_{ij} - s\,dT + dq^{**}, \tag{2.6}$$

其中已经考虑了表示热力学第二定律的条件 (2.1). 在写出方程 (2.5) 和 (2.6) 时还假设 $\mathring{g}_{ij}$ 与时间 t 无关, 即 (见第一卷第 66 页)

$$\hat{e}_{ij} = \frac{d\hat{\varepsilon}_{ij}}{dt},$$

以及 $\hat{p}^{ij} = \hat{p}^{ji}$.

如下所述, 为了在具体的运动问题中提出确定的弹性体模型并得到封闭方程组, 只要给出内能 $U(s,\ \mathring{g}_{ij},\ \hat{\varepsilon}_{ij},\ \chi_k,\ k^B)$ (或自由能 $F(T,\ \mathring{g}_{ij},\ \hat{\varepsilon}_{ij},\ \chi_k,\ k^B))$, 质量力的分量 F^i, 热流 $dq^{(e)}$ (只出现在 (2.1) 中) 和能量流 dq^{**} 即可.

给出外部能量流 dq^{**} 的方法 　一般而言, 要想给出量 U (或 F), F^i 和 dq^{**}, 就要建立模型并把所研究的介质与外部对象 (电磁场, 混合物的外部组元, 固定的或运动的外部宏观结构, 或者一般情况下按照体积分布的某种外部几何约束, 等等) 区别开来.

在一般情况下, 即使给定的介质不与任何其他外部对象发生相互作用, 也必须引入 $dq^{**}(\neq 0)$. 这是因为, 在考虑所研究的介质微元与同样介质中的相邻微元之间复杂的相互作用时有必要引入 dq^{**}. 这里的相互作用既包括对曲面的作用, 也包括对体积的作用. 不过, 如果作出像 (2.1) 和 (2.2) 那样的重要假设[1], 就可以在弹性体

---

[1] 在一些更复杂的弹性体模型中, 内能不仅依赖于应变张量的分量, 而且依赖于这些分量对空间坐标的导数, 即 $U(s,\ \mathring{g}_{ij},\ \hat{\varepsilon}_{ij},\ \mathring{\nabla}_k\hat{\varepsilon}_{ij})$ (这里使用记号 $\hat{\varepsilon}_{ij}$ 表示应变张量 $\hat{\mathscr{E}} = \hat{\varepsilon}_{ij}\hat{e}^i\hat{e}^j$ 的分量, $\hat{\varepsilon}_{ij} = \hat{\varepsilon}_{ij} = (\hat{g}_{ij} - \mathring{g}_{ij})/2)$, 所以方程 (2.5) 的左侧还有一项:

$$\frac{\partial U}{\partial \mathring{\nabla}_k\hat{\varepsilon}_{ij}} d\mathring{\nabla}_k\hat{\varepsilon}_{ij}.$$

如果假设分量 $\hat{p}^{ij} = \hat{p}^{ij}$ 与导数 $d\mathring{\nabla}_k\hat{\varepsilon}_{ij}/dt$ 无关 (这是一个很强的假设), 则上述附加项应当与方程右侧 dq^{**} 中的 $\mathring{\Lambda}^{ijk}d\mathring{\nabla}_k\hat{\varepsilon}_{ij}$ 平衡. 为了便于运算, 同时又不失一般性, 这里仅在固定的初始状态空间中考虑梯度运算, 从而能够在计算对时间的物质导数时交换运算顺序:

$$\frac{d\mathring{\nabla}_k}{dt} = \mathring{\nabla}_k\frac{d}{dt}.$$

对比方程 (2.5) 的两侧, 根据增量 $d\mathring{\nabla}_k\hat{\varepsilon}_{ij}$ 的任意性, 我们得到

$$\mathring{\Lambda}^{ijk} = \frac{\partial U}{\partial \mathring{\nabla}_k\hat{\varepsilon}_{ij}} \neq 0. \tag{*}$$

模型中认为

$$dq^{**} = 0. \tag{2.7}$$

因为在经典的最简单的弹性体模型中不考虑极化和磁化效应, 所以总是可以在没有任何附带条件的情况下认为 (2.7) 是一个基本关系式.

弹性体的状态方程　现在根据方程 (2.5) 和条件 (2.7), (2.2) 推导弹性体的一般状态方程. 我们把方程 (2.5) 改写为以下形式:

$$\frac{\partial U}{\partial \hat{\varepsilon}_{ij}} \, d\hat{\varepsilon}_{ij} + \frac{\partial U}{\partial s} \, ds + \frac{\partial U}{\partial \chi_k} \, d\chi_k = \frac{\hat{p}^{ij}}{\rho} \, d\hat{\varepsilon}_{ij} + T \, ds. \tag{2.8}$$

关系式 (2.8) 和从 (2.6) 得到的类似关系式对弹性体中的任何过程都成立. 对于给定的弹性体微元, 只要改变外力、热流、边界条件和其他一些外部条件, 就可以实现无穷多个这样的过程, 使得量 $\mathring{g}_{ij}$, $\hat{\varepsilon}_{ij}$, s, χ_k, $\hat{p}^{ij}$, T 和 ρ 在给定时刻保持不变, 而增量 $d\hat{\varepsilon}_{ij}$, ds (或 dT) 和 $d\chi_k$ 发生变化. 如果存在一组独立的增量 $d\hat{\varepsilon}_{ij}$, ds (dT), $d\chi_k$, 则在 $\hat{p}^{ij}$ 只依赖于 $\mathring{g}_{ij}$, $\hat{\varepsilon}_{ij}$, χ_k, s (或 T) 并且 $dq^{**} = 0$ 的条件下, 从 (2.8) 或者相应地

如果分量 $\hat{\Lambda}^{ijk} = \mathring{\Lambda}^{ijk}$ 是独立给出的, 或者, 如果认为 $\mathring{\Lambda}^{ijk} = 0$, 关系式 (∗) 就是已有的封闭方程组之外的附加方程. 这时, 这些附加方程将严重限制主定参量在独立于外力、热流和边界条件时的自由变化, 因而一般是不可接受的 (没有内部几何约束). 所以, 关系式 (∗) 应当是用来定义 $\mathring{\Lambda}^{ijk}$ ($\neq 0$) 的恒等式.

因此, 对于内能与应变张量分量的梯度有关的复杂弹性体模型, 能量流 dq^{**} 应当不为零, 它取决于内能的性质, 而内能是其自变量的给定函数. 由此可知, 在建立某些连续介质模型时, 确定 dq^{**} 的问题在给出内能之后即可自动解决.

在上面给出的例子中, 如果认为能量流 dq^{**} 取决于弹性体微元边界面上由不均匀变形引起的相互作用, 则有

$$\int\limits_{V} dq^{**} \rho \, d\tau = \int\limits_{\Sigma} \rho \hat{\Lambda}^{ijk} \, d\hat{\varepsilon}_{ij} \, \hat{n}_k \, d\sigma = \int\limits_{V} \hat{\nabla}_k (\rho \hat{\Lambda}^{ijk} \, d\hat{\varepsilon}_{ij}) \, d\tau;$$

又因为

$$\rho \sqrt{\hat{g}} = \rho_0 \sqrt{\mathring{g}}, \qquad \hat{\Lambda}^{ijk} = \mathring{\Lambda}^{ijk},$$

所以 (见第一卷第四章 (3.7))

$$dq^{**} = \frac{1}{\rho} \hat{\nabla}_k (\rho \hat{\Lambda}^{ijk} \, d\hat{\varepsilon}_{ij}) = \frac{1}{\rho \sqrt{\hat{g}}} \frac{\partial \sqrt{\hat{g}} \, \rho \hat{\Lambda}^{ijk} \, d\hat{\varepsilon}_{ij}}{\partial \xi^k}$$

$$= \frac{1}{\rho_0 \sqrt{\mathring{g}}} \frac{\partial \sqrt{\mathring{g}} \, \rho_0 \mathring{\Lambda}^{ijk} \, d\hat{\varepsilon}_{ij}}{\partial \xi^k} = \frac{1}{\rho_0} \mathring{\nabla}_k (\rho_0 \mathring{\Lambda}^{ijk} \, d\hat{\varepsilon}_{ij})$$

$$= \frac{1}{\rho_0} \mathring{\nabla}_k \left(\rho_0 \frac{\partial U}{\partial \mathring{\nabla}_k \hat{\varepsilon}_{ij}} \, d\hat{\varepsilon}_{ij} \right).$$

在内能与应变张量分量的梯度有关的前提下, 这个公式定义了由变形的不均匀性引起的可逆的机械能流.

从 (2.6) 可以得到以下关系式[1]:

$$\hat{p}^{ij} = \rho\left(\frac{\partial U}{\partial \hat{\varepsilon}_{ij}}\right)_{s,\,\chi_k} = \rho\left(\frac{\partial F}{\partial \hat{\varepsilon}_{ij}}\right)_{T,\,\chi_k}, \tag{2.9}$$

$$T = \left(\frac{\partial U}{\partial s}\right)_{\hat{\varepsilon}_{ij},\,\chi_k}, \quad s = -\left(\frac{\partial F}{\partial T}\right)_{\hat{\varepsilon}_{ij},\,\chi_k}, \tag{2.10}$$

$$\left(\frac{\partial U}{\partial \chi_k}\right)_{\hat{\varepsilon}_{ij},\,s} = 0, \quad \left(\frac{\partial F}{\partial \chi_k}\right)_{\hat{\varepsilon}_{ij},\,T} = 0. \tag{2.11}$$

关系式 (2.9)—(2.11) 称为弹性体的状态方程. 关系式 (2.9) 把应力张量的分量与函数 U 或 F 的自变量联系起来, (2.10) 用于计算温度 T (若使用 U) 或熵 s (若使用 F), (2.11) 用于计算参量 χ_k 的变化规律. 这些关系式类似于用来描述可逆化学反应的著名的古尔德贝格—瓦格方程 (见第一卷第五章 §10).

下面将研究一种最常见的情况: χ_k 保持不变, 这样就不必再考虑方程 (2.11).

弹性体的状态方程 (2.9) 是胡克定律的推广, 该方程既考虑了非线性效应和温度的影响, 也考虑了可能起作用的变化的物理参量 χ_k (相密度等) 的影响.

不可压缩弹性体的状态方程　状态方程 (2.9) 是在量 $\mathrm{d}\hat{\varepsilon}_{ij}$, $\mathrm{d}s$ (或 $\mathrm{d}T$) 和 $\mathrm{d}\chi_k$ 线性无关的假设下得到的. 如果这些量之间有联系, 公式 (2.9) 就会变化. 例如, 对于不可压缩材料, 我们有附加关系式

$$\hat{g}^{ij}\,\mathrm{d}\hat{\varepsilon}_{ij} = 0. \tag{2.12}$$

这时, 如果引入拉格朗日乘子 q 和 q', 则从 (2.8) 和 (2.12) 或者从 (2.6) 和 (2.12) 可以得到用来代替 (2.9) 的公式

$$\hat{p}^{ij} = -q\hat{g}^{ij} + \rho\frac{\partial U}{\partial \hat{\varepsilon}_{ij}}$$

或者

$$\hat{p}^{ij} = -q'\hat{g}^{ij} + \rho\frac{\partial F}{\partial \hat{\varepsilon}_{ij}}.$$

为了确定拉格朗日乘子 q 和 q', 必须使用附加关系式 (2.12). 不应把这两个量与压强混为一谈. 在一般情况下 $q \neq q'$, 而在具体问题中只需要确定二者之一.

描述弹性体运动的封闭方程组　在上述条件下, 关系式 (2.9)—(2.11), 连续性方程 (2.3), 运动方程 (2.4), 能量方程

$$\mathrm{d}q^{(\mathrm{e})} = \frac{\partial U}{\partial s}\,\mathrm{d}s \quad \text{或} \quad \mathrm{d}q^{(\mathrm{e})} = -T\,\mathrm{d}\left(\frac{\partial F}{\partial T}\right), \tag{2.13}$$

---

[1] 在推导公式 (2.9) 时认为 $\partial U/\partial \hat{\varepsilon}_{ij} = \partial U/\partial \hat{\varepsilon}_{ji}$, 即对称张量的分量 $\hat{\varepsilon}_{ij}$ 以对称的形式出现在函数 U 和 F 中. 此外必须注意, 如果给出 U 和 F 对 $\hat{g}_{ij}$, $\hat{\varepsilon}_{ij}$ 的函数关系, 而不是它们对 $\tilde{g}_{ij}$, ε_{ij} 的函数关系, 关系式 (2.9) 就不成立. 因此, 如果在欧拉坐标下给出 U 对分量 ε_{ij} 的函数关系, 关系式 (2.9) 就不再成立.

再加上把速度和应变张量同位移联系起来的那些关系式, 就组成描述弹性体中各种过程的封闭方程组. 在静力学问题中可以使用协调方程来代替相应关系式, 并认为 $\dot{\varepsilon}_{ij} = 0$ (或者使用关于 $\dot{\varepsilon}_{ij}$ 的一些附加结果, 这取决于所给材料试件的制造条件, 从而应当在相应问题中单独给出). 此外, 还假设 U 和 F 对相应参量的函数关系以及量 F^i 和 $\mathrm{d}q^{(\mathrm{e})}$ 都是已知的.

在等温过程中使用包含自由能 F 的一组关系式比较方便, 这时温度已知并保持不变, 而运动方程在不使用关系式 (2.10) 和 (2.13) 时就已经是封闭的. 在这种情况下, (2.10) 中的第二个关系式用于计算熵 (如果需要的话), 而 (2.13) 用于计算保证过程等温性所必须的 $\mathrm{d}q^{(\mathrm{e})}$. 在绝热过程中使用包含 U 的一组关系式比较方便. 不过, 无论哪一组关系式都适用于弹性体中具有任何热流 $\mathrm{d}q^{(\mathrm{e})}$ 的任何可逆过程.

值得注意的是, 这里的弹性力学方程组是利用拉格朗日方法在当前的 (已经变形的) 拉格朗日坐标系下写出的. 众所周知, 为了描述连续介质的位置和运动, 一般可以使用初始的拉格朗日坐标系 (即各物质点的初始坐标所对应的坐标系), 当前的已经变形的拉格朗日坐标系 (其坐标线随物质点的运动而变形), 以及欧拉坐标系 (空间坐标系). 如果物质点的坐标是它们在当前已经变形的状态所具有的坐标, 即如果坐标系或者是欧拉坐标系, 或者是已经变形的拉格朗日坐标系, 运动方程就具有 (2.4) 的形式.

已经变形的拉格朗日坐标系一般是曲线坐标系, 并且事先 (在求出各点的位移之前, 即在问题被解决之前) 是未知的. 这在有限变形的情况下使方程组变得极其复杂: 对空间坐标 ξ^i 的所有导数都含有克里斯托费尔符号, 它们与 $\hat{g}_{ij} = \mathring{g}_{ij} + 2\hat{\varepsilon}_{ij}$ 之间的关系非常复杂. 其实,

$$\hat{a}^i = \frac{\partial \hat{v}^i}{\partial t} + \hat{v}^k\left(\frac{\partial \hat{v}^i}{\partial \xi^k} + \hat{v}^m \hat{\Gamma}^i_{mk}\right), \quad \hat{v}^i = \frac{\partial \hat{w}^i}{\partial t} + \hat{w}^k\left(\frac{\partial \hat{v}^i}{\partial \xi^k} + \hat{v}^m \hat{\Gamma}^i_{mk}\right),$$

$$\hat{\varepsilon}_{ij} = \frac{1}{2}\left[\frac{\partial \hat{w}_i}{\partial \xi^j} + \frac{\partial \hat{w}_j}{\partial \xi^i} - 2\hat{w}_k \hat{\Gamma}^k_{ij} - \left(\frac{\partial \hat{w}^m}{\partial \xi^i} + \hat{w}^n \hat{\Gamma}^m_{ni}\right)\left(\frac{\partial \hat{w}_m}{\partial \xi^j} - \hat{w}_n \hat{\Gamma}^n_{mj}\right)\right],$$

$$\hat{\nabla}_j \hat{p}^{ij} = \frac{\partial \hat{p}^{ij}}{\partial \xi^j} + \hat{p}^{kj} \hat{\Gamma}^i_{kj} + \hat{p}^{ik} \hat{\Gamma}^j_{kj},$$

式中 $\hat{a}^i$, $\hat{v}^i$, $\hat{w}^i$ 是加速度、速度和位移的分量, 而

$$\hat{\Gamma}^i_{jk} = \frac{1}{2}\hat{g}^{is}\left(\frac{\partial \hat{g}_{js}}{\partial \xi^k} + \frac{\partial \hat{g}_{ks}}{\partial \xi^j} - \frac{\partial \hat{g}_{jk}}{\partial \xi^s}\right),$$

$$(\hat{g}_{ij}) = (\mathring{g}_{ij} + 2\hat{\varepsilon}_{ij}), \quad (\hat{g}^{ij}) = (\hat{g}_{ij})^{-1}.$$

初始拉格朗日坐标系下的非线性弹性力学方程组　　为了避免这些复杂的方程, 可以使用初始的拉格朗日坐标系, 因为它在变形过程中保持不变, 并且可以选取诸如笛卡儿坐标系这样的便于应用的坐标系作为初始的拉格朗日坐标系. 这时, 运动方程已经不再具有 (2.4) 的形式. 使用皮奥拉名义应力张量 $\pi^{ij} \bar{e}_i \bar{e}_j$ 来表

述这些方程最为方便, 该张量的引入方法如下. 考虑任意某一物质面微元. 在介质变形状态下, 设该物质面微元的面积为 $\mathrm{d}\sigma$, 单位法向矢量为 $\boldsymbol{n}$, 而在变形之前, 相应面积为 $\mathrm{d}\sigma_0$, 单位法向矢量为 $\boldsymbol{n}_0$.

可以用公式

$$\boldsymbol{\pi}_{n_0}\,\mathrm{d}\sigma_0 = \boldsymbol{p}_n\,\mathrm{d}\sigma$$

引入名义应力矢量 $\boldsymbol{\pi}_{n_0}$, 即 $\boldsymbol{\pi}_{n_0}$ 是所研究的物质面微元上的作用力与该物质面微元在发生变形之前的面积之比的极限. 设一个物质体微元在发生变形之前具有四面体的形状, 并且该四面体的部分棱分别平行于初始的笛卡儿坐标系的坐标轴. 只要对这样的物质体微元应用动量定理, 就可以引入张量 π^{ij}. 我们有

$$\boldsymbol{\pi}_{n_0} = \boldsymbol{\pi}^i n_{0i} = \pi^{ji} n_{0i}\mathring{\boldsymbol{e}}_j.$$

对于任何物质体, 可以把动量定律写为以下形式:

$$\int_{V_0}\rho_0\boldsymbol{a}\,\mathrm{d}\tau_0 = \int_{V_0}\rho_0\boldsymbol{F}\,\mathrm{d}\tau_0 + \int_{\Sigma_0}\boldsymbol{\pi}^i n_{0i}\,\mathrm{d}\sigma_0,$$

所以对于连续变形过程可以得到

$$\rho_0\boldsymbol{a} = \rho_0\boldsymbol{F} + \mathring{\nabla}_i\,\pi^{ji}\mathring{\boldsymbol{e}}_j,$$

其分量形式为

$$\rho_0\mathring{a}^i = \rho_0\mathring{F}^i + \mathring{\nabla}_j\,\pi^{ij}, \quad \mathring{a}^i = \frac{\partial\mathring{v}^i}{\partial t} = \frac{\partial^2\mathring{w}^i}{\partial t^2}.$$

如果初始的拉格朗日坐标系是笛卡儿坐标系, 则运动方程的形式为

$$\rho_0\frac{\partial^2\mathring{w}^i}{\partial t^2} = \rho_0\mathring{F}^i + \frac{\partial\pi^{ij}}{\partial x^j}.$$

可以改写状态方程 (2.9), 使其中包含 π^{ij} 而不包含 $\hat{p}^{ij}$. 皮奥拉名义应力张量的分量与真正的应力张量的分量之间的关系为

$$\pi^{ij} n_{0j}\hat{\boldsymbol{e}}_i\,\mathrm{d}\sigma_0 = \hat{p}^{kl}\hat{n}_l\hat{\boldsymbol{e}}_k\,\mathrm{d}\sigma.$$

为了使 π^{ij} 与 $\hat{p}^{ij}$ 之间的关系式不包含物质面微元 $\mathrm{d}\sigma$, 我们在所考虑的点选取任意矢量 $\mathrm{d}\boldsymbol{r}_0$, 并在初始状态考虑这样的柱状物质体微元 $\mathrm{d}\tau_0$, 其底面为 $\mathrm{d}\sigma_0$, 母线为 $\mathrm{d}\boldsymbol{r}_0 = \mathrm{d}\xi^i\,\mathring{\boldsymbol{e}}_i$, 体积为 $\mathrm{d}\sigma_0\,n_{0i}\,\mathrm{d}\xi^i = \mathrm{d}\sigma_0(\boldsymbol{n}_0\cdot\mathrm{d}\boldsymbol{r}_0)$. 由于弹性体变形, $\mathrm{d}\sigma_0$ 运动到 $\mathrm{d}\sigma$, 矢量 $\mathrm{d}\boldsymbol{r}_0$ 运动到 $\mathrm{d}\boldsymbol{r} = \mathrm{d}\xi^i\,\hat{\boldsymbol{e}}_i$, 物质体微元 $\mathrm{d}\tau_0$ 运动到 $\mathrm{d}\tau = \mathrm{d}\sigma\,\hat{n}_i\,\mathrm{d}\xi^i$. 根据质量守恒定律, $\rho_0\,\mathrm{d}\tau_0 = \rho\,\mathrm{d}\tau$, 即 $\rho_0\,\mathrm{d}\sigma_0\,n_{0i}\,\mathrm{d}\xi^i = \rho\,\mathrm{d}\sigma\,\hat{n}_i\,\mathrm{d}\xi^i$, 而 $\mathrm{d}\xi^i$ 是任意的, 所以

$$\rho_0\,\mathrm{d}\sigma_0\,n_{0i} = \rho\,\mathrm{d}\sigma\,\hat{n}_i,$$

于是

$$\pi^{ij}\mathring{\boldsymbol{e}}_i = \frac{\rho_0}{\rho}\hat{p}^{kj}\hat{\boldsymbol{e}}_k.$$

又因为

$$\hat{e}_k = \mathring{e}_k + \frac{\partial \boldsymbol{w}}{\partial \xi^k} = (\delta_k^i + \mathring{\nabla}_k \mathring{w}^i)\mathring{e}_i,$$

所以

$$\pi^{ij} = \frac{\rho_0}{\rho}\hat{p}^{kj}(\delta_k^i + \mathring{\nabla}_k \mathring{w}^i). \tag{2.14}$$

在这里所考虑的初始拉格朗日坐标系中还可以给出 π^{ij} 与应力张量的分量 $\mathring{p}^{ij}$ 之间的关系, 该分量是根据以下等式引入的:

$$\boldsymbol{P} = \hat{p}^{ij}\hat{e}_i\hat{e}_j = \mathring{p}^{kl}\mathring{e}_k\mathring{e}_l.$$

因为 $\hat{e}_i = (\delta_i^k + \mathring{\nabla}_i \mathring{w}^k)\mathring{e}_k$, 所以

$$\mathring{p}^{kl} = \hat{p}^{ij}(\delta_i^k + \mathring{\nabla}_i \mathring{w}^k)(\delta_j^l + \mathring{\nabla}_j \mathring{w}^l).$$

现在从公式 (2.14) 容易得到

$$\mathring{p}^{kl} = \frac{\rho}{\rho_0}\pi^{ki}(\delta_i^l + \mathring{\nabla}_i \mathring{w}^l).$$

从公式 (2.14) 可以看出, 皮奥拉张量不是对称张量. 此外, 弹性体的 π^{ij} 对位移的关系不是像 $\hat{p}^{ij}$ 那样仅仅通过应变张量表现出来, π^{ij} 还依赖于 $\mathring{\nabla}_i \mathring{w}^k$, 换言之, π^{ij} 还依赖于弹性体像刚体那样的转动[1]. 在相对位移很小时, 皮奥拉张量与应力张量相同.

现在可以把状态方程 (2.9) 写为以下形式:

$$\pi^{ij} = \rho_0 \left(\frac{\partial U}{\partial \hat{\varepsilon}_{kj}}\right)_{s,\,\chi_k}(\delta_k^i + \mathring{\nabla}_k \mathring{w}^i) = \rho_0 \left(\frac{\partial F}{\partial \hat{\varepsilon}_{kj}}\right)_{T,\,\chi_k}(\delta_k^i + \mathring{\nabla}_k \mathring{w}^i).$$

直接计算就容易证明

$$\frac{\partial U}{\partial \hat{\varepsilon}_{kj}}(\delta_k^i + \mathring{\nabla}_k \mathring{w}^i) = \frac{\partial U}{\partial \mathring{\nabla}_j \mathring{w}_i},$$

这时只要使用公式

$$\hat{\varepsilon}_{ij} = \frac{1}{2}(\mathring{\nabla}_i \mathring{w}_j + \mathring{\nabla}_j \mathring{w}_i + \mathring{\nabla}_i \mathring{w}^k \mathring{\nabla}_j \mathring{w}_k)$$

和条件 $\partial U/\partial \hat{\varepsilon}_{ij} = \partial U/\partial \hat{\varepsilon}_{ji}$ 即可. 于是, 状态方程 (2.9) 的形式现在可以写为

$$\pi^{ij} = \rho_0 \left(\frac{\partial U}{\partial \mathring{\nabla}_j \mathring{w}_i}\right)_{s,\,\chi_k} = \left(\frac{\partial \rho_0 U}{\partial \mathring{\nabla}_j \mathring{w}_i}\right)_{s,\,\chi_k} = \left(\frac{\partial \rho_0 F}{\partial \mathring{\nabla}_j \mathring{w}_i}\right)_{T,\,\chi_k}. \tag{2.15}$$

---

[1] 见第一卷第 64, 65 页. ——译注

可以把量 ρ_0 放在微分运算符之后, 因为 ρ_0 与 $\overset{\circ}{\nabla}_j \overset{\circ}{w}_i$ 无关. 函数 $\rho_0 U$ 和 $\rho_0 F$ 分别是单位初始体积的内能和自由能.

于是, 非线性弹性力学方程组在初始拉格朗日坐标系下可以写为以下形式 (这里省略了表示初始拉格朗日坐标系下的分量的符号。):

$$\frac{\partial^2 w^i}{\partial t^2} = F^i + \frac{1}{\rho_0} \nabla_j \pi^{ij}, \quad \frac{\mathrm{d}q^{(\mathrm{e})}}{\mathrm{d}t} = -T \frac{\partial}{\partial t} \left(\frac{\partial F}{\partial T} \right)_{\varepsilon_{ij},\, \chi_k},$$

$$\pi^{ij} = \left(\frac{\partial \rho_0 F}{\partial \nabla_j w_i} \right)_{T,\, \chi_k}, \quad \left(\frac{\partial F}{\partial \chi_k} \right)_{\varepsilon_{ij},\, T} = 0.$$

函数 $F(\overset{\circ}{g}_{ij},\ \overset{\circ}{\nabla}_j \overset{\circ}{w}_i,\ T,\ \chi_k)$ 应当是给定的, 此外还应当给出热流密度 $\mathrm{d}q^{(\mathrm{e})}$ 和质量力 $\boldsymbol{F}$ (或者用来计算 $\mathrm{d}q^{(\mathrm{e})}$ 和 $\boldsymbol{F}$ 的定律). 这个方程组不包括密度 ρ, 熵 s 和真正的应力张量 $\hat{p}^{ij}$. 如有必要, 可以根据公式 (2.3), (2.9) 和 (2.14) 来计算这些量.

欧拉变量下的非线性弹性力学方程组　　我们再写出欧拉变量 x^i, t 下的非线性弹性力学方程组. 连续性方程、运动方程和能量方程具有通常的形式:

$$\frac{\mathrm{d}\rho}{\mathrm{d}t} + \rho \operatorname{div} \boldsymbol{v} = 0,$$

$$\rho \frac{\mathrm{d}\boldsymbol{v}}{\mathrm{d}t} = \rho \boldsymbol{F} + \nabla_j p^{ij} \boldsymbol{e}_i,$$

$$\frac{\mathrm{d}q^{(\mathrm{e})}}{\mathrm{d}t} = -T \frac{\mathrm{d}}{\mathrm{d}t} \left(\frac{\partial F}{\partial T} \right)_{\varepsilon_{ij},\, \chi_k}.$$

如果量 $\boldsymbol{F}$, $\mathrm{d}q^{(\mathrm{e})}/\mathrm{d}t$ 和函数 $F(\varepsilon_{ij},\ T,\ \chi_k,\ k^B)$ 已经给定, 则为了获得封闭方程组, 可以补充状态方程以及速度 $\boldsymbol{v}$ 与应变张量 ε_{ij} 之间的关系式.

例如, 可以用以下方法得到这些方程. 在拉格朗日坐标 ξ^i 保持不变时取关系式

$$\hat{\varepsilon}_{ij} = \varepsilon_{kl} \frac{\partial x^k}{\partial \xi^i} \frac{\partial x^l}{\partial \xi^j}$$

对时间的导数, 得

$$\hat{e}_{ij} = \frac{\mathrm{d}\hat{\varepsilon}_{ij}}{\mathrm{d}t} = \frac{\mathrm{d}\varepsilon_{kl}}{\mathrm{d}t} \frac{\partial x^k}{\partial \xi^i} \frac{\partial x^l}{\partial \xi^j} + \varepsilon_{kl} \frac{\partial v^k}{\partial \xi^i} \frac{\partial x^l}{\partial \xi^j} + \varepsilon_{kl} \frac{\partial x^k}{\partial \xi^i} \frac{\partial v^l}{\partial \xi^j},$$

或者, 因为

$$e_{mn} = \hat{e}_{ij} \frac{\partial \xi^i}{\partial x^m} \frac{\partial \xi^j}{\partial x^n},$$

所以 [1]

$$e_{mn} = \frac{\mathrm{d}\varepsilon_{mn}}{\mathrm{d}t} + \varepsilon_{kn} \frac{\partial v^k}{\partial x^m} + \varepsilon_{ml} \frac{\partial v^l}{\partial x^n},$$

---

[1] 这里对原文略作改写 (参考了原书第四版), 以便解释张量分量的全导数 (物质导数) 的不同定义 (2.17), (2.18) 对最后结果的影响. ——译注

即

$$\frac{\mathrm{d}\varepsilon_{mn}}{\mathrm{d}t} = \frac{1}{2}(\nabla_m v_n + \nabla_n v_m) - \varepsilon_{kn}\frac{\partial v^k}{\partial x^m} - \varepsilon_{ml}\frac{\partial v^l}{\partial x^n}, \tag{2.16}$$

式中

$$\frac{\mathrm{d}\varepsilon_{mn}}{\mathrm{d}t} = \frac{\partial \varepsilon_{mn}}{\partial t} + v^i \frac{\partial \varepsilon_{mn}}{\partial x^i}. \tag{2.17}$$

如果定义

$$\frac{\mathrm{d}\varepsilon_{mn}}{\mathrm{d}t} = \frac{\partial \varepsilon_{mn}}{\partial t} + v^i \nabla_i \varepsilon_{mn}, \tag{2.18}$$

就可以把方程 (2.16) 写为以下形式:

$$\frac{\mathrm{d}\varepsilon_{mn}}{\mathrm{d}t} = \frac{1}{2}(\nabla_m v_n + \nabla_n v_m) - \varepsilon_{kn}\nabla_m v^k - \varepsilon_{ml}\nabla_n v^l. \tag{2.19}$$

这些方程把应变张量的变化与速度场联系起来. 为了得到欧拉变量下的封闭方程组, 这些方程是必须的.

我们来考虑这样的问题: 在使用欧拉变量表示应变张量、应力张量等量的分量时, 状态方程 (2.9) 具有什么样的形式? 为了得到这些方程, 作为一个例子, 可以采用以下方法[1]. 首先, 设函数 $F(g_{ij}, \varepsilon_{ij}, T, \chi_k, k^B)$ 是已知的, 其中 $g_{ij}, \varepsilon_{ij}, \chi_k, k^B$ 是度规张量、应变张量等量在欧拉坐标系中的分量, 然后从欧拉坐标系转换到当前的拉格朗日坐标系. 因为 F 是不变的张量函数, 所以尽管所有张量自变量的分量在坐标变换时发生变化, 例如 g_{ij} 变换为 $\hat{g}_{ij}$, ε_{ij} 变换为 $\hat{\varepsilon}_{ij}$, 但函数 F 的形式这时保持不变,

$$F(g_{ij}, \varepsilon_{ij}, T, \chi_k, k^B) = F(\hat{g}_{ij}, \hat{\varepsilon}_{ij}, T, \hat{\chi}_k, \hat{k}^B).$$

接下来我们注意到, 公式 (2.9) 是在考虑到 $\hat{g}_{ij}$ 本身与 ε_{ij} 有关的情况下得到的, 这时 $\hat{g}_{ij} = \mathring{g}_{ij} + 2\varepsilon_{ij}$. 把 $\hat{g}_{ij}$ 的这个表达式代入函数 F, 得 $F = F_1(\mathring{g}_{ij}, \hat{\varepsilon}_{ij}, T, \hat{\chi}_k, \hat{k}^B)$ (见 (2.2)), 并且

$$\frac{\hat{p}^{ij}}{\rho} = \left(\frac{\partial F_1}{\partial \hat{\varepsilon}_{ij}}\right)_{\mathring{g}_{ij}, T, \hat{\chi}_k, \hat{k}^B}.$$

我们来考虑函数 F_1. 如果认为这个函数的所有张量自变量都是张量在当前拉格朗日坐标系下的分量, 例如, 如果认为 $\mathring{g}_{ij}$ 是张量 $\mathring{g}_{ij}\hat{e}^i\hat{e}^j$ (这已经不是度规张量!) 的分量, 那么, 只要按照一定规则对这些分量进行变换, 就可以转换到欧拉坐标系. 这时, 函数 F_1 的形式保持不变:

$$F_1(\mathring{g}_{ij}, \hat{\varepsilon}_{ij}, T, \hat{\chi}_k, \hat{k}^B) = F_1(\mathring{g}'_{ij}, \varepsilon_{ij}, T, \chi_k, k^B),$$

[1] 关于这个问题的细节以及弹性力学中关于有限变形的其他一些公式, 参见: Седов Л. И. Введение в механику сплошной среды. Москва: Физматгиз, 1962 (Sedov L. I. Introduction to the Mechanics of a Continuous Medium. London: Addison-Wesley, 1965). 第三章.

所以在欧拉坐标系下有[1)]

$$\frac{p^{ij}}{\rho} = \left(\frac{\partial F_1}{\partial \varepsilon_{ij}}\right)_{\mathring{g}'_{ij},\ T,\ \chi_k,\ k^B}.$$ (2.20)

这里 $\mathring{g}'_{ij}$ 表示张量 $\mathring{g}_{ij}\hat{e}^i\hat{e}^j$ 在欧拉坐标系下的分量.

显然, 方程 $(\partial F/\partial\chi^k)_{\varepsilon_{ij},\ T,\ k^B} = 0$ 在使用欧拉坐标系时仍然保持不变. 自由能的自变量这时包括 $\mathring{g}'_{ij}$, 不过它们可以通过 ε_{ij} 表示出来:

$$\mathring{g}'_{ij} = g_{ij} - 2\varepsilon_{ij}.$$

此外, 根据定义, 张量的分量 k^B 在拉格朗日坐标系中是常量, 但是这些分量在欧拉坐标系中将是变量, 应当对它们写出附加的方程. 写出这些方程的方法类似于推导方程 (2.19) 时所使用的方法. 例如, 如果参量 k^B 是矢量 $\boldsymbol{a} = \hat{a}^i\hat{e}_i$ 的分量, 并且 $\hat{a}^i = \text{const}$, 就可以使用以下方法获得描述欧拉坐标系下的分量 a^k 的变化的方程. 为此, 我们在拉格朗日坐标保持不变的条件下计算公式

$$a^k = \hat{a}^i\frac{\partial x^k}{\partial\xi^i}$$

对时间的导数, 有[2)]

$$\frac{\mathrm{d}a^k}{\mathrm{d}t} = \frac{\mathrm{d}\hat{a}^i}{\mathrm{d}t}\frac{\partial x^k}{\partial\xi^i} + \hat{a}^i\frac{\partial v^k}{\partial\xi^i} = \hat{a}^i\frac{\partial v^k}{\partial\xi^i},$$

因为 $\mathrm{d}\hat{a}^i/\mathrm{d}t = 0$. 再利用公式

$$\hat{a}^i = a^l\frac{\partial\xi^i}{\partial x^l},$$

就得到所要的方程

$$\frac{\mathrm{d}a^k}{\mathrm{d}t} = a^l\frac{\partial v^k}{\partial x^l}.$$

[1)] 在文献中还有一些公式给出欧拉坐标系下的应力张量的分量与能量对应变张量各分量的导数之间的关系, 但是其形式不同于公式 (2.20). 例如, 对于各向同性弹性体, 有时使用被称为默纳汉公式的关系式

$$\frac{p^{ij}}{\rho} = (\delta_k^j - 2\varepsilon_k^j)\frac{\partial F}{\partial\varepsilon_{ik}},$$ (∗)

其中, 函数 F 的自变量是 $g_{ij},\ \varepsilon_{ij},\ T$, 而不是 $\mathring{g}'_{ij},\ \varepsilon_{ij},\ T$. 只要直接使用方程

$$\mathrm{d}F = \frac{p^{ij}}{\rho}e_{ij}\,\mathrm{d}t - s\,\mathrm{d}T$$

和 $\mathrm{d}\varepsilon_{ij}$ 与 e_{ij} 之间的关系式 (2.19), 就不难得到公式 (∗).

公式 (∗) 能够被推广到某些可逆过程, 这时函数 F 的自变量是观察者坐标系中的 $g_{ij},\ \varepsilon_{ij},\ T$, $\chi^k,\ k^C$, 其中 χ^k 是可变的内部参量, k^C 是已知函数. 自变量仅仅限于这些量, 这就保证了张量分量 p^{ij} 的对称性.

从上述状态方程理论可知, 相应公式的形式在很大程度上既依赖于所用参考系, 也依赖于热力学函数的自变量.

[2)] 物质导数的定义类似于 (2.17). ——译注

应力张量的势函数　我们再给出以下说明. 在无穷小变形理论中, 状态方程 (2.9) 和 (2.20) 在精确到相差高阶小量时可以写为以下形式:

$$\hat{p}^{ij} = \rho_0 \frac{\partial F}{\partial \hat{\varepsilon}_{ij}} = \frac{\partial \rho_0 F}{\partial \hat{\varepsilon}_{ij}} = \frac{\partial \Phi}{\partial \hat{\varepsilon}_{ij}}, \quad p^{ij} = \frac{\partial \Phi}{\partial \varepsilon_{ij}},$$

式中 ρ_0 是初始密度 (与变形无关), $\Phi = \rho_0 F$ 是体积自由能. 因此, 应力张量在小变形的情况下具有势函数, 换言之, 其分量可以表示为函数 Φ 对 ε_{ij} 的偏导数. 在考虑有限变形时, 应力张量的分量 p^{ij} 在精确的提法下没有势函数.

我们指出, 从公式 (2.15) 可见, 皮奥拉名义应力张量的分量不仅在小变形的情况下具有势函数, 它们在有限变形和转动的情况下也具有势函数.

理想流体是一种非线性弹性体　考虑一种可以被称为非线性弹性体的介质, 我们已经在第八章中详细研究过这种介质. 设自由能只依赖于温度和密度,

$$F = F(T, \rho). \tag{2.21}$$

关系式 (2.21) 是 (2.2) 的特例. 其实, 根据 (2.3) 有

$$\rho = \frac{\rho_0 \sqrt{\mathring{g}}}{\sqrt{\hat{g}}}, \tag{2.22}$$

式中 $\mathring{g} = \det(\mathring{g}_{ij})$, $\hat{g} = \det(\hat{g}_{ij}) = \det(2\hat{\varepsilon}_{ij} + \mathring{g}_{ij})$, $\rho_0(\xi^1, \xi^2, \xi^3)$ 是初始密度, 它是 ξ^i 的已知函数. 因此, 密度 ρ 可以通过 $\mathring{g}_{ij}$ 和 $\hat{\varepsilon}_{ij}$ 表示出来, 这种介质的自由能从而依赖于温度和应变张量的分量, 只不过这种依赖关系具有特别的形式 (应变张量的分量出现在该关系式中的形式只与密度 ρ 有关[1]).

不难计算偏导数 $\partial\rho/\partial\hat{\varepsilon}_{ij}$. 直接对 (2.22) 进行微分, 得

$$\frac{\partial \rho}{\partial \hat{\varepsilon}_{ij}} = 2 \frac{\partial \rho}{\partial \hat{g}_{ij}} = -\frac{\rho}{\det(\hat{g}_{ij})} \frac{\partial \det(\hat{g}_{ij})}{\partial \hat{g}_{ij}} = -\rho \hat{g}^{ij}.$$

或者采用另一种方法, 根据欧拉形式的连续性方程

$$\mathrm{d}\rho = -\rho \operatorname{div} \boldsymbol{v} \, \mathrm{d}t = -\rho \hat{g}^{ij} \hat{e}_{ij} \, \mathrm{d}t = -\rho \hat{g}^{ij} \, \mathrm{d}\hat{\varepsilon}_{ij},$$

我们又得到同样的公式:

$$\frac{\partial \rho}{\partial \hat{\varepsilon}_{ij}} = -\rho \hat{g}^{ij}.$$

所以, 关系式 (2.9) 对于所研究的介质具有以下形式:

$$\hat{p}^{ij} = -\rho^2 \frac{\partial F}{\partial \rho} \hat{g}^{ij},$$

---

[1] 这里可以选取具有给定初始密度分布的任何状态作为初始状态. 这时, 初始状态的特征量只有通过初始密度才能体现出来. 在初始状态下, 内应力一般可以不等于零. 对于弹性"固体", 经常可以认为在初始状态下 $p^{ij} = 0$.

或

$$p^{ij} = -\rho^2 \frac{\partial F}{\partial \rho} g^{ij}.$$

因此, 该介质的应力张量是球张量. 把量 $\rho^2 \partial F / \partial \rho$ 记为 p,

$$p = \rho^2 \frac{\partial F}{\partial \rho} = p(\rho,\ T),$$

则

$$p^{ij} = -p g^{ij}.$$

所研究的介质是理想流体, p 是压强. 我们看到, 理想流体运动理论是有限变形非线性弹性理论的特例, 只不过这个特例确实很特别.

各向同性和各向异性弹性体　　因为 U 和 F 是标量函数, 所以它们对张量分量的函数关系只能通过对张量不变量的依赖关系表现出来. 如果所有参量 χ_k 都是标量, 这样的弹性体就称为各向同性的. 在各向同性弹性体中, 自由能 F 其实并不依赖于 6 个变量 $\varepsilon_{ij} = \mathring{\varepsilon}_{ij} = \hat{\varepsilon}_{ij}$, 而仅仅依赖于从分量 $\mathring{g}^{ij}$ 和 ε_{ij} 组成的 3 个独立不变量, 例如

$$\begin{aligned}
\mathring{I}_1 &= \mathring{g}^{ij} \varepsilon_{ij}, \\
\mathring{I}_2 &= \mathring{g}^{ik} \mathring{g}^{jl} \varepsilon_{il} \varepsilon_{jk}, \\
\mathring{I}_3 &= \mathring{g}^{im} \mathring{g}^{jl} \mathring{g}^{kn} \varepsilon_{jm} \varepsilon_{in} \varepsilon_{kl}.
\end{aligned} \tag{2.23}$$

如果弹性体的自由能不仅依赖 T 和 ε_{ij}, 还依赖于 χ_k, 并且 χ_k 包括矢量或张量的分量, 这样的弹性体就是各向异性的. 在各向异性弹性体中, 自由能对 ε_{ij} 的依赖关系并非仅仅通过不变量 (2.23) 表现出来, 还通过由应变张量和函数 F 的其他一些张量自变量联合组成的一些不变量表现出来. 例如, 如果一种介质的性质取决于某个矢量 b (如取向介质[1] 这种类型的介质), 在 F 的自变量中就会出现诸如 $\varepsilon_{ij} b^i b^j$ 的不变量.

在本节最后, 我们再来从一般观点研究满足胡克定律的线性弹性体模型. 第一卷第四章曾经讨论过这个模型.

弹性体的体积自由能在相对位移和温度变化都很小时的表达式　　假设弹性体应变张量的分量 ε_{ij} 和相对位移都很小, 度规张量 $\mathring{g}_{ij}$ 所对应的初始状态能够真正实现 (见 §1), 换言之, 从度规张量 $\mathring{g}_{ij}$ 所对应的状态到当前变形状态的位移是存在的. 此外, 设拉格朗日坐标系 ξ^i 在初始状态下与参考系相同. 于是, 介质的物质点在变形状态下的坐标 x^i 可以表示为以下形式:

$$x^i = \xi^i + \Delta^i(\xi^k,\ t),$$

---

[1] 见第一卷附录一. ——译注

并且 Δ^i 和 $\partial\Delta^i/\partial\xi^k$ 很小 (相对位移很小). 这时, 所有张量在拉格朗日坐标系下的分量与它们在参考系下的分量之差与分量本身的数值相比是高阶小量. 有鉴于此, 下面将省略张量分量上的符号 $\widehat{}$.

对于小变形, 使用体积自由能 $\Phi = \rho_0 F$ 比使用 F 更加方便, 这时状态方程的形式为

$$p^{ij} = \frac{\partial\Phi}{\partial\varepsilon_{ij}}, \quad s = -\frac{1}{\rho_0}\frac{\partial\Phi}{\partial T}. \tag{2.24}$$

我们认为 $\varepsilon_{ij} \ll 1$, $T = T_0 + \Delta T$, $\Delta T \ll T_0$, 并把函数 Φ 展开为级数:

$$\Phi = \Phi_0 + \left(\frac{\partial\Phi}{\partial\varepsilon_{ij}}\right)_0\varepsilon_{ij} + \left(\frac{\partial\Phi}{\partial T}\right)_0(T - T_0) + \frac{1}{2}\left(\frac{\partial^2\Phi}{\partial\varepsilon_{ij}\partial\varepsilon_{kl}}\right)_0\varepsilon_{ij}\varepsilon_{kl}$$

$$+ \left(\frac{\partial^2\Phi}{\partial\varepsilon_{ij}\partial T}\right)_0\varepsilon_{ij}(T - T_0) + \frac{1}{2}\left(\frac{\partial^2\Phi}{\partial T^2}\right)_0(T - T_0)^2 + \text{高阶小量}. \tag{2.25}$$

如果初始状态下的应力张量为零, 即在 $\varepsilon_{ij} = 0$, $T = T_0$ 时 $p^{ij} = 0$, 则

$$\left(\frac{\partial\Phi}{\partial\varepsilon_{ij}}\right)_0 = 0.$$

此外,

$$\left(\frac{\partial\Phi}{\partial T}\right)_0 = -\rho_0 s_0,$$

式中 s_0 是初始状态下的熵[1].

现在, 我们用 A^{ijkl} 表示常量 $(\partial^2\Phi/\partial\varepsilon_{ij}\partial\varepsilon_{kl})_0$, 用 B^{ij} 表示常量 $(\partial^2\Phi/\partial\varepsilon_{ij}\partial T)_0$, 用 c 表示常量 $-(\partial^2\Phi/\partial T^2)_0$. 在弹性体的变形和温度变化都很小的情况下, 在 (2.25) 中只保留到二阶小量, 就得到体积自由能的以下表达式:

$$\Phi = \Phi_0 + \frac{1}{2}A^{ijkl}\varepsilon_{ij}\varepsilon_{kl} + B^{ij}\varepsilon_{ij}(T - T_0) - \frac{c}{2}(T - T_0)^2 - \rho_0 s_0(T - T_0). \tag{2.26}$$

在 ε_{ij} 和 ΔT 都很小的前提下, 为了给出具体的热弹性体模型, 应当给出常量 A^{ijkl}, B^{ij} 和 c 的数值. 从 A^{ijkl} 的定义可以看出, 这些量关于 i, j 对称, 关于 k, l 对称; 此外, 这些量在把 i, j 与 k, l 互换后也保持不变. 所以, 互不相同的 A^{ijkl} 的数目不可能大于 21. 量 B^{ij} 也关于 i, j 对称, 互不相同的 B^{ij} 的最大数目等于 6. 因此, 在线性热弹性理论中, 表征任意各向异性热弹性体的常量 A^{ijkl}, B^{ij}, c 共计 28 个.

在各向同性的情况下, 为了得到更具体的自由能表达式, 可以利用函数 Φ 的一个性质: 该函数其实只能依赖于应变张量的不变量. 所以, 对于各向同性弹性体, 只要对相应系数引入合适的记号, 就可以把公式 (2.26) 表示为以下形式:

$$\Phi = \frac{1}{2}\lambda I_1^2 + \mu I_2 - (3\lambda + 2\mu)\alpha I_1(T - T_0) - f(T), \tag{2.27}$$

式中 $I_2 = \varepsilon_{ij}\varepsilon^{ij}$.

---

[1] s_0 的值决定了熵的表达式中的可加常量.

考虑热应力的胡克定律　　根据 (2.24), 我们可以把前面在第一卷第四章中提出的胡克定律推广到考虑热应力和变形的情况, 即

$$p_{ij} = \lambda I_1 g_{ij} + 2\mu\varepsilon_{ij} - (3\lambda + 2\mu)\alpha(T - T_0)g_{ij}, \tag{2.28}$$

并且

$$s = \frac{1}{\rho_0}(3\lambda + 2\mu)\alpha I_1 + \frac{1}{\rho_0}f'(T).$$

λ 和 μ 是拉梅系数[1].

杨氏模量和泊松比　　在实际应用和理论分析中, 经常用杨氏模量 E 和泊松比 σ 来代替拉梅系数 λ 和 μ, 相应公式为:

$$E = \frac{\mu(3\lambda + 2\mu)}{\lambda + \mu}, \quad \sigma = \frac{\lambda}{2(\lambda + \mu)}.$$

从表示胡克定律的公式 (2.28) 容易求出应变张量的分量 ε_{ij}:

$$\varepsilon_{ij} = \frac{1}{E}[(1 + \sigma)p_{ij} - \sigma\mathscr{P}g_{ij}] + \alpha(T - T_0)g_{ij}, \tag{2.29}$$

式中 $\mathscr{P} = p^{ij}g_{ij} = p^i_{\cdot i}$ 是应力张量的第一不变量.

线膨胀系数　　如果应力为零, $p^{ij} = 0$, 则温度的变化仍然能够引起变形. 这时, 应变张量是球张量, 在笛卡儿坐标系中有

$$\varepsilon_{11} = \varepsilon_{22} = \varepsilon_{33} = \alpha(T - T_0), \quad \varepsilon_{ij} = 0 \ (i \neq j).$$

因此, 胡克定律表达式中的系数 α 是所研究介质的线膨胀系数.

利用 (2.13) 容易看出, 线性热弹性体的体积自由能公式 (2.26) 中的系数 c 与同样变形下的热容有关.

§3. 弹性杆单轴拉伸问题

设一根直杆[2] 由满足胡克定律的各向同性弹性材料制成, 它在给定的质量力或面力作用下沿 x 轴发生微小的伸缩, 我们来研究直杆的这种小变形问题.

平衡问题的基本假设和边界条件　　首先研究矩形截面杆在两端受到面力作用时的平衡问题 (图 107). 问题的提法包括下述假设.

(1) 不计质量力 (例如重力).

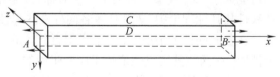

图 107. 杆的简单拉伸

---

[1] 系数 μ 又称为剪切模量. ——译注

[2] 杆是本章的主要研究对象, 梁、轴、管等都是杆的特例. 凡是在一个方向上的尺寸远大于另外两个方向上的尺寸的弹性体, 都可以称为杆. 以弯曲为主要变形的杆经常称为梁, 受到扭转的等圆截面直杆经常称为轴. ——译注

(2) 杆的温度 T_0 处处相同并保持不变, 于是在杆不发生变形时没有热应力.

(3) 杆的侧面 C 和 D 以及与它们相对的侧面 C_1 和 D_1 不受载荷 (其实, 如果杆位于大气环境中, 则其侧面受到大气压的作用). 因此, 我们认为在侧面上

$$\boldsymbol{p}_n = 0. \tag{3.1}$$

这表明 (坐标轴如图 107 所示)

$$\begin{aligned} \text{在侧面 } C \text{ 和 } C_1 \text{ 上} \quad & p^{21} = p^{22} = p^{23} = 0, \\ \text{在侧面 } D \text{ 和 } D_1 \text{ 上} \quad & p^{31} = p^{32} = p^{33} = 0, \end{aligned} \tag{3.2}$$

(4) 杆的每一端 (A 和 B) 所受到的外面力的合力具有相同的大小[1], 因为杆处于平衡状态. 我们用 $\mathcal{F}$ 表示这些合力的大小. 假设 A, B 两端的面力分布如下:

$$\begin{aligned} \text{在端面 } B \text{ 上} \quad & \boldsymbol{p}_n = p^{11}(B)\,\boldsymbol{i}, \quad p^{12} = p^{13} = 0, \\ \text{在端面 } A \text{ 上} \quad & \boldsymbol{p}_n = -p^{11}(A)\,\boldsymbol{i}, \quad p^{12} = p^{13} = 0, \end{aligned} \tag{3.3}$$

并且

$$p^{11}(B) = p^{11}(A) = \frac{\mathcal{F}}{S} = \text{const},$$

式中 S 是杆的横截面面积.

根据上述讨论, 我们认为 $\mathcal{F} = 0$ 和 $T = T_0$ 对应着杆的内部既无内应力也无变形的状态. 如果把这个状态当做初始状态, 则 $\overset{*}{\varepsilon}_{ij} = 0$. 需要计算在拉伸力 ($\mathcal{F} > 0$) 和压缩力 ($\mathcal{F} < 0$) 的作用下在杆的内部出现的应力、变形和位移.

在求解这个问题之前, 我们对位移的计算问题进行以下说明, 该说明具有普遍性. 显然, 在这个问题以及关于弹性体在各种力的作用下保持平衡的大多数其他问题中, 位移只能确定到相差该弹性体的任意刚体运动所对应的位移 (与此相关的概念是力学定律相对于空间中的位置和方向的不变性——欧几里得空间是均匀的和各向同性的). 必须提出一些附加条件来消除计算位移时出现的这种任意性, 我们将在下面解决这个问题.

使平衡方程的解满足边界条件　动量方程在上述条件下归结为应力张量的 6 个分量所应满足的 3 个平衡方程:

$$\nabla_j p^{ij} = 0. \tag{3.4}$$

该方程的解描述梁内部的应力分布. 容易看出, 要想使平衡方程 (3.4) 的解满足边界条件 (3.2) 和 (3.3), 应取

$$p^{11} = \frac{\mathcal{F}}{S}, \quad p^{12} = p^{13} = p^{22} = p^{23} = p^{33} = 0. \tag{3.5}$$

我们指出, 如果直杆的截面形状是任意的, 则平衡方程的解 (3.5) 对类似问题仍然适用, 只要杆的伸缩是由分布于端面 A 和 B 的力 (3.3) 引起的; 这时, 侧面 S_{lat} 上

---

[1] 此外还要求相应合力矩为零. ——译注

的应力为零 (在 S_{lat} 上 $\boldsymbol{p}_n = 0$). 为了证明这一结论, 只要证明解 (3.5) 满足这样的杆的侧面上的边界条件即可. 根据条件, 在 S_{lat} 上有

$$\boldsymbol{p}_n = \boldsymbol{p}^1 \cos(\boldsymbol{n},\ x) + \boldsymbol{p}^2 \cos(\boldsymbol{n},\ y) + \boldsymbol{p}^3 \cos(\boldsymbol{n},\ z),$$

但是按照 x 轴的引入方法, 在直杆侧面上 $\cos(\boldsymbol{n},\ x) = 0$, 所以解 (3.5) 确实满足任何直杆侧面 S_{lat} 上的边界条件.

应变张量的计算　为了根据已知的应力张量计算杆内部的应变张量, 使用形如 (2.29) 的胡克定律比较方便. 在 $T = T_0$ 时, 我们有

$$\varepsilon_{ij} = \frac{1}{E}[(1+\sigma)p_{ij} - \sigma \mathscr{P} g_{ij}],$$

式中 $\mathscr{P}$ 是应力张量的第一不变量. 把应力张量分量的值 (3.5) 代入其中, 容易得到

$$\varepsilon_{11} = \frac{\mathscr{F}}{ES}, \quad \varepsilon_{22} = \varepsilon_{33} = -\frac{\sigma \mathscr{F}}{ES}, \quad \varepsilon_{12} = \varepsilon_{13} = \varepsilon_{23} = 0. \tag{3.6}$$

应变张量的分量满足协调方程　为了计算位移矢量的分量 $w_1,\ w_2,\ w_3$, 需要求解以下偏微分方程组:

$$\varepsilon_{11} = \frac{\partial w_1}{\partial x} = \frac{\mathscr{F}}{ES}, \quad \varepsilon_{22} = \frac{\partial w_2}{\partial y} = -\frac{\sigma \mathscr{F}}{ES}, \quad \varepsilon_{33} = \frac{\partial w_3}{\partial z} = -\frac{\sigma \mathscr{F}}{ES}; \tag{3.7}$$

$$2\varepsilon_{12} = \frac{\partial w_1}{\partial y} + \frac{\partial w_2}{\partial x} = 0,$$

$$2\varepsilon_{13} = \frac{\partial w_1}{\partial z} + \frac{\partial w_3}{\partial x} = 0, \tag{3.8}$$

$$2\varepsilon_{23} = \frac{\partial w_2}{\partial z} + \frac{\partial w_3}{\partial y} = 0.$$

在小变形假设下对有限变形的相应方程进行线性化, 即可得到这 6 个偏微分方程.

偏微分方程组 (3.7), (3.8) 是相容的, 因为前面计算出的应变张量分量 (3.6) 满足协调方程. 其实, 在所研究的无穷小变形的情况下, 协调方程在笛卡儿坐标系下只包含应变张量分量的二阶偏导数, 其形式为 (见第一卷第 63 页)

$$R_{ik\lambda\mu} = \frac{\partial^2 \varepsilon_{i\mu}}{\partial x^k \partial x^\lambda} - \frac{\partial^2 \varepsilon_{i\lambda}}{\partial x^k \partial x^\mu} + \frac{\partial^2 \varepsilon_{k\lambda}}{\partial x^i \partial x^\mu} - \frac{\partial^2 \varepsilon_{k\mu}}{\partial x^i \partial x^\lambda} = 0. \tag{3.9}$$

因为应变张量的分量 (3.6) 是常量, 所以方程 (3.9) 自动成立. 显然, 协调方程 (3.9) 在应变张量的分量是笛卡儿坐标的线性函数时也总是成立.

在一般情况下根据已知的应变张量计算位移的相关说明　用来计算位移的偏微分方程 (3.7), (3.8) 是线性方程. 显然, ε_{ij} 的给定值所对应的解只能精确到相差一个这样的函数, 它满足方程

$$\frac{\partial w_1}{\partial x} = \frac{\partial w_2}{\partial y} = \frac{\partial w_3}{\partial z} = 0,$$

$$\frac{\partial w_1}{\partial y} + \frac{\partial w_2}{\partial x} = \frac{\partial w_2}{\partial z} + \frac{\partial w_3}{\partial y} = \frac{\partial w_1}{\partial z} + \frac{\partial w_3}{\partial x} = 0. \tag{3.10}$$

我们来寻找方程 (3.10) 的通解. 从 (3.10) 中的第一组方程可知

$$w_1 = \varphi_1(y, z), \quad w_2 = \varphi_2(x, z), \quad w_3 = \varphi_3(x, y), \tag{3.11}$$

式中 φ_1, φ_2, φ_3 是所列自变量的任意函数. 为了求出这些函数, 从 (3.10) 中的第二组方程可得

$$\frac{\partial \varphi_1(y, z)}{\partial y} + \frac{\partial \varphi_2(x, z)}{\partial x} = 0,$$

$$\frac{\partial \varphi_1(y, z)}{\partial z} + \frac{\partial \varphi_3(x, y)}{\partial x} = 0, \tag{3.12}$$

$$\frac{\partial \varphi_2(x, z)}{\partial z} + \frac{\partial \varphi_3(x, y)}{\partial y} = 0,$$

从 (3.11) 和 (3.12) 可得

$$\frac{\partial \varphi_1}{\partial y} = -\frac{\partial \varphi_2}{\partial x} = \alpha(z), \quad \frac{\partial \varphi_1}{\partial z} = -\frac{\partial \varphi_3}{\partial x} = \beta(y), \quad \frac{\partial \varphi_2}{\partial z} = -\frac{\partial \varphi_3}{\partial y} = \gamma(x),$$

式中 α, β, γ 暂时是所列自变量的任意函数. 对这些方程进行积分, 我们得到

$$\varphi_1 = \alpha(z)y + f_1(z) = \beta(y)z + g_1(y),$$

$$\varphi_2 = -\alpha(z)x + f_2(z) = \gamma(x)z + g_2(x),$$

$$\varphi_3 = -\beta(y)x + f_3(y) = -\gamma(x)y + g_3(x),$$

式中 f_i, g_i 是其自变量的任意函数. 由此直接可以看出, 待求函数 φ_1, φ_2, φ_3 应当具有以下形式:

$$\varphi_1 = k_1 zy + k_2 z + k_3 y + k_4,$$

$$\varphi_2 = m_1 zx + m_2 z + m_3 x + m_4, \tag{3.13}$$

$$\varphi_3 = l_1 xy + l_2 x + l_3 y + l_4,$$

式中 k_i, m_i 和 l_i 是某些常量. 根据方程 (3.12), 这些常量应当满足关系式

$$k_1 z + k_3 + m_1 z + m_3 = 0,$$

$$k_1 y + k_2 + l_1 y + l_2 = 0,$$

$$m_1 x + m_2 + l_1 x + l_3 = 0,$$

其中每一个关系式对任何 z, y, x 都应当成立. 由此可知

(1) $k_1 = -m_1$, $k_1 = -l_1$, $m_1 = -l_1$, 所以 $k_1 = m_1 = l_1 = 0$;

(2) $k_3 = -m_3 = -a_3$, $k_2 = -l_2 = a_2$, $m_2 = -l_3 = -a_1$, 式中 a_1, a_2, a_3 是相应常量的新的记号. 这时, 解 (3.13) 的形式变为

$$\varphi_1 = a_2 z - a_3 y + k_4,$$

$$\varphi_2 = -a_1 z + a_3 x + m_4, \tag{3.14}$$

$$\varphi_3 = -a_2 x + a_1 y + l_4.$$

如果引入矢量

$$\boldsymbol{r} = x\boldsymbol{i} + y\boldsymbol{j} + z\boldsymbol{k}, \quad \boldsymbol{a} = a_1\boldsymbol{i} + a_2\boldsymbol{j} + a_3\boldsymbol{k}, \quad \boldsymbol{\varphi}_0 = k_4\boldsymbol{i} + m_4\boldsymbol{j} + l_4\boldsymbol{k},$$

就可以把 (3.14) 写为以下形式:

$$\boldsymbol{w} = \boldsymbol{\varphi} = \varphi_1\boldsymbol{i} + \varphi_2\boldsymbol{j} + \varphi_3\boldsymbol{k} = \boldsymbol{\varphi}_0 + \boldsymbol{a} \times \boldsymbol{r}. \tag{3.15}$$

因此, 方程 (3.10) 的解 w_1, w_2, w_3 具有 (3.14) 或 (3.15) 的形式, 其中包含 6 个任意的常量.

当 a_1, a_2, a_3 是无穷小量时, 用公式 (3.15) 计算出的位移就是刚体位移[1]. 其实, 我们得到的位移矢量表达式 (3.15) 是方程

$$\frac{\partial w_i}{\partial x^j} + \frac{\partial w_j}{\partial x^i} = 0$$

的解. 在相对位移无穷小的情况下, 即当 $\partial w_i/\partial x^j$ 无穷小的时候, 这些条件表示应变张量的分量 ε_{ij} 等于零.

在所研究的情况下, 相对位移 $\boldsymbol{w} = \boldsymbol{\varphi}_0 + \boldsymbol{a} \times \boldsymbol{r}$ 是无穷小量, 转动矢量 $\boldsymbol{a}$ 也是无穷小量, 相应运动是微小转动. 可以用公式 $\boldsymbol{a} = \boldsymbol{\omega}\Delta t$ 把转动矢量 $\boldsymbol{a}$ 与涡量 $\boldsymbol{\omega}$ 联系起来.

为了不再考虑刚体位移, 可以在计算位移时额外提出一些条件, 例如[2], 可以要求弹性体的某一个点在空间中静止不动, 并且应变张量主轴的转动矢量的分量在这个点等于零,

$$\frac{\partial w_i}{\partial x^j} - \frac{\partial w_j}{\partial x^i} = 0.$$

我们指出, 满足这些条件并不表明上述那个点真的在力的作用下被固定在空间中. 如果弹性体处于平衡状态, 则在不改变外力的情况下可以把弹性体的任何 (但一般唯一的) 一个点当做固定不动的点. 这时, 我们不再考虑无需关注的那一部分位移和转动. 显然, 如果把弹性体的不同点当做不动点, 对位移就会得到不同的表达式.

---

[1] 显然, 如果 a_1, a_2, a_3 是有限的, 则位移 (3.15) 所对应的变形不为零, 因为应变张量的分量在 $\partial w_i/\partial x^j$ 有限的情况下应当由以下公式计算:

$$\varepsilon_{ij} = \frac{1}{2}\left(\frac{\partial w_i}{\partial x^j} + \frac{\partial w_j}{\partial x^i} + \frac{\partial w^\alpha}{\partial x^i}\frac{\partial w_\alpha}{\partial x^j}\right).$$

如果 $\boldsymbol{w} = \boldsymbol{\varphi}_0 + \boldsymbol{a} \times \boldsymbol{r}$, 则上面的公式给出

$$\varepsilon_{11} = \frac{1}{2}(a_3^2 + a_2^2), \quad \varepsilon_{22} = \frac{1}{2}(a_3^2 + a_1^2), \quad \varepsilon_{33} = \frac{1}{2}(a_1^2 + a_2^2),$$

$$\varepsilon_{12} = -\frac{1}{2}a_1 a_2, \quad \varepsilon_{13} = -\frac{1}{2}a_1 a_3, \quad \varepsilon_{23} = -\frac{1}{2}a_2 a_3.$$

[2] 也可以使用其他一些条件来代替这些条件, 但重要的是, 相应附加条件应当一直是必须的.

杆受到拉伸时的位移公式　在弹性杆拉伸问题中, 求解方程 (3.7), (3.8) 即可得到位移公式, 其形式为

$$w_1 = \frac{\mathcal{F}}{ES}x + \varphi_1, \quad w_2 = -\frac{\sigma\mathcal{F}}{ES}y + \varphi_2, \quad w_3 = -\frac{\sigma\mathcal{F}}{ES}z + \varphi_3,$$

式中 φ_1, φ_2, φ_3 由 (3.14) 定义. 在坐标原点, 如果额外要求既没有位移, 应变张量的主轴也不转动, 换言之, 如果还要求在 $x = 0$, $y = 0$, $z = 0$ 时

$$w_1 = 0, \quad w_2 = 0, \quad w_3 = 0,$$

$$\frac{\partial w_3}{\partial y} - \frac{\partial w_2}{\partial z} = 0, \quad \frac{\partial w_1}{\partial z} - \frac{\partial w_3}{\partial x} = 0, \quad \frac{\partial w_2}{\partial x} - \frac{\partial w_1}{\partial y} = 0,$$

则位移公式的形式变为

$$w_1 = \frac{\mathcal{F}}{ES}x, \quad w_2 = -\frac{\sigma\mathcal{F}}{ES}y, \quad w_3 = -\frac{\sigma\mathcal{F}}{ES}z. \tag{3.16}$$

对所得结果的分析　如果在杆的两端 A 和 B 有平行于 x 轴的作用力对杆进行拉伸, 则从 (3.16) 可以看出, 杆的微元也会沿 y 轴和 z 轴发生位移. 沿 x 轴的位移分量 w_1 与 x 成正比, 与 y 和 z 无关, 并且在 B 端达到最大值. 沿 y 轴和 z 轴的位移分量 w_2 和 w_3 分别与 y 和 z 成正比, w_2 与 x, z 无关, w_3 与 x, y 无关. 从应变张量分量公式 (3.6) 显然可以看出, 沿 x 轴的应变与沿 y 轴和 z 轴的应变相比, 它们的符号是不同的. 如果 $\mathcal{F} > 0$, 则 $\varepsilon_{11} > 0$, $\varepsilon_{22} < 0$, $\varepsilon_{33} < 0$, 即杆沿 x 轴受到拉伸, 沿 y 轴和 z 轴受到压缩. 应变张量相应分量之比等于泊松比 σ:

$$\left|\frac{\varepsilon_{22}}{\varepsilon_{11}}\right| = \left|\frac{\varepsilon_{33}}{\varepsilon_{11}}\right| = \sigma.$$

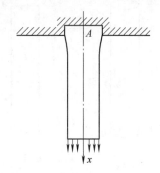

图 108. A 端固定的杆受到拉伸

端面上的其他条件　如果直杆的一端所受到的面力按照 (3.3) 分布, 而另一端 A 用某种方法嵌入其他物体 (图 108), 那么, 严格地讲, 上述拉伸问题的解仅在 A 端的嵌入方法允许沿 y 轴和 z 轴有位移的条件下才能描述杆中的应变和应力. 如果 A 端固定, 则上面的解不是这个问题的精确解. 不过, 我们将在稍后引入圣维南原理来解决这个问题. 根据这一原理, 可以使用前面得到的解来近似地计算 A 端固定的直杆在远离固定端的位置的应力和应变, 只要杆的横截面的线性尺寸远小于杆在 x 轴方向上的长度即可.

杆在自重作用下的拉伸问题的提法　现在考虑直杆在自重作用下的拉伸问题. 这时, 我们认为在求解直杆在两端面力作用下的拉伸问题时所作出的那些基本假设仍然保持不变, 换言之, 我们假设 $T = T_0 = \text{const}$, $\overset{*}{\varepsilon}_{ij} = 0$, 但 $\boldsymbol{F} = g\boldsymbol{i}$, 并且在杆的外表面, 除了被固定的端面 A, 处处都有 $\boldsymbol{p}_n = 0$.

端面 A 上的应力 $\boldsymbol{p}_n$ 只有在问题得到解决之后才能确定下来 (图 109).
我们将使用如图 109 所示的坐标系. 这时, 平衡方程的形式为

$$\nabla_j p^{ij} + \rho F_i = 0,$$

并且 $F^2 = F^3 = 0,\ F^1 = g$.

应力张量的计算　　　　为了求解平衡方程, 我们认为

$$p^{22} = p^{33} = p^{12} = p^{13} = p^{23} = 0, \tag{3.17}$$

于是对 p^{11} 得到一个简单的方程

$$\frac{\partial p^{11}}{\partial x} = -\rho g.$$

所以

$$p^{11} = -\rho g x + \varphi(y,\ z), \tag{3.18}$$

式中 $\varphi(y,\ z)$ 是 y 和 z 的任意函数. 为了确定函数 $\varphi(y,\ z)$, 可以使用杆的下端面 B 上的边界条件 (见图 109). 在 $x = 0$ 时应有 $p^{11} = 0$, 所以

$$\varphi(y,\ z) = 0.$$

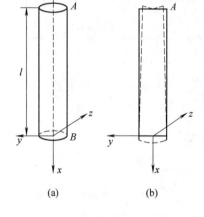

应力张量的分量 (3.17), (3.18) 在杆的内部满足所有平衡方程 (3.16), 在杆的外表面 (下端面 B 和侧面) 上满足条件 $\boldsymbol{p}_n = 0$. 其实, 在杆的侧面 S_{lat} 上有

$$\boldsymbol{p}_n = \boldsymbol{p}^1 \cos(\boldsymbol{n},\ x) + \boldsymbol{p}^2 \cos(\boldsymbol{n},\ y) + \boldsymbol{p}^3 \cos(\boldsymbol{n},\ z),$$

而在所用坐标系中, 在 S_{lat} 上 $\cos(\boldsymbol{n},\ x) = 0$, 所以根据 (3.17) 可知

图 109. 杆在自重作用下的拉伸

在 S_{lat} 上　$\boldsymbol{p}_n = 0$.

根据 (3.18), 若 S 是横截面面积, $G = \rho g l S$ 是杆的总重量, 则在上端面 A $(x = -l)$ 有

$$p^{11} = \rho g l = \frac{G}{S}. \tag{3.19}$$

应变张量和位移的计算　根据胡克定律 (2.29) 和 (3.17), (3.18), 在 $T = T_0$ 时容易计算应变张量的分量

$$\varepsilon_{11} = \frac{p^{11}}{E} = -\frac{\rho g x}{E}, \quad \varepsilon_{22} = -\frac{\sigma p^{11}}{E} = \frac{\sigma \rho g x}{E},$$

$$\varepsilon_{33} = -\frac{\sigma p^{11}}{E} = \frac{\sigma \rho g x}{E}, \quad \varepsilon_{12} = \varepsilon_{23} = \varepsilon_{13} = 0,$$

这些分量显然满足协调方程 (3.9).

为了计算位移分量 w_1, w_2, w_3, 我们有以下偏微分方程组:

$$\frac{\partial w_1}{\partial x} = -\frac{\rho g x}{E}, \quad \frac{\partial w_2}{\partial y} = \frac{\sigma \rho g x}{E}, \quad \frac{\partial w_3}{\partial z} = \frac{\sigma \rho g x}{E},$$

$$\frac{\partial w_1}{\partial y} + \frac{\partial w_2}{\partial x} = \frac{\partial w_1}{\partial z} + \frac{\partial w_3}{\partial x} = \frac{\partial w_2}{\partial z} + \frac{\partial w_3}{\partial y} = 0. \tag{3.20}$$

第一组方程的解为

$$w_1 = -\frac{\rho g x^2}{2E} + \psi_1(y, z),$$

$$w_2 = \frac{\sigma \rho g x y}{E} + \psi_2(x, z), \tag{3.21}$$

$$w_3 = \frac{\sigma \rho g x z}{E} + \psi_3(x, y).$$

为了计算函数 ψ_1, ψ_2, ψ_3, 我们把 (3.21) 代入第二组方程, 得

$$\frac{\partial \psi_1}{\partial y} + \frac{\sigma \rho g y}{E} + \frac{\partial \psi_2}{\partial x} = 0,$$

$$\frac{\sigma \rho g z}{E} + \frac{\partial \psi_3}{\partial x} + \frac{\partial \psi_1}{\partial z} = 0, \tag{3.22}$$

$$\frac{\partial \psi_2}{\partial z} + \frac{\partial \psi_3}{\partial y} = 0.$$

如果引入变换

$$\varphi_1'(y, z) = \psi_1 + \frac{\sigma \rho g}{2E}(y^2 + z^2), \quad \varphi_2 = \psi_2, \quad \varphi_3 = \psi_3, \tag{3.23}$$

就可以把 ψ_1, ψ_2, ψ_3 的方程组 (3.22) 化为 φ_1', φ_2, φ_3 的方程组 (3.12), 而后者的解已经在前面求出来了. 因此, 可以利用 (3.21), (3.23) 和 (3.14) 直接写出方程组 (3.20) 的解, 其形式为

$$w_1 = -\frac{\rho g}{2E}[x^2 + \sigma(y^2 + z^2)] + a_2 z - a_3 y + k_4,$$

$$w_2 = \frac{\sigma \rho g x y}{E} - a_1 z + a_3 x + m_4, \tag{3.24}$$

$$w_3 = \frac{\sigma \rho g x y}{E} - a_2 x + a_1 y + l_4.$$

使位移具有唯一性的条件　为了在计算杆的位移时不再考虑刚体位移, 我们认为在上端面中心 $(x = -l, y = 0, z = 0)$ 成立以下条件:

$$\boldsymbol{w} = 0,$$

$$\frac{\partial w_3}{\partial y} - \frac{\partial w_2}{\partial z} = 0, \quad \frac{\partial w_1}{\partial z} - \frac{\partial w_3}{\partial x} = 0, \quad \frac{\partial w_2}{\partial x} - \frac{\partial w_1}{\partial y} = 0.$$

于是,

$$a_1 = a_2 = a_3 = 0, \quad m_4 = l_4 = 0, \quad k_4 = \frac{\rho g}{2E} l^2,$$

位移公式 (3.24) 的形式则变为

$$w_1 = -\frac{\rho g}{2E}[(x^2 - l^2) + \sigma(y^2 + z^2)], \quad w_2 = \frac{\sigma \rho g x y}{E}, \quad w_3 = \frac{\sigma \rho g x z}{E}.$$

对所得结果的分析 弹性杆轴线 ($y = z = 0$) 上的点在竖直方向上移动 ($w_2 = w_3 = 0$); 对于所有其他的点, 只要它不属于平面 $x = 0$, 相应的水平位移就不为零. 我们来考虑位于杆的内部或表面的这样一些物质微元, 它们在变形之前位于平行于 x 轴的直线上 ($y = y_0$, $z = z_0$). 这些微元在变形之后将位于曲线 $y = y_0 + w_2$, $z = z_0 + w_3$ 上, 曲线方程为

$$y = y_0 \left(1 + \frac{\sigma \rho g}{E} x\right), \quad z = z_0 \left(1 + \frac{\sigma \rho g}{E} x\right). \tag{3.25}$$

因此, 这些微元仍然组成直线. 直线 (3.25) 显然与杆的轴线相交于点

$$x = -\frac{E}{\sigma \rho g}, \quad y = z = 0, \tag{3.26}$$

相应坐标与 z_0, y_0 无关. 于是, 如果在杆的内部任意选取一个以 Ox 为轴的圆柱体, 它在变形之后就会变为一个锥体, 其顶点位于 x 轴上的点 (3.26).

杆的横截面在变形之后不再是平的. 其实, 横截面 $x = x_0$ 在变形之后对应方程 $x = x_0 + w_1$, 或

$$x = x_0 - \frac{\rho g}{2E}[x_0^2 - l^2 + \sigma(y^2 + z^2)],$$

而这表示旋转抛物面. 图 109 (b) 给出杆在平面 xOy 上的截面的变形情况.

应力分量 p^{11} 的最大值出现于杆的上端面, 它与横截面面积无关, 相应公式为

$$p^{11}_{\max} = \rho g l. \tag{3.27}$$

如果已知给定材料在受到拉伸时能够承受的最大应力, 就可以根据公式 (3.27) 来估计用这种材料制成的绳索或杆在自重作用下不发生断裂的最大长度. 例如, 在对伸入油井的管道进行计算时必须进行这样的估计 (现有油井的深度可达 5—6 km 甚至更深).

对于杆的上端面 A 上的点, 同时存在竖直位移和水平位移.

严格地讲, 这个解仅在相应位移符合杆的固定方法时才是正确的. 然而, 根据圣维南原理 (见后面的 §5), 我们可以在一些情况下 (例如对一端固定的杆) 近似地使用这个解, 只要杆的横截面尺寸与杆的长度相比不太大即可. 这时, 杆的上端面的固定方法对杆的主体部分的变形只有微弱的影响.

§4. 弹性材料圆管在内部和外部压强作用下的应变和应力 (拉梅问题)

考虑由满足胡克定律的弹性材料制成的直圆管, 其内部和外部分别受到压强 p_a 和 p_b 的作用, 而温度 T 等于所谓的 "平衡温度" T_0 并保持不变. 如果没有变形, 在这个温度下就不存在热应力. 需要在这些条件下计算管壁内部的应力和应变.

圆管两端的固定方式满足以下条件: 在管轴方向上没有位移, 但在垂直于管轴的方向上对位移没有限制 (图 110).

设 $p_a = p_b = 0$ 时在管壁内部既没有应变也没有应力. 我们把这个状态取作初始状态, 于是 $\overset{*}{\varepsilon}_{ij} = 0$, 并且在 p_a 和 p_b 不等于零时存在从初始状态到所研究的变形状态的位移 $\boldsymbol{w}$.

方程组和边界条件　我们来写出上述问题的封闭方程组和必要的边界条件. 方程组包括:

(a) 平衡方程 (不计质量力)

$$\nabla_j p^{ij} = 0,$$

(b) 胡克定律

$$p^{ij} = \lambda I_1(\mathscr{E}) g^{ij} + 2\mu \varepsilon^{ij},$$

(c) 应变张量的分量通过位移的表达式 (假设相对位移很小)

$$\varepsilon_{ij} = \frac{1}{2}(\nabla_i w_j + \nabla_j w_i).$$

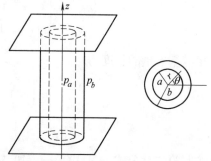

图 110. 圆管受到内部和外部压强的作用

圆管内侧面和外侧面上的边界条件可以写为以下形式 (见图 110):

$$\boldsymbol{p}_n = -p_a \boldsymbol{n}, \quad r = a,$$

$$\boldsymbol{p}_n = -p_b \boldsymbol{n}, \quad r = b,$$

式中 a 和 b 表示圆管横截面在变形之前的内半径和外半径, $\boldsymbol{n}$ 表示相应侧面的外法向矢量. 我们注意到, 需要满足的边界条件是对发生变形之前的管壁提出的, 这时再次使用了圆管的相对位移很小这一假设.

在圆管长度 $\mathscr{L}$ 有限时, 还必须写出圆管两端 $z = 0$ 和 $z = \mathscr{L}$ 的边界条件[1], 其形式为

$$\text{在 } z = 0, \; z = \mathscr{L} \text{ 时} \quad w_n = 0, \quad \boldsymbol{p}_{n\tau} = 0.$$

这里用 $\boldsymbol{n}$ 表示端面的法向矢量, 用 $\boldsymbol{\tau}$ 表示端面所在平面上的矢量. 条件 $\boldsymbol{p}_{n\tau} = 0$ 与前面提到的一个假设有关, 这个假设要求圆管两端的固定方式不阻碍物质点在垂直于管轴的方向上移动.

柱面坐标系　上述问题具有明显的对称性, 所以在求解时使用柱面坐标系 $x^1 = r$, $x^2 = \theta$, $x^3 = z$ 比较方便 (见图 110). 我们还记得 (第一卷第 126 页),

---

[1] 在端面上, 除了对位移提出的边界条件 $w_n = 0$, 还可以考虑其他一些条件, 例如应力为零的条件 $p^{33} = 0$, 等等.

在柱面坐标系中

$$\mathrm{d}s^2 = g_{ij}\,\mathrm{d}x^i\,\mathrm{d}x^j = \mathrm{d}r^2 + r^2\,\mathrm{d}\theta^2 + \mathrm{d}z^2,$$

度规张量的矩阵 (g_{ij}) 和 (g^{ij}) 具有以下形式:

$$(g_{ij}) = \begin{pmatrix} 1 & 0 & 0 \\ 0 & r^2 & 0 \\ 0 & 0 & 1 \end{pmatrix}, \quad (g^{ij}) = \begin{pmatrix} 1 & 0 & 0 \\ 0 & 1/r^2 & 0 \\ 0 & 0 & 1 \end{pmatrix}.$$

相应基矢量的长度为:

$$|\boldsymbol{e}_1| = 1, \quad |\boldsymbol{e}_2| = r, \quad |\boldsymbol{e}_3| = 1,$$

$$|\boldsymbol{e}^1| = 1, \quad |\boldsymbol{e}^2| = \frac{1}{r}, \quad |\boldsymbol{e}^3| = 1.$$

按照第二章公式 (5.41) (第一卷第 54 页) 容易计算柱面坐标系中的克里斯托费尔符号 $\Gamma_{22}^1 = -r$, $\Gamma_{12}^2 = \Gamma_{21}^2 = 1/r$, 其余 Γ_{jk}^i 等于零.

位移矢量、应变张量和应力张量在柱面坐标系中的分量　显然, 在所研究的情况下可以认为, 所有待求函数只与坐标 r 有关, 并且对位移矢量 $\boldsymbol{w}$ 可以写出

$$w_1 = w(r), \quad w_2 = w_3 = 0. \tag{4.1}$$

于是, 我们得到应变张量分量的以下表达式:

$$\varepsilon_{11} = \nabla_1 w_1 = \frac{\partial w_1}{\partial r} - w_\alpha \Gamma_{11}^\alpha = \frac{\mathrm{d}w}{\mathrm{d}r},$$

$$\varepsilon_{22} = \nabla_2 w_2 = \frac{\partial w_2}{\partial \theta} - w_\alpha \Gamma_{22}^\alpha = wr,$$

$$\varepsilon_{33} = \nabla_3 w_3 = \frac{\partial w_3}{\partial z} - w_\alpha \Gamma_{33}^\alpha = 0,$$

$$\varepsilon_{12} = \frac{1}{2}\left(\nabla_1 w_2 + \nabla_2 w_1\right) = \frac{1}{2}\left(\frac{\partial w_2}{\partial r} + \frac{\partial w_1}{\partial \theta} - 2w_\alpha \Gamma_{12}^\alpha\right) = 0,$$

$$\varepsilon_{13} = \frac{1}{2}\left(\nabla_1 w_3 + \nabla_3 w_1\right) = \frac{1}{2}\left(\frac{\partial w_3}{\partial r} + \frac{\partial w_1}{\partial z} - 2w_\alpha \Gamma_{13}^\alpha\right) = 0,$$

$$\varepsilon_{23} = \frac{1}{2}\left(\nabla_2 w_3 + \nabla_3 w_2\right) = \frac{1}{2}\left(\frac{\partial w_3}{\partial \theta} + \frac{\partial w_1}{\partial z} - 2w_\alpha \Gamma_{23}^\alpha\right) = 0.$$

$$\tag{4.2}$$

应变张量的第一不变量可以按照以下方式通过 $w(r)$ 表示出来:

$$I_1(\mathscr{E}) = \varepsilon_{ij} g^{ij} = \frac{\mathrm{d}w}{\mathrm{d}r} + \frac{w}{r}.$$

现在利用胡克定律给出应力张量分量的表达式. 我们有

$$p^{11} = \lambda \left(\frac{dw}{dr} + \frac{w}{r} \right) + 2\mu \frac{dw}{dr},$$

$$p^{22} = \lambda \left(\frac{dw}{dr} + \frac{w}{r} \right) \frac{1}{r^2} + 2\mu \frac{w}{r^3},$$

$$p^{33} = \lambda \left(\frac{dw}{dr} + \frac{w}{r} \right), \tag{4.3}$$

$$p^{13} = p^{23} = p^{21} = 0.$$

位移的计算　由此可见, 在 3 个平衡方程中, 2 个方程已经自动满足, 而平衡方程在 $x^1 = r$ 坐标轴上的投影

$$\frac{dp^{11}}{dr} + p^{22} \Gamma_{22}^1 + p^{11} \Gamma_{12}^2 = 0$$

归结为位移 $w(r)$ 的 1 个方程:

$$\frac{d}{dr} \left(\frac{dw}{dr} + \frac{w}{r} \right) = 0, \tag{4.4}$$

这个方程也可以在条件 (4.1) 下从通过位移表示的拉梅方程直接推导出来.

从 (4.1) 和 (4.3) 可见, 圆管两端的边界条件对任何 $w(r)$ 都是满足的. 侧面上的边界条件给出

$$在 r = a 时 \quad p^{11} = (\lambda + 2\mu) \frac{dw}{dr} + \lambda \frac{w}{r} = -p_a,$$

$$在 r = b 时 \quad p^{11} = (\lambda + 2\mu) \frac{dw}{dr} + \lambda \frac{w}{r} = -p_b. \tag{4.5}$$

从 (4.4) 得

$$\frac{dw}{dr} + \frac{w}{r} = \frac{1}{r} \frac{dwr}{dr} = \text{const},$$

所以

$$w = Ar + \frac{B}{r}. \tag{4.6}$$

利用条件 (4.5) 计算常量 A 和 B,

$$2(\lambda + \mu)A - 2\mu B \frac{1}{a^2} = -p_a, \quad 2(\lambda + \mu)A - 2\mu B \frac{1}{b^2} = -p_b,$$

从而

$$A = \frac{a^2 p_a - b^2 p_b}{2(\lambda + \mu)(b^2 - a^2)}, \quad B = \frac{(p_a - p_b)a^2 b^2}{2\mu(b^2 - a^2)}. \tag{4.7}$$

有了公式 (4.2), (4.3), (4.6) 和 (4.7), 就能够计算管壁中任何一点的应变和应力.

管壁中的应力分布　我们来研究管壁中的应力状态. 为了对应力的实际大小有直观的认识, 最好使用应力张量的物理分量, 即单位基矢量所对应的分量 (见第一卷第 126 页).

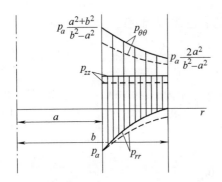
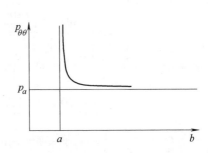

图 111. 管壁中的应力分布. 实线: 管壁
只受到内部压强的作用; 虚线: 管壁同时
受到内部和外部压强的作用

图 112. $p_{\theta\theta}(r=a)$ 的值对圆管外半
径的依赖关系

容易看出, 物理分量 p_{phys}^{11}, p_{phys}^{22}, p_{phys}^{33} 在所研究的情况下就是应力张量的主分量. 因为基矢量 e_1 和 e_3 是单位矢量, 所以 $p_{\text{phys}}^{11}=p^{11}$, $p_{\text{phys}}^{33}=p^{33}$. 基矢量 e_2 的长度等于 r, 所以物理分量 p_{phys}^{22} 是逆变分量 p^{22} 的 r^2 倍, 即 $p_{\text{phys}}^{22}=r^2 p^{22}$. 若引入记号 $p_{\text{phys}}^{11}=p_{rr}$, $p_{\text{phys}}^{22}=p_{\theta\theta}$, $p_{\text{phys}}^{33}=p_{zz}$, 则有

$$p_{rr}=p^{11}=\frac{a^2 p_a}{b^2-a^2}\left(1-\frac{b^2}{r^2}\right)-\frac{b^2 p_b}{b^2-a^2}\left(1-\frac{a^2}{r^2}\right),$$

$$p_{\theta\theta}=r^2 p^{22}=\frac{a^2 p_a}{b^2-a^2}\left(1+\frac{b^2}{r^2}\right)-\frac{b^2 p_b}{b^2-a^2}\left(1+\frac{a^2}{r^2}\right), \qquad (4.8)$$

$$p_{zz}=p^{33}=\frac{\lambda}{\lambda+\mu}\frac{a^2 p_a-b^2 p_b}{b^2-a^2}.$$

由此可见, 当 p_a 和 p_b 都大于零时, 量 p_{rr} 总是小于零, 即管壁的物质微元在 r 轴方向上受到压缩. $p_{\theta\theta}$ 和 p_{zz} 的符号取决于 p_a 与 p_b 之间的关系.

我们首先考虑 $p_b=0$ 的情况. 图 111 给出了这种情况下应力在管壁中的分布. 这时, 拉伸应力 $p_{\theta\theta}$ (>0) 是最危险的应力, 因为这些应力可能导致裂纹的产生, 从而破坏管壁. 拉伸应力 p_{zz} 处处小于 $p_{\theta\theta}$.

应力的最大值 (在 $p_a>0$ 时) 出现于管壁内侧面, 所以在内部压强不断增加的过程中, 塑性变形或裂纹也最先出现于管壁内侧面.

管壁厚度对管壁中的应力分布的影响　我们来考虑, 增加管壁厚度对其工作条件的改善有多大帮助 (增加管壁厚度是否合算?). 设内半径 a 的值固定不变, 我们来研究最重要的应力值 $p_{\theta\theta}(r=a)$ 对外半径 b 的依赖关系. 如果仍然像前面那样认为 $p_b=0$, 则有

$$p_{\theta\theta}(r=a)=p_a\left(\frac{2}{b^2/a^2-1}+1\right).$$

$p_{\theta\theta}(r=a)$ 在 b 增加时的变化情况如图 112 所示. 在管壁厚度增加时, 很快就会出现这样的局面, 这时即使继续大幅增加 b 的值也只能稍微降低破坏应力 $p_{\theta\theta}(r=a)$. 因此, 大幅增加管壁厚度不能明显增加圆管的强度.

外部压强的影响　　公式 (4.8) 表明, 如果外部压强 p_b 不为零, 则 $p_{\theta\theta}$ 和 p_{zz} 会小一些, 管壁中的应力分布这时也更均匀一些 (见图 111). 由此产生的一个想法是, 可以使用具有内应力的双层套管, 以便在不增加套管管壁总厚度的情况下改善内侧管的工作条件.

关于套管的拉梅问题　　假设我们有两根圆管, 并且第一根 (较细的) 圆管的外半径 b_1 略大于第二根 (较粗的) 圆管的内半径 a_2. 如果用某种方法 (例如预先加热第二根圆管) 把第二根圆管套在第一根圆管上, 则在 "平衡" 温度 $T = T_0$ 下, 即使没有内部和外部压强的作用, 我们也可以得到具有内应力的套管.

我们来研究如何计算这样的套管在内部和外部压强作用下的应力和应变. 我们首先指出, 前面得到的公式并没有给出这个问题的解. 其实, 例如, 从 (4.8) 可以看出, 在 $p_a = p_b = 0$ 时 $p_{rr} = p_{\theta\theta} = p_{zz} = 0$, 但这显然不是所研究的情况.

解 (4.8) 之所以不可用, 是因为在得到这个解的时候使用了一个假设, 该假设要求存在从初始的无应力状态到变形状态的位移, 并且该位移是连续的和单值的. 在上述情况下, 在系统的各个部分确实可以得到无应力状态, 只要把内侧圆管从外侧圆管中抽出并消除所有外载荷即可. 即使不把内侧圆管抽出, 也可以用假想的方式消除载荷, 但这就破坏了位移的单值性, 所以这时不存在指向初始无应力状态的连续单值位移.

我们把总应力张量 p_{tot}^{ij} 写为初始应力张量 p_0^{ij} 与外部作用力所引起的附加应力张量 p^{ij} 之和的形式: $p_{\text{tot}}^{ij} = p_0^{ij} + p^{ij}$.

如果服从胡克定律的弹性材料只发生微小变形, 则附加应力张量 p^{ij} 与附加应变张量 ε_{ij} 之间的关系同总应力张量与总应变张量之间的关系一致. 这时, 因为问题是线性的, 所以根据外部载荷计算 p^{ij} 的方法同没有初始应力和初始应变的情况是一样的. 只要知道所给零件的制造工艺, 就可以计算初始内应力 (以及总应力).

如果所研究的问题是非线性的 (相对位移不是小量, 或者应力与应变之间的关系是非线性的, 等等), 就不能在初始应力和初始应变未知的情况下计算 (由外力引起的) 附加应力和附加应变.

计算套管的初始应力　　如何计算上述套管中的初始应力呢? 我们单独考虑组成该套管的每一根圆管. 显然, 这两根圆管之间的相互作用可以替换为某压强 $\mathscr{P}$ 的作用, 这样就可以单独对每一根圆管使用前面得到的解. 对内侧管 ($a = a_1$, $b = b_1$) 应取 $p_a = 0$, $p_b = \mathscr{P}$, 对外侧管 ($a = a_2$, $b = b_2$) 应取 $p_a = \mathscr{P}$, $p_b = 0$. 例如, 内侧管管壁的结果是

$$p_{\theta\theta} = -\mathscr{P}\,\frac{b_1^2}{b_1^2 - a_1^2}\left(1 + \frac{a_1^2}{r^1}\right),$$

外侧管管壁的结果是

$$p_{\theta\theta} = \mathscr{P} \frac{a_2^2}{b_2^2 - a_2^2} \left(1 + \frac{b_2^2}{r^2} \right).$$

为了确定 $\mathscr{P}$ 的值, 必须让第一根圆管的外半径与第二根圆管的内半径在变形之后相等, 于是 $b_1 + w_1(b_1) = a_2 + w_2(a_2)$, 并且如果两根圆管的材料相同, 则

$$w_1(r) = A_1 r + \frac{B_1}{r} = -\frac{\mathscr{P}b_1^2 r}{2(\lambda + \mu)(b_1^2 - a_1^2)} - \frac{\mathscr{P}a_1^2 b_1^2}{2\mu(b_1^2 - a_1^2)r},$$

$$w_2(r) = A_2 r + \frac{B_2}{r} = \frac{\mathscr{P}a_2^2 r}{2(\lambda + \mu)(b_2^2 - a_2^2)} + \frac{\mathscr{P}a_2^2 b_2^2}{2\mu(b_2^2 - a_2^2)r}.$$

由此得到 $\mathscr{P}$ 的公式:

$$\mathscr{P} = \frac{b_1 - a_2}{\dfrac{b_1}{2(b_1^2 - a_1^2)}\left[\dfrac{b_1^2}{\lambda + \mu} + \dfrac{a_1^2}{\mu}\right] + \dfrac{a_2^2}{2(b_2^2 - a_2^2)}\left[\dfrac{a_2^2}{\lambda + \mu} + \dfrac{b_2^2}{\mu}\right]}.$$

如果 $b_1 > a_2$, $\mathscr{P}$ 就是正的.

这样, 我们计算出了套管在不受外力作用时的 "初始" 应力分布. 如果套管同时受到内部和外部压强的作用, 则管壁中的应力可以表示为初始应力与外力所引起的应力之和, 并且后者的计算方法与没有初始应力和初始应变时的计算方法一致.

此时, 总应力的分布情况如图 113 所示. 由此可见, 在使用套管代替普通管时, 由于外侧管的引入, 内侧载荷降低, 应力分布更加均匀, 管道的强度增加.

在工程技术中, 例如在制造炮管的时候, 人们广泛应用预应力构件来降低应力分布在存在外载荷时的不均匀性.

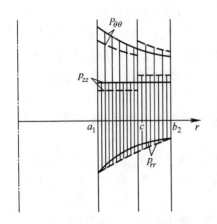

图 113. 受到内部和外部压强作用的普通管 (实线) 和套管 (虚线) 中的应力分布 (c 是套管内外管的边界)

§5. 弹性力学问题的提法 · 克拉珀龙方程 · 唯一性定理 · 圣维南原理

我们在 §3 和 §4 中解决了两个最简单的弹性力学问题, 现在开始考虑弹性力学的一般理论, 该理论的适用范围很广.

典型的静力学问题　许多重要的弹性力学问题是静力学问题, 其研究对象是在给定外力或其他一些外部条件作用下处于平衡状态的弹性体, 需要计算弹性体内部的位移分布和应力分布. 显然, 弹性体所受外力的合力与合力矩这

时等于零.

在弹性力学中也研究动力学问题, 例如弹性体振动问题.

我们来考虑以下三种典型的静力学问题, 它们之间的区别在于边界条件的形式各不相同.

I. 已知弹性体全部表面上的面力, 需要计算弹性体内部的应力和所有物质点的位移, 包括位丁表面的物质点的位移.

II. 已知弹性体全部表面的位移, 需要计算弹性体内部的位移和应力, 以及弹性体表面的应力.

III. 已知弹性体部分表面上的位移和其余表面上的外力 (或者已知某一部分表面不受载荷的作用).

当然, 还有其他形式的边界条件. 例如, 可以提出这样的问题: 在弹性杆的上端作用着给定的外力, 侧面不受载荷的作用, 下端与一个理想的光滑刚性平面紧密接触 (图 114). 这时, 在下端面上知道位移的部分信息 $(w_n = 0)$ 和面力的部分信息 (无摩擦条件给出 $\boldsymbol{p}_{n\tau} = 0$).

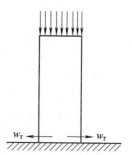

图 114. 一端与一个理想的光滑刚性平面紧密接触的弹性杆受到压缩

我们将在下面研究上述问题, 并且在提出问题时还额外假设, 在计算应变张量的分量时用于比较的初始状态是真正可实现的状态, 从而可以引入相对于该状态的位移. 如果初始状态的选取受限于某些物理条件 (例如初始状态的应力应当为零), 就可以用所研究的弹性体的制造工艺特征来解释这个假设.

线性理论中的数学提法只考虑固定的区域　我们指出, 在关于弹性体平衡和运动的问题中 (除了事先给出边界位移的问题 II), 边界条件是在可以发生变形的弹性体表面上表述出来的, 但我们事先并不知道该表面的位置, 应当在求解过程中进行计算. 然而, 在线性理论中可以假设已经变形的边界面与初始状态下未发生变形的边界面相差很小. 这时, 只要忽略二阶小量, 就可以认为边界条件应当成立于未发生变形的已知的边界面 (见第一卷第七章). 在求解弹性杆简单拉伸问题和圆管在给定的内部和外部压强作用下的变形问题的时候, 我们就是这样处理的.

在求解弹性力学问题时可以使用彼此等价的不同方程组, 下面将详细讨论这些方程组. 但是我们立刻指出, 尽管这些方程组各不相同, 它们其实都是用不同形式写出的动量方程、胡克定律和协调方程 (在必要时可以补充连续性方程和热流方程).

通过位移表述的弹性力学问题 · 考虑热应力的拉梅方程　在许多问题中, 特别是如果在弹性体边界上已经给出位移, 选取通过位移表述的弹性力学方程——拉梅方程——作为基本方程是非常方便的 (见第一卷第四章). 我们知道, 从一般的动量方程和胡克定律出发, 再利用公式 (1.1) 把应变张量的分量通过位移表示出来, 就可以得到拉梅方程 (条件是相对位移很小, 并且胡克定律中的 ε_{ij} 能够通过位移表示出来).

在这里所研究的线性理论中, 对于考虑热应力的均质各向同性弹性体, 可以根据公式 (2.28) 把拉梅方程写为以下形式:

$$\rho_0 \frac{\partial^2 \boldsymbol{w}}{\partial t^2} = \rho_0 \boldsymbol{F} + (\lambda + \mu) \operatorname{grad} \operatorname{div} \boldsymbol{w} + \mu \Delta \boldsymbol{w} - (3\lambda + 2\mu)\alpha \operatorname{grad} T. \tag{5.1}$$

如果已经知道体积力和温度对坐标的函数关系, 边界上的位移也是给定的, 就可以从方程 (5.1) 和已知的初始条件来计算弹性体内部诸点的位移, 从而解决通过位移表述的弹性力学问题. 此后, 可以根据胡克定律来计算应力张量. 在这样的提法下, 应变张量自动满足协调方程, 因为把应变张量的分量通过位移表示出来的那些公式就是协调方程的通解.

通过应力张量表述的弹性力学问题　　关于弹性体的平衡问题, 另外一种广泛使用的方法是求解通过应力张量表述的弹性力学问题. 这里用到的是通过应力张量表述的平衡方程

$$\rho_0 F^i + \nabla_j p^{ij} = 0. \tag{5.2}$$

这三个方程一般包括六个未知的应力张量分量, 方程组并不封闭. 在某些情况下, 例如在存在对称性的时候, 可以预先知道方程 (5.2) 只包括三个未知的应力张量分量, 而其余分量或者是已知的, 或者等于零. 这样就可以在独立于胡克定律的情况下单独考虑方程组 (5.2). 这时, 如果在边界上已知 $\boldsymbol{p}_n$, 仅仅使用方程 (5.2) 即可求出应力张量. 这样的问题称为静定问题.

贝尔特拉米—米切尔方程　　方程组 (5.2) 在一般情况下不封闭. 利用胡克定律, 从应变协调方程可以得到应力张量的分量所应满足的一些附加方程. 这些方程称为贝尔特拉米—米切尔方程, 其推导方法如下.

从应变协调方程

$$-R_{ikjl} = \nabla_k \nabla_l \varepsilon_{ij} + \nabla_i \nabla_j \varepsilon_{kl} - \nabla_i \nabla_l \varepsilon_{kj} - \nabla_k \nabla_j \varepsilon_{il} = 0$$

出发, 对张量 R_{ikjl} 进行缩并运算, 可以得到

$$-R_{ikj\cdot}^{\cdot\cdot\cdot k} = \Delta \varepsilon_{ij} + \nabla_i \nabla_j I_1(\mathscr{E}) - \nabla_i \nabla_k \varepsilon_{\cdot j}^{k\cdot} - \nabla_k \nabla_j \varepsilon_{\cdot i}^{k\cdot} = 0, \tag{5.3}$$

$$R_{ik\cdot\cdot}^{\cdot\cdot ki} = 2\Delta I_1(\mathscr{E}) - 2\nabla_i \nabla_k \varepsilon^{ki} = 0, \tag{5.4}$$

式中 Δ 是拉普拉斯算子. 利用胡克定律 (2.29)

$$\varepsilon_{ij} = \frac{1+\sigma}{E} p_{ij} - \frac{\sigma}{E} \mathscr{P} g_{ij} + \alpha(T - T_0) g_{ij}$$

替换 (5.3) 中的 ε_{ij}, 再使用平衡方程 (5.2) 和等式 (5.4), 就得到贝尔特拉米—米切尔

方程 (只要 E, σ, α, T_0 是常量)

$$\Delta p_{ij} + \frac{1}{1+\sigma}\nabla_i\nabla_j\mathscr{P} + \frac{\sigma}{1-\sigma}\operatorname{div}\rho_0\boldsymbol{F}g_{ij} + \nabla_i\rho_0F_j + \nabla_j\rho_0F_i$$

$$+ \frac{\alpha E}{1+\sigma}\nabla_i\nabla_j T + \frac{\alpha E}{1-\sigma}\Delta T g_{ij} = 0. \quad (5.5)$$

对运动的弹性体可以得到类似的方程, 只要用 $\rho_0(\boldsymbol{F}-\boldsymbol{a})$ 替换 (5.5) 中的 $\rho_0\boldsymbol{F}$ (在质量力中补充惯性力, $\boldsymbol{a}$ 是弹性体物质点相对于惯性坐标系的加速度).

如果体积力保持不变 (例如 $\rho_0 = \mathrm{const}$ 时的重力), 温度也保持不变, 贝尔特拉米—米切尔方程的形式就变得非常简单:

$$\Delta p_{ij} + \frac{1}{1+\sigma}\nabla_i\nabla_j\mathscr{P} = 0, \quad (5.6)$$

并且 $\mathscr{P} = g^{kl}p_{kl}$.

应力张量的分量在体积力和温度都保持不变时的性质

方程 (5.6) 乘以 g^{ij}, 再对 i 和 j 求和, 得

$$\Delta\mathscr{P} = 0.$$

利用这个等式, 从 (5.6) 易得

$$\Delta\Delta p_{ij} = 0.$$

因此, 在所研究的情况下, 应力张量的每一个分量在使用正交笛卡儿坐标系时都是双调和函数, 而应力张量的第一不变量是调和函数.

我们在 §3 中研究过弹性杆拉伸问题, 那里的应力张量的分量是常量或坐标的线性函数, 所以贝尔特拉米—米切尔方程自动成立. 在一般情况下, 如果应力张量只有一个分量 p_{11} 不等于零, 则从方程 (5.6) 容易看出, p_{11} 只能是坐标的线性函数,

$$p_{11} = ax^1 + bx^2 + cx^3 + d,$$

式中 a, b, c, d 是常量.

解的叠加

在线性理论中显然成立解的叠加原理. 设我们有两个解: $\boldsymbol{w}_{(\mathrm{I})}$, $p_{ij\,(\mathrm{I})}$ 和 $\boldsymbol{w}_{(\mathrm{II})}$, $p_{ij\,(\mathrm{II})}$, 它们分别描述同一个弹性体在外质量力 $\boldsymbol{F}_{(\mathrm{I})}$ 和 $\boldsymbol{F}_{(\mathrm{II})}$ 的作用下的应力应变状态, 弹性体表面 $\Sigma = \Sigma_1 + \Sigma_2$ 上的边界条件分别是:

在 Σ_1 上 $\boldsymbol{p}_{n\,(\mathrm{I})} = \boldsymbol{p}_{n1}$,　在 Σ_2 上 $\boldsymbol{w}_{(\mathrm{I})} = \boldsymbol{w}_1$,

在 Σ_1 上 $\boldsymbol{p}_{n\,(\mathrm{II})} = \boldsymbol{p}_{n2}$,　在 Σ_2 上 $\boldsymbol{w}_{(\mathrm{II})} = \boldsymbol{w}_2$.

那么,

$$\boldsymbol{w} = \boldsymbol{w}_{(\mathrm{I})} + \boldsymbol{w}_{(\mathrm{II})}, \quad p_{ij} = p_{ij\,(\mathrm{I})} + p_{ij\,(\mathrm{II})}$$

给出该弹性体在质量力 $\boldsymbol{F}_{(\mathrm{I})} + \boldsymbol{F}_{(\mathrm{II})}$ 的作用下的位移和应力张量, 相应边界条件是: 边界 Σ_1 上的面力 $\boldsymbol{p}_n = \boldsymbol{p}_{n1} + \boldsymbol{p}_{n2}$ 和边界 Σ_2 上的位移 $\boldsymbol{w} = \boldsymbol{w}_1 + \boldsymbol{w}_2$ 都是给定的.

　　例如, 我们在前面研究过弹性杆在均匀分布于两端的力的作用下的拉伸问题和弹性杆在自重作用下的拉伸问题, 利用这两个问题的解就可以构造出弹性杆同时受到上述两种作用时的拉伸问题的解.

关于弹性力学问题的解的唯一性　　在解决许多弹性力学问题的时候, 就像解决弹性杆在自重作用下的拉伸问题那样, 一部分未知量的值是利用某种直觉或某些实验方法得到的, 另一部分未知量的值则是从基本方程计算出来的. 这样一来, 我们自然有可能感觉不太满意, 因为需要排除存在其他解的可能性. 只要证明弹性力学问题的解的唯一性, 就可以消除这种感觉. 我们预先指出, 弹性力学中的静力学问题仅在相对位移很小时才具有唯一解.

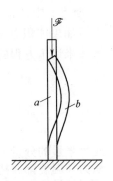

　　其实, 我们来考虑一个例子. 设一根矩形截面细杆的一端固定, 另一端受到集中作用于一点的力 $\mathscr{F}$ 的作用 (图 115). 这时, 如果力 $\mathscr{F}$ 足够大, 该细杆的平衡问题的解就有可能不是唯一的. 如图 115 所示, 细杆既可能仍然是直的, 也可能发生弯曲.

　　物质微元从位置 a 到位置 b 的位移 (以及相对旋转) 是有限的. 问题的解这时之所以不唯一, 是因为所研究的弹性系统在力 $\mathscr{F}$ 足够大时不稳定. 结果表明, 能够存在若干个平衡位置, 但并非所有平衡位置都是稳定的.

图 115.　细杆在力 $\mathscr{F}$ 作用下能够保持平衡的两个位置

克拉珀龙方程　　为了证明线性理论中的静力学问题的解的唯一性, 我们先来证明克拉珀龙定理. 为简单起见, 在笛卡儿坐标系中考虑平衡方程

$$\rho_0 F^i + \frac{\partial p^{ij}}{\partial x^j} = 0, \tag{5.7}$$

然后用某个矢量 $\boldsymbol{w}$ 的相应分量作乘法运算, 得

$$\rho_0 F^i w_i + \frac{\partial (p^{ij} w_i)}{\partial x^j} - p^{ij} \frac{\partial w_i}{\partial x^j} = 0. \tag{5.8}$$

可以把矢量 $\boldsymbol{w}$ 看做弹性体诸点的真实的或可能的位移, 它既可以是有限矢量, 也可以是无穷小矢量[1]. 在应力张量对称 ($p^{ij} = p^{ji}$) 时, 对方程 (5.8) 中的最后一项可作如下变换:

$$p^{ij} \frac{\partial w_i}{\partial x^j} = \frac{1}{2} \left(p^{ij} \frac{\partial w_i}{\partial x^j} + p^{ij} \frac{\partial w_j}{\partial x^i} \right) = p^{ij} \varepsilon_{ij},$$

式中

$$\varepsilon_{ij} = \frac{1}{2} \left(\frac{\partial w_i}{\partial x^j} + \frac{\partial w_j}{\partial x^i} \right);$$

可以把 ε_{ij} 看做小位移 $\boldsymbol{w}$ 所对应的应变张量的分量.

---

[1] 与下述结论有关的假设是, 矢量 $\boldsymbol{w}$ 的分量 w_i 和应力张量的分量 p^{ij} 是弹性体所占空间区域中的点的坐标的连续可微函数.

在整个区域 V 中对方程 (5.8) 进行积分, 利用奥—高定理以及

$$p^{ij} w_i n_i \, \mathrm{d}\sigma = (\boldsymbol{p}_n)^i w_i \, \mathrm{d}\sigma,$$

得

$$\int_V \rho_0 \boldsymbol{F} \cdot \boldsymbol{w} \, \mathrm{d}\tau + \int_\Sigma \boldsymbol{p}_n \cdot \boldsymbol{w} \, \mathrm{d}\sigma = \int_V p^{ij} \varepsilon_{ij} \, \mathrm{d}\tau. \tag{5.9}$$

如果把 $\boldsymbol{w}$ 想象成无穷小位移, 就可以把这个等式看做弹性力学中表述可能位移原理的方程, 它等价于方程组 (5.7).

现在, 设 $\boldsymbol{w}$ 是弹性体诸点在给定的外面力和外质量力作用下的位移矢量. 在小变形的情况下可以引入体积自由能 $\Phi = \rho_0 F$ (见 §2), 使得

$$p^{ij} = \frac{\partial \Phi}{\partial \varepsilon_{ij}},$$

于是等式 (5.9) 的形式变为

$$\int_V \rho_0 \boldsymbol{F} \cdot \boldsymbol{w} \, \mathrm{d}\tau + \int_\Sigma \boldsymbol{p}_n \cdot \boldsymbol{w} \, \mathrm{d}\sigma = \int_V \varepsilon_{ij} \frac{\partial \Phi}{\partial \varepsilon_{ij}} \, \mathrm{d}\tau. \tag{5.10}$$

这个等式就是克拉珀龙定理, 它在所研究的介质不满足胡克定律时也成立. 然而, 如果弹性体满足胡克定律, 在等温过程中就可以认为 Φ 是 ε_{ij} 的二次型 (精确到相差一个可加常量), 即

$$\Phi = A^{ijkl} \varepsilon_{ij} \varepsilon_{kl} + \mathrm{const}.$$

对于各向同性物体, 去掉无关紧要的常量后, 我们有 (见 (2.27))

$$\Phi = \frac{1}{2} \lambda I_1^2 + \mu I_2.$$

根据齐次函数的相关定理可得

$$\varepsilon_{ij} \frac{\partial \Phi}{\partial \varepsilon_{ij}} = 2\Phi.$$

如果引入弹性体整体的总自由能

$$\widetilde{\Phi} = \int_V \Phi \, \mathrm{d}\tau,$$

就可以把克拉珀龙方程 (5.10) 写为以下形式.

$$\int_V \rho_0 \boldsymbol{F} \cdot \boldsymbol{w} \, \mathrm{d}\tau + \int_\Sigma \boldsymbol{p}_n \cdot \boldsymbol{w} \, \mathrm{d}\sigma = 2\widetilde{\Phi}. \tag{5.11}$$

这个等式即是满足胡克定律的介质的克拉珀龙定理.

拉梅系数 λ 和 μ 是正的 (这符合实验结果). 对于满足胡克定律的各向同性物体中的等温过程, 体积自由能 Φ 是正定二次型. Φ 的这个性质对各向异性物体也成立.

解的唯一性　现在证明, 如果假设克拉珀龙方程 (5.11) 成立 (介质满足胡克定律, 相对位移很小并且是单值的和连续的), 则上述静力学问题 I, II, III 的解在 $T = T_0$ 时 [1] 具有唯一性.

采用反证法, 假设所提问题具有两个不同的解:

$$\boldsymbol{w}_{(I)},\ \varepsilon_{ij(I)},\ p_{ij(I)}\ \text{和}\ \boldsymbol{w}_{(II)},\ \varepsilon_{ij(II)},\ p_{ij(II)}.$$

根据所提假设, 如果这两个解对应同样的边界条件和质量力, 则这两个解之差

$$\boldsymbol{w} = \boldsymbol{w}_{(I)} - \boldsymbol{w}_{(II)}, \quad \varepsilon_{ij} = \varepsilon_{ij(I)} - \varepsilon_{ij(II)}, \quad p_{ij} = p_{ij(I)} - p_{ij(II)} \tag{5.12}$$

也是同类问题的解, 只不过边界上的面力和位移这时都等于零, 并且没有质量力. 因此, 对 (5.12) 应用克拉珀龙方程 (5.11), 得

$$\widetilde{\Phi} = 0$$

根据 Φ 的正定性, 由此立即得出 $\varepsilon_{ij} = 0$, 而从胡克定律可知 $p_{ij} = 0$. 因为 $\varepsilon_{ij} = 0$, 所以位移 $\boldsymbol{w}$ 只能是弹性体像刚体那样运动所对应的位移. 如果在提出问题时一概不考虑这样的位移, 则 $\boldsymbol{w} = 0$. 因此, $\boldsymbol{w}_{(I)} = \boldsymbol{w}_{(II)}$, $\varepsilon_{ij(I)} = \varepsilon_{ij(II)}$, $p_{ij(I)} = p_{ij(II)}$, 这就证明了问题 I, II, III 的解的唯一性. 我们指出, 只要两个解之差在物体的整个表面 Σ 上满足条件 $\displaystyle\int_{\Sigma} \boldsymbol{p}_n \cdot \boldsymbol{w}\,\mathrm{d}\sigma = 0$, 上述证明就是成立的. 这样的边界条件并非仅出现在问题 I, II, III 中.

圣维南原理　我们现在表述一个非常重要的原理——圣维南原理, 其内容如下. 如果有一组质量力或面力作用于一个物体的内部或其表面的某个区域, 使物体处于平衡状态, 并且受力区域与物体的基本尺寸相比很小, 则在远离受力区域的部位, 物体的应变应力状态基本上只取决于这些力的主矢量和主力矩; 近似地讲, 远处的应变应力状态与这些力的详细分布特点无关. 力的分布的详细情况实际上只对紧邻受力区域的部位才有影响 [2].

圣维南原理是从弹性力学问题的解的下述一般性质得到的. 如果物体的某一部分 A 与整体尺寸相比很小, 在这部分物体上作用着使物体处于静力学平衡状态的一组力, 则由此引起的应力在远离 A 时减小得很快. 假设我们用钳子夹住铁丝, 并且钳

---

[1] 如果 $T \neq T_0$, 但 T 是坐标的给定函数, 并且这个函数对问题 I 和 II 的解是相同的, 则以下证明仍然成立.

[2] 理论分析指出, 需要修改圣维南原理的这个传统表述, 以便更明确地表达物体的形状、外力分布的性质和受力区域很小的概念. 可以从以下论文了解这些问题: von Mises R. On Saint-Venant's principle. Bull. Amer. Math. Soc., 1945, 51: 555—562. Sternberg E. On Saint-Venant's principle. Q. Appl. Math. 1954, 11: 393—402. Toupin R. A. Saint-Venant's principle. Arch. Ration. Mech. Anal., 1965, 18: 83—96. Бердичевский В. Л. О доказательстве принципа Сен-Венана для тел произвольной формы. ПММ, 1974, 38(5): 851—864 (Berdichevskii V. L. On the proof of the Saint-Venant principle for bodies of arbitrary shape. J. Appl. Math. Mech., 1974, 38(5): 799—813).

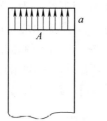 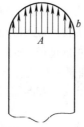

图 116. 面力分布 a 和 b 对杆中远离
A 端的部分具有同样的作用

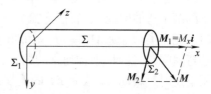

图 117. 直杆受到扭矩 $\boldsymbol{M}_1$ 和弯矩 $\boldsymbol{M}_2$
的作用 ($\boldsymbol{M}_2 = M_y\boldsymbol{j} + M_z\boldsymbol{k}$)

口对铁丝的作用力是平衡的. 显然, 无论这些作用力有多大 (铁丝甚至可能被夹断),
它们几乎不会在铁丝被夹部位之外的主体部分引起应力. 大量实验结果和许多数值
算例都证实了圣维南原理.

  例如, 从圣维南原理可知, 如果研究一根很长的弹性杆在自重作用下的拉伸问
题, 则在距离固定端足够远的区域, 杆的应力应变状态与固定方法无关. 换言之, 如
图 116 所示, 如果在上述拉伸问题中把外面力分布 a 改为具有相同合力的外面力分
布 b, 则杆的应力应变状态基本不变.

  有了圣维南原理, 就能够得到各种弹性力学问题的近似解, 这时只要利用作用
力按照特殊方式分布的类似问题的解即可.

§6. 弹性杆弯曲问题

  考虑一根截面形状任意的弹性直杆 (图 117). 假设在杆的侧面 Σ 上 $\boldsymbol{p}_n = 0$, 在
端面 Σ_2 上 $\boldsymbol{p}_n \neq 0$, 并且

$$\int\limits_{\Sigma_2} \boldsymbol{p}_n \, \mathrm{d}\sigma = 0, \quad \int\limits_{\Sigma_2} \boldsymbol{r} \times \boldsymbol{p}_n \, \mathrm{d}\sigma = \boldsymbol{M} \neq 0,$$

即在端面 Σ_2 上作用着力偶, 力偶矩为 $\boldsymbol{M}$. 根据条件, 杆处于平衡状态, 所以在端面
Σ_1 上也作用着力偶, 相应力偶矩与作用在 Σ_2 上的力偶矩大小相同但方向相反, 即

$$\int\limits_{\Sigma_1} \boldsymbol{p}_n \, \mathrm{d}\sigma = 0, \quad \int\limits_{\Sigma_1} \boldsymbol{r} \times \boldsymbol{p}_n \, \mathrm{d}\sigma = -\boldsymbol{M}.$$

在一般情况下, 力偶矩 $\boldsymbol{M}$ 可以具有任意方向.

扭矩和弯矩 · 纯弯曲　选取右手笛卡儿坐标系 x, y, z, 使 x 轴平行于杆的轴线并
通过其横截面的重心, 而 y 轴和 z 轴分别指向横截面的惯
性主轴方向 (图 117). 我们把作用于端面 Σ_2 的力偶矩 $\boldsymbol{M}$ 分解为三个分力偶矩:
$\boldsymbol{M} = M_x\boldsymbol{i} + M_y\boldsymbol{j} + M_z\boldsymbol{k}$. 显然, 杆在 M_x 的作用下将发生扭转, 在 M_y 和 M_z 的作
用下将发生弯曲. 因此, M_x 称为扭矩, M_y 和 M_z 称为弯矩.

在弹性力学的线性理论中, 要想获得杆在任意力偶矩 $\boldsymbol{M}$ 作用下的应力应变状态, 可以先解决杆在力偶矩 M_x 作用下的一个扭转问题和分别在力偶矩 M_y, M_z 作用下的两个弯曲问题, 然后把这三个问题的解叠加起来. 显然, 杆的两个弯曲问题在本质上完全类似. 设 $M_x = M_y = 0$, 我们来详细研究杆在给定弯矩 $M_z = M$ 的作用下的弯曲问题. 这时, 就像通常的约定那样, 如果从 z 轴所指方向看, 杆在力偶矩 $\boldsymbol{M}$ 作用下逆时针转动, 就认为 $\boldsymbol{M}$ 的值是正的.

设一根杆在两端受到力的作用并保持平衡状态, 这时合力为零. 如果这些力的合力矩是非零的弯矩 $\boldsymbol{M}$, 则由此产生的应变应力状态称为纯弯曲.

下一节将求解杆的扭转问题. 为简单起见, 我们在弯曲问题和扭转问题中认为杆的温度处处相同并且不随时间变化 $(T = T_0)$, 不存在质量力. 此外, 我们还认为应变张量可由位移计算, 并且位移是小量.

端面上的应力分布 　容易看出, 如果端面 Σ_2 上的外面力分布具有以下特殊形式:

$$\boldsymbol{p}_n = p^{11}\boldsymbol{i}, \quad p^{11} = -\alpha y, \tag{6.1}$$

则在所用坐标系中可知, 该外面力的合力为零, 合力矩只有沿 z 轴的分量. 其实,

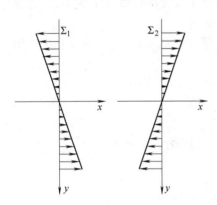

$$\int_{\Sigma_2} \boldsymbol{p}_n \, \mathrm{d}\sigma = -\alpha \boldsymbol{i} \int_{\Sigma_2} y \, \mathrm{d}\sigma = 0,$$

因为 x 轴经过横截面的重心;

$$M_x = \int_{\Sigma_2} (\boldsymbol{r} \times \boldsymbol{p}_n)_x \, \mathrm{d}\sigma = 0,$$

因为 $\boldsymbol{p}_n$ 平行于 x 轴;

$$M_y = \int_{\Sigma_2} (\boldsymbol{r} \times \boldsymbol{p}_n)_y \, \mathrm{d}\sigma = \alpha \int_{\Sigma_2} yz \, \mathrm{d}\sigma = 0,$$

图 118. 端面 Σ_1 和 Σ_2 上的应力分布 $\boldsymbol{p}_n$　　因为 y 轴和 z 轴与横截面惯性主轴重合; 最后,

$$M = M_z = \int_{\Sigma_2} (\boldsymbol{r} \times \boldsymbol{p}_n)_z \, \mathrm{d}\sigma = \alpha \int_{\Sigma_2} y^2 \, \mathrm{d}\sigma = \alpha J, \tag{6.2}$$

式中 J 是横截面 Σ 对 z 轴的转动惯量. 从 (6.2) 可以得到系数 α 的公式

$$\alpha = \frac{M}{J}.$$

我们还认为, 端面 Σ_1 上的面力分布规律为

$$(\boldsymbol{p}_n)_{\Sigma_1} = -(\boldsymbol{p}_n)_{\Sigma_2}. \tag{6.3}$$

图 118 给出了端面 Σ_1 和 Σ_2 上的应力分布 $(\boldsymbol{p}_n)_{\Sigma_1} = \alpha y \boldsymbol{i}$ 和 $(\boldsymbol{p}_n)_{\Sigma_2} = -\alpha y \boldsymbol{i}$. 直接可以看出, 这样的外力分布引起杆的弯曲. 我们将在下面得到杆在弯矩 $\boldsymbol{M}$ 作用下

的弯曲问题的一个精确解, 它仅仅适用于端面 Σ_1 和 Σ_2 上的面力按照规律 (6.1) 和 (6.3) 分布的情况. 这个解的实际应用当然并不局限于这种情况. 从圣维南原理可知, 只要在 Σ_2 (和 Σ_1) 上给出对应着给定弯矩 $\boldsymbol{M}$ (和 $-\boldsymbol{M}$) 的任何其他应力分布 $\boldsymbol{p}_n$, 所得到的解在距离杆的两端足够远的部分仍然成立.

杆内部的应力 为了得到问题的解, 我们认为杆内部和表面的所有点的应力张量都满足等式

$$p^{11} = -\frac{M}{J}y, \quad p^{12} = p^{13} = p^{22} = p^{23} = p^{33} = 0. \tag{6.4}$$

显然, 这时不仅成立平衡方程

$$\frac{\partial p^{ij}}{\partial x^j} = 0,$$

而且成立所有边界条件. 其实, 从上述讨论直接可以看出, 解 (6.4) 满足 Σ_1 和 Σ_2 上的边界条件. 根据坐标轴的选取方法, 在杆的侧面上有 $\cos(\boldsymbol{n}, x) = 0$, 所以

$$\boldsymbol{p}_n = \boldsymbol{p}^1 \cos(\boldsymbol{n}, x) + \boldsymbol{p}^2 \cos(\boldsymbol{n}, y) + \boldsymbol{p}^3 \cos(\boldsymbol{n}, z) = 0.$$

应变张量和位移矢量 根据胡克定律 (2.29), 从已知的应力张量分量 (6.4) 容易计算
的分量 应变张量的分量:

$$\varepsilon_{11} = \frac{\partial w_1}{\partial x} = -\frac{My}{EJ}, \quad \varepsilon_{22} = \frac{\partial w_2}{\partial y} = \frac{\sigma My}{EJ},$$
$$\varepsilon_{33} = \frac{\partial w_3}{\partial z} = \frac{\sigma My}{EJ}, \quad \varepsilon_{12} = \varepsilon_{23} = \varepsilon_{13} = 0. \tag{6.5}$$

由此可知, 在纯弯曲过程中, 位于 x 轴的物质微元既不受拉伸, 也不受压缩; 平行于 x 轴的物质微元在 $y > 0$ 时受到压缩, 在 $y < 0$ 时受到拉伸.

可以直接检验, 位移分量 w_1, w_2, w_3 的微分方程 (6.5) 的解具有以下形式:

$$w_1 = -\frac{Myx}{EJ}, \quad w_2 = \frac{M}{2EJ}[x^2 + \sigma(y^2 - z^2)], \quad w_3 = \frac{\sigma Myz}{EJ}.$$

这时, 为了不再考虑刚体位移, 我们认为端面 Σ_1 的重心 (即坐标原点) 的位移等于零, 那里的应变张量主轴也不转动.

挠曲轴的方程和曲率 杆的任何一点 $(x = x_0, y = y_0, z = z_0)$ 在杆发生变形后移动到坐标为 (x, y, z) 的点, 相应计算公式为

$$x = x_0 + w_1 = x_0 - \frac{My_0x_0}{EJ},$$
$$y = y_0 + w_2 = y_0 + \frac{M}{2EJ}[x_0^2 + \sigma(y_0^2 - z_0^2)], \tag{6.6}$$
$$z = z_0 + w_3 = z_0 + \frac{\sigma My_0z_0}{EJ}.$$

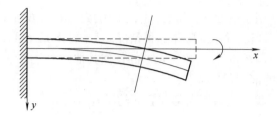

图 119. 变形前后的杆

图 120. 矩形截面梁和工字梁

对于杆轴上的点 $(y_0 = z_0 = 0)$, 我们得到 [1]

$$w_1 = w_3 = 0, \quad w_2 = \frac{M}{2EJ}x_0^2 \approx \frac{M}{2EJ}x^2.$$

由此可知, 挠曲轴 (变形后的杆轴) 的方程为

$$y = \frac{M}{2EJ}x^2, \tag{6.7}$$

它是抛物线.

我们来研究挠曲轴的曲率

$$\frac{1}{R} = \frac{\mathrm{d}\theta}{\mathrm{d}s},$$

式中 R 是曲率半径, θ 是曲线的切线与某条直线 (例如与 x 轴) 的夹角, $\mathrm{d}s$ 是曲线弧长微元. 如果曲率很小, 则 $1/R \approx \mathrm{d}^2y/\mathrm{d}x^2$, 所以 (6.7) 给出

$$\frac{1}{R} = \frac{\mathrm{d}^2y}{\mathrm{d}x^2} = \frac{M}{EJ}. \tag{6.8}$$

横截面的变形　取杆的某个横截面 $x = x_0$. 平面 $x = x_0$ 在杆发生变形之后移动到曲面 $x = x_0 + w_1$. 根据 (6.6), 该曲面的方程为

$$x = x_0\left(1 - \frac{My_0}{EJ}\right) \approx x_0\left(1 - \frac{My}{EJ}\right).$$

这个方程确定了一个平面. 因此, 横截面在杆发生变形之后还是平的.

显然, 杆轴在变形之后仍然垂直于上述横截面, 因为 $\varepsilon_{12} = 0$, $\varepsilon_{13} = 0$ (见图 119).

杆的抗弯刚度　从 (6.8) 可知, 杆的曲率正比于弯矩 M, 反比于 EJ, 这个量称为杆的抗弯刚度. 显然, 抗弯刚度 EJ 与杆的材料和横截面形状有关, 这两个因素分别通过 E 和 J 表现出来.

例如, 如图 120 所示, 考虑由同一种材料制成的两根梁, 其中一根梁的横截面是面积为 S 的矩形, 第二根梁具有工字形横截面 (这样的梁称为工字梁), 其面积也是 S. 显然, 工字梁的横截面具有更大的转动惯量 J, 所以工字梁的抗弯刚度 EJ 更大. 因此, 用来抗拒弯曲的杆 (例如火车铁轨) 通常具有工字形横截面.

---

[1] 杆轴上各点在杆轴相应法平面内的位移 (这里是 w_2) 称为杆的挠度. ——译注

§7. 直杆的扭转

我们来研究直杆的扭转问题. 若端面所受力矩矢量不属于横截面所在平面, 就会出现扭转. 各种机械的大量零部件是在扭转条件下工作的, 例如水轮机[1] 和 (汽车、飞机、轮船等交通工具上的) 各种发动机的转轴. 工程师通常关注给定转轴能够承受的最大扭矩值和最大应力值, 给定扭矩下的扭角等信息.

问题的提法　为了确定直杆受到扭转时的应力应变状态, 我们将在小变形理论的范围内提出问题. 考虑一根杆的绝对平衡或相对平衡, 不计温度变化和质量力的影响 (如有必要, 在线性理论中可以单独考虑这些因素). 我们来研究平衡方程

$$\nabla_j p^{ij} = 0. \tag{7.1}$$

在条件 $T = T_0$ 下, 方程 (7.1) 与胡克定律、应变协调方程或贝尔特拉米—米切尔方程一起组成封闭方程组.

选取如图 121 所示的笛卡儿坐标系. 我们认为在杆的侧面上 $p_n = 0$, 即

$$p^1 \cos(n, x) + p^2 \cos(n, y) + p^3 \cos(n, z) = 0.$$

因为 z 轴平行于直杆表面 Σ ($\cos(n, z) = 0$) 的母线, 所以可以把这个条件写为

$$\begin{aligned} p^{11} \cos(n, x) + p^{21} \cos(n, y) &= 0, \\ p^{12} \cos(n, x) + p^{22} \cos(n, y) &= 0, \\ p^{13} \cos(n, x) + p^{23} \cos(n, y) &= 0. \end{aligned} \tag{7.2}$$

设端面 Σ_1 和 Σ_2 上的面力是给定的. 我们将认为, 每一个端面 Σ_1 和 Σ_2 上的面力都归结为力偶, 相应的力偶矩平行于 z 轴, 即

$$\int_{\Sigma_2} p_n \, d\sigma = 0, \quad \int_{\Sigma_2} r \times p_n \, d\sigma = M = Mk,$$

$$\int_{\Sigma_1} p_n \, d\sigma = 0, \quad \int_{\Sigma_1} r \times p_n \, d\sigma = -M = -Mk. \tag{7.3}$$

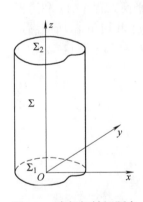

图 121. 直杆扭转问题中使用的记号和坐标轴

如果我们得到端面 Σ_1 和 Σ_2 上满足条件 (7.3) 的某种应力分布所对应的解, 那么, 根据圣维南原理, 这个解将近似地描述端面上具有同样扭矩的任何另外一种应力分布所导致的应力应变状态.

对位移的假设　上述问题的解是由圣维南用半逆方法在 19 世纪给出的, 我们在这里也使用这种方法.

---

[1] 现代超大功率水轮机钢质转轴的直径可达两米左右.

设位移 $w_1,\ w_2,\ w_3$ 具有以下形式:

$$w_1 = -\alpha zy, \quad w_2 = \alpha zx, \quad w_3 = \alpha f(x,\ y), \tag{7.4}$$

式中 α 是常量, $f(x,\ y)$ 是待求函数.

不难理解, 如果在杆中发生形如 (7.4) 的位移, 则最初垂直于 z 轴的横截面会绕这个轴旋转 αz 角, 横截面同时变得弯曲, 平面 $z = z_0$ 变为曲面 $z = z_0 + \alpha f(x,\ y)$. 于是, 每一个横截面的旋转角与该横截面到坐标原点的距离成正比, 而 α 是单位杆长的扭角.

应变张量和应力张量的公式　现在计算位移 (7.4) 所对应的应变张量的分量. 我们有

$$\varepsilon_{11} = 0, \quad \varepsilon_{22} = 0, \quad \varepsilon_{33} = 0, \quad \varepsilon_{12} = 0,$$

$$\varepsilon_{31} = \varepsilon_{13} = \frac{\alpha}{2}\left(-y + \frac{\partial f}{\partial x}\right), \quad \varepsilon_{23} = \varepsilon_{32} = \frac{\alpha}{2}\left(x + \frac{\partial f}{\partial y}\right).$$

如果杆的材料服从胡克定律, 对应力张量的分量就得到公式

$$p^{11} = 0, \quad p^{22} = 0, \quad p^{33} = 0, \quad p^{12} = 0,$$

$$p^{13} = \alpha\mu\left(-y + \frac{\partial f}{\partial x}\right), \quad p^{23} = \alpha\mu\left(x + \frac{\partial f}{\partial y}\right). \tag{7.5}$$

求扭转函数 $f(x,\ y)$ 的问题　把应力张量分量的表达式 (7.5) 代入平衡方程 (7.1) 和边界条件 (7.2), (7.3), 我们得到函数 $f(x,\ y)$ 和扭角 α 所应满足的方程和边界条件. 在三个平衡方程中, 两个方程 (在 x 轴和 y 轴上的投影) 自动成立, 第三个方程化为

$$\frac{\partial^2 f}{\partial x^2} + \frac{\partial^2 f}{\partial y^2} = 0. \tag{7.6}$$

侧面上的边界条件 (7.2) 给出

$$\alpha\mu\left(-y + \frac{\partial f}{\partial x}\right)\cos(\boldsymbol{n},\ x) + \alpha\mu\left(x + \frac{\partial f}{\partial y}\right)\cos(\boldsymbol{n},\ y) = 0,$$

或

$$\text{在 } \Sigma \text{ 上} \quad \frac{\partial f}{\partial n} = y\cos(\boldsymbol{n},\ x) - x\cos(\boldsymbol{n},\ y). \tag{7.7}$$

我们指出, 方程 (7.6) 和边界条件 (7.7) 中都不包含变量 z. 所以, 我们只要在杆的一个横截面所占区域内部确定函数 $f(x,\ y)$ 即可. 设该横截面的边界为 C, 则边界条件 (7.7) 可以改写为

$$\frac{\partial f}{\partial n}\bigg|_C = y\cos(\boldsymbol{n},\ x) - x\cos(\boldsymbol{n},\ y) = y\frac{\mathrm{d}y}{\mathrm{d}s} + x\frac{\mathrm{d}x}{\mathrm{d}s} = \frac{\mathrm{d}}{\mathrm{d}s}\frac{x^2 + y^2}{2}, \tag{7.8}$$

式中 s 是曲线 C 的弧长. 其实, 按照封闭曲线环绕正方向的规定, 如果认为曲线 C

的内部区域在沿该曲线环绕时总是位于左侧, 则对于曲线 C 的微元 $\mathrm{d}s$ 的投影 $\mathrm{d}x$ 和 $\mathrm{d}y$, 我们有

$$\begin{aligned} \mathrm{d}x &= \mathrm{d}s\cos(\boldsymbol{s},\ x) = -\mathrm{d}s\cos(\boldsymbol{n},\ y), \\ \mathrm{d}y &= \mathrm{d}s\cos(\boldsymbol{s},\ y) = \mathrm{d}s\cos(\boldsymbol{n},\ x). \end{aligned} \tag{7.9}$$

这样表述出来的求解函数 $f(x,y)$ 的问题是诺伊曼内部问题. 条件 (7.8) 的右侧是坐标的已知函数, 因为我们已经知道杆的表面方程. 从 (7.8) 可知, 诺伊曼内部问题的解的正则性条件

$$\oint \frac{\partial f}{\partial n}\,\mathrm{d}s = 0$$

总是成立的.

我们指出, 函数 f 取决于纯几何因素. 无论杆是由哪一种各向同性材料制成的, 只要其横截面形状相同, 函数 f 就都是相同的. 这个函数经常被称作扭转函数[1].

两端的边界条件成立 现在考虑两端的边界条件. 在 Σ_2 上有 $\boldsymbol{p}_n = \boldsymbol{p}^3 = p^{31}\boldsymbol{i} + p^{32}\boldsymbol{j}$. 可以把条件 (7.3) 写为以下形式:

$$\int_{\Sigma_2} p^{31}\,\mathrm{d}\sigma = 0, \quad \int_{\Sigma_2} p^{32}\,\mathrm{d}\sigma = 0, \quad \int_{\Sigma_2}(xp^{32}-yp^{31})\,\mathrm{d}\sigma = M. \tag{7.10}$$

我们证明, 如果 f 是上述诺伊曼问题的解, 则 (7.10) 中的前两个条件成立. 其实, 通过一些简单的变换, 根据 (7.5), (7.6), (7.7) 得到

$$\int_{\Sigma_2} p^{31}\,\mathrm{d}\sigma = \alpha\mu\int_{\Sigma_2}\left(\frac{\partial f}{\partial x}-y\right)\mathrm{d}\sigma = \alpha\mu\int_{\Sigma_2}\left[\frac{\partial}{\partial x}\left(\frac{\partial f}{\partial x}x-yx\right)+\frac{\partial}{\partial y}\left(x^2+\frac{\partial f}{\partial y}x\right)\right]\mathrm{d}\sigma$$

$$= \alpha\mu\int_C\left[x\left(\frac{\partial f}{\partial x}-y\right)\cos(\boldsymbol{n},\ x)+x\left(\frac{\partial f}{\partial y}+x\right)\cos(\boldsymbol{n},\ y)\right]\mathrm{d}s = 0.$$

类似地可以证明 $\displaystyle\int_{\Sigma_2} p^{32}\,\mathrm{d}\sigma = 0$. 在上述特殊扭转问题的解中, 公式 (7.5) 确定了受扭杆件两端的外应力分布.

因为按照公式 (7.5) 计算的应力张量分量与 z 无关, 它们在横截面 Σ_2 和 Σ_1 上具有相同的分布, 所以弹性杆两端 Σ_2 和 Σ_1 上的应力矢量 $\boldsymbol{p}_n$ 大小相同但符号相反. 因此, 如果 Σ_2 上的边界条件成立, 则 Σ_1 上的边界条件显然也成立.

扭角与扭矩之间的关系·抗扭刚度 (7.10) 中的第三个条件根据 (7.5) 具有以下形式:

$$\alpha\mu\int_{\Sigma_2}\left[x\left(x+\frac{\partial f}{\partial y}\right)-y\left(\frac{\partial f}{\partial x}-y\right)\right]\mathrm{d}\sigma = M.$$

---

[1] 在中文文献中经常称之为翘曲函数. ——译注

可以把这个关系式看做把扭角 α 与扭矩 M 联系起来的方程:

$$\alpha = \frac{M}{\mu \int\limits_{\Sigma_2} \left(x^2 + y^2 + x\frac{\partial f}{\partial y} - y\frac{\partial f}{\partial x}\right) \mathrm{d}\sigma}. \tag{7.11}$$

扭角与扭矩 M 成正比, 与剪切模量 μ 成反比. (7.11) 中的分母称为抗扭刚度.

综上所述, 求解上述直杆扭转问题归结为求解函数 $f(x,\,y)$ 的诺伊曼问题.

圆截面杆的扭转　　对于某些简单的区域, 这个问题的解是已知的. 作为一个例子, 我们给出圆截面杆扭转问题的解. 如果 z 轴与杆轴重合, 则封闭曲线 C 的方程为 $x^2 + y^2 = R^2$, 边界条件 (7.8) 的形式为

$$\frac{\partial f}{\partial n}\bigg|_{x^2+y^2=R^2} = 0, \tag{7.12}$$

而相应诺伊曼内部问题的解为

$$f(x,\,y) = c = \mathrm{const}.$$

这时, 沿 z 轴的位移 $w_3 = \alpha f$ 对所有物质点都相同. 通常, 如果认为杆的某一个点静止不动, 就需要令常量 c 等于零. 于是, 在圆截面杆受到扭转时, 各个物质点的位移公式可以写为以下形式:

$$w_1 = -\alpha zy, \quad w_2 = \alpha zx, \quad w_3 = 0.$$

由此可以得出的一个结论是, 在圆截面杆发生扭转时, 横截面一直是平的; 每个横截面都像刚性圆盘那样绕旋转轴转动, 但不同横截面转动不同的角度, 该角度与坐标 z 成正比, 而横截面 $z = 0$ 固定不动. 这时, 应变张量和应力张量的非零分量是

$$\varepsilon_{31} = \varepsilon_{13} = -\frac{\alpha}{2}y, \quad p^{31} = p^{13} = -\mu\alpha y,$$

$$\varepsilon_{32} = \varepsilon_{23} = \frac{\alpha}{2}x, \quad p^{32} = p^{23} = \mu\alpha x. \tag{7.13}$$

发生扭转时每一个横截面上的最大切向应力出现在边界上　　可以看出, 在杆的任何横截面上只有切向应力; 对于圆形横截面上的应力值, 我们有 $|\tau| = \sqrt{(p^{13})^2 + (p^{23})^2} = \mu\alpha\sqrt{x^2 + y^2}$. 因此, 最大切向应力

$$\tau_{\max} = \mu\alpha R \tag{7.14}$$

出现在杆的外边界上. 当横截面具有任意形状 (不仅仅是圆形) 的直杆发生扭转时, 应力分布都有这个性质. 为了证明这个结论, 我们首先指出, 在一般情况下, 只要位移满足公式 (7.4), 则无论 x 轴和 y 轴指向哪里, 都可以把横截面上的相应切向应力表示为以下形式:

$$|\tau| = \mu\alpha\sqrt{\left(\frac{\partial f}{\partial x} - y\right)^2 + \left(\frac{\partial f}{\partial y} + x\right)^2}.$$

我们总是可以让 x 轴与横截面上任意内点 N 的切向应力矢量具有同样的方向. 这样一来, 切向应力在点 N 的值等于

$$|\boldsymbol{\tau}| = \mu\alpha \left| \frac{\partial f}{\partial x} - y \right|,$$

而在其他点, 这个值仅仅是切向应力在 x 轴的投影 p^{13} 的大小. 函数 $\mu\alpha \left(\dfrac{\partial f}{\partial x} - y \right)$ 是调和函数, 它不能在自己的定义域内部 (包括内点 N) 达到最大值和最小值 (见第八章 §12). 在点 N 的邻域中总是可以找到这样的点 N_1, 使上述调和函数在该点的值大于它在点 N 的值, 于是 $|p^{13}|_{N_1} > |\boldsymbol{\tau}|_N$. 在计算 $|\boldsymbol{\tau}|_{N_1}$ 时需要考虑 p^{23}, 而这只会加强这个不等式. 因此, 在任意内点 N 的邻域中总是可以找到这样的点 N_1, 使 $|\boldsymbol{\tau}|_{N_1} > |\boldsymbol{\tau}|_N$, 这就证明了上述结论.

圆截面杆的扭角和最大切向应力对扭矩的依赖关系

根据 (7.11), 当圆截面杆发生扭转时, 扭矩满足公式

$$M = \alpha\mu \frac{\pi R^4}{2} \quad \text{或} \quad \alpha = \frac{2M}{\mu\pi R^4}.$$

因此, 圆截面杆的扭角与扭矩 M 成正比, 与截面半径的四次方成反比. 当扭矩值 M 给定时, 最大切向应力值等于

$$\tau_{\max} = \frac{2M}{\pi R^3}. \tag{7.15}$$

如果已知转轴能够承受的切向应力值, 则根据给定的扭矩值 M 可以计算转轴的最小允许直径.

当直杆的横截面是椭圆、矩形和其他一些几何图形时, 扭转函数 $f(x, y)$ 的上述诺伊曼问题以及计算受扭杆件应力应变状态的问题也有精确解.

关于空心杆扭转问题的说明

我们指出, 任何实心直杆扭转问题的每一个已知的解, 还能够给出相应空心直杆扭转问题的解. 为了构造这样的解, 我们可以假想在一根实心直杆的内部切掉一个柱体, 从而得到一根空心直杆. 所以, 应当要求空心杆横截面的外边界与实心杆横截面的边界相同, 空心杆内部空腔不受应力作用, 并且实心杆横截面上的切向应力 $\boldsymbol{\tau}$ 在 xy 平面上与相应空心杆内边界相对应的每一个点都指向该边界的切线方向.

其实, 实心杆的解不但满足平衡方程和空心杆外侧面上的边界条件, 也很容易满足空心杆两端的条件. 下面只需证明, 空心杆内侧面上的边界条件

$$\boldsymbol{p}_n = 0$$

这时也是成立的. 从 (7.5) 和 z 轴的选取方法容易看出, 在空心杆内侧面上有

$$p_{nx} = p_{ny} = 0,$$
$$p_{nz} = p^{13}\cos(\boldsymbol{n}, x) + p^{23}\cos(\boldsymbol{n}, y).$$

因此, 如果按照上述方法确定空心杆的内侧面, 我们就得到

$$p_{nz} = 0.$$

环形截面杆的扭转　于是, 圆截面杆扭转问题的解也适用于环形截面杆的情况, 因为这时根据 (7.13) 有

$$\boldsymbol{\tau} = p^{13}\boldsymbol{i} + p^{23}\boldsymbol{j} = \mu\alpha(-y\boldsymbol{i} + x\boldsymbol{j}),$$

$$\boldsymbol{n} = \frac{\boldsymbol{r}}{|\boldsymbol{r}|} = \frac{x}{r}\boldsymbol{i} + \frac{y}{r}\boldsymbol{j},$$

并且 $\boldsymbol{\tau} \cdot \boldsymbol{r} = 0$, 即 $\boldsymbol{\tau}$ 指向圆周 $r = \sqrt{x^2 + y^2} = \mathrm{const} \leqslant R$ 的切线方向.

设环形截面杆的外半径为 R, 内半径为 R_1. 根据 (7.11), 因为此时 $f = 0$, 所以环形截面杆的抗扭刚度显然等于

$$\mu \int\limits_0^{2\pi} \int\limits_{R_1}^{R} r^3 \,\mathrm{d}r \,\mathrm{d}\varphi = \frac{\pi\mu}{2}(R^4 - R_1^4).$$

因此, 利用 (7.11) 和 (7.14), 最大切向应力与扭矩 M 之间的关系为

$$\tau_{\max} = \frac{2MR}{\pi(R^4 - R_1^4)}. \tag{7.16}$$

有时, 如果把用于承受扭转的实心杆替换为空心杆, 就可以在抗扭刚度降低不多的前提下显著降低结构重量. 为了证实这个结论, 我们来进行一个简单的具体计算.

考虑外半径都为 R 的一根实心转轴和一根空心转轴, 它们受到相同的扭矩 M 的作用. 与实心转轴相比, 空心转轴的横截面面积小 πR_1^2. 如果空心转轴的内半径 R_1 等于 $R/2$, 则横截面面积之差是实心转轴横截面面积的 25%. 根据 (7.15) 和 (7.16), 空心转轴和实心转轴的最大切向应力之差与实心转轴的最大切向应力之比等于

$$\frac{R_1^4/R^4}{1 - R_1^4/R^4},$$

这个值在 $R_1 = R/2$ 时约等于 6%. 显然, 如果可以在这样的程度上牺牲抗扭刚度, 就可以显著降低转轴的重量.

解决直杆扭转问题的圣维南方法　现在阐述由圣维南提出的一种方法来解决直杆扭转问题. 为此, 我们指出, 可以把求解扭转函数 $f(x, y)$ 的问题替换为求解其共轭调和函数 $\psi(x, y)$ 的问题. 众所周知, 函数 $f(x, y)$ 和 $\psi(x, y)$ 满足柯西—黎曼条件

$$\frac{\partial f}{\partial x} = \frac{\partial \psi}{\partial y}, \quad \frac{\partial f}{\partial y} = -\frac{\partial \psi}{\partial x}.$$

可以把扭转函数 f 在封闭曲线 C 上的边界条件对函数 ψ 进行改写. 根据柯西—黎

曼条件, 从 (7.7) 得

$$0 = \cos(\boldsymbol{n},\ x)\left(\frac{\partial \psi}{\partial y} - y\right) - \cos(\boldsymbol{n},\ y)\left(\frac{\partial \psi}{\partial x} - x\right)$$

$$= \left[\cos(\boldsymbol{n},\ x)\frac{\partial}{\partial y} - \cos(\boldsymbol{n},\ y)\frac{\partial}{\partial x}\right]\left(\psi - \frac{x^2 + y^2}{2}\right)$$

$$= \left[\cos(\boldsymbol{s},\ x)\frac{\partial}{\partial x} + \cos(\boldsymbol{s},\ y)\frac{\partial}{\partial y}\right]\left(\psi - \frac{x^2 + y^2}{2}\right) = \frac{\partial}{\partial s}\left(\psi - \frac{x^2 + y^2}{2}\right).$$

由此可知, 对于函数 $\psi(x,\ y)$, 在曲线 C 上所有的点都应当成立以下边界条件:

$$\psi = \frac{1}{2}(x^2 + y^2) + \mathrm{const}\,. \tag{7.17}$$

因此, 为了确定扭转函数 f, 我们有诺伊曼内部问题, 而为了确定共轭函数 ψ, 我们得到狄利克雷问题.

取复变量 $z = x + \mathrm{i}y$ 的解析函数 $w(z)$, 其实部和虚部分别为 f 和 ψ. 于是, 如果方程

$$\mathrm{Im}\, w(z) = \frac{x^2 + y^2}{2} + \mathrm{const}$$

表示某一条封闭曲线, 就可以把它当做直杆横截面的边界; 与此同时,

$$\mathrm{Re}\, w(z) = f(x,\ y)$$

给出直杆中的点在 z 轴方向上的位移 $(w_3 = \alpha f)$. 应力可由公式 (7.5) 计算. 也可以采用相反的做法, 让 $w(z)$ 的实部为 $-\psi$, 虚部为 f.

椭圆截面杆的扭转　　　例如, 如果取复变量的解析函数

$$w = Az^2 = A(x + \mathrm{i}y)^2 = A(x^2 - y^2) + 2\mathrm{i}Axy,$$

式中 A 是实数常量, 并且

$$|A| < \frac{1}{2},$$

然后令

$$f = 2Axy, \quad \psi = -A(x^2 - y^2),$$

则方程

$$-A(x^2 - y^2) = \frac{x^2 + y^2}{2} - C^2$$

是椭圆方程, 相应半长轴和半短轴为

$$a = \frac{C}{\sqrt{1/2 + A}}, \quad b = \frac{C}{\sqrt{1/2 - A}}.$$

只要利用最后两个关系式把 A 通过 a 和 b 表示出来, 我们就得到, 函数

$$\psi = \frac{a^2 - b^2}{2(a^2 + b^2)}(x^2 - y^2)$$

给出椭圆截面直杆扭转问题的解, 其中 a, b 是椭圆截面的半长轴和半短轴.

应力函数　　前面已经指出, 受扭杆件的平衡方程在 x 轴和 y 轴的投影自动成立, 第三个投影化为方程

$$\frac{\partial p^{13}}{\partial x} + \frac{\partial p^{23}}{\partial y} = 0.$$

根据这个方程可以得出以下结论: 表达式 $p^{13}\,\mathrm{d}y - p^{23}\,\mathrm{d}x$ 是某个函数 $\alpha\mu\mathscr{F}(x, y)$ 的全微分 ($\mathscr{F}(x, y)$ 前面的常系数是为方便后续推导和讨论而引入的). 因此, 应力张量的分量 p^{13} 和 p^{23} 与函数 $\mathscr{F}(x, y)$ 之间的关系为

$$p^{31} = \alpha\mu\frac{\partial\mathscr{F}}{\partial y}, \quad p^{32} = -\alpha\mu\frac{\partial\mathscr{F}}{\partial x}. \tag{7.18}$$

函数 $\mathscr{F}(x, y)$ 称为应力函数. 显然, 在一般情况下, 如果在应力张量的分量中只有 p^{13} 和 p^{23} 不为零, 并且 p^{13} 和 p^{23} 与 z 无关, 就总是可以引入应力函数 $\mathscr{F}(x, y)$.

如果应力张量能够通过应力函数表示出来, 平衡方程就自动成立. 然而, 应力函数 $\mathscr{F}(x, y)$ 不可能是任意的函数, 因为应力张量的分量不仅满足平衡方程, 还应满足贝尔特拉米—米切尔方程. 在上述情况下, 贝尔特拉米—米切尔方程化为应力函数 $\mathscr{F}(x, y)$ 的方程. 下面将直接利用公式 (7.5) 和 (7.18) 来推导 $\mathscr{F}(x, y)$ 的方程.

为了解决扭转问题, 我们引入了函数 f, ψ 和 $\mathscr{F}$. 我们首先建立这些函数之间的关系. 我们还记得, 应力张量的分量与这些函数的关系满足以下等式 (见 (7.5) 和 (7.18)):

$$\begin{aligned}
p^{13} &= \alpha\mu\left(-y + \frac{\partial f}{\partial x}\right) = \alpha\mu\left(-y + \frac{\partial\psi}{\partial y}\right) = \alpha\mu\frac{\partial\mathscr{F}}{\partial y}, \\
p^{23} &= \alpha\mu\left(x + \frac{\partial f}{\partial y}\right) = \alpha\mu\left(x - \frac{\partial\psi}{\partial x}\right) = -\alpha\mu\frac{\partial\mathscr{F}}{\partial x}.
\end{aligned} \tag{7.19}$$

由此显然可知, 在直杆扭转问题中有

$$\mathscr{F} = \psi - \frac{x^2 + y^2}{2}. \tag{7.20}$$

函数 ψ 是调和函数, 所以应力函数 $\mathscr{F}$ 应当满足泊松方程

$$\Delta\mathscr{F} = -2. \tag{7.21}$$

边界条件 (7.17) 这时给出, 在 C 上 $\mathscr{F} = \mathrm{const}$. 因为应力函数 $\mathscr{F}$ 一般只能确定到相差一个常量, 所以在直杆横截面是单连通区域的情况下可以认为

$$在 C 上 \quad \mathscr{F} = 0. \tag{7.22}$$

因此, 利用应力函数可以把单连通截面直杆的扭转问题化为求解满足边界条件 (7.22) 的泊松方程 (7.21).

我们指出, 在上面推导函数 $\mathscr{F}$ 所满足的方程 (7.21) 的时候, 贝尔特拉米—米切尔方程是成立的, 因为在推导过程中使用了公式 (7.5), 而这些公式得自胡克定律和

ε_{ij} 通过 w_i 的表达式.

在圆截面杆的扭转问题中, 从 (7.20), (7.21) 和 (7.22) 可以直接得到应力函数

$$\mathscr{F}(x,\ y) = \frac{R^2}{2} - \frac{x^2+y^2}{2}. \tag{7.23}$$

现在建立应力函数与扭矩的关系. 从 (7.11) 和 (7.19) 有

$$M = -\alpha\mu \int\limits_{\Sigma_2} \left(\frac{\partial\mathscr{F}}{\partial x}x + \frac{\partial\mathscr{F}}{\partial y}y \right) \mathrm{d}\sigma. \tag{7.24}$$

因为

$$\frac{\partial\mathscr{F}}{\partial x}x + \frac{\partial\mathscr{F}}{\partial y}y = \frac{\partial\mathscr{F}x}{\partial x} + \frac{\partial\mathscr{F}y}{\partial y} - 2\mathscr{F},$$

所以利用奥—高公式得到

$$M = -\alpha\mu \int\limits_{C} \mathscr{F}[x\cos(\boldsymbol{n},\ x) + y\cos(\boldsymbol{n},\ y)]\,\mathrm{d}s + 2\alpha\mu \int\limits_{\Sigma_2} \mathscr{F}\,\mathrm{d}\sigma.$$

对于单连通截面直杆, 根据条件 (7.22) 有

$$M = 2\alpha\mu \int\limits_{\Sigma_2} \mathscr{F}\,\mathrm{d}\sigma. \tag{7.25}$$

对于多连通截面直杆, 应力函数在组成横截面边界的不同封闭曲线上分别等于不同的常量 $\mathscr{F}_k$. 在其中一条曲线上, 例如在最外侧的曲线 C 上, 可以让 $\mathscr{F}$ 等于零. 为了得到唯一的解, 可以在提出问题时引入一些条件, 这些条件得自位移 $w_3 = \alpha f$ 对坐标的函数关系的单值性. 确切地说, 扭转函数 f 的微分在组成边界的任何封闭曲线 C_i 上的积分应当等于零. 例如, 对于组成横截面内部边界的封闭曲线 C_k, 根据 (7.19) 有

$$\oint\limits_{C_k} \mathrm{d}f = \oint\limits_{C_k} \left(\frac{\partial f}{\partial x}\mathrm{d}x + \frac{\partial f}{\partial y}\mathrm{d}y \right) = -\oint\limits_{C_k} \left(\frac{\partial\mathscr{F}}{\partial x}\mathrm{d}y - \frac{\partial\mathscr{F}}{\partial y}\mathrm{d}x \right) - \oint\limits_{C_k} (x\mathrm{d}y - y\mathrm{d}x) = 0,$$

或者, 根据 (7.9),

$$\oint\limits_{C_k} \left[\frac{\partial\mathscr{F}}{\partial x}\cos(\boldsymbol{n},\ x) + \frac{\partial\mathscr{F}}{\partial y}\cos(\boldsymbol{n},\ y) \right] \mathrm{d}s = -\oint\limits_{C_k} [x\cos(\boldsymbol{n},\ x) + y\cos(\boldsymbol{n},\ y)]\,\mathrm{d}s.$$

利用奥—高公式, 由此得到

$$\oint\limits_{C_k} \frac{\partial\mathscr{F}}{\partial n}\mathrm{d}s = -2S_k, \tag{7.26}$$

式中 S_k 是封闭曲线 C_k 在横截面所在平面上所围区域的面积, 而 $\partial\mathscr{F}/\partial n$ 是封闭曲线 C_k 的相应外法线方向上的导数. 利用方程 (7.26) 可以计算常量 $\mathscr{F}_k$ 的值.

显然, 如果我们认为曲线 C_1 是圆心位于坐标原点且半径 $R_1 < R$ 的圆周, 则在极坐标下可以把应力函数 (7.23) 写为

$$\mathscr{F}(x,\,y) = \frac{R^2 - r^2}{2},$$

它满足条件 (7.26). 因此, 这个函数是外半径为 R 的直管的扭转问题中的应力函数. 我们指出, 泊松方程 (7.21) 的解这时可能包含形如 $A \ln r$ ($A = \mathrm{const}$) 的项; 为了获得所要的解, 可以利用条件 (7.26) 去掉这一项.

薄膜比拟　　仅仅在为数不多的情况下对一些最简单的区域才能够很容易地计算函数 f, ψ 和 $\mathscr{F}$, 但与此同时, 在工程技术领域中, 在扭转状态下工作的一些杆件具有复杂的横截面形状. 利用各种比拟可以得到关于受扭杆件的某些有趣的结果. 之所以有可能进行这样的比拟, 是因为用来确定函数 f, ψ 和 $\mathscr{F}$ 的数学问题也出现于数学物理的其他许多领域.

例如, 为确定函数 $\mathscr{F}$ 而提出的问题与常张力薄膜在均匀分布载荷作用下的弯曲问题存在比拟关系. 我们来推导这样的薄膜的挠度方程[1].

不阻碍弯曲、但阻碍拉伸的厚度很小的片状弹性体称为薄膜. 设一块厚度 h 非常小 (与纵向特征长度相比) 的均匀薄膜被固定在封闭的平面曲线 C 上, 该曲线的形状与所研究的受扭杆件的横截面形状相同, 并且在被固定的部位以内, 薄膜所受张力 T 处处相同, 该张力沿薄膜厚度也保持不变. 在没有其他外部作用的条件下, 薄膜的应力状态处处相同, 在垂直于薄膜表面的面微元上作用着起拉伸作用的法向张力 T. 如果把不受载荷作用的薄膜的中面当做笛卡儿坐标系的 xOy 平面, 则应力张量分量的矩阵在薄膜表面 $z = \pm h/2$ 不受外部载荷作用时可以写为以下形式:

$$(p^{ij}) = \begin{pmatrix} T & 0 & 0 \\ 0 & T & 0 \\ 0 & 0 & 0 \end{pmatrix}.$$

现在, 我们来研究这样的薄膜在均匀分布于表面 $z = -h/2$ 的横向载荷 q (载荷平行于 z 轴) 作用下的平衡, 这时薄膜的另一个表面 $z = h/2$ 不受载荷.

假设张力 T 足够大, 从而可以认为薄膜的挠度 $w = w_3(x,\,y,\,z = 0)$ 很小. 我们进一步认为, 可以忽略由载荷 q 导致的应力张量的分量 $p^{11} = p^{22} = T$ 和 $p^{12} = 0$ 的变化, 但应当考虑分量 p^{13}, p^{23} 和 p^{33}.

因为 h 和 w_i 很小, 所以对薄膜表面单位外法向矢量的方向余弦可以写出

$$\cos(\boldsymbol{n},\,x) \approx \pm\frac{\partial w_3}{\partial x} \approx \pm\frac{\partial w}{\partial x}, \quad \cos(\boldsymbol{n},\,y) \approx \pm\frac{\partial w_3}{\partial y} \approx \pm\frac{\partial w}{\partial y}, \quad \cos(\boldsymbol{n},\,z) \approx \mp 1,$$

式中上面的符号对应薄膜表面 $z = -h/2$ 在变形后的外法向矢量, 下面的符号对应薄膜表面 $z = h/2$ 在变形后的外法向矢量. 精确到一阶小量, 应力矢量 $\boldsymbol{p}_n$ 的分量在

---

[1] 薄膜 (或薄板、薄壳) 的挠度指中面上各点在中面相应法线上的位移. ——译注

薄膜表面的边界条件给出

$$p_{n1} = p^{11}\cos(\boldsymbol{n}, x) + p^{12}\cos(\boldsymbol{n}, y) + p^{13}\cos(\boldsymbol{n}, z) = \mp\left(T\frac{\partial w}{\partial x} - p^{13}\right) = 0,$$

$$p_{n2} = p^{12}\cos(\boldsymbol{n}, x) + p^{22}\cos(\boldsymbol{n}, y) + p^{23}\cos(\boldsymbol{n}, z) = \mp\left(T\frac{\partial w}{\partial y} - p^{23}\right) = 0,\quad\Biggr\}\ z = \pm\frac{h}{2},$$

$$p_{n3} = p^{13}\cos(\boldsymbol{n}, x) + p^{23}\cos(\boldsymbol{n}, y) + p^{33}\cos(\boldsymbol{n}, z) = \begin{cases} -p^{33} = q, & z = -\dfrac{h}{2}, \\ p^{33} = 0, & z = \dfrac{h}{2}. \end{cases}$$

$$(7.27)$$

通过应力张量表述的平衡方程为

$$\frac{\partial p^{13}}{\partial z} = 0, \quad \frac{\partial p^{23}}{\partial z} = 0, \quad \frac{\partial p^{13}}{\partial x} + \frac{\partial p^{23}}{\partial y} + \frac{\partial p^{33}}{\partial z} = 0.$$

从前两个方程可知, 应力张量的分量 p^{13} 和 p^{23} 与 z 无关. 因为 h 和偏导数 $\partial w/\partial x$, $\partial w/\partial y$ 都很小, 所以根据 (7.27) 可以写出

$$p^{13} = T\frac{\partial w}{\partial x}, \quad p^{23} = T\frac{\partial w}{\partial y}. \tag{7.28}$$

在薄膜的厚度方向上沿 z 轴从 $-h/2$ 到 $+h/2$ 对第三个平衡方程进行积分, 利用 (7.28) 和 (7.27) 得 [1]

$$-\int\limits_{h/2}^{-h/2}\frac{\partial p^{33}}{\partial z}\mathrm{d}z = T\frac{\partial^2 w}{\partial x^2}h + T\frac{\partial^2 w}{\partial y^2}h = -q.$$

因此, 薄膜的挠度方程具有以下形式:

$$\frac{\partial^2 w}{\partial x^2} + \frac{\partial^2 w}{\partial y^2} = -\frac{q}{Th}. \tag{7.29}$$

从薄膜在封闭曲线 C 上固定的条件可知

$$\text{在 } C \text{ 上} \quad w = 0. \tag{7.30}$$

把直杆扭转问题中的应力函数方程 (7.21)、常张力薄膜的挠度方程 (7.29) 以及封闭曲线 C 上的边界条件 (7.22) 和 (7.30) 进行对比, 我们看到, 求解直杆扭转问题相当于在

$$2Th = q \tag{7.31}$$

的条件下计算常张力薄膜的弯曲形状. 从 (7.21) 和 (7.22) 求解函数 $\mathscr{F}$ 的问题与从 (7.29), (7.30) 和 (7.31) 求解函数 w 的问题是同一个问题, 并且其中不包括沿 z 轴的

---

[1] 显然, 在所研究的近似理论中, p^{33} 的值按薄膜厚度的分布满足线性规律, 它对 x 和 y 的依赖关系取决于函数 $q(x, y)$, 并且在建立关系式 (7.28) 和 (7.29) 的时候并没有使用胡克定律.

线性尺寸. 因此, 可以利用关系式 (7.31) 把 h 的度量单位固定下来, 这个单位独立于 x 和 y 的度量单位[1].

综上所述, 只要适当选取 q 和乘积 Th, 或者对 h 采用相应的度量单位, 就能够保证求解 $\mathscr{F}$ 的问题等同于求解 w 的问题.

肥皂膜因为存在表面张力而表现为常张力薄膜. 如果在肥皂膜一侧施加很小的常压强 (在精确到 w 的一阶小量时, 压强与横向载荷相同), 并且不让其边界点移动, 则肥皂膜的挠度满足对应力函数 $\mathscr{F}$ 提出的那些条件.

只要做实验测量肥皂膜的挠度, 我们就得到应力函数 $\mathscr{F}$ 的实验值.

薄膜上的等挠度线 ($\partial w/\partial s = 0$) 在扭转问题中对应着杆件横截面内这样的曲线, 在该曲线的每一点, 位于该横截面内的总应力都指向曲线的切线方向.

其实, 对于这样的曲线, 根据 (7.18) 和 (7.9) 有

$$0 = \frac{\partial w}{\partial s} = \frac{\partial \mathscr{F}}{\partial s} = \frac{\partial \mathscr{F}}{\partial y}\frac{\mathrm{d}y}{\mathrm{d}s} + \frac{\partial \mathscr{F}}{\partial x}\frac{\mathrm{d}x}{\mathrm{d}s} = p^{13}\cos(\boldsymbol{n},\ x) + p^{23}\cos(\boldsymbol{n},\ y) = \boldsymbol{\tau}\cdot\boldsymbol{n},$$

式中 $\boldsymbol{n}$ 是薄膜上的等挠度线 ($\partial w/\partial s = 0$) 在 xy 平面内的法向矢量.

与此同时,

$$|\boldsymbol{\tau}| = \sqrt{(p^{13})^2 + (p^{23})^2} = \alpha\mu\sqrt{\left(\frac{\partial \mathscr{F}}{\partial x}\right)^2 + \left(\frac{\partial \mathscr{F}}{\partial y}\right)^2} = \alpha\mu|\operatorname{grad}\mathscr{F}|,$$

即切向应力值正比于 $|\operatorname{grad}\mathscr{F}|$ 或 $|\operatorname{grad}w|$, 所以在等挠度线 $w = \mathrm{const}$ 分布更密的地方切向应力更大. 因此, 只要画出表征薄膜挠度的 "等高线地形图", 就可以获得杆件横截面上切向应力分布的直观图案.

挠曲薄膜与薄膜边界所在平面之间的区域的体积乘以 $2\alpha\mu$ 即给出扭矩值 M (见 (7.25)).

我们将在后面看到, 与常张力薄膜的比拟不仅有助于研究弹性杆在扭矩作用下的扭转问题, 而且有助于研究在横截面的某些区域中发生塑性变形的情况.

我们注意到, 薄膜比拟仅在薄膜挠度很小时才成立, 所以很难进行高精度测量. 困难之处还在于, 由薄膜自重引起的挠度与由微小压强差引起的挠度通常是可比的.

与黏性流体运动的比拟　为了求解直杆扭转问题, 除了上述薄膜比拟, 还可以给出若干种流体动力学比拟——分别与黏性流体运动和理想流体运动的一些比拟.

考虑不可压缩黏性流体在柱状管中的定常层流, 管道的横截面与杆件的横截面相同. 众所周知 (见第八章 §21), 如果让 z 轴指向管轴方向, 并用 w 表示流体在给定的常压降 $\mathrm{d}p/\mathrm{d}z$ 的作用下在管道内的定常流动速度, 从纳维—斯托克斯方程就可以

---

[1] 如果不同方向上的运动彼此无关, 则经常可以认为, 不同方向上的长度具有彼此独立的量纲. 在量纲理论中这样处理常常能够给出更好的结果, 见: Huntley H. E. Dimensional Analysis. London: McDonald, 1952. ——译注

得到速度的以下方程:

$$\Delta w = \frac{\partial^2 w}{\partial x^2} + \frac{\partial^2 w}{\partial y^2} = \frac{1}{\mu} \frac{dp}{dz}, \tag{7.32}$$

式中 μ 是流体的黏度. 在静止管壁 (封闭曲线 C) 上成立无滑移条件

$$w = 0. \tag{7.33}$$

对比方程 (7.21), (7.32) 和边界条件 (7.22), (7.33), 我们看到, 求解单连通截面直杆扭转的应力函数的数学问题等同于求解不可压缩黏性流体在给定的常压降 dp/dz 的作用下在具有同样横截面的无穷长管道内的定常层流运动速度的数学问题. 在这个比拟中,

$$\frac{\mu w}{dp/dz} = -\frac{\mathscr{F}}{2}, \tag{7.34}$$

并且抗扭刚度正比于流量.

这个比拟很容易推广到多连通截面的情况, 只要考虑管壁可动的多个管道中的流动即可.

与不可压缩理想流体势流的比拟　选取一个形状与受扭杆件相同的柱状容器, 让其中充满不可压缩理想流体. 设该容器以角速度 ω 绕 z 轴转动, 我们来研究流体相对于静止坐标系 xOy 的绝对运动, 该运动是容器横截面所在的 xy 平面内的势流. 对于速度势 $\varphi(x, y)$, 我们有拉普拉斯方程

$$\Delta \varphi = 0$$

和容器壁面上的边界条件

$$v_n = \frac{\partial \varphi}{\partial n} = (\boldsymbol{\omega} \times \boldsymbol{r})_n = -\omega y \cos(\boldsymbol{n}, \ x) + \omega x \cos(\boldsymbol{n}, \ y).$$

如果令

$$\omega = -1, \tag{7.35}$$

则以上条件与扭转函数 f 的边界条件 (7.7) 相同. 因此, 计算扭转函数的问题等同于计算不可压缩理想流体在绕 z 轴以角速度 (7.35) 常速转动[1] 的柱状管中的绝对平面运动的速度势的问题.

位移对横截面上固定点位置的依赖关系　我们举例说明这个比拟的一个应用. 从位移公式 (7.4) 的形式可知, z 轴上的物质点不会在 xy 平面上移动. 因此, 在杆件横截面所在平面上, 坐标原点的位置是 "固定的". 按照条件, 杆件横截面所在平面上的坐标原点位于这个固定点, 并且如果坐标原点的位置不同, 则受扭杆件物质点的位移也不同.

只要知道坐标原点位于某一点 O 时的位移, 利用上述流体动力学比拟就能够很容易地把坐标原点位于任意一点 O' 时的位移表示出来.

---

[1] 只要适当选取度量单位, 即可满足条件 (7.34) 和 (7.35).

众所周知, 在每一个给定的时刻, 一个容器以角速度 ω 绕某 z_2 轴转动等价于该容器以下两种运动的叠加: 其一是以同样的角速度 ω 绕平行于 z_2 轴的 z_1 轴的转动, 其二是以 z_1 轴上的点绕 z_2 轴的转动速度进行的瞬时平动.

我们用 φ 表示容器绕通过坐标原点 O 的 z_1 轴转动时相应流动的速度势, 用 φ' 表示容器绕平行于 z_1 轴的 z_2 轴转动时相应流动的速度势, 并且 z_2 轴通过 xOy 平面上坐标为 x', y' 的某一点 O'.

瞬时平动速度 (z_1 轴上的点绕 z_2 轴转动的速度) 的分量在 $\omega = -1$ 时由以下公式计算:

$$U_x = [\boldsymbol{\omega} \times (-\boldsymbol{r})]_x = -y', \quad U_y = [\boldsymbol{\omega} \times (-\boldsymbol{r})]_y = x'.$$

因为分别以速度值 $-y'$ 和 x' 沿 x 轴和 y 轴的平动具有速度势

$$\varphi_1 = -y'x, \quad \varphi_2 = x'y,$$

所以速度势 φ' 和 φ 之间的关系为

$$\varphi' = \varphi + x'y - y'x.$$

这时, 绕 z_2 轴扭转时的位移应满足公式

$$w_1 = -\alpha(y - y')z, \quad w_2 = \alpha(x - x')z, \quad w_3 = \alpha\varphi'.$$

由此可见, 应力以及扭矩这时都保持不变.

对于圆截面杆, 如果坐标原点 O 位于圆心, 则 $\varphi = 0$, 物质点不沿 z 轴移动. 如果选取另一个点作为坐标原点, 即在直杆中固定另一条轴线, 则在新的 z 轴以外所有的点, 沿 z 轴的位移都不为零,

$$w_3 = \alpha(x'y - y'x).$$

由此可见, 横截面这时仍然是平的, 但 z 轴与横截面之间的夹角在发生扭转之后不再是直角[1].

与不可压缩理想流体有旋运动的比拟　很容易把直杆扭转问题与有势绝对流动问题的上述比拟改为扭转问题与有旋相对流动问题的比拟. 为此, 只要让容器与其中的流体都叠加上以角速度 $\omega = 1$ 绕 z 轴的转动即可. 结果是, 容器静止不动, 流体的涡量在所有点都满足 $\omega_z = 1$. 对于这样的不可压缩流体平面运动, 从连续性方程

$$\frac{\partial u}{\partial x} + \frac{\partial v}{\partial y} = 0$$

---

[1] 显然, 当 z 轴在直杆中的位置发生变化时, 弹性变形的区别仅仅是直杆像刚体那样绕不平行于 z 轴的一条轴线的微小转动, 而在圆截面杆的情况下, 这条轴线平行于 xOy 平面.

可知, 可以引入流函数 ψ, 使得

$$u = \frac{\partial \psi}{\partial y}, \quad v = -\frac{\partial \psi}{\partial x}.$$

在这样的流动中, 涡量 $\boldsymbol{\omega} = \omega_z \boldsymbol{k}$ 处处相同, 所以流函数 ψ 满足以下方程:

$$2\omega_z = \frac{\partial v}{\partial x} - \frac{\partial u}{\partial y} = -\Delta\psi,$$

即

$$\Delta\psi = -2,$$

这与应力函数 $\mathscr{F}$ 的方程 (7.21) 完全相同. 静止管壁上的边界条件为

$$v_n = u\cos(\boldsymbol{n},\, x) + v\cos(\boldsymbol{n},\, y) = \frac{\partial \psi}{\partial y}\frac{\mathrm{d}y}{\mathrm{d}s} + \frac{\partial \psi}{\partial x}\frac{\mathrm{d}x}{\mathrm{d}s} = \frac{\partial \psi}{\partial s} = 0,$$

即

$$在\ C\ 上\quad \psi = \mathrm{const},$$

而在单连通截面的情况下,

$$在\ C\ 上\quad \psi = 0.$$

这个条件与应力函数 $\mathscr{F}$ 的边界条件 (7.22) 相同.

因此, 流函数 ψ 等同于 $\mathscr{F}$, 而 p^{13} 和 p^{23} 等同于不可压缩理想流体在柱状管中的常涡量 ($\omega_z = 1$) 相对平面运动的速度分量. 这时, 在 z 轴方向上的单位厚度流体层的动量矩等于

$$M' = \rho \int_{\Sigma_2} (\boldsymbol{r} \times \boldsymbol{v})_z \,\mathrm{d}\sigma = \rho \int_{\Sigma_2} (vx - uy)\,\mathrm{d}\sigma = -\rho \iint_{\Sigma_2} \left(\frac{\partial \mathscr{F}}{\partial x}x + \frac{\partial \mathscr{F}}{\partial y}y\right)\mathrm{d}\sigma.$$

如果认为流体密度 ρ 等于 $\alpha\mu$, $\omega_z = 1$, 以上动量矩就等于扭矩 (7.24).

根据流体动力学比拟得出的关于直杆扭转的一些定性结果　　上面列出的所有数学比拟本身都很有趣, 由此能够利用相应问题的解处理直杆扭转问题, 或者反过来利用直杆扭转问题的解处理其他问题[1]. 流体动力学比拟能够给出关于受扭杆件切向应力分布的一系列近似的定性结果.

例如, 从不可压缩理想流体运动理论[2] 可知, 流线上的角点是临界点; 在角形区域以外的绕流问题中, 在角点一般会出现无穷大速度, 而在角形区域以内的流动问题中, 角点的速度为零[3]. 于是, 如果在杆件上有凹槽, 其截面形状如图 122 (a) 所示, 则无论扭矩有多小, 在角点 A 附近都会出现无穷大切向应力. 因此, 从杆件强度的

---

[1] 在物理学和力学的各种问题中存在大量类似的其他比拟.

[2] 例如, 参见: Седов Л. И. Плоские задачи гидродинамики и аэродинамики. Москва: Гостехиздат, 1950; 3-е изд. Москва: Наука, 1980 (俄文第一版的英译本: Sedov L. I. Two-Dimensional Problems in Hydrodynamics and Aerodynamics. New York: Wiley, 1965).

[3] 无论流动是否有势, 这些性质都成立.

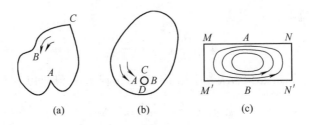

图 122. 流体动力学比拟的应用

观点看, 最好把凹槽加工为圆形, 就像图中 B 那样. 在类似于 C 的角点, 由扭转造成的切向应力等于零.

　　设受扭杆件内部有一个圆柱形空腔, 于是在横截面上有一个圆孔, 并且其直径与横截面特征尺寸相比很小 (图 122(b)). 在相应绕流问题中, 某两个点 A 和 B 的速度等于零, 某两个点 C 和 D 的速度大于来流速度. 因此, 在点 C 和 D 附近出现的切向应力将大于没有空腔时在同样位置出现的切向应力.

　　我们再给出使用流体动力学比拟的一个例子. 考虑不可压缩理想流体在柱状容器中的环流, 容器的横截面是矩形 (见图 122(c)). 显然, 点 M, N, M', N' 的流速为零, 流线分布在长边中央附近最为密集, 即速度在点 A, B 附近最大. 由此可知, 当这样的杆件发生扭转时, 最大切向应力将出现于点 A 和 B.

　　综上所述, 利用流体动力学比拟可以非常简单地对受扭杆件切向应力分布的某些特点做出一些重要结论.

§8. 梁的弯曲问题中的材料力学方法

　　尽管小变形弹性力学问题是线性的, 在许多情况下还是难以给出这些问题的理论解. 为了在工程应用中解决这些问题, 人们成功地使用一些近似计算方法. 建立并深入研究这些方法, 就是 "材料力学" 这一学科的主要内容.

材料力学方法的一般特点　　材料力学与弹性力学的关系相当于水力学与流体力学的关系. 材料力学方法和水力学方法是在一些假设的基础上发展起来的, 而这些假设本身的基础是一些实验结果或者弹性力学问题和流体力学问题的一些已知的精确解. 我们以求解梁的弯曲问题为例来说明这些方法. 我们在工程实践中经常遇到这样的问题, 因为梁是许多结构中最常见的组成部分. 桥梁、堤坝、船舶、摩天大楼和其他许多建筑物经常可以视为受到各种作用力的一组梁.

　　我们来考虑使梁弯曲的力系并计算梁的每一个横截面上的合力与合力矩.

纯弯曲和由横向力引起的弯曲　　我们在 §6 中详细研究了梁的纯弯曲问题. 纯弯曲是由作用于梁的两端且大小相同而方向相反的两个力矩 M 和 $-M$ 引起的. 这时, 梁的每一个横截面上的面力都归结为力偶, 其

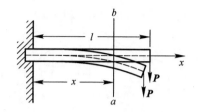

图 123. 悬臂梁

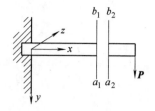

图 124. 用于计算横截面 ab
上的面力的合力与合力矩

力偶矩为 M. 更常见的一种情况是, 梁的弯曲是由垂直于轴线的力引起的[1]. 例如, 设一根梁的一端固定, 另一端受到力 P 的作用. 这样的梁称为悬臂梁 (图 123).

弯矩和剪力　令 x 轴的方向如图 123 所示, 我们来计算这样的梁的某一个横截面 ab 上的合力与合力矩. 为此, 我们假想沿此横截面把梁切开 (图 124), 舍去左侧部分, 并用相应的力系来代替它对右侧部分的作用. 因为梁原来处于平衡状态, 所以这样操作之后, 右侧部分应当仍然处于平衡状态. 于是, 作用于这部分梁的合力与合力矩应当等于零.

由此容易得到, 横截面 a_2b_2 上的合力的值等于 $-P$, 合力矩的值等于 $-P(l-x)$ (梁的侧面按照条件不受载荷). 利用应力的性质 $\boldsymbol{p}_n = -\boldsymbol{p}_{-n}$ 还可以得到, 横截面 a_1b_1 上的应力给出合力 P 与合力矩 $M = (l-x)P$.

力矩 M 称为弯矩, 力 P 称为剪力. 于是, 在关于悬臂梁受力弯曲的上述问题中, 任何横截面上的面力在静力学上等价于剪力 P 和弯矩 $M = (l-x)P$. 与纯弯曲不同的是, 这时不仅 p^{11} 不等于零, p^{12} 也不等于零, 即横截面上的切向应力不等于零.

在一般情况下可能有若干个力作用在梁的不同点和不同平面上. 于是, 任何横截面上的总的力系就归结为拉伸力、剪力、弯矩和扭矩. 本节只考虑作用力都位于一个平面 (称之为 xy 平面) 并且只归结为剪力和弯矩的情况 (图 125). 如果知道所有作用在梁上的力的值 P_i 和力矩的值 M_i, 显然就可以使用以下规则来计算某个横截面 ab 上的剪力和弯矩:

(1) 横截面 ab 上的所有面力的合力 (该横截面的法向矢量指向 x 轴方向, 即对左侧部分梁的作用力) 等于作用于该横截面右侧部分梁的所有外力之和;

(2) 横截面 ab 上对左侧部分梁的所有面力对该横截面 ab 内与 z 轴平行的轴的合力矩等于作用于该横截面右侧部分梁的所有外力的力矩或力偶矩之和.

线载荷　经常必须考虑在梁上连续分布的载荷, 例如水对堤坝表面的压力, 梁的自重, 风或列车对桥梁的压力 (在近似的提法下), 等等. 这时引入 "线载荷" $q(x)$ 的概念大有好处, 其定义为

$$q = \lim_{\Delta x \to 0} \frac{\Delta F}{\Delta x},$$

---

[1] 为简单起见, 我们在下面将研究一些最简单类型的梁, 它们具有通过纵向轴的对称面, 而使梁变弯的力作用在对称面上. 最常见的圆截面梁、矩形截面梁、工字梁等都有这样的对称性.

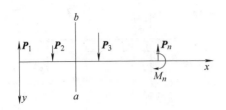

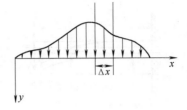

图 125. 使梁变弯曲的一组力和力矩　　　　　图 126. 连续分布的载荷

式中 ΔF 是作用在梁微元 Δx 上的合外力 (图 126). 这时, 具有坐标 x 的横截面上的剪力 P 显然由以下公式给出:

$$P(x) = \int_x^l q(\xi)\,\mathrm{d}\xi, \quad \frac{\mathrm{d}P}{\mathrm{d}x} = -q(x),$$

式中 l 是梁的右端的坐标.

　　如果梁只受到线载荷 $q(x)$ 的作用, 则具有坐标 x 的横截面上的弯矩等于

$$M(x) = \int_x^l (\xi - x)q(\xi)\,\mathrm{d}\xi,$$

于是

$$\frac{\mathrm{d}M}{\mathrm{d}x} = -\int_x^l q(\xi)\,\mathrm{d}\xi = -P(x), \quad \frac{\mathrm{d}^2 M}{\mathrm{d}x^2} = q(x).$$

剪力图和弯矩图　　利用材料力学方法, 我们能够根据已知的积分特征量——剪力和弯矩——来计算拉伸应力 (或压缩应力) p^{11} 和挠曲轴的形状. 所以, 知道每一个横截面上的量 P 和 M 尤为重要. 这些量沿梁长分布的图像分别称为剪力图和弯矩图, 其中横坐标是横截面的 x 坐标, 纵坐标分别是量 P 和 M. 图 127 给出了这样的图像的一些实例.

　　应当指出, 作用于梁的力和力矩必须包括把梁固定起来的支座上的支反力及其力矩. 我们事先并不知道支反力及其力矩, 在许多情况下必须完整地求解材料力学问题或弹性力学问题才能计算出这些量. 我们将在下面研究这样的问题的解, 但这里首先指出, 在材料力学中如何根据已知的剪力 P 和弯矩 M 计算应力分量 p^{11} 和挠曲轴的形状.

基本假设·纵向纤维的相对伸长　　我们做出以下假设, 这些假设对纯弯曲 (见 §6) 精确地成立.

　　1. 存在这样一条中性轴, 它上面的物质线只发生弯曲, 但既不伸长也不缩短.

　　2. 在未变形的初始状态下垂直于中性轴的横截面在梁变弯后仍然是平的, 并且仍然垂直于已经变弯的中性轴.

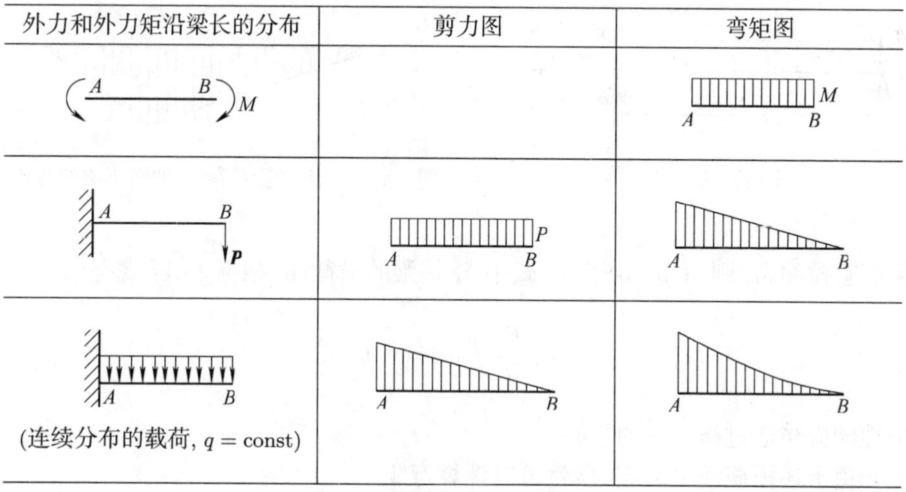

外力和外力矩沿梁长的分布	剪力图	弯矩图
$\left(\underset{A}{\curvearrowleft}\!\!\!\!-\!\!\!\!-\!\!\!\!-\!\!\!\!\underset{B}{}\right)M$		$\underset{A\qquad B}{M}$
$\underset{A\qquad\quad B}{}\downarrow P$	$\underset{A\qquad\quad B}{}P$	$\underset{A\qquad\quad B}{}$
(连续分布的载荷, $q = \text{const}$)	$\underset{A\qquad\quad B}{}$	$\underset{A\qquad\quad B}{}$

图 127. 剪力图和弯矩图的一些实例

其实, 在存在剪力的时候, 最初 (在施加载荷之前) 垂直于梁轴的横截面在梁发生变形之后因为受到载荷作用而变为弯曲的. 对于很长的梁和很细的梁, 可以忽略横截面的上述变化. 精确的分析表明, 在计算 p^{11} 的时候, 即使梁很粗, 在很多应用中也可以忽略横截面的弯曲效应.

利用假设 1 和 2 能够得到梁的任何横截面上的法向应力分布. 其实, 设 x 轴与变形前的梁的中性轴重合 (图 128), 我们来计算与 x 轴相距 $|y|$ 的纵向纤维[1] 在梁发生变形时的相对伸长.

考虑平面 a_1b_1 和 a_2b_2 之间的纵向纤维微元, 设它的长度在变形前为 s, 在变形后为 $s + \Delta s$,

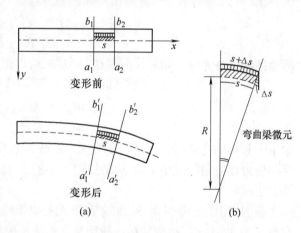

图 128. 用于计算纵向纤维在梁发生弯曲时的相对伸长

并用 R 表示挠曲轴的曲率半径. 图 128 (b) 是所考虑的纤维微元和中性轴微元的放大图, 由此容易看出,

$$\varepsilon_{11} = \frac{\Delta s}{s} = \frac{|y|}{R} = -\frac{y}{R} \quad (y < 0).$$

应力和弯矩的公式　所以, 使用简单拉伸的胡克定律即可得到 p_{11} 的分布公式

$$p_{11} = E\varepsilon_{11} = -\frac{Ey}{R}. \tag{8.1}$$

---

[1] 在弯曲理论中, 纤维指变形前与梁轴平行的物质线. ——译注

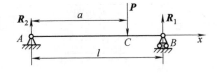

图 129. 简支梁

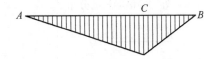

图 130. 在点 C 受载荷 P 的简支梁的弯矩图

如果没有拉伸力, 则 $\displaystyle\int_{\Sigma} p^{11}\,\mathrm{d}\sigma = 0$, 式中 Σ 是梁的横截面, 根据 (8.1) 就有

$$-\frac{E}{R}\int_{\sigma} y\,\mathrm{d}\sigma = 0,$$

即中性轴应当通过横截面的重心.

知道上述横截面上的应力, 就可以计算弯矩

$$M = \int_{\Sigma}(-y)p^{11}\,\mathrm{d}\sigma = \frac{E}{R}\int_{\Sigma}y^2\,\mathrm{d}\sigma = \frac{EJ}{R}, \tag{8.2}$$

式中 J 是横截面对 z 轴的转动惯量. 如果知道每一个横截面上的弯矩, 就可以利用 (8.1) 和 (8.2) 来计算 p^{11} 并写出挠曲轴的方程:

$$p^{11} = -\frac{yM}{J}, \quad \frac{1}{R} = \frac{M}{EJ}. \tag{8.3}$$

挠曲轴的微分方程 如果梁的偏移很小, 就可以把量 $1/R$ 替换为 $\mathrm{d}^2y/\mathrm{d}x^2$, 从而可以把挠曲轴的微分方程写为以下形式:

$$\frac{\mathrm{d}^2y}{\mathrm{d}x^2} = \frac{M}{EJ}. \tag{8.4}$$

量 p^{11} 和梁的挠度明显只与弯矩有关. 横截面上的切向应力直接依赖于剪力值, 但切向应力在弯曲问题中一般不如法向应力重要. 我们在这里不再考虑切向应力的计算方法.

我们指出, 公式 (8.3) 和 (8.4) 在形式上很像纯弯曲的相应公式, 但量 M 本身现在与 x 有关. 所以, 挠曲轴在一般情况下不再是抛物线.

简支梁的弯曲 现在给出一些具体算例. 设一根梁在点 C 受到力 P 的作用 (图 129), 两端分别具有固定铰支座 (在点 A) 和可动铰支座 (在点 B). 这样的梁称为简支梁. 两端的支座能够让梁绕固定点自由转动, 而点 B 的支座带有滚轮, 使梁的一端能够在水平方向上移动. 如果忽略滚轮与地面的摩擦, 就可以认为, 点 B 的支反力没有水平分量. 从平衡条件立刻可以得到, 点 A 的支反力指向竖直方向. 此外, 我们有

$$R_1 + R_2 = P, \quad aP = lR_1. \tag{8.5}$$

最后一个等式表明, 梁所受全部作用力对点 A 的力矩等于零.

坐标为 x 的横截面上的弯矩为

$$M = -R_1(l-x), \quad x > a,$$
$$M = -R_1(l-x) + P(a-x), \quad x < a. \tag{8.6}$$

图 130 给出弯矩图的形式. 最大弯矩 $M_{\max}$ 出现于载荷 P 直接作用点所在横截面,

$$M_{\max} = -R_1(l-a) = -\frac{Pa(l-a)}{l}. \tag{8.7}$$

在此横截面上出现最大应力 p^{11}. 对于厚度为 $2h$ 的对称梁, 利用 (8.3) 得

$$|p_{\max}^{11}| = |M_{\max}|\frac{h}{J}.$$

从 (8.7) 可知, 最大弯矩取决于 a, 即取决于载荷作用点的位置. 如果载荷作用点沿梁轴移动, 则 $M_{\max}$ 在 $l = 2a$ 时达到最大值, 这时载荷作用点位于梁的中央.

我们指出, 我们并未使用构成梁的材料的相关信息, 仅从静力学条件就求出了所有的力并计算出了应力 p^{11} (根据公式 (8.5), (8.6), (8.3)). 这是静定问题的一个实例.

现在求挠曲轴的方程. 使用方程 (8.4) 容易得到:

在 $x < a$ 时

$$EJ\frac{\mathrm{d}^2y}{\mathrm{d}x^2} = R_1(x-l) - P(x-a), \quad 即 \quad EJy = \frac{R_1}{6}(x-l)^3 - \frac{P}{6}(x-a)^3 + c_1x + c_2; \tag{8.8}$$

在 $x > a$ 时

$$EJ\frac{\mathrm{d}^2y}{\mathrm{d}x^2} = R_1(x-l), \quad 即 \quad EJy = \frac{R_1}{6}(x-l)^3 + c_3x + c_4. \tag{8.9}$$

在这些公式中, c_1, c_2, c_3, c_4 表示积分常量. 为了确定这些常量, 我们使用端点 A, B 没有位移的条件; 此外, 在载荷所在点, 我们还假设从公式 (8.8) 和 (8.9) 得到的位移相同并具有相同的一阶导数. 于是, 我们有

$$y(0) = 0, \quad y(l) = 0, \quad y(a+0) = y(a-0), \quad y'(a+0) = y'(a-0),$$

从而得到

$$c_1 = c_3, \quad c_2 = c_4, \quad c_1 = -\frac{c_4}{l}, \quad c_2 = \frac{R_1l^3}{6} - \frac{Pa^3}{6} = \frac{Pa}{6}(l^2 - a^2). \tag{8.10}$$

公式 (8.8)—(8.10) 给出了任意横截面内的挠度, 它与梁的抗弯刚度 EJ 成反比.

工程师最关心的是挠曲轴在支座 A 和 B 处的偏转角 θ_A 和 θ_B, 挠度最大 ($|y| = |y|_{\max}$) 的点的坐标 x^* 和最大挠度值 $y_{\max}$. 有趣的是, 出现最大挠度的横截面并非位于载荷直接作用

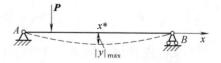

图 131. 用于计算出现最大挠度的位置

处, 它总是距离梁的中央很近. 其实, 如果载荷位于梁的中央, 则 $x^* = l/2$. 现在设 $a < l/2$, 则显然应当使用公式 (8.9) 来计算 x^*, 这个公式在 $x > a$ 时成立 (图 131).

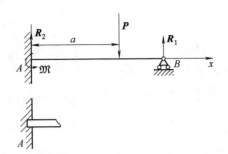

图 132. 一端固定一端具有可动铰支座
的梁的弯曲

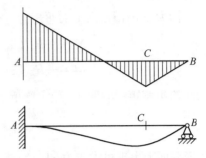

图 133. 在点 C 受载荷作用的梁的弯
矩图和挠曲轴的形状

从条件 $(\mathrm{d}y/\mathrm{d}x)_{x=x^*} = 0$ 得

$$x^* = l - \sqrt{\frac{l^2 - a^2}{3}}.$$

这个值接近 $l/2$, 甚至在 $a \to 0$ 时

$$x^* = l\left(1 - \frac{1}{\sqrt{3}}\right) \approx \frac{l}{2} - 0.077l.$$

如果载荷正好位于梁的中央, 则 $x^* = l/2$,

$$y_{\max} = \frac{Pl^3}{48EJ}.$$

一端固定一端具有可　现在考虑左端具有其他类型支座的梁的平衡问题 (图 132),
动铰支座的梁的弯曲　具体而言, 假设梁的左端 (横截面 A) 固定. 这时, 在横截面
　　　　　　　　　　A 上既不知道支反力, 也不知道其作用点, 所以必须在这个
横截面上同时引入支反力 R_2 及其力矩 $\mathfrak{M}$. 就像前面那样, 点 B 的专门支座保证了
点 A 和点 B 的支反力没有水平分量. 静力学方程给出

$$R_1 + R_2 = P, \quad Pa - R_1 l - \mathfrak{M} = 0. \tag{8.11}$$

这些条件不足以确定未知量 R_1, R_2 和 $\mathfrak{M}$. 因此, 我们要解决一个静不定问题.

　　为计算 R_1, R_2 和 $\mathfrak{M}$ 而必须提出的附加条件是, 梁轴在点 A 不发生旋转 (固定
端不能转动). 这个条件具有以下形式:

$$\theta_A = 0 \quad \text{或} \quad \left(\frac{\mathrm{d}y}{\mathrm{d}x}\right)_A = 0.$$

因为梁的挠度 $y(x)$ 取决于材料的性质, 所以如果不使用构成梁的材料的性质, 就无
法计算出 R_1, R_2 和 $\mathfrak{M}$.

　　对于弯矩, 我们同样有 (8.6), 所以挠曲轴的方程还是前面的 (8.8)—(8.10).
　　条件 $\theta_A = 0$ 的形式为

$$\frac{R_1}{2}l^2 - \frac{P}{2}a^2 + c_1 = 0$$

或 (利用 (8.10))

$$R_1 = \frac{Pa^2}{2l^3}(3l - a).$$

进一步从条件 (8.11) 即可求出 R_2 和 $\mathfrak{M}$:

$$R_2 = P - \frac{Pa^2}{2l^3}(3l - a),$$

$$\mathfrak{M} = \frac{Pa}{2l^2}(l - a)(2l - a).$$

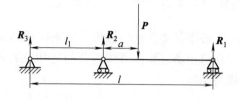

图 134. 具有三个支座的梁的平衡

不难检验, 最大弯矩乃至最大法向应力出现于固定端, 并且这时载荷的位置应满足

$$a = l\left(1 - \frac{1}{\sqrt{3}}\right).$$

图 133 给出弯矩图和挠曲轴的形状.

具有三个支座的梁的平衡问题　再考虑一个典型的静不定问题——具有三个支座的梁在点 $x = l_1 + a$ 受到力 P 的作用时的平衡问题 (图 134). 静力学方程这时给出

$$R_1 + R_2 + R_3 = P, \quad R_1 l + R_2 l_1 = P(l_1 + a). \tag{8.12}$$

条件 (8.12) 包括两个方程, 其中有三个未知量 R_1, R_2, R_3.

在上述情况下, 用来确定挠曲轴形状的微分方程具有以下形式:

$$EJ\frac{\mathrm{d}^2y}{\mathrm{d}x^2} = -R_1(l - x), \quad x > l_1 + a,$$

$$EJ\frac{\mathrm{d}^2y}{\mathrm{d}x^2} = -R_2(l - x) + P(l_1 + a - x), \quad l_1 < x < l_1 + a, \tag{8.13}$$

$$EJ\frac{\mathrm{d}^2y}{\mathrm{d}x^2} = -R_1(l - x) + P(l_1 + a - x) - R_2(l_1 - x), \quad x < l_1.$$

在求解 (8.13) 时出现六个积分常量. 为了确定这些常量和一个支反力, 例如 R_1, 我们有以下七个条件:

$$y(0) = 0, \quad y(l_1) = 0, \quad y(l) = 0,$$

$$y(l_1 + a + 0) = y(l_1 + a - 0),$$

$$y'(l_1 + a + 0) = y'(l_1 + a - 0), \tag{8.14}$$

$$y(l_1 + 0) = y(l_1 - 0),$$

$$y'(l_1 + 0) = y'(l_1 - 0).$$

使用条件 (8.14) 和 (8.12) 之后, 所有支反力的值、挠曲轴的形状以及每一个横截面上的法向应力值就完全成为已知的.

类似地可以求解具有 n 个支座的连续梁在任意仅引起梁发生弯曲的力系作用下的平衡问题.

§9. 弹性力学中的变分方法

根据某些泛函的极值性质来精确地或近似地求解问题的方法称为变分方法. 我们在这里研究里茨方法以及与之相近的布勒诺夫方法, 尽管后者并非直接以变分原理为基础.

基本变分方程的推导　　我们首先引入处于平衡状态的弹性体的变分原理. 设某一个真实过程经过给定的静止状态, 考虑热流方程

$$dF = \frac{p^{ij}}{\rho} \, d\varepsilon_{ij} - s \, dT. \tag{9.1}$$

这个方程对弹性体中的任何真实过程都成立, 只不过它具有更一般的本质. 就像 §2 中的做法那样, 可以在状态空间中考虑通过给定点的一组不同的过程, 对给定弹性体而言, 这些过程起 "可能位移" 的作用. 与此同时, 如果选定外力、外部热流和其他一些没有被包括在方程 (9.1) 中的外部因素, 这些 "可能" 过程就能够成为真实过程. 所以, 如果用 δw_i 表示在假想中可能实现的无穷小位移变化[1] (即几何约束所允许的无穷小位移变化), 用

$$\delta\varepsilon_{ij} = \frac{1}{2}\left(\frac{\partial\delta w_i}{\partial x^j} + \frac{\partial\delta w_j}{\partial x^i}\right)$$

表示相应的应变张量变化, 用 δF 和 δT 表示自由能和温度的可能变化, 则有

$$\rho\,\delta F = p^{ij}\,\delta\varepsilon_{ij} - \rho s\,\delta T. \tag{9.2}$$

我们来计算弹性体总自由能的变化 $\delta\widetilde{\Phi} = \delta\displaystyle\int_V \rho F \, d\tau$, 式中 V 是该弹性体所占区域. 因为对于区域 V 中的物质微元成立等式 $\delta(\rho\,d\tau) = 0$, 所以

$$\delta\int_V \rho F \, d\tau = \int_V \rho\,\delta F \, d\tau = \int_V p^{ij}\,\delta\varepsilon_{ij}\,d\tau - \int_V \rho s\,\delta T\,d\tau.$$

我们在下面认为, 位移分量的变分 $\delta w_i(x^1,\ x^2,\ x^3)$ 是坐标的连续可微函数. 利用这个假设和对称性 $p^{ji} = p^{ij}$ 对右侧第一个积分进行变换, 得

$$\int_V p^{ij}\,\delta\varepsilon_{ij}\,d\tau = \int_V p^{ij}\frac{1}{2}\left(\frac{\partial\delta w_i}{\partial x^j} + \frac{\partial\delta w_j}{\partial x^i}\right)d\tau = \int_V p^{ij}\frac{\partial\delta w_i}{\partial x^j}\,d\tau$$

$$= \int_V \frac{\partial}{\partial x^j}(p^{ij}\,\delta w_i)\,d\tau - \int_V \frac{\partial p^{ij}}{\partial x^j}\,\delta w_i\,d\tau = \int_\Sigma (\boldsymbol{p}_n)^i\,\delta w_i\,d\sigma - \int_V \frac{\partial p^{ij}}{\partial x^j}\,\delta w_i\,d\tau, \tag{9.3}$$

在进行变换时采用了记号

$$p^{ij}n_j = (\boldsymbol{p}_n)^i.$$

---

[1] 在很多文献中, δw_i 被称为虚位移, 相应的应变张量变化被称为虚应变张量. ——译注

当边界为 Σ 的弹性体处于平衡 (静止) 状态时, 如果在部分边界 Σ_p 上给定应力矢量 $\boldsymbol{p}_n$, 在其余边界 Σ_w 上给定位移矢量 $\boldsymbol{w}$, 则对真实应力应变状态可以写出

$$\boldsymbol{p}_n|_{\Sigma_p} = \boldsymbol{p}_n^{\mathrm{b}}, \quad \frac{\partial p^{ij}}{\partial x^j} = -\rho F^i.$$

此外, 因为 $\delta\boldsymbol{w}$ 是几何约束所允许的位移变化, 所以在 Σ_w 上 $\delta\boldsymbol{w} = 0$, 而 (9.3) 变为

$$\int_V p^{ij}\,\delta\varepsilon_{ij}\,\mathrm{d}\tau = \int_\Sigma \boldsymbol{p}_n^{\mathrm{b}}\cdot\delta\boldsymbol{w}\,\mathrm{d}\sigma + \int_V \rho\boldsymbol{F}\cdot\delta\boldsymbol{w}\,\mathrm{d}\tau,$$

即积分 $\displaystyle\int_V p^{ij}\,\delta\varepsilon_{ij}\,\mathrm{d}\tau$ 等于弹性体所受质量力 $\boldsymbol{F}$ 和外面力 $\boldsymbol{p}_n^{\mathrm{b}}$ 的功. 于是,

$$\delta\int_V \rho F\,\mathrm{d}\tau = \int_\Sigma \boldsymbol{p}_n^{\mathrm{b}}\cdot\delta\boldsymbol{w}\,\mathrm{d}\sigma + \int_V \rho\boldsymbol{F}\cdot\delta\boldsymbol{w}\,\mathrm{d}\tau - \int_V \rho s\,\delta T\,\mathrm{d}\tau. \tag{9.4}$$

为了得到方程 (9.4), 我们使用了关系式 (9.2), 物质体的定义, 微分形式的平衡方程, 边界 Σ_p 上的应力边界条件, 以及边界 Σ_w 上的边界条件 $\delta\boldsymbol{w} = 0$.

反过来, 根据可能的位移变化 $\delta\boldsymbol{w}$ 的任意性, 利用变换 (9.3) 和条件 $\delta(\rho\,\mathrm{d}\tau) = 0$ 就可以从 (9.4) 和 (9.2) 得到微分形式的平衡方程和应力的边界条件. 在这个意义上可以说, 方程 (9.4) 等价于相应平衡方程组和边界条件. 如果还有通过位移表述的边界条件, 则应额外加以考虑[1].

弹性力学的上述结论和方程 (9.4) 不仅适用于成立胡克定律的小变形理论, 而且适用于弹性体从初始状态发生有限变形和位移的一般理论.

我们来单独研究没有质量力的情况,

$$\boldsymbol{F} = 0.$$

本节后面只考虑可能的等温过程,

$$\delta T = 0. \tag{9.5}$$

可以只考虑在弹性体全部边界上满足等式

$$\boldsymbol{p}_n^{\mathrm{b}}\cdot\delta\boldsymbol{\omega} = 0 \tag{9.6}$$

的可能的位移变化 $\delta\boldsymbol{w}$, 这个条件只限制边界点的可能的位移变化, 弹性体内部点的位移变化仍然是任意的. 如果在 Σ_p 上 $\boldsymbol{p}_n^{\mathrm{b}} \neq 0$, 则条件 (9.6) 要求 Σ_p 上的 $\delta\boldsymbol{w}$ 或者垂直于作用在边界上的外力的方向, 或者等于零[2]. 如果 $\boldsymbol{p}_n^{\mathrm{b}} = 0$, 则条件 (9.6) 对边界 Σ_p 上的可能的位移变化没有任何限制.

---

[1] 例如, 在里茨方法和布勃诺夫方法中, 在选择近似函数时就会出现这样的边界条件.

[2] 以后重要的仅仅是等式 (9.7). 满足这个等式的位移变化 $\delta\boldsymbol{w}$ 具有更一般的形式, 例如弹性体作刚体运动时的任何位移变化, 因为外力满足平衡条件. 再如, 如果在区域 V 中处处都有 $\boldsymbol{F} = 0$, 并且在 Σ_p 上 $\boldsymbol{p}_n^{\mathrm{b}} = 0$, 则任何 $\delta\boldsymbol{w}$ 都满足 (9.7).

变分原理　如果没有质量力, 并且可能的位移变化满足条件 (9.5) 和

$$\int\limits_{V} \rho \boldsymbol{F} \cdot \delta \boldsymbol{w} \, \mathrm{d}\tau + \int\limits_{\Sigma} \boldsymbol{p}_n^{\mathrm{b}} \cdot \delta \boldsymbol{w} \, \mathrm{d}\sigma = 0, \tag{9.7}$$

则从方程 (9.4) 得

$$\delta \widetilde{\Phi} = \delta \int\limits_{V} \rho F \, \mathrm{d}\tau = 0. \tag{9.8}$$

因此, 当不受质量力作用的弹性体处于平衡状态时, 与满足条件 (9.5) 和 (9.7) 的所有其他可能位移 $\boldsymbol{w} + \delta \boldsymbol{w}$ 相比, 真实位移 $\boldsymbol{w}$ 使弹性体总自由能达到极值. 我们指出并强调, 即使在 Σ 上成立上述专门条件, 弹性体单独一些部分的自由能在平衡状态下也不会达到极值.

不难证明, 如果弹性体服从胡克定律, 并且在 $T = T_0 = \mathrm{const}$ 时对所有等温过程都可以认为 F 是 ε_{ij} 的正定二次型, 则条件 (9.8) 变为平衡状态下的最小总自由能条件.

其实, 令

$$\rho_0 F(\varepsilon_{ij}, T) = \frac{1}{2} A^{ijkl} \varepsilon_{ij} \varepsilon_{kl} + B^{ij} \varepsilon_{ij} (T - T_0) + \frac{c}{2} (T - T_0)^2 - \rho_0 s_0 (T - T_0),$$

并且

$$\frac{1}{2} A^{ijkl} \varepsilon_{ij} \varepsilon_{kl} \geqslant 0.$$

如果在 $\delta T = 0$ 的条件下计算 $F(\varepsilon_{ij} + \delta \varepsilon_{ij}, T)$, 则有

$$F(\varepsilon_{ij} + \delta \varepsilon_{ij}, T) = F(\varepsilon_{ij}, T) + \frac{\partial F}{\partial \varepsilon_{ij}} \delta \varepsilon_{ij} + \frac{1}{2} \frac{\partial^2 F}{\partial \varepsilon_{ij} \partial \varepsilon_{kl}} \delta \varepsilon_{ij} \delta \varepsilon_{kl}$$

$$= F(\varepsilon_{ij}, T) + \delta F + \frac{1}{2} A^{ijkl} \delta \varepsilon_{ij} \delta \varepsilon_{kl}.$$

根据 (9.8), 得

$$\int\limits_{V} \rho F(\varepsilon_{ij} + \delta \varepsilon_{ij}) \, \mathrm{d}\tau = \int\limits_{V} \rho F(\varepsilon_{ij}) \, \mathrm{d}\tau + \frac{1}{2} \int\limits_{V} A^{ijkl} \delta \varepsilon_{ij} \delta \varepsilon_{kl} \, \mathrm{d}\tau.$$

因为 $A^{ijkl} \delta \varepsilon_{ij} \delta \varepsilon_{kl}$ 是正定二次型, 所以从最后一个等式可知

$$\int\limits_{V} \rho F(\varepsilon_{ij} + \delta \varepsilon_{ij}) \, \mathrm{d}\tau > \int\limits_{V} \rho F(\varepsilon_{ij}) \, \mathrm{d}\tau,$$

即真实状态下的自由能小于其他可能状态下的自由能.

因此, 在某些确定的条件下, 求解弹性体平衡问题可以化为求解使某个泛函达到极值的变分问题 (对于等温过程, 这个泛函是总自由能).

我们指出, 如果边界 Σ_p 上的 $\boldsymbol{p}_n^{\mathrm{b}}$ 不等于零, 则变分方程 (9.8) 成立所必须的条

件 (9.6) 对 Σ_p 上的可能位移变化的形式有一些限制, Σ_p 上的 $\delta\boldsymbol{w}$ 不可能是任意的. 所以, 方程 (9.8) 并非完全等价于方程 (9.4), 它仅保证平衡方程成立, 但不保证 Σ_p 上的边界条件成立 (只要这些边界条件不化为条件 $\boldsymbol{p}_n^{\mathrm{b}}|_{\Sigma_p} = 0$). 我们来证明, 在许多情况下可以引入同样具有某种能量含义的另一个泛函 Π 来代替 $\widetilde{\Phi}$, 使变分方程 (9.4) 化为 $\delta\Pi = 0$ 的形式, 并且不需要用条件 (9.6) 或 (9.7) 来限制 Σ_p 上的可能位移变化 $\delta\boldsymbol{w}$. 这样一来, 方程 $\delta\Pi = 0$ 就完全等价于平衡方程组和应力的边界条件. 例如, 可以采用以下方法引入泛函 Π. 设 V_0 是弹性体在初始时刻所占区域, 在该区域的部分边界 Σ_p^0 上给定了外应力, $\mathring{\boldsymbol{p}}_n^{\mathrm{b}}$ 是换算到变形前单位面积表面的外面力密度, $\mathring{\boldsymbol{p}}_n^{\mathrm{b}}\,\mathrm{d}\sigma_0 = \boldsymbol{p}_n^{\mathrm{b}}\,\mathrm{d}\sigma$. 我们把方程 (9.4) 中的积分变换为对初始拉格朗日坐标的积分,

$$\int\limits_{\Sigma_p} \boldsymbol{p}_n^{\mathrm{b}} \cdot \delta\boldsymbol{w}\,\mathrm{d}\sigma + \int\limits_{V} \rho\boldsymbol{F} \cdot \delta\boldsymbol{w}\,\mathrm{d}\tau = \int\limits_{\Sigma_p^0} \mathring{\boldsymbol{p}}_n^{\mathrm{b}} \cdot \delta\boldsymbol{w}\,\mathrm{d}\sigma_0 + \int\limits_{V_0} \rho_0\boldsymbol{F} \cdot \delta\boldsymbol{w}\,\mathrm{d}\tau_0.$$

我们如果约定, 在考虑位移的变分时外力 $\boldsymbol{F}$ 和 $\mathring{\boldsymbol{p}}_n^{\mathrm{b}}$ 不变, 则

$$\int\limits_{\Sigma_p^0} \mathring{\boldsymbol{p}}_n^{\mathrm{b}} \cdot \delta\boldsymbol{w}\,\mathrm{d}\sigma_0 + \int\limits_{V_0} \rho_0\boldsymbol{F} \cdot \delta\boldsymbol{w}\,\mathrm{d}\tau_0 = \delta\left(\int\limits_{\Sigma_p^0} \mathring{\boldsymbol{p}}_n^{\mathrm{b}} \cdot \boldsymbol{w}\,\mathrm{d}\sigma_0 + \int\limits_{V_0} \rho_0\boldsymbol{F} \cdot \boldsymbol{w}\,\mathrm{d}\tau_0 \right)$$

$$= \delta\left(\int\limits_{\Sigma_p} \boldsymbol{p}_n^{\mathrm{b}} \cdot \boldsymbol{w}\,\mathrm{d}\sigma + \int\limits_{V} \rho\boldsymbol{F} \cdot \boldsymbol{w}\,\mathrm{d}\tau \right).$$

所以, 如果只考虑等温过程中的可能位移变化, 就可以把变分方程 (9.4) 改写为

$$\delta\left(\int\limits_{V} \rho F\,\mathrm{d}\tau - \int\limits_{\Sigma_p} \boldsymbol{p}_n^{\mathrm{b}} \cdot \boldsymbol{w}\,\mathrm{d}\sigma - \int\limits_{V} \rho\boldsymbol{F} \cdot \boldsymbol{w}\,\mathrm{d}\tau \right) = 0 \tag{9.9}$$

或

$$\delta\Pi = 0,$$

式中

$$\Pi = \int\limits_{V} \rho F\,\mathrm{d}\tau - \int\limits_{\Sigma_p} \boldsymbol{p}_n^{\mathrm{b}} \cdot \boldsymbol{w}\,\mathrm{d}\sigma - \int\limits_{V} \rho\boldsymbol{F} \cdot \boldsymbol{w}\,\mathrm{d}\tau.$$

只要在边界 Σ_p 上给出变形前单位面积表面的应力, 就可以实际使用变分原理 (9.9). 在许多实际问题中, 边界条件正好就是这样给出的. 在弹性力学的线性理论中只考虑相对位移很小的情况, 这时 $\boldsymbol{p}_n^{\mathrm{b}}$ 与 $\mathring{\boldsymbol{p}}_n^{\mathrm{b}}$ 之间的差别小到可以忽略, 所以在变形后的弹性体边界上给出真实应力等价于给出变形前单位面积表面上的应力.

我们指出, (9.9) 和一些类似的变分原理不仅适用于平衡问题, 而且适用于运动问题, 这时应让质量力 $\boldsymbol{F}$ 包括 $-m\boldsymbol{a}$ 这一项 (见第一卷附录二).

里茨方法　　求解弹性体平衡问题的里茨方法是基于变分原理 (9.8) 或者在更一般的表述下直接基于方程 (9.4) 发展起来的一种方法, 其内容如下. 为了求出

位移, 我们把它表示为有限或无限级数的形式:

$$\boldsymbol{w} = \boldsymbol{w}_0 + \sum_{s=1}^{N} a_s \boldsymbol{w}^{(s)}, \tag{9.10}$$

式中 $\boldsymbol{w}_0$, $\boldsymbol{w}^{(s)}$ 是事先给定的坐标的函数 (例如多项式), a_s 是暂时未知的常量. 函数 $\boldsymbol{w}_0$, $\boldsymbol{w}^{(s)}$ 本身不一定满足平衡方程, 也不一定与应力的边界条件有关, 但在选择这些函数时, 应当让它们满足位移的边界条件 (如果有这样的条件的话). 例如, 可以选择这样的函数 $\boldsymbol{w}_0$, $\boldsymbol{w}^{(s)}$, 使它们在弹性体表面上等于

$$\boldsymbol{w}_0 = \boldsymbol{w}_{\mathrm{b}}, \quad \boldsymbol{w}^{(s)} = 0.$$

如果位移是由公式 (9.10) 给出的, 就可以计算与之相应的应变张量的分量和泛函 Π, 前者在相对位移很小的情况下是常量 a_s 的线性函数, 后者在成立胡克定律的情况下是 a_s 的二次多项式.

考虑位移变化 $\delta \boldsymbol{w}$ 的以下形式:

$$\delta \boldsymbol{w} = \sum_s \boldsymbol{w}^{(s)} \delta a_s, \tag{9.11}$$

这是从 (9.10) 对 a_s 进行变分运算后得到的. 对于等温过程, 应当成立等式

$$\delta \Pi = 0,$$

并且 Π 显然已经不依赖于坐标, 它是 a_s 的二次多项式, 其中的系数是已知的. 所以, Π 的极值条件

$$\frac{\partial \Pi}{\partial a_s} = 0, \quad s = 1, \ 2, \ \cdots, \ N, \tag{9.12}$$

是一组线性方程, 由此即可求出 a_s. 用这种方法可以求出函数 $\boldsymbol{w}$, 并且如果 $\delta \boldsymbol{w}$ 具有 (9.11) 的形式, 则与其他函数 $\boldsymbol{w} + \delta \boldsymbol{w}$ 相比, 位移 $\boldsymbol{w}$ 让泛函 Π 取得极值.

假如变分 $\delta \boldsymbol{w}$ 完全任意 (满足需要的边界条件), 这样得到的解就是精确解, 因为变分原理 (9.9) 完全等价于平衡方程组和应力的边界条件. 在上述条件下, 极值条件仅对某种 $\delta \boldsymbol{w}$ 成立, 所以我们得到近似解. 然而, 如果函数组 $\boldsymbol{w}^{(s)}$ 是完备的, 即如果在给定的一类函数中, 任何一个函数——例如任何 $\delta \boldsymbol{w}$——都能够以任意精确度表示为该函数组的线性组合, 那么, 只要在 (9.10) 中选取足够多项, 一般就可以得到非常接近精确解的结果.

对任何 N 求解方程组 (9.12), 然后在 $N \to \infty$ 时取极限, 这样就可以得到精确解. 这个问题不仅与函数组 $\boldsymbol{w}^{(s)}$ 的完备性有关, 与级数 (9.10) 的收敛性也有关系.

用里茨方法求解椭圆截面杆扭转问题　作为应用里茨方法的一个例子, 我们来考虑椭圆截面杆在两端受扭矩作用时的扭转问题 (图 135). 就像前面那样 (见 §7), 我们认为没有质量力, $T = T_0$, 并且位移满足公式

$$w_1 = -\alpha z y, \quad w_2 = \alpha z x, \quad w_3 = \alpha f(x, \ y).$$

于是, 无论函数 $f(x, y)$ 如何, 应变张量和应力
张量只有以下非零分量:

$$\varepsilon_{31} = \varepsilon_{13} = \frac{\alpha}{2} \left(-y + \frac{\partial f}{\partial x} \right),$$

$$\varepsilon_{32} = \varepsilon_{23} = \frac{\alpha}{2} \left(x + \frac{\partial f}{\partial y} \right),$$

$$p_{31} = p_{13} = 2\mu\varepsilon_{13},$$

$$p_{32} = p_{23} = 2\mu\varepsilon_{23}.$$

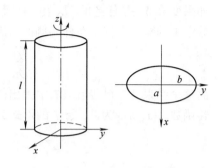

这时还认为, 杆是由服从胡克定律的各向同性
材料制成的. 对于单位体积的自由能, 我们得到

图 135. 椭圆截面杆扭转问题中的记号

$$\rho F = \frac{\mu\alpha^2}{2} \left[\left(\frac{\partial f}{\partial x} - y \right)^2 + \left(\frac{\partial f}{\partial x} + x \right)^2 \right].$$

所以, 总自由能可以表示为以下形式:

$$\widetilde{\Phi} = \int\limits_V \rho F \, \mathrm{d}\tau = \frac{l\mu\alpha^2}{2} \int\limits_\Sigma \left[\left(\frac{\partial f}{\partial x} - y \right)^2 + \left(\frac{\partial f}{\partial x} + x \right)^2 \right] \mathrm{d}\sigma, \tag{9.13}$$

式中 Σ 是杆的横截面.

考虑以下形式的微小位移变化 $\delta\boldsymbol{w}$:

$$\delta w_1 = 0, \quad \delta w_2 = 0, \quad \delta w_3 = \alpha\,\delta f(x, y).$$

它们满足条件 (9.6), 因为在侧面上按照条件有

$$\boldsymbol{p}_n = 0,$$

在两端有

$$\boldsymbol{p}_n \cdot \delta\boldsymbol{w} = 0$$

(矢量 $\boldsymbol{p}_n = \boldsymbol{p}^3$ 属于 xy 平面, 而 $\delta\boldsymbol{w}$ 只有 z 轴上的分量不等于零). 所以, 对于所有
这样的位移变化, 应当成立等式

$$\delta \int\limits_V \rho F \, \mathrm{d}\tau = 0,$$

即

$$\delta \int\limits_\Sigma \left[\left(\frac{\partial f}{\partial x} - y \right)^2 + \left(\frac{\partial f}{\partial y} + x \right)^2 \right] \mathrm{d}\sigma = 0. \tag{9.14}$$

我们注意到, 这时在杆侧面上对任何位移变化 $\delta\boldsymbol{w}$ 都成立条件 (9.6), 所以从变
分方程 (9.14) 既可以得到平衡方程, 也可以得到侧面上的边界条件. 其实, 容易证明,

如果变分 δf 是任意的, 从 (9.14) 就可以得到, f 在 Σ 的内部满足方程 $\Delta f = 0$ (变分学中的欧拉方程), 在杆的侧面上满足边界条件

$$\frac{\partial f}{\partial n} = \frac{1}{2}\frac{\mathrm{d}}{\mathrm{d}s}(x^2 + y^2),$$

而这个结果就是已经在 §7 中提出的计算扭转函数的问题. 下面用里茨方法求出扭转函数 $f(x, y)$. 为此, 令 f 的形式为

$$f = Axy,$$

式中 A 是某个常量, 即令

$$\boldsymbol{w}_0 = 0, \quad \boldsymbol{w}^{(1)} = xy$$

(因为在所研究的问题中没有给出边界上的位移, 所以可以任意选取函数 $\boldsymbol{w}_0, \boldsymbol{w}^{(s)}$).
对于杆的总自由能, 从 (9.13) 有

$$\widetilde{\Phi} = \frac{l\mu\alpha^2}{2}\int_{\Sigma}[(A-1)^2y^2 + (A+1)^2x^2]\,\mathrm{d}\sigma = \frac{l\mu\alpha^2}{2}\frac{\pi ab}{4}[(A-1)^2b^2 + (A+1)^2a^2] = \widetilde{\Phi}(A),$$

因为区域 Σ 是椭圆

$$\frac{x^2}{a^2} + \frac{y^2}{b^2} = 1.$$

从变分原理 $\delta\widetilde{\Phi} = 0$ 得到方程

$$\frac{\partial\widetilde{\Phi}}{\partial A} = 0, \quad \text{即} \quad (A-1)b^2 + (A+1)a^2 = 0,$$

从而

$$A = -\frac{a^2 - b^2}{a^2 + b^2}.$$

因此,

$$f = -\frac{a^2 - b^2}{a^2 + b^2}xy.$$

有趣的是, 这个解是椭圆杆扭转问题的精确解 (见 §7). 因为对函数 $\boldsymbol{w}^{(s)}$ 的选取很成功, 所以在级数 (9.10) 中仅有一项即给出精确解.

采用类似方法 ($\boldsymbol{w}^{(s)}$ 是多项式) 可以得到矩形和三角形截面杆扭转问题以及其他一些问题的近似解.

布勒诺夫方法　　现在简述布勒诺夫方法[1]. 这种方法与研究形如 (9.8) 的某个泛函的极值问题没有直接的关系, 并且能够应用于涉及不可逆现象的一些问题[2].

---

[1] 这种方法在文献中还被称为布勒诺夫—伽辽金方法.
[2] 在存在不可逆效应时一般没有形如 (9.8) 的完整变分原理.

设需要在确定的边界条件下求解某些微分方程, 例如黏性流体或弹性体的运动方程. 用位移表示的运动方程可以写为以下形式:

$$L(\boldsymbol{w}) = 0, \tag{9.15}$$

式中 L 是某个算子. 例如, 对于服从胡克定律的各向同性弹性体, 我们在等温平衡的情况下有线性拉梅方程

$$L(\boldsymbol{w}) = (\lambda + \mu)\operatorname{grad}\operatorname{div}\boldsymbol{w} + \mu\Delta\boldsymbol{w} + \rho\boldsymbol{F} = 0.$$

就像里茨方法那样, 我们寻找以下形式的解:

$$\boldsymbol{w} = \sum_{s=1}^{N} a_s \boldsymbol{w}^{(s)}, \tag{9.16}$$

式中 $\boldsymbol{w}^{(s)}$ 是某一组完备的已知函数. 我们进一步假设, 通过对函数 $\boldsymbol{w}^{(s)}$ 的选择, 边界条件事先就能够得到满足. 把公式 (9.16) 代入方程 (9.15), 然后用每一个函数 $\boldsymbol{w}^{(s)}$ 去乘所得结果, 再对所研究的弹性体所占区域 V 进行积分, 我们得到以下方程组:

$$\int_V L(\boldsymbol{w}) \cdot \boldsymbol{w}^{(s)} \, \mathrm{d}\tau = 0, \quad s = 1, \cdots, N. \tag{9.17}$$

因为 $L(\boldsymbol{w})$ 现在是坐标的已知函数, 并且 (在胡克定律成立时) 是 a_s 的线性函数, 所以 (9.17) 是用来计算 a_s 的代数方程组, 利用该方程组的可解条件还能够确定某些参量. 现在, 我们来确定满足方程组 (9.17) 的 a_s.

一个问题是: 为什么从 (9.16) 和 (9.17) 得到的函数 $\boldsymbol{w}$ 就是问题的近似解? 显然, 如果 $\boldsymbol{w}^{(s)}$ 是一组完备的函数, 则无论事先给定何种精度, 只要函数 $\boldsymbol{w}^{(s)}$ 的数目足够大, 从方程组 (9.17) 就可以得到 $L(\boldsymbol{w}) = 0$. 因此, 利用这种方法可以得到接近精确解的结果.

为了利用这种方法在 $N \to \infty$ 时得到精确解, 研究关于级数 (9.16) 的收敛性、把该级数代入 (9.15) 的合理性以及包含无穷多个方程的方程组 (9.17) 的可解性等数学问题具有重要的意义.

布勃诺夫方法还能够被应用于弹性力学的一些动力学问题, 这时 $a_s = a_s(t)$. 在这种情况下, 如果积分是对空间区域 V 进行的, (9.17) 就是以时间 t 为独立自变量的常微分方程组.

如果使用在本质上等价于布勃诺夫方法的一种近似方法, 并且在弹性体所占区域内仅对部分独立变量进行积分, 就能够降低独立自变量的数目, 从而显著简化数学问题. 在实际应用中, 类似的简化方法经常用于杆、板、壳的理论和水力学等领域.

用整体介质的动量方程、动量矩方程和能量方程等积分关系式来代替微分方程, 以便近似地给出运动和状态特征量的分布规律, 这从本质上讲就是布勃诺夫方法的一种特殊应用方式.

§10. 各向同性弹性体中的弹性波

现在研究小扰动在弹性体中的传播. 在相对位移很小的情况下, 如果温度保持不变 $(T = T_0)$, 则拉梅方程具有以下形式:

$$\rho\frac{\partial^2 \boldsymbol{w}}{\partial t^2} = (\lambda + \mu)\,\mathrm{grad}\,\mathrm{div}\,\boldsymbol{w} + \mu\Delta\boldsymbol{w} + \rho\boldsymbol{F}. \tag{10.1}$$

弹性波传播过程可以视为绝热过程　在运动状态下, 弹性体的温度一般不会保持不变. 温度不但随时间变化, 而且在弹性体所占空间中的不同点也各不相同. 所以, 弹性力学方程组在一般情况下极其复杂. 然而, 因为弹性体内部的热传导是一种缓慢的过程, 所以小扰动在弹性体内部快速传播的过程通常可以认为是绝热的. 就像小扰动在气体中传播的情况那样, 利用弹性体绝热运动假设能够得到温度与应变张量之间的一个简单的关系式, 此关系式与通过位移表示的动量方程一起组成封闭方程组.

绝热过程的线性弹性力学方程组　因为任何物质微元在绝热过程中都不与外部介质发生热交换 $(\mathrm{d}q^{(\mathrm{e})} = 0)$, 而弹性力学中的所有过程都认为是可逆的 $(T\,\mathrm{d}s = \mathrm{d}q^{(\mathrm{e})})$, 所以弹性力学中的绝热过程是等熵过程, $s = \mathrm{const}$. 对于弹性体的熵 (见 §2), 我们有

$$-s = \left(\frac{\partial F}{\partial T}\right)_{\varepsilon_{ij}}. \tag{10.2}$$

假设温度的变化 $T - T_0$ 与 T_0 相比很小, 则在小变形的情况下可以把各向同性弹性体自由能 F 的表达式写为以下形式 (见 (2.27)):

$$F = \frac{\lambda}{2\rho}I_1^2(\varepsilon_{ij}) + \frac{\mu}{\rho}I_2(\varepsilon_{ij}) - \frac{1}{\rho}(3\lambda + 2\mu)\alpha(T - T_0)I_1(\varepsilon_{ij})$$
$$- s_0(T - T_0) - \frac{c}{2T_0}(T - T_0)^2 + F_0, \tag{10.3}$$

式中 s_0, λ, μ, c 和 F_0 是某些常量, 不计 $(T - T_0)^3$ 阶和更高阶的项.

把 (10.3) 代入 (10.2), 得

$$s = \frac{3\lambda + 2\mu}{\rho}\alpha I_1(\varepsilon_{ij}) + s_0 + \frac{c}{T_0}(T - T_0). \tag{10.4}$$

在等熵过程中 (在弹性力学的绝热过程中), 令 $s = s_0 = \mathrm{const}$, 我们有 T 与 $\varepsilon_{\alpha\beta}$ 的以下关系式:

$$T - T_0 = -\frac{(3\lambda + 2\mu)\alpha T_0}{\rho c}I_1(\varepsilon_{ij}), \tag{10.5}$$

这类似于完全气体的绝热关系式

$$\frac{T}{T_0} = \left(\frac{\rho}{\rho_0}\right)^{\gamma-1}.$$

公式 (10.3) 中的系数 c 可以解释为定应变热容. 其实, 在弹性力学中有

$$T\,\mathrm{d}s = \mathrm{d}q^{(\mathrm{e})},$$

所以利用 (10.4) 得

$$c_\varepsilon = \left(\frac{\mathrm{d}q^{(\mathrm{e})}}{dT}\right)_{\varepsilon_{\alpha\beta},\, T-T_0} = T_0\left(\frac{\partial s}{\partial T}\right)_{\varepsilon_{\alpha\beta}} = c.$$

对于绝热过程, 根据 (2.28) 和 (10.5) 可以把胡克定律改写为

$$p_{ij} = \left[\lambda + \frac{(3\lambda+2\mu)^2\alpha^2 T_0}{\rho c}\right] I_1(\varepsilon_{\alpha\beta}) g_{ij} + 2\mu\varepsilon_{ij} = \lambda_{\mathrm{ad}} I_1(\varepsilon_{\alpha\beta}) g_{ij} + 2\mu\varepsilon_{ij},$$

式中引入了记号

$$\lambda_{\mathrm{ad}} = \lambda + \frac{(3\lambda+2\mu)^2\alpha^2 T_0}{\rho c}.$$

显然, 绝热过程的拉梅方程在形式上与等温过程的拉梅方程 (10.1) 相同, 只要把其中的 λ 理解为 λ_{ad}. 为便于书写, 我们在下面将把 λ_{ad} 写为 λ 并使用通常形式的拉梅方程 (10.1). 该方程不仅适用于弹性体中的等温过程, 在 $\lambda = \lambda_{\mathrm{ad}}$ 时也适用于绝热过程.

纵波与横波 现在考虑无界各向同性弹性体中的平面弹性波, 这时位移 $\boldsymbol{w}$ 只依赖于时间 t 和一个笛卡儿坐标, 例如 x. 为简单起见, 我们假设没有质量力[1]. 于是, 从 (10.1) 可知, 位移矢量 $\boldsymbol{w}$ 的分量满足以下方程:

$$\frac{\partial^2 w_1}{\partial x^2} = \frac{1}{a_1^2}\frac{\partial^2 w_1}{\partial t^2}, \tag{10.6}$$

$$\frac{\partial^2 w_2}{\partial x^2} = \frac{1}{a_2^2}\frac{\partial^2 w_2}{\partial t^2}, \quad \frac{\partial^2 w_3}{\partial x^2} = \frac{1}{a_2^2}\frac{\partial^2 w_3}{\partial t^2}, \tag{10.7}$$

式中

$$a_1 = \sqrt{\frac{\lambda+2\mu}{\rho}}, \quad a_2 = \sqrt{\frac{\mu}{\rho}}.$$

方程 (10.6) 和 (10.7) 是通常的波动方程, 量 a_1 和 a_2 是扰动的传播速度 (见第八章 §17). 可以看出, 位移分量 w_1 的扰动传播速度不同于位移分量 w_2 和 w_3 的扰动传播速度. 因此, 平面弹性波是两种独立的波. 其中, 位移 (w_1) 方向与波本身的传播方向一致的波称为纵波, 其波速为 a_1; 在另一种波中, 位移 $(\boldsymbol{w}' = w_2\boldsymbol{j} + w_3\boldsymbol{k})$ 垂直于波的传播方向, 这样的波称为横波, 其波速为 a_2. 因此, 在弹性体中有两种声速. 在拉梅系数 μ 等于零时, $a_2 = 0$, 即横波不能在没有切向应力的弹性介质中传播. 对于

---

[1] 如果给定的质量力 $\boldsymbol{F}$ 与时间无关, 这个假设就无关紧要, 因为拉梅方程是线性的, 可以仅对附加位移 $\boldsymbol{w}_{\mathrm{supp}}$ 做出下述结论. 这里的附加位移被定义为 $\boldsymbol{w}_{\mathrm{supp}} = \boldsymbol{w} - \boldsymbol{w}_{\mathrm{stat}}$, 式中 $\boldsymbol{w}_{\mathrm{stat}}$ 表示弹性体因为受到外质量力 $\boldsymbol{F}$ 和表面上的静力学外载荷的作用而形成的静力学位移, 或者表示由弹性体边界上给定的静力学位移引起的静力学位移.

空气, $a_1 = 330$ m/s, $a_2 = 0$, 对于铁, $a_1 = 7000$ m/s, $a_2 = 3200$ m/s. 有时可以利用这两个声速之比

$$\frac{a_1}{a_2} = \sqrt{\frac{\lambda + 2\mu}{\mu}} = \sqrt{\frac{2(1-\sigma)}{1-2\sigma}}, \tag{10.8}$$

式中 σ 是相应的泊松比. 我们指出, a_1/a_2 不依赖于弹性体的密度 ρ 和相应的杨氏模量 E.

　　横波不引起弹性介质微元的体积变化, 因为这时 $w_1 = 0$, 而 w_2 和 w_3 与 y, z 无关, 从而 $\operatorname{div} \boldsymbol{w} = 0$. 不过, 容易验证, 在横波中 $\operatorname{rot} \boldsymbol{w} \neq 0$, 所以横波引起介质微元的 "旋转". 相反, 纵波引起介质微元的体积变化 ($\operatorname{div} \boldsymbol{w} = \partial w_1/\partial x \neq 0$), 但不引起 "旋转" ($\operatorname{rot} \boldsymbol{w} = 0$).

剪切波与膨胀波　　在无界空间中传播的任意的弹性波 (非平面波情况) 也可以分解为两种独立的波. 为此, 我们首先指出, 质量力就像任何其他矢量那样可以表示为有势矢量与无源矢量之和 (见第八章 §26), 即

$$\boldsymbol{F} = \operatorname{grad} \Phi + \operatorname{rot} \boldsymbol{\Psi}, \tag{10.9}$$

并且可以不失一般性地认为

$$\operatorname{div} \boldsymbol{\Psi} = 0.$$

我们进一步假设, 我们将在整个空间中寻找拉梅方程 (10.1) 的以下形式的连续可微的解:

$$\boldsymbol{w} = \operatorname{grad} \varphi + \operatorname{rot} \boldsymbol{\psi}, \tag{10.10}$$

式中 φ 是位移 $\boldsymbol{w}$ 的标量势, $\boldsymbol{\psi}$ 是其矢量势 ($\operatorname{div} \boldsymbol{\psi} = 0$). 把 (10.9) 和 (10.10) 代入方程 (10.1), 得 (在 $\rho = \mathrm{const}$ 时)

$$\operatorname{grad}\left[(\lambda + 2\mu)\Delta\varphi + \rho\Phi - \rho\frac{\partial^2\varphi}{\partial t^2}\right] + \operatorname{rot}\left[\mu\Delta\boldsymbol{\psi} + \rho\boldsymbol{\Psi} - \rho\frac{\partial^2\boldsymbol{\psi}}{\partial t^2}\right] = 0. \tag{10.11}$$

在此方程两侧取散度, 得

$$\Delta\left[(\lambda + 2\mu)\Delta\varphi + \rho\Phi - \rho\frac{\partial^2\varphi}{\partial t^2}\right] = 0.$$

这表明, 连续函数 $(\lambda + 2\mu)\Delta\varphi + \rho\Phi - \rho\partial^2\varphi/\partial t^2$ 是全部空间中的调和函数, 从而或者是常量, 或者是时间的某个函数 $f(t)$. 不失一般性, 可以认为函数 $f(t)$ 等于零, 因为可以引入标量势

$$\varphi' = \varphi + \frac{1}{\rho}\int_0^t (t - t')f(t')\,\mathrm{d}t'.$$

来代替标量势 φ. 于是, 为了确定标量势 φ, 我们得到方程

$$\Delta\varphi - \frac{1}{a_1^2}\frac{\partial^2\varphi}{\partial t^2} = -\frac{1}{a_1^2}\Phi. \tag{10.12}$$

类似地, 在方程 (10.11) 两侧取旋度, 得

$$\operatorname{rot}\operatorname{rot}\left[\mu\Delta\boldsymbol{\psi} + \rho\boldsymbol{\Psi} - \rho\frac{\partial^2\boldsymbol{\psi}}{\partial t^2}\right] = 0.$$

按照矢量分析公式 (见第八章 § 26)

$$\operatorname{rot}\operatorname{rot}\boldsymbol{A} = \operatorname{grad}\operatorname{div}\boldsymbol{A} - \Delta\boldsymbol{A},$$

如果 $\boldsymbol{A}$ 是无源矢量, 则

$$\operatorname{rot}\operatorname{rot}\boldsymbol{A} = -\Delta\boldsymbol{A}.$$

因此, 在上述条件下, 连续矢量 $\mu\Delta\boldsymbol{\psi} + \rho\boldsymbol{\Psi} - \rho\partial^2\boldsymbol{\psi}/\partial t^2$ 是整个空间中的调和矢量, 而这就表明, 位移的矢量势 $\boldsymbol{\psi}$ 在整个空间中满足方程

$$\Delta\boldsymbol{\psi} - \frac{1}{a_2^2}\frac{\partial^2\boldsymbol{\psi}}{\partial t^2} = -\frac{1}{a_2^2}\boldsymbol{\Psi}. \tag{10.13}$$

显然, 如果 φ 和 $\boldsymbol{\psi}$ 是方程 (10.12) 和 (10.13) 的任意的解, 公式 (10.10) 就给出拉梅方程 (10.1) 的解.

方程 (10.12) 是通常的非齐次波动方程, 所以, 位移 $\boldsymbol{w}$ 中与标量势 φ 相对应的那一部分 $\boldsymbol{w}_1$ 以波速 a_1 在空间中传播. 以波速 a_1 传播的波引起介质的体积变化, 这是无旋的压缩波或膨胀波.

方程 (10.13) 也是非齐次波动方程, 它表明, 位移 $\boldsymbol{w}$ 中与矢量势 $\boldsymbol{\psi}$ 相对应的那一部分 $\boldsymbol{w}_2$ 以波速 a_2 在空间中传播. 这样的波是有旋的, 被称为剪切波或畸变波, 它不引起介质微元的体积变化. 在地震时可以观测到剪切波和膨胀波, 并且根据观测站所记录的相应扰动波到达时间之差 Δt 就能够以很高的精度判断从观测站到震中的距离 L, 因为

$$\Delta t = L\left(\frac{1}{a_2} - \frac{1}{a_1}\right).$$

平面问题中的波动方程 我们把上述一般方法应用于 xy 平面上的平面问题. 这时, 质量力分量 F_z 和位移分量 w_3 等于零, 全部运动与坐标 z 无关, 一般公式 (10.9) 和 (10.10) 在笛卡儿坐标轴上的投影可以通过 x 和 y 的两个标量函数写为更简单的形式.

对于外质量力 $\boldsymbol{F}$ 和位移 $\boldsymbol{w}$, 我们分别有

$$F_x = \frac{\partial\Phi}{\partial x} + \frac{\partial\Psi}{\partial y}, \quad F_y = \frac{\partial\Phi}{\partial y} - \frac{\partial\Psi}{\partial x}, \tag{10.14}$$

$$w_x = \frac{\partial\varphi}{\partial x} + \frac{\partial\psi}{\partial y}, \quad w_y = \frac{\partial\varphi}{\partial y} - \frac{\partial\psi}{\partial x}. \tag{10.15}$$

容易看出, 对于给定的矢量场 $\boldsymbol{F}$ 和 $\boldsymbol{w}$, 函数 Φ, Ψ 和 φ, ψ 是相应泊松方程的解, 因为通过微分运算和加减运算即可从 (10.14) 或 (10.15) 得到这些函数的泊松方程.

类似于方程 (10.12) 和 (10.13)，平面问题中的拉梅方程 (10.1) 化为 φ 和 ψ 的两个一般非齐次的标量波动方程：

$$\frac{\partial^2 \varphi}{\partial x^2} + \frac{\partial^2 \varphi}{\partial y^2} - \frac{1}{a_1^2}\frac{\partial^2 \varphi}{\partial t^2} = -\frac{1}{a_1^2}\Phi, \tag{10.16}$$

$$\frac{\partial^2 \psi}{\partial x^2} + \frac{\partial^2 \psi}{\partial y^2} - \frac{1}{a_2^2}\frac{\partial^2 \psi}{\partial t^2} = -\frac{1}{a_2^2}\Psi. \tag{10.17}$$

因此，弹性波在充满无界三维空间的各向同性介质中传播的问题在平面波的情况下也归结为求解两个特殊形式的波动方程. 由此可以看出，在充满无界空间的均质各向同性弹性介质中，任何小扰动都可以利用膨胀波与剪切波的叠加表示出来. 如果介质不是均质的，或者占据有界空间，就可能出现其他一些类型的波，例如在介质边界附近传播的波. 我们将在下面研究这种类型的波.

充满半空间的弹性体在边界不受载荷作用时的边界条件　利用波动方程 (10.12), (10.13) 或 (10.16), (10.17) 的边值问题，还可以解决弹性振动在有界空间中传播的问题. 但是，因为需要考虑边界条件，所以把弹性波分解为剪切波和膨胀波的问题变得比较复杂. 边界条件能够把不同种类的弹性波联系起来，边界的存在能够造成波的相互作用和分离.

最简单类型的边界条件是：弹性体边界上的位移 $\boldsymbol{w}$ 或应力 $\boldsymbol{p}_n$ 等于零 (分别对应弹性体边界固定或边界上不受载荷的情况).

如果在有界空间中确定弹性波的问题以求解波动方程 (10.16) 和 (10.17) 的方式提出，就必须通过势函数 φ 和 ψ 写出边界条件.

弹性波在有界空间中传播的一般问题相当复杂. 我们以 xy 平面上的一个平面问题为例来研究相关的提法. 设弹性介质占据整个上半空间 $y > 0$，其边界 $y = 0$ 不受应力作用，我们来研究弹性波的传播. 边界条件 (在 $y = 0$ 时 $\boldsymbol{p}_n = 0$) 的形式为

$$p_{n1} = -p^{12} = 0, \quad p_{n2} = -p^{22} = 0, \quad p_{n3} = -p^{32} = 0.$$

如果应用胡克定律、小变形情况下 ε_{ij} 通过 $\boldsymbol{w}$ 的表达式和把位移 $\boldsymbol{w}$ 的分量通过势函数 φ, ψ 表示出来的公式 (10.15)，就容易证明第三个条件自动成立，而前两个条件化为以下形式：

$$\left[a_1^2 \frac{\partial^2 \varphi}{\partial y^2} + (a_1^2 - 2a_2^2)\frac{\partial^2 \varphi}{\partial x^2} - 2a_2^2 \frac{\partial^2 \psi}{\partial x\,\partial y} \right]_{y=0} = 0,$$

$$\left[2\frac{\partial^2 \varphi}{\partial x\,\partial y} + \frac{\partial^2 \psi}{\partial y^2} - \frac{\partial^2 \psi}{\partial x^2} \right]_{y=0} = 0. \tag{10.18}$$

为了得到方程 (10.16) 和 (10.17) 的具体的解，除了边界条件 (10.18)，还必须使用关于解在 $y \to \infty$ 和 $x \to \pm\infty$ 时的行为的一些附加条件，一般而言还必须使用初始条件. 还可以研究驻波或行波等运动.

瑞利表面波　我们来证明, 在上述问题的解中存在表面波解. 为此, 我们在没有质量力的条件下考虑向 x 轴方向传播的平面正弦行波, 其频率为 ω, 波数为 k, 振幅与 y 有关, 即假设

$$\varphi = \mathrm{e}^{\mathrm{i}(kx-\omega t)} f(y), \quad \psi = \mathrm{e}^{\mathrm{i}(kx-\omega t)} g(y), \tag{10.19}$$

并寻找波动方程 (10.16) 和 (10.17) (此时 Φ 和 Ψ 等于零) 的这样一些解, 它们在远离边界面时 (即在 $y \to \infty$ 时) 趋于零. 把 (10.19) 代入 (10.16) 和 (10.17), 我们得到函数 $f(y)$ 和 $g(y)$ 的以下方程:

$$\frac{\mathrm{d}^2 f}{\mathrm{d} y^2} - (k^2 - k_1^2) f = 0, \quad \frac{\mathrm{d}^2 g}{\mathrm{d} y^2} - (k^2 - k_2^2) g = 0, \tag{10.20}$$

式中

$$k_1 = \frac{\omega}{a_1}, \quad k_2 = \frac{\omega}{a_2}. \tag{10.21}$$

根据 $y \to \infty$ 时的条件, 必须要求

$$k^2 - k_1^2 > 0, \quad k^2 - k_2^2 > 0, \tag{10.22}$$

否则 f 和 g 是 y 的周期函数, 无法满足 $y \to \infty$ 时的条件, 也就无法得到表面波.

从条件 (10.22) 可知, 表面波的波速

$$c = \frac{\omega}{k} = a_2 \frac{k_2}{k} = a_1 \frac{k_1}{k}$$

应当小于膨胀波或横波的波速 $a_2 \, (< a_1)$.

如果引入记号

$$k^2 - k_1^2 = r^2, \quad k^2 - k_2^2 = s^2, \tag{10.23}$$

就可以把方程 (10.20) 的通解写为以下形式:

$$f = A \mathrm{e}^{-ry} + A_1 \mathrm{e}^{ry}, \quad g = B \mathrm{e}^{-sy} + B_1 \mathrm{e}^{sy},$$

式中 A, A_1, B, B_1 是常量. 显然, 必须令 $A_1 = 0$, $B_1 = 0$, 否则弹性介质中的扰动在 $y \to \infty$ 时将增加. 对 φ 和 ψ 得到以下表达式:

$$\varphi = A \mathrm{e}^{\mathrm{i}(kx-\omega t)-ry}, \quad \psi = B \mathrm{e}^{\mathrm{i}(kx-\omega t)-sy}. \tag{10.24}$$

现在考虑 $y = 0$ 时的边界条件. 对于解 (10.24), 它们化为 A 和 B 的两个齐次方程

$$a_1^2 r^2 A - (a_1^2 - 2a_2^2) A k^2 + 2\mathrm{i} a_2^2 B k s = 0,$$

$$-2\mathrm{i} A k r + (s^2 + k^2) B = 0.$$

把 r 和 s 的表达式 (10.23) 代入其中, 得

$$
\begin{aligned}
A\left(2k^2 - \frac{a_1^2}{a_2^2}k_1^2\right) + 2\,\mathrm{i}Bk\sqrt{k^2 - k_2^2} = 0, \\
-2\,\mathrm{i}Ak\sqrt{k^2 - k_1^2} + B(2k^2 - k_2^2) = 0.
\end{aligned}
\tag{10.25}
$$

这些方程的相容条件是其行列式等于零, 由此给出方程

$$
\left(2k^2 - \frac{a_1^2}{a_2^2}k_1^2\right)(2k^2 - k_2^2) = 4k^2\sqrt{k^2 - k_2^2}\,\sqrt{k^2 - k_1^2}.
$$

利用记号 (10.21) 和

$$
\frac{\omega}{k} = c = \frac{1}{\theta}
$$

可以把以上方程的形式写为

$$
\left(2\theta^2 - \frac{1}{a_2^2}\right)^2 - 4\theta^2\sqrt{\theta^2 - \frac{1}{a_2^2}}\,\sqrt{\theta^2 - \frac{1}{a_1^2}} = 0.
\tag{10.26}
$$

　　方程 (10.26) 是存在表面波的条件, 由此可以计算这样的波的波速 $c = 1/\theta$. 这个方程称为瑞利方程. 瑞利证明了弹性体表面波的存在.

　　我们来证明, 对于给定的 a_1 和 a_2, 瑞利方程 (10.26) 具有唯一的正的实数根, 它满足条件 $c < a_2$; 换言之, 对于拉梅系数 λ 和 μ 是常量的任何各向同性弹性介质, 上述类型的表面波存在于介质所占半空间的边界附近, 并且这些波的波速唯一地取决于拉梅系数 λ 和 μ.

　　其实, 瑞利方程 (10.26) 的左侧在 $\theta = 1/a_2$ 时为正, 在 $\theta \to \infty$ 时为负, 因为在无穷远点的邻域把它展开为幂级数时, 第一项等于 $2\theta^2\left(\frac{1}{a_1^2} - \frac{1}{a_2^2}\right)$. 由此直接可知, 该方程具有实数根. 这个根是唯一的, 因为瑞利方程左侧的导数在区间 $1/a_2 < \theta < \infty$ 上小于零. 其实, 该导数等于

$$
8\theta\left(2\theta^2 - \frac{1}{a_2^2}\right) - 8\theta\sqrt{\theta^2 - \frac{1}{a_1^2}}\,\sqrt{\theta^2 - \frac{1}{a_2^2}} - \frac{4\theta^3\sqrt{\theta^2 - \frac{1}{a_2^2}}}{\sqrt{\theta^2 - \frac{1}{a_1^2}}} - \frac{4\theta^3\sqrt{\theta^2 - \frac{1}{a_1^2}}}{\sqrt{\theta^2 - \frac{1}{a_2^2}}}
$$

$$
= \frac{8\theta\left[\left(2\theta^2 - \frac{1}{a_2^2}\right)\sqrt{\theta^2 - \frac{1}{a_2^2}}\,\sqrt{\theta^2 - \frac{1}{a_1^2}} - \left(\theta^2 - \frac{1}{a_1^2}\right)\left(\theta^2 - \frac{1}{a_2^2}\right)\right]}{\sqrt{\theta^2 - \frac{1}{a_1^2}}\,\sqrt{\theta^2 - \frac{1}{a_2^2}}} - \frac{4\theta^3\left(2\theta^2 - \frac{1}{a_1^2} - \frac{1}{a_2^2}\right)}{\sqrt{\theta^2 - \frac{1}{a_1^2}}\,\sqrt{\theta^2 - \frac{1}{a_2^2}}}
$$

$$
= \frac{8\theta\left(\theta^2 - \frac{1}{a_2^2}\right)}{\sqrt{\theta^2 - \frac{1}{a_1^2}}\,\sqrt{\theta^2 - \frac{1}{a_2^2}}}\left[\sqrt{\theta^2 - \frac{1}{a_1^2}}\,\sqrt{\theta^2 - \frac{1}{a_2^2}} - \left(\theta^2 - \frac{1}{a_1^2}\right)\right]
$$

$$
+ 4\theta^3\frac{2\sqrt{\theta^2 - \frac{1}{a_1^2}}\,\sqrt{\theta^2 - \frac{1}{a_2^2}} - \left(2\theta^2 - \frac{1}{a_1^2} - \frac{1}{a_2^2}\right)}{\sqrt{\theta^2 - \frac{1}{a_1^2}}\,\sqrt{\theta^2 - \frac{1}{a_2^2}}},
$$

其中第一项是负的, 因为

$$\left(\theta^2 - \frac{1}{a_1^2}\right) > \sqrt{\theta^2 - \frac{1}{a_1^2}}\sqrt{\theta^2 - \frac{1}{a_2^2}},$$

第二项也是负的, 因为 $\theta^2 - 1/a_1^2$ 与 $\theta^2 - 1/a_2^2$ 的算术平均值总是大于它们的几何平均值, 即

$$\left(2\theta^2 - \frac{1}{a_1^2} \quad \frac{1}{a_2^2}\right) > 2\sqrt{\theta^2 - \frac{1}{a_1^2}}\sqrt{\theta^2 - \frac{1}{a_2^2}}.$$

表面波的波速 现在给出相关计算结果, 从中可以看出, 表面波波速 c 接近于剪切波 (横波) 波速 a_2. 对瑞利方程 (10.26) 作一些简单变换, 得

$$16\theta^6\left(\frac{1}{a_1^2} - \frac{1}{a_2^2}\right) + 8\theta^4\left(\frac{3}{a_2^4} - \frac{2}{a_1^2 a_2^2}\right) - \frac{8\theta^2}{a_2^6} + \frac{1}{a_2^8} = 0. \tag{10.27}$$

如果引入比值

$$\xi = \frac{c}{a_2} = \frac{\omega}{ka_2} = \frac{1}{\theta a_2},$$

就可以把方程 (10.27) 改写为

$$\xi^6 - 8\xi^4 + 8\xi^2\left(3 - 2\frac{a_2^2}{a_1^2}\right) - 16\left(1 - \frac{a_2^2}{a_1^2}\right) = 0. \tag{10.28}$$

由此可知, 比值 ξ 只取决于比值 a_2/a_1, 而后者对每一种给定的弹性介质而言是固定不变的. 根据 (10.8),

$$\frac{a_2}{a_1} = \sqrt{\frac{1-2\sigma}{2(1-\sigma)}},$$

所以 ξ 只取决于弹性介质的相应泊松比. 对于所有已知材料, 泊松比 σ 的变化范围是从 0 到 1/2, 所以比值 a_2/a_1 的变化范围是从 $1/\sqrt{2}$ 到 0, 而方程 (10.28) 的根 ξ 的变化范围是从 0.874 到 0.955. 图 136 给出了 ξ 对 σ 的函数图像[1].

显然, 弹性波的波速 a_1, a_2 和 c 与波长或振动频率无关, 所以弹性介质中的弹性波不发生色散.

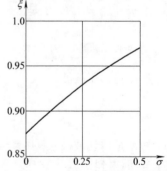

图 136. 瑞利表面波波速与横波波速之比对泊松比的依赖关系

表面波中的位移公式 现在计算瑞利表面波势函数 (10.24) 所对应的位移矢量 $\boldsymbol{w}$ 的分量. 根据 (10.15) 和 (10.24), 我们有

$$w_1 = \frac{\partial\varphi}{\partial x} + \frac{\partial\psi}{\partial y} = (iAke^{-ry} - Bse^{-sy})e^{i(kx-\omega t)},$$

$$w_2 = \frac{\partial\varphi}{\partial y} - \frac{\partial\psi}{\partial x} = -(Are^{-ry} + iBke^{-sy})e^{i(kx-\omega t)}.$$

---

[1] 这里认为, 在绝热过程中 $\sigma_{\text{ad}} \approx \sigma$.

根据 (10.25)，常量 A 与 B 的比值可以通过 ξ 表示为

$$\frac{A}{B} = -\frac{2\mathrm{i}\sqrt{1-\xi^2}}{2+\xi^2} = -\mathrm{i}b, \quad b = \frac{2\sqrt{1-\xi^2}}{2+\xi^2}. \tag{10.29}$$

对于给定的材料，这个比值是固定不变的. 利用 (10.29) 就可以得到表面波中的位移分量的表达式：

$$w_1 = B(bk\mathrm{e}^{-ry} - s\mathrm{e}^{-sy})\,\mathrm{e}^{\mathrm{i}(kx-\omega t)},$$
$$w_2 = \mathrm{i}B(br\mathrm{e}^{-ry} - k\mathrm{e}^{-sy})\,\mathrm{e}^{\mathrm{i}(kx-\omega t)},$$

其中的 r 和 s 可以通过 k, a_1, a_2 和 ω 表示出来，并且在弹性介质和频率 ω 给定时，k 可以通过表面波波速 c 或量 ξ 唯一地确定下来.

对于充满半空间的弹性介质，我们已经完整地构造出在自由表面附近向 x 轴正方向传播的表面波的解，它具有任意频率 ω 和振幅 B. 向 x 轴负方向传播的表面波的类似的解同样存在.

瑞利表面波振幅的衰减规律

我们来考虑，在瑞利表面波的影响下，在距离半空间边界 $y = 0$ 多远的地方能够观察到介质微元的明显移动？为此，显然只要考虑因子 e^{-sy} 和 e^{-ry} 在 $|y|$ 增加时如何减小即可. 通常把波的振幅衰减到 $1/\mathrm{e}$ 倍的深度 y_1 称为穿透深度. 对于与介质微元的膨胀有关的那一部分位移，我们有 $y_{1\,\mathrm{exp}} = 1/r$, 对于与介质微元的扭曲有关的那一部分位移，我们有 $y_{1\,\mathrm{distor}} = 1/s$. 于是，

$$y_{1\,\mathrm{exp}} = \frac{1}{r} = \frac{1}{\sqrt{k^2 - k_1^2}} = \frac{1}{\sqrt{k^2 - \omega^2/a_1^2}} = \frac{1}{k\sqrt{1 - c^2/a_1^2}} = \frac{\lambda}{2\pi\sqrt{1 - \xi^2 a_2^2/a_1^2}},$$

式中 λ 是膨胀波波长，

$$y_{1\,\mathrm{distor}} = \frac{1}{s} = \frac{1}{\sqrt{k^2 - k_2^2}} = \frac{1}{k\sqrt{1 - c^2/a_2^2}} = \frac{1}{k\sqrt{1 - \xi^2}} = \frac{\lambda}{2\pi\sqrt{1 - \xi^2}},$$

式中 λ 是剪切波波长，并且根据边界条件，剪切波波长等于膨胀波波长. 在 $\sigma = 1/2$ 时，我们得到

$$y_{1\,\mathrm{exp}} = \frac{\lambda}{2\pi}, \quad y_{1\,\mathrm{distor}} \approx \frac{\lambda\sqrt{10}}{2\pi}.$$

由此可知，穿透深度仅仅是波长 λ 的一部分，表面波的不同组成部分具有不同的穿透深度.

二维表面波的相应位移是发生地震时能够被观测到的各地层位移的主要部分，因为来自震中的膨胀波 (纵波) 和剪切波 (横波) 在地球内部传播时衰减较多. 发生地震时，最先到达观测地点的是纵波，然后是横波，再稍后到达的才是表面波.

第十章 塑性力学

§1. 弹性体模型无法描述的某些固体变形现象

各向同性介质线性弹性力学模型、各向异性晶体模型等经典模型远远无法描述固体变形的所有现象.

为了估计一些结构的强度, 为了解决许多重要的实际问题, 仅有弹性力学的结果和方法一般是不够的. 实际工程经常要求能够考虑固体的一些非经典的力学和热学性质, 它们与非线性弹性、电磁场效应和变形过程的热力学不可逆性有关, 此外还需要研究塑性、蠕变、弛豫、疲劳等现象. 因此, 必须引入连续介质的其他一些理论模型才能考虑和描述类似的现象.

当前, 建立新的复杂的可变形体模型的问题是实验研究和理论研究共同关注的对象.

我们非常简短地描述一下固体变形时出现的最有代表性的一些非弹性效应.

金属的典型单轴拉伸压缩图　　图 137 给出两端受到外力作用的圆柱形软钢试件的单轴拉伸压缩图. 其他金属试件的拉伸压缩图具有类似的特点. 选取试件轴线为 x 轴. 在图 137 中, 横坐标是沿试件轴线的相对伸长因数, 即应变张量的分量 ε_{11}, 纵坐标是试件横截面上的法向应力值, 即应力张量的分量 p_{11}.

曲线的 A_1OA 段接近于直线

$$p_{11} = E\varepsilon_{11}, \tag{1.1}$$

它代表可逆变形, 即无论加载 ($|p_{11}|$ 增加) 还是卸载 ($|p_{11}|$ 减小), 图中表示试件状态的点都沿同一段直线 A_1OA 移动. 这时, 变形通常极小 (对于软钢, $\varepsilon_{11} < 0.3\%$). 线

性公式 (1.1) 的适用区间的端点称为比例极限, 相应的应力 $p_{11}(A)$ 和 $p_{11}(A_1)$ 称为比例极限应力. 于是, 与胡克定律相对应的是曲线的 A_1A 段, 即应力 p_{11} 小于 $p_{11}(A)$ 并且大于 $p_{11}(A_1)$ 的部分, 这是线性弹性阶段.

当外部拉伸载荷进一步增加时, 在点 A 之后出现非线性弹性阶段 AB, 这时 p_{11} 与 ε_{11} 之间有可逆的非线性函数关系. 在这一阶段, 变形通常也很小 ($\varepsilon_{11} < 1\%$). 无论加载还是卸载, 表示试件状态的点都沿同一条曲线 AB (和 A_1B_1) 移动. 所以, 在 $p_{11}(A) < p_{11} < p_{11}(B)$ 时, 试件仍然表现为弹性体, 但应力与应变的关系在动力学上是非线性的. 动力学非线性的概念是对几何上的小变形提出的, 这时还可以使用近似的线性公式通过位移矢量的分量来计算应变张量的分量.

若外部载荷继续增加, 使 $p_{11} > p_{11}(B)$, 就会出现不可逆的塑性效应. 如果加载过程通过点 B 后到达点 C, 然后卸载, 则表示状态的点将不再沿曲线 $CBAO$ 返回, 而是沿另一条曲线 CD 移动. 曲线 CD 通常接近于直线, 其斜率一般与直线 OA 的斜率基本相同. 卸载至点 D 后, 如果重新加载, 则表示状态的点将大致沿同一条曲线 DC 移动, 并且如果在到达点 C 后继续加载, 表示状态的点将沿基本曲线 OAG 移动. 如果在点 B 之后完全卸除外部载荷并达到 $p_{11} = 0$ 的状态, 则在这种状态下, 应变 ε_{11} 并不等于零, 这就是所谓的残余应变或塑性应变 $\varepsilon_{11}^{\mathrm{p}}$. 例如, 可以把点 D 的应变看做残余应变 $\varepsilon_{11}^{\mathrm{p}}$ 与弹性应变 $\varepsilon_{11}^{\mathrm{e}}$ 之和:

$$\varepsilon_{11} = \varepsilon_{11}^{\mathrm{p}} + \varepsilon_{11}^{\mathrm{e}},$$

并且经常可以认为

$$\varepsilon_{11}^{\mathrm{e}} = \frac{p_{11}(\varepsilon_{11})}{E_1}.$$

如果直线 DC 与最初那一段直线 OA 具有相同的斜率, 则 $E = E_1$.

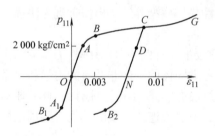

图 137. 金属 (软钢) 的典型单轴拉伸压缩图

按照定义, 当外部载荷达到确定的极限后出现残余应变的现象是塑性的基本性质. 出现残余应变后, 函数 $p_{11} = f(\varepsilon_{11})$ 在加载和卸载过程中具有不同的形式. 应当指出, 在实验中, 只有在卸载完成之后才能够发现塑性应变. 塑性性质是从点 B 开始出现的, 应力值 $p_{11}(B)$ 称为弹性极限或屈服极限.

我们指出, 如果一种材料处于塑性状态, 例如点 C 的状态, 则在先卸载后加载的过程中, 只要 $0 < p_{11} < p_{11}(C)$, 该材料就表现为弹性体 (加载和卸载过程沿同一条曲线 CN 进行). 因此可以说, 原始材料经过上述塑性变形后成为一种新的材料, 点 C 对于新材料起着弹性极限的作用. 对许多材料而言, 至少在一部分曲线上成立 $p_{11}(C) > p_{11}(B)$, 这部分曲线称为强化阶段. 利用塑性变形提高材料弹性极限称为强化或硬化. 只要 $p_{11}(C) > p_{11}(B)$, 就可以对材料进行强化. 在某些材料的拉伸压缩图上存在一段水平线, 称为屈服阶段. 材料在这一阶段发生变形时不发生强化. 当

外部载荷增加到 $p_{11}(G)$ 时, 材料遭到破坏. 拉伸载荷 $p_{11}(G)$ 称为拉伸的强度极限.

比例极限和弹性极限的概念, 塑性变形和强化等现象既适用于材料的拉伸, 也适用于材料的压缩. 若弹性应变很小, 拉伸压缩图一般是对称的, $p_{11}(\varepsilon_{11}) = -p_{11}(-\varepsilon_{11})$, 但也有一些介质不具有这样的对称性, 例如岩石.

包辛格效应　对于最初受到压缩的材料, 相应弹性极限对应图 137 中的点 B_1. 如果把试件先拉伸到状态 C, 再卸载并进行反向加载, 则相应弹性变形对应曲线的 $CDNB_2$ 段, 压缩的弹性极限为 B_2. 一般而言, p_{11} 在点 B_1 和 B_2 的极限值不同. 若材料被预先拉伸到弹性极限以外, 则其压缩的弹性极限也发生变化, 这种现象称为包辛格效应. 超出弹性极限的变形导致材料在反向加载时的应力应变曲线的特性发生变化.

塑性性质依赖于材料的性质和变形的类型　对于拉伸或者压缩, 曲线 $p_{11} = f(\varepsilon_{11})$ 的定量特征强烈依赖于材料的物理本质. 然而, 塑性性质的上述定性特征对于许多金属是典型的. 其他形式的一些载荷与变形, 例如纯剪切变形, 也满足这些特征.

举例来说, 当圆柱形管发生扭转时, 每一个微元都处于纯剪切状态, 切向应力与表征旋转角的应变张量分量之间的关系也可以由类似于图 137 的应力应变曲线表示出来 (图 138), 其定性特点是一致的.

某些材料, 例如黏土, 在流体静力学压强的压缩作用下发生变形, 这时压强 p 与体积压缩因数 $\theta = -\operatorname{div} \boldsymbol{w}$ 之间也有类似的关系. 然而必须指出,

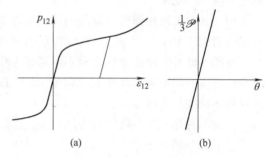

图 138. 金属的典型 "应力应变" 曲线: (a) 纯剪切, (b) 各个方向上均有流体静力学压强作用时的拉伸或压缩

金属在极高 (量级达 10^5 atm 以上) 的流体静力学压强作用下仍然表现为弹性体. 所以, 对于在各个方向上都受到流体静力学压强作用的金属, 弹性力学定律实际上在压强无限大时仍然成立, 这样就可以认为, 金属在流体静力学压强的压缩作用下不会出现塑性变形.

因此, 塑性性质既依赖于材料的性质, 也依赖于应力状态的类型.

建立塑性力学时出现的一些基本问题　我们在研究单轴拉伸、纯剪切扭转和流体静力学压强作用下的压缩等问题时, 根据典型的实验曲线 (图 137, 138) 提出了一些概念. 为了建立塑性力学, 应解决以下三个问题: 一、把弹性极限的概念推广到任意应力状态的情况; 二、在一般情况下引入加载和卸载的概念; 三、建立残余应变 (塑性应变) 的增长定律, 即在内应力按照任何可能方式变化时建立能够确定残余应变的关系式. 因此, 必须把研究上述典型实验曲线时提出的那些概念推广到任意变形的情况.

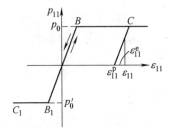

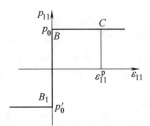

图 139. 理想弹塑性材料的单轴拉伸压缩图　　图 140. 理想刚塑性材料的单轴拉伸压缩图

理想弹塑性材料·理想刚塑性材料·线性强化材料

我们列出塑性介质模型的两种基本类型.

1. 理想弹塑性模型和理想刚塑性模型, 其中不考虑强化和包辛格效应. 普朗特曾经对个别简单变形提出理想应力应变曲线, 例如如图 139 所示的理想单轴拉伸图, 上述理想模型就是在此基础上向任意变形推广的结果.

图 139 给出理想弹塑性介质的单轴拉伸压缩图. 如果拉伸应力小于某个常量 p_0, 压缩应力大于某个常量 p_0', 材料就表现为弹性体; 经常可以认为 $p_0 = -p_0'$.

在图 140 中, 弹性变形完全不予考虑 (可以解释为弹性应变远小于可能的塑性应变). 当应力的绝对值小于某个常量 p_0 时 $(p_0 = -p_0')$, 应变等于零. 这是理想刚塑性材料试件的拉伸压缩图.

在这两种情况下, 当应力增加到 p_0 并保持不变时, 材料的变形能够无限增加. 这些模型能够满意地描述在 $p_{11}(\varepsilon_{11})$ 曲线上有屈服阶段的材料的行为.

2. 在另一种塑性介质模型中要考虑强化, 即弹性极限在塑性变形之后发生变化. 图 141 给出线性强化材料的单轴拉伸压缩图.

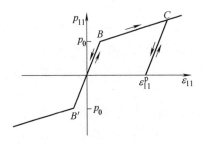

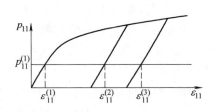

图 141. 线性强化材料的单轴拉伸压缩图

图 142. 应力与应变在塑性变形中没有单值对应关系

应力与应变在塑性变形中没有单值对应关系

我们指出, 塑性应变不能由应力值单值地计算出来 (例如, 可以参见图 142). 应力的同一个值, 例如 $p_{11}^{(1)}$, 能够对应 $\varepsilon_{11}^{(1)}$, $\varepsilon_{11}^{(2)}$ 等无限多个值. 在试件的加载过程中, 如果外载荷在某一时刻超过弹性极限, 则给定应力值所对应的应变值与该应力值的实现过程有关.

计算理想弹塑性材料残余应变的一个例子 有时可以利用一些简单的方法计算塑性应变的值. 例如, 考虑图 143 (a) 中的系统, 三根直径都是 d 的圆柱形杆被对称地固定在刚性平板 AB 上, 为简单起见不计重力的影响. 设外边两根杆 1 和 2 的材料是钢, 位于正中央的杆 3 的材料是铝. 依照条件, 我们认为所有三根杆在施加外载荷之前处于自然的无应力状态 ($\varepsilon_{11} = 0$). 如图 143 所示, 如果对平板均匀地加载, 则根据对称性显然可知, 所有的杆在变形后具有同样的长度.

我们知道, 钢的弹性极限 p_{11}^{st} 和杨氏模量 E^{st} 分别大于铝的弹性极限 p_{11}^{al} 和杨氏模量 E^{al}. 为简单起见, 我们忽略强化效应, 并把钢和铝看做理想弹塑性介质 (见图 143 (b)).

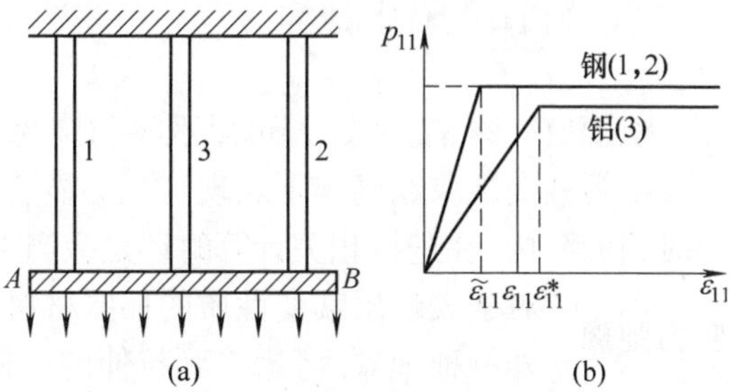

图 143. 用于计算钢杆 1 和 2 中的塑性应变

设平板 AB 上的总载荷 P 已经给定, 需要计算每根杆上的载荷和杆的总应变.

假设每一根杆的变形都是均匀的. 此外, 我们这样选取载荷 P, 使总应变 ε_{11} 小于 $p_{11}^{\text{al}}/E^{\text{al}} = \varepsilon_{11}^*$ 但大于 $p_{11}^{\text{st}}/E^{\text{st}} = \tilde{\varepsilon}_{11}$, 这时铝杆仍处于弹性阶段, 而钢杆已经处于塑性阶段 (见图 143 (b)). 显然, 每一根钢杆上的载荷等于 $\pi d^2 p_{11}^{\text{st}}/4$, 所以铝杆上的载荷等于 $P - \pi d^2 p_{11}^{\text{st}}/2$.

对铝杆使用胡克定律, 即可确定铝杆和钢杆的共同的总应变

$$\varepsilon_{11} = \frac{2}{E^{\text{al}}} \frac{2P - \pi d^2 p_{11}^{\text{st}}}{\pi d^2},$$

从而可以根据以下条件来计算钢杆的塑性应变:

$$\varepsilon_{11}^{\text{p}} = \varepsilon_{11} - \varepsilon_{11}^{\text{e}} = \varepsilon_{11} - \frac{p_{11}^{\text{st}}}{E^{\text{st}}}.$$

具有内应力的系统的一个例子 有趣的是, 如果现在完全卸掉平板 AB 上的载荷, 则所有三根杆中的应力和应变显然不会消失. 钢杆受到压缩, 而铝杆仍然受到拉伸. 这样的结构在卸载后是一个不受外力作用但具有内应力的系统, 并且在保持结构完整的条件下无法消除内应力. 从这个例子可以看出, 对于机器或建筑物的各种零部件, 为什么制作工艺 (淬火过程中非均匀加热和冷却, 锻造等) 能够在没有外部载荷时导致内应力的出现.

我们再来考虑 "固体" 变形时出现的其他一些效应, 这些效应无法在弹性力学和塑性力学的范围内得到描述.

蠕变 设某一根杆的上端固定, 下端受到不变的力 $\mathscr{P}$ 的作用 (图 144). 如果这根杆长时间处于这样的状态, 则实验表明, 杆的相对伸长因数 ε_{11} 将随时间 t 的增加而增加. 即使在某一时刻卸掉载荷 $\mathscr{P}$, 这样的变形也不会消失. 这个现象称为蠕

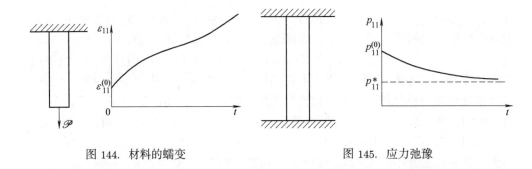

图 144. 材料的蠕变　　　　　　　　　　图 145. 应力弛豫

变. 无论载荷 $\mathscr{P}$ 有多大, 都可以观察到蠕变现象, 甚至对于很小的载荷也是如此.

尽管蠕变现象在高温下表现得最为显著, 但是对于那些需要在常温下工作足够长时间的结构, 在进行相关计算时还是应当考虑材料的蠕变性质.

应力弛豫　对于表现出蠕变性质的那些材料, 通常可以观察到被称为应力弛豫的另外一种现象. 考虑受到拉伸的一根杆, 其横截面上的应力为 $p_{11}^{(0)}$, 两端固定 (即应变 ε_{11} 固定不变) (图 145). 实验表明, 杆内的应力将随时间下降, 并且对于一部分材料, 应力值将下降到某个有限值 p_{11}^*, 对于另一部分材料, 应力值将一直下降到零.

蠕变现象与应力弛豫现象之间有密切的关系. 在应力弛豫过程中, 最初的弹性应变因为蠕变而部分或全部变为塑性应变, 而塑性应变不需要力的作用即可维持, 从而导致 p_{11} 减小.

当前, 蠕变理论是一个正在发展的连续介质力学分支.

金属的疲劳　我们再描述金属的一种性质, 这种性质称为金属的疲劳. 实验表明, 例如, 如果作用于金属试件自由端的载荷发生周期性变化, 则经过足够长时间后, 即使振动次数是有限的, 并且最大应力没有超过弹性极限, 试件也会断裂. 金属试件通常需要上百万次振动才会断裂.

一般而言, 按照确定的循环进行的高频率的多次加载和卸载通常导致结构强度极限下降, 这时结构在较小应力的作用下就会遭到破坏, 该应力值远小于在静力学条件下使结构破坏的应力值. 这就是金属的疲劳效应.

疲劳问题具有极其重大的实际意义, 因为许多机械零件、飞机和舰艇的外壳等时刻处于振动状态. 用于高空飞行的飞机总是受到周期性载荷的作用, 因为飞机外壳在高空时因为外部气体很稀薄而向外膨胀, 在地面附近时则收缩回来. 飞机的疲劳实验通常在水中进行, 为此要把飞机浸在水中, 并让水的压强按照给定规律变化. 根据这类实验结果可以估计给定飞机的允许起飞次数的极限值.

疲劳断裂通常是因为材料内部或表面出现微小裂纹并进一步发展造成的. 外部介质对裂纹在结构表面上发展或者从表面向结构内部发展的过程有重要影响. 例如, 玻璃板在空气中和水中的断裂强度有所不同.

人们用疲劳曲线表征材料抵抗疲劳断裂的强度. 为了绘制疲劳曲线, 可以在同样的外部条件下对一系列同样的试件进行试验, 让它们受到不同振幅的周期性载荷的作用. 疲劳曲线的横坐标是试件在断裂前所经历的循环的最大次数 N, 纵坐标是在这些循环中出现的最大应力值 p. 图 146 给出典型的疲劳曲线.

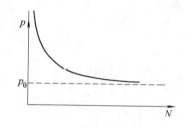

根据疲劳曲线可以确定一个试件在循环次数给定时能够承受的最大应力, 给定的循环次数称为试验基准. 试件在给定的试验基准下能够承受的最大应力称为疲劳极限或疲劳强度. 当应力不超过 p_0 时 (见图 146), 试件实际上经过无穷多次循环也不会断裂.

图 146. 典型的疲劳曲线

必须强调, 对于同一种材料, 疲劳强度与应力状态的类型 (拉伸、扭转、弯曲等) 和应力随时间变化的特性有关, 即与循环的形式和振动的频率有关. 此外, 疲劳强度还与以下因素有关: 温度 (这对聚合物材料尤其重要), 外部介质的性质 (例如空气湿度), 试件尺寸, 以及试件中是否存在各种应力集中点 (例如切口).

目前, 令人满意的疲劳理论尚未建立起来.

§2. 残余应变·加载曲面

一般而言, 一种介质的初始状态和当前的变形状态能够真正地分别对应某时刻 t_0 和 t. 此外, 如果消除所有内应力, 就可以从时刻 t 的当前变形状态达到假想的第三个状态. 这三种状态可以视为由物质点组成的连续流形, 每一个物质点的拉格朗日坐标 ξ^1, ξ^2, ξ^3 始终保持不变. 我们把这三种状态下的拉格朗日坐标系基矢量分别记为

$$\mathring{e}_i(\xi^1, \xi^2, \xi^3, t_0) = \frac{\partial \boldsymbol{r}_0}{\partial \xi^i},$$

$$\hat{e}_i(\xi^1, \xi^2, \xi^3, t) = \frac{\partial \boldsymbol{r}}{\partial \xi^i}$$

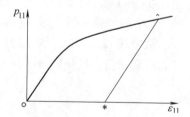

和 $\overset{*}{e}_i(\xi^1, \xi^2, \xi^3, t)$, 把度规张量的分量分别记为

$$\mathring{g}_{ij} = \mathring{e}_i \cdot \mathring{e}_j, \quad \hat{g}_{ij} = \hat{e}_i \cdot \hat{e}_j, \quad \overset{*}{g}_{ij} = \overset{*}{e}_i \cdot \overset{*}{e}_j$$

图 147. 单轴拉伸的初始状态 (∘), 变形状态 (⌢) 和完全卸载状态 (∗)

(在牛顿力学中, $\boldsymbol{r}_0(\xi^1, \xi^2, \xi^3, t_0)$ 和 $\boldsymbol{r}(\xi^1, \xi^2, \xi^3, t)$ 是介质的运动物质点的径矢). 分量为 $\mathrm{d}\xi^1, \mathrm{d}\xi^2, \mathrm{d}\xi^3$ 的无穷小矢量所对应的物质线段的长度的平方在初始 "未变形" 状态、当前变形状态和完全卸载的中间状态下分别等于

$$\mathrm{d}s_0^2 = \mathring{g}_{ij}\,\mathrm{d}\xi^i\,\mathrm{d}\xi^j, \quad \mathrm{d}s^2 = \hat{g}_{ij}\,\mathrm{d}\xi^i\,\mathrm{d}\xi^j, \quad \mathrm{d}s^{*2} = \overset{*}{g}_{ij}\,\mathrm{d}\xi^i\,\mathrm{d}\xi^j.$$

在图 147 中, 试件单轴拉伸的上述状态分别由符号 ∘, ⌢ 和 ∗ 表示.

塑性应变张量, 弹性
应变张量和总应变张
量

对于弹塑性介质的任意有限变形状态, 可以定义弹性应变和
塑性应变的概念并引入以下三对应变张量:

(1) 塑性应变张量

$$\mathscr{E}^{\mathrm{p}} = \varepsilon_{ij}^{\mathrm{p}} \overset{*}{e}{}^{i} \overset{*}{e}{}^{j}, \quad \overset{\circ}{\mathscr{E}}{}^{\mathrm{p}} = \varepsilon_{ij}^{\mathrm{p}} \overset{\circ}{e}{}^{i} \overset{\circ}{e}{}^{j}, \quad \varepsilon_{ij}^{\mathrm{p}} = \frac{1}{2}(\overset{*}{g}_{ij} - \overset{\circ}{g}_{ij}); \tag{2.1}$$

(2) 弹性应变张量

$$\mathscr{E}^{\mathrm{e}} = \varepsilon_{ij}^{\mathrm{e}} \hat{e}^{i} \hat{e}^{j}, \quad \overset{*}{\mathscr{E}}{}^{\mathrm{e}} = \varepsilon_{ij}^{\mathrm{e}} \overset{*}{e}{}^{i} \overset{*}{e}{}^{j}, \quad \varepsilon_{ij}^{\mathrm{e}} = \frac{1}{2}(\hat{g}_{ij} - \overset{*}{g}_{ij}); \tag{2.2}$$

(3) 总应变张量

$$\mathscr{E} = \hat{\varepsilon}_{ij} \hat{e}^{i} \hat{e}^{j}, \quad \overset{\circ}{\mathscr{E}} = \hat{\varepsilon}_{ij} \overset{\circ}{e}{}^{i} \overset{\circ}{e}{}^{j}, \quad \hat{\varepsilon}_{ij} = \frac{1}{2}(\hat{g}_{ij} - \overset{\circ}{g}_{ij}). \tag{2.3}$$

因此, 在研究实际变形过程时, 在每个时刻不仅可以考虑总应变, 还可以考虑塑性应变和弹性应变. 塑性应变是从当前状态完全卸载后在介质微元中残留下来的应变, 弹性应变是在完全卸载后消失但在重复加载后能够再次出现的应变, 即从 "卸载状态" 到当前应力应变状态的应变.

我们立即指出, 对于有限尺寸的物体, 采用卸除所有外力的方法并非总是能够实现卸载状态. 其实, 即使卸除所有外部载荷, 在物体中仍然可能存在内应力, 这样的例子已经在本章 §1 中给出. 如果在这些情况下仍然对物体的每一个微元在不破坏整体连续性的条件下引入卸载状态, 则所有物质点将组成非欧几里得空间中的某个区域 V^*, 所以 $\overset{*}{g}_{ij}$ 一般是非欧几里得度规张量.

可以把度规张量的分量 $\overset{*}{g}_{ij}$ 或塑性应变张量的分量 $\varepsilon_{ij}^{\mathrm{p}} = (\overset{*}{g}_{ij} - \overset{\circ}{g}_{ij})/2$ 看做物体塑性状态的物理特征量. 除了度规张量, 还可以引入其他一些几何特征量来描述区域 V^* 中的卸载状态流形, 这样就可以把这些几何特征量和 $\overset{*}{g}_{ij}$ 一起看做状态参量.

从公式 (2.1), (2.2) 和 (2.3) 可以看出, 这样定义的塑性应变张量、弹性应变张量和总应变张量在拉格朗日坐标系中的协变分量满足等式

$$\varepsilon_{ij} = \varepsilon_{ij}^{\mathrm{e}} + \varepsilon_{ij}^{\mathrm{p}}, \tag{2.4}$$

即总应变等于弹性应变与塑性应变之和.

我们指出, 在有限变形的情况下, 这个性质对于拉格朗日坐标系中的非协变分量和参考系中的任何分量 (包括协变分量) 都不成立. 这是因为, 在 (2.4) 中出现的是不同基矢量所对应的张量分量, 尽管所用坐标系是同一个拉格朗日坐标系[1]. 在无穷小相对位移的情况下, 精确到相差高阶小量时可以认为, 等式 (2.4) 对任何坐标系中的任何形式的分量都成立.

---

[1] 参见: Седов Л. И. Введение в механику сплошной среды. Москва: Физматгиз, 1962. 第 248 页 (Sedov L. I. Introduction to the Mechanics of a Continuous Medium. London: Addison-Wesley, 1965).

根据塑性体的定义, 塑性应变仅出现于应力超过某个极限 (弹性极限[1]) 的情况, 这与黏性流体的情况有区别. 材料在足够小的应力下表现为弹性体 (在弹性变形可以忽略时表现为刚体).

加载曲面或屈服曲面 应力空间是指这样的九维空间, 其中的点由应力张量分量 p^{ij} 的值给出. 根据塑性介质的上述基本性质, 对一个物质微元而言, 在应力空间中可以划出这样一个区域 $\mathscr{D}_p$, 只要应力张量的分量 p^{ij} 在一个过程中严格位于区域 $\mathscr{D}_p$ 以内, 该物质微元就表现为弹性体. 否则, 在物质微元中就会出现塑性应变 (残余应变). 区域 $\mathscr{D}_p$ 的边界 Σ_p 是所有可能的应力状态的弹性极限的集合. 应力张量在笛卡儿坐标系 x, y, z 中的分量 p^{ij} 可以看做区域 $\mathscr{D}_p$ 中的点的笛卡儿坐标. 在九维欧几里得空间 p^{ij} 中[2], 因为弹性应力在一定程度上是任意的, 所以区域 $\mathscr{D}_p$ 在一般情况下是九维的, 而 Σ_p 是八维的.

如果 $p^{ij} = p^{ji}$, 区域 $\mathscr{D}_p$ 就是对称的, 这时可以只考虑坐标为 $p^{11}, p^{22}, p^{33}, p^{12}, p^{13}, p^{23}$ 的六维空间中的六维区域 $\mathscr{D}_p$, 其边界 Σ_p 是五维的. 区域 $\mathscr{D}_p$ 的边界 Σ_p 称为加载曲面或屈服曲面. 通常, 在研究强化材料时使用术语 "加载曲面", 在研究理想塑性材料时使用术语 "屈服曲面".

理想塑性介质和强化介质 现在可以给出理想塑性材料和强化材料的定义. 在单轴拉伸过程中, 理想塑性材料的弹性极限 (屈服极限)——拉伸应力的极限值——是一个与塑性应变值无关的常量, 但它可能与温度 T 有关, 还可能与其他一些具有物理化学本质的参量 μ_i 有关, 而这些参量与应变没有直接的关系 (通常的一种理论). 与此同时, 即使 T 和 μ_i 保持不变, 强化材料在单轴拉伸时的弹性极限在塑性变形过程中也会发生变化.

因此, 在一般情况下, 如果空间 p^{ij} 中的曲面 Σ_p 在使温度和物理化学性质都保持不变的所有变形过程中一直固定不变, 我们就把这样的弹塑性介质或刚塑性介质称为理想塑性介质; 如果曲面 Σ_p 在塑性应变值发生变化时也发生变化, 我们就称之为强化介质.

在塑性变形过程中 (塑性应变值在变形过程中发生变化), 如果从弹性状态到塑性状态的转变是连续的, 则应力 p^{ij} 总是可以表示为曲面 Σ_p 上的一个点, 换言之, 应力 p^{ij} 在每个时刻都等于相应弹性极限 (例如, 可以参见图 147 中的单轴拉伸曲线).

在理想塑性材料的等温塑性变形过程中 (μ_i 也保持不变), 点 p^{ij} 位于固定的曲面 Σ_p 上, 或者在该曲面上移动. 在强化材料的等温塑性变形过程中 (μ_i 保持不变), 在应力空间 p^{ij} 中表示物质微元状态的点带领曲面 Σ_p 一起移动 (图 148 (b)).

理想塑性材料的屈服曲面 Σ_p 的方程可以写为以下形式:

$$f(p^{ij}, g_{ij}, T, \mu_i) = 0. \tag{2.5}$$

---

[1] 塑性概念和弹性极限的这个定义还可以变得更加复杂. 例如, 可以认为弹性极限不但与应力本身有关, 而且与应力梯度、温度和其他一些参量有关.

[2] 坐标系 x, y, z 的变换引起九维或六维应力空间的坐标 p^{ij} 的个别变换.

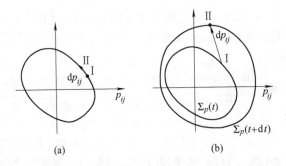

图 148.　(a) 理想塑性材料的塑性变形, (b) 强化材料的塑性变形

函数 f 称为屈服函数或加载函数.

对于各向同性介质, 作为变量或常量的物理化学参量 μ_i 都是标量. 这时, 函数 f 对应力张量的依赖关系表现为对其不变量的依赖关系 (在 $p^{ij} = p^{ji}$ 时只有三个独立的不变量). 由此容易得到相应的对称性条件, 这些条件应当是各向同性理想塑性材料的区域 $\mathscr{D}_p$ 和屈服曲面 Σ_p 所固有的.

从强化材料的定义可知, Σ_p 在应力空间中的形状和位置应当不仅与 p^{ij}, T 和 μ_i 有关, 还与由塑性应变值决定的其他一些参量有关. 这些参量包括塑性应变张量的分量 $\varepsilon_{ij}^{\mathrm{p}}$. 除了 $\varepsilon_{ij}^{\mathrm{p}}$, 或者用来代替这些量, 还可以选取参量 χ_1, χ_2, $\cdots$, χ_n 作为强化效应的主定参量, 这些参量可以与 $\varepsilon_{ij}^{\mathrm{p}}$ 有不同的关系, 包括非完整关系. 因此, 可以把强化材料的加载曲面方程写为以下形式:

$$f(p^{ij}, \ g_{ij}, \ T, \ \mu_i, \ \varepsilon_{ij}^{\mathrm{p}}, \ \chi_s) = 0. \tag{2.6}$$

我们将在下文中始终认为函数 f 具有这样的符号, 使得区域 $\mathscr{D}_p$ 的内部, 即材料表现为弹性体的区域, 满足

$$f < 0.$$

塑性加载和塑性卸载过程的定义　现在给出塑性加载和塑性卸载过程的定义. 对于单轴拉伸, 卸载就是降低 p_{11} 的值. 对于任意变形的情况, 塑性卸载被定义为应力空间中的点 p^{ij} 从曲面 Σ_p 向区域 $\mathscr{D}_p$ 的内部移动的过程. 显然, 某些分量 p^{ij} 在卸载过程中可能增大.

如果用解析方式来定义塑性卸载, 则对于理想塑性材料, 从曲面 Σ_p 上的状态卸载就是满足

$$\mathrm{d}f = \frac{\partial f}{\partial T}\,\mathrm{d}T + \frac{\partial f}{\partial p^{ij}}\,\mathrm{d}p^{ij} + \frac{\partial f}{\partial \mu_i}\,\mathrm{d}\mu_i < 0$$

的过程, 而对于强化材料, 塑性卸载就是满足

$$\mathrm{d}'f = \frac{\partial f}{\partial T}\,\mathrm{d}T + \frac{\partial f}{\partial p^{ij}}\,\mathrm{d}p^{ij} + \frac{\partial f}{\partial \mu_i}\,\mathrm{d}\mu_i < 0$$

的过程. 按照定义, 在卸载时

$$\mathrm{d}\varepsilon_{ij}^{\mathrm{p}} = 0, \quad \mathrm{d}\chi_s = 0.$$

塑性加载被定义为满足

$$f = 0, \quad \mathrm{d}f = 0 \tag{2.7}$$

的过程, 并且对理想塑性材料有

$$\mathrm{d}f = \frac{\partial f}{\partial T}\,\mathrm{d}T + \frac{\partial f}{\partial p^{ij}}\,\mathrm{d}p^{ij} + \frac{\partial f}{\partial \mu_i}\,\mathrm{d}\mu_i,$$

对强化材料有

$$\mathrm{d}'f = \frac{\partial f}{\partial T}\,\mathrm{d}T + \frac{\partial f}{\partial p^{ij}}\,\mathrm{d}p^{ij} + \frac{\partial f}{\partial \mu_i}\,\mathrm{d}\mu_i + \frac{\partial f}{\partial \varepsilon_{ij}^{\mathrm{p}}}\,\mathrm{d}\varepsilon_{ij}^{\mathrm{p}} + \frac{\partial f}{\partial \chi_s}\,\mathrm{d}\chi_s.$$

对强化材料还引入有效加载和中性变载的概念. 有效加载是指满足以下条件的过程:

$$f = 0, \quad \mathrm{d}f = 0, \quad \mathrm{d}'f > 0, \quad \mathrm{d}\varepsilon_{ij}^{\mathrm{p}} \neq 0, \quad \mathrm{d}\chi_s \neq 0,$$

而中性变载是指满足以下条件的过程:

$$f = 0, \quad \mathrm{d}f = 0, \quad \mathrm{d}'f = 0, \quad \mathrm{d}\varepsilon_{ij}^{\mathrm{p}} = 0, \quad \mathrm{d}\chi_s = 0.$$

在 $T = \mathrm{const}$, $\mu_i = \mathrm{const}$ 的条件下, 在中性变载过程中, 应力空间中的点 p^{ij} 沿静止曲面 Σ_p 移动, 这时强化材料中的塑性应变不发生变化.

加载曲面的可能形状 我们再对加载曲面的形状给出几项说明. 显然, 如果存在这样的加载路径, 使应力无限增长时并不出现塑性变形, 加载曲面 (或屈服曲面) 就包括无穷远点. 例如, 前面已经指出, 许多材料在各个方向上都受到流体静力学压强的压缩作用时表现为弹性体, 直到压强极大 (可以理想化为无穷大) 时都是如此. 对于这样的材料, 曲面 Σ_p 可以是柱形曲面.

如前所述, 在 $p^{ij} = p^{ji}$ 时只要考虑六维应力空间即可. 显然, 对各向同性材料而言, 可以在三维的应力张量主分量空间中描述曲面 Σ_p 的重要特性, 这时函数 (2.5) 和 (2.6) 对分量 p^{ij} 的依赖关系只通过主分量 p_1, p_2, p_3 表现出来.

我们指出, 当理想塑性材料在 $T = \mathrm{const}$, $\mu_i = \mathrm{const}$ 的条件下发生塑性变形时, 应力张量不可能是任意的, 其分量总是位于应力空间中的固定曲面上, 所以塑性材料只有在专门的外力作用下才有可能处于平衡状态, 这类似于流体平衡的情况.

存在一些连续介质模型, 其中对应力张量分量的允许值有更多的限制. 例如, 理想流体的应力张量的分量 p^{ij} 总是位于应力空间中的一条直线上, 因为 p^{ij} 的值只取决于压强 p 这一个参量.

可以建立这样一些塑性介质模型, 其中塑性的出现与应力张量所受到的一些额外限制有关. 在这种情况下, 从弹性区到塑性区的连续转变只能对应曲面 Σ_p 上某些点的集合. 这时, 弹性区与塑性区的分界面通常是强间断面, 如应力的强间断面.

　　例如, 为了研究冰的融化, 我们把冰向水的转变看做一种材料从弹性状态向塑性状态的转变. 其实, 冰在一定范围内可以很好地由弹性力学方程来描述, 并且在给定的温度下, 只要压强达到某个值, 冰就化为水. 可以把水看做冰的塑性状态 (在水中能够出现残余应变[1]). 水 (处于塑性状态的一种材料) 中的应力归结为压强, 而冰的应力状态更加复杂. 所以, 在冰与水的边界上, 应力一般发生间断. 例如, 如果一根冰柱一边融化一边受到拉伸, 就会出现这种情形. 在所研究的模型中, 从弹性状态向塑性状态的连续转变 (应力不发生间断) 仅仅对应曲面 Σ_p 的一个点, 这个点取决于冰 (在给定温度下) 融化的压强值.

　　塑性介质具体模型中的加载函数 f 应当是其自变量的给定函数. 此外, 还应当给定用来计算弹性区中和卸载过程中的变形的弹性定律, 用来计算塑性加载过程中的增量 $d\varepsilon_{ij}^p$ 和 $d\chi_s$ 的定律, 以及介质的热力学函数.

§3. 塑性力学的基本关系式

　　各种塑性体模型之间的区别在于, 其中用来确定 ε_{ij}^p 和 χ_s 的基本定律不同, 给出加载函数 f 的方法也不同. 在这一节中, 我们将表述所谓的关联定律[2], 该定律在许多实际应用的塑性体模型中被用来确定 ε_{ij}^p.

　　关联定律、用来确定弹性应变 ε_{ij}^e 的定律以及热力学关系式共同组成用来封闭塑性力学方程组的基本关系式.

用来确定 ε_{ij}^p 和 χ_s 的定律一般不可能具有类似于 (3.1) 的单值代数关系式的形式　我们首先证明, 由于存在各种各样的加载方法, 每个时刻的塑性应变 ε_{ij}^p 和参量 χ_s 不可能根据同一时刻的应力张量分量单值地计算出来. 换言之, 我们要证明的是, 用来确定 ε_{ij}^p 和 χ_s 的塑性力学基本定律在存在各种加载路径时不可能具有以下单值代数关系式的形式:

$$\varepsilon_{ij}^p = \varepsilon_{ij}^p(p^{ij}, T, \mu_1, \cdots, \mu_m), \quad \chi_s = \chi_s(p^{ij}, T, \mu_1, \cdots, \mu_m), \tag{3.1}$$

式中 p^{ij} 和 T 是所考虑的时刻的应力张量分量和温度, μ_s 是物理常量. 这里第一个关系式的作用是在所谓的塑性形变理论中确定 ε_{ij}^p.

　　关系式 (3.1) 对理想塑性体不可能成立的原因是, 塑性加载过程所对应的应力空间和残余应变空间一般而言具有不同的维数. 在 $T = \text{const}$, $p^{ij} = p^{ji}$ 时, 等温塑性加载过程的所有的点都属于屈服曲面 Σ_p, 由该屈服曲面的点组成的流形的最大可能维数等于 5, 而由 ε_{ij}^p 的相应空间区域的点组成的流形的最大可能维数等于 6.

---

　　[1] 还可以把水看做弹性体, 其中的应力归结为压强, 并且压强、密度和温度满足一个单值的关系式 (见第 247, 248 页). 然而, 在水中能够出现对流体力学并不重要的残余应变, 所以在这个意义上可以认为水具有塑性.

　　[2] 关联定律 (ассоциированный закон) 是一种塑性本构关系. ——译注

分量 ε_{ij} 和 p^{ij} 的可能取值空间具有不同的维数, 由此得到的一个推论就是在理想塑性理论中不可能存在形如 (3.1) 的单值关系式. 即使塑性应变张量的分量 $\varepsilon_{ij}^{\mathrm{p}}$ 受到附加几何约束的限制, 使相应空间的维数有所降低, 上述结论也不会改变.

例如, 如果认为材料在塑性变形过程中是不可压缩的, 则在小变形的情况下, 塑性应变张量的分量 $\varepsilon_{ij}^{\mathrm{p}}$ 组成一个分量为 $\varepsilon_{ij}'^{\mathrm{P}}$ 的偏张量[1], 分量 $\varepsilon_{ij}^{\mathrm{p}}$ 的可能值的相应空间的维数这时等于 5. 然而, 这时通常认为, 在塑性变形条件中只出现应力偏张量的分量 p'^{ij}. 即使假设 (3.1) 中的偏张量分量 $\varepsilon_{ij}'^{\mathrm{P}}$ 只可能依赖于应力偏张量的分量 p'^{ij}, 这时也不可能存在形如 (3.1) 的单值关系式, 因为分量 $\varepsilon_{ij}'^{\mathrm{P}}$ 和 p'^{ij} 的可能值的空间的维数分别等于 5 和 4.

从理想塑性体的单轴拉伸压缩图可以看出, 甚至在单轴单调加载 (没有中间卸载) 这种最简单的情况下, 同一个应力 p^{11} 也能够对应不同的塑性应变 $\varepsilon_{11}^{\mathrm{p}}$ (图 139).

在理想塑性体模型的一般情况下, 如果从弹性区的某个状态 D 沿不同加载路径接近屈服曲面 Σ_p 上的两个不同的点 M 和 N (图 149), 我们就会遇到以下效应.

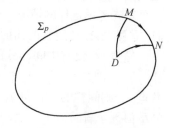

图 149. 不同的加载路径

因为路径 DM 和 DN 都属于弹性区, 所以塑性应变张量的分量 $\varepsilon_{ij}^{\mathrm{p}}$ 在沿路径 DM 或 DN 加载时保持不变. 例如, 这时的 $\varepsilon_{ij}^{\mathrm{p}}$ 可以都等于零, 而如果在变形历史中已经在所研究的物质微元中形成了残余应变, $\varepsilon_{ij}^{\mathrm{p}}$ 也可以不等于零. 因此, 在不同应力的作用下, $\varepsilon_{ij}^{\mathrm{p}}$ 能够在点 M 和 N 取相同的值. 另一方面, 在理想塑性体模型中, $\varepsilon_{ij}^{\mathrm{p}}$ 能够沿位于屈服曲面上的路径 MN 发生变化. 于是, 经过 DN 和 DMN 这两个过程, 在物质微元中可能出现与点 N 相对应的同样的应力和不同的 $\varepsilon_{ij}^{\mathrm{p}}$.

从这些讨论可知, 在理想塑性体模型中, 关系式 (3.1) 对于不同的加载路径一般不可能成立.

对于强化弹塑性体, 在没有中间卸载的单轴拉伸过程中, 应力 p^{11} 与塑性应变 $\varepsilon_{11}^{\mathrm{p}}$ 之间存在单值的函数关系. 因此, 我们似乎可以假设, 关系式 (3.1) 在一般情况下对于强化介质模型中任何没有中间卸载的加载过程都能够成立. 然而, 容易看出, 这样的假设一般而言导致不可接受的限制条件[2].

---

[1] 关于偏张量的概念, 见第 347 页. 例如, 应力偏张量的分量为 $p'^{ij} = p^{ij} - g^{ij}p^k_k/3$. 任何一个二阶张量显然都可以分解为偏张量与球张量之和. ——译注

[2] 有时, 人们会提出这样的观点: 在强化塑性体模型中, 对于任何没有中间卸载的等温加载过程, 可以认为总应变与应力之间的关系式类似于非线性弹性力学中应变与应力之间的关系式. 下面的结果表明, 此观点在一般情况下并不成立! 这样的观点仅对塑性体微元的个别加载路径才是可以接受的. 然而, 我们强调, 对于给定的个别加载路径, 塑性体微元和塑性体整体的所有状态参量可以看做其中一个参量的函数. 如果适当选取普遍适用于任何非弹性体模型的一个主定参量, 最后一个结论就是非常明显的和正确的. 不过, 还必须指出, 在整体问题中, 我们利用外力对有限大小的塑性体按照确定的规律进行加载, 但对单独的塑性体微元而言, 加载路径是各不相同的和事先未知的.

其实, 如果假设在加载过程中成立等式 (3.1), 则

$$
\begin{aligned}
\varepsilon_{ij}^{\mathrm{p}} &= \varepsilon_{ij}^{\mathrm{p}}(p^{ij},\ T,\ \mu_1,\ \cdots,\ \mu_m) = C_{ij} = \mathrm{const}, \\
\chi_s &= \chi_s(p^{ij},\ T,\ \mu_1,\ \cdots,\ \mu_m) = C_s = \mathrm{const}
\end{aligned}
\tag{3.2}
$$

中的每一个关系式将把 p^{ij} 和 T 联系在一起, 换言之, 每一个关系式 (在 $T = \mathrm{const}$ 时) 将在空间 p^{ij} 中定义一个曲面 Σ, 并且加载曲面 Σ_p 的点属于这个曲面, 因为根据强化材料模型的定义, 量 $\varepsilon_{ij}^{\mathrm{p}}$ 和 χ_s 在加载曲面上保持不变.

首先考虑这样的情况: 等温加载曲面 Σ_p 是六维应力空间 p^{ij} 中的五维曲面. 这时, 方程 (3.2) 所定义的曲面就是加载曲面.

显然, 在没有中间卸载的等温加载过程中, 如果某两个状态的残余应变 $\varepsilon_{ij}^{\mathrm{p}1}$ 和 $\varepsilon_{ij}^{\mathrm{p}2}$ 不同, 则关系式 (3.1) 要求相应加载曲面 Σ_{p1} 和 Σ_{p2} 也不同, 而且它们不能有公共点, 否则同样的 p^{ij} 和 T 就能够对应不同的残余应变 $\varepsilon_{ij}^{\mathrm{p}1}$ 和 $\varepsilon_{ij}^{\mathrm{p}2}$, 这与公式 (3.1) 的单值性矛盾.

因此, 例如, 如果固定 $\varepsilon_{11}^{\mathrm{p}} = C_{11}$, 则关系式 $\varepsilon_{11}^{\mathrm{p}} = \varepsilon_{ij}^{\mathrm{p}}(p^{ij},\ T,\ \mu_1,\ \cdots,\ \mu_m) = C_{11}$ 将单值地定义加载曲面 Σ_p, 这样就确定了所有分量 $\varepsilon_{ij}^{\mathrm{p}} = C_{ij}$ 和 $\chi_s = C_s$, 因为它们在 Σ_p 上保持不变. 于是, 所有常量 C_{ij} 和 C_s 都可以视为其中一个常量——例如 $C_{11} = \varepsilon_{11}^{\mathrm{p}}$ ——的普适函数 (不依赖于 p^{ij} 和 T), 即

$$
\varepsilon_{ij}^{\mathrm{p}} = \omega_{ij}(\varepsilon_{11}^{\mathrm{p}}), \quad \chi_s = \chi_s(\varepsilon_{11}^{\mathrm{p}}).
\tag{3.3}
$$

关系式 (3.3) 表明, 假设 (3.1) 导致一个不可接受结论: 沿着通过变量 p^{ij} 和 T 表述的不同加载路径只能得到一种完全确定的由变量 $\varepsilon_{ij}^{\mathrm{p}}$ 表述的塑性变形方式 (3.3).

如果材料在塑性变形过程中是不可压缩的, 则在小变形情况下, 塑性应变张量 $\varepsilon_{ij}^{\mathrm{p}}$ 是一个偏张量. 容易看出, 以上一般结论也可推广到这种情况, 这时在假设 (3.1) 的函数自变量中只有应力偏张量的分量, 而弹性极限的集合在五维的应力偏张量空间中组成一个四维曲面.

在一般情况下, 在从弹性区向塑性区过渡时, 如果应力张量分量 p^{ij} 的弹性极限的可能取值区域的维数小于 6, 则从关于存在单值关系式 (3.1) 的假设可知, $\varepsilon_{ij}^{\mathrm{p}}$ 的可能取值区域的维数也小于 6, 于是塑性应变只能具有与外部作用无关的某种专门的形式.

因此, 假设 (3.1) 与关于塑性变形任意性的假设矛盾.

综上所述, 我们证明了, 在强化材料模型中, 对于没有中间卸载的任意加载路径, 不可能成立形如 (3.1) 的单值代数关系式. 与此相关的是塑性力学定律的一个基本特点: 这些定律的形式为不可积 (非完整) 微分关系式.

塑性变形理论　　显然, 对于强化材料的每一个完全确定的固定的加载规律, 可以写出形如 (3.1) 的代数关系式, 并且这些关系式与所选择的加载路径有关. 与此同时, 对于一般彼此接近的某些不同的加载路径, 却经常可以使用形如

(3.1) 的同一个关系式. 所以, 在实践中有时可以使用以关系式 (3.1) 为基础的一种理论, 我们称之为塑性变形理论.

然而, 需要牢牢记住, 这些关系式仅对所研究的介质微元的一个或几个确定的加载过程才成立, 它们并不描述该介质微元在其他一些塑性变形过程中的行为. 换言之, 这些关系式所描述的并不是介质的性质, 而是介质中的某些个别过程的性质.

比例加载 例如, 在强化材料模型的实际应用中可以考虑比例加载, 这时

$$p^{ij} = \varkappa p_0^{ij}, \quad T = T_0,$$

式中 p_0^{ij} 是某个常张量, $\varkappa$ 是可变的标量参量. 在某些应用中还对比例加载过程使用近似的形变理论.

对于不同的比例加载路径, 应力与应变之间的关系一般各不相同, 并且与作为参量的张量 p_0^{ij} 有关. 当服从胡克定律的有限大小的物体发生小变形时, 外部载荷的成比例变化导致物体中所有的点的应力张量分量和应变张量分量也成比例变化. 在有限变形的情况下, 应变张量的分量一般不可能在物体所有的点都成比例变化[1]. 在有限大小的物体发生任意塑性变形的情况下, 在小变形理论的范围内, 当外部载荷成比例变化时, 所有物体微元的加载路径一般而言不可能成比例变化.

真实应力在塑性应变增量上的最小功原理 我们现在提出一个热力学不等式, 该不等式在现代许多作者的论文和专著中是一条附加的热力学原理和建立塑性介质模型的基础.

分别引入应力在相应弹性应变增量和塑性应变增量上的元功

$$\mathrm{d}A_\mathrm{e} = -\frac{p^{\alpha\beta}}{\rho}\,\mathrm{d}\varepsilon_{\alpha\beta}^\mathrm{e}, \quad \mathrm{d}A_\mathrm{p} = -\frac{p^{\alpha\beta}}{\rho}\,\mathrm{d}\varepsilon_{\alpha\beta}^\mathrm{p},$$

并且认为塑性应变对应经过加载曲面 Σ_p 上的给定点 p^{ij} 的某个等温加载过程. 内面力的元功可以表示为 $\mathrm{d}A_\mathrm{e}$ 与 $\mathrm{d}A_\mathrm{p}$ 之和:

$$\mathrm{d}A^{(\mathrm{i})} = \mathrm{d}A_\mathrm{e} + \mathrm{d}A_\mathrm{p}.$$

我们再计算弹性区 $\mathscr{D}_p$ 中的任何一点所对应的内应力 $p^{*\alpha\beta}$ 在所研究的塑性应变增量 $\mathrm{d}\varepsilon_{\alpha\beta}^\mathrm{p}$ 上的元功

$$\mathrm{d}A_\mathrm{p}^* = -\frac{p^{*\alpha\beta}}{\rho}\,\mathrm{d}\varepsilon_{\alpha\beta}^\mathrm{p}.$$

由不等式

$$\mathrm{d}A_\mathrm{p}^* - \mathrm{d}A_\mathrm{p} = \frac{p^{\alpha\beta} - p^{*\alpha\beta}}{\rho}\,\mathrm{d}\varepsilon_{\alpha\beta}^\mathrm{p} \geqslant 0 \tag{3.4}$$

---

[1] 参见: Седов Л. И. О понятии простого нагружения и о возможных путях деформации. ПММ, 1959, 23(2): 400—402 (Sedov L. I. On the concepts of simple loading and on possible deformation paths. J. Appl. Math. Mech., 1959, 23(2): 568—571).

表示的假设称为真实应力在塑性应变增量上的最小功原理. 按照这个原理 (假设), 真实应力在给定的塑性应变增量上的元功总是小于或等于弹性区中的任何其他应力在同样的塑性应变增量上的元功.

如果把张量的分量 $\mathrm{d}\varepsilon^{\mathrm{p}}_{\alpha\beta}$ 和 $p^{\alpha\beta} - p^{*\alpha\beta}$ 解释为九维欧几里得应力空间 p^{ij} 中的矢量的分量, 就可以把假设 (3.4) 解释为这两个矢量的标积不小于零, 即

$$(p^{\alpha\beta} - p^{*\alpha\beta})\mathrm{d}\varepsilon^{\mathrm{p}}_{\alpha\beta} \geqslant 0. \tag{3.5}$$

从 (3.4) 和 (3.5) 可知, 如果在曲面 Σ_p 上的某个点 $p^{\alpha\beta}$ 作垂直于矢量 $\mathrm{d}\varepsilon^{\mathrm{p}}_{\alpha\beta}$ 的平面, 则整个曲面 Σ_p 只能位于该平面的一侧. 由此显然可知, 从包含点 p^{*ij} 的弹性区 $\mathscr{D}_p$ 这一侧来看, 加载曲面 Σ_p 是向外凸的.

光滑加载曲面的关联定律　　进一步, 如果加载曲面在点 $p^{\alpha\beta}$ 具有确定的切平面, 这个平面就应当垂直于矢量 $\mathrm{d}\varepsilon^{\mathrm{p}}_{\alpha\beta}$. 换言之, 如果在曲面 Σ_p 上的某一点只能引该曲面的唯一一条法线, 则在这个点, $\mathrm{d}\varepsilon^{\mathrm{p}}_{\alpha\beta}$ 和 $\mathrm{grad}\, f$ 应当是共线矢量. 所以, 为了确定塑性加载过程中的塑性应变增量, 可以得到以下微分关系式:

$$\mathrm{d}\varepsilon^{\mathrm{p}}_{\alpha\beta} = \mathrm{d}\lambda \frac{\partial f}{\partial p^{\alpha\beta}},$$

式中 $\mathrm{d}\lambda$ 是某个正的无穷小标量, 因为根据条件 (3.5), 矢量 $\mathrm{d}\varepsilon^{\mathrm{p}}_{\alpha\beta}$ 指向 Σ_p 的外法线方向.

于是, 对于理想塑性材料, 根据 (3.4) 可以认为

$$\begin{aligned} \mathrm{d}\varepsilon^{\mathrm{p}}_{\alpha\beta} &= \mathrm{d}\lambda \frac{\partial f}{\partial p^{\alpha\beta}}, \quad \text{当 } f = 0,\ \mathrm{d}f = 0, \\ \mathrm{d}\varepsilon^{\mathrm{p}}_{\alpha\beta} &= 0, \quad \text{当 } f = 0,\ \mathrm{d}f < 0,\ \text{或 } f < 0. \end{aligned} \tag{3.6}$$

在强化材料的情况下, 塑性应变在加载曲面 $f = 0$ 上保持不变, 所以在 $\mathrm{d}'f = 0$ 时 $\mathrm{d}\lambda = 0$, 进而应当成立等式

$$\mathrm{d}\lambda = h\,\mathrm{d}'f,$$

式中 $h\,(>0)$ 是决定介质微元物理力学状态的那些可变参量的函数. 关系式 (3.6) 的形式变为

$$\begin{aligned} \mathrm{d}\varepsilon^{\mathrm{p}}_{\alpha\beta} &= h\frac{\partial f}{\partial p^{\alpha\beta}}\,\mathrm{d}'f, \quad \text{当 } f = 0,\ \mathrm{d}'f > 0, \\ \mathrm{d}\varepsilon^{\mathrm{p}}_{\alpha\beta} &= 0, \quad \text{当 } f = 0,\ \mathrm{d}'f \leqslant 0,\ \text{或 } f < 0. \end{aligned} \tag{3.7}$$

关系式 (3.6) 和 (3.7) 是用来确定塑性应变增量的附加关系式, 它们得自假设 (3.4) 和关于加载曲面 Σ_p 光滑的假设. 我们把这些关系式称为关联定律. 在理想塑性材料理论中, 一般形式的关联定律最初是由米塞斯提出和使用的.

必须指出, 不等式 (3.4) 是作为一条理论上未被证明的假设而提出的. 所以, 也可以把关联定律 (3.6) 或 (3.7) 当做基本假设, 并用它代替关系式 (3.4). 关联定律在所需范围内的正确性应当由实验结果来证实, 方法是对关联定律的推论与实测数据进行比较.

还可以建立其他塑性理论, 其中使用其他一些基本定律来代替关联定律, 以便确定残余应变.

至于参量增量 $\mathrm{d}\chi_s$, 在强化材料的情况下可以写出公式

$$
\begin{aligned}
\mathrm{d}\chi_s &= A_s\,\mathrm{d}'f, \quad \text{当 } \mathrm{d}'f > 0, \\
\mathrm{d}\chi_s &= 0, \quad \text{当 } \mathrm{d}'f \leqslant 0,
\end{aligned}
\tag{3.8}
$$

因为在 $\mathrm{d}'f = 0$ 时 $\mathrm{d}\chi_s$ 也等于零, A_s 是确定介质微元状态的一些参量的函数.

在建立塑性体模型时应给出函数 f, h 和 A_s　在定义一个确定的强化材料模型时应当给出函数 f, h 和 A_s, 其选择应当使该模型的性质能够反映在实验中观察出来的那些效应.

我们指出, 函数 f, h 和 A_s 是无法独立选择的, 因为应当成立关系式

$$
1 + h\frac{\partial f}{\partial \varepsilon_{ij}^{\mathrm{p}}}\frac{\partial f}{\partial p^{ij}} + A_s\frac{\partial f}{\partial \chi_s} = 0,
$$

它得自加载条件 (2.7) 和关系式 (3.7), (3.8).

对于目前提出并用于计算的一些具体的强化材料模型, 在关联定律中或者根本没有参量 χ_s, 或者加载函数 f 和函数 h 只依赖于一个参量 χ.

我们给出 $\mathrm{d}\chi$ 的表达式的一些例子. 泰勒、奎尼 (1931 年) 和施密特 (1932 年) 曾经假设

$$
\mathrm{d}\chi = p^{ij}\,\mathrm{d}\varepsilon_{ij}^{\mathrm{p}},
$$

奥德奎斯特 (1933) 则采用了以下强化参量:

$$
\mathrm{d}\chi = \sqrt{\frac{2}{3}\sum_{i,j}\mathrm{d}\varepsilon_{ij}^{\mathrm{p}}\,\mathrm{d}\varepsilon_{ij}^{\mathrm{p}}}.
$$

这些作者仅考虑了等温过程并认为加载曲面方程的形式为

$$
f = F(p^{ij}) + \omega(\chi) = 0.
$$

我们将在下一节中详细研究特雷斯卡和米塞斯的塑性体模型中的加载函数 f.

当导数 $\partial f/\partial p^{\alpha\beta}$ 已知时, 对于每一条给定的加载路径, 只要直接对关系式 (3.7) 和 (3.8) 进行积分, 就可以计算出塑性应变 $\varepsilon_{ij}^{\mathrm{p}}$ 和参量 χ_s 的值, 它们与积分路径有关, 即与加载过程有关.

具有角点的加载曲面　　在一些塑性体模型中, 加载曲面具有尖锐的棱、角点或锥顶点. 某些实验结果表明, 使用这种类型的模型是有可能的, 甚至是必须的. 在 §4 中将研究一种这样的模型.

因为加载曲面在正则点具有唯一的法线, 所以, 根据关联定律, 残余应力增量的方向在正则点是唯一确定的. 根据原理 (3.4) 或 (3.5), 矢量 $\mathrm{d}\varepsilon_{ij}^{\mathrm{p}}$ 的方向在加载曲面的角点能够在某个角的内部变化 (图 150(b)).

图 150. 矢量 $\mathrm{d}\varepsilon_{ij}^{\mathrm{p}}$ 的可能情况. (a) 光滑的加载曲面, $\mathrm{d}\varepsilon_{ij}^{\mathrm{p}} \parallel \boldsymbol{n}$; (b) 具有角点的加载曲面, $\mathrm{d}\varepsilon_{ij}^{\mathrm{p}}$ 位于角 ABC 的内部

柯依特在 1953 年把关联定律推广到加载曲面具有角点的情况[1]. 目前, 这个理论是塑性力学中研究具有角点的加载曲面的所有论文的基础. 柯依特理论的基本原理与真实应力在塑性应变上的最小功原理 (3.5) 是一致的. 我们把 Σ_p 的奇点看做方程为

$$f_k(p^{ij},\ \varepsilon_{ij}^{\mathrm{p}},\ T,\ \chi_s,\ \mu_j) = 0 \qquad (3.9)$$

的某些正则曲面的交点. 这些曲面的数目可以是任意的. 有时, 可以把加载曲面看做由无穷多个曲面 f_k 组成的一族曲面 (3.9) 的包络面. 在确定函数 f_k 时要求弹性区中的位移对应条件

$$f_k = 0 \quad \text{且} \quad \mathrm{d}'f_k = \frac{\partial f_k}{\partial T}\,\mathrm{d}T + \frac{\partial f_k}{\partial p^{\alpha\beta}}\,\mathrm{d}p^{\alpha\beta} < 0,$$

或

$$f_k < 0.$$

在理想塑性体的情况下, 函数 f_k 与 $\varepsilon_{ij}^{\mathrm{p}}$ 和 χ_s 无关, 塑性加载过程对应条件

$$\begin{aligned}
&f_\omega = 0, \quad \mathrm{d}f_\omega = \mathrm{d}'f_\omega = 0; \\
&f_\nu = 0, \quad \mathrm{d}f_\nu = \mathrm{d}'f_\nu < 0, \quad \text{或} \quad f_\nu < 0,
\end{aligned} \qquad (3.10)$$

式中的下标 ω 和 ν 不同并且遍历下标 k 的所有值.

在强化塑性体的情况下, 主动塑性加载过程对应条件

$$\begin{aligned}
&f_\omega = 0, \quad \mathrm{d}f_\omega = 0, \quad \mathrm{d}'f_\omega > 0; \\
&f_\nu = 0, \quad \mathrm{d}f_\nu = \mathrm{d}'f_\nu \leqslant 0, \quad \text{或} \quad f_\nu < 0.
\end{aligned} \qquad (3.11)$$

如果 ω 的值等于下标 k 的某些值, 则无穷小加载路径微元相应过程中的应力张量分量对应加载曲面的奇点. 如果 $\omega = j$, 其中 j 是唯一的固定下标, 则无穷小加载路径所对应的过程就是在加载曲面 Σ_p 上从奇点向正则点移动的过程. 如果下标 ω 遍历下标 k 的所有的值, 这样的加载过程就称为全加载过程.

---

[1] 见: Koiter W. T. Stress-strain relations, uniqueness and variational theorems for elastic-plastic materials with a singular field surface. Quart. Appl. Math., 1953, 11(3): 350—354.

加载曲面有角点时的关联定律　当加载曲面 Σ_p 有角点时, 可以把关联定律 (3.6) 推广为以下形式:

$$\left.\begin{array}{l} d\varepsilon_{ij}^{\mathrm{P}} = \sum_\omega \dfrac{\partial f_\omega}{\partial p^{ij}} d\lambda_\omega, \quad \text{在加载过程中, 即在条件 (3.10) 或 (3.11) 成立时,} \\[3mm] d\varepsilon_{ij}^{\mathrm{P}} = 0, \quad \text{当 } f_k = 0, \ df_k < 0, \ \text{或 } f_k < 0, \quad \text{对于所有的 } k, \end{array}\right\} \tag{3.12}$$

式中 $d\lambda_\omega$ 是大于零的量.

对于强化塑性体, 按照 (3.11) 和 (3.12) 可以写出

$$d\lambda_\omega = h_\omega \, d' f_\omega, \tag{3.13}$$

式中 $h_\omega \ (> 0)$ 是物质微元的主定参量的函数. 函数 h_ω 类似于公式 (3.7) 中的函数 h. 在定义塑性体模型时应当给出函数 h_ω [1].

当函数 (3.9) 有无穷多个时, 可以把 (3.12) 中的求和表达式改为积分, 积分域取决于条件 (3.10) 或 (3.11).

当 Σ_p 具有角点时, 在强化材料模型中用来确定参量 χ_s 的附加条件可以具有以下形式:

$$d\chi_s = \sum_\omega \mathscr{A}_{s\omega} \, d' f_\omega, \quad \text{或} \quad d\chi_s = \mathscr{B}_s^{\alpha\beta} \, d\varepsilon_{\alpha\beta}^{\mathrm{P}},$$

式中 $\mathscr{A}_{s\omega}$ 或 $\mathscr{B}_s^{\alpha\beta}$ 是主定参量的已知函数, 并且在定义一个强化材料模型时应当给出这些函数, 就像应当给出函数 f_k 和 h_ω 那样.

对于强化塑性材料, 可以利用 (3.13) 把 (3.12) 中的第一个公式写为以下形式:

$$d\varepsilon_{ij}^{\mathrm{P}} = \sum_\omega h_\omega \frac{\partial f_\omega}{\partial p^{ij}} \, d' f_\omega. \tag{3.14}$$

下标 ω 的数值取决于应力张量分量 p^{ij} 的增量和温度增量. 当下标 ω 的一组数值给定时, 公式 (3.14) 给出 $d\varepsilon_{ij}^{\mathrm{P}}$ 与 dp^{ij} 和 dT 之间的线性关系. 在应力空间中, 在 Σ_p 的奇点附近显然可以指定增量 dp^{ij} 和 dT 的不同区域, 使它们分别对应不同的一组下标 ω 和不同的线性关系 (3.14). 因此, 关系式 (3.14) 从本质上讲是非线性的. 桑德斯研究了 Σ_p 的角点的这类非线性效应 [2]. 霍奇研究了由方程 $f_i = 0$ 定义的曲面 Σ_{pi} 是平面的情况, 这时可以对某些类型的加载路径求出应力与残余应变之间的同样的代数关系式.

在一般情况下, 函数 h_ω 和 f_ω 对决定加载路径的那些参量的依赖关系可能相当

---

[1] 显然, 在应力空间中, 对于在几何上 (在物理上) 确定的加载曲面, 在引入条件 $f_\omega = 0$ 时有一定的任意性. 如果令 $f_\omega^* = f_\omega \sqrt{h_\omega}$, 并且注意到, 在发生塑性变形时 $f_\omega = 0$, 我们就得到公式 (3.14), 只不过其中的 f_ω 应替换为 f_ω^*, 并且 $h_\omega = 1$. 类似的说明也适用于公式 (3.7).

[2] Sanders J. L. Plastic stress-strain relations based on linear loading functions. Proceedings of the 2nd U.S. National Congress of Applied Mechanics, 1954, p. 455—460.

复杂, 曲面 Σ_p 能够在塑性变形过程中发生巨大变化. 然而, 在孤立角点所对应的有效加载过程中 (没有中间卸载), 重要的仅仅是加载曲面在该奇点的局部性质, 所以可以认为公式 (3.14) 中的函数 f_ω 是 p^{ij} 的线性函数, 并利用这个公式来发展强化材料的塑性变形理论.

当 Σ_p 有角点时, 尽管在一般形式的加载过程中存在非线性效应和非常复杂的情况, 但对完全属于全加载区域的某一类加载路径还是可以进行重大简化. 例如, 布江斯基证明了, 对某一类全加载路径可以使用应力与应变之间的代数关系式[1].

建立塑性体模型的上述一般原理大致是在最近几十年中发展起来的, 对相关函数的实验研究暂时不多.

热流方程和热力学第二定律　现在考虑塑性力学中的热力学关系式. 在物体变形过程中, 如果温度变化所引起的效应非常重要, 则必须有热力学关系式才能让力学方程组成为封闭方程组. 所以, 如果热力学函数没有确定, 热力学方程也没有写出, 就不能认为塑性体模型已经完全建立起来.

塑性变形过程是不可逆的, 所以热流方程和表述热力学第二定律的方程可以写为以下形式 (见第一卷第五章 §2, §5, §6, §8):

$$\mathrm{d}F = \frac{1}{\rho} p^{ij}\,\mathrm{d}\varepsilon_{ij} - \mathrm{d}(sT) + \mathrm{d}q^{(\mathrm{e})} + \mathrm{d}q^{**}, \tag{3.15}$$

$$T\,\mathrm{d}s = \mathrm{d}q^{(\mathrm{e})} + \mathrm{d}q', \quad \mathrm{d}q' \geqslant 0, \tag{3.16}$$

或

$$\mathrm{d}s = \mathrm{d}_e s + \mathrm{d}_i s, \quad \mathrm{d}_i s \geqslant 0, \tag{3.17}$$

式中 F 是质量自由能, s 是质量熵, $\mathrm{d}q^{(\mathrm{e})}$ 是外部热流, $\mathrm{d}q'$ 是非补偿热, $\mathrm{d}q^{**}$ 是进入单位质量介质的相应能量流 (见第一卷第五章 §2 和 §7).

基本假设和由此得到的一些热力学公式　建立塑性体模型的进一步工作总是关系到一系列附加的假设, 其中最基本的一些假设是:

$$\begin{aligned}
&\mathrm{d}q^{**} = 0, \\
&F = F(\mathring{g}_{ij},\ \varepsilon_{ij}^{\mathrm{e}},\ \varepsilon_{ij}^{\mathrm{p}},\ T), \\
&\varepsilon_{ij} = \varepsilon_{ij}^{\mathrm{e}} + \varepsilon_{ij}^{\mathrm{p}}, \\
&\mathrm{d}q^{(\mathrm{e})} = -\frac{1}{\rho}\,\mathrm{div}\,\boldsymbol{q}\,\mathrm{d}t, \\
&\mathrm{d}q' = \frac{1}{\rho}\tau^{ij}\,\mathrm{d}\varepsilon_{ij}^{\mathrm{p}} \geqslant 0,
\end{aligned} \tag{3.18}$$

式中 $\boldsymbol{q}$ 是热流矢量, τ^{ij} 是表征能量耗散的某个张量的分量.

---

[1] Budiansky B. A reassessment of deformation theory of plasticity. Trans. ASME. Ser. E. J. Appl. Mech., 1959, 26 (1—2): 259—264.

根据假设 (3.18), 可以把方程 (3.15) 和 (3.16) 改写为以下形式:

$$\left(\frac{\partial F}{\partial \varepsilon_{ij}^{\mathrm{e}}} - \frac{p^{ij}}{\rho}\right)\mathrm{d}\varepsilon_{ij}^{\mathrm{e}} + \left(\frac{\partial F}{\partial \varepsilon_{ij}^{\mathrm{p}}} - \frac{p^{ij}}{\rho} + \frac{\tau^{ij}}{\rho}\right)\mathrm{d}\varepsilon_{ij}^{\mathrm{p}} + \left(\frac{\partial F}{\partial T} + s\right)\mathrm{d}T = 0, \tag{3.19}$$

$$\rho\,\mathrm{d}s = -\frac{\mathrm{div}\,\boldsymbol{q}}{T}\,\mathrm{d}t + \frac{\tau^{ij}}{T}\,\mathrm{d}\varepsilon_{ij}^{\mathrm{p}}. \tag{3.20}$$

方程 (3.19) 在弹性区和塑性区中都成立. 按照塑性体模型的上述定义, 从任何塑性状态都可以进行弹性卸载, 所以可以利用弹性力学状态方程来确定处于塑性状态的物质微元中的应力. 于是, 如果考虑连接该塑性状态的弹性卸载过程, 这时 $\mathrm{d}\varepsilon_{ij}^{\mathrm{p}} = 0$, 从方程 (3.19) 就可以得到第九章中的弹性体模型关系式 (2.9) 和 (2.10). 因此我们认为, 在弹性区和塑性区中都成立关系式

$$p^{ij} = \rho\frac{\partial F}{\partial \varepsilon_{ij}^{\mathrm{e}}}, \quad s = -\frac{\partial F}{\partial T}. \tag{3.21}$$

对于塑性变形过程, 利用 (3.21) 可以把方程 (3.19) 化为以下形式:

$$\left(\frac{\partial F}{\partial \varepsilon_{ij}^{\mathrm{p}}} - \frac{p^{ij}}{\rho} + \frac{\tau^{ij}}{\rho}\right)\mathrm{d}\varepsilon_{ij}^{\mathrm{p}} = 0. \tag{3.22}$$

一般不能认为这个等式中的 $\mathrm{d}\varepsilon_{ij}^{\mathrm{p}}$ 是独立的. 其实, 如果应用关联定律, 就可以把六个增量 $\mathrm{d}\varepsilon_{ij}^{\mathrm{p}}$ 通过其中之一表示出来.

尽管如此, 为了我们的目的, 我们总是可以认为等式

$$\tau^{ij} = p^{ij} - \rho\frac{\partial F}{\partial \varepsilon_{ij}^{\mathrm{p}}} \tag{3.23}$$

成立. 其实, 令

$$\tau^{ij} = p^{ij} - \rho\frac{\partial F}{\partial \varepsilon_{ij}^{\mathrm{p}}} + \tau_1^{ij},$$

则从 (3.22) 可知, 等式

$$\tau_1^{ij}\,\mathrm{d}\varepsilon_{ij}^{\mathrm{p}} = 0$$

永远成立, 即增加 τ_1^{ij} 这一项并不影响非补偿热 $\mathrm{d}q'$ 的值. 所以, 可以按照公式 (3.23) 来计算仅仅为了确定 $\mathrm{d}q'$ 而专门引入的张量分量 τ^{ij}.

公式 (3.23) 表明, 如果自由能 F 与塑性应变有关, 则

$$\mathrm{d}q' = \frac{1}{\rho}p^{ij}\,\mathrm{d}\varepsilon_{ij}^{\mathrm{p}} - \frac{\partial F}{\partial \varepsilon_{ij}^{\mathrm{p}}}\,\mathrm{d}\varepsilon_{ij}^{\mathrm{p}} \neq -\mathrm{d}A_{\mathrm{p}}.$$

这时, 塑性变形能够导致材料结构的变化, 从而引起自由能的变化, 这在一定程度上类似于自由能在发生化学反应时的变化.

可以研究自由能与 $\varepsilon_{ij}^{\mathrm{p}}$ 无关的介质:

$$F = F(\varepsilon_{ij}^{\mathrm{e}},\, T), \quad \tau^{ij} = p^{ij}.$$

这样的介质可以称为对塑性变形没有"记忆"的介质; 这种介质的所有热力学函数 (F, s, U, Ψ) 和弹性定律 (例如杨氏模量) 都与积累起来的塑性应变无关. 不过, 也可以引入具有"记忆"的塑性体模型, 这时 $F = F(\varepsilon_{ij}^{\mathrm{e}}, T, \varepsilon_{ij}^{\mathrm{p}}, \chi_s)$, 并且根据 (3.23) 可知, 成立一个重要的不等式 $\tau^{ij} \neq p^{ij}$.

熵产生方程　　　现在, 我们来详细研究热力学第二定律方程 (3.17) 或 (3.20). 按照定义, 我们认为

$$\rho \frac{\mathrm{d_e} s}{\mathrm{d}t} = - \operatorname{div} \frac{\boldsymbol{q}}{T}, \quad \rho \frac{\mathrm{d_i} s}{\mathrm{d}t} = - \frac{\boldsymbol{q} \cdot \operatorname{grad} T}{T^2} + \frac{\tau^{ij}}{T} \frac{\mathrm{d}\varepsilon_{ij}^{\mathrm{p}}}{\mathrm{d}t} = \sigma.$$

量 $\sigma = \sigma_1 + \sigma_2$ 确定了由内部不可逆过程导致的熵产生率, 其中 σ_1 与温度梯度有关,

$$\sigma_1 = - \frac{\boldsymbol{q} \cdot \operatorname{grad} T}{T^2},$$

σ_2 与塑性变形有关,

$$\sigma_2 = \frac{\tau^{ij}}{T} e_{ij}^{\mathrm{p}}, \quad e_{ij}^{\mathrm{p}} = \frac{\mathrm{d}\varepsilon_{ij}^{\mathrm{p}}}{\mathrm{d}t}.$$

如果对热流矢量 $\boldsymbol{q} = q^i \boldsymbol{e}_i$ 应用傅里叶定律

$$\frac{q^i}{T^2} = - \varkappa^{ij} \frac{\partial T}{\partial x^j}, \tag{3.24}$$

就可以把量 σ_1 定义为 $\partial T / \partial x^i$ 的二次型:

$$\sigma_1 = \varkappa^{ij} \frac{\partial T}{\partial x^i} \frac{\partial T}{\partial x^j}.$$

这时, 傅里叶定律 (热流矢量的分量与温度梯度矢量的分量之间的关系式) 可以写为以下形式:

$$- \frac{q^i}{T^2} = \frac{1}{2} \frac{\partial \sigma_1}{\partial \left(\dfrac{\partial T}{\partial x^i} \right)}. \tag{3.25}$$

在热传导的情况下, 公式 (3.24) 以及 (3.25) 只不过是昂萨格原理 (见第一卷第五章) 的另外一种表述而已.

昂萨格原理向非线性
约束情况的推广　　　在研究任意的不可逆过程时, 有时可以对等式 (3.25) 进行推广, 从而认为耗散函数 σ 可以表示为"力" X_i 与"流" x^i 的乘积之和,

$$\sigma = X_i x^i,$$

并且"力" X_i 是主定参量和"流" x^i 的某些非线性函数, 它们可以表示为以下形式:

$$X_i = \varkappa \frac{\partial \sigma}{\partial x^i}. \tag{3.26}$$

函数 σ 一般不是二次型; σ 和 $\varkappa$ 不但与变量 x^i 有关, 而且与其他某些主定参量

χ_s 有关. 在一般情况下, 从上述公式可知, σ 与 $\varkappa$ 之间的关系为:

$$X_i x^i = \varkappa \frac{\partial \sigma}{\partial x^i} x^i = \sigma. \tag{3.27}$$

如果 σ 是给定的, 从关系式 (3.27) 就可以确定 $\varkappa$. 如果 $\varkappa$ 是给定的, 就可以把关系式 (3.27) 看做函数 $\sigma(x^i, \chi_s)$ 的一阶偏微分方程.

如果 $\varkappa = \text{const}$ 或 $\varkappa = f(\chi_s)$, 则根据齐次函数的欧拉公式, 从方程 (3.27) 直接可知, σ 是变量 x^i 的 $1/\varkappa$ 次齐次函数.

就像可以利用最小功原理 (3.4) 来证明关联定律那样, 可以利用在本质上与此类似的一些原理来证明假设 (3.26)[1].

下面将利用公式 (3.26) 来建立 τ^{ij} 与 e_{ij}^{p} 之间的关系.

利用关联定律计算 σ_2 设关联定律 (3.6) 或 (3.7) 成立, 我们来研究量 σ_2. 为简单起见, 我们只考虑光滑加载曲面的情况. 下面可以用 p^{ij} 和 e_{ij}^{p} 表示相应张量的通常分量或其偏张量的分量.

关联定律表示相应多维空间中的矢量 e_{ij}^{p} 与加载曲面 $f = 0$ 的法线具有同样方向. 不难看出, 可以利用单位矢量把这个条件写为以下形式:

$$\frac{e_{ij}^{\text{p}}}{\sqrt{e_{kl}^{\text{p}} e^{\text{p}\, kl}}} = \frac{\dfrac{\partial f}{\partial p^{ij}}}{\sqrt{\dfrac{\partial f}{\partial p^{mn}} \dfrac{\partial f}{\partial p_{mn}}}}. \tag{3.28}$$

对 e_{ij}^{p} 与 $\partial f/\partial p^{ij}$ 之间的比例系数 $\mathrm{d}\lambda/\mathrm{d}t$ 可以写出公式

$$\frac{\mathrm{d}\lambda}{\mathrm{d}t} = \frac{e_{ij}^{\text{p}}}{\dfrac{\partial f}{\partial p^{ij}}} = \frac{\sqrt{e_{kl}^{\text{p}} e^{\text{p}\, kl}}}{\sqrt{\dfrac{\partial f}{\partial p^{mn}} \dfrac{\partial f}{\partial p_{mn}}}}.$$

为了把 e_{ij}^{p} 表示为 p^{ij}, $\varepsilon_{ij}^{\text{p}}$, T 和 χ_s 的函数, 仅有关系式 (3.28) 是不够的 (这些量在空间 p^{ij} 中仅仅确定了矢量 e_{ij}^{p} 的方向). 不过, 因为我们研究的是塑性加载过程, 所以分量 p^{ij} 还应当额外满足条件

$$f(p^{ij}, \varepsilon_{ij}^{\text{p}}, T, \chi_s) = 0,$$

于是可以利用上面那些量通过 e_{ij}^{p}, $\varepsilon_{ij}^{\text{p}}$, T 和 χ_o 来计算 p^{ij}.

---

[1] 齐格勒在他的一本书中阐述了如何利用其他一些等价的假设来解释等式 (3.26), 并详细描述了这些假设. 这些等价假设或者可以被赋予几何解释, 或者可以被当做像是一种为了保证 σ 在真实过程达到极值而对 "力" X_i 提出的物理条件. 见: Циглер Г. Экстремальные принципы термодинамики необратимых процессов и механика сплошной среды. Пер. с англ. Москва: Мир, 1966 (Ziegler H. Some extremum principles in irreversible thermodynamics with application to continuum mechanics. In: Sneddon I. N., Hill R., eds. Progress in Solid Mechanics, Vol. 4. Amsterdam: North-Holland, 1963. Chap. 2, p. 91—193).

　　所以, 一般而言, 利用关联定律和加载曲面方程就可以通过 e_{ij}^{p}, $\varepsilon_{ij}^{\mathrm{p}}$, T 和 χ_s 来计算 σ_2 [1]:

$$\sigma_2 = \frac{1}{T}\tau^{ij}e_{ij}^{\mathrm{p}} = \frac{1}{T}\left(p^{ij} - \rho\frac{\partial F}{\partial \varepsilon_{ij}^{\mathrm{p}}}\right)e_{ij}^{\mathrm{p}}.$$

米塞斯塑性介质模型的耗散函数　例如, 如果加载函数为 [2]

$$f = p^{ij}p_{ij} - C^2(\varepsilon_{ij}^{\mathrm{p}}, \ T, \ \chi_s),$$

并且 $\tau^{ij} = p^{ij}$, 则利用关联定律和条件 $f = 0$ 得

$$p^{ij} = C(\varepsilon_{ij}^{\mathrm{p}}, \ T, \ \chi_s)\frac{e^{\mathrm{p}\,ij}}{\sqrt{e_{kl}^{\mathrm{p}}e^{\mathrm{p}\,kl}}},$$

$$\sigma_2 = \frac{1}{T}\tau^{ij}e_{ij}^{\mathrm{p}} = \frac{C(\varepsilon_{ij}^{\mathrm{p}}, \ T, \ \chi_s)}{T}\sqrt{e_{kl}^{\mathrm{p}}e^{\mathrm{p}\,kl}}.$$

塑性变形是不可逆平衡过程　通过变量 e_{ij}^{p}, $\varepsilon_{ij}^{\mathrm{p}}$, T, χ_s 表示出来的 σ_2 是塑性应变率的一阶齐次函数, 这是上述塑性理论中的一个重要结果. 于是, 由不可逆塑性变形过程导致的熵产生 $\mathrm{d_i}s_{\mathrm{plast}}$ 与变形速度无关.

　　一般而言, 在建立塑性体模型时, 作为一个基本前提, 在许多情况下可以认为, 塑性变形过程中的熵增量、内能增量和应力只与塑性应变增量有关, 但与实现这些增量所用时间的多少无关. 所以我们专门强调, 可以把塑性变形过程看做无限缓慢的不可逆过程, 即由一系列平衡状态组成的不可逆过程 [3].

加载函数和关联定律的存在性　设 σ_2 是 e_{ij}^{p}, $\varepsilon_{ij}^{\mathrm{p}}$, T, χ_s 的给定函数, 并且 $\sigma_2 = \tau^{ij}e_{ij}^{\mathrm{p}}/T$. 再假设 σ_2 是 e_{ij}^{p} 的一阶齐次函数, 于是 $e_{ij}^{\mathrm{p}}\partial\sigma_2/\partial e_{ij}^{\mathrm{p}} = \sigma_2$, 并且成立等式

$$\frac{\tau^{ij}}{T} = \frac{\partial\sigma_2}{\partial e_{ij}^{\mathrm{p}}}. \tag{3.29}$$

　　我们来证明, 从这些假设可知, 存在 $k\,(\geqslant 1)$ 个独立的加载函数 $f_\omega(\tau^{ij}, \varepsilon_{ij}^{\mathrm{p}}, T, \chi_s)$, $\omega = 1, 2, \cdots, k$, 它们在塑性变形过程中满足等式

$$f_\omega = 0, \quad \omega = 1, 2, \cdots, k, \tag{3.30}$$

并且在一般情况下成立关联定律, 即塑性应变率张量的分量 e_{ij}^{p} 可以通过以下公式表示出来:

$$e_{ij}^{\mathrm{p}} = \sum_{\omega=1}^{k}\lambda_\omega\frac{\partial f_\omega}{\partial \tau^{ij}}, \tag{3.31}$$

---

[1] 如果 e_{ij}^{p} 是偏张量的分量, 则 σ_2 的上述公式在塑性变形不引起体积变化时才成立.

[2] 我们将在 §4 中研究具有这样的加载函数的塑性体模型.

[3] 在某些书中可以看到这样的结论: 无穷缓慢的过程是可逆过程. 显然, 这样的结论在一般情况下是错误的.

式中 λ_ω 是某些因子, 它们与函数 f_ω 的形式的多值性有关. 应当额外利用条件 $\sigma_2 \geqslant 0$ 和等式 (3.30) 来确定这些因子. 公式 (3.31) 类似于公式 (3.14), 在 $\tau^{ij} = p^{ij}$ 时实际上与公式 (3.14) 相同.

为了证明关系式 (3.30) 和 (3.31) 所代表的结论, 我们引入一些更方便的一般记号. 设 $\sigma(x^i, \chi_s)$ 是所研究区域中的一组独立变量 $x^1, x^2, \cdots, x^n$ 的某个一阶齐次函数, 该函数还可能依赖于某些参量 χ_s, 它们在以下数学推导过程中被当做常量. 在真实过程中, 这些参量可能发生变化. 温度、强化参量和其他一些物理量都可以归入此列.

于是, 按照以下公式即可从函数 σ 确定广义力的分量 X_i:

$$X_i = \frac{\partial \sigma}{\partial x^i}, \quad i = 1, 2, \cdots, n, \tag{3.32}$$

其中的偏导数 $\partial \sigma / \partial x^i$ 是在 χ_s 保持不变时计算的, 下面不再列出自变量中的这些常参量.

容易证明, 如果 $\sigma(x^i)$ 是一阶齐次函数, 则 n 个函数

$$X_i(x^1, x^2, \cdots, x^n), \quad i = 1, 2, \cdots, n,$$

不是独立的函数. 其实, 我们来证明雅可比行列式

$$\left| \frac{\partial X_i}{\partial x^j} \right| = \left| \frac{\partial^2 \sigma}{\partial x^i \partial x^j} \right|$$

等于零. 根据函数 $\sigma(x^1, x^2, \cdots, x^n)$ 的齐次性, 我们有一组关系式

$$\frac{\partial^2 \sigma}{\partial x^i \partial x^j} x^i = 0, \quad j = 1, 2, \cdots, n, \tag{3.33}$$

它们在变量 x^i 取任何值时都成立. 对于 x^i 的每一组值, 这些关系式都是相对于 x^i 的线性方程, 其中的系数 $\partial^2 \sigma / \partial x^i \partial x^j$ 取决于 x^i 的值. 所以, 由这些系数组成的行列式对于 x^i 的任何值都一定等于零, 只要 x^i 不都等于零.

对于 x^i 的值的某个 n 维区域 $\mathscr{D}$, 设矩阵[1]

$$\left(\frac{\partial^2 \sigma}{\partial x^i \partial x^j} \right)$$

的秩等于 $n-k$, 其中 $n > k \geqslant 1$. 这时, 在 n 个函数 $X_i(x^j)$ 中正好有 $n-k$ 个独立的函数, 即存在以下形式的 k 个独立的关系式:

$$f_\omega(X_1, X_2, \cdots, X_n) = 0, \quad \omega = 1, 2, \cdots, k, \quad k \geqslant 1. \tag{3.34}$$

等式 (3.34) 成立, 这就证明了等式 (3.30) 所代表的上述第一部分结论.

---

[1] x^i 的可能取值的集合有可能分为若干个区域, 每个区域具有不同的整数 $k \, (\geqslant 1)$.

与关系式 (3.33) 一起, 我们再考虑变量 z^i 的一组线性方程

$$\frac{\partial^2 \sigma}{\partial x^i \partial x^j} z^i = 0, \quad j = 1, 2, \cdots, n. \tag{3.35}$$

显然, 齐次方程组 (3.35) 的通解可以表示为以下形式:

$$z^i = \sum_{\omega=1}^{k} \lambda_\omega z^{\omega i}, \tag{3.36}$$

式中 λ_ω 是某些任意的因子, $z^{1i}, z^{2i}, \cdots, z^{ki}$ 是方程组 (3.35) 的 k 个线性无关的解, 其中每一个解都是变量 $x^1, x^2, \cdots, x^n$ 的函数.

容易检验, 解 $z^{\omega i}$ 由以下公式确定:

$$z^{\omega i}(x^j) = \frac{\partial f_\omega(X_1(x^1, \cdots, x^n), \cdots, X_n(x^1, \cdots, x^n))}{\partial X_i}, \quad \omega = 1, 2, \cdots, k, \tag{3.37}$$

因为在对变量 x^i 下的恒等式 $f_\omega = 0$ 进行微分运算时得到等式

$$\frac{\partial f_\omega}{\partial X_i} \frac{\partial X_i}{\partial x^j} = \frac{\partial f_\omega}{\partial X_i} \frac{\partial^2 \sigma}{\partial x^i \partial x^j} = 0, \quad j = 1, 2, \cdots, n.$$

由此可知, 公式 (3.37) 给出方程组 (3.35) 的解.

从函数 $f_\omega(X_i)$ 的独立性可知, 函数 (3.37) 组成方程组 (3.35) 的一组完备的解, 其中包括 k 个线性无关的解.

对比 (3.33) 和 (3.35), 我们看到, 如果 (3.35) 的解等于 x^i, 就成立一般公式

$$x^i = \sum_{\omega=1}^{k} \lambda_\omega \frac{\partial f_\omega}{\partial X_i}, \quad i = 1, 2, \cdots, n, \tag{3.38}$$

从而证明了[1] 等式 (3.31).

现在证明逆命题: 从 (3.32) 和 (3.38) 可知, 在精确到相差一个与 x^i 无关的量时, 函数 $\sigma(x^1, x^2, \cdots, x^n)$ 是 $x^1, x^2, \cdots, x^n$ 的一阶齐次函数. 令

$$X_i x^i = \frac{\partial \sigma}{\partial x^i} x^i = \Phi(x^1, x^2, \cdots, x^n),$$

则

$$\frac{\partial \Phi}{\partial x^j} = X_j + x^i \frac{\partial X_i}{\partial x^j}.$$

根据 (3.38), (3.37), (3.36), (3.32) 和 (3.35), 我们得到

$$x^i \frac{\partial X_i}{\partial x^j} = \sum_{\omega=1}^{k} \lambda_\omega \frac{\partial f_\omega}{\partial X_i} \frac{\partial X_i}{\partial x^j} = 0,$$

---

[1] Д. Д. 伊夫列夫在其论文中指出 (ДАН СССР, 1967, 176(5): 1037—1039 (Sov. Phys. Dokl., 1968, 12: 983)), 在 $k = 1$ 时, 在某些具体情况下能够从 (3.32) 得到 (3.38). Я. А. 卡梅尼亚尔日改进了我们最初提出的一般证明, 并把它从 $k = 1$ 的情况推广到 $k > 1$ 的情况.

所以

$$\frac{\partial \Phi}{\partial x^j} = X_j = \frac{\partial \sigma}{\partial x^j}.$$

由此可知

$$\sigma = \Phi + \text{const}, \tag{3.39}$$

并且

$$\Phi = X_i x^i = \frac{\partial \Phi}{\partial x^i} x^i = \frac{\partial \sigma}{\partial x^i} x^i. \tag{3.40}$$

等式 (3.40) 表明, 函数 $\Phi(x^1, x^2, \cdots, x^n)$ 是 $x^1, x^2, \cdots, x^n$ 的一阶齐次函数.

如果除了关系式 (3.32) 和 (3.38) 还成立等式 $\sigma = x^i X_i$, 则等式 (3.39) 中的常量等于零. 该常量在一般情况下可以不等于零, 其形式为 $y^i Y_i$, 其中 y^i 和 Y_i 是 x^i 和 X_i 之外的某些附加变量.

以上结果是在存在非零变量 x^i 的条件下得到的 (这个条件要求确实发生了塑性变形过程).

关系式 (3.34) 表明, 当参量 χ_s 具有给定的值时, 在坐标为 X_i 的 n 维空间中, 点 X_i 仅在属于方程为 $f_\omega(X_i) = 0$, $\omega = 1, 2, \cdots, k$ $(k \geqslant 1)$ 的那些曲面时才是可能实现的. 例如, 对于满足等式 $f_\nu(X_i) = 0$ 的点 X_i, 如果在所有 $\omega \neq \nu$ 的情况下都有 $f_\omega(X_i) \neq 0$, 则成立更简单的公式

$$x^i = \lambda_\nu \frac{\partial f_\nu}{\partial X_i}.$$

我们来考虑具有有限坐标 X_i^* 且不属于任何曲面 $f_\omega(X_i) = 0$ 的所有可能的点, 这些曲面在 χ_s 等于某些给定值的情况下对应给定的一阶齐次函数

$$\sigma(x^i) = x^i X_i. \tag{3.41}$$

显然, 点 X_i^* 在 $x^i \neq 0$ 的真实过程中不可能实现, 但是在所有 x^i 都等于零时, 即在 $\sigma = 0$ 时, 这样的点还是可能实现的, 相应过程是可逆过程.

在空间 X_i 中, 可以把曲面 $f_\omega(X_i) = 0$ 上的点看做可逆过程的边界. 我们还记得, 不等式 $\sigma \neq 0$ 表明过程的不可逆性. 因此, 不可逆过程对应着满足以下等式的点:

$$f_\omega(X_i, \chi_s) = 0.$$

从 (3.38) 和 (3.41) 得到条件

$$\sigma = \sum_\omega \lambda_\omega X_i \frac{\partial f_\omega}{\partial X_i} \geqslant 0. \tag{3.42}$$

对于所有满足 (3.34) 的点 X_i, 例如对于每一个单独的曲面 $f_j(X_i) = 0$, 这个条件都应当成立.

对于选定的函数 $f_j(X_i)$, 条件 (3.42) 把相应函数 λ_j 的符号固定下来. 只要选定函数 f_ω, 就可以认为因子 $\lambda_\omega = 1$ (见第 333 页上的脚注).

原理 (3.5) 和条件 $\sigma_2 \geqslant 0$ (当函数 $\sigma_2(e_{ij}^{\mathrm{p}})$ 是一阶齐次函数时) 在本质上是类似的, 由此可以得到类似的结论 (h_ω 和 λ_ω 的符号), 但它们并非完全等价.

于是, 在塑性理论中应用所得结论, 结果可以表示为以下形式. 在一般情况下, 从热力学关系式

$$\tau^{ij} = T\frac{\partial \sigma_2}{\partial e_{ij}^{\mathrm{p}}}, \quad \sigma_2 = \sigma_2(e_{ij}^{\mathrm{p}},\ \varepsilon_{ij}^{\mathrm{p}},\ T,\ \chi_s), \quad \frac{\partial \sigma_2}{\partial e_{ij}^{\mathrm{p}}}e_{ij}^{\mathrm{p}} = \sigma_2$$

可知, 至少存在一个关系式

$$f(\tau^{ij},\ \varepsilon_{ij}^{\mathrm{p}},\ T,\ \chi_s) = 0, \tag{3.43}$$

并且如果 e_{ij}^{p} 能够取任意的值, 则

$$e_{ij}^{\mathrm{p}} = \lambda\frac{\partial f}{\partial \tau^{ij}}. \tag{3.44}$$

关系式 (3.44) 和条件 (3.43) 仅在下述情况下才等同于关联定律, 该情况要求 τ^{ij} 的表达式

$$\tau^{ij} = p^{ij} - \rho\frac{\partial F}{\partial \varepsilon_{ij}^{\mathrm{p}}}$$

中的导数 $\partial F/\partial \varepsilon_{ij}^{\mathrm{p}}$ 等于零或者在 $\rho = \rho_0 = \mathrm{const}$ 时与 $\varepsilon_{ij}^{\mathrm{p}}$ 无关, 因为这时

$$\frac{\partial}{\partial p^{kl}}\left(\frac{\partial F}{\partial \varepsilon_{ij}^{\mathrm{p}}}\right) = 0.$$

此外, 如果函数 σ_2 不是变量 $\varepsilon_{ij}^{\mathrm{p}}$ 的一阶齐次函数, 则附加关系式 (假设) (3.29) 与关联定律 (假设) (3.6) 在一般情况下并不等价.

§4. 塑性体模型的一些实例

作为塑性体模型的一个例子, 我们来研究理想塑性体模型.

特雷斯卡屈服条件　　我们认为, 一个介质微元表现为弹性体的前提条件是其中任何曲面微元上的切向应力 p_τ 都小于某个已知量 k, 而如果其中某一个曲面微元上的切向应力等于 k, 该介质微元就表现为塑性体. 常量 k 对于不同的具体材料一般不同, 此外还与温度有关.

因此, 可以假设塑性出现于物体中

$$|p_\tau|_{\max} = k \tag{4.1}$$

的点. 条件 (4.1) 称为特雷斯卡屈服条件或屈服准则. 这时, 应力空间中的屈服曲面方程具有以下形式:

$$f = \varphi(p^{ij}) - k = 0,$$

其中 $\varphi(p^{ij})$ 是介质给定点的最大切向应力 $p_{\tau\,\max}$ 通过应力张量分量 p^{ij} 的表达式.

具有最大切向应力的面微元　我们来确定函数 $\varphi(p^{ij})$ 的形式和在物体中的给定点具有最大切向应力的面微元的方位. 设 p^1, p^2, p^3 是应力张量的主分量. 首先研究 p^1, p^2, p^3 各不相同的一般情况, 并且认为

$$p^1 > p^2 > p^3. \tag{4.2}$$

对于在给定点作用于法向矢量为 $\boldsymbol{n}(n_1,\ n_2,\ n_3)$ 的任意面微元的切向应力 p_τ, 我们组成其平方的表达式

$$p_\tau^2 = p_n^2 - p_{nn}^2.$$

如果让坐标轴 x^1, x^2, x^3 指向应力张量在给定点的主方向, 显然就可以写出 (见第三章 §4)

$$p_n^2 = (p^i)^2 n_i^2, \quad p_{nn}^2 = (p^i n_i^2)^2.$$

现在, 为了计算使相应切向应力在给定点达到最大值 $p_{\tau\,\mathrm{max}}$ 的面微元的方位, 我们把问题表述如下: 需要确定通过给定点的面微元的法线的方向余弦, 使表达式

$$p_\tau^2 = (p^i)^2 n_i^2 - (p^i n_i^2)^2 \tag{4.3}$$

在

$$\Phi(n_i) = n_1^2 + n_2^2 + n_3^3 - 1 = 0 \tag{4.4}$$

的条件下达到最大值. 所提问题是计算函数 (4.3) 的条件极值的普通问题. 为了求解这个问题, 我们写出欧拉方程

$$\frac{\partial(p_\tau^2 + \lambda\Phi)}{\partial n_i} = 0, \tag{4.5}$$

其中 λ 是拉格朗日乘数. 方程 (4.5) 展开后的形式为:

$$\begin{aligned}
(p^1)^2 n_1 - 2(p^i n_i^2)p^1 n_1 + \lambda n_1 &= 0, \\
(p^2)^2 n_2 - 2(p^i n_i^2)p^2 n_2 + \lambda n_2 &= 0, \\
(p^3)^2 n_3 - 2(p^i n_i^2)p^3 n_3 + \lambda n_3 &= 0,
\end{aligned} \tag{4.6}$$

显然, 该方程组在条件 (4.4) 下具有解

$$\begin{aligned}
n_1 = n_2 = 0, \quad n_3 = 1, \quad \lambda = (p^3)^2, \\
n_1 = n_3 = 0, \quad n_2 = 1, \quad \lambda = (p^2)^2, \\
n_2 = n_3 = 0, \quad n_1 = 1, \quad \lambda = (p^1)^2.
\end{aligned}$$

应当舍弃这些解, 因为它们对应切向应力为零的情况, 这时 p_τ^2 达到最小值.

我们来证明, 在方程组 (4.6), (4.4) 的解中, 至少有一个方向余弦 n_i 等于零. 其实, 假如所有方向余弦都不等于零, 则方程组 (4.6) 化为

$$(p^j)^2 - 2(p^i n_i^2)p^j + \lambda = 0, \quad j = 1, 2, 3. \tag{4.7}$$

从方程组 (4.7) 中与 $j=1,\ 2$ 相对应的两个方程分别减去第三个方程, 以便消去参量 λ, 结果得到

$$[(p^1)^2 - (p^3)^2] - 2(p^i n_i^2)(p^1 - p^3) = 0,$$

$$[(p^2)^2 - (p^3)^2] - 2(p^i n_i^2)(p^2 - p^3) = 0.$$

根据假设 (4.2), 这两个方程等价于

$$p^1 + p^3 - 2p^i n_i^2 = 0,$$

$$p^2 + p^3 - 2p^i n_i^2 = 0.$$

由此可知

$$p^1 - p^2 = 0,$$

但这与不等式 (4.2) 矛盾. 所以, 在求解方程组 (4.6), (4.4) 时必须认为三个方向余弦 n_i 中有一个等于零, 另外两个不等于零.

　　设 $n_1 = 0$, $n_2 \neq 0$, $n_3 \neq 0$, 则 (4.6) 中的第一个方程恒成立, 另外两个方程化为方程 (4.7), 其中 $j = 2,\ 3$. 从这些方程消去 λ, 再约掉 $p^2 - p^3$, 得

$$p^2 + p^3 - 2(p^2 n_2^2 + p^3 n_3^2) = 0.$$

根据条件 (4.4), 这时有

$$n_3^2 = 1 - n_2^2,$$

所以应当从方程

$$(p^2 - p^3)(1 - 2n_2^2) = 0$$

计算方向余弦 n_2. 于是, 待求的解具有以下形式:

$$n_1 = 0, \quad \pm n_2 = n_3 = \frac{1}{\sqrt{2}}.$$

类似地可以得到解

$$\pm n_1 = n_3 = \frac{1}{\sqrt{2}}, \quad n_2 = 0,$$

$$\pm n_1 = n_2 = \frac{1}{\sqrt{2}}, \quad n_3 = 0.$$

每一个解都确定了经过应力张量的一条主轴的两个平面, 它们与另外两条主轴的夹角分别为 45° 和 135°.

　　把这些结果代入 (4.3), 我们得到待求的切向应力极值

$$p_{\tau 1} = \pm \frac{p^2 - p^3}{2}, \quad p_{\tau 2} = \pm \frac{p^3 - p^1}{2}, \quad p_{\tau 3} = \pm \frac{p^1 - p^2}{2}.$$

切向应力的极值 p_τ 等于相应的应力张量主分量之差的一半, 这两个主分量所对应的应力的作用面的交线是应力张量的一条主轴, 该主轴正好属于切向应力的极值所对

应的作用面. 根据条件 (4.2), 切向应力的最大值为

$$p_{\tau\,\max} = \pm\frac{p^1 - p^3}{2}.\tag{4.8}$$

如果 p^1, p^2, p^3 中有相同的值, 例如

$$p^1 = p^2 > p^3,$$

则应力张量的张量面是绕 z 轴的旋转曲面, 所有通过 z 轴的平面都是主平面. 使

$$p_\tau = \pm\frac{p^1 - p^3}{2} = p_{\tau\,\max}$$

的平面有无穷多个, 所有这些平面都与一个以 z 轴为轴的圆锥面相切, 该圆锥的顶点位于所研究的点, 顶角为 $90°$.

特雷斯卡屈服条件所对应的屈服曲面 我们已经确定了函数关系 $p_{\tau\,\max} = \varphi(p^i)$ 的形式, 从而能够把经过给定点的某个确定的平面上的最大切向应力值通过应力张量在该点的主分量表示出来. 现在可以在三维的主应力空间 p^1, p^2, p^3 中作出特雷斯卡屈服条件所对应的屈服曲面

$$f = \varphi(p^i) - k = 0.$$

我们指出, 对称的应力张量的主分量 p^i 可以用已知的方式通过应力张量的不变量表示出来. 所以, 如果需要的话, 也可以在六维应力空间 p^{ij} 中提出特雷斯卡屈服条件所对应的屈服曲面的方程, 其形式相当复杂.

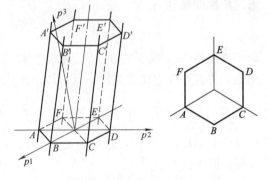

图 151. 特雷斯卡六棱柱和六边形

根据特雷斯卡屈服条件, 无论物质微元的应力状态如何, 只要出现塑性状态, 以下六个等式中就至少有一个等式成立:

$$\begin{aligned}
p^1 - p^2 = 2k, \quad &p^1 - p^2 = -2k, \\
p^2 - p^3 = 2k, \quad &p^2 - p^3 = -2k, \\
p^3 - p^1 = 2k, \quad &p^3 - p^1 = -2k.
\end{aligned}\tag{4.9}$$

所以, 在主应力空间 p^1, p^2, p^3 中, 弹性区 $\mathscr{D}_p$ 的边界由六个平面 (4.9) 组成. 从 (4.9) 可以看出, 在这些平面中, 每两个平面平行于坐标轴之一, 它们与另外两个坐标轴的夹角等于 $45°$. 平面 (4.9) 的交线平行于直线 $p^1 = p^2 = p^3$. 因此, 特雷斯卡屈服条件所对应的屈服曲面组成主应力空间中的一个六棱柱, 它的面和棱平行于直线 $p^1 = p^2 = p^3$ (图 151).

从坐标原点 $p^1 = p^2 = p^3 = 0$ 到每一个平面 (4.9) 的距离等于

$$\frac{2k}{\sqrt{|\operatorname{grad}\psi_i|^2}} = \sqrt{2}\,k,$$

式中 $\psi_i(p^j) = 0$ 表示这些平面的方程 (4.9).

平面 $p^1 + p^2 + p^3 = 0$ 垂直于直线 $p^1 = p^2 = p^3$. 如果计算六棱柱的棱与这个平面的交点, 则结果表明, 这些点到坐标原点 $p^1 = p^2 = p^3 = 0$ 的距离都等于 $2\sqrt{2}\,k/\sqrt{3}$. 因此, 六棱柱与平面 $p^1 + p^2 + p^3 = 0$ 相交形成的六边形截面具有内切圆和外接圆, 并且圆心都位于坐标原点. 于是, 六棱柱与垂直于直线 $p^1 = p^2 = p^3$ 的平面相交, 相应截面是正六边形, 称为特雷斯卡六边形.

弹性区是六棱柱的内部. 当介质在流体静力学压强作用下发生压缩或拉伸时, 应力状态满足 $p^1 = p^2 = p^3$, 并且一直到分量 p^i 等于无穷大时, 介质都表现为弹性体. 加载曲面具有棱 (在平面 $p^1 + p^2 + p^3 = 0$ 上, 弹性区的边界具有角点). 对于理想塑性材料, 在温度保持不变时 $k = \mathrm{const} > 0$, 特雷斯卡六边形不发生变化; 对于强化材料, k 在变形过程中随某些参量 χ_s 变化, 特雷斯卡六边形能够发生变化.

米塞斯屈服条件　　为了代替特雷斯卡屈服条件, 现在考虑以下加载函数:

$$f(p^i) = (p^1 - p^2)^2 + (p^2 - p^3)^2 + (p^3 - p^1)^2 - 8k_1^2,$$

对于理想塑性材料, 式中的 k_1 是给定材料的某个有量纲的常量或温度的函数. 加载曲面的方程在应力张量主轴下具有以下形式:

$$f = (p^1 - p^2)^2 + (p^2 - p^3)^2 + (p^3 - p^1)^2 - 8k_1^2 = 0. \tag{4.10}$$

这时, 可以认为物体微元仅在满足条件 (4.10) 时才表现出塑性. 条件 (4.10) 称为米塞斯屈服条件[1].

米塞斯屈服条件的物理意义　　容易证明, 米塞斯屈服条件有一个等价的提法: 如果经过给定点的正八面体表面 (与所有三条主轴 p^1, p^2, p^3 的夹角都相同的平面) 上的切向应力[2] $p_{\tau\,\mathrm{oct}}$ 达到某个极限值

$$p_{\tau\,\mathrm{oct}}^2 = \frac{8}{9}k_1^2, \tag{4.11}$$

介质微元就表现出塑性. 其实, 对于这样的平面, 法向矢量 $\boldsymbol{n}$ 具有三个相同的方向余弦, 而 $n_1^2 + n_2^2 + n_3^2 = 1$, 所以 $n_1 = n_2 = n_3 = 1/\sqrt{3}$. 于是, 从公式 (4.3) 直接可以

---

[1] 这个屈服条件最初是由麦克斯韦在给汤姆孙的一封信中提出的 (见: Timoshenko S. P. History of Strength of Materials: With a Brief Account of the History of Theory of Elasticity and Theory of Structures. New York: McGraw-Hill, 1953 (S. P. 铁木生可. 材料力学史. 常振楫译. 上海: 上海科学技术出版社, 1961)).

[2] 该切向应力简称为八面体切向应力或八面体剪应力. ——译注

得到

$$p_{\tau\,\mathrm{oct}}^2 = \frac{2}{9}[(p^1)^2 + (p^2)^2 + (p^3)^2 - p^1 p^2 - p^1 p^3 - p^2 p^3]$$

$$= \frac{1}{9}[(p^1 - p^2)^2 + (p^2 - p^3)^2 + (p^1 - p^3)^2] = \frac{4}{9}(p_{\tau 1}^2 + p_{\tau 2}^2 + p_{\tau 3}^2).$$

由此可知, 如果米塞斯屈服条件 (4.10) 成立, 则条件 (4.11) 也成立, 反之亦然.

用应力张量的任意分量表述米塞斯屈服条件　　我们用应力偏张量 S 的主分量来表述米塞斯屈服条件. 众所周知, 应力偏张量是指分量 S^{ij} 由公式 $S^{ij} = p^{ij} - \mathscr{P} g^{ij}/3$ 定义的张量, 其中 $\mathscr{P} = p^1 + p^2 + p^3 = p^{ij} g_{ij}$ 是应力张量的第一不变量. 因为应力张量的所有三个主分量 p^i 与应力偏张量的相应主分量 S^i 相差同一个不变量 $\mathscr{P}/3$, 所以, 无论是使用应力偏张量的主分量, 还是使用应力张量的主分量, 米塞斯屈服条件的表述方法是相同的:

$$(S^1 - S^2)^2 + (S^2 - S^3)^2 + (S^3 - S^1)^2 - 8k_1^2 = 0.$$

如果打开这个等式中的括号, 再利用应力偏张量的第一不变量等于零的条件, 就得到

$$(S^1)^2 + (S^2)^2 + (S^3)^2 = \frac{8}{3}k_1^2, \quad 即 \quad I_2(\boldsymbol{S}) = \frac{8}{3}k_1^2, \tag{4.12}$$

式中 $I_2(\boldsymbol{S}) = (S^1)^2 + (S^2)^2 + (S^3)^2 = S^{ij} S_{ij}$ 是应力偏张量的第二不变量.

因此, 可以通过应力张量的任意分量 (不是主分量) 把米塞斯屈服条件写为以下形式:

$$f = \left(p^{ij} - \frac{\mathscr{P}}{3} g^{ij}\right)\left(p_{ij} - \frac{\mathscr{P}}{3} g_{ij}\right) - \frac{8}{3}k_1^2 = 0.$$

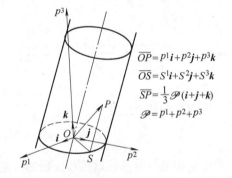

$\overline{OP} = p^1 \boldsymbol{i} + p^2 \boldsymbol{j} + p^3 \boldsymbol{k}$

$\overline{OS} = S^1 \boldsymbol{i} + S^2 \boldsymbol{j} + S^3 \boldsymbol{k}$

$\overline{SP} = \frac{1}{3}\mathscr{P}(\boldsymbol{i} + \boldsymbol{j} + \boldsymbol{k})$

$\mathscr{P} = p^1 + p^2 + p^3$

图 152. 米塞斯加载曲面是圆柱面, 应力矢量 $\overline{OP}$ 可以分解为偏应力 $\overline{OS}$ 和球应力 $\overline{SP}$

用几何方法构造米塞斯屈服曲面　　从几何观点看, 加载曲面 (4.10) 在主应力空间中是一个圆柱面, 其母线平行于直线 $p^1 = p^2 = p^3$. 因为应力偏张量的第一不变量等于零, 所以, 在主应力空间 p^1, p^2, p^3 中, 分量为 S^1, S^2, S^3 的矢量应当总是位于平面 $p^1 + p^2 + p^3 = 0$ 上, 该平面垂直于直线 $p^1 = p^2 = p^3$. 根据方程 (4.12), 该矢量的大小保持不变, 所以米塞斯屈服曲面的横截面是半径为 $2\sqrt{2/3}\,k_1$ 的圆 (图 152).

用实验确定两种屈服条件中的常量 k 和 k_1　　可以利用实验来确定特雷斯卡屈服条件和米塞斯屈服条件中的常量 k 和 k_1. 例如, 在简单拉伸实验中, 设 $p^2 = p^3 = 0$, $p^1 \neq 0$, 在 $p^1 = p^{1*}$ 时开始出现塑性变形. 对于所研究的材料, 可以根据所用屈服条件作米塞斯圆柱或特雷斯卡六棱柱, 使其表面经过点 p^{1*}, 0, 0. 对于常量 k 和 k_1, 根据 (4.9) 有 $p^{1*} = 2k$, 或者根据 (4.10) 有 $p^{1*} = 2k_1$. 图 153 (a)

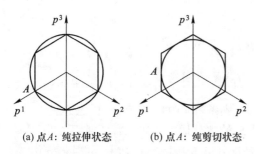

(a) 点A: 纯拉伸状态　　　　(b) 点A: 纯剪切状态

图 153. 米塞斯圆和特雷斯卡六边形的相互位置.
(a) 简单拉伸, $k_1 = k$; (b) 纯剪切, $k_1 = \sqrt{3}\,k/2$

给出利用给定材料的简单拉伸实验绘制出的米塞斯圆和特雷斯卡六边形的相互位置. 在其他一些应力状态下, 分别用米塞斯条件和特雷斯卡条件计算出来的屈服极限理论值不再相同.

为了从上述两种屈服条件中选择一种更适合给定材料的条件, 需要额外进行实验, 并且在实验中不是进行简单拉伸或压缩, 而应实现其他某种类型的应力状态.

显然, 可以从最开始就利用在实验中任意选取的一条其他的加载路径来确定屈服极限, 可以在应力空间中找到屈服曲面上的相应点, 并通过这个点作出米塞斯曲面或特雷斯卡曲面. 这样, 如果进行纯剪切实验 (例如薄壁圆管扭转实验), 利用特雷斯卡屈服条件或米塞斯屈服条件就可以得到图 153 (b) 中的圆或六边形. 至于 k 或 k_1, 这时有 $k = \tau^*$ 或 $k_1 = \tau^*\sqrt{3}/2$, 式中 τ^* 是所给材料在纯剪切过程中的屈服极限.

满足米塞斯屈服条件的理想塑性体的封闭的平衡方程组

作为一个例子, 我们考虑满足米塞斯屈服条件的理想塑性体的等温平衡, 并给出用来确定应力应变状态的封闭方程组.

首先, 该方程组包括三个平衡方程

$$\rho F^j + \nabla_i \, p^{ij} = 0,$$

总应变、弹性应变和塑性应变之间的六个关系式

$$\varepsilon_{ij} = \varepsilon_{ij}^{\mathrm{e}} + \varepsilon_{ij}^{\mathrm{p}},$$

弹性应变的胡克定律

$$p_{ij} = \lambda I_1(\varepsilon_{ij}^{\mathrm{e}}) g_{ij} + 2\mu \varepsilon_{ij}^{\mathrm{e}}$$

和应变张量的分量通过位移矢量的分量的表达式.

在弹性区中, 以及在从塑性状态卸载的过程中, 我们有

$$\varepsilon_{ij}^{\mathrm{p}} = 0.$$

在塑性区中,

$$I_2(\boldsymbol{S}) = \frac{8}{3} k_1^2, \quad \mathrm{d}I_2(\boldsymbol{S}) = 0,$$

并且在一般情况下 $\mathrm{d}\varepsilon_{ij}^{\mathrm{p}}$ 不等于零. 为了使方程组封闭, 可以使用关联定律

$$\mathrm{d}\varepsilon_{ij}^{\mathrm{p}} = 2\,\mathrm{d}\lambda \left(p_{ij} - \frac{\mathscr{P}}{3} g_{ij} \right), \tag{4.13}$$

和屈服条件. 关联定律是一组微分方程.

为了确定 p^{ij} 和 $\varepsilon_{ij}^{\mathrm{p}}$, 在一般情况下可以得到一组相互关联的微分方程. 然而, 也能遇到一些重要的简单情况, 这时确定理想塑性体应力状态的问题独立于确定残余应变的问题.

平面应力应变状态是静定塑性问题

例如, 假设我们要确定处于平衡的塑性体的平面应力状态. 那么, 根据平面应力状态的定义, 总是可以这样选取笛卡儿坐标系 x, y, z, 使 $p^{33} - p^{23} - p^{13} - 0$ $(\boldsymbol{p^3} = 0)$, 而 p^{11}, p^{22} 和 p^{12} 一般不等于零并且只依赖于 x 和 y [1].

在这种情况下, 平衡方程化为以下两个方程:

$$\frac{\partial p^{11}}{\partial x} + \frac{\partial p^{12}}{\partial y} = -X, \quad \frac{\partial p^{12}}{\partial x} + \frac{\partial p^{22}}{\partial y} = -Y, \tag{4.14}$$

式中 $X(x, y)$ 和 $Y(x, y)$ 是质量力的分量. 如果再补充屈服条件

$$f(p^{11}, p^{12}, p^{22}, k_1, \cdots, k_s) = 0,$$

方程组就成为封闭的, 由此可以确定塑性区中的三个非零的应力张量分量 p^{11}, p^{12}, p^{22}. 所以, 如果给出应力的边界条件, 在平面应力状态下就可以独立地求解 p^{ij}, 这时不需要应变的有关信息.

考虑使用屈服条件来封闭应力方程的另一个例子. 设塑性体表面受到给定的应力 $\boldsymbol{p}_n$ 的作用, 塑性体处于平面应变状态并保持平衡. 根据平面应变状态的定义, 这时可以这样选取坐标轴 x, y, z, 使 $\varepsilon_{33}^{\mathrm{p}} = \varepsilon_{13}^{\mathrm{p}} = \varepsilon_{23}^{\mathrm{p}} = 0$, 但 $\varepsilon_{11}^{\mathrm{p}}, \varepsilon_{22}^{\mathrm{p}}$ 和 $\varepsilon_{12}^{\mathrm{p}}$ 不等于零并且只依赖于 x 和 y.

我们指出, 平面应力状态与平面应变状态一般互不相同. 例如, 在平面应力状态下, 从关联定律 (4.13) 可知 $\mathrm{d}\varepsilon_{23}^{\mathrm{p}} = \mathrm{d}\varepsilon_{31}^{\mathrm{p}} = 0$, 但 $3\,\mathrm{d}\varepsilon_{33}^{\mathrm{p}} = -2\,\mathrm{d}\lambda\,(p^{11} + p^{22})$, 所以在一般情况下 $\mathrm{d}\varepsilon_{33}^{\mathrm{p}} \neq 0$. 反过来, 在平面应变状态下 $\mathrm{d}\varepsilon_{33}^{\mathrm{p}} = 0$, 并且

$$p^{33} = \frac{1}{2}(p^{11} + p^{22}), \tag{4.15}$$

所以在一般情况下 $p^{33} \neq 0$. 从 (4.13) 可知, 在平面应变状态下, 应力张量的四个分量 p^{11}, p^{22}, p^{12} 和 p^{33} 能够不等于零, 其中每一个分量都是 x 和 y 的函数. 当外质量力在 z 轴上没有投影时, 平衡方程在 z 轴上的投影恒成立. 为了确定应力张量的四个分量, 我们有四个方程: 两个平衡方程 (4.14), 屈服条件 $f(p^{ij}, k_1, \cdots, k_s) = 0$ 和应力张量的分量之间的关系式 (4.15).

§5. 理想弹塑性材料柱形杆的扭转问题

我们来研究具有任意形状横截面的理想弹塑性材料柱形杆的扭转问题. 坐标轴 x, y, z 的选取如图 154 所示.

---

[1] 见第十一章 §1.

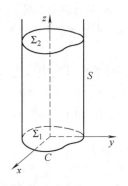

图 154. 弹塑性材料柱形杆扭转
问题中的记号和坐标轴的选取

为简单起见, 我们认为没有外质量力, 杆的侧面 S 不受载荷作用, 即

$$\text{在 } S \text{ 上} \quad \boldsymbol{p}_n = 0. \tag{5.1}$$

在杆的两端 Σ_1 和 Σ_2 上 $\boldsymbol{p}_n = \mp \boldsymbol{p}^3 \neq 0$, 但 $p^{33} = 0$, 即在杆的两端分布有使杆保持平衡的切向应力 p^{13} 和 p^{23}. 我们将根据问题的解来计算 Σ_1 和 Σ_2 上的外面力分布, 现在仅仅指出, Σ_2 上的面力归结为扭矩 $\boldsymbol{M}$, 而 Σ_1 上的面力归结为扭矩 $-\boldsymbol{M}$.

如果扭矩 $\boldsymbol{M}$ 足够大, 在杆的某些部位或全部杆中就会出现塑性应变. 我们将在稍后研究杆的材料所满足的屈服条件.

需要确定杆的应力状态和其中的位移. 下面再提出一些假设, 以便分别考虑求应力分布的问题和求位移的问题.

对应力张量的分量提出的假设　我们假设这个问题的解类似于前面已经研究过的弹性材料杆扭转问题的解 (见第九章 §7), 从而认为在杆的内部和表面处处都有

$$p^{11} = p^{12} = p^{22} = p^{33} = 0, \tag{5.2}$$

只有待求量 p^{13} 和 p^{23} 不等于零.

在没有外质量力时, 从平衡方程在 x, y 轴的投影可知, 分量 p^{13} 和 p^{23} 不应依赖于 z, 所以平衡方程在 z 轴的投影具有以下形式:

$$\frac{\partial p^{13}(x,\ y)}{\partial x} + \frac{\partial p^{23}(x,\ y)}{\partial y} = 0. \tag{5.3}$$

应力函数　如果引入应力函数 $\mathscr{F}(x,\ y)$, 使分量 p^{13} 和 p^{23} 表示为

$$p^{13} = \frac{\partial \mathscr{F}}{\partial y}, \quad p^{23} = -\frac{\partial \mathscr{F}}{\partial x}, \tag{5.4}$$

则方程 (5.3) 恒成立.

根据等式 (5.2) 和坐标轴的选取方法, 杆侧面 S 上的边界条件 (5.1) 在 x 轴和 y 轴上的投影恒成立, 在 z 轴上的投影化为杆的横截面的边界 C 上的条件[1]

$$
\begin{aligned}
p^{13}\cos(\boldsymbol{n},\ x) + p^{23}\cos(\boldsymbol{n},\ y) &= \frac{\partial \mathscr{F}}{\partial y}\cos(\boldsymbol{n},\ x) - \frac{\partial \mathscr{F}}{\partial x}\cos(\boldsymbol{n},\ y) \\
&= \frac{\partial \mathscr{F}}{\partial y}\cos(\boldsymbol{s},\ y) + \frac{\partial \mathscr{F}}{\partial x}\cos(\boldsymbol{s},\ x) = \frac{\partial \mathscr{F}}{\partial s} = 0,
\end{aligned}
$$

[1] 在第九章 §7 中有类似的条件.

即

$$\mathscr{F} = \text{const} . \tag{5.5}$$

杆两端的边界条件将在以后考虑.

如果杆的横截面是单连通的, 就可以把条件 (5.5) 写为

$$在 C 上 \quad \mathscr{F}(x, y) = 0, \tag{5.6}$$

因为函数 $\mathscr{F}(x, y)$ 只能确定到相差一个常量. 如果杆的横截面具有若干个封闭边界, 就可以认为在其中一个封闭边界上 $\mathscr{F} = 0$, 在其余封闭边界上 $\mathscr{F} = C_k$, 式中 C_k 是需要在求解过程中确定的某些常量. 为简单起见, 下面只考虑单连通横截面杆的扭转问题.

屈服条件　　现在研究杆的材料可能满足的屈服条件. 根据所提假设 (5.2), 杆的横截面上的切向应力值的平方等于 $(p^{13})^2 + (p^{23})^2$. 按照理想塑性材料的屈服条件, 我们认为杆在

$$(p^{13})^2 + (p^{23})^2 < k_0^2$$

时处于弹性状态, 在

$$(p^{13})^2 + (p^{23})^2 = k_0^2 \tag{5.7}$$

时处于塑性状态, 式中 k_0 是该材料的给定常量.

特雷斯卡屈服条件和米塞斯屈服条件　　我们来证明, 在所研究的这个问题中, 屈服条件 (5.7)、特雷斯卡屈服条件和米塞斯屈服条件在形式上完全一样.

特雷斯卡屈服条件可以通过应力张量的主分量 p^1, p^2, p^3 $(p^1 > p^2 > p^3)$ 写为以下形式:

$$p_{\tau \max} = \frac{p^1 - p^3}{2} = k,$$

式中 k 是给定常量, 它等于可能的最大应力.

应力张量的主分量是特征方程

$$\begin{vmatrix} \lambda & 0 & p^{13} \\ 0 & \lambda & p^{23} \\ p^{13} & p^{23} & \lambda \end{vmatrix} = \lambda^3 - [(p^{13})^2 + (p^{23})^2]\lambda = 0$$

的根. 因为 $p^1 > p^2 > p^3$, 所以

$$p^1 = \sqrt{(p^{13})^2 + (p^{23})^2}, \quad p^2 = 0, \quad p^3 = -\sqrt{(p^{13})^2 + (p^{23})^2}.$$

因此, 上述问题中的特雷斯卡屈服条件为

$$p_{\tau \max} = \sqrt{(p^{13})^2 + (p^{23})^2} = k, \tag{5.8}$$

其形式与屈服条件 (5.7) 相同.

现在考虑米塞斯屈服条件

$$\left(p^{ij} - \frac{\mathscr{P}}{3}g^{ij}\right)\left(p_{ij} - \frac{\mathscr{P}}{3}g_{ij}\right) = \frac{8}{3}k_1^2. \tag{5.9}$$

因为在我们的问题中 $\mathscr{P} = 0$, 所以这个条件化为

$$p^{ij}p_{ij} = 2[(p^{13})^2 + (p^{23})^2] = \frac{8}{3}k_1^2,$$

即此时也得到条件 (5.7). 在上述扭转问题中, 杆的材料可以是各种各样的, 它既可以服从特雷斯卡屈服条件, 也可以服从米塞斯屈服条件, 还可以是满足其他屈服条件的各向同性材料.

显然, 对于各项同性理想塑性体, 形如

$$f(I_1,\ I_2,\ I_3) = 0 \tag{5.10}$$

的任何屈服条件在上述问题中都化为等式 $I_2 = (p^{13})^2 + (p^{23})^2 = \text{const}$, 因为在扭转过程中 $I_1 = I_3 = 0$.

因此, 在上述扭转问题中, 利用所选坐标系可以把特雷斯卡屈服条件 (5.8)、米塞斯屈服条件 (5.9) 以及各项同性材料的一般形式的屈服条件 (5.10) 表述为同样的形式:

$$(p^{13})^2 + (p^{23})^2 = \text{const}.$$

对于服从特雷斯卡屈服条件的材料,

$$\text{const} = k^2 = p_{\tau\,\max}^2;$$

对于服从米塞斯屈服条件的材料,

$$\text{const} = \frac{4}{3}k_1^2 = \frac{3}{2}p_{\tau\,\text{oct max}}^2.$$

在上述问题中, 对同一根杆总是成立等式

$$\frac{3}{2}p_{\tau\,\text{oct max}}^2 = p_{\tau\,\max}^2. \tag{5.11}$$

对于服从特雷斯卡屈服条件的杆, 可以给出 $p_{\tau\,\max}^2$, 而对于服从米塞斯屈服条件的杆, 可以给出 $p_{\tau\,\text{oct max}}^2$. 在上述问题中, 米塞斯条件和特雷斯卡条件对于不同的杆是相同的, 因为不同模型中的给定物理常量之间的关系满足等式 (5.11) 或与之等价的等式 $k^2 = 4k_1^2/3$.

用来确定塑性状态的方程组　当杆的全部材料都处于塑性状态时, 为了求解问题, 我们有公式 (5.4)、屈服条件 (5.7) 和边界条件 (5.6). 利用它们就能够求出分量 p^{13} 和 p^{23}, 并且相关计算独立于求解应变的问题. 这个问题就像平面应力问题和平面应变问题 (见 §4) 那样是静定塑性问题.

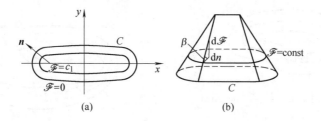

图 155. (a) 曲面 $z = \mathscr{F}(x, y)$ 的等高线在 xy 平面上的投影, (b) 等倾斜面 $z = \mathscr{F}(x, y)$

当屈服条件中的常量满足等式 (5.11) 时, 特雷斯卡加载曲面与米塞斯加载曲面在上述问题的解所对应的点相切 (见图 153(b)). 所以, 如果使用关联定律, 则无论杆的材料服从特雷斯卡屈服条件还是服从米塞斯屈服条件, 杆受到扭转时的应力应变状态都是相同的.

在确定塑性区应力状态时利用应力函数提出问题　当杆的材料处于塑性状态时, 为了求解杆的应力状态, 利用屈服条件 (5.7) 可以得到应力函数 $\mathscr{F}(x, y)$ 的方程, 其形式为

$$| \operatorname{grad} \mathscr{F} |^2 = \left(\frac{\partial \mathscr{F}}{\partial x} \right)^2 + \left(\frac{\partial \mathscr{F}}{\partial y} \right)^2 = p_{\tau \max}^2 = \text{const}. \qquad (5.12)$$

当单连通截面杆的全部材料都处于塑性状态时, 应力函数完全取决于方程 (5.12) 和边界条件 (5.6).

等倾斜面是所提问题的解　其实, 为了求出应力函数, 这时必须求出张于边界 C 的这样的曲面

$$z = \mathscr{F}(x, y),$$

它满足条件

$$| \operatorname{grad} \mathscr{F} |^2 = \left(\frac{\partial \mathscr{F}}{\partial n} \right)^2 = \tan^2 \beta = \text{const},$$

式中 n 是等高线 $z = \text{const}$ 在 xy 平面内的法向矢量, β 是曲面 $z = \mathscr{F}(x, y)$ 的切平面与 xy 平面之间的夹角 (图 155). 由此显然可知, 待求曲面 $z = \mathscr{F}(x, y)$ 是张于横截面边界 C 的倾角为常数 ($\beta = \text{const}$) 的曲面.

沙堆比拟　为了作出这样的曲面, 可以利用沙堆比拟, 其根据如下. 如果在重力场中把一些颗粒物 (沙子) 倾倒在水平面上边界为 C 的区域上, 并且颗粒之间只有干摩擦, 则在保持平衡的极限情况下, 这堆颗粒物的外表面就是等倾斜面, 其倾角等于摩擦角.

因此, 只要对颗粒物进行实验, 即可求出应力函数 $\mathscr{F}(x, y)$.

对于不同的 $\tan^2 \mu$ (摩擦因子 μ), 相应解的区别只是坐标 $z = \mathscr{F}(x, y)$ 具有不同的比例因子. 可以把恒定值 $\tan^2 \beta$ 看做决定曲面 $z = \mathscr{F}(x, y)$ 沿 z 轴的比例尺的一个量.

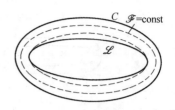

$$\Delta n = \text{const}, \text{ 因为 } \frac{\mathscr{F}_1 - \mathscr{F}_2}{\Delta n} = \text{const}$$

图 156. 等高线 $z = \mathscr{F}(x, y) = \text{const}$ 在 xy 平面上的投影

图 157. 杆发生弹塑性扭转时的横截面和等高线 $\mathscr{F} = \text{const}$, 弹性区位于 $\mathscr{L}$ 以内

xy 平面上的等高线 $\mathscr{F}(x, y) = \text{const}$ 的性质　　必须指出, 在塑性状态下, 等高线 $z = \mathscr{F}(x, y) = \text{const}$ 在 xy 平面上的投影组成一族等距离曲线, 因为在 xy 平面上, 根据 (5.12), 加载函数在曲线 $\mathscr{F}(x, y) = \text{const}$ 的法线方向上的导数沿该曲线处处相同 (图 156).

对于在每一点只有唯一法向矢量 $\boldsymbol{n}$ 的光滑曲线 C, 我们可以给出这样的结论. 如果边界 C 具有角点——凹角或凸角, 则最好把这样的边界看做相应光滑曲线 C_i 的极限. 这时, 曲面 $z = \mathscr{F}(x, y)$ 在边界 C 的角点附近具有棱, 并且在棱的两侧, 切平面具有不同的方向, 就像底面为多边形的金字塔那样.

利用沙堆实验可以很好地说明解的这些性质. 这时必须注意, 在求解弹塑性杆扭转问题时, 在杆的横截面上一般可以得到弹性区和塑性区. 下面将证明, 在边界 C 的凸角附近总是弹性区.

计算应力张量的分量　　在塑性区和弹性区中都成立公式 (5.4), 由此立刻可知, xy 平面上的以下矢量互相垂直:

$$\boldsymbol{p}_\tau = p^{13}\boldsymbol{i} + p^{23}\boldsymbol{j}, \quad \text{grad}\,\mathscr{F} = \frac{\partial \mathscr{F}}{\partial x}\boldsymbol{i} + \frac{\partial \mathscr{F}}{\partial y}\boldsymbol{j}.$$

所以, 矢量 $\boldsymbol{p}_\tau$ 显然指向 xy 平面上的等高线 $\mathscr{F}(x, y) = \text{const}$ 的切线方向. 此外, 矢量 $\boldsymbol{p}_\tau$ 在塑性区中具有恒定值 $p_{\tau\,\text{max}}$. 显然, 矢量 $\boldsymbol{p}_\tau$ 的方向取决于外部扭矩 $\boldsymbol{M}$ 的方向. 因此, 只要知道曲面 $z = \mathscr{F}(x, y)$, 就总是可以求出分量 p^{13} 和 p^{23}.

弹塑性问题的提法　　设扭矩 $\boldsymbol{M}$ 的值足够大, 使杆的部分材料表现为弹性体, 我们来研究如何确定这时的应力状态. 我们用 $\mathscr{L}$ 表示杆的横截面上的弹性区边界 (图 157), 其形状必须根据问题的解来确定. 在一般情况下, 弹性区可以由若干个单独的部分组成, 也可以包含边界 C 的某些部分.

如果弹性区不包括边界 C 的点, 在塑性区中就可以使用前面对应力得到的解, 它与弹性区的形状无关. 塑性区中的应力函数 $\mathscr{F}(x, y)$ 满足方程 (5.12) 和边界 C 上的条件 $\mathscr{F} = 0$.

为了计算弹性区中的应力和位移, 我们使用第九章 §7 中关于弹性杆扭转问题的研究结果. 在弹性区内部, 按照公式 (5.4) 引入的应力函数 $\mathscr{F}(x, y)$ 应当满足泊松

方程

$$\frac{\partial^2 \mathscr{F}}{\partial x^2} + \frac{\partial^2 \mathscr{F}}{\partial y^2} = -2\alpha\mu, \tag{5.13}$$

式中 α 是杆的扭角, μ 是杆的材料的拉梅系数 (见第九章公式 (7.19) 和 (7.21)).

根据应力张量的分量 p^{13} 和 p^{23} 在杆中分布的连续性, 在弹性区和塑性区的边界 $\mathscr{L}$ 上应当成立等式

$$\frac{\partial \mathscr{F}^{\mathrm{e}}}{\partial x} = \frac{\partial \mathscr{F}^{\mathrm{p}}}{\partial x}, \quad \frac{\partial \mathscr{F}^{\mathrm{e}}}{\partial y} = \frac{\partial \mathscr{F}^{\mathrm{p}}}{\partial y}, \tag{5.14}$$

式中 $\mathscr{F}^{\mathrm{e}}$ 和 $\mathscr{F}^{\mathrm{p}}$ 分别表示弹性区和塑性区中的应力函数. 从 (5.14) 可知, 在边界 $\mathscr{L}$ 上应当成立等式

$$\mathscr{F}^{\mathrm{e}} = \mathscr{F}^{\mathrm{p}} + \mathrm{const},$$

或者, 因为相应常量对于弹性区中的应力函数并不重要, 所以可以认为边界 $\mathscr{L}$ 上的应力函数值 $\mathscr{F}^{\mathrm{e}}$ 和 $\mathscr{F}^{\mathrm{p}}$ 相等,

$$在 \mathscr{L} 上 \quad \mathscr{F}^{\mathrm{e}} = \mathscr{F}^{\mathrm{p}}.$$

因此, 确定受扭弹塑性杆在扭角等于 α 时的应力状态的问题归结为以下数学问题: 需要求出这样的函数 $\mathscr{F}(x, y)$, 它在边界 C 上等于零, 它和它的一阶导数在边界 C 的内部处处连续, 并且 $|\operatorname{grad}\mathscr{F}| \leqslant k_0$; 此外, 函数 $\mathscr{F}(x, y)$ 在 $|\operatorname{grad}\mathscr{F}| < k_0$ 的区域中应当满足泊松方程 (5.13).

杆两端的合力等于零 所提问题的解确实对应着仅受扭矩 $\boldsymbol{M}$ 作用的杆的扭转, 因为其横截面 Σ 上的作用力的合力 $\boldsymbol{R}$ 等于零. 其实, 根据边界 C 上的条件 $\mathscr{F} = 0$, 我们有

$$\boldsymbol{R} = \int_{\Sigma} \boldsymbol{p}_\tau \, \mathrm{d}\sigma = \int_{\Sigma} (p^{13}\boldsymbol{i} + p^{23}\boldsymbol{j}) \, \mathrm{d}\sigma = \int_{\Sigma} \left(\frac{\partial \mathscr{F}}{\partial y}\boldsymbol{i} - \frac{\partial \mathscr{F}}{\partial x}\boldsymbol{j} \right) \mathrm{d}\sigma$$

$$= \int_{C} \mathscr{F}[\cos(\boldsymbol{n}, y)\boldsymbol{i} - \cos(\boldsymbol{n}, x)\boldsymbol{j}] \, \mathrm{d}s = 0.$$

扭矩公式 我们来计算扭矩值 M. 根据公式 (5.4), 我们有

$$M = \int_{\Sigma} (xp^{23} - yp^{13}) \, \mathrm{d}\sigma = -\int_{\Sigma} \left(x\frac{\partial \mathscr{F}}{\partial x} + y\frac{\partial \mathscr{F}}{\partial y} \right) \mathrm{d}\sigma.$$

因为

$$x\frac{\partial \mathscr{F}}{\partial x} + y\frac{\partial \mathscr{F}}{\partial y} = \frac{\partial \mathscr{F}x}{\partial x} + \frac{\partial \mathscr{F}y}{\partial y} - 2\mathscr{F},$$

所以

$$M = -\int_{C} \mathscr{F}[x\cos(\boldsymbol{n}, x) + y\cos(\boldsymbol{n}, y)] \, \mathrm{d}s + 2\int_{\Sigma} \mathscr{F} \, \mathrm{d}\sigma.$$

对于单连通截面 Σ, 根据边界 C 上的条件 $\mathscr{F} = 0$, 最终得到公式

$$M = 2 \int_{\Sigma} \mathscr{F} \, d\sigma, \tag{5.15}$$

它类似于第九章的公式 (7.25). 公式 (5.15) 表明, 可以把量 M 解释为曲面 $z = \mathscr{F}(x, y)$ 与它在平面 $z = 0$ 上的投影 Σ (即杆的相应横截面) 之间的区域的体积的两倍.

　　为了确定受到扭转的杆的应力状态而提出的上述弹塑性问题是一个复杂的数学问题, 仅在杆的横截面具有某些简单形状时才能得到得这个问题的解析解. 例如, 很容易解决圆形截面杆的相应问题 (见第 361 页).

利用沙堆比拟和薄膜比拟求解弹塑性问题　　在一般情况下, 可以根据沙堆比拟和薄膜比拟采用实验方法来解决以上问题. 其实, 在弹性区中求应力函数的问题类似于求受到均匀分布载荷作用的常张力薄膜的挠度的问题, 这时载荷强度 q 与张力 T 一般应满足条件

$$2\mu\alpha = \frac{q}{Th},$$

并且薄膜应固定在形状与杆的横截面边界相同的封闭曲线 C 上 (见第九章 §7). 在塑性区中, 对上述问题可以应用沙堆比拟.

　　所以, 为了解决弹塑性问题, 可以进行由 A. 纳达依提出的以下实验 (图 158). 将颗粒物置在一张具有受扭杆横截面形状的水平放置的卡片上, 以便形成一个等倾角的坡面, 然后用某种透明材料制成一个刚性盖子, 使它具有这个坡面的形状. 在盖子底部固定一块薄膜, 在薄膜外侧施加均匀分布的压强. 当压强达到某个值后, 薄膜开始贴到盖子上, 并且随着压强的增加, 越来越多的部分将贴到盖子上并固定下来.

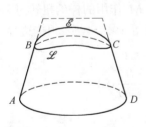

　　对于部分发生塑性变形的杆, 薄膜贴到盖子上的部分和没有贴到盖子上的自由部分组成应力函数 $\mathscr{F}(x, y)$ 所对应的曲面, 这两部分薄膜的分界线记为 $\mathscr{L}$. 在杆的横截面所在的 xy 平面上, 弹性区与塑性区的分界线就是曲线 $\mathscr{L}$ 在 xy 平面上的投影.

图 158. 曲面 $z = \mathscr{F}(x, y)$ 由刚性盖子的部分表面 (用 AB 和 CD 表示) 和部分薄膜 $B\mathscr{E}C$ 组成, 曲线 $\mathscr{L}$ 对应弹性区与塑性区的交界线

　　根据公式 (5.15), 相应扭矩值在精确到相差一个比例系数时等于水平面 xy 与应力函数 $\mathscr{F}(x, y)$ 的实验结果所对应的曲面之间的区域的体积的两倍. 可以指出两个有代表性的扭矩值 M: 一个是薄膜刚刚贴到盖子上时的扭矩极限值 M_{lim}, 这时材料开始向塑性状态变化; 另一个是全部薄膜都贴在盖子上时的扭矩临界值 M_{cr}, 这时杆的全部材料都处于塑性状态.

　　利用沙堆比拟和薄膜比拟还可以看出, 对于任何扭角 α, 在边界 C 的凸角附近总有一部分弹性区 (图 159). 其实, 如果分布在薄膜上的载荷 q 是有限的, 薄膜就不会贴在盖子的凸起的棱上.

图 159. 具有凸角的横截面
(阴影部分是弹性区)

图 160. 具有凹角的横截面
(阴影部分是弹性区)

如果在边界 C 上有凹角 (图 160), 则无论载荷 q (扭角 α) 有多小, 薄膜显然都会贴在曲面 $z = \mathscr{F}(x, y)$ 上的相应的棱上, 所以在这样的凹角附近瞬间就会出现塑性区. 凹角附近的弹性解具有无限大应力, 塑性区的出现保证了应力的有限性. 如果扭角很小, 则塑性区一般也很小.

计算弹塑性杆中的位移　现在, 设受扭弹塑性杆的应力状态已经用上述方法计算出来, 我们来研究如何计算杆中的位移. 为了计算位移, 我们认为, 杆在初始的无变形状态下不受应力的作用, 不断增长的外部载荷仅仅归结为作用于杆的两端的扭矩, 并且每一个中间状态都是平衡状态, 从而可以使用相应扭转问题的结果来计算给定中间载荷所对应的应力. 此外还认为, 杆中的总应变——弹性应变和塑性应变——很小.

考虑杆的横截面上的某一个任意点 A. 如果这个点位于弹性区, 就可以利用胡克定律从应力张量单值地计算出点 A 的应变张量:

$$\varepsilon_{11} = \varepsilon_{22} = \varepsilon_{33} = \varepsilon_{12} = 0, \quad \varepsilon_{13} = \frac{p_{13}}{2\mu} = \frac{1}{2\mu} \frac{\partial \mathscr{F}(x, y)}{\partial y},$$

$$\varepsilon_{23} = \frac{p_{23}}{2\mu} = -\frac{1}{2\mu} \frac{\partial \mathscr{F}(x, y)}{\partial x}.$$

显然, ε_{13} 和 ε_{23} 这时只依赖于 x 和 y, 但不依赖于 z.

这时, 可以用圣维南公式计算位移矢量的分量:

$$w_1 = -\alpha z y, \quad w_2 = \alpha z x, \quad w_3 = f(x, y), \tag{5.16}$$

式中 α 是扭角. 其实, 容易证明, 只要 $\varepsilon_{11} = \varepsilon_{22} = \varepsilon_{33} = \varepsilon_{12} = 0$, $\varepsilon_{13} \neq 0$, $\varepsilon_{23} \neq 0$, 并且 ε_{13} 和 ε_{23} 只依赖于 x 和 y, 我们就总是可以用圣维南公式来计算位移. 在上述情况下, 位移应当是以下方程的解:

$$\varepsilon_{11} = \frac{\partial w_1}{\partial x} = 0, \quad \varepsilon_{22} = \frac{\partial w_2}{\partial y} = 0, \quad \varepsilon_{33} - \frac{\partial w_3}{\partial z} - 0, \tag{5.17}$$

$$\varepsilon_{12} = \frac{1}{2} \left(\frac{\partial w_1}{\partial y} + \frac{\partial w_2}{\partial x} \right) = 0, \tag{5.18}$$

$$\varepsilon_{13}(x, y) = \frac{1}{2} \left(\frac{\partial w_1}{\partial z} + \frac{\partial w_3}{\partial x} \right), \tag{5.19}$$

$$\varepsilon_{23}(x, y) = \frac{1}{2} \left(\frac{\partial w_2}{\partial z} + \frac{\partial w_3}{\partial y} \right), \tag{5.20}$$

式中 $\varepsilon_{13}(x,\, y)$ 和 $\varepsilon_{23}(x,\, y)$ 是已知的函数. 从 (5.17) 直接可知

$$w_1 = w_1(y,\, z), \quad w_2 = w_2(x,\, z), \quad w_3 = w_3(x,\, y).$$

进一步, 从 (5.18) 可知

$$-\frac{\partial w_1}{\partial y} = \frac{\partial w_2}{\partial x} = f_1(z),$$

式中 $f_1(z)$ 是 z 的任意函数, 所以

$$w_1 = -f_1(z)y + f_2(z), \quad w_2 = f_1(z)x + f_3(z), \tag{5.21}$$

式中 f_2 和 f_3 是 z 的任意函数.

　　取 (5.19) 和 (5.20) 对 z 的导数, 利用 (5.21) 得

$$-f_1''y + f_2'' = 0, \quad f_1''x + f_3'' = 0.$$

由此可见, f_1'', f_2'', f_3'' 应当等于零, 即

$$f_1 = \alpha z + C_1, \quad f_2 = C_2 z + C_3, \quad f_3 = C_4 z + C_5,$$

式中 $\alpha, C_1, C_2, C_3, C_4, C_5$ 是任意常量. 对于位移矢量的分量, 可以得到以下公式:

$$\begin{aligned}
w_1 &= -\alpha z y - C_1 y + C_2 z + C_3, \\
w_2 &= \alpha x z + C_1 x + C_4 z + C_5, \\
w_3 &= f(x,\, y) - C_4 y - C_2 x + C_6,
\end{aligned} \tag{5.22}$$

其中 $C_6 = \mathrm{const}$, 并且从待求函数 $f(x,\, y)$ 中专门提取出了对 x 和 y 的线性部分. 在公式 (5.22) 中, x, y 和 z 的线性项是齐次函数 (5.17)—(5.20) 的通解, 它们代表杆的刚体位移 (见第九章 §3).

　　因此, 使用公式 (5.16) 可以计算受扭弹性杆的位移, 结果精确到相差杆的刚体位移.

　　直接求解微分方程

$$\frac{\partial f}{\partial x} = \alpha y + \frac{p_{13}}{\mu}, \quad \frac{\partial f}{\partial y} = -\alpha x + \frac{p_{23}}{\mu}, \tag{5.23}$$

即可计算出弹性区中的扭转函数 $f(x,\, y)$.

　　如果点 A 位于塑性区, 则该点的应变等于弹性应变与塑性应变之和, 相应的应变张量分量等于

$$\varepsilon_{ij} = \varepsilon_{ij}^{\mathrm{e}} + \varepsilon_{ij}^{\mathrm{p}}.$$

如果弹性性质与塑性应变无关, 则无论是在塑性区还是在弹性区, 弹性应变与应力之间的关系是相同的, 并且

$$\frac{\varepsilon_{13}^{\mathrm{e}}}{\varepsilon_{23}^{\mathrm{e}}} = \frac{p_{13}}{p_{23}}. \tag{5.24}$$

塑性应变在一般情况下与加载路径有关. 如上所述, 在单调递增的扭矩 M 的作用下, 杆的应变满足条件

$$d\varepsilon_{11}^P = d\varepsilon_{22}^P = d\varepsilon_{33}^P = d\varepsilon_{12}^P = 0, \quad d\varepsilon_{13}^P = 2p_{13}\, d\lambda, \quad d\varepsilon_{23}^P = 2p_{23}\, d\lambda.$$

消去参量 $d\lambda$, 我们得到塑性应变增量与应力张量分量之间的关系式:

$$d\varepsilon_{13}^P = \frac{p_{13}}{p_{23}} d\varepsilon_{23}^P.$$

在杆的横截面上属于塑性区的每一点, 因为 p_{13} 和 p_{23} 在杆扭转过程中保持不变, 但应变可以很小, 所以我们有

$$\varepsilon_{13}^P - \frac{p_{13}}{p_{23}}\varepsilon_{23}^P = \text{const},$$

式中 p_{13} 和 p_{23} 只依赖于 x 和 y. 在弹性区边界正好经过所研究的点 A 的那个时刻, 塑性应变 ε_{13}^P 和 ε_{23}^P 同时等于零, 所以积分常量等于零, 即

$$\varepsilon_{13}^P - \frac{p_{13}}{p_{23}}\varepsilon_{23}^P = 0. \tag{5.25}$$

从 (5.24) 和 (5.25) 可知, 总应变这时应当满足关系式

$$\frac{\varepsilon_{13}}{\varepsilon_{23}} = \frac{p_{13}}{p_{23}}. \tag{5.26}$$

在用来确定位移的方程组

$$\varepsilon_{ij} = \frac{1}{2}\left(\frac{\partial w_i}{\partial x^j} + \frac{\partial w_j}{\partial x^i}\right)$$

中, 这时有部分方程与弹性位移的方程 (5.17)—(5.18) 相同:

$$\varepsilon_{11} = \frac{\partial w_1}{\partial x} = 0, \quad \varepsilon_{22} = \frac{\partial w_2}{\partial y} = 0, \quad \varepsilon_{33} = \frac{\partial w_3}{\partial z} = 0,$$

$$\varepsilon_{12} = \frac{1}{2}\left(\frac{\partial w_1}{\partial y} + \frac{\partial w_2}{\partial x}\right) = 0, \tag{5.27}$$

但其余方程与 (5.19) 和 (5.20) 不同. 根据 (5.26), 这些方程被替换为一个方程:

$$\frac{\dfrac{\partial w_1}{\partial z} + \dfrac{\partial w_3}{\partial x}}{\dfrac{\partial w_2}{\partial z} + \dfrac{\partial w_3}{\partial y}} = \frac{p_{13}}{p_{23}}. \tag{5.28}$$

方程 (5.28) 的右侧是已知的, 只依赖于 x 和 y.

在发生塑性变形时, 总位移矢量 $\boldsymbol{w}$ 的分量应当是方程 (5.27), (5.28) 的解. 这时应当考虑到, 总应变张量的分量是连续增长的, 并且对给定的物质微元而言, 在出现最大切向应力的时刻, 总位移等于弹性位移. 应力达到 $p_{\tau\max} = k$ 以后, 弹性应变和弹性位移被固定下来, 如果扭矩继续增长, 则给定点的塑性应变张量的分量将随之

增长, 据此就可以确定总位移矢量的分量.

因为方程 (5.27) 与方程 (5.17)—(5.18) 相同, 它们对弹性区和塑性区都适用, 所以由此得到的结果 (5.21) 在这里仍然成立, 于是

$$w_1 = -f_1(z)y + f_2(z), \quad w_2 = f_1(z)x + f_3(z), \quad w_3 = f(x, y).$$

从应力问题的解可知, 在每一个横截面上, 对于任何 z 都存在弹性区, 并且在 z 轴固定时在弹性区中成立公式

$$w_1 = -\alpha z y, \quad w_2 = \alpha z x.$$

在一般情况下, 无论是在塑性区中还是在弹性区中, 函数 f_1, f_2, f_3 只可能依赖于 z, 由此显然可知, 当塑性位移从零开始 (塑性区与弹性区分界线上的塑性位移等于零) 连续增长时, 在塑性区和弹性区中都成立公式

$$f_1(z) = \alpha z, \quad f_2(z) = f_3(z) = 0.$$

可以利用方程 (5.28) 来确定函数 $f(x, y)$. 根据 w_1, w_2, w_3 的公式, 在弹性区和塑性区中都可以把方程 (5.28) 写为以下形式:

$$p_{23}\left(\frac{\partial f}{\partial x} - \alpha y\right) = p_{13}\left(\frac{\partial f}{\partial y} + \alpha x\right). \tag{5.29}$$

在弹性状态下, 分量 p_{13} 和 p_{23} 在给定点的变化正比于扭角 α 或扭矩 M, 而在出现塑性状态之后, p_{13} 和 p_{23} 在固定点的值保持不变.

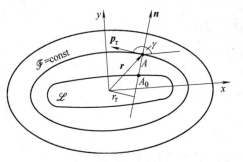

图 161. 用于解释方程 (5.29)

很容易把方程 (5.29) 变换为另外一种形式, 以便给出该方程在塑性区中的一种简单的几何解释.

用 γ 表示应力矢量 $\boldsymbol{p}_\tau = p_{13}\boldsymbol{i} + p_{23}\boldsymbol{j}$ 与 x 轴之间的夹角 (图 161), 于是

$$p_{13} = p_\tau \cos\gamma, \quad p_{23} = p_\tau \sin\gamma,$$
$$\cos\gamma = \cos(\boldsymbol{p}_\tau, x) = -\cos(\boldsymbol{n}, y),$$
$$\sin\gamma = \cos(\boldsymbol{p}_\tau, y) = \cos(\boldsymbol{n}, x).$$

因此, 可以把方程 (5.29) 表示为以下形式:

$$\frac{\partial f}{\partial x}\cos(\boldsymbol{n}, x) + \frac{\partial f}{\partial y}\cos(\boldsymbol{n}, y) = \alpha[y\cos(\boldsymbol{p}_\tau, y) + x\cos(\boldsymbol{p}_\tau, x)]$$

或

$$\frac{\mathrm{d}f}{\mathrm{d}n} = \alpha r_\tau, \tag{5.30}$$

式中 r_τ 是给定点 A 的矢量 $\boldsymbol{r} = x\boldsymbol{i} + y\boldsymbol{j}$ 在方向 $\boldsymbol{p}_\tau$ 上的投影. 应力 $\boldsymbol{p}_\tau$ 指向曲线族

$\mathscr{F} = \text{const}$ 的切线方向, 投影 r_τ 对于塑性区中曲线族 $\mathscr{F} = \text{const}$ 的一条公共法线[1] n 上的所有的点 A 都是相同的. 所以, 沿给定法线 n 从弹性区边界 $\mathscr{L}$ 上的点 A_0 到所研究的点 A 对方程 (5.30) 进行积分, 我们得到

$$f = \alpha r_\tau n + f^{\mathrm{e}}, \tag{5.31}$$

式中 f^{e} 是 $f(x, y)$ 在点 A_0 的值, 这个值来自弹性问题的解, 并且只要知道边界 C, 就知道 r_τ.

因此, 如果已经求出受到扭转的杆的横截面在弹性区的翘曲和弹性区的边界, 利用 (5.31) 就可以计算横截面在塑性区的翘曲 $f(x, y)$. 显然, 横截面在塑性区的翘曲沿横截面边界 C 的任何法线方向按线性规律变化. 如果杆的横截面具有两条对称轴, 并且坐标原点 O 固定于它们的交点, 则在这两条对称轴上有

$$f^{\mathrm{p}} = f^{\mathrm{e}} = 0.$$

其实, 对于对称轴上的点有 $r_\tau = 0$, $f^{\mathrm{p}} = f^{\mathrm{e}}$. 此外, 如果让 x 和 y 坐标轴指向对称轴方向, 则从 (5.23) 直接可知, f^{e} 在这些方向上的变化等于零 (因为 p_τ 垂直于这两条对称轴).

随着扭矩 M 或扭角 α 的增长, 弹性区边界 $\mathscr{L}$ 会发生复杂的变化, 使量 f 的值也发生复杂的变化, 所以横截面在塑性区中的翘曲在一般情况下不与扭角 α 成正比.

圆形截面杆的扭转　　作为一个例子, 我们来研究半径为 a 的圆形截面杆的扭转. 若扭角 α 足够小, 杆的材料就表现为弹性材料, 切向应力 p_τ 与 α 之间的关系满足等式 (见第 278 页)

$$p_\tau = \mu \alpha r,$$

式中 $r = \sqrt{x^2 + y^2}$. 显然, 当 α 等于

$$\alpha^* = \frac{k}{\mu a}$$

时, 切向应力在杆的横截面的边界 C 上达到极限值 k, 而在 $\alpha \geqslant \alpha^*$ 时, 杆的部分材料进入塑性状态.

根据轴对称性, 弹性区与塑性区的交界线 $\mathscr{L}$ 是 C 的同心圆. 我们用 ρ 来表示这个圆的半径. 显然, 对于某个给定的 α ($\alpha > \alpha^*$), 弹性区半径等于

$$\rho = \frac{k}{\mu \alpha}. \tag{5.32}$$

---

[1] 我们指出, 由法线组成的直线族是方程 (5.29) 的特征线族, 因为沿法线有

$$\frac{\mathrm{d}y}{\mathrm{d}x} = \frac{\cos(n, \, y)}{\cos(n, \, x)} = -\frac{p_{13}}{p_{23}},$$

并且仅用方程 (5.30) 无法在 n 的左右两侧单值地确定偏导数 $\partial f/\partial x$ 和 $\partial f/\partial y$, 从方程 (5.30) 只能得到 f 沿 n 的增量.

显然, 半径 ρ 仅在 $\alpha \to \infty$ 时才可能等于零, 所以对于任何有限的扭角 α, 在杆中都存在弹性区.

在 $\rho \leqslant r \leqslant a$ 的塑性区中, 曲面 $z = \mathscr{F}(x, y)$ 是底面边界为 C 的圆锥面的一部分, 该圆锥母线与 xy 平面的夹角的正切等于 k. 所以, 塑性区中的应力函数为

$$\mathscr{F}^{\mathrm{p}}(x, y) = k(a - r).$$

在 $0 \leqslant r \leqslant \rho$ 的弹性区中, 应力函数应当是泊松方程 (5.13) 的解. 因此, 根据第九章 §7 中的公式 (7.20), (7.17) 和 (7.12), 应力函数应当具有以下形式:

$$\mathscr{F}^{\mathrm{e}}(x, y) = -\frac{r^2}{2}\mu\alpha + \mathrm{const}.$$

应力函数在 $r = \rho$ 的弹性区边界 $\mathscr{L}$ 上连续,

$$\mathscr{F}^{\mathrm{p}} = \mathscr{F}^{\mathrm{e}},$$

所以

$$\mathscr{F}^{\mathrm{e}} = \frac{1}{2}\mu\alpha(\rho^2 - r^2) + k(a - \rho).$$

给定扭角 α 所对应的扭矩值可按公式 (5.15) 计算, 结果是

$$M = 4\pi\left(\int_0^\rho \mathscr{F}^{\mathrm{e}} r\,\mathrm{d}r + \int_\rho^a \mathscr{F}^{\mathrm{p}} r\,\mathrm{d}r\right) = \frac{2}{3}\pi k\left(a^3 - \frac{1}{4}\rho^3\right). \tag{5.33}$$

我们指出, 在计算 M 时使用了弹性区半径公式 (5.32). 扭矩在 $\rho \to 0$ 时趋于临界值

$$M_{\mathrm{cr}} = \frac{2}{3}\pi k a^3.$$

当杆的外表面上的切向应力达到极限值时, 在公式 (5.33) 中令 $\rho = a$, 可以得到扭矩的极限值

$$M_{\mathrm{lim}} = \frac{1}{2}\pi k a^3.$$

容易看出, 受扭圆杆的横截面不发生翘曲. 这个问题的解之所以变得非常简单, 是因为弹性区的形状根据对称性是已知的.

第十一章 弹性力学平面问题理论和裂纹理论引论

§1. 弹性力学平面问题

现在研究弹性力学中的一些平面问题. 在平面问题中, 只要适当选择笛卡儿坐标系 xyz, 待求函数的重要空间自变量就只包括 x 和 y. 这时, 状态和运动的特征量或者根本与坐标 z 无关, 或者对坐标 z 只有很简单的已知的依赖关系. 平面问题理论包括平面应变问题、平面应力问题和广义平面应力问题, 相应定义将在下文中给出.

下面只在线性、小变形的提法下考虑静力学问题或准静态问题. 在准静态问题的解中, 时间只能以参量的形式出现.

按照定义, 在平面问题中同时成立两组等式: 应力张量的分量满足第一组等式

$$p_{11} = p_{11}(x, y), \quad p_{22} = p_{22}(x, y), \quad p_{12} = p_{12}(x, y),$$
$$p_{33} = p_{33}(x, y), \quad p_{13} = p_{23} = 0, \tag{1.1}$$

应变张量的分量满足第二组等式

$$\varepsilon_{11} = \varepsilon_{11}(x, y), \quad \varepsilon_{22} = \varepsilon_{22}(x, y), \quad c_{12} = c_{12}(x, y),$$
$$\varepsilon_{33} = \varepsilon_{33}(x, y), \quad \varepsilon_{13} = \varepsilon_{23} = 0. \tag{1.2}$$

我们仅限于研究符合这些条件的平面问题[1].

在一般情况下, 平面问题的这个定义并不涉及应力与应变之间的关系式和介质

---

[1] 平面问题的这个足够一般的定义还可以推广. 例如, 可以参见: Love A. E. H. A Treatise on the Mathematical Theory of Elasticity. Cambridge: Cambridge Univ. Press, 1927. §145, 301, 302, 303.

的性质. 然而, 在这样或那样的条件下是否能够实现平面问题, 这就与所采用的连续介质模型有密切关系了.

我们现在考虑, 在平面问题中能够对基本方程进行哪些简化.

平面问题中的位移分量　在下面应用平面问题理论时, 我们只考虑可以引入相对于初始状态的位移的情况. 这时, 可以把应变张量通过位移表示出来, 还可以使用应变协调方程. 对于平面问题 (1.2), 六个圣维南协调方程 $R_{ijkl} = 0$ (见第二章 §5) 化为以下四个方程:

$$\frac{\partial^2 \varepsilon_{11}}{\partial y^2} + \frac{\partial^2 \varepsilon_{22}}{\partial x^2} = 2 \frac{\partial^2 \varepsilon_{12}}{\partial x \, \partial y}, \tag{1.3}$$

$$\frac{\partial^2 \varepsilon_{33}}{\partial x^2} = \frac{\partial^2 \varepsilon_{33}}{\partial y^2} = \frac{\partial^2 \varepsilon_{33}}{\partial x \, \partial y} = 0. \tag{1.4}$$

其余两个协调方程恒成立. 从 (1.4) 可知, ε_{33} 只可能是 x 和 y 的线性函数:

$$\varepsilon_{33} = \frac{\partial w}{\partial z} = Ax + By + C,$$

式中 A, B, C 是常量. 所以, 位移沿 z 轴的分量具有以下形式:

$$w = (Ax + By + C)z + f(x, \, y), \tag{1.5}$$

式中 $f(x, \, y)$ 是任意函数. 根据平面问题的定义 (1.2), 我们有

$$\varepsilon_{13} = \frac{1}{2} \left(\frac{\partial u}{\partial z} + \frac{\partial w}{\partial x} \right) = 0, \quad \varepsilon_{23} = \frac{1}{2} \left(\frac{\partial v}{\partial z} + \frac{\partial w}{\partial y} \right) = 0,$$

所以应当把位移矢量的分量 u 和 v 表示为

$$u = -A \frac{z^2}{2} - f'_x(x, \, y)z + \omega_1(x, \, y),$$

$$v = -B \frac{z^2}{2} - f'_y(x, \, y)z + \omega_2(x, \, y),$$

式中 $\omega_1(x, \, y)$ 和 $\omega_2(x, \, y)$ 是任意函数.

接下来, 为了求出任意函数 $f(x, \, y)$, 因为

$$\frac{\partial u}{\partial x} = \varepsilon_{11}(x, \, y), \quad \frac{\partial v}{\partial y} = \varepsilon_{22}(x, \, y), \quad \frac{\partial u}{\partial y} + \frac{\partial v}{\partial x} = 2\varepsilon_{12}(x, \, y),$$

所以有

$$\varepsilon_{11}(x, \, y) = \frac{\partial \omega_1}{\partial x} - f''_{xx}(x, \, y)z,$$

$$\varepsilon_{22}(x, \, y) = \frac{\partial \omega_2}{\partial y} - f''_{yy}(x, \, y)z,$$

$$\varepsilon_{12}(x, \, y) = \frac{1}{2} \left(\frac{\partial \omega_1}{\partial y} + \frac{\partial \omega_2}{\partial x} \right) - f''_{xy}(x, \, y)z.$$

由此直接得到

$$f''_{xx} = f''_{yy} = f''_{xy} = 0,$$

即 w 的表达式 (1.5) 中的任意函数 $f(x,\ y)$ 应当是其自变量的线性函数,

$$f(x,\ y) = ax + by + c,$$

式中 $a,\ b,\ c$ 是常量. 容易证明, 这样确定下来的函数 $f(x,\ y)$ 对应物体的刚体运动, 所以在研究变形时可以认为 $f = 0$.

因此, 在平面问题的一般情况下, 如果不考虑应力张量的分量与应变张量的分量之间的关系, 则位移分量可以表示为以下形式:

$$\begin{aligned}
u &= -A\frac{z^2}{2} + \omega_1(x,\ y), \\
v &= -B\frac{z^2}{2} + \omega_2(x,\ y), \\
w &= (Ax + By + C)z.
\end{aligned} \tag{1.6}$$

可以把函数 $\omega_1(x,\ y)$, $\omega_2(x,\ y)$ 解释为平面 $z = 0$ 上的位移矢量的分量. 显然, 它们与应变张量的分量 $\varepsilon_{11}, \varepsilon_{22}, \varepsilon_{12}$ 之间的关系为

$$\varepsilon_{11} = \frac{\partial \omega_1}{\partial x}, \quad \varepsilon_{22} = \frac{\partial \omega_2}{\partial y}, \quad \varepsilon_{12} = \frac{1}{2}\left(\frac{\partial \omega_1}{\partial y} + \frac{\partial \omega_2}{\partial x}\right). \tag{1.7}$$

线性弹性体平面问题
中 p_{ij} 与 ε_{ij} 的关系
在平面问题 (1.1), (1.2) 中可以把胡克定律写为以下形式:

$$\begin{aligned}
p_{11} &= \lambda I_1(\mathscr{E}) + 2\mu\varepsilon_{11}, \\
p_{22} &= \lambda I_1(\mathscr{E}) + 2\mu\varepsilon_{22}, \\
p_{33} &= \lambda I_1(\mathscr{E}) + 2\mu\varepsilon_{33}, \\
p_{12} &= 2\mu\varepsilon_{12}, \quad p_{13} = p_{23} = 0, \\
\varepsilon_{13} &= \varepsilon_{23} = 0,
\end{aligned}$$

或者, 因为 ε_{33} 是 x 和 y 的线性函数, 所以

$$\begin{aligned}
p_{11} &= \lambda(\varepsilon_{11} + \varepsilon_{22}) + 2\mu\varepsilon_{11} + \lambda(Ax + By + C), \\
p_{22} &= \lambda(\varepsilon_{11} + \varepsilon_{22}) + 2\mu\varepsilon_{22} + \lambda(Ax + By + C), \\
p_{12} &= 2\mu\varepsilon_{12}, \\
p_{33} &= \lambda(\varepsilon_{11} + \varepsilon_{22}) + (\lambda + 2\mu)(Ax + By + C).
\end{aligned} \tag{1.8}$$

如果用应力张量的分量表示应变张量的分量, 就可以把这些关系式写为另外一种

形式:

$$\varepsilon_{11} = \frac{1-\sigma^2}{E}\left(\bar{p}_{11} - \frac{\sigma}{1-\sigma}\bar{p}_{22}\right),$$

$$\varepsilon_{22} = \frac{1-\sigma^2}{E}\left(\bar{p}_{22} - \frac{\sigma}{1-\sigma}\bar{p}_{11}\right),$$

$$\varepsilon_{12} = \frac{1+\sigma}{E}p_{12},$$

$$\varepsilon_{33} = Ax + By + C = \frac{1}{E}[p_{33} - \sigma(p_{11} + p_{22})],$$

(1.9)

式中

$$\bar{p}_{11} = p_{11} - \lambda(Ax + By + C), \quad \bar{p}_{22} = p_{22} - \lambda(Ax + By + C),$$

$E = \mu(3\lambda + 2\mu)/(\lambda + \mu)$ 是杨氏模量, $\sigma = \lambda/2(\lambda + \mu)$ 是泊松比.

贝尔特拉米—米切尔方程

把这些关系式代入协调方程 (1.3), 得

$$\frac{\partial^2 p_{11}}{\partial y^2} + \frac{\partial^2 p_{22}}{\partial x^2} = 2\frac{\partial^2 p_{12}}{\partial x\,\partial y} + \sigma\Delta p,$$

(1.10)

式中

$$p = p_{11} + p_{22}.$$

这个方程是线性弹性体平面问题中的应力协调方程, 它在这种情况下可以代替贝尔特拉米—米切尔方程.

平面问题中的外体积力和外面力所应满足的条件

平面问题中的平衡方程具有以下形式:

$$\frac{\partial p_{11}}{\partial x} + \frac{\partial p_{12}}{\partial y} + F_x = 0, \qquad \frac{\partial p_{12}}{\partial x} + \frac{\partial p_{22}}{\partial y} + F_y = 0, \quad (1.11)$$

其中体积力在 x 轴和 y 轴上的投影应当只是 x 和 y 的函数. 平面问题中的第三个平衡方程仅在

$$F_z = 0$$

时才成立, 这时体积力在 z 轴上的投影应当等于零.

平面问题中的应力边界条件具有以下形式:

$$p_{11}\cos(\boldsymbol{n},\ x) + p_{12}\cos(\boldsymbol{n},\ y) = p_{n1},$$

$$p_{12}\cos(\boldsymbol{n},\ x) + p_{22}\cos(\boldsymbol{n},\ y) = p_{n2},$$

$$p_{33}\cos(\boldsymbol{n},\ z) = p_{n3}.$$

(1.12)

通常 (但也有例外), 平面问题的研究对象是母线平行于 z 轴的柱形物体. 这时, 在物体侧面上 $\cos(\boldsymbol{n},\ z) = 0$, 所以在侧面上应当成立等式

$$p_{n3} = 0.$$

下面只考虑柱形物体变形的平面问题, 并且物体侧面上的给定外力分布总是满足所需条件.

平面问题中的边界条件也能够通过位移表述出来.

弹性力学平面问题的提法　如果有一个母线平行于 z 轴的柱形物体, 其横截面的边界为 C, 侧面上的应力 p_{n1}, p_{n2} 是 x 和 y 的给定函数, 而 $p_{n3} = 0$, 那么, 只要在边界为 C 的区域中求解方程 (1.11) 和 (1.10), 使这三个方程的解满足边界 C 上的条件 (1.12), 就可以确定物体内部的应力张量的分量 p_{11}, p_{12}, p_{22}.

然后可以用胡克定律 (1.9) 来计算应变张量的分量 ε_{11}, ε_{22}, ε_{12}, 并且分量 ε_{12} 是唯一确定的, 而分量 ε_{11} 和 ε_{22} 只能确定到相差 x 和 y 的一个任意的线性函数. 如果按照 (1.9) 中的最后一个关系式给出 p_{33} 或 ε_{33}, 就可以把 x 和 y 的这个线性函数固定下来.

此后可以用公式 (1.6) 来计算位移矢量 $\boldsymbol{w}$ 的分量, 其中的函数 $\omega_1(x, y)$, $\omega_2(x, y)$ 可以根据已知的 ε_{11}, ε_{22}, ε_{12} 通过求解方程 (1.7) 计算出来, 但结果只能确定到相差平面位移, 这对应着物体在 xy 平面上的平面运动.

我们再一次强调, 如果在物体侧面上仅仅给出应力边界条件, 则 (1.6) 和 (1.8) 中的常量 A, B, C 仍然是不确定的.

平面应变状态　在平面应变状态下 (在发生平面变形时), 按照定义可以认为

$$\varepsilon_{33} = 0, \quad A = B = C = 0. \tag{1.13}$$

胡克定律 (1.8) 的形式化为

$$\begin{aligned}
p_{11} &= \lambda(\varepsilon_{11} + \varepsilon_{22}) + 2\mu\varepsilon_{11}, \\
p_{22} &= \lambda(\varepsilon_{11} + \varepsilon_{22}) + 2\mu\varepsilon_{22}, \\
p_{12} &= 2\mu\varepsilon_{12}.
\end{aligned} \tag{1.14}$$

分量 p_{33} 可由以下公式计算:

$$p_{33} = \lambda(\varepsilon_{11} + \varepsilon_{22}) \quad \text{或} \quad p_{33} = \sigma(p_{11} + p_{22}). \tag{1.15}$$

根据 (1.6) 和 (1.13), 平面应变状态下的位移具有以下形式:

$$u = \omega_1(x, y), \quad v = \omega_2(x, y), \quad w = 0.$$

设一个柱形物体所受质量力和物体外侧面所受面力的静力学合力等于零, 这些力平行于 xy 平面并且与 z 无关. 此外, 物体两端的固定方法能够保证物体的长度固定不变 $(w = 0)$, 相应端面 Σ_1 和 Σ_2 平行于 xy 平面并且能够无摩擦地 $(p_{13} = p_{23} = 0)$ 在平行于 xy 平面的方向上运动 (图 162). 在这种情况下能够实现平面应变状态. 此外, 如果认为物体诸点的位移都平行于

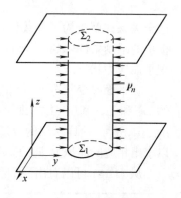

图 162. 平面应变状态

xy 平面并且与 z 无关, 则在没有初始应力时可以让所有方程和条件都得到满足.

如果在平面变形过程中没有体积变化 (尽管材料本身是可压缩的, $\lambda \neq \infty$), 则 $\varepsilon_{11} + \varepsilon_{22} = 0$, 所以对这样的变形有

$$p_{11} = 2\mu\varepsilon_{11}, \quad p_{22} = 2\mu\varepsilon_{22}, \quad p_{12} = 2\mu\varepsilon_{12}, \quad p_{33} = 0.$$

平面应力状态　按照定义, 我们认为在平面应力状态下 [1)]

$$p_{33} = 0.$$

那么, 从胡克定律可以得到

$$\varepsilon_{33} = -\frac{\lambda}{\lambda + 2\mu}(\varepsilon_{11} + \varepsilon_{22}), \tag{1.16}$$

而胡克定律的其余关系式化为

$$\begin{aligned}
p_{11} &= \lambda^*(\varepsilon_{11} + \varepsilon_{22}) + 2\mu\varepsilon_{11}, \\
p_{22} &= \lambda^*(\varepsilon_{11} + \varepsilon_{22}) + 2\mu\varepsilon_{22}, \\
p_{12} &= 2\mu\varepsilon_{12},
\end{aligned} \tag{1.17}$$

式中

$$\lambda^* = \frac{2\lambda\mu}{\lambda + 2\mu}.$$

我们指出, 如果把这些关系式中的 λ^* 替换为 λ, 它们就与平面应变的相应关系式 (1.14) 完全相同. 在平面问题中, 因为 ε_{33} 是 x 和 y 的线性函数, 所以关系式 (1.16) 化为

$$\lambda(\varepsilon_{11} + \varepsilon_{22}) + (\lambda + 2\mu)(Ax + By + C) = 0,$$

或者, 根据 (1.7) 进一步化为

$$\lambda\left(\frac{\partial \omega_1}{\partial x} + \frac{\partial \omega_2}{\partial y}\right) + (\lambda + 2\mu)(Ax + By + C) = 0. \tag{1.18}$$

这个关系式就是为了在线性弹性体中实现平面应力状态而对 ω_1 和 ω_2 的变化特性提出的限制条件. 只有在平面 $z = 0$ 上的位移满足关系式 (1.18) 的情况下, 才能够实现平面应力状态.

在平面应变状态下, 对相应位移 ω_1 和 ω_2 没有这样的限制. 其实, 对于任何给定的 ω_1 和 ω_2, 利用 (1.7) 即可计算出分量 $\varepsilon_{11}, \varepsilon_{12}, \varepsilon_{22}$, 然后利用 (1.14) 即可计算出 p_{11}, p_{22}, p_{12}. 这样求出的分量 p_{ij} 满足协调方程 (1.10). 此后, 从平衡方程 (1.11) 可以求出相应的体积力 F_x, F_y, 从边界条件 (1.12) 可以求出物体侧面上的相应面力 $\boldsymbol{p}_n$.

从 (1.18) 可以看出, 满足条件 (1.13) 的平面应变状态在变形不导致体积变化时

[1)] 见第 363 页上的脚注.

也是平面应力状态, 因为这时

$$\varepsilon_{11} + \varepsilon_{22} = \frac{\partial \omega_1}{\partial x} + \frac{\partial \omega_2}{\partial y} = 0$$

(材料是可压缩的, 并且 λ 有限). 显然, 平面应变状态在一般情况下不是平面应力状态, 因为在平面应变状态下一般 $p_{33} \neq 0$.

在平面应力状态下, 根据 (1.6) 中的最后一个公式, 平面 $z = \mathrm{const}$ 上的点沿 z 轴的位移相对于 x 和 y 是线性的. 因此, 在平面变形过程中, 一组平行平面 $z = \mathrm{const} = \alpha$ 变为一组与 z 轴斜交的平面 $z = \alpha + (Ax + By + C)\alpha$. (在线性理论的范围内, 在小量 $\Delta z = z - \alpha$ 的表达式中可以用初始状态的相应坐标来代替坐标 $x,\ y,\ z$, 因为由位移 $u,\ v$ 导致的增量是在上述线性理论中应当忽略的二阶小量.)

综上所述, 平面应力状态显然仅在足够特别的条件下才能实现. 然而, 在广义平面应力状态下也成立类似的关系式, 这种状态具有巨大的应用价值.

广义平面应力状态　　考虑一块平的薄板 (图 163), 其厚度为 $2h$, 纵向特征长度为 d. 按照假设, $h/d \ll 1$. 设 xy 平面与薄板中面重合. 我们假设, 平板受到平行于中面的外力的作用 (包括质量力), 并且这些外力相对于 xy 平面对称. 再假设薄板上下面不受外力作用, 即

$$p_{33}(x,\ y,\ \pm h) = p_{13}(x,\ y,\ \pm h) = p_{23}(x,\ y,\ \pm h) = 0, \tag{1.19}$$

并且还成立诸如

$$\frac{\partial p_{33}(x,\ y,\ \pm h)}{\partial x} = \frac{\partial p_{33}(x,\ y,\ \pm h)}{\partial y} = 0$$

的关系式. 此外, 因为体积力的分量 F_z 按照假设等于零, 所以从平衡方程在 z 轴的投影可得

$$\left. \frac{\partial p_{33}(x,\ y,\ z)}{\partial z} \right|_{z = \pm h} = 0.$$

于是, 在薄板上下面, 不仅分量 p_{33} 本身等于零, 其导数也等于零. 因此, 对上述薄板而言, 分量 p_{33} 是小量, 我们在下面将近似地认为薄板内部处处都有 $p_{33} = 0$.

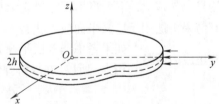

图 163. 用于提出广义平面应力状态的概念. 薄板受到平行于中面的力的拉伸和压缩

我们对其余两个平衡方程

$$\frac{\partial p_{11}}{\partial x} + \frac{\partial p_{12}}{\partial y} + \frac{\partial p_{13}}{\partial z} + F_x = 0, \qquad \frac{\partial p_{12}}{\partial x} + \frac{\partial p_{22}}{\partial y} + \frac{\partial p_{23}}{\partial z} + F_y = 0$$

做平均化运算. 根据等式 (1.19) 和

$$\frac{1}{2h} \int_{-h}^{h} \frac{\partial p_{13}}{\partial z}\, \mathrm{d}z = \frac{1}{2h} \left. p_{13}(x,\ y,\ z) \right|_{-h}^{h} = 0, \qquad \frac{1}{2h} \int_{-h}^{h} \frac{\partial p_{23}}{\partial z}\, \mathrm{d}z = \frac{1}{2h} \left. p_{23}(x,\ y,\ z) \right|_{-h}^{h} = 0,$$

我们得到

$$\frac{\partial p_{11}^*}{\partial x} + \frac{\partial p_{12}^*}{\partial y} + F_x^* = 0, \quad \frac{\partial p_{12}^*}{\partial x} + \frac{\partial p_{22}^*}{\partial y} + F_y^* = 0,$$

式中

$$p_{ij}^* = \frac{1}{2h} \int_{-h}^{h} p_{ij}\, dz, \quad F_i^* = \frac{1}{2h} \int_{-h}^{h} F_i\, dz.$$

因为 $p_{33} = 0$, 所以胡克定律具有 (1.17) 的形式. 对 (1.17) 做平均化运算, 得

$$p_{11}^* = \lambda^*(\varepsilon_{11}^* + \varepsilon_{22}^*) + 2\mu\varepsilon_{11}^*,$$
$$p_{22}^* = \lambda^*(\varepsilon_{11}^* + \varepsilon_{22}^*) + 2\mu\varepsilon_{22}^*,$$
$$p_{12}^* = 2\mu\varepsilon_{12}^*,$$

式中

$$\varepsilon_{11}^* = \frac{\partial u^*}{\partial x}, \quad \varepsilon_{22}^* = \frac{\partial v^*}{\partial y}, \quad \varepsilon_{12}^* = \frac{1}{2}\left(\frac{\partial u^*}{\partial y} + \frac{\partial v^*}{\partial x}\right),$$

$$\varepsilon_{33}^* = \frac{1}{2h} \int_{-h}^{h} \frac{\partial w}{\partial z}\, dz = \frac{1}{2h}[w(x,\ y,\ h) - w(x,\ y,\ -h)],$$

$$u^* = \frac{1}{2h} \int_{-h}^{h} u\, dz, \quad v^* = \frac{1}{2h} \int_{-h}^{h} v\, dz.$$

分量 p_{ij}^*, u^*, v^*, ε_{ij}^* 只依赖于坐标 $x,\ y$.

人们把无弯曲薄板的上述应力状态定义为广义平面应力状态[1]. 因为方程和边界条件都是线性的, 所以平面应力状态的所有相应关系式对广义平面应力状态的平均量仍然成立. 下面将不再写出表示平均量的符号, 认为平面应变状态理论中的所有结果也适用于广义平面应力状态.

艾里应力函数　　如果考虑非齐次平衡方程的一个特解, 就可以消去该方程中的外体积力. 所以, 在求解弹性力学平面问题时, 我们将以齐次平衡方程

$$-\frac{\partial p_{11}}{\partial x} = \frac{\partial p_{12}}{\partial y}, \quad \frac{\partial p_{22}}{\partial y} = -\frac{\partial p_{12}}{\partial x} \tag{1.20}$$

为初始方程. 这些方程表明, 表达式

$$p_{12}\, dx - p_{11}\, dy, \quad p_{22}\, dx - p_{12}\, dy$$

分别是某两个函数 $A(x,\ y)$ 和 $B(x,\ y)$ 的全微分. 因此, 从平衡方程 (1.20) 可知, 存在这样两个函数 $A(x,\ y)$ 和 $B(x,\ y)$, 使

$$p_{11} = -\frac{\partial A}{\partial y}, \quad p_{22} = \frac{\partial B}{\partial x}, \quad \text{并且} \quad p_{12} = \frac{\partial A}{\partial x} = -\frac{\partial B}{\partial y}.$$

---

[1] 薄板的类似应力状态还称为无矩状态.

根据最后一个等式可以类似地下结论说, 存在满足以下条件的函数 $U(x, y)$:

$$\frac{\partial U}{\partial x} = B, \quad \frac{\partial U}{\partial y} = -A.$$

因此, 可以引入这样的函数 $U(x, y)$, 使平面问题中的应力张量分量 p_{11}, p_{22}, p_{12} 表示为以下形式:

$$p_{11} = \frac{\partial^2 U}{\partial y^2}, \quad p_{22} = \frac{\partial^2 U}{\partial x^2}, \quad p_{12} = -\frac{\partial^2 U}{\partial x \, \partial y}. \tag{1.21}$$

函数 $U(x, y)$ 称为艾里应力函数. 根据 (1.21), 任何艾里应力函数 $U(x, y)$ 都给出满足平衡方程 (1.20) 的应力分布. 显然, 对于给定的应力分布, 艾里应力函数 $U(x, y)$ 只能确定到到相差 x, y 的一个线性函数, 而这个线性函数本身是无关紧要的. 公式 (1.21) 仅仅是普适的平衡方程的推论, 所以这些公式对于具有任意性质 (弹性、塑性等性质) 的连续介质中的平面问题 (1.2) 都是成立的.

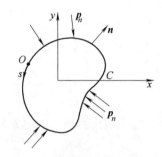

图 164. 选取柱形物体横截面边界 C 的法向矢量 $\boldsymbol{n}$ 和环绕方向

不难看出, 应力边界条件也可以通过艾里应力函数表述, 并且这种表述同样与材料的性质无关. 如果 C 是物体横截面的边界, s 是沿 C 计算的弧长 (图 164), 则 C 上的应力边界条件显然可以改写为以下形式:

$$
\begin{aligned}
p_{n1} = p_{n1}(s) &= p_{11}\cos(\boldsymbol{n}, x) + p_{12}\cos(\boldsymbol{n}, y) = \frac{\partial^2 U}{\partial y^2}\frac{\mathrm{d}y}{\mathrm{d}s} + \frac{\partial^2 U}{\partial x \, \partial y}\frac{\mathrm{d}x}{\mathrm{d}s} = \frac{\mathrm{d}}{\mathrm{d}s}\frac{\partial U}{\partial y}, \\
p_{n2} = p_{n2}(s) &= p_{12}\cos(\boldsymbol{n}, x) + p_{22}\cos(\boldsymbol{n}, y) = -\frac{\partial^2 U}{\partial x \, \partial y}\frac{\mathrm{d}y}{\mathrm{d}s} - \frac{\partial^2 U}{\partial x^2}\frac{\mathrm{d}x}{\mathrm{d}s} = -\frac{\mathrm{d}}{\mathrm{d}s}\frac{\partial U}{\partial x}.
\end{aligned} \tag{1.22}
$$

我们现在证明, 如果边界 C 所包围的区域是单连通区域, 并且外面力的静力学合力等于零, 则艾里应力函数是单值函数. 其实, 如果外面力的合力等于零, 则显然有

$$\int_C p_{n1} \, \mathrm{d}s = 0, \quad \int_C p_{n2} \, \mathrm{d}s = 0,$$

因为这些积分是单位高度侧面上的应力的合力在 x 轴和 y 轴上的投影. 利用 (1.22) 和这两个等式可知, 艾里应力函数的偏导数 $\partial U/\partial x$ 和 $\partial U/\partial y$ 的值在沿边界 C 环绕一周后保持不变.

我们再使用外面力对 z 轴的主力矩等于零的条件. 我们有

$$
\begin{aligned}
0 = \int_C (p_{n1}y - p_{n2}x) \, \mathrm{d}s &= \int_C \left[\frac{\mathrm{d}}{\mathrm{d}s}\left(\frac{\partial U}{\partial y}\right) y + \frac{\mathrm{d}}{\mathrm{d}s}\left(\frac{\partial U}{\partial x}\right) x \right] \mathrm{d}s \\
&= \int_C \frac{\mathrm{d}}{\mathrm{d}s}\left(\frac{\partial U}{\partial y}y + \frac{\partial U}{\partial x}x\right) \mathrm{d}s - \int_C \left(\frac{\partial U}{\partial y}\,\mathrm{d}y + \frac{\partial U}{\partial x}\,\mathrm{d}x\right).
\end{aligned}
$$

因为曲线 C 是封闭的, $\partial U/\partial x$ 和 $\partial U/\partial y$ 是单值函数, 所以由此可知, 艾里应力函数 U 的值在环绕 C 一周后保持不变.

在多连通区域的情况下可以得到类似的结果, 这时物体横截面的边界由若干条封闭曲线组成. 对于多连通区域, 函数 $U(x, y)$ 在环绕能够把所有边界都包括在内的曲线一周后显然保持不变, 但在环绕个别边界时一般不一定具有单值性.

艾里应力函数的双调和方程和边界条件　　对于服从胡克定律的材料, 现在建立艾里应力函数应当满足的方程. 把应力张量分量通过艾里应力函数的表达式 (1.21) 代入协调方程 (1.10), 得

$$\frac{\partial^4 U}{\partial x^4} + 2\frac{\partial^4 U}{\partial x^2 \partial y^2} + \frac{\partial^4 U}{\partial y^4} = 0,$$

或

$$\frac{\partial^2 \Delta U}{\partial x^2} + \frac{\partial^2 \Delta U}{\partial y^2} = 0, \quad \Delta U = \frac{\partial^2 U}{\partial x^2} + \frac{\partial^2 U}{\partial y^2}.$$

因此, 艾里应力函数满足方程

$$\Delta\Delta U = 0. \tag{1.23}$$

方程 (1.23) 称为双调和方程. 于是, 弹性力学平面问题归结为在艾里应力函数 $U(x, y)$ 的相应边界条件和单值条件下求解双调和方程 (1.23).

如果在侧面上给出 $\boldsymbol{p}_n$, 利用 (1.22) 就容易得到艾里应力函数 $U(x, y)$ 在边界 C 上应当满足的边界条件. 其实, 只要沿 C 对 (1.22) 进行积分, 即可求出艾里应力函数对坐标 x 和 y 的偏导数在 C 上任何点的值:

$$\begin{aligned}
\frac{\partial U}{\partial x} - \left(\frac{\partial U}{\partial x}\right)_0 &= \int_0^s \frac{\mathrm{d}}{\mathrm{d}s}\left(\frac{\partial U}{\partial x}\right)\mathrm{d}s = -\int_0^s p_{n2}\,\mathrm{d}s = -Y(s), \\
\frac{\partial U}{\partial y} - \left(\frac{\partial U}{\partial y}\right)_0 &= \int_0^s \frac{\mathrm{d}}{\mathrm{d}s}\left(\frac{\partial U}{\partial y}\right)\mathrm{d}s = \int_0^s p_{n1}\,\mathrm{d}s = X(s),
\end{aligned} \tag{1.24}$$

式中 s 是从任意某一点 O 算起的沿曲线 C 的弧长, $(\partial U/\partial x)_0$ 和 $(\partial U/\partial y)_0$ 是相应偏导数在点 O 的值, $X(s)$ 和 $Y(s)$ 是物体侧面相应区域上的面力的合力, 该区域是曲线 C 上以点 O 为起点、以 s 为弧长的一段曲线沿 z 轴方向平移单位长度时扫过的那一部分侧面. 下面将把 $X(s)$ 和 $Y(s)$ 称为曲线 C 上始自点 O 的相应曲线段上的作用力的分量.

知道了曲线 C 上每一点的偏导数 $\partial U/\partial x$ 和 $\partial U/\partial y$, 就可以计算 U 在 C 的切线方向和法线方向的导数:

$$\frac{\mathrm{d}U}{\mathrm{d}s} = \frac{\partial U}{\partial x}\frac{\mathrm{d}x}{\mathrm{d}s} + \frac{\partial U}{\partial y}\frac{\mathrm{d}y}{\mathrm{d}s}, \quad \frac{\mathrm{d}U}{\mathrm{d}n} = \frac{\partial U}{\partial x}\frac{\mathrm{d}x}{\mathrm{d}n} + \frac{\partial U}{\partial y}\frac{\mathrm{d}y}{\mathrm{d}n},$$

积分后就可以确定艾里应力函数本身在曲线 C 上任意一点的值:

$$U(s) - U(0) = \int_0^s \left(\frac{\partial U}{\partial x} \frac{\mathrm{d}x}{\mathrm{d}s} + \frac{\partial U}{\partial y} \frac{\mathrm{d}y}{\mathrm{d}s} \right) \mathrm{d}s$$

$$= \left(\frac{\partial U}{\partial x} \right)_0 (x_s - x_0) + \left(\frac{\partial U}{\partial y} \right)_0 (y_s - y_0) + \int_0^s [X(s)\,\mathrm{d}y - Y(s)\,\mathrm{d}x], \quad (1.25)$$

式中 x_0, y_0 和 x_s, y_s 是曲线 C 上的点 O 和任意一点 s 所对应的坐标 x, y 的值. 就像我们预料的那样, 通过作用于边界 C 上的应力 $\boldsymbol{p}_n$ 计算出来的艾里应力函数在 C 上的值只能确定到相差 x 和 y 的一个线性函数, 这个线性函数对于应力分布是无关紧要的. 如果曲线 C 是单连通区域的边界, 就可以令该线性函数的系数等于零. 如果平面问题中的相应区域是多连通的, 就可以认为这些系数仅在封闭边界线之一 C_k 上等于零, 而在其余封闭边界线上则应当利用位移的单值条件来确定它们[1].

因此, 如果在一个区域的边界 C 上给出应力矢量 $\boldsymbol{p}_n$, 则求解平面问题可以归结为求该区域中的双调和函数 $U(x, y)$, 使该函数本身在边界 C 上具有给定值, 该函数在边界 C 上的法向导数也具有给定值.

艾里应力函数的物理意义　为了给出艾里应力函数的物理意义, 我们对 (1.25) 中的积分进行如下变换:

$$\int_0^s [X(s)\,\mathrm{d}y - Y(s)\,\mathrm{d}x] = \int_0^s [X(s)\,\mathrm{d}(y - y_s) - Y(s)\,\mathrm{d}(x - x_s)]$$

$$= [X(s)(y - y_s) - Y(s)(x - x_s)]\big|_0^s - \int_0^s [(y - y_s)\,\mathrm{d}X(s) - (x - x_s)\,\mathrm{d}Y(s)].$$

但是, 因为 $\mathrm{d}X(s) = p_{n1}\,\mathrm{d}s$, $\mathrm{d}Y(s) = p_{n2}\,\mathrm{d}s$, $X(0) = Y(0) = 0$, 所以从 (1.25) 得到

$$U(s) - U(0) - \left(\frac{\partial U}{\partial x} \right)_0 (x_s - x_0) - \left(\frac{\partial U}{\partial y} \right)_0 (y_s - y_0) = -\int_0^s [p_{n1}(y - y_s) - p_{n2}(x - x_s)]\,\mathrm{d}s,$$

即艾里应力函数在边界 C 上任意一点 s 的值在相差 x 和 y 的一个线性函数时等于曲线 C 上从某一点 O 到所研究的点 s 的曲线段上的外部作用力对点 s 的合力矩.

莱维定理　在根据物体横截面边界 C 上的给定载荷求应力分布的平面问题中, 如果艾里应力函数可以完全由这些条件确定下来 (例如, 当边界 C 所围区域是单连通区域时, 艾里应力函数就可以完全确定下来), 则从问题的提法可知, 在弹性力学线性理论的范围内, 应力分布与材料的性质无关, 即与杨氏模量和泊松比无关.

弹性力学平面问题的解的这个重要性质就是莱维定理. 举例来说, 为了研究金

---

[1] 见下面第 376, 377 页.

属零件中的应力, 我们可以根据莱维定理转而研究用专门的各向同性透明材料制成的零件模型中的应力, 后者的光学性质对其中的变形非常敏感. 这就是在实验中用光学方法研究弹性体的原理. 显然, 相应位移对表征材料弹性性质的那些物理量有显著的依赖关系.

古尔萨公式　现在我们来详细研究, 如何利用复变函数表示弹性力学平面问题的解. 引入复变量 $z = x + \mathrm{i}y$, $\overline{z} = x - \mathrm{i}y$. 如果从 x, y 转换到复变量 z, $\overline{z}$, 则双调和方程 (1.23) 变换为以下形式:

$$\Delta\Delta U = 16\frac{\partial^4 U}{\partial z^2\, \partial \overline{z}^2} = 0.$$

因此, 双调和函数的通解可以表示为

$$U(z,\ \overline{z}) = \overline{z}\varphi_1(z) + z\varphi_2(\overline{z}) + \chi_1(z) + \chi_2(\overline{z}).$$

对于实函数 $U(x,\ y)$, 必须令

$$\varphi_2(\overline{z}) = \overline{\varphi_1(z)},\quad \chi_2(\overline{z}) = \overline{\chi_1(z)},$$

式中 $\overline{\varphi_1(z)}$, $\overline{\chi_1(z)}$ 是 $\varphi_1(z)$ 和 $\chi_1(z)$ 的共轭函数, 即把其中的 z 和所有常复系数分别替换为与之共轭的量之后得到的函数.

忽略下标 1, 我们把双调和方程的实数解写为古尔萨形式:

$$U(x,\ y) = \frac{1}{2}\left[\overline{z}\varphi(z) + z\overline{\varphi(z)} + \chi(z) + \overline{\chi(z)}\right]. \tag{1.26}$$

求艾里应力函数的问题和相应平面问题的解归结为求这样两个复变函数 $\varphi(z)$ 和 $\chi(z)$, 它们是弹性体所占区域 $\mathscr{D}$ 中的正则函数, 并且满足一定的边界条件.

用复变函数表示应力张量和位移矢量的分量　为了得到应力张量的分量通过函数 $\varphi(z)$ 和 $\chi(z)$ 的表达式, 我们注意到

$$\frac{\partial U}{\partial x} = \frac{\partial U}{\partial z} + \frac{\partial U}{\partial \overline{z}},\quad \frac{\partial U}{\partial y} = \mathrm{i}\left(\frac{\partial U}{\partial z} - \frac{\partial U}{\partial \overline{z}}\right).$$

我们还将使用弹性力学中的以下常用记号:

$$\varphi'(z) = \frac{\mathrm{d}\varphi}{\mathrm{d}z} = \Phi(z),\quad \chi'(z) = \frac{\mathrm{d}\chi}{\mathrm{d}z} = \psi(z),\quad \chi''(z) = \psi'(z) = \Psi(z).$$

利用 (1.21), 直接从 (1.26) 得到

$$p_{11} = \frac{1}{2}\left\{-\overline{z}\Phi'(z) - z\overline{\Phi'(z)} + 2\left[\Phi(z) + \overline{\Phi(z)}\right] - \Psi(z) - \overline{\Psi(z)}\right\},$$

$$p_{22} = \frac{1}{2}\left\{\overline{z}\Phi'(z) + z\overline{\Phi'(z)} + 2\left[\Phi(z) + \overline{\Phi(z)}\right] + \Psi(z) + \overline{\Psi(z)}\right\}, \tag{1.27}$$

$$p_{12} = -\frac{\mathrm{i}}{2}\left\{\overline{z}\Phi'(z) - z\overline{\Phi'(z)} + \Psi(z) - \overline{\Psi(z)}\right\}.$$

由此容易得到 p_{11}, p_{22}, p_{12} 的以下组合的表达式:

$$p_{11} + p_{22} = 2\big[\Phi(z) + \overline{\Phi(z)}\,\big] = 4\,\mathrm{Re}\,\Phi(z) = 4\,\mathrm{Re}\,\varphi'(z),$$
$$p_{22} - p_{11} + 2\mathrm{i}p_{12} = 2\big[\,\overline{z}\Phi'(z) + \Psi(z)\big]. \tag{1.28}$$

下面需要这些公式.

我们把平面应变状态下的胡克定律表示为以下形式:

$$2\mu\varepsilon_{11} = \frac{\lambda+2\mu}{2(\lambda+\mu)}\,p - p_{22}, \quad 2\mu\varepsilon_{22} = \frac{\lambda+2\mu}{2(\lambda+\mu)}\,p - p_{11}, \quad 2\mu\varepsilon_{12} = p_{12},$$

式中 $p = p_{11} + p_{22}$. 如果引入位移矢量的分量和艾里应力函数, 由此就得到

$$2\mu\frac{\partial u}{\partial x} = \frac{\lambda+2\mu}{2(\lambda+\mu)}\,p - \frac{\partial^2 U}{\partial x^2},$$
$$2\mu\frac{\partial v}{\partial y} = \frac{\lambda+2\mu}{2(\lambda+\mu)}\,p - \frac{\partial^2 U}{\partial y^2}, \tag{1.29}$$
$$\mu\left(\frac{\partial u}{\partial y} + \frac{\partial v}{\partial x}\right) = -\frac{\partial^2 U}{\partial x\,\partial y}.$$

因为 $p = \Delta U$, $\Delta\Delta U = 0$, 所以 p 是调和函数. 设 q 是其共轭调和函数. 容易看出 (见 (1.28)),

$$f(z) = p + \mathrm{i}q = 4\varphi'(z),$$

其中函数 $\varphi(z)$ 是由古尔萨公式 (1.26) 定义的. 设

$$\varphi(z) = P + \mathrm{i}Q,$$

则

$$p = 4\frac{\partial P}{\partial x} = 4\frac{\partial Q}{\partial y}, \quad q = -4\frac{\partial P}{\partial y} = 4\frac{\partial Q}{\partial x}. \tag{1.30}$$

所以, (1.29) 中的前两个关系式可以改写为

$$2\mu\frac{\partial u}{\partial x} = -\frac{\partial^2 U}{\partial x^2} + \frac{2(\lambda+2\mu)}{\lambda+\mu}\,\frac{\partial P}{\partial x},$$
$$2\mu\frac{\partial v}{\partial y} = -\frac{\partial^2 U}{\partial y^2} + \frac{2(\lambda+2\mu)}{\lambda+\mu}\,\frac{\partial Q}{\partial y}.$$

积分后得

$$2\mu u = -\frac{\partial U}{\partial x} + \frac{2(\lambda+2\mu)}{\lambda+\mu}\,P + f_1(y),$$
$$2\mu v = -\frac{\partial U}{\partial y} + \frac{2(\lambda+2\mu)}{\lambda+\mu}\,Q + f_2(x), \tag{1.31}$$

式中 $f_1(y)$ 和 $f_2(x)$ 是任意函数. 把 (1.31) 代入 (1.29) 中的最后一个关系式, 注意到

$$\frac{\partial P}{\partial y} + \frac{\partial Q}{\partial x} = 0,$$

我们得到

$$f_1'(y) + f_2'(x) = 0.$$

由此可知, $f_1 = \gamma y + \alpha$, $f_2 = -\gamma x + \beta$, 式中 α, β, γ 是常量. 显然, 函数 $f_1(y)$ 和 $f_2(x)$ 对应刚体位移, 所以在下文中可以忽略这两项.

从 (1.31) 组成

$$2\mu(u + \mathrm{i}v) = \frac{2(\lambda + 2\mu)}{\lambda + \mu}\, \varphi(z) - \left(\frac{\partial U}{\partial x} + \mathrm{i}\frac{\partial U}{\partial y} \right). \tag{1.32}$$

根据古尔萨公式 (1.26), 我们有

$$\frac{\partial U}{\partial x} + \mathrm{i}\frac{\partial U}{\partial y} = 2\frac{\partial U(z, \, \overline{z})}{\partial \overline{z}} = \varphi(z) + z\overline{\varphi'(z)} + \overline{\psi(z)}, \tag{1.33}$$

所以可以把等式 (1.32) 的形式改写为

$$2\mu(u + \mathrm{i}v) = \Lambda\varphi(z) - z\overline{\varphi'(z)} - \overline{\psi(z)}, \tag{1.34}$$

式中

$$\Lambda = \frac{\lambda + 3\mu}{\lambda + \mu} = 3 - 4\sigma.$$

在平面应力状态下应当把上述表达式中的 λ 替换为 λ^*, 把 u, v 替换为 ω_1, ω_2 (这时 $\Lambda = (3 - \sigma)/(1 + \sigma)$). 公式 (1.28) 和 (1.34) 是由 Γ. B. 科洛索夫得到的.

确定艾里应力函数边界条件中的积分常量的条件　上面已经指出, 把位移通过艾里应力函数 U 表示出来的公式在弹性体所占区域是多连通区域时是必须的. U 和 $\mathrm{d}U/\mathrm{d}n$ 在柱形物体横截面的每一个封闭边界 C_k 上的条件都包含三个任意常量, 并且仅在其中一个边界 C_k 上, 例如把所有其余边界都包含在内的那个边界 C 上 (图 165), 才能够任意选取这些常量. 在其余边界上, 只要让位移分量 u 和 v (1.31) 是 x 和 y 的单值函数, 换言之, 只要让函数

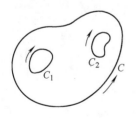

图 165. 柱形物体横截面是多连通区域

$$\frac{2(\lambda + 2\mu)}{\lambda + \mu}\, P - \frac{\partial U}{\partial x}, \quad \frac{2(\lambda + 2\mu)}{\lambda + \mu}\, Q - \frac{\partial U}{\partial y}$$

的值在环绕任何内部边界 C_k 一周后保持不变, 即可确定这些常量.

在按照图 165 指示的方向环绕某一条边界 C_k 时, 偏导数 $\partial U/\partial y$ 和 $-\partial U/\partial x$ (见 (1.24)) 分别获得增量 X_k 和 Y_k, 它们分别是作用在该边界上的合外力在 x 轴和 y 轴上的投影. 因此, 函数

$$\frac{2(\lambda + 2\mu)}{\lambda + \mu}\, P = \frac{\lambda + 2\mu}{2(\lambda + \mu)} \int (p\,\mathrm{d}x - q\,\mathrm{d}y) \quad \text{和} \quad \frac{2(\lambda + 2\mu)}{\lambda + \mu}\, Q = \frac{\lambda + 2\mu}{2(\lambda + \mu)} \int (p\,\mathrm{d}y + q\,\mathrm{d}x)$$

(见 (1.30)) 在环绕边界 C 的过程中所获得的增量应当同 $\partial U/\partial x$ 和 $-\partial U/\partial y$ 所获得

的增量相同, 即应当成立条件

$$\frac{\lambda + 2\mu}{2(\lambda + \mu)} \int\limits_{C_k} (q\,\mathrm{d}y - p\,\mathrm{d}x) = Y_k, \quad \frac{\lambda + 2\mu}{2(\lambda + \mu)} \int\limits_{C_k} (p\,\mathrm{d}y + q\,\mathrm{d}x) = X_k. \tag{1.35}$$

此外, 函数 $p = p_{11} + p_{22}$ 的共轭调和函数 q 显然满足公式

$$q - q_0 = \int\limits_0^{x,y} \left(\frac{\partial p}{\partial x}\,\mathrm{d}y - \frac{\partial p}{\partial y}\,\mathrm{d}x \right),$$

并且利用 (1.31) 容易确定函数 q 的运动学意义. 其实, 根据 (1.31), 我们有

$$\omega = \frac{1}{2}(\mathrm{rot}\,\boldsymbol{w})_z = \frac{1}{2}\left(\frac{\partial v}{\partial x} - \frac{\partial u}{\partial y} \right) = \frac{\lambda + 2\mu}{\mu(\lambda + \mu)}\left(\frac{\partial Q}{\partial x} - \frac{\partial P}{\partial y} \right) = \frac{\lambda + 2\mu}{2\mu(\lambda + \mu)}\,q,$$

即函数 q 与可变形介质微元应变张量主轴的微小旋转角仅仅相差一个常因子.

当位移是单值函数时, 应当成立等式

$$\int\limits_{C_k} \left(\frac{\partial p}{\partial x}\,\mathrm{d}y - \frac{\partial p}{\partial y}\,\mathrm{d}x \right) = \int\limits_{C_k} \frac{\partial p}{\partial n}\,\mathrm{d}s = 0. \tag{1.36}$$

等式 (1.35) 和 (1.36) 用于确定 U 和 $\partial U/\partial n$ 在内部边界 C_k 上的边界条件中的积分常量. 与单连通区域的情况不同的是, 函数 U 和它的偏导数这时一般已经不再是单值函数.

复变函数的边界条件和相应边值问题的分类　　如果在物体横截面的边界上给出分量 p_{n1}, p_{n2}, 则利用 (1.24) 容易得到 $\partial U/\partial x + \mathrm{i}\partial U/\partial y$ 在这个边界上的条件. 其实, 从 (1.24) 可知, 这时在边界 C_k 上有

$$\frac{\partial U}{\partial x} + \mathrm{i}\frac{\partial U}{\partial y} = -Y(s) + \mathrm{i}X(s) + m_k,$$

式中 s 是从某一点 O 算起的沿边界的弧长, $X(s)$ 和 $Y(s)$ 是边界 C_k 上始自点 O 的相应曲线段上的作用力的分量, m_k 是一个复常量. 如果物体横截面所占区域是单连通的, 就可以认为 $m_k = 0$; 对于多连通区域的情况, 仅在一条边界上可以任意选取常量 $m_k = 0$, 但在其余边界上需要在解题过程中才能确定这个常量.

所以, 我们利用 (1.33) 得到复变函数 $\varphi(z)$ 和 $\chi(z)$ 在边界 C_k 上的以下条件:

$$\varphi(z) + z\overline{\varphi'(z)} + \overline{\chi'(z)} = -Y(s) + \mathrm{i}X(s) + m_k. \tag{1.37}$$

根据 (1.34) $(2\mu = E/(1+\sigma))$, 如果在 xy 平面上给出了物体在横截面边界上的位移

$$u = u_0(s), \quad v = v_0(s),$$

则复变函数 $\varphi(z)$ 和 $\chi(z)$ 的边界条件具有以下形式:

$$\Lambda\varphi(z) - z\overline{\varphi'(z)} - \overline{\chi'(z)} = \frac{E}{1-\sigma}[u_0(s) + \mathrm{i}v_0(s)]. \tag{1.38}$$

于是, 求解基本的弹性力学平面问题归结为求两个复变函数 $\varphi(z)$ 和 $\chi(z)$, 使它们满足 (1.37) 或 (1.38) 这两种类型的边界条件[1].

如果在物体边界上给出应力, 并且 $\varphi(z)$ 和 $\chi(z)$ 的边界条件具有 (1.37) 的形式, 我们就有第一类边值问题. 如果边界条件具有 (1.38) 的形式 (在物体边界上给出位移), 我们就有第二类边值问题. 如果在部分边界上给出条件 (1.37), 在其余边界上给出条件 (1.38), 我们就有混合边值问题.

与保形映射有关的坐标变换　　上面对复平面 $z = x + iy$ 上边界为 C 的某个已知区域 $\mathscr{D}$ 提出了一些边值问题. 为了求解复变函数论中的这些边值问题, 利用保形映射进行坐标变换有时是一种很方便的手段. 这时, 区域 $\mathscr{D}$ 通过保形映射 $\zeta = f(z)$ 变换为平面 $\zeta = \xi + i\eta$ 上的某个简单的辅助区域 $\mathscr{D}'$, 然后借助于变量 ζ 就可以得到参量形式的解.

如果区域 $\mathscr{D}$ 的边界只包括一条封闭曲线 C, 就可以选取单位圆的内部或外部作为区域 $\mathscr{D}'$, 然后在 ζ 平面上用新变量 ζ 提出边值问题并求解. 在 ζ 平面上可以使用极坐标系, 在 z 平面上可以使用正交曲线坐标系, 这两个坐标系的坐标线通过所用保形映射联系起来.

因此, 我们要考虑下述三个问题: 一、研究应力张量和位移矢量的分量在从 z 平面上的笛卡儿坐标系 x, y 变换为上述正交曲线坐标系时如何变换; 二、在这个正交曲线坐标系中建立应力张量和位移矢量的分量对辅助变量 ζ 的依赖关系; 三、提出待求复变函数 $\varphi(z)$ 和 $\chi(z)$ 在 ζ 平面上的单位圆周上的边界条件, 该圆周与 z 平面上的边界 C 相对应.

我们指出, 与流体力学平面问题中的保形映射方法相比, 在弹性力学平面问题中应用保形映射 $\zeta = \xi + i\eta = f(z)$, $z = \varkappa(\zeta)$ 在含义上和结果上都有所不同. 这是因为, 与调和函数不同的是, 双调和函数 $U(x, y)$ 在经过从 x, y 到 ξ, η 的保形变换之后一般不再满足变量 ξ, η 下的双调和方程. 然而, 古尔萨公式 (1.26) 能够简单地确定 z 平面上的双调和函数经过保形变换 $z = \varkappa(\zeta)$ 之后的形式,

$$U(\xi,\ \eta) = \overline{\varkappa(\zeta)}\varphi(\zeta) + \varkappa(\zeta)\overline{\varphi(\zeta)} + \chi(\zeta) + \overline{\chi(\zeta)},$$

其中仍然分别用 $\varphi(\zeta)$ 和 $\chi(\zeta)$ 表示解析函数 $\varphi(z)$ 和 $\chi(z)$ 在进行了保形变换 $z = \varkappa(\zeta)$ 之后的函数形式. 显然, 尽管 z 平面上的区域 $\mathscr{D}$ 经过保形映射之后变换为 ζ 平面上的区域 $\mathscr{D}'$, 但不能把函数 $U(\xi,\ \eta)$ 看做区域 $\mathscr{D}'$ 中的艾里应力函数.

设复变函数

$$z = \varkappa(\zeta),\quad z = x + iy,\quad \zeta = \xi + i\eta$$

建立起 z 平面上的区域 $\mathscr{D}$ 与 ζ 平面上的单位圆 $\mathscr{D}'$ 的外部或内部之间的单值保形

---

[1]我们指出, 当应力状态或位移给定时, 根据 (1.27) 或 (1.34), 函数 $\varphi(z)$ 和 $\chi(z)$ 具有某种任意性. 为了消除这样的任意性, 在不同边值问题中可以采用不同的方法, 例如, 可以让函数本身或其虚部在一些确定的点具有固定的值.

映射, 现在详细考虑这个情况. 让坐标原点位于圆心. 如果 $\mathscr{D}$ 是 z 平面上的有界单连通区域, 其边界为封闭曲线 C, 则建立变换到 ζ 平面上的单位圆内部的保形映射比较方便, 并且可以认为, 被选为坐标原点的某一个内点 $z = 0$ 对应着点 $\zeta = 0$. ζ 平面上的圆周 $\rho = \text{const}$ 对应 z 平面上的曲线 $\rho(x, y) = \text{const}$, 它们是环绕点 $z = 0$ 的封闭曲线. ζ 平面上的射线 $\theta = \text{const}$ 对应 z 平面上的曲线 $\theta(x, y) = \text{const}$, 它们的起点位于 $z = 0$, 终点位于边界 C. 边界 C 对应圆周 Γ $(\rho = 1)$. 如果 $\mathscr{D}$ 是无界区域, 其边界只包括一条封闭曲线 C, 就可以把它变换到 ζ 平面上的单位圆的外部, 并且认为点 $z = \infty$ 对应点 $\zeta = \infty$. 这时, 曲线 $\rho(x, y) = \text{const}$ 环绕边界 C, 而曲线 $\theta(x, y) = \text{const}$ 始自边界 C 并延伸到无穷远处.

在 z 平面上, 经过区域 $\mathscr{D}$ 中的每一点 A 都有两条正交曲线

$$\rho(x, y) = \text{const}, \quad \theta(x, y) = \text{const};$$

我们认为这两条曲线分别是坐标线 $\theta(x, y)$ 和 $\rho(x, y)$. 坐标线 $\rho(x, y)$ 和 $\theta(x, y)$ 的方向分别指向 $\rho(x, y)$ 和 $\theta(x, y)$ 增加的方向 (图 166). 在 z 平面上引入基矢量

$$\boldsymbol{e}_1 = \frac{\partial \boldsymbol{r}}{\partial \rho}, \quad \boldsymbol{e}_2 = \frac{\partial \boldsymbol{r}}{\partial \theta}.$$

在某一点 A $(z = \varkappa(\zeta) = \varkappa(\rho \, e^{i\theta}))$, 设基矢量 $\boldsymbol{e}_1$ 与 x 轴的夹角为 α. 如果把笛卡儿坐标系 x, y 的单位矢量 $\boldsymbol{i}, \boldsymbol{j}$ 旋转 α 角, 则它们的方向将与点 A 的基矢量 $\boldsymbol{e}_1, \boldsymbol{e}_2$ 的方向相同.

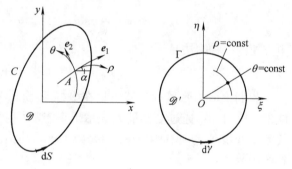

图 166. 保形映射和曲线坐标系 $\rho(x, y), \theta(x, y)$

只要让 z 平面上的给定复数乘以一个合适的因子 $e^{i\alpha}$, 就可以得到由点 A 的基矢量 $\boldsymbol{e}_1$ 和 $\boldsymbol{e}_2$ 定义的复平面上的相应复数. 我们来计算这样的因子. 在 z 平面上考虑 $\rho(x, y)$ 坐标线上的微小线段 dz. 显然,

$$e^{i\alpha} = \frac{dz}{|dz|} = \frac{\varkappa'(\zeta) \, d\zeta}{|\varkappa'(\zeta)| \, |d\zeta|}.$$

但是, 因为线段 dz 对应 ζ 平面上的线段 $d\zeta$, 而线段 $d\zeta$ 位于射线 $\theta = \text{const}$ 上, 所以

$$\frac{d\zeta}{|d\zeta|} = \frac{\zeta}{|\zeta|}.$$

因此, 对于量 α, 我们有

$$e^{2i\alpha} = \frac{dz^2}{|dz|^2} = \frac{\varkappa'(\zeta)\varkappa'(\zeta)}{\varkappa'(\zeta)\overline{\varkappa'(\zeta)}} \frac{\zeta^2}{\zeta\overline{\zeta}} = \frac{\zeta^2}{\rho^2} \frac{\varkappa'(\zeta)}{\overline{\varkappa'(\zeta)}}.$$

应力张量和位移矢量在曲线坐标系中的物理分量　我们用 p_ρ, p_θ, $p_{\rho\theta}$ 表示应力张量在 z 平面上的正交曲线坐标系 ρ, θ 中的物理分量. 如果在 z 平面上的每一点 A 把笛卡儿坐标系 x, y 旋转 $\alpha(x, y)$ 角, 则根据张量分量的变换公式, 在旋转后的笛卡儿坐标系中有

$$p_\rho = p_{11} \cos^2 \alpha + p_{22} \sin^2 \alpha + 2p_{12} \cos \alpha \sin \alpha,$$
$$p_\theta = p_{22} \cos^2 \alpha + p_{11} \sin^2 \alpha - 2p_{12} \cos \alpha \sin \alpha,$$
$$p_{\rho\theta} = (p_{22} - p_{11}) \cos \alpha \sin \alpha + p_{12} \cos 2\alpha.$$

由此直接可以计算应力张量在上述曲线坐标系中的物理分量的以下组合:

$$p_\rho + p_\theta = p_{11} + p_{22},$$
$$p_\theta - p_\rho + 2ip_{\rho\theta} = e^{2i\alpha}(p_{22} - p_{11} + 2ip_{12}). \tag{1.39}$$

用 u_ρ, u_θ 表示位移矢量在曲线坐标系 $\rho(x, y)$, $\theta(x, y)$ 中的物理分量. 显然, 从 u, v 到 u_ρ, u_θ 的变换公式为

$$u_\rho = u \cos \alpha + v \sin \alpha, \quad u_\theta = -u \sin \alpha + v \cos \alpha,$$

更方便的一种写法是

$$u_\rho + iu_\theta = e^{-i\alpha}(u + iv). \tag{1.40}$$

我们把应力张量和位移矢量在坐标系 $\rho(x, y)$, $\theta(x, y)$ 中的物理分量的组合 (1.39) 和 (1.40) 通过复变量 ζ 表示出来. 为了得到这样的表达式, 我们把 $z = \varkappa(\zeta)$ 代入复变量 z 的所有函数中, 但是为了书写简洁, 我们仍然使用原来的记号来表示新的函数:

$$\varphi(z) = \varphi(\varkappa(\zeta)) = \varphi(\zeta), \quad \psi(z) = \psi(\varkappa(\zeta)) = \psi(\zeta),$$
$$\Phi(z) = \Phi(\varkappa(\zeta)) = \Phi(\zeta), \quad \Psi(z) = \Psi(\varkappa(\zeta)) = \Psi(\zeta).$$

这时显然应当有

$$\varphi'(z) = \frac{d\varphi}{dz} = \frac{\varphi'(\zeta)}{\varkappa'(\zeta)} = \Phi(\zeta), \quad \psi'(z) = \frac{\psi'(\zeta)}{\varkappa'(\zeta)} = \Psi(\zeta).$$

利用 (1.39) 和 (1.28) 容易得到

$$p_\rho + p_\theta = 2\left[\Phi(\zeta) + \overline{\Phi(\zeta)}\right] = 4\operatorname{Re}\Phi(\zeta),$$
$$p_\theta - p_\rho + 2ip_{\rho\theta} = \frac{2\zeta^2}{\rho^2 \overline{\varkappa(\zeta)}} \left[\overline{\varkappa(\zeta)}\Phi'(\zeta) + \varkappa'(\zeta)\Psi(\zeta)\right]. \tag{1.41}$$

类似地, 利用 (1.34) 可以把 (1.40) 表示为

$$u_\rho + iu_\theta = \frac{1+\sigma}{E} \frac{\bar\zeta}{\rho} \frac{\overline{\varkappa'(\zeta)}}{|\varkappa'(\zeta)|} \left[\Lambda\varphi(\zeta) - \frac{\varkappa(\zeta)}{\varkappa'(\zeta)}\overline{\varphi'(\zeta)} - \overline{\psi(\zeta)}\right].$$

复变函数在 ζ 平面上的边界条件　z 平面上的曲线 C 对应 ζ 平面上的曲线 Γ——圆周 $\rho = 1$, 曲线 C 上的边界条件 (1.37) 归结为 Γ 上的以下边界条件:

$$\varphi(\zeta) + \frac{\varkappa(\zeta)}{\varkappa'(\zeta)} \overline{\varphi'(\zeta)} + \overline{\psi(\zeta)} = H(\gamma),$$

式中 γ 是 Γ 上的圆弧, $H(\gamma)$ 是通过坐标变换把 $z = \varkappa(\zeta)$ 代入 (1.37) 的右侧后得到的结果, 并且如果在边界 C 上给出了外面力, 就可以认为 $H(\gamma)$ 是已知的.

类似地, 曲线 C 上的位移边界条件 (1.38) 归结为 Γ 上的以下边界条件:

$$\Lambda\varphi(\zeta) - \frac{\varkappa(\zeta)}{\varkappa'(\zeta)} \overline{\varphi'(\zeta)} - \overline{\psi(\zeta)} = G(\gamma),$$

式中 $G(\gamma)$ 是通过坐标变换把 $z = \varkappa(\zeta)$ 代入 (1.38) 的右侧后得到的结果, 并且可以认为它是已知的.

因此, 函数 $\varphi(z)$ 和 $\chi(z)$ 的上述基本边值问题归结为在辅助的 ζ 平面上求函数 $\varphi(z) = \varphi(\zeta)$, $\chi'(z) = \psi(z) = \psi(\zeta)$ 和 $z = \varkappa(\zeta)$ 的问题.

§2. 应力集中

从不同问题的解析解和实验结果可以知道, 在物体表面形状有突变的部位能够出现巨大的局部应力, 这种应力在离开物体表面时迅速减小. 应力集中问题涉及两方面内容, 一是确定物体表面形状有突变的部位附近的局部应力, 二是确定具有很大梯度的外力的作用区域附近的局部应力.

带有圆孔的平板的各向均匀拉伸　考虑一块无限大的弹性平板, 它因为受到无穷远处的常应力 p_0 的作用而发生各向均匀拉伸. 这时, 平板处于广义平面应力状态. 设 xy 平面位于平板中面, 则应力分量在 xy 平面上均匀分布,

$$p_{11} = p_{22} = p_0, \quad p_{12} = 0, \quad p_{33} = 0,$$

或者, 如果使用柱面坐标系 ρ, θ, z, 则

$$p_\rho = p_\theta = p_0, \quad p_{\rho\theta} = 0, \quad p_{zz} = 0.$$

假想在平板上切掉一个半径为 a 的圆, 圆心位于坐标原点. 被切掉的部分对其余部分的作用可以替换为圆周上的面力:

$$在 \rho = a 时 \quad p_\rho = p_0, \quad p_{\rho\theta} = 0.$$

我们现在假设, 圆周上的外部应力缓慢地 (准静态地) 降低到零. 这时, 平板中的应力将重新分布. 我们来计算这样的无限大平板中的应力分布, 要求无穷远处的各向均匀拉伸应力 $p_0 = \text{const}$, 半径为 a 的圆孔边界上没有外力.

在极坐标下, 用来确定艾里应力函数的双调和方程具有以下形式:

$$\left(\frac{\partial^2}{\partial\rho^2} + \frac{1}{\rho}\frac{\partial}{\partial\rho} + \frac{1}{\rho^2}\frac{\partial^2}{\partial\theta^2}\right)\left(\frac{\partial^2 U}{\partial\rho^2} + \frac{1}{\rho}\frac{\partial U}{\partial\rho} + \frac{1}{\rho^2}\frac{\partial^2 U}{\partial\theta^2}\right) = 0.$$

公式 (1.21) 给出应力张量的分量通过艾里应力函数 U 的表达式, 它们在极坐标系下的形式为

$$p_\rho = \frac{1}{\rho}\frac{\partial U}{\partial\rho} + \frac{1}{\rho^2}\frac{\partial^2 U}{\partial\theta^2}, \quad p_\theta = \frac{\partial^2 U}{\partial\rho^2}, \quad p_{\rho\theta} = -\frac{\partial}{\partial\rho}\left(\frac{1}{\rho}\frac{\partial U}{\partial\theta}\right).$$

显然, 带圆孔的平板受到各向均匀拉伸时的应力状态与角 θ 无关. 这时, 双调和方程化为

$$\frac{1}{\rho}\frac{\mathrm{d}}{\mathrm{d}\rho}\left\{\rho\frac{\mathrm{d}}{\mathrm{d}\rho}\left[\frac{1}{\rho}\frac{\mathrm{d}}{\mathrm{d}\rho}\left(\rho\frac{\mathrm{d}U}{\mathrm{d}\rho}\right)\right]\right\} = 0,$$

其通解 $U(\rho)$ 的形式为

$$U = A\ln\rho + B\rho^2\ln\rho + C\rho^2 + D,$$

式中 A, B, C, D 是任意常量. 利用这个公式, 我们得到

$$p_\rho = \frac{A}{\rho^2} + 2B\ln\rho + B + 2C,$$

$$p_\theta = -\frac{A}{\rho^2} + 2B\ln\rho + 3B + 2C,$$

$$p_{\rho\theta} = 0.$$

从圆孔边界上的条件和无穷远条件

$$\text{在 } \rho = a \text{ 时 } p_\rho = 0, \quad \text{在 } \rho = \infty \text{ 时 } p_\rho = p_0$$

求出

$$A = -p_0 a^2, \quad B = 0, \quad 2C = p_0,$$

所以上述应力问题的解可以表示为以下公式:

$$p_\rho = p_0\left(1 - \frac{a^2}{\rho^2}\right), \quad p_\theta = p_0\left(1 + \frac{a^2}{\rho^2}\right), \quad p_{\rho\theta} = p_{zz} = 0.$$

图 167 给出了应力张量的分量 p_ρ, p_θ 沿射线 $\theta = \mathrm{const}$ 的分布曲线.

有代表性的是, 应力张量的分量 p_θ 在接近圆孔边界时不断增长, 并在圆孔边界上达到最大值,

$$\text{在 } \rho = a \text{ 时 } \quad p_{\theta\,\max} = 2p_0 = 2(p_\theta)_\infty.$$

因为 $p_{\rho\theta} = 0$, 所以 p_ρ, p_θ, p_{zz} 是应力张量的主分量. 在 $\rho = a$ 时 $p_\theta > p_\rho = p_{zz} = 0$, 圆孔边界上每一点的最大切向应力 τ 等于 (见第十章 §4)

$$\tau = \frac{p_\theta - p_{zz}}{2} = p_0.$$

在 $a < \rho < \infty$ 时 $p_\theta > p_\rho > p_{zz} = 0$, $p_\theta < 2p_0$, 所以

$$\tau = \frac{p_\theta - p_{zz}}{2} < p_0.$$

最后, 在无穷远处成立 $p_\theta = p_\rho = p_0$, $p_{zz} = 0$, 并且

$$\tau = \frac{p_\theta - p_{zz}}{2} = \frac{p_0}{2}.$$

因此, 最大切向应力 $\tau_{\max} = p_0$ 出现于圆孔边界, 并且在圆孔边界上每一点使切向应力达到最大值的平面有无穷多个, 所有这些平面都与一个以 θ 轴为轴的圆锥面相切, 该圆锥的顶点位于所研究的点, 顶角为 $90°$.

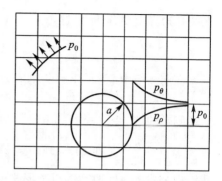

图 167. 带有半径为 a 的圆孔的无限大平板受到各向均匀拉伸时, 应力张量的分量 p_ρ, p_θ 沿射线 $\theta = \mathrm{const}$ 的分布曲线

前面给出了广义平面应力状态下的一个应力问题的全部的解. 在平面应变状态下, 应力分量的解对于 p_ρ, p_θ 和 $p_{\rho\theta}$ 是相同的, 但是 p_{zz} 不再等于零. 这时, 因为对于通常的材料有 $0 < \sigma < 1/2$, 所以在圆孔边界上成立不等式 $p_\theta > p_{zz} > p_\rho = 0$ (见 (1.15)). 于是, 圆孔边界上的最大切向应力这时等于

$$\tau = \frac{p_\theta - p_\rho}{2} = p_0.$$

在无穷远处 $p_\theta = p_\rho = p_0 > p_{zz}$, 并且

$$\tau = \frac{p_0(1 - 2\sigma)}{2}.$$

因此, 最大切向应力 $\tau_{\max} = p_0$ 这时也出现于圆孔边界, 但是在圆孔边界上每一点使切向应力达到最大值的平面通过 z 轴, 并且与半径的夹角等于 $\pm 45°$.

通过应力表述的上述两个弹性力学问题的解与实验符合良好, 只要在平板中不出现塑性变形. 我们假设出现塑性变形的条件是最大切向应力在剪切状态下达到屈服极限 k, 即

$$\tau_{\max} = k.$$

在上述情况下, $\tau_{\max} = p_0$ 是在圆孔边界上达到的. 因此, 如果 $p_0 < k$, 则在平板中处处都是弹性应力状态. 当无穷远处的拉伸应力 p_0 达到 k 时 (在 $p_0 = k$ 时), 在圆孔边界上首先出现塑性变形.

带有圆孔的平板的单轴拉伸

不难把上述问题的解推广到单轴拉伸的情况, 这时带有圆孔 $\rho \leqslant a$ 的无穷大平板在单轴拉伸下处于平面应力状态. 在笛卡儿坐标系下, 设沿 y 轴进行的拉伸满足以下无穷远条件: $p_{11} = p_{12} = p_{33} = 0$, $p_{22} = p_0$. 那么, 利用 xy 平面上的极坐标 ρ, θ ($z = \rho\, e^{i\theta}$), 可以把这些条件写为以下形式:

在 $\rho = \infty$ 时　$p_\rho = p_0 \sin^2\theta$, 　$p_\theta = p_0 \cos^2\theta$, 　$p_{\rho\theta} = \frac{1}{2} p_0 \sin 2\theta$, 　$p_{zz} = 0$.

在圆孔边界上没有外力, 这个条件具有以下形式:

$$在 \rho = a 时 \quad p_\rho = p_{\rho\theta} = 0.$$

在前一节中, 为了求解艾里应力函数所满足的双调和方程, 我们引入了复变量 $z = x + \mathrm{i}y$ 的函数 $\varphi(z)$ 和 $\psi(z) = \chi'(z)$. 只要适当选择这样的复变函数, 就容易得到上述问题的解. 令 $z = \zeta = \rho\,\mathrm{e}^{\mathrm{i}\theta}$, 再利用前面引入的记号

$$\Phi(\zeta) = \varphi'(z) = \varphi'(\zeta), \quad \psi'(z) = \psi'(\zeta) = \Psi(\zeta),$$

我们把公式 (1.41) 改写为以下形式:

$$p_\rho + p_\theta = 2\big[\varphi'(\zeta) + \overline{\varphi'(\zeta)}\,\big], \tag{2.1}$$

$$p_\theta - p_\rho + 2\mathrm{i}p_{\rho\theta} = \frac{2\zeta^2}{\rho^2}\big[\,\overline{\zeta}\varphi''(\zeta) + \psi'(\zeta)\big]. \tag{2.2}$$

容易直接验算, 如果令

$$\varphi(\zeta) = \frac{1}{4}p_0\left(\zeta - 2\frac{a^2}{\zeta}\right), \quad \psi(\zeta) = \frac{1}{2}p_0\left[\zeta - a\left(\frac{a}{\zeta} + \frac{a^3}{\zeta^3}\right)\right], \tag{2.3}$$

则在 $\zeta = \infty$ 时的无穷远条件和在圆孔边界 $|\zeta| = \rho = a$ 上的条件都成立. 如果用无穷远点 $\zeta = \infty$ 的洛朗级数的形式预先给出函数 $\varphi(\zeta)$ 和 $\psi(\zeta)$, 就容易建立这些公式. 级数中的系数取决于 $\rho = a$ 时的边界条件和无穷远边界条件.

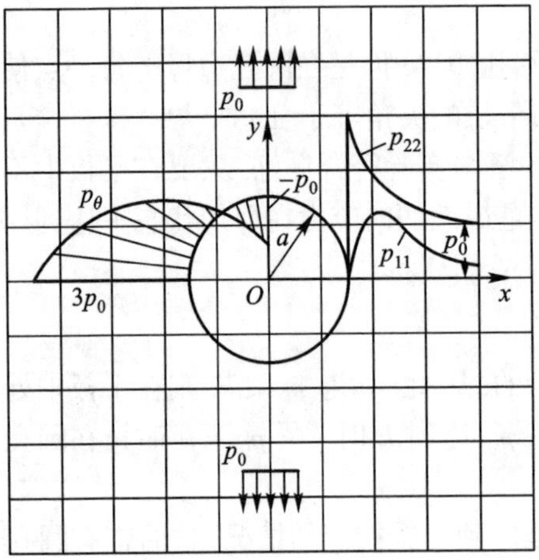

在圆孔边界 $\rho = a$ 上 $p_\rho = 0$, 从公式 (2.1) 和 (2.3) 立即得到

$$p_\theta = p_0(1 + 2\cos 2\theta).$$

分量 p_θ 在点 $\theta = 0$ 和 $\theta = \pi$ 达到最大值

$$p_{\theta\,\max} = 3p_0.$$

从公式 (2.1), (2.2) 和 (2.3) 容易求出应力张量的分量 p_ρ, p_θ 和 $p_{\rho\theta}$ 在平板的所有点的值. 例如, 在 x 轴上满足 $|x| \geqslant a$ 的地方成立公式

$$p_\rho = p_{11} = \frac{3}{2}p_0\left[\left(\frac{a}{x}\right)^2 - \left(\frac{a}{x}\right)^4\right],$$

$$p_\theta = p_{22} = \frac{1}{2}p_0\left[2 + \left(\frac{a}{x}\right)^2 + 3\left(\frac{a}{x}\right)^4\right],$$

$$p_{\rho\theta} = p_{12} = 0.$$

图 168. 带有圆孔的平板 (沿 y 轴) 受到单轴拉伸时的应力图

图 168 给出了应力张量的分量 p_{11} 和 p_{22} 沿 x 轴的分布曲线和 p_θ 沿圆孔边界的分布曲线.

带有椭圆孔的平板的各向均匀拉伸

考虑一块带有椭圆孔的弹性平板, 它在无穷远处受到各向均匀拉伸, 那里的应力 $p_0 = \mathrm{const}$. 我们分别用 a 和 b 表示椭圆的半长轴和半短轴 $(a > b)$, 并且这样选取 x 轴和 y 轴, 使 x 轴指向椭圆的长轴.

公式

$$z = x + \mathrm{i}y = \varkappa(\zeta) = \frac{a+b}{2}\left(\zeta + \frac{m}{\zeta}\right),$$

$$\zeta = \rho\,\mathrm{e}^{\mathrm{i}\theta} = \xi + \mathrm{i}\eta, \quad 0 < m = \frac{a-b}{a+b} < 1$$

给出了把 z 平面上的椭圆外部区域变换为 ζ 平面上的单位圆外部区域的保形映射. 因此, z 平面上的笛卡儿坐标 x, y 与曲线坐标 ρ, θ 之间的关系可以由以下公式确定:

$$x = \frac{a+b}{2}\left(\rho + \frac{m}{\rho}\right)\cos\theta, \quad y = \frac{a+b}{2}\left(\rho - \frac{m}{\rho}\right)\sin\theta.$$

这些曲线坐标称为椭圆坐标. 在 z 平面上, 曲线 $\rho = \mathrm{const}$ 对应椭圆

$$\frac{x^2}{\left(\rho + \dfrac{m}{\rho}\right)^2} + \frac{y^2}{\left(\rho - \dfrac{m}{\rho}\right)^2} = \left(\frac{a+b}{2}\right)^2,$$

曲线 $\theta = \mathrm{const}$ 对应双曲线

$$\frac{x^2}{\cos^2\theta} - \frac{y^2}{\sin^2\theta} = 4m\left(\frac{a+b}{2}\right)^2.$$

椭圆孔的边界在曲线坐标系 ρ, θ 下对应椭圆 $\rho = 1$. 因为在椭圆孔边界上没有外应力, 所以我们有以下边界条件:

$$\text{在 } \rho = 1 \text{ 时} \quad p_\rho = 0, \quad p_{\rho\theta} = 0.$$

容易检验, 函数 $\varphi(\zeta)$ 和 $\psi(\zeta)$ 这时满足公式

$$\varphi(\zeta) = \frac{p_0(a+b)}{4}\left(\zeta - \frac{m}{\zeta}\right), \quad \psi(\zeta) = \frac{p_0(a+b)(1+m^2)}{2}\frac{\zeta}{\zeta^2 - m}.$$

根据 (1.41), 这时我们有

$$p_\rho + p_\theta = 2p_0\frac{\zeta^2\bar\zeta^2 - m^2}{(\zeta^2 - m)(\bar\zeta^2 - m)} = 2p_0\frac{\rho^4 - m^2}{\rho^4 - 2m\rho^2\cos 2\theta + m^2},$$

$$p_\theta - p_\rho + 2\mathrm{i}p_{\rho\theta} = 2p_0\frac{\rho^2}{(\bar\zeta^2 - m)(\zeta^2 - m)^2}\left[(1+m^2)(m+\zeta^2) - 2\zeta m\left(\bar\zeta + \frac{m}{\zeta}\right)\right].$$

由此不难求出应力张量的各个分量并把它们表示为曲线坐标 ρ, θ 或笛卡儿坐标 x, y 的函数. 例如, 在椭圆孔边界 $(\rho = 1)$ 上有

$$p_\theta = p_0\frac{2(1-m^2)}{1 - 2m\cos 2\theta + m^2}.$$

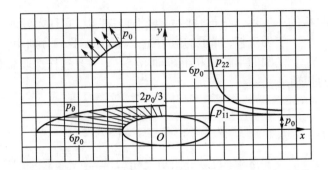

图 169. 带有椭圆孔的无限大平板受到各向均匀拉伸时的应力图 ($a/b = 3$, $m = 1/2$)

显然, 椭圆孔边界上的应力分量 p_θ 在椭圆长轴的两个端点 ($\rho = 1$, $\theta = 0$, π; $x = \pm a$, $y = 0$) 达到最大值, 并且

$$p_{\theta\,\text{max}} = 2p_0 \frac{1 + m}{1 - m} = 2p_0 \frac{a}{b}. \tag{2.4}$$

我们再给出 x 轴正半轴上的应力分布公式:

$$p_\rho = p_{11} = \frac{p_0 x(x^2 - a^2)}{(x^2 - a^2 + b^2)^{3/2}},$$

$$p_\theta = p_{22} = \frac{p_0 x(x^2 - a^2 + 2b^2)}{(x^2 - a^2 + b^2)^{3/2}},$$

$$p_{\rho\theta} = p_{12} = 0.$$

在图 169 上画出了 $a/b = 3$, $m = 1/2$ 时应力分量 p_{11}, p_{22} 沿 x 轴的分布曲线, 以及 p_θ 沿椭圆孔边界的分布曲线. 对于给定的 p_0, 只要它不是非常大, 所得应力分布在 $b/a > \varepsilon$ 时很好地符合实验结果, 这里的 ε 是某个正数. 在 $b \to 0$ 时, 椭圆孔退化为点 $x = \pm a$, $y = 0$ 之间的直裂纹, $p_{\theta\,\text{max}}$ 的值等于无穷大.

带有椭圆孔的平板的单轴拉伸　　考虑一块带有椭圆孔的弹性平板, 它在无穷远处受到拉伸, 拉伸方向与 x 轴的夹角为 θ_0 (图 170). 不难检验, 这个问题的解可由以下函数给出:

$$\varphi(\zeta) = \frac{p_0(a + b)}{8}\left[\zeta + \frac{2(e^{2i\theta_0} - m)}{\zeta}\right],$$

$$\psi(\zeta) = -\frac{p_0(a + b)}{4}\left[\zeta e^{-2i\theta_0} + \frac{e^{2i\theta_0}}{m\zeta} - \frac{(1 + m^2)(e^{2i\theta_0} - m)}{m}\frac{\zeta}{\zeta^2 - m}\right].$$

就像前面那样, 利用一般公式 (1.41) 可以求出应力张量的分量. 在椭圆孔边界 $\rho = 1$ 上, 我们有

$$p_\rho = p_{\rho\theta} = 0, \quad p_\theta = p_0 \frac{1 - m^2 + 2m\cos 2\theta_0 - 2\cos 2(\theta + \theta_0)}{1 - 2m\cos 2\theta + m^2}.$$

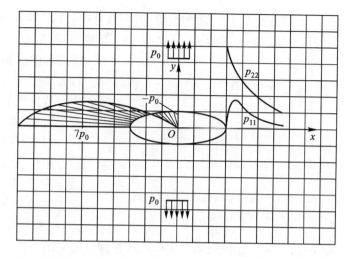

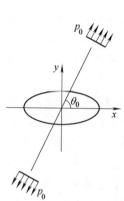

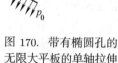

图 170. 带有椭圆孔的
无限大平板的单轴拉伸

图 171. 带有椭圆孔的无限大平板受的单轴拉伸应力图 ($a/b = 3$, $m = 1/2$)

由此可见, 在 $m = 1$ 时, 即在直裂纹的情况下, 对于任何 $\theta_0 \neq 0$ 或 $\theta_0 \neq \pi$, 在点 $\rho = 1$, $\theta = 0$ 和 $\theta = \pi$ (在裂纹两端) 有 $p = \infty$. 假设拉伸是在 y 轴方向进行的 ($\theta_0 = \pm\pi/2$), 则

$$p_\theta = p_0 \frac{1 - m^2 - 2m + 2\cos 2\theta}{1 - 2m\cos 2\theta + m^2}.$$

应力张量的分量 p_θ 在椭圆孔边界上的点 $\rho = 1$, $\theta = 0$, π; $x = \pm a$, $y = 0$ 达到最大值[1], 并且

$$p_{\theta\,\max} = p_0 \frac{3 + m}{1 - m} = \left(1 + \frac{2a}{b}\right) p_0. \tag{2.5}$$

在图 171 中画出了 $a/b = 3$, $m = 1/2$ 时应力张量的分量 p_{11}, p_{22} 沿 x 轴的分布曲线, 以及 p_θ 沿椭圆孔边界的分布曲线.

**退化的椭圆孔 (裂纹)
附近的应力集中**
在带有椭圆孔的平板的上述拉伸问题中, 当 $b \neq 0$ 时, 如果 p_0 不是非常大, 即如果可以把整个平板看做弹性体, 则应力处处有限并且与实验相符.

假设 p_0 和 a 固定不变而 b 逐渐减小, 则从 (2.4) 和 (2.5) 可以看出, 这时 $p_{\theta\,\max}$ 增加, 并且在 $b \to 0$ 时 $p_{\theta\,\max} \to \infty$. 因此, 在上述解中, 对于无穷远处的任何有限的拉伸应力 p_0, 在直裂纹 (椭圆在 $b \to 0$ 时退化为裂纹) 两端都会出现无穷大的应力 p_θ (见图 172).

真实材料中的应力不可能超过完全确定的极限值, 所以需要对弹性力学线性理论的类似结果进行额外的讨论. 在应力很大的地方和应力高度集中的地方一般不能

---

[1] 因为应力张量在笛卡儿坐标系中的所有分量都是双调和函数, 所以根据双调和函数的基本性质, 这些分量在区域边界上达到最大值. 在流体力学中能够遇到类似的状况 (见第 113 页).

使用线性理论. 为了更精确地描述这些区域中的真实现象, 必须考虑非线性弹塑性理论和蠕变理论中的各种效应. 此外, 除了应变本身, 应变的梯度也能够对内能等热力学函数的值和材料在这些区域中的力学行为产生重要影响, 但是在通常的理论中一般使用胡克定律来确定应力, 并不考虑应变的梯度.

对于某些材料, 裂纹尖端附近的应力分布与非线性弹性力学范围内的一些效应有密切的关系[1]. 如果使用几何意义上和动力学意义上的非线性弹性力学方程, 在裂纹尖端附近就可以得到有限

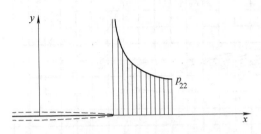

图 172. 根据弹性力学线性理论的解得到的裂纹尖端附近的应力分布特点

的应力值. 甚至在使用胡克定律的线性弹性力学的范围内, 如果使非线性问题的解满足已变形边界面上的边界条件 (而不是像线性问题中的做法那样在裂纹所在位置满足边界条件), 则在裂纹尖端附近也可以得到处处有限但一般非常大的应力值. 因此, 应力张量的分量在接近裂纹尖端时无限增长的结果不仅与使用线性的胡克定律有关, 而且与近似求解方法有关. 我们还指出, 应力在裂纹尖端等于无穷大的上述效应还与一种很强的理想化假设有关, 因为真实裂纹的两端其实具有非零的曲率半径.

与此同时, 计算与实验结果都表明, 在真实材料中出现上述复杂物理特性的区域在许多情况下一般是非常小的. 实验表明, 即使在相当接近裂纹尖端的地方, 弹性力学线性理论和上面列出的解仍然能够正确地描述应力分布. 以钢为例, 在裂纹尖端附近, 状态的真实特征量与按照弹性力学线性理论计算出的结果有巨大差异的区域的特征尺寸在量级上只有半毫米而已[2].

尽管应力张量的分量在裂纹尖端附近等于无穷大, 但是我们不应当把这个效应看做弹性力学线性理论在这个问题上给出的结果与实验的根本矛盾. 恰恰相反, 在线性理论和非常理想化的简化提法下, 问题的这个结果反而很好地反映了真实情况. 就像在许多其他情况下广泛使用的理想化假设那样 (刚体、强间断面、碰撞现象等), 在这个问题中使用的线性弹性体模型也会给出某些效应, 它们在这样或那样的程度上与实验结果矛盾. 然而, 在求解所提问题的过程中, 重要的是让这样的矛盾在计算待求量在弹性体主要部位的分布并得到所需结论时没有重要的意义[3].

现在, 设裂纹面两侧受到合力与合力都等于零的任意面力的作用, 我们来详细研究裂纹两端附近的应力应变状态.

---

[1] 在图 172 和此后的一系列图形中, 已经变形的边界在端点附近的形状 (虚线) 对应弹性解外推到端点的情况; 端点附近的真实边界形状与材料在这个区域中表现出来的复杂流变学性质有关.

[2] 参见: Нейбер Г. Концентрация напряжений. Москва: ОГИЗ, 1947. 第 193 页 (H. Z. 诺埃伯. 应力集中. 赵旭生译. 北京: 科学出版社, 1958).

[3] 在弹性力学理想化问题的计算结果中出现很大的甚至无穷大的应力不一定真正导致材料的全部或部分破坏, 强调这一点是不无裨益的.

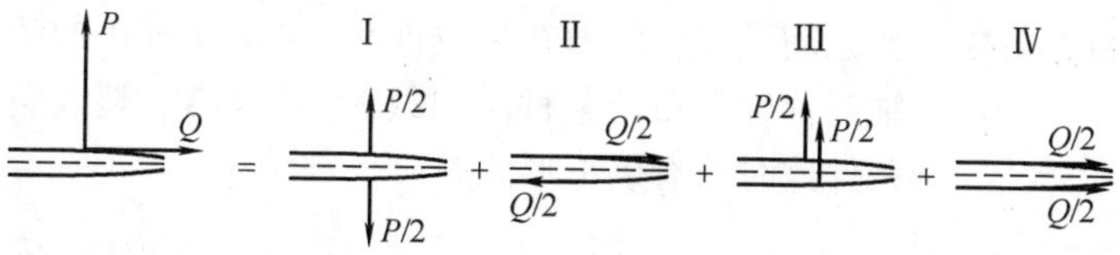

图 173. 裂纹面两侧的四类"对称"载荷: I. 对称法向载荷, II. 反对称切向载荷, III. 反对称法向载荷, IV. 对称切向载荷

关于带裂纹物体应力应变状态的一般静力学问题可以分解为若干个特殊问题

在弹性力学线性理论中, 关于带有裂纹的物体在给定外载荷作用下的应力应变状态的静力学问题 (我们称之为问题 𝔄) 的解可以分解为以下两个静力学问题的解之和: 一是关于没有裂纹的连续介质在不计裂纹边界上的外力的给定外载荷作用下的应力应变状态的问题 𝔅, 二是关于带有裂纹的物体在仅在裂纹边界上存在外面力作用时的应力应变状态的问题 ℭ. 问题 ℭ 中的外力不但包括初始问题 𝔄 中作用在裂纹边界上的外载荷, 而且包括与问题 𝔅 中出现在裂纹边界上的应力大小相同但方向相反的一组载荷.

显然, 问题 𝔅 的解在裂纹尖端没有奇异性, 所以初始问题 𝔄 和问题 ℭ 中的应力分布具有相同的奇异性.

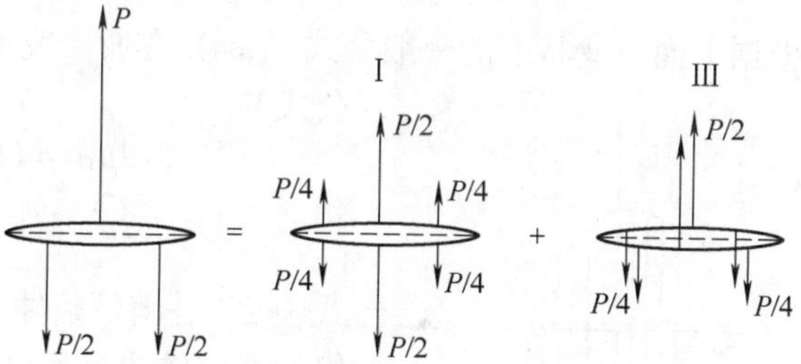

任何裂纹面微元上的任意载

图 174. 分解问题 ℭ 的具体例子

荷都可以表示为如图 173 所示的四类"对称"载荷之和, 每一类载荷都作用在裂纹面两侧的相对位置上. 这样一来, 对于 $|x| \leqslant a$, $y = 0$ 的直裂纹, 上述问题 ℭ (裂纹面两侧分布有静力学合力为零的任意外载荷的一般情况) 的解可以表示为某些个别情况下的问题 ℭ 的解之和, 在这些个别情况下, 裂纹面两侧相对位置的法向或切向载荷具有相同的大小. 根据这样的分解方法, 问题 ℭ 化为四个互不相同的问题 ℭI, ℭII, ℭIII, ℭIV, 在裂纹面两侧相对位置上的载荷分别属于四种类型之一, 见图 173. 显然, 如果问题 ℭ 中的裂纹面受到静力学合力为零的载荷, 则上述四个问题中的裂纹面也受到静力学合力为零的载荷. 图 174 是这种分解方法的一个具体的例子. 如果初始问题 𝔄 中的裂纹不受应力作用, 则为了求解相应的一般问题 ℭ, 只要考虑 ℭI, ℭII 这两个问题即可.

无限大平板上的裂纹

为了研究解在裂纹尖端附近的特性, 考虑在 $|x| \leqslant a$, $y = 0$ 的位置有直裂纹的无限大平板, 并假设裂纹面两侧不受外应力的作用. 为了描述应力的性质, 这时只要详细研究 ℭI 和 ℭII 这两个问题即可, 并且在提出问题时要求无穷远处的应力等于零 (在 $z = \infty$ 时 $p_{ij} = 0$).

受到对称法向应力作用的裂纹

考虑问题 $\mathbf{CI}$. 假设在裂纹面 $|x| \leqslant a$, $y = 0$ 的两侧相对于 x 轴对称地分布着某种法向载荷 (图 175). 裂纹面两侧的边界条件这时具有以下形式:

$$在 \; |x| \leqslant a, \; y = 0 \; 时 \quad p_{22}^{(2)} = p_{22}^{(1)} = -g(x), \quad p_{12}^{(2)} = p_{12}^{(1)} = 0, \tag{2.6}$$

式中 $g(x)$ 是已知的有限函数.

因为在 $|x| \leqslant a$, $y = 0$ 时 $p_{12} = 0$, 所以在求解时假设

$$\Phi(z) = \frac{1}{2} Z_{\mathrm{I}}(z), \quad \Psi(z) = -\frac{1}{2} z Z_{\mathrm{I}}'(z), \quad Z_{\mathrm{I}}' = \frac{\mathrm{d} Z_{\mathrm{I}}}{\mathrm{d} z},$$

式中 $Z_{\mathrm{I}}(z)$ 是未知的函数. 那么, 从 (1.27) 得

$$\begin{aligned}
p_{11} &= \operatorname{Re} Z_{\mathrm{I}} - y \operatorname{Im} Z_{\mathrm{I}}', \\
p_{22} &= \operatorname{Re} Z_{\mathrm{I}} + y \operatorname{Im} Z_{\mathrm{I}}', \\
p_{12} &= -y \operatorname{Re} Z_{\mathrm{I}}'.
\end{aligned} \tag{2.7}$$

根据平面应变状态的一般公式 (1.34), 在所研究的情况下对位移可以得到以下简单公式[1]:

$$\begin{aligned}
2\mu u &= (1 - 2\sigma) \operatorname{Re} Z_{\mathrm{I}}^{0} - y \operatorname{Im} Z_{\mathrm{I}}, \\
2\mu v &= 2(1 - \sigma) \operatorname{Im} Z_{\mathrm{I}}^{0} - y \operatorname{Re} Z_{\mathrm{I}},
\end{aligned} \tag{2.8}$$

式中 Z_{I}^{0} 是满足条件 $Z_{\mathrm{I}} = \mathrm{d} Z_{\mathrm{I}}^{0} / \mathrm{d} z$ 的函数. 根据 (2.7), 裂纹面两侧的边界条件 (2.6) 的形式变为

$$在 \; |x| \leqslant a, \; y = 0 \; 时 \quad \operatorname{Re} Z_{\mathrm{I}} = -g(x).$$

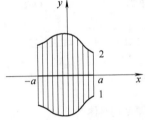

图 175. 在裂纹面两侧对称分布的法向载荷. 裂纹上表面的相关量用上标 (2) 表示, 下表面的相关量用上标 (1) 表示

为了得到上述问题的解, 只要求出裂纹以外区域中的一个正则复变函数 $Z_{\mathrm{I}}(z)$ 即可, 但要让它在无穷远处趋于零, 还要让它的实部在裂纹面两侧等于 x 的给定函数.

如果认为从公式 (2.8) 计算出的位移在无穷远处等于零, 则由 (2.8) 可知, 函数 $Z_{\mathrm{I}}(z)$ 在无穷远处的量级至少应当是 $1/z^2$. 因此, 公式[2]

$$Z_{\mathrm{I}} = \frac{1}{\pi \sqrt{z^2 - a^2}} \int_{-a}^{a} \frac{g(\xi) \sqrt{a^2 - \xi^2}}{z - \xi} \, \mathrm{d}\xi \tag{2.9}$$

---

[1] 在广义平面应力状态的情况下, 对中面上的位移可以得到同样形式的公式, 但要把 $1 - 2\sigma$ 和 $1 - \sigma$ 分别改为 $(1 - \sigma)/(1 + \sigma)$ 和 $1/(1 + \sigma)$.

[2] Л. И. 谢多夫在 1934 年给出了构造函数 (2.9) 的一种有效方法. 例如, 可以参见: Седов Л. И. Плоские задачи гидродинамики и аэродинамики. Москва: Гостехиздат, 1950; 3-е изд. Москва: Наука, 1980 (俄文第一版的英译本: Sedov L. I. Two-Dimensional Problems in Hydrodynamics and Aerodynamics. New York: Wiley, 1965). 该专著第二章 §1 的公式 (1.9) 与这里的公式 (2.9) 只相差一个因子 i, 因为这里给出的是待求函数的实部, 而不是虚部.

给出关于根据裂纹上给定的实部求函数 $Z_I(z)$ 的上述问题的解. 根据上述问题的解的唯一性, 这个公式给出了待求的解. 利用 (2.9) 和 (2.7) 容易计算 z 平面上任意点的应力张量分量.

应力张量和位移矢量的分量在裂纹尖端附近的渐近表达式

根据公式 (2.9) 容易确定解在裂纹两端附近的性质. 在裂纹右端附近, 令 $z - a = r e^{i\vartheta}$, 式中 r 是小量, 则从 (2.9) 可知, 对于小量 $r = |z - a|$ 成立渐近公式

$$Z_I(z) = \frac{k_I}{\sqrt{2\pi(z-a)}}, \quad k_I = \frac{1}{\sqrt{\pi a}} \int_{-a}^{a} g(\xi) \sqrt{\frac{a+\xi}{a-\xi}} \, d\xi. \quad (2.10)$$

量 k_I 一般不等于零, 它仅在函数 $g(x)$ 具有专门形式的个别情况下才等于零.

我们从 (2.10) 和 (2.7) 求出应力张量分量的渐近表达式

$$p_{11} = \frac{k_I}{\sqrt{2\pi r}} \cos \frac{\vartheta}{2} \left(1 - \sin \frac{\vartheta}{2} \sin \frac{3\vartheta}{2}\right),$$

$$p_{22} = \frac{k_I}{\sqrt{2\pi r}} \cos \frac{\vartheta}{2} \left(1 + \sin \frac{\vartheta}{2} \sin \frac{3\vartheta}{2}\right), \quad (2.11)$$

$$p_{12} = \frac{k_I}{\sqrt{2\pi r}} \cos \frac{\vartheta}{2} \sin \frac{\vartheta}{2} \cos \frac{3\vartheta}{2}.$$

平面应变状态下的位移分量的相应渐近表达式具有以下形式:

$$u = \frac{k_I}{\mu} \sqrt{\frac{r}{2\pi}} \cos \frac{\vartheta}{2} \left(1 - 2\sigma + \sin^2 \frac{\vartheta}{2}\right),$$

$$v = \frac{k_I}{\mu} \sqrt{\frac{r}{2\pi}} \sin \frac{\vartheta}{2} \left(2 - 2\sigma - \cos^2 \frac{\vartheta}{2}\right). \quad (2.12)$$

显然, 应力张量和位移矢量的分量在裂纹尖端附近的渐近表达式只依赖于量 k_I 的值. 可以证明, 在有限大小的平板上的裂纹尖端附近, 解也具有这样的性质. 对于带有裂纹的有限大小的平板, 如果裂纹面两侧受到对称法向载荷的作用, 则裂纹每一个尖端附近的渐近公式中的相应参量 k_I 取决于边界条件和裂纹的位置. 量 k_I 称为应力强度系数[1]. 从问题的线性性质可知, 如果载荷与某个参量成正比, 则应力强度系数也与这个参量成正比. 在一般情况下, 无论外部载荷有多小, 对于给定的裂纹都有 $k_I \neq 0$, 并且小载荷作用下的应力集中与实际情况符合良好, 这样的应力集中一般不会引起材料的破坏.

如前所述 (见第 388 页), 按照公式 (2.11) 计算出来的应力张量分量在裂纹尖端 $r = 0$ 等于无穷大, 这是线性化和使用胡克定律的结果. 在线性化这种数学近似下, 边界条件是在未变形的裂纹面 $y = 0$, $|x| \leqslant a$ 上提出的, 其中也包括裂纹尖端 $|x| = a$ 本身. 众所周知, 在裂纹两端的邻域中存在强烈的应力集中现象, 材料的内应力很大, 这时并不成立胡克定律. 鉴于这些原因, 渐近公式 (2.11) 对于很小的 $r < r_0$ 不再符

---

[1] 欧文详细分析了参量 k_I 的物理意义并把这个量当做其裂纹理论 (1957 年) 的基础.

合实际情况. 尽管如此, 实验和更详细的分析都表明, 对于足够小的 $r > r_0$, 这些公式毕竟还是能够用来对裂纹两端邻域内的应力场性质进行渐近估计.

利用渐近公式 (2.11) 计算裂纹尖端邻域中的应力张量主分量和主轴　　为了解释在材料中可能出现的塑性和内部损伤等效应, 利用渐近公式 (2.11) 更详细地研究裂纹尖端附近的应力场, 这显然能够带来好处. 此外, 根据 (2.11), 应力张量的分量相对于 x 轴对称分布, 所以只要在 ϑ 从零变化到 π 时考虑问题即可.

对于平面应力状态, 主应力 p_1, p_2 是特征方程

$$\begin{vmatrix} p_{11} - p_{1,2} & p_{12} \\ p_{12} & p_{22} - p_{1,2} \end{vmatrix} = 0$$

的根 $p_{1,2}$ (见第一卷第三章 §4). 根据这个方程和 (2.11), 我们有

$$p_{1,2} = \frac{1}{2}(p_{11} + p_{22}) \pm \sqrt{\frac{(p_{11} - p_{22})^2}{4} + p_{12}^2} = \frac{k_{\mathrm{I}}}{\sqrt{2\pi r}} \cos \frac{\vartheta}{2} \left(1 \pm \sin \frac{\vartheta}{2}\right) \quad (p_1 > p_2).$$

把应力张量的分量变换到主轴, 可以得到主方向对 x 轴的倾角 α 的以下公式:

$$\tan 2\alpha = \frac{2p_{12}}{p_{11} - p_{22}} = -\cot \frac{3\vartheta}{2}.$$

再利用 $p_1 \ (p_1 > p_2)$ 通过应力张量分量的表达式, 由此直接可得, p_1 的主方向所对应的角 α 满足等式

$$\alpha = \frac{3\vartheta}{4} + \frac{\pi}{4}.$$

平面应力状态下的应力场的性质　　在平面应力状态下, 在裂纹尖端邻域内的每一点, 最大切向应力 $p_{\tau\,\mathrm{max}}$ 满足公式 (见第十章 §4 的公式 (4.8))

$$p_{\tau\,\mathrm{max}} = \frac{p_1}{2}.$$

最大切向应力的作用面与 xy 平面的夹角等于 $45°$, 它通过应力主分量 p_2 所对应的主轴.

图 176 给出了两个无量纲量

$$p_1'(\vartheta) = \frac{p_1 \sqrt{2\pi r}}{k_{\mathrm{I}}}, \quad p_2'(\vartheta) = \frac{p_2 \sqrt{2\pi r}}{k_{\mathrm{I}}}$$

的函数图像. 有趣的是, 当 r 固定不变时, 拉伸应力 p_1 的最大值不是对应 $\vartheta = 0$, 而是对应 $\vartheta = 60°$. 在 $r = \mathrm{const}$ 时, 最大切向应力值也对应 $\vartheta = 60°$. 因此, 回忆特雷斯卡的一个观点颇有益处. 他认为, 在最大切向应力达到给定的临界值时就会出现剪切残余应变, 材料于是表现出塑性.

如果遵循米塞斯屈服准则 (见第十章的公式 (4.10) 和 (4.11)), 就必须考虑八面体切向应力 $p_{\tau(n_i = 1/\sqrt{3})} = p_{\mathrm{oct}}$ 的最大值. 在平面应力状态下, 量 p_{oct} 满足等式

$$9p_{\mathrm{oct}}^2 = (p_1 - p_2)^2 + p_1^2 + p_2^2 = \frac{2k_{\mathrm{I}}^2}{2\pi r} \cos^2 \frac{\vartheta}{2} \left(1 + 3\sin^2 \frac{\vartheta}{2}\right).$$

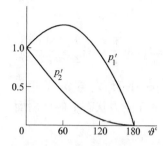 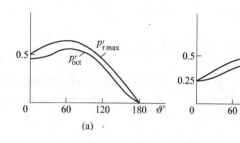

图 176. 主应力值在裂纹尖端附近的渐近分布

图 177. p'_{oct} 和 $p'_{\tau \max}$ 在裂纹尖端附近的渐近分布. (a) 平面应力状态, (b) 平面应变状态 $(\sigma = 0.25)$

图 177 (a) 给出了以下两个无量纲量的函数图像, 以便比较:

$$p'_{\tau \max}(\vartheta) = \frac{p_{\tau \max}(\vartheta)\sqrt{2\pi r}}{k_{\text{I}}} = \frac{p_1 \sqrt{2\pi r}}{2k_{\text{I}}},$$

$$p'_{\text{oct}}(\vartheta) = \frac{p_{\text{oct}}(\vartheta)\sqrt{2\pi r}}{k_{\text{I}}} = \frac{\sqrt{2}}{3}\cos\frac{\vartheta}{2}\sqrt{1 + 3\sin^2\frac{\vartheta}{2}}.$$

显然, $p'_{\text{oct}}(\vartheta)$ 的最大值对应 $\vartheta \approx 70°$.

图 178 给出了利用渐近规律 (2.11) 计算的裂纹尖端附近一些特征点的应力主轴方向和主应力值.

对全部这些结果的研究表明, 如果外部载荷导致裂纹宽度增大并达到极限状态, 则在裂纹尖端邻域内, 首先在不同于裂纹方向的方向上能够出现一些复杂的效应, 它们与材料的一些非弹性性质有关.

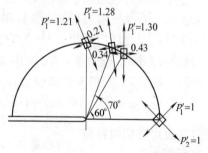

平面应变状态下的应力场的性质 应力张量各种分量 p_{11}, p_{12}, p_{22}, p_1 和 p_2 的上述公式不仅在平面应力状态下 $(p_{33} = p_3 = 0)$ 成立, 在平面应变状态下 $(\varepsilon_{33} = \varepsilon_3 = 0)$ 也成立.

图 178. 利用渐近规律 (2.11) 计算的裂纹尖端附近圆周 $r = \text{const}$ 上一些特征点的应力主轴方向和主应力值

根据 (1.15) 和 (2.11), 在平面应变状态下有

$$p_{33} = p_3 = \sigma(p_{11} + p_{22}) = \sigma(p_1 + p_2) = \sigma\frac{2k_{\text{I}}}{\sqrt{2\pi r}}\cos\frac{\vartheta}{2} > 0,$$

式中 σ 是泊松比, 它一般满足不等式 $0 < \sigma \leqslant 0.5$. 对于这样的 σ, 显然 $p_3 \leqslant p_1$. 在所研究的情况下, 从 (2.11) 可以确定 $p_{\tau \max}(\vartheta, \sigma, r)$. 如果用 ϑ_0 $(180° > \vartheta_0 > 0)$ 表示方程 $\sin(\vartheta_0/2) = 1 - 2\sigma$ 的根, 则在 $180° > \vartheta > \vartheta_0$ 时有 $p_2 < p_3$, 所以

$$p_{\tau \max} = \frac{p_1 - p_2}{2} = \frac{k_{\text{I}}}{2\sqrt{2\pi r}}\sin\vartheta;$$

在 $\vartheta_0 > \vartheta > 0$ 时有 $p_2 > p_3$, 所以

$$p_{\tau\,\max} = \frac{p_1 - p_3}{2} = \frac{k_\mathrm{I}}{2\sqrt{2\pi r}}\left[(1 - 2\sigma)\cos\frac{\vartheta}{2} + \frac{\sin\vartheta}{2}\right] = \frac{k_\mathrm{I}}{2\sqrt{2\pi r}}\left(\sin\frac{\vartheta}{2}\cos\frac{\vartheta}{2} + \frac{\sin\vartheta}{2}\right).$$

在第一种情况下, 达到 $p_{\tau\,\max}$ 的切向应力的作用面垂直于 xy 平面, 它与 p_1 的相应主轴之间的夹角等于 $45°$; 在第二种情况下, 相应作用面与平面应力状态下的作用面相同.

例如, 在 $\sigma = 0.25$ 时 $\vartheta_0 = 60°$, 所以在 $0 < \vartheta < 60°$ 时

$$\max\left(\sin\frac{\vartheta}{2}\cos\frac{\vartheta}{2} + \frac{\sin\vartheta}{2}\right) < 1;$$

因此, 在平面应变状态下, 裂纹尖端附近圆周 $r = \mathrm{const}$ 上的最大值 $p_{\tau\,\max}$ 对应着 $\vartheta = 90°$ 和 $(p_1 - p_2)/2$.

在平面应变状态下, 计算 p_oct 并不复杂, 结果是

$$p_\mathrm{oct} = \frac{k_\mathrm{I}}{3\sqrt{\pi r}}\cos\frac{\vartheta}{2}\sqrt{\sin^2\frac{\vartheta_0}{2} + 3\sin^2\frac{\vartheta}{2}}.$$

为了进行比较, 图 177 (a), (b) 分别给出了平面应力状态和平面应变状态 $(\sigma = 0.25)$ 下的 $p'_{\tau\,\max}(\vartheta)$ 和 $p'_\mathrm{oct}(\vartheta)$ 的图像.

平面应力状态和平面应变状态的上述公式表明, 当 p_{11}, p_{12}, p_{22} 分别相同时, 例如当 k_I 相同时, 应力场基本特征量在这两类问题中具有不同的性质. 应力场的这些基本特征量之所以重要, 是因为它们关系到材料何时表现出非弹性性质. 从前面的分析可以看出, 按照基于弹性力学线性理论和自然的屈服准则对裂纹断点附近应力场进行的计算, 材料发生断裂的方向应当不同于裂纹方向. 然而, 断裂实际上是沿裂纹进行的. 这说明, 前面的分析还忽略了一些实际存在的非线性效应和非弹性效应.

受到反对称切向载荷作用的裂纹

现在考虑问题 $\mathfrak{C}$II, 这时在位于 $|x| \leqslant a$, $y = 0$ 的直裂纹两侧分布着反对称切向载荷 (图 179), 相应边界条件的形式为

$$在 \ |x| \leqslant a, \ y = 0 \ 时 \quad p_{22} = 0, \quad p_{12} = -h(x). \quad (2.13)$$

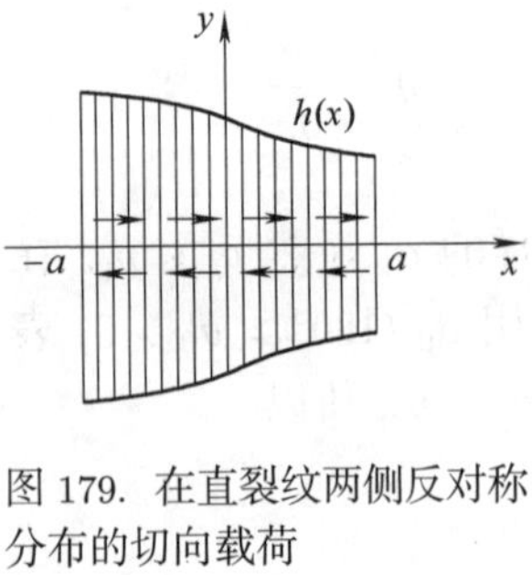

如果令

$$\Phi(z) = -\frac{\mathrm{i}}{2}Z_\mathrm{II}(z), \quad \Psi(z) = \frac{\mathrm{i}}{2}(2Z_\mathrm{II} + zZ'_\mathrm{II}), \quad Z'_\mathrm{II} = \frac{\mathrm{d}Z_\mathrm{II}}{\mathrm{d}z},$$

式中 $Z_\mathrm{II}(z)$ 是待求函数, 它在裂纹以外是正则函数, 在无穷远处等于零, 则条件 (2.13) 将部分满足. 从 (1.27) 得

$$p_{11} = 2\,\mathrm{Im}\,Z_\mathrm{II} + y\,\mathrm{Re}\,Z'_\mathrm{II},$$

$$p_{22} = -y\,\mathrm{Re}\,Z'_\mathrm{II}, \quad\quad\quad (2.14)$$

$$p_{12} = \mathrm{Re}\,Z_\mathrm{II} - y\,\mathrm{Im}\,Z'_\mathrm{II}.$$

图 179. 在直裂纹两侧反对称分布的切向载荷

在平面应变状态下, 对于位移矢量的分量, 我们有

$$2\mu u = 2(1 - \sigma) \operatorname{Im} Z_{\mathrm{II}}^0 + y \operatorname{Re} Z_{\mathrm{II}},$$

$$2\mu v = -(1 - \sigma) \operatorname{Re} Z_{\mathrm{II}}^0 - y \operatorname{Im} Z_{\mathrm{II}},$$

式中 $Z_{\mathrm{II}} = \mathrm{d}Z_{\mathrm{II}}^0/\mathrm{d}z$. 根据 (2.14), 裂纹的边界条件 (2.13) 化为以下形式:

$$\text{在 } |x| \leqslant a, \, y = 0 \text{ 时} \quad \operatorname{Re} Z_{\mathrm{II}} = -h(x).$$

显然, 待求函数 $Z_{\mathrm{II}}(z)$ 在无穷远处具有量级 $1/z^2$; 也可以用公式 (2.9) 计算这个函数, 但是应当用 $h(x)$ 替换 $g(x)$.

应力张量和位移矢量的分量在裂纹尖端附近的渐近表达式

$Z_{\mathrm{II}}(z)$ 在点 $z = a$ 附近的渐近公式具有以下形式:

$$Z_{\mathrm{II}}(z) = \frac{k_{\mathrm{II}}}{\sqrt{2\pi(z - a)}},$$

$$k_{\mathrm{II}} = \frac{1}{\sqrt{\pi a}} \int\limits_{-a}^{a} h(\xi) \sqrt{\frac{a + \xi}{a - \xi}} \, \mathrm{d}\xi. \tag{2.15}$$

利用 (2.15) 和 (2.14), 我们得到应力张量的分量的渐近公式

$$p_{11} = -\frac{k_{\mathrm{II}}}{\sqrt{2\pi r}} \sin\frac{\vartheta}{2} \left(2 + \cos\frac{\vartheta}{2} \cos\frac{3\vartheta}{2} \right),$$

$$p_{22} = \frac{k_{\mathrm{II}}}{\sqrt{2\pi r}} \cos\frac{\vartheta}{2} \sin\frac{\vartheta}{2} \cos\frac{3\vartheta}{2}, \tag{2.16}$$

$$p_{12} = \frac{k_{\mathrm{II}}}{\sqrt{2\pi r}} \cos\frac{\vartheta}{2} \left(1 - \sin\frac{\vartheta}{2} \sin\frac{3\vartheta}{2} \right).$$

在平面应变状态下, 位移矢量的分量的相应渐近公式为

$$u = \frac{k_{\mathrm{II}}}{\mu} \sqrt{\frac{r}{2\pi}} \sin\frac{\vartheta}{2} \left(2 - 2\sigma + \cos^2\frac{\vartheta}{2} \right),$$

$$v = \frac{k_{\mathrm{II}}}{\mu} \sqrt{\frac{r}{2\pi}} \cos\frac{\vartheta}{2} \left(1 - 2\sigma + \sin^2\frac{\vartheta}{2} \right). \tag{2.17}$$

当外载荷具有某些特殊的分布时, 或者当给定载荷下的物体具有特别的尺寸时, 或者当裂纹具有合适的长度时, 我们能够得到 k_{I} 或 k_{II} 等于零的解. 然而, 在许多实际情况下, 对于处于平衡态的物体, 在裂纹两端附近存在应力集中的现象, 并且常量 k_{I} 和 k_{II} 都不等于零.

类似地, 利用复变函数和形如 (2.9) 的公式容易求解问题 $\mathfrak{C}\mathrm{III}$ 和 $\mathfrak{C}\mathrm{IV}$. 这时, 裂纹尖端附近的应力分布也具有像问题 $\mathfrak{C}\mathrm{I}$ 和 $\mathfrak{C}\mathrm{II}$ 那样的奇异性.

显然, 如果存在诸如重力或惯性力的质量力, 则在求解弹性力学中相应的动力学问题时可以得到这样的应力分布, 它在裂纹尖端附近满足带有 $k_{\mathrm{I}}, k_{\mathrm{II}}$ 的渐近公式,

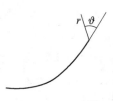

图 180. 弯曲裂纹

并且 k_{I} 和 k_{II} 一般不等于零. 在动力学问题中, k_{I} 和 k_{II} 依赖于给定的随时间变化的外面力和外质量力. 考虑热效应一般不会改变应力在裂纹尖端附近的性质.

我们研究了直裂纹的情况. 在一般情况下, 裂纹可能是弯曲的 (图 180). 可以证明, 对于平面应变状态下的弯曲裂纹, 应力张量和位移矢量的分量的渐近公式 (2.11), (2.16), (2.12), (2.17) 的形式在如图 180 所示的局部坐标系 r, ϑ 下保持不变, 其中的角 ϑ 从裂纹在尖端的切线方向算起.

作为一些例子, 我们来研究某些简单问题的解.

带有直裂纹的平板的各向均匀拉伸　　设一块带有直裂纹的平板在无穷远处受到各向均匀拉伸, 无穷远处的拉伸应力 $p_0 = \mathrm{const}$. 裂纹的长度为 $2a$, 裂纹表面上没有外应力. 利用辅助复变量 ζ, 可以把这个问题的解通过前面研究过的带有椭圆孔的平板的类似问题的解表示出来, 只要让椭圆孔的半短轴 b 趋于零即可.

还可以利用上述公式直接在 z 平面上求解问题. 其实, 问题 $\mathfrak{B}$ 的解这时显然具有以下形式:

$$p_{11} = p_{22} = p_0, \quad p_{12} = 0,$$

所以考虑问题 $\mathfrak{CI}$ 即可, 这时在裂纹面两侧对称地分布着法向应力 p_0. 把 $g(\xi) = p_0$ (在 $y = 0$, $|x| \leqslant a$ 时 $p_{22} = -p_0$) 代入公式 (2.9), 利用留数定理可得

$$Z_{\mathrm{I}} = \frac{p_0}{\pi \sqrt{z^2 - a^2}} \int_{-a}^{a} \frac{\sqrt{a^2 - \xi^2}}{z - \xi}\, \mathrm{d}\xi = \frac{p_0 z}{\sqrt{z^2 - a^2}} - p_0.$$

与此相应的问题 $\mathfrak{B}$ 的解这时具有以下形式:

$$Z_{\mathrm{I}}(z) = p_0.$$

因此, 对于上面提出的问题 $\mathfrak{A}$,

$$Z_{\mathrm{I}}(z) = \frac{p_0 z}{\sqrt{z^2 - a^2}}. \tag{2.18}$$

应力张量的分量可以按照公式 (2.7) 和 (2.18) 计算. 根据 (2.10), 这时的应力强度系数可由以下公式计算:

$$k_{\mathrm{I}} = \frac{p_0}{\sqrt{\pi a}} \int_{-a}^{a} \sqrt{\frac{a + \xi}{a - \xi}}\, \mathrm{d}\xi = \frac{p_0}{\sqrt{\pi a}} \int_{-a}^{a} \frac{a + \xi}{\sqrt{a^2 - \xi^2}}\, \mathrm{d}\xi = p_0 \sqrt{\pi a}. \tag{2.19}$$

可以直接从量纲理论得到 k_{I} 的公式的形式. 其实, 在提出关于无限大平板的上述问题时, 只出现 p_0 和 a 这两个有量纲的常量 (根据第 373 页上的莱维定理, 杨氏模量是一个无关紧要的量). 因为常量 k_{I} 与 $p_0\sqrt{a}$ 具有同样的量纲, 所以显然有 $k_{\mathrm{I}} = cp_0\sqrt{a}$,

式中 c 是无量纲常数. 从 (2.19) 得 $c = \sqrt{\pi}$.

带有直裂纹的平板的单轴拉伸　　现在考虑带有直裂纹的弹性平板的单轴拉伸. 设无穷远处与 x 轴的夹角为 θ_0 的方向上作用着大小为常量 p_0 的拉伸应力, 裂纹位于 $|x| \leqslant a$, $y = 0$, 其表面不受应力作用 (图 181).

为了得到这个问题的解, 可以借助于辅助复变量 ζ, 使用前面给出的带有椭圆孔的平板的类似问题的解在 $b \to 0$ $(m \to 1)$ 时的极限. 也可以使用上面介绍的方法在 z 平面上直接求解这个问题.

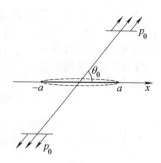

图 181. 在 $|x| \leqslant a$, $y = 0$ 的位置存在裂纹的平板在与 x 轴的夹角为 θ_0 的方向上受到拉伸应力 p_0 的作用

我们来计算这时的应力强度系数. 为此我们指出, 在求解相应的问题 $\mathfrak{B}$ 时可以得到, 在 x 轴上作用着常应力 $p_{12} = p_0 \cos\theta_0 \sin\theta_0$, $p_{22} = p_0 \sin^2\theta_0$. 所以, 根据 (2.10) 和 (2.15), 我们得到类似于 (2.19) 的结果:

$$k_{\mathrm{I}} = p_0 \sqrt{\pi a}\,\sin^2\theta_0, \quad k_{\mathrm{II}} = p_0\sqrt{\pi a}\,\sin\theta_0\cos\theta_0. \tag{2.20}$$

带有裂纹的平板在裂纹两侧中央分别受到集中力的拉伸作用　　我们再来研究如图 182 所示的问题. 在带有裂纹的平板上作用着大小均为 P 的两个集中力, 作用点分别位于裂纹两侧的中央, 裂纹位于 $|x| \leqslant a$, $y = 0$.

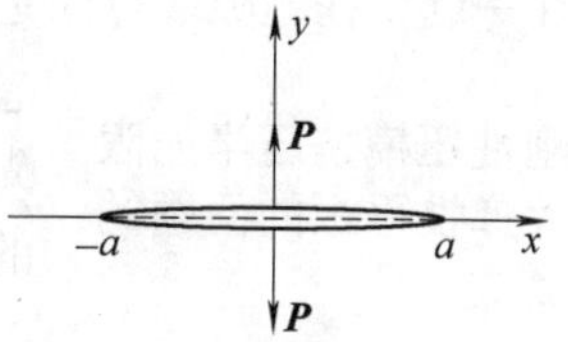

把

$$g(\xi) = P\delta(0)$$

代入 (2.9), 式中 $\delta(0)$ 是 δ 函数, 则根据 δ 函数的定义, 我们有

图 182. 集中力分别作用于裂纹两侧中央

$$Z_{\mathrm{I}}(z) = \frac{Pa}{\pi z\sqrt{z^2 - a^2}}. \tag{2.21}$$

于是, 从 (2.10) 得到

$$k_{\mathrm{I}} = \frac{P}{\sqrt{\pi a}}. \tag{2.22}$$

如果除了作用在裂纹中央的上述集中力, 弹性平板还在无穷远处受到各向均匀压缩应力 $p_0 - \mathrm{const}$ 的作用, 则函数 Z_{I} 等于公式 (2.21) 和 (2.18) 中的函数之差,

$$Z_{\mathrm{I}}(z) = \frac{Pa}{\pi z\sqrt{z^2 - a^2}} - \frac{p_0 z}{\sqrt{z^2 - a^2}}.$$

根据 (2.22) 和 (2.19), 应力强度系数可以表示为以下公式:

$$k_{\mathrm{I}} = \frac{P}{\sqrt{\pi a}} - p_0\sqrt{\pi a}. \tag{2.23}$$

在应力 p_0 作用下互相挤压在一起的两块半无限大平板因为一对集中力的作用而在局部互相分开

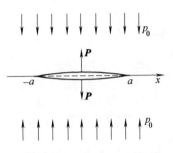

图 183. 在无穷远处的应力 p_0 作用下互相挤压在一起的两块半无限大平板因为一对集中力 $\boldsymbol{P}$ 的作用而在局部互相分开

现在考虑这样的平面问题: 两块半无限大弹性平板具有绝对光滑的边界, 在无穷远处垂直于 x 轴的方向上, 应力 p_0 把这两块平板挤压在一起, 其接触面位于 x 轴; 另有一对大小为 P 的集中力分别作用在每一块平板上, 作用点位于两块板接触面上的某一点 (图 183). 在这样的集中力作用下, 如果在两块平板之间没有黏着力, 在两块平板之间就会形成一条缝隙, 需要确定缝隙的长度 $2a$. 在提出问题时还认为, 在平板的接触面上只可能有压缩应力, 但不可能有拉伸应力.

这时, 应力强度系数 k_{I} 显然等于在 $\theta_0 = \pi/2$ 时由公式 (2.22) 和 (2.20) 计算的应力强度系数之差. 如果平板之间完全没有黏着力, 则在缝隙端点附近不可能出现应力集中. 所以 $k_{\mathrm{I}} = 0$, 从 (2.23) 就可以得到

$$a = \frac{P}{\pi p_0}.$$

如果在平板接触面上存在黏着力 (例如把两块平板粘在一起), 在缝隙端点附近就可能出现应力集中, 从而 $k_{\mathrm{I}} \neq 0$.

刚性压模挤压半无限大弹性平板的问题的提法

想象一个刚体——压模——挤压一块半无限大弹性平板. 首先假设压模下表面完全压在平板上, 压膜的宽度 $2a$ 是已知的 (图 184).

首先提出边界条件. 在半无限大平板的自由面上

$$p_{22} = p_{12} = 0.$$

在半无限大平板与压模的接触面上可以提出各种边界条件, 我们考虑其中的部分条件. 压模表面绝对光滑是最简单的情况, 这时弹性平板的竖直位移取决于压模整体下移的深度和压模的外形. 因此, 在压模与平板的接触面上

$$v = V(x), \quad p_{n\tau} = 0,$$

式中 $V(x)$ 表示压模的竖直位移, v 表示弹性平板微元的竖直位移, $p_{n\tau}$ 表示弹性平板与压模的接触面上的切向应力.

在弹性力学线性理论中通常只研究小位移 $V(x)$ 和平缓的压模, 所以可以假

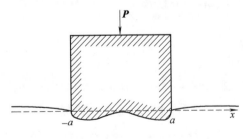

图 184. 具有均匀宽度 $2a$ 的刚性压模挤压半无限大弹性平板

设 $p_{n\tau} = p_{12}(x, 0)$. 边界条件的形式化为:

在 $|x| \leqslant a$, $y = 0$ 时　$v = V(x)$, $p_{12} = 0$; 在 $|x| > a$, $y = 0$ 时　$p_{22} = p_{12} = 0$.

还可以研究的一种情况是, 受到任意载荷的压模表面与弹性平板牢固地连接 (焊接) 在一起. 这时可以把边界条件写为

$$\text{在 } |x| \leqslant a, \ y = 0 \text{ 时} \quad u = U(x), \quad v = V(x) \quad (p_{12} \neq 0),$$

式中 $U(x)$ 和 $V(x)$ 是压模诸点的水平位移和竖直位移.

在压模挤压弹性平板的问题中, 如果在压模和平板的接触面上有摩擦力, 则边界条件的形式变为

$$\text{在 } |x| \leqslant a, \ y = 0 \text{ 时} \quad v = V(x), \quad p_{12} \leqslant \pm f|p_{22}|,$$

式中 f 是摩擦因子.

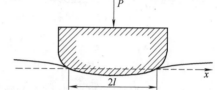

如果事先不知道压模与弹性平板接触区域的宽度 (例如压模边缘圆滑的情况 (图 185)), 就必须有一些附加条件才能确定接触区域的边界. 例如, 如果在一块光滑压模与弹性平板

图 185. 具有圆滑边缘的刚性压模挤压半无限大弹性平板

的接触面上完全没有黏着力, 就可以采用这样的条件: 在接触区域两端附近不出现应力集中. 这样一来, 我们就能够使用图 183 所代表的问题中计算缝隙宽度的方法来确定接触区域的宽度 $2l$. 如果在压模材料与弹性平板之间存在黏着力, 在接触区域两端附近就会出现应力集中[1].

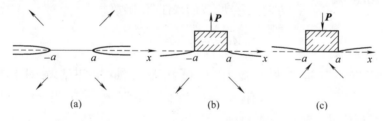

(a)　　　　　　　　(b)　　　　　　　　(c)

图 186. 带有共线无限直裂纹的弹性平板受到拉伸的问题与矩形压模挤压半无限大平板的问题之间的比拟

带有共线直裂纹的弹性平板的问题与矩形压模挤压半无限大平板的问题之间的比拟　考虑一块带有两条无限裂纹的弹性平板, 两条裂纹都位于 x 轴 (图 186 (a)). 设平板受到相对于 x 轴对称分布的拉伸力的作用.

从问题的对称性可知, 在 $|x| \leqslant a$ 的一段 x 轴线上

$$v = 0, \quad p_{12} = 0.$$

所以, 如果假想去掉上面一半平板, 则这部分平板对下面一半平板的作用可以替换为具有绝对光滑边界的矩形压模对它的作用, 并且接触面位于 x 轴上 $|x| \leqslant a$ 的区

---

[1] 如果存在应力集中的现象, 就必须利用关于应力集中的性质的一些附加条件来确定接触区域的宽度 (见 §3).

域. 压模这时受到力 $\boldsymbol{P}$ 的作用, 以便在 x 轴上 $|x| \leqslant a$ 的区域上形成它对下面一半平板的拉伸作用力 (图 186 (b)). 只要让所有作用力都变为相反方向, 就可以得到矩形刚性压模在力 $-\boldsymbol{P}$ 的作用下在 x 轴上 $|x| \leqslant a$ 的区域上挤压半无限大平板的问题 (图 186 (c)).

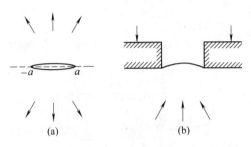

(a)　　　　　　　　(b)

图 187. 带有裂纹的平板受到拉伸的问题与矩形压模挤压半无限大平板的问题之间的比拟

如果带有一条或多条共线有限裂纹的平板受到相对于裂纹所在的 x 轴对称分布的拉伸力的作用, 则这时也可以进行类似的讨论. 在这种情况下, 压模与下面一半平板的接触面应当是 x 轴上裂纹以外的所有区域 (图 187).

因此, 对于带有一条直裂纹 (或一组共线裂纹) 的平板受到相对于裂纹所在直线对称分布的载荷作用的问题, 其任何解都可以解释为一块光滑矩形压模 (或一组压模) 挤压半无限大平板的问题的解.

对裂纹问题的以上分析表明, 光滑矩形压模与平板接触区域端点附近的应力分布具有公式 (2.10) 所描述的奇异性.

矩形压模挤压半无限大弹性平板的问题

设一块绝对光滑的矩形刚性压模在力 $-\boldsymbol{P}$ 的作用下挤压半无限大弹性平板, 压模的宽度等于 $2a$, 它只能在平行于 y 轴的方向上移动. 我们来证明, 函数

$$Z_{\mathrm{I}} = \frac{P}{\pi \sqrt{a^2 - z^2}} \tag{2.24}$$

给出这个问题的解. 其实, 根据 (2.24) 和 (2.7), 沿 x 轴有以下结果: 对于任何 x 都有 $p_{12} = 0$, 当 $|x| > a$ 时 $p_{22} = 0$, 当 $|x| \leqslant a$ 时

$$p_{22} = \frac{P}{\pi \sqrt{a^2 - z^2}}.$$

从 (2.24) 和 (2.8) 容易得到, 当 $|x| \leqslant a$, $y = 0$ 时 $v = \text{const.}$

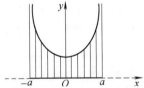

图 188. 应力张量分量 p_{22} 在绝对光滑的矩形刚性压模下的分布

图 188 给出应力张量的分量 p_{22} 在压模下的分布, p_{22} 在压模边缘等于无穷大.

从 p_{22} 在压模下的分布相对于 y 轴的对称性显然可知, 压模所受相应作用力的合力的作用线平行于 y 轴并且通过压模的中央. 这个力的大小等于 P:

$$\int_{-a}^{a} p_{22} \, \mathrm{d}x = \frac{P}{\pi} \int_{-a}^{a} \frac{\mathrm{d}x}{\sqrt{a^2 - x^2}} = P.$$

按照 (2.24), (2.7) 和 (2.8) 可以计算半无限大弹性平板上任意一点的应力和位移.

外形略微弯曲的等宽刚性压模挤压半无限大弹性平板的问题　设一块刚性压模具有给定的宽度 $2a$ 和绝对光滑的表面, 表面形状在 xy 平面上具有略微弯曲的给定外形 $V(x) - \text{const}$, 并且压模只能沿 y 轴平动. 我们现在考虑这样的压模挤压半无限大弹性平板的问题.

只要适当选取函数 $Z_{\mathrm{I}}(z)$, 就可以得到这个问题的解. 如果使用 p_{12} 的公式 (2.7), 则在 $y = 0$ 时 $p_{12} = 0$ 的边界条件将自动成立. 根据问题的边界条件, 压模下的位移 $V(x)$ 是给定的, 所以从 (2.8) 得到

$$\text{在 } |x| \leqslant a,\ y = 0 \text{ 时}\quad \operatorname{Im} Z_{\mathrm{I}}^{0} = \frac{\mu}{1 - \sigma}\, V(x),$$

式中 $V(x)$ 是 x 的已知函数. 把这个表达式对 x 求导, 我们得到用来确定函数 $Z_{\mathrm{I}}(z)$ 的以下条件:

$$\text{在 } |x| \leqslant a,\ y = 0 \text{ 时}\quad \operatorname{Im} Z_{\mathrm{I}}(z) = \operatorname{Im} \frac{\partial}{\partial x} Z_{\mathrm{I}}^{0}(z) = \frac{\mu}{1 - \sigma}\, V'(x). \tag{2.25}$$

根据条件 (2.25) 求函数 $Z_{\mathrm{I}}(z)$ 的问题的解可由公式 (2.9) 给出 (还可以参考第 390 页的脚注), 即

$$Z_{\mathrm{I}}(z) = \frac{\mu}{\pi \mathrm{i}\,(1 - \sigma)} \frac{1}{\sqrt{z^2 - a^2}} \int_{-a}^{a} \frac{V'(\xi)\sqrt{a^2 - \xi^2}}{z - \xi}\, \mathrm{d}\xi \tag{2.26}$$

显然, 这样构造出来的函数 $Z_{\mathrm{I}}(z)$ 还满足边界条件: 在 $|x| > a$, $y = 0$ 时 $p_{22} = 0$, 因为根据 (2.7) 和 (2.26), 在 $|x| \geqslant a$, $y = 0$ 时 $p_{22} = \operatorname{Re} Z_{\mathrm{I}} = 0$. 因此, 由公式 (2.26) 定义的函数 $Z_{\mathrm{I}}(z)$ 满足半无限大平板边界 $y = 0$ 上的所有边界条件. 然而, 还不能直接把这个函数当做上述压模问题的解. 其实, 由此定义的应力分布能够让作用在无穷远处的合力等于零, 与此同时, 这个合力还应当与作用在压模上的非零的合力平衡.

此外, 当 $V'(x) = 0$ 时, 从曲面外形压模问题的解应当能够得到前面研究过的矩形压模问题的解. 所以, 为了求解外形略微弯曲的等宽刚性压模挤压半无限大弹性平板的问题, 我们选取以下形式的函数 $Z_{\mathrm{I}}(z)$:

$$Z_{\mathrm{I}}(z) = \frac{\mu}{\pi \mathrm{i}\,(1 - \sigma)\sqrt{z^2 - a^2}} \int_{-a}^{a} \frac{V'(\xi)\sqrt{a^2 - \xi^2}}{z - \xi}\, \mathrm{d}\xi + \frac{C}{\pi \sqrt{a^2 - z^2}}, \tag{2.27}$$

式中 $2a$ 是压模的给定宽度, $V(x)$ 是表征压模外形的缓变函数, C 是待定常量. 显然, 函数 (2.27) 满足半无限大平板边界 $y = 0$ 上的所有边界条件. 在无穷远点的邻域内, 对于由公式 (2.27) 定义的函数 $Z_{\mathrm{I}}(z)$, 我们有以下展开式:

$$Z_{\mathrm{I}} = -\frac{\mathrm{i}C}{\pi z} + O\left(\frac{1}{z^2}\right).$$

令 $z = x + \mathrm{i}y = \rho\,\mathrm{e}^{\mathrm{i}\theta}$, 我们利用 (2.7) 在无穷远点邻域内得到应力张量的以下分量:

$$p_{11} = \frac{C}{\pi\rho}\sin\theta(1 + \cos 2\theta),$$

$$p_{22} = \frac{C}{\pi\rho}\sin\theta(1 - \cos 2\theta),$$

$$p_{12} = \frac{C}{\pi\rho}\sin\theta\sin 2\theta,$$

结果精确到相差高阶小量.

利用这些公式容易计算无穷远点邻域内的应力分布所对应的合力 $\boldsymbol{F}$ 以及合力矩 $\boldsymbol{M}$. 沿半径很大的半圆周 $\mathscr{L}$ 的积分

$$F_x = \int\limits_{\mathscr{L}} p_{n1}\,\mathrm{d}l, \quad F_y = \int\limits_{\mathscr{L}} p_{n2}\,\mathrm{d}l, \quad M = \int\limits_{\mathscr{L}} (p_{n2}x - p_{n1}y)\,\mathrm{d}l$$

给出

$$F_x = 0, \quad M = 0, \quad F_y = C.$$

从无限大平板和刚性压模的平衡条件可知 $C = P$, 式中 P 是作用于压模的力.

因此, 利用函数

$$Z_\mathrm{I}(z) = \frac{\mu}{\pi\mathrm{i}\,(1-\sigma)\sqrt{z^2-a^2}}\int_{-a}^{a}\frac{V'(\xi)\sqrt{a^2-\xi^2}}{z-\xi}\,\mathrm{d}\xi + \frac{P}{\pi\sqrt{a^2-z^2}} \tag{2.28}$$

可以满足问题的所有方程和边界条件; 这个函数给出具有给定外形 $V(x)$ 和宽度 $2a$ 的等宽刚性光滑压模在力 P 的作用下挤压半无限大弹性平板的问题的完整的解.

我们指出, 公式 (2.28) 中的第二项对应矩形压模问题的解, 这一项起主要的 "支撑" 作用, 而第一项对应由压模的弯曲外形引起的扰动.

圆弧形压模挤压半无限大弹性平板的问题　　假设一块圆弧形压模的宽度为 $2a$, 相应半径 R 足够大, 则

$$V(x) = \frac{x^2}{2R}, \quad V'(x) = \frac{x}{R}.$$

应当区别两种情况: 一是压模与平板的接触面宽度 $2l$ 小于压模宽度 $2a$ $(l < a)$ 的情况 (图 189 (a)), 二是接触面宽度等于压模宽度 $(l = a)$ 的情况 (图 189 (b)).

根据 (2.28), 第一种情况的解具有以下形式:

$$Z_\mathrm{I} = -\frac{\mu}{\pi R(1-\sigma)\sqrt{l^2-z^2}}\int_{-l}^{l}\frac{\xi\sqrt{l^2-\xi^2}}{z-\xi}\,\mathrm{d}\xi + \frac{P}{\pi\sqrt{l^2-z^2}}. \tag{2.29}$$

利用留数定理计算第一个积分, 我们有

$$Z_\mathrm{I} = -\frac{\mu(l^2-2z^2)}{2R(1-\sigma)\sqrt{l^2-z^2}} + \frac{\mu\mathrm{i}z}{R(1-\sigma)} + \frac{P}{\pi\sqrt{l^2-z^2}}. \tag{2.30}$$

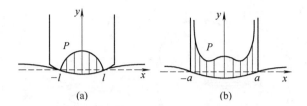

图 189. 外形为 $V(x) = x^2/2R$ 的圆弧形刚性压模挤压半无限大弹性平板. (a) 接触面宽度小于压模宽度, (b) 接触面宽度等于压模宽度

利用这个公式和 (2.7) 容易求出应力张量的分量 p_{22} 在压模下的分布:

$$p_{22} = \frac{\mu(l^2 - 2x^2)}{2R(1-\sigma)\sqrt{l^2 - x^2}} + \frac{P}{\pi\sqrt{l^2 - x^2}}. \tag{2.31}$$

为了确定压模与弹性平板边界的接触面宽度 $2l$, 可以使用在接触面两端附近不出现应力集中的条件:

$$\text{在 } y = 0,\ x = \pm l \text{ 时}\quad p_{22} = 0.$$

于是, 从 (2.31) 可得

$$l^2 = \frac{2RP(1-\sigma)}{\pi\mu}.$$

图 189 (a) 还给出了这种情况的应力图.

在第二种情况下, 压模与弹性平板的接触面宽度等于压模宽度. 这种情况成立的条件是, 平板对压模的作用力满足不等式

$$P > \frac{\pi\mu a^2}{2R(1-\sigma)}.$$

这时应当把公式 (2.29)—(2.31) 中的 l 替换为 a. 在压模边缘附近出现应力集中的现象 (图 189 (b)).

§3. 裂纹理论

所有固体在相应条件下都会断裂为若干块. 断裂具有不同的特性, 这取决于固体的力学性质、结构、载荷类型、加载速率、温度、环境介质的类型和性质[1], 以及其他一些因素.

与断裂有关的名称包括脆性断裂、准脆性断裂、韧性断裂、弹塑性断裂等等, 这取决于哪些性质在该断裂过程中起决定性作用.

---

[1] 例如, 玻璃在水中、空气中和真空中具有不同的断裂方式. 再如, 我们知道, 裂纹面上的少量水银能够大幅降低金属铝抵抗裂纹扩展的能力.

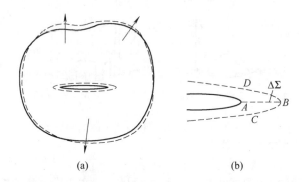

图 190. 裂纹扩展. 虚线表示时刻 t_2 的物体边界, 实线表示时刻 t_1 的物体边界 $(t_2 > t_1)$

脆性断裂和准脆性断裂　　脆性断裂是指这样的断裂形式, 物体断裂后形成的碎块可以再次拼接成物体原来的形状. 因为不会明显出现由塑性或韧性性质引起的的残余应变, 所以可以把发生脆性断裂的器具再粘起来.

　　发生脆性断裂时, 在固体中会出现大量宏观裂纹并发生扩展. 裂开或破碎的玻璃是脆性断裂的一个例子.

　　许多金属结构在出现宏观裂纹并发生扩展后会以准脆性断裂的形式破坏. 发生准脆性断裂时, 在接近表面很薄的一层中, 在裂纹面两侧会发生塑性变形.

　　这里的脆性和准脆性断裂理论是在经典弹性力学小变形理论的一些结果的基础上提出的. 为了研究导致脆性和准脆性断裂的裂纹扩展, 本章前两节已经阐述了相关理论中的数学工具.

　　我们在下面仅仅研究在物体初始状态下已经存在的裂纹的平衡和扩展, 而不打算考虑裂纹最初如何产生的问题. 裂纹的产生与物体内部的位错[1]有密切的关系.

一般能量方程　　为了对有限大小可变形固体的强度问题和位移的强间断面问题进行理论分析, 可以使用一个普适的表述能量守恒定律的热力学方程. 在一般情况下, 这个方程具有以下形式 (见第一卷第五章 §2):

$$dE + dU = dA^{(e)} + dQ^{(e)} + dQ^{**}, \tag{3.1}$$

式中 E 是物体的动能, U 是总的内能, $dA^{(e)}$ 是因为宏观体积力和面力做功而从外部进入物体的总能量流, $dQ^{(e)}$ 是外部总热流, dQ^{**} 是由一些特殊微观机理 (例如物体表面的化学作用、电磁场相互作用等) 导致的外部宏观能量流. 在此前考虑的弹塑性模型中认为 $dQ^{**} = 0$. 我们在这里之所以引入 $dQ^{**} \neq 0$, 是为了能够考虑与外部介质发生相互作用时出现的一些表面现象, 这些现象不仅发生在最初的物体边界上, 而且发生在因为裂纹扩展而出现间断时形成的新的边界上 (图 190).

---

[1] 后面将给出面位错的概念.

物体断裂时形成新的边界

图 190 (b) 是裂纹一端附近的边界在不同时刻 t_1 和 t_2 的示意图. 原来连续的物体内部区域 $\Delta\Sigma$ 在时刻 t_1 对应图 190 (b) 中的点虚线线段 AB, 经过 $t_2 - t_1$ 时间, 沿该区域发生间断, 从而形成新的边界 DBC.

方程 (3.1) 既可以用于作为一个整体的全部物体, 也可以用于物体的任何有限区域, 并且其中可以带有在任何时间间隔 $\Delta t - t_2 - t_1$ 内发生扩展的裂纹. 在以下讨论中, 我们认为物体中与时刻 t_1 和 t_2 相对应的点的位置非常接近.

内能的可加常量和断裂能

在经典热弹性力学 (考虑热效应的弹性力学) 中, 总的内能表示为以下形式:

$$U_{\text{tot}} = \int\limits_V U(\varepsilon_{ij},\, s)\rho\, \mathrm{d}\tau + U_0 = U_1 + U_0, \qquad (3.2)$$

式中 $U(\varepsilon_{ij},\, s)$ 是某个确定的函数, 它依赖于质量熵 s 和应变张量的分量 ε_{ij}, 而 U_0 是可加常量. 在 "纯" 弹性力学中, 可加常量 U_0 无关紧要, 所以在方程 (3.1) 中总是认为 $\mathrm{d}U_0 = 0$.

裂纹扩展是位移的强间断面在物体中扩张的过程, 在这一过程中形成新的边界面. 在研究裂纹扩展时, 除了与弹性和温度有关的那一部分内能, 即等式 (3.2) 中用 U_1 表示的那一项, 还必须考虑与一些表面效应有关的其他形式的能量, 这些效应是在物体的完整性遭到破坏时出现的. 为了考虑这些效应, 一种最简单的方式是利用可加常量 U_0, 这个量在只有熵 s 和应变张量的分量 ε_{ij} 变化时保持不变, 但如果在物体内部形成间断面, 或者物体通过能量流 $\mathrm{d}Q^{**}$ 与外部介质发生相互作用, 这个量就会发生变化.

U_0 是内聚能

考虑一个连续体, 它的所有微元都处于某种相同的状态, 并认为在这种状态下 $U = 0$, 于是 $U_1 = 0$. 现在, 假想用某一个曲面 Σ 把该连续体分为 I 和 II 这两部分. 根据函数 U_1 的定义, 这时有

$$U_1(\text{I} + \text{II}) = U_1(\text{I}) = U_1(\text{II}) = 0.$$

如果真的把物体分为 I 和 II 这两部分, 并且所有内部微元的状态在这个过程中保持不变 (例如熵和应变值保持不变), 则这个等式仍然成立.

在这种情况下, 对于常量 U_0 显然有

$$U_0(\text{I} + \text{II}) \leqslant U_0(\text{I}) + U_0(\text{II}).$$

这个不等式的先决条件是, 为了从 I + II 这一个物体形成 I 和 II 这两个物体, 应当消耗功来克服广义的内部微观内聚力[1] 在分界面上的作用, 所消耗的能量与间断面

---

[1] 众所周知, 可以通过无穷小能量交换的表达式来定义广义力, 这些力一般不同于通过宏观相互作用的牛顿动量方程定义的力. 微观相互作用和相应的微观能量交换以及宏观能量交换能够具有复杂的量子本质.

附近薄层中的物理结构的变化有关. 这些广义内部相互作用力的功在物体分为若干部分时必定不等于零, 并且必定是负的.

在问题的上述提法下, 量 U_0 所代表的那一部分能量表征全部内聚能. 这部分能量类似于互相吸引的质量所具有的引力能. 然而, 与引力能不同的是, 真实物体的内聚能 U_0 一般对物体的整体几何形状只有很微弱的依赖关系. 这是因为, 内部的内聚力具有电磁本质, 基本上只在中性原子和分子之间起作用, 所以这些力是短程力, 即它们只在非常小的距离上 (在原子间距离的量级上) 才在发生相互作用的粒子之间明显表现出来.

材料的强度和内聚能　　然而, 正是这种内聚能 U_0 保证了材料的强度 (物体各部分牢固连接在一起的能力), 强调这一点非常重要. 由此显然可知, 应当在考虑貌似无关紧要的常量 U_0 的条件下研究并解决强度问题和在固体中形成间断的问题. 在形成间断时必须考虑能量 U_0 的变化. 尽管下面将把 U_0 解释为与表面能的概念有关的内能, 但是不能把它简单地归结为这个概念, 因为材料微观结构在很薄的表面层中具有更深刻的变化.

在弹性力学中, 通常认为位移矢量的分量及其变分 δw_i 是连续的. 真实物体因为相邻粒子的内部相互作用而具有保持其完整性的基本物理性质, 变分 δw_i 的连续性与此有关. 在出现间断时, 变分 δU_0 应当达到较大的值, 这就保证了变分 δw_i 的连续性. 在没有间断时, $\delta U_0 = 0$.

在没有内聚力的颗粒材料中断裂能等于零　　在某些情况下, 例如在颗粒材料中 (例如干沙子), 一般不存在阻碍形成间断的内聚力, 所以在这样的材料中能够在 U_0 不变的条件下形成内部间断.

如果在金属、木材、塑料或者沿某些表面粘接起来的物体中形成裂纹之类的内部间断, 或者如果物体真的断裂为几块, U_0 就会发生变化. 因此, 在研究间断现象时, 在包含间断的物质微元中必须考虑量 dU_0.

断裂能密度 γ　　利用实验和某些一般的物理方法, 我们能够假设

$$dU_0 = \sum_{i=1}^{n} \gamma_i \, d\Sigma_i, \tag{3.3}$$

式中 $d\Sigma_i$ 是物体内部各处裂纹面的面积变化, γ_i 是形成裂纹面 $d\Sigma_i$ 的位置的相应函数 (断裂能的面密度). 对于发生脆性断裂的物体, 在很多情况下可以认为, γ 就是表面能密度, 这类似于液体表面张力的表面能密度, 但有时也不能把 γ 当做固体表面能密度. 实验表明, 断裂能密度

$$\gamma_{\mathrm{ef}} = \lim_{\Delta\Sigma \to 0} \frac{\Delta U_0}{\Delta \Sigma}$$

在许多情况下远大于表面能密度 [1]. 下面在必要时可以把 γ 理解为 γ_{ef}.

---

[1] 例如, 在裂纹附近发生塑性变形时需要额外提供能量, 因为在裂纹面附近很薄的一层中形成的残余应变会吸收能量.

一般而言, γ 的值与下述因素有关: 形成间断的位置的应变状态的特性, 温度和其他一些热力学状态特征量以及它们随时间的变化, 外部介质物理化学性质的影响 (如果假设 $dQ^{**} = 0$), 在物体中存在缺陷和位错, 等等. 在最简单的情况下, 作为一种近似, 可以认为 $\gamma = \text{const}$, 并且该常量值是表征材料强度的一个重要特征量. 在研究强度问题时, 对 γ 的实验研究以及理论研究应当是主要任务.

在弹性体模型下用来描述裂纹扩展的能量方程　　因此, 在物体发生脆性断裂时, 如果采用内能[1]的定义 (3.2), 则用来描述内部间断扩展的基本能量方程可以写为

$$dE + dU_1 + dU_0 = dA^{(e)} + dQ^{(e)} + dQ^{**}. \tag{3.4}$$

现在, 我们把图 190 (b) 中的点虚线线段 AB 所对应的部分裂纹面 $d\Sigma$ 的两侧 $d\Sigma_1$ 和 $d\Sigma_2$ 列入物体边界, 把分别作用于这部分裂纹面两侧的内应力列入外面力. 在此之后, 我们就可以在通常的弹性体模型下研究在脆性物体中因为裂纹扩展而出现的位移 (变形), 这时认为 $dU_0 = dQ^{**} = 0$. 然而, 这时必须在能量方程中考虑组成物体边界的最新形成的表面 $d\Sigma_1$ 和 $d\Sigma_2$ 上的新的外力的功[2].

于是, 在弹性力学模型的范围内, 物体整体的能量方程具有以下形式:

$$dE + dU_1 = dA^{(e)} + dQ^{(e)} + dA_{d\Sigma}^{(e)}. \tag{3.5}$$

在裂纹发生扩展时必须在弹性体能量方程中考虑宏观外部能量流 $dA_{d\Sigma}^{(e)}$　　在裂纹尖端出现应力集中. 量 $dA_{d\Sigma}^{(e)}$ 是因为裂纹尖端扩展而在奇点 (位于裂纹尖端) 出现的某种能量流. 如果裂纹固定不动, 该能量流就等于零; 如果裂纹发生扩展 (可以把裂纹看做具有变化间断面的缝隙), 该能量流就不等于零. 为了使用弹性力学理论来描述裂纹扩展, 就要对包含裂纹尖端的任何区域写出能量流 $dA_{d\Sigma}^{(e)}$, 并把它列入能量方程 (3.5). 下面将利用弹性问题的已知解给出 $dA_{d\Sigma}^{(e)}$ 的一些计算公式.

服从胡克定律的小变形弹性体模型和下面给出的近似的数学提法无法描述脆性物体中紧邻裂纹尖端的区域中的真实现象. 尽管如此, 对于物体整体的弹性问题, 只要正确地求出能量流 $dA_{d\Sigma}^{(e)}$ 的值即可. 在更细致的模型下和更准确的数学提法下, 该能量流可能取决于各种各样的物理机制.

对于弹塑性体中的 "裂纹", 在裂纹尖端附近的有限区域内能够表现出塑性并发生塑性变形. 当外部载荷具有不同特性时, 塑性区的形式也多种多样. 实验表明, 在某些个别的例子中, 这些塑性区是一些具有有限长度 d 的薄层, 我们可以把它们看做在物体内部发生位移间断时形成的缝隙的延伸. 从弹性解的观点看, 可以把裂纹尖端附近发生塑性变形的薄层看做弹性位移的附加间断值 d, 并且可以通过研究该

---

[1] 在一般情况下, 内能还依赖于塑性应变和材料的其他一些状态特征量.

[2] 根据圣维南原理, 在下面的脆性物体裂纹理论中, 为了正确地求解弹性问题 (利用弹性体整体状态的动量方程和协调方程), 不必引入已有裂纹面 ($d\Sigma$ 以外边界) "微元" 上的真实的或假想的 "恰当的" 内聚力, 从而不必把这样的 "内聚力" 当做宏观外应力并把它列入边界条件.

薄层中的塑性状态近似地计算出或给出其中的应力. 长度 d 与塑性性质、物体形状、裂纹在物体中的位置以及外部载荷的形式有关. 下面将叙述脆性物体的裂纹理论并认为 $d = 0$. 如果长度 d 的有限值非常重要, 就必须修改这个理论和相应的准则.

　　然而, $d = 0$ 的理论在许多重要问题中[1] 与实验相符, 这时仅在裂纹尖端附近的一些微小区域 ($d/l \approx 0$, l 是裂纹长度) 中表现出塑性.

裂纹理论的基本方程　　根据准脆性断裂的定义, 下面假设, 与弹性问题的解相对应的量 dE, dU_1, $dA^{(e)}$ 和 $dQ^{(e)}$ 在物体的主要区域中给出真实状态的良好近似, 所以可以认为, 这些量在复杂模型 (3.4) 和弹性体模型 (3.5) 的相应方程中具有同样的值. 那么, 从 (3.4) 和 (3.5) 可以得到裂纹理论的基本方程

$$dU_0 = -dA_{d\Sigma}^{(e)} + dQ^{**}, \tag{3.6}$$

这个方程是对弹性力学方程的补充.

　　裂纹能否扩展与关系式 (3.6) 是否成立有关. 格里菲思在 1922 年建立了平衡裂纹理论, 其基础就是方程 (3.6), 假设 $dQ^{**} = 0$ 以及 (3.3).

　　如果假想, 在裂纹面增加 $\delta\Sigma$ 时可以得到

$$\delta U_0 > -\delta A_{\delta\Sigma}^{(e)} + \delta Q^{**},$$

则裂纹其实不会扩展 ("外部" 能量流不足以给出附加的表面能 δU_0). 这时可以得到带有裂纹的物体的一个弹性力学问题, 裂纹边界由同样一些物质点组成. 这时, 在任何可能的变形过程中,

$$\delta U_0 = \delta A_{\delta\Sigma}^{(e)} = \delta Q^{**} = 0.$$

　　只要等式 (3.6) 成立, 裂纹就会扩展.

　　裂纹扩展问题的上述一般提法和所有上述方法属于动力学问题中最一般的情况, 这时一般存在任意的外部热流和能量流 dQ^{**}. 通常只考虑静态绝热过程, 这时 $dQ^{**} = 0$.

静态裂纹理论的关系式　　我们指出, 如果对可能的裂纹扩展过程应用能量方程 (3.4), 则在静力学条件下 (在 $\delta E = 0$ 时), 当变分满足以下专门条件时[2]:

$$\delta A^{(e)} = \delta Q^{(e)} = 0, \quad \delta Q^{**} = 0, \tag{3.7}$$

对平衡裂纹可以得到关系式

$$\delta U_1 + \delta U_0 = 0, \quad \text{或} \quad \delta U_1 = -\delta U_0.$$

---

　　[1] 如果物体中最初的间断能够以裂纹的形式发生扩展, 则按照这个理论, 我们能够根据给定的外部载荷来计算各种形状的物体中的应变和应力. 对于一组给定的载荷, 这些计算能够给出确定裂纹扩展的临界载荷值. 此外, 还可以计算裂纹在给定外部条件下的扩展过程, 从而解决临界状态的稳定性问题. 在下文中将举例说明某些应用.

　　[2] 这里假设没有外质量力.

从这个结果和 (3.6) 可知, 这时还可以写出等式[1]

$$\delta U_1 = -\delta U_0 = \delta A_{\delta\Sigma}^{(e)}.$$

因此, 对于以上形式的变分和静态平衡裂纹, 如果 $\delta U_0 > 0$, 即如果 $\delta A_{\delta\Sigma}^{(e)} < 0$, 则

$$\delta U_1 < 0.$$

容易理解, 无论广义聚合力具有何种具体的物理本质, 能量流 $\delta A_{\delta\Sigma}^{(e)}$ 在 $\delta\Sigma > 0$ 时永远是负的, 因为在通常条件下物体总是抵抗分裂. 由此可知, 当裂纹在条件 (3.7) 下发生扩展时, 对于任何物理上可能的聚合力都成立不等式 $\delta U_1 \ne 0$.

然而, 如果裂纹固定不动, 并且在所有可能位移中只考虑满足条件 $\delta\Sigma = 0$ 的位移, 则在条件 (3.7) 下有

$$\delta U_1 = 0.$$

这时, 我们得到已经在前面研究并证明的弹性能 (弹性势) 极值条件 (见第九章 §9).

为了求解裂纹在物体中扩展的问题必须知道能量流 $\mathrm{d}A_{\mathrm{d}\Sigma}^{(e)}$ 的计算公式 如果有关于 $\mathrm{d}A_{\mathrm{d}\Sigma}^{(e)}$, $\mathrm{d}U_0$ (或 γ_i, 如果使用假设 (3.3)) 和 $\mathrm{d}Q^{**}$ 的结果, 就可以使用方程 (3.6) 来求解一些具体问题. 下面将认为

$$\mathrm{d}U_0 = \gamma(\mathrm{d}\Sigma_1 + \mathrm{d}\Sigma_2),$$

并且在通过实验确定 γ 时已经考虑了给定物体与外部介质的相互作用, 所以还认为 $\mathrm{d}Q^{**} = 0$.

现在, 我们将把 $\mathrm{d}A_{\mathrm{d}\Sigma}^{(e)}$ 通过裂纹尖端状态特征量表示出来, 从而建立能量流公式. 下面得到的公式不仅适用于裂纹扩展的情况, 而且适用于面位错类型的间断发生扩展的情况. 所以, 我们先来解释沿某个孤立曲面 Σ 连续分布的位错的概念.

沿某个曲面连续分布的位错 在曲面 Σ 的邻域内, 如果在曲面两侧都存在从某个初始位置算起的连续的位移矢量 $\boldsymbol{w}$, 并且矢量 $\boldsymbol{w}$ 在曲面 Σ 上的切向分量具有间断[2], 则曲面 Σ 表示沿孤立曲面连续分布的位错.

---

[1] 在格里菲思理论中, 在没有外部能量流的情况下, 对于具有各种宽度缝隙的给定物体, 可以根据一些具体的静力学问题的解来计算物体整体的胡克弹性能变化 $(\mathrm{d}U_1/\mathrm{d}\Sigma)\,\mathrm{d}\Sigma$. 若 γ 由等式 $\mathrm{d}U_0 = \gamma(\mathrm{d}\Sigma_1 + \mathrm{d}\Sigma_2)$ 定义, 则利用 γ 的值和方程 $\mathrm{d}U_1/\mathrm{d}\Sigma = -\gamma$ 可以确定临界载荷和使缝隙扩展为裂纹的应变状态.

我们强调, 关于弹性区能量变化的格里菲思公式

$$\delta U_1 = \delta A_{\delta\Sigma}^{(e)}$$

对于具有有限塑性区的弹塑性体中的 "裂纹" 也成立; 这时, 量 $\delta A_{\delta\Sigma}^{(e)}$ 包括塑性区与弹性区交界面上的内应力的元功.

[2] 这里和下面都认为位移很小. 如果变形过程是连续的, 位移 $\boldsymbol{w}$ 有限, 则在 Σ 上有条件

$$(\mathrm{d}\boldsymbol{w}_1)_n = (\mathrm{d}\boldsymbol{w}_2)_n,$$

式中 $(\mathrm{d}\boldsymbol{w}_1)_n$ 和 $(\mathrm{d}\boldsymbol{w}_2)_n$ 是位移矢量增量在曲面 Σ 不同侧面上的法向分量.

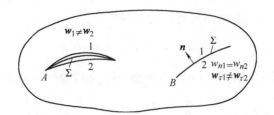

图 191. 孤立裂纹和孤立面位错示意图. A. 裂纹, 位移在间断面 Σ 两侧不同, $\boldsymbol{w}_1 \neq \boldsymbol{w}_2$, $w_{n1} \neq w_{n2}$; B. 面位错, $w_{n1} = w_{n2}$, $\boldsymbol{w}_{\tau 1} \neq \boldsymbol{w}_{\tau 2}$

如果在 Σ 上只有 (或者还有) 位移 $\boldsymbol{w}$ 的法向分量发生间断, 那么, 在间断面 Σ 固定不动时可以把它看做从某个时刻就存在的缝隙, 在间断面 Σ 扩展时可以把它看做裂纹 (图 191).

因此, 无论是裂纹还是位错, 在物体中都存在位移间断面, 只不过在存在位错时, 固体在内部有相应缺陷的同时仍保持完整. 面位错让我们想起流体势流中的涡片或者有势电磁场中的面电流.

线位错　　作为曲面 Σ 上的坐标的函数, 如果沿位错面的位移间断矢量服从固体位移定律, 那么, 尽管位移在曲面 Σ 上发生间断, 应变张量的分量在曲面 Σ 上显然可以是连续的. 在这种情况下, 应变张量的分量可以仅在曲面 Σ 的边界 $\mathscr{L}$ 上具有奇异性.

类似地, 在流体力学中, 速度势在涡片所在曲面的两侧发生间断, 并且间断值沿该曲面是变化的, 但是在张于孤立涡丝 $\mathscr{L}$ 的曲面 Σ 上, 速度势间断值处处相同. 或者, 对于电动力学中的面电流与沿曲线 $\mathscr{L}$ 的线电流, 我们有类似的表述.

因此, 可以引入孤立曲线 $\mathscr{L}$ 并把它当做相应缺陷——位错——的特征[1]. 线位错具有不同的类型, 这取决于位移间断在张于曲线 $\mathscr{L}$ 的曲面 Σ 上的形式.

位错面上的应力条件　　位错面 Σ 是位移的切向间断面. 在静力学条件下以及动力学条件的许多情况下, 在切向间断面 Σ 上应当成立等式

$$\boldsymbol{p}_{n_1} = -\boldsymbol{p}_{n_2},$$

即

$$\boldsymbol{p}_{n1} = \boldsymbol{p}_{n2}, \quad \text{或} \quad p_{nn1} = p_{nn2}, \quad p_{n\tau 1} = p_{n\tau 2},$$

式中 $\boldsymbol{p}_n$ 是曲面 Σ 上的应力矢量, 下标 1 和 2 对应 Σ 的不同侧面, $\boldsymbol{n}_1$ 和 $\boldsymbol{n}_2$ 是曲面 Σ 上方向相反的法向矢量, $\boldsymbol{n}$ 和 $\boldsymbol{\tau}$ 是 Σ 不同侧面上指向同样方向的法向矢量和切向矢量.

---

[1] 除了线位错和面位错, 还可以引入体位错——在空间区域中连续分布的位错, 并建立相应理论. 这时可以引入 "初始状态", 但不能引入从相应 "初始状态" 的位移. 体位错理论的内容超出了本书的范围.

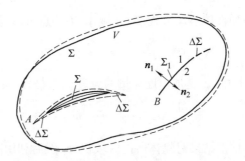

图 192. 裂纹 A 和位错面 B 发生扩展的示意图. 实线对应时刻 t 的物体边界, 虚线对应时刻 $t + \Delta t$ 的物体边界. 在时刻 t, 物体所占区域 V 的边界是 Σ; 经过 Δt 时间, 部分间断面获得增量 $\Delta \Sigma$

在一般情况下, 对于其他面微元上的应力, 例如垂直于 Σ 的面微元上的应力, 其分量在 Σ 上有间断.

在裂纹面上一般成立不等式

$$p_{n1} \neq p_{n2}.$$

形成间断面时 (裂纹和位错扩展时) 的能量流公式 我们将在几何线性理论的提法下推导 $\mathrm{d}A_{\mathrm{d}\Sigma}^{(\mathrm{e})}$ 的公式. 下面假设物体是弹性体, 但不一定服从胡克定律, 它可以由应力与应变之间的非线性关系式描述. 我们将考虑与物质点加速运动有关的一些可能的动力学效应, 还将考虑存在热流的情况.

我们来研究带有裂纹和 (或) 面位错的给定物体在时刻 t 和 $t + \Delta t$ 的两个应变状态 (图 192). 采用求和的方法容易考虑多个裂纹或位错的情况. 按照线性化的提法, 可以在曲面 $\Sigma + \Delta \Sigma$ 上提出边界条件 (图 192).

我们用 w 表示从某个初始状态到时刻 t 的状态的位移矢量, 用 w' 表示从同样的初始状态到时刻 $t + \Delta t$ 的状态的位移矢量, 相应分量分别为 w_i 和 w_i'. 在新形成的边界 $\Delta \Sigma$ 上, 位移矢量 w 连续, 但位移矢量 w' 发生间断. 引入介质微元在 Δt 时间内的位移矢量 $\Delta w = w' - w$, 其分量为 $\Delta w_i = w_i' - w_i$. 根据模型的定义, 对于质量内能 U, 我们有

$$U = U(\varepsilon_{ij}, \ s), \quad U' = U'(\varepsilon_{ij}', \ s'),$$

式中

$$\varepsilon_{ij} = \frac{1}{2}(\nabla_i w_j + \nabla_j w_i), \quad \varepsilon_{ij}' = \frac{1}{2}(\nabla_i w_j' + \nabla_j w_i'),$$

s 和 s' 是相应的质量熵.

根据弹性力学定律, 在物体所占区域内部, 应力张量的分量在上述两种状态下分别由以下公式定义:

$$p^{ij} = \rho \frac{\partial U}{\partial \varepsilon_{ij}}, \quad p'^{ij} = \rho' \frac{\partial U'}{\partial \varepsilon_{ij}'},$$

式中 ρ 和 ρ' 是相应的密度. 在线性理论的范围内, 在这些公式中可以认为 $\rho = \rho'$. 根

据时刻 t 和 $t + \Delta t$ 的弹性体运动方程, 对区域 V 中的点可以写出等式

$$\nabla_j \left(p'^{ij} + p^{ij} \right) + \mathscr{F}'^i + \mathscr{F}^i = 0, \tag{3.8}$$

式中 $\mathscr{F}^i = F^i - \rho a^i$, 其中 a^i 是加速度矢量的分量, F^i 是外体积力的分量. 用

$$\frac{1}{2} \Delta w_i = \frac{1}{2} (w'_i - w_i)$$

乘方程 (3.8) 后再求和, 把结果对物体所占区域积分, 然后利用问题的线性提法进行明显的变换, 最终得到

$$\frac{1}{2} \int\limits_{\Sigma + \Delta\Sigma} (p'^{ij} + p^{ij})(w'_i - w_i) n_j \, \mathrm{d}\sigma + \frac{1}{2} \int\limits_{V} (\mathscr{F}'^i + \mathscr{F}^i)(w'_i - w_i) \, \mathrm{d}\tau$$

$$= \frac{1}{2} \int\limits_{V} \left[\left(\frac{\partial U'}{\partial \varepsilon'_{ij}} + \frac{\partial U}{\partial \varepsilon_{ij}} \right) \nabla_j \Delta w_i \right] \rho \, \mathrm{d}\tau, \quad (3.9)$$

式中 n_j 是 $\Sigma + \Delta\Sigma$ 上的外法向矢量的分量 (相对于物体所占区域).

如果内能是应变张量分量的二次型, 则在线性理论的范围内可以写出

$$\left(\frac{\partial U'}{\partial \varepsilon'_{ij}} + \frac{\partial U}{\partial \varepsilon_{ij}} \right) \nabla_j (w'_i - w_i) = \frac{\partial U'}{\partial \varepsilon'_{ij}} \nabla_j w'_i - \frac{\partial U}{\partial \varepsilon_{ij}} \nabla_j w_i = 2(U' - U),$$

所以等式 (3.9) 的右侧等于

$$\int\limits_{V} \rho U' \, \mathrm{d}\tau - \int\limits_{V} \rho U \, \mathrm{d}\tau = \mathrm{d}U_1.$$

现在, 我们在更一般的情况下研究 (3.9) 的右侧在 $\Delta t \to 0$ 时的意义, 这时质量内能 U 是质量熵 s 和分量 ε_{ij} 的某个函数.

在下面的计算中, 我们注意到, 在 $\Delta t \to 0$ 时, 新出现的间断面 $\Delta\Sigma$ 的面积值具有 Δt 的量级, 差 $w'_i - w_i$ 和量 $\nabla_j (w'_i - w_i)$ 在区域 V 内部的固定点是 Δt 的一阶小量, 但是对于间断面 $\Delta\Sigma$ 上的点, 差 $w'_i - w_i$ 具有位移 w'_i 和 w_i 本身的量级. 我们认为, 熵的差 $s' - s$ 在区域 V 内部和边界 $\Delta\Sigma$ 上也具有像 $w'_i - w_i$ 那样的性质. 精确到二阶小量可以写出

$$U'(\varepsilon'_{ij}, \ s') - U(\varepsilon_{ij}, \ s)$$
$$= \frac{\partial U}{\partial \varepsilon_{ij}} \Delta\varepsilon_{ij} + \frac{1}{2} \left(\frac{\partial^2 U}{\partial \varepsilon_{pq} \, \partial \varepsilon_{ij}} \Delta\varepsilon_{pq} + \frac{\partial^2 U}{\partial s \, \partial \varepsilon_{ij}} \Delta s \right) \Delta\varepsilon_{ij} + \left(\frac{\partial U}{\partial s} + \frac{1}{2} \frac{\partial^2 U}{\partial s^2} \Delta s \right) \Delta s,$$

此外还有

$$\frac{\partial U'(\varepsilon'_{ij}, \ s')}{\partial \varepsilon'_{ij}} - \frac{\partial U(\varepsilon_{ij}, \ s)}{\partial \varepsilon_{ij}} = \Delta \frac{\partial U}{\partial \varepsilon_{ij}} = \frac{\partial^2 U}{\partial \varepsilon_{pq} \, \partial \varepsilon_{ij}} \Delta\varepsilon_{pq} + \frac{\partial^2 U}{\partial s \, \partial \varepsilon_{ij}} \Delta s.$$

由此可知

$$\Delta U = \frac{1}{2}\left[\left(2\frac{\partial U}{\partial \varepsilon_{ij}} + \Delta\frac{\partial U}{\partial \varepsilon_{ij}}\right)\Delta\varepsilon_{ij}\right] + T^*\Delta s, \qquad (3.10)$$

式中

$$T^* = \frac{\partial U}{\partial s} + \frac{1}{2}\frac{\partial^2 U}{\partial s^2}\Delta s$$

是温度在时刻 $t + \Delta t$ 的更精确的值.

显然, (3.10) 中方括号以内的表达式等于 (3.9) 右侧积分中方括号以内的表达式. 关系式 (3.10) 其实是微分关系式

$$dU = \frac{\partial U}{\partial \varepsilon_{ij}}\, d\varepsilon_{ij} + \frac{\partial U}{\partial s}\, ds = \frac{p^{ij}}{\rho}\, d\varepsilon_{ij} + dq^{(\mathrm{e})}, \quad dq^{(\mathrm{e})} = T\, ds \qquad (3.11)$$

的一种更精确的写法, 其中考虑了二阶小量. 在区域 V 的内部点, 等式 (3.10) 在忽略掉 $(\Delta t)^2$ 阶小量后化为等式 (3.11). 在接近新形成的间断面 $\Delta\Sigma$ 时, 包括在间断面 $\Delta\Sigma$ 上, 表达式 $\partial U/\partial \varepsilon_{ij}$ 和 $\Delta(\partial U/\partial \varepsilon_{ij})$ 的量级是相同的. 所以, 在计算 (3.9) 中的相应积分时可以使用等式 (3.10).

根据弹性体的定义, 我们有

$$U_1 = \int\limits_V U\rho\, d\tau.$$

令

$$\int\limits_V T^*\Delta s\,\rho\, d\tau = \int\limits_V dq^{(\mathrm{e})}\rho\, d\tau = dQ^{(\mathrm{e})},$$

式中 $dQ^{(\mathrm{e})}$ 是总的外部热流. 根据这些定义和等式 (3.10), 我们得到公式

$$\frac{1}{2}\int\limits_V\left[\left(\frac{\partial U'}{\partial \varepsilon'_{ij}} + \frac{\partial U}{\partial \varepsilon_{ij}}\right)\nabla_j\left(w'_i - w_i\right)\right]\rho\, d\tau = dU_1 - dQ^{(\mathrm{e})}.$$

所以, 方程 (3.9) 可以化为以下形式:

$$dE + dU_1 = dA^{(\mathrm{e})} + dQ^{(\mathrm{e})} + \frac{1}{2}\int\limits_{\Delta\Sigma} \boldsymbol{p}_n\cdot\boldsymbol{w}'\, d\sigma + \frac{1}{2}\int\limits_{\Delta\Sigma} \boldsymbol{p}'_n\cdot(\boldsymbol{w}' - \boldsymbol{w})\, d\sigma. \qquad (3.12)$$

这里还考虑到

$$\int\limits_{\Delta\Sigma} \boldsymbol{p}_n\cdot\boldsymbol{w}\, d\sigma = 0,$$

因为位移矢量 $\boldsymbol{w}$ 和分量 p^{ij} 在 $\Delta\Sigma$ 上连续. 此外, 在 (3.12) 中还使用了明显的记号

$$dE = \int\limits_V \rho a^i\, dw_i\, d\tau, \quad dA^{(\mathrm{e})} = \int\limits_\Sigma \boldsymbol{p}_n\cdot d\boldsymbol{w}\, d\sigma + dA^{(\mathrm{e})}_{\mathrm{mass}}, \quad dA^{(\mathrm{e})}_{\mathrm{mass}} = \int\limits_V F^i\, dw_i\, d\tau,$$

式中 E 是物体在区域 V 中的总动能, $\mathrm{d}A^{(\mathrm{e})}$ 是外质量力的功与外面力在形成新的间断面 $\mathrm{d}\Sigma$ 之前的物体表面[1] Σ 上的功之和.

对比 (3.12) 和 (3.5), 我们得到所需公式

$$\mathrm{d}A^{(\mathrm{e})}_{\mathrm{d}\Sigma} = \frac{1}{2} \int\limits_{\mathrm{d}\Sigma} \boldsymbol{p}_n \cdot \boldsymbol{w}' \, \mathrm{d}\sigma + \frac{1}{2} \int\limits_{\mathrm{d}\Sigma} \boldsymbol{p}'_n \cdot (\boldsymbol{w}' - \boldsymbol{w}) \, \mathrm{d}\sigma. \tag{3.13}$$

例如, 如果裂纹两侧不受应力作用, 即如果在 $\mathrm{d}\Sigma$ 上 $\boldsymbol{p}'_n = 0$, 则公式 (3.13) 给出

$$\mathrm{d}A^{(\mathrm{e})}_{\mathrm{d}\Sigma} = \frac{1}{2} \int\limits_{\mathrm{d}\Sigma_1} \boldsymbol{p}_n \cdot \boldsymbol{w}'_1 \, \mathrm{d}\sigma + \frac{1}{2} \int\limits_{\mathrm{d}\Sigma_2} \boldsymbol{p}_n \cdot \boldsymbol{w}'_2 \, \mathrm{d}\sigma, \quad \boldsymbol{w}'_1 \neq \boldsymbol{w}'_2, \tag{3.14}$$

式中 $\mathrm{d}\Sigma_1$ 和 $\mathrm{d}\Sigma_2$ 是新形成的间断面 $\mathrm{d}\Sigma$ 的两侧. 我们注意到, $\mathrm{d}\Sigma_1$ 和 $\mathrm{d}\Sigma_2$ 上的法向矢量的方向正好相反, 都指向裂纹内部, 即区域 V 的外部.

在面位错的情况下, 在 $\mathrm{d}\Sigma$ 上有

$$\boldsymbol{p}_{n_1} = -\boldsymbol{p}_{n_2}, \quad \boldsymbol{p}'_{n_1} = -\boldsymbol{p}'_{n_2}, \quad \boldsymbol{w}_1 = \boldsymbol{w}_2,$$

并且

$$\boldsymbol{w}'_1 - \boldsymbol{w}'_2 = \boldsymbol{w}'_{\tau 1} - \boldsymbol{w}'_{\tau 2} \neq 0,$$

所以公式 (3.13) 给出

$$\mathrm{d}A^{(\mathrm{e})}_{\mathrm{d}\Sigma} = \frac{1}{2} \int\limits_{\mathrm{d}\Sigma} (\boldsymbol{p}_n + \boldsymbol{p}'_n) \cdot \boldsymbol{w}' \, \mathrm{d}\sigma = \frac{1}{2} \int\limits_{\mathrm{d}\Sigma_1} (\boldsymbol{p}_{n\tau 1} + \boldsymbol{p}'_{n\tau 2}) \cdot (\boldsymbol{w}'_{\tau 1} - \boldsymbol{w}'_{\tau 2}) \, \mathrm{d}\sigma.$$

这里用下标 τ 表示相应矢量在 $\mathrm{d}\Sigma$ 的切平面内的分矢量.

在具有内能 U_1 的弹性体模型的范围内, 必须把 $\mathrm{d}A^{(\mathrm{e})}_{\mathrm{d}\Sigma}$ 看做外部能量流. 在完整的更复杂的弹性体模型中, 内能的表达式在改进后变得更加复杂 (例如 $U_1 + U_0$), 这时应当利用内能的变化来获得能量流 $\mathrm{d}A^{(\mathrm{e})}_{\mathrm{d}\Sigma}$. 例如, 在脆性物体裂纹理论中可以利用 $\mathrm{d}U_0 = \gamma(\mathrm{d}\Sigma_1 + \mathrm{d}\Sigma_2)$, 在位错理论中可以利用内能对位错缺陷特征量的依赖关系. 此外, 在位错理论中, 在 $\mathrm{d}A^{(\mathrm{e})}$ 中包括 Σ 的间断面上的面力的一部分非零的功; 我们必须考虑这部分功并把它列入内能的变化, 因为这部分能量流不是由外力做功引起的, 而是由切向位移间断面上的内应力做功引起的, 这时在 Σ 的间断面上

$$\boldsymbol{w}' - \boldsymbol{w} \neq 0, \quad 并且 \quad \mathrm{d}\boldsymbol{w}_1 \neq \mathrm{d}\boldsymbol{w}_2.$$

如果物体中的裂纹发生扩展, 则在弹性力学模型的范围内, 对包含裂纹尖端的部分物体写出的能量方程含有集中分布的外部能量流 $\mathrm{d}A^{(\mathrm{e})}_{\mathrm{d}\Sigma}$, 这在其含义和本质上类似于作用在按照给定运动学规律在流体中运动的附着涡丝上的集中分布的外力. 在第 228, 229 页上阐述了关于作用在附着涡上的力的广义茹科夫斯基定理.

---

[1] 这里认为, 位错面两侧属于物体表面 Σ.

欧文公式 对于平面应变状态下的裂纹, 现在计算 $dA_{d\Sigma}^{(e)}$. 为此, 我们使用公式 (3.14) 以及在求解带有裂纹的弹性平板问题时得到的渐近公式 (2.11), (2.12), (2.16) 和 (2.17). 其实, 在准脆性断裂过程中, 弹性力学线性理论的定律无法描述材料在裂纹尖端附近区域中的真实性质 (由于非线性效应、塑性等). 尽管如此, 对于准脆性材料, 如果注意到以下情况, 我们还是可以用这种方法计算 $dA_{d\Sigma}^{(e)}$.

虽然同 $dA_{d\Sigma}^{(e)}$ 直接相关的一些效应仅仅出现在裂纹尖端附近很小的区域中, 但是从方程 (3.5) 可知, 对于作为一个整体的全部物体来讲, 量 $dA_{d\Sigma}^{(e)}$ 与该方程中其余各量的增量平衡. 因此, 为了正确地计算 $dA_{d\Sigma}^{(e)}$, 只要对物体的主要区域正确计算这个方程中的其余各项即可. 由于裂纹尖端附近表现出复杂性质的特殊区域很小, 所以可以认为, 这个区域对主要区域的影响相当于全部区域都是弹性区时该区域对主要区域的影响. 因此, 我们能够使用弹性力学定律来计算 $dA_{d\Sigma}^{(e)}$, 并且不必担心这些定律无法描述裂纹尖端附近区域中的真实现象. 此外, 我们知道, 无论是在弹性模型的范围内计算 $dA_{d\Sigma}^{(e)}$, 还是在复杂模型中描述裂纹尖端附近区域中的细节现象, 所有守恒定律都是相同的.

弹性力学定律在主要区域良好地符合实际情况, 这表明, 在裂纹尖端附近的实际消耗的能量与按照弹性模型计算出来的能量消耗是一样的. 对于脆性和准脆性物体, 可以使用弹性力学理论来计算裂纹尖端附近区域之外的应力和应变, 结果也令人满意, 这就保证了上述计算结果的精度.

把 $\vartheta = 0, r = x$ 代入公式 (2.11) 和 (2.16) 后得到 p_{22} 和 p_{12}, 把 $\vartheta = \pi, r = \delta l - x$ 代入公式 (2.12) 和 (2.17) 后得到 u 和 v, 再利用公式 (3.14), 我们就得到[1] 单位厚度平板上的 $\delta A_{d\Sigma}^{(e)}$:

$$\delta A_{d\Sigma}^{(e)} = -\int_0^{\delta l} (p_{22} v + p_{12} u)\, dx = -\frac{1-\sigma}{\mu}(k_{\rm I}^2 + k_{\rm II}^2)\, \delta l. \tag{3.15}$$

可以看出, 我们在推导欧文公式 (3.15) 时提出一系列重要假设. 然而, 尽管欧文公式是上述假设的推论, 它仍然被许多研究裂纹理论的科研人员采用. 这个理论在许多情况下很好地符合实验结果.

决定裂纹扩展的条件 利用 (3.15) 和条件 $\delta U_0 = \gamma\, \delta\Sigma = 2\gamma\, \delta l$, $\delta Q^{**} = 0$, 再利用变分 δl 在裂纹发生扩展时的任意性, 从基本方程 (3.6) 可以得到一个重要等式

$$k_{\rm I}^2 + k_{\rm II}^2 = 2\gamma\, \frac{\mu}{1-\sigma} = \frac{E\gamma}{1-\sigma^2}. \tag{3.16}$$

这个等式控制着带有扩展裂纹的弹性问题的解. 这里的 $k_{\rm I}^2$ 和 $k_{\rm II}^2$ 与外载荷分布、加速度场 (惯性力)、裂纹的尺寸和形状以及热流定律有泛函依赖关系. 等式是对所有裂纹的尖端写出的, 是弹性力学问题中用来确定裂纹扩展规律的附加条件.

---

[1] 如果裂纹面上的应力不等于零, 就需要考虑公式 (3.13) 中的第二个积分. 然而, 如果 p_n' 是有限的, 就可以按照渐近公式计算这个积分, 结果给出高阶小量 (量级为 $(\delta l)^{3/2}$).

对于具有给定裂纹的弹性力学问题, 无论裂纹的形状和长度如何, 在任何外载荷下都可以求出静力学解, 每一个解都有自己的 k_{I} 和 k_{II}. 如果对于给定的裂纹尖端成立不等式 $k_{\mathrm{I}}^2 + k_{\mathrm{II}}^2 < E\gamma/(1-\sigma^2)$, 则在 $k_{\mathrm{I}}^2 + k_{\mathrm{II}}^2 \neq 0$ 时将出现应力集中, 但裂纹不会扩展. 如果计算给出 $k_{\mathrm{I}}^2 + k_{\mathrm{II}}^2 > E\gamma/(1-\sigma^2)$, 则这样的弹性场是不能实现的.

等式 (3.16) 是裂纹理论中的基本关系式, 是对弹性力学方程的补充. 这些关系式与格里菲思的思想有密切关系. 欧文在 1957 年建立了这些关系式, 并应用它们解决了大量关于裂纹平衡和扩展的问题. 此后, 许多研究者也用这些关系式研究了相关问题. 不无裨益强调的是, 每一个单独的裂纹都有两个尖端, 所以一般存在两个类似于 (3.16) 的关系式. 例如, 当存在对称性时, 重要关系式 (3.16) 的数目会降低. 在一般情况下, 关系式 (3.16) 不仅决定了裂纹的长度, 而且决定了它们在物体中的位置.

没有应力集中的条件　　从等式 (3.16) 可以看出, 在裂纹尖端附近没有应力集中的条件, 即应力强度系数 k_{I} 和 k_{II} 等于零的条件仅在

$$\gamma = 0 \quad \text{或} \quad \mathrm{d}U_0 = 0$$

时才成立. 这时, 在裂纹扩展的方向上, 两侧的物体只是互相压在一起 (没有粘接), 它们之间并不发生阻碍分离的内部相互作用. 前面曾经研究过一个这种类型的问题 (见第 398 页).

固定的缝隙和扩展的裂纹　　显然, 在真实物体的裂纹扩展问题中总有能量消耗, 所以永远有 $\gamma \neq 0$. 因此, 在弹性力学线性理论的范围内, 在缝隙和裂纹的尖端总有应力集中.

裂纹与普通的缝隙的区别 (它们在几何上可能完全相同) 仅仅在于, 裂纹满足等式 (3.16), 而缝隙满足不等式

$$k_{\mathrm{I}}^2 + k_{\mathrm{II}}^2 < 2\gamma \frac{\mu}{1-\sigma}, \tag{3.17}$$

并且缝隙的端点这时固定不动. 从不等式 (3.17) 到等式 (3.16) 的转变取决于物体所受外部载荷的临界条件.

稳定的和不稳定的裂纹扩展过程　　上面已经建立了裂纹尖端的局部条件. 要想利用弹性力学理论来解决关于带有裂纹的试件的非定常变形的整体问题, 这些条件已经足够了.

在利用条件 (3.16) 求解物体整体的动力学问题时, 对于不同的物体形状和载荷类型, 裂纹既可能发生雪崩式的加速进行的不稳定扩展, 从而导致试件断裂, 也可能发生稳定扩展, 这时需要不断增加载荷才能使裂纹的长度增加.

不无裨益强调的是, 物体的断裂问题是一个整体问题, 这个问题与裂纹两端的局部条件没有直接的关系; 但是, 无论裂纹扩展是否稳定, 裂纹尖端的局部极限条件都应当成立, 所以在解决相应问题时可以把它当做必要条件来使用.

在许多问题中, 局部条件 (3.16) 是充分的不稳定性判别准则. 下面举例说明裂

纹的不稳定扩展.

受均布法向应力作用的直裂纹

考虑一块带有直裂纹的无限大平板, 裂纹位于 $|x| \leqslant a, y = 0$. 设裂纹面上均匀分布着使裂纹张开的法向应力:

$$\text{在 } |x| \leqslant a, \ y = 0 \text{ 时} \quad p_{22} = -g(x), \quad p_{12} = 0.$$

这时, 应力强度系数 k_{I} 由公式 (2.10) 给出, 而裂纹扩展条件 (3.16) 具有以下形式:

$$\frac{1}{\pi a} \left[\int_{-a}^{a} g(\xi) \sqrt{\frac{a+\xi}{a-\xi}} \, \mathrm{d}\xi \right]^2 = \frac{E\gamma}{1-\sigma^2}. \tag{3.18}$$

当 $g(\xi) = p_0 = \mathrm{const}$ 时, 应力强度系数 (见 (2.19)) 等于

$$k_{\mathrm{I}} = p_0 \sqrt{\pi a},$$

而极限条件 (3.18) 化为

$$p_0 = p_0^* = \sqrt{\frac{E\gamma}{\pi a(1-\sigma^2)}}, \tag{3.19}$$

式中 p_0^* 表示使裂纹破坏的应力值 p_0.

根据 (3.19), 临界应力值 p_0^* 随裂纹长度 $2a$ 的增加而降低. 所以, 在固定的法向应力 p_0 作用下, 裂纹的扩展是不稳定的.

显然, 如果裂纹面不受应力作用, 但平板在无穷远处受到常应力 p_0 的各向均匀拉伸, 则裂纹的扩展也是不稳定的. 这时, 应力强度系数 k_{I} 也由公式 (2.19) 给出, 而拉伸应力 p_0 的临界值 p_0^* 由 (3.19) 计算.

带有裂纹的平板的单轴拉伸

设带有直裂纹的弹性平板在无穷远处在与 x 轴的夹角为 θ_0 的方向上受到大小为 p_0 的拉伸应力的作用 (图 181), 裂纹位于 $|x| \leqslant a, y = 0$. 在这种情况下, 根据 (3.19), 应力强度系数 k_{I} 和 k_{II} 等于

$$k_{\mathrm{I}} = p_0 \sqrt{\pi a} \sin^2 \theta_0, \quad k_{\mathrm{II}} = p_0 \sqrt{\pi a} \sin \theta_0 \cos \theta_0,$$

而裂纹平衡的极限条件 (3.16) 可以写为以下形式:

$$p_0 = p_0^* = \frac{1}{\sin \theta_0} \sqrt{\frac{E\gamma}{\pi a(1-\sigma^2)}}. \tag{3.20}$$

显然, 在 $\theta_0 \neq 0, p_0 = \mathrm{const}$ 时, 裂纹的扩展是不稳定的. 拉伸应力 p_0 的临界值 p_0^* 依赖于 θ_0. 为了破坏裂纹平衡而需要施加的最小拉伸应力 p_0 显然对应 $\theta_0 = \pi/2$ 的情况, 这时拉伸方向垂直于裂纹, 并且公式 (3.20) 与 (3.19) 相同.

如果沿裂纹的方向 ($\theta_0 = 0$) 拉伸平板, 则应力强度系数 k_{I} 和 k_{II} 等于零. 正像我们期待的那样, 这样的应力对裂纹扩展没有影响.

现在举例说明稳定扩展的裂纹.

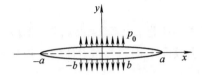

图 193. 裂纹 $|x| \leqslant a$, $y = 0$ 受到均布于固定区域 $|x| \leqslant b$ ($b = \text{const}$, $b < a$), $y = 0$ 的法向应力作用

部分裂纹面受均布法
向应力作用

假设平板上的裂纹位于 $|x| \leqslant a$, $y = 0$, 并且在固定的部分裂纹面上 ($|x| \leqslant b$, $y = 0$ ($b < a$)) 均匀分布着使裂纹张开的法向应力 (图 193). 根据 (2.10), 应力强度系数 k_{I} 等于

$$k_{\mathrm{I}} = \frac{p_0}{\sqrt{\pi a}} \int_{-b}^{b} \sqrt{\frac{a+\xi}{a-\xi}}\, \mathrm{d}\xi = \frac{p_0}{\sqrt{\pi a}} \int_{-b}^{b} \frac{a+\xi}{\sqrt{a^2-\xi^2}}\, \mathrm{d}\xi = \frac{2p_0\sqrt{a}}{\sqrt{\pi}} \arctan\frac{b}{\sqrt{a^2-b^2}}.$$

裂纹扩展条件 (3.16) 化为

$$p_0 = p_0^* = \frac{1}{2}\sqrt{\frac{\pi E \gamma}{a(1-\sigma^2)}} \left(\arctan\frac{b}{\sqrt{a^2-b^2}}\right)^{-1}.$$

容易看出, 这时 p_0^* 随裂纹长度 $2a$ 的增加而增加. 因此, 在 p_0 和 b 固定时, 裂纹扩展过程能够最终停止.

裂纹面两侧中央分别
受到集中力的拉伸

带有裂纹的平板上作用着大小相同的两个集中力 $\boldsymbol{P}$, 作用点分别位于裂纹两侧的中央, 裂纹位于 $|x| \leqslant a$, $y = 0$ (图 182). 这时, 应力强度系数 k_{I} 等于 (见 (2.22))

$$k_{\mathrm{I}} = \frac{P}{\sqrt{\pi a}}.$$

裂纹扩展条件化为

$$P = P^* = \sqrt{\frac{\pi E \gamma a}{1-\sigma^2}}.$$

可以看出, 力 P 的临界值 P^* 随着裂纹长度的增加而增加, 裂纹扩展过程是稳定的.

带有裂纹的平板在无
穷远处受到恒定应力
的单轴压缩, 同时裂
纹面两侧中央分别受
到随时间增长的集中
力的拉伸

想象一块带有直裂纹的弹性平板, 裂纹位于 $|x| \leqslant a$, $y = 0$, 其长度有限. 在无穷远处, 平板受到平行于 y 轴方向的应力 p_0 的压缩. 此外, 平板还受到两个集中力 $\boldsymbol{P}$ 的作用, 作用点分别位于裂纹两侧的中央 (图 194). 设 p_0 恒定, 集中力 $\boldsymbol{P}$ 准静态地从零开始不断增长, 我们来研究裂纹在平板上的扩展.

根据 (2.20) 和 (2.22), 应力强度系数 k_{I} 的表达式显然为

$$k_{\mathrm{I}} = \frac{P}{\sqrt{\pi l}} - p_0\sqrt{\pi l}, \tag{3.21}$$

式中 $2l$ 是裂纹的长度. 如果 $l \leqslant a$, 则裂纹部分张开, 并且 $k_{\mathrm{I}} = 0$, 这时力 $\boldsymbol{P}$ 的大小

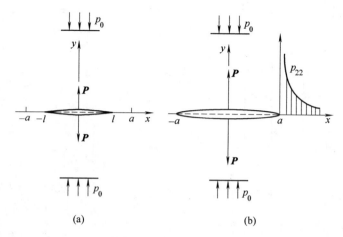

图 194. 在位置 $|x| \leqslant a$, $y = 0$ 带有裂纹的平板在无穷远处受到应力 p_0 的单轴压缩 (沿 y 轴方向), 在裂纹两侧中央分别受到两个集中力 $\boldsymbol{P}$ 的作用. (a) 力 $\boldsymbol{P}$ 的大小不足以使裂纹完全张开, 在点 $x = \pm l$, $y = 0$ 的邻域中没有应力集中. (b) 裂纹完全张开, 在尖端附近出现应力集中

应当满足不等式

$$0 \leqslant P = p_0 \pi l \leqslant P_1 = p_0 \pi a.$$

在 $l = a$ 时, 从条件 (3.16) 和表达式 (3.21) 可以计算出 P 的临界值 P^*:

$$P^* = \sqrt{\frac{\pi a E \gamma}{1 - \sigma^2}} + p_0 \pi a.$$

当 P 在区间

$$P_1 < P < P^*$$

内变化时, 裂纹不会扩展, 在原始裂纹尖端的邻域中出现应力集中.

当 $P = P^*$ 时, 裂纹的长度 $2a$ 开始增长, 在 P 达到固定的值

$$P = P_2 > P^*$$

时, 裂纹开始扩展. 这时, 如果知道 γ, 就可以从等式

$$P_2 = \sqrt{\frac{\pi l E \gamma}{1 - \sigma^2}} + p_0 \pi l$$

计算裂纹的长度 $2l$ $(l > a)$.

量 γ 的实验测量方法 如前所述, 物理参量 γ 是断裂能密度. 在最简单的情况下可以假设 γ 是材料常量 (欧文).

可以通过各种实验来确定 γ 的值[1]: 带切口的厚板的拉伸 (图 195 (a)), 带切口的圆杆的拉伸 (图 195 (b)), 在中央带切口的薄板的拉伸 (图 195 (c)), 带切口的圆杆

[1] 例如, 可以参阅论文: Irwin G. R., Kies J. A., Smith H. L. Fracture strength relative to onset and arrest of crack propagation. Proc. Amer. Soc. Test. Mater., 1958, 58: 640—657.

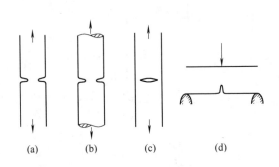

图 195. 可能用来确定 γ 的值的一些实验

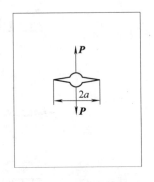

图 196. 裂纹面两侧中央
受到力 P 的拉伸作用

的弯曲 (图 195 (d)). 在这些实验中, 获得极限等式 (3.16) 与裂纹进一步的不稳定扩展有关.

还能够利用裂纹稳定扩展的实验, 例如裂纹面两侧中央受到集中力的拉伸作用的情况 (图 196). 理论分析表明, 对于宽度有限的平板, 裂纹的稳定扩展这时只能出现于裂纹长度 $2a$ 不超过试件宽度之半 $(2a < l/2)$ 的情况.

应当指出, 通过裂纹稳定扩展实验获得的 γ 值略小于通过裂纹不稳定扩展实验获得的 γ 值. 这与一些动力学效应有关, 还与材料的韧性以及其他一些性质的影响有关, 这些性质会在不稳定变形过程中表现出来.

温度的影响 降低温度导致材料变脆. 所以, 在脆性断裂条件下对各种设施 (输气管、桥梁等) 进行分析对极北地区有特别重要的意义. 实验表明, 钢的 γ 值随温度上升而增大.

在其他条件相同的情况下改变试件的厚度也会影响裂纹扩展和断裂特性.

表面活性介质对裂纹扩展的影响 与裂纹面接触的外部介质能够对裂纹扩展产生重要影响. 例如, 当玻璃浸入水中的时候, 玻璃的 γ 值会降低 25%. 可以用以下方法来解释这种现象的机理. 在方程 (3.6) 中, 量 dU_0 是材料的特征量, 所以可以认为这个量独立于其他条件. 可以利用物理化学能量流 dQ^{**} 来考虑外部条件的影响, 这样就可以把差值 $dU_0 - dQ^{**}$ 当做 dU_0, 同时 γ 的值有所变化.

类似地可以描述以下实验. 取一块带有裂纹的粘接试件, 裂纹位于 $|x| \leqslant a$, $y = 0$. 在外部拉伸力 P 的作用下, 在裂纹尖端出现应力集中 (图 197). 当外部载荷 P 很小且固定不变时, 尽管出现应力集中, 试件也不会沿粘接面裂开. 如果在裂纹

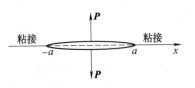

图 197. 粘接试件受到作用于粘接面的外力的拉伸

尖端附近涂一些能够腐蚀黏合剂的酸, 则试件在外载荷不变时会沿粘接面裂开.

可以把这个现象解释为方程 (3.6) 中的化学能流 dQ^{**} 的影响. 在该能量流的影

响下, 已有的应力集中足以使试件断裂. 这些例子表明, 在某些情况下, 为了解释观察到的效应, 必须引入和考虑外部宏观能量流 dQ^{**}.

某些材料的 γ 和 γ_{ef} 的值　　实验表明, 量 γ 严格说来不是材料常量. 尽管如此, 这个量以及相应的临界值 $k_I^2 + k_{II}^2$ 仍是能够用于断裂计算的非常有用的特征量.

我们举例说明某些材料的 γ 和 γ_{ef} 的量级. 对于硅酸盐玻璃,

$$\gamma_{ef} \sim \gamma \sim 1\text{—}2 \text{ N/m};$$

对于食盐 (NaCl),

$$\gamma_{ef} \sim \gamma \sim 0.3 \text{ N/m}$$

(用于对比, 我们再列出水的数据: $\gamma = 0.072 \text{ N/m}$). 钢试件中的裂纹扩展伴随有许多额外的复杂现象, 所以钢的 γ_{ef} 远大于[1] 表面能密度 γ. 钢的具体数据是:

$$\gamma \sim 1\text{—}2 \text{ N/m}, \quad \gamma_{ef} \sim 10^2\text{—}10^4 \text{ N/m}.$$

显然, 当 $\gamma_{ef} \gg \gamma$ 时, 在发生扩展的裂纹面附近薄层中出现塑性变形以及材料粒子的其他一些结构缺陷, 它们是由位错的产生和发展引起的. 对裂纹尖端附近应力场的分析 (见第 392—394 页) 和所研究的问题在考虑塑性区的情况下的数值解[2] 表明, 关于产生位错和塑性变形的结论确实很好地对应着现象的本质. 缺陷的形成与能量吸收有关, 这些能量部分转变为热量并散失到物体和环境介质中, 部分转变为裂纹面附近薄层中的物质的内能. 在这一过程中, 间断面附近粒子的结构和力学性质发生变化. 如果 $\gamma_{ef} \gg \gamma$, 则与上述能量消耗相比, 转化为与表面张力有关的表面能的那部分能量可以忽略不计.

---

[1] 在以下论文中有关于 $\gamma_{ef} \gg \gamma$ 的数据: Irwin G. R. Fracture dynamics. In: Fracturing of Metals. Cleveland: ASM, 1948, p. 147—166; Orowan E. O. Fundamentals of brittle behaviour of metals. In: Fatigue and Fracture of Metals. New York: Wiley, 1950, p. 139—167.

[2] 例如, 可以参见: Dugdate D. S. Yielding of steel sheets containing slits. J. Mech. Phys. Solids, 8(2); Кудрявцев Б. А., Партон В. З., Песков Ю. А., и др. О локальной пластической зоне вблизи конца щели (плоская деформация). МТТ, 1970, No. 5; Levy N., Marcal P. V., Ostergren W. J., *et al.* Small scale yielding near a crack in plane strain: A finite element analysis. Techn. Rep. NASA NGL 40-002-080/1 Nov. 1969.

参考文献

1. Абрамович Г. Н. Прикладная газовая динамика. 4-е изд. Москва: Наука, 1976; 5-е изд. В 2 ч. 1991

2. Арутюнов Н. Х. Некоторые вопросы теории ползучссти. Москва: Гостехтеориздат, 1952

3. Angelitch T. P. Tensorkalkül nebst Anvendungen. Die Grundlehren der mathematischen Wissenschaften. Berlin: Springer, 1968. Bd. 141

4. Бердичевский В. Л. Вариационные принципы механики сплошной среды. Москва: Наука, 1983 (Berdichevsky V. Variational Principles of Continuum Mechanics. Berlin: Springer, 2009)

5. Бердичевский В. Л., Седов Л. И. Динамическая теория непрерывно распределенных дислокаций, связь с теорией пластичности. ПММ. 1967, 31(6): 981—1000 (Berdichevskii V. L., Sedov L. I. Dynamic theory of continuously distributed dislocations. Its relation to plasticity theory. J. Appl. Math. Mech. 1967, 31(6): 989—1006)

6. Биркгоф Г. Гидродинамика. Пер. с англ. Москва: Изд-во иностр. лит., 1954; Москва: Мир, 1963 (Birkhoff G. Hydrodynamics: A Study in Logic, Fact and Similitude. Princeton: Princeton Univ. Press, 1960)

7. Биркгоф Г., Сарантонелло Э. Струи, следы и каверны. Пер. с англ. Москва: Мир, 1964 (Birkhoff G., Zaratonello E. H. Jets, Wakes and Cavities. New York: Academic Press, 1957)

8. Břdička M. Mechanika kontinua. Praha, 1959

9. Бэтчелор Дж. Введение в динамику жидкости. Пер. с англ. Москва: Мир, 1973 (Batchelor G. K. An Introduction to Fluid Dynamics. Cambridge: Cambridge Univ. Press, 1967; G. K. 巴切勒. 流体动力学引论. 沈青, 贾复译. 北京: 科学出版社, 1997)

10. Галин Л. А. Контактные задачи теории упругости. Москва: Гостехтеориздат, 1953

11. Germain P. Cours de mécanique des millieux continus. T. 1. Théorie générale. Paris: Mas-

son, 1973

12. Гиббс Дж. Термодинамические работы. Пер. с англ. Москва: Гостехтеориздат, 1950 (Gibbs J. W. The Collected Works of J. Willard Gibbs. Vol. 1. Thermodynamics. New York: Longmans, 1928)

13. Годунов С. К. Элементы механики сплошной среды. Москва: Наука, 1978

14. Гольденблатт И. И. Нелинейные проблемы теории упругости. Москва: Наука, 1969

15. Green A. E., Zerna W. Theoretical Elasticity. Oxford: Oxford Univ. Press, 1954

16. Гроот С., Мазур П. Неравновесная термодинамика. Пер. с англ. Москва: Мир, 1964 (Groot S., Masur P. Non-equilibrium Thermodynamics. Amsterdam: North-Holland, 1963)

17. Гуревич М. И. Теория струй идеальной жидкости. Москва: Физматгиз, 1961 (Gurevich M. I. Theory of Jets in Ideal Fluids. New York: Academic Press, 1965)

18. Eringen A. C. Mechanics of Continua. New York: Wiley, 1967 (A. C. 爱林根. 连续统力学. 程昌钧, 俞焕然译. 北京: 科学出版社, 1991)

19. Eringen A. C., Suhubi E. S. Elastodynamics. Vol. 1, 2. New York: Academic Press, 1974 (A. C. 爱林根, E. S. 舒胡毕. 弹性动力学 (共 2 册). 戈革译. 北京: 石油工业出版社, 1983, 1984)

20. Желнорович В. А. Теория спиноров и ее применение в физике и механике. Москва: Наука, 1982

21. Жермен П. Механика сплошных сред. Пер. с фр. Москва: Мир, 1965 (Germain P. Mécanique des Milieux Continus. Paris: Masson, 1962)

22. Жуковский Н. Е. Собр. соч. Т. 1—7. Москва: Гостехтеориздат, 1948—1950

23. Зоммерфельд А. А. Механика деформируемых сред. Пер. с нем. Москва: Изд-во иностр. лит., 1954 (Sommerfeld A. A. Mechanik der deformierbaren Medien. Leipzig, 1945)

24. Зоммерфельд А. А. Термодинамика и статистическая физика. Пер. с нем. Москва: Изд-во иностр. лит., 1955 (Sommerfeld A. A. Thermodynamik und Statistik. Wiesbaden, 1952)

25. Ивлев Д. Д. О теории трещин квазихрупкого разрушения. ПМТФ. 1967, № 6: 88—128

26. Iacob C. Introduction Mathématique à la Mécanique des Fluides. Paris: Bucarest, 1959

27. Ильюшин А. А. Механика сплошной среды. 3-е изд. Москва: Изд-во МГУ, 1990

28. Ильюшин А. А. Пластичность. Москва: Изд-во АН СССР, 1963

29. Качанов Л. М. Основы теории пластичности. 2-е изд. Москва: Наука, 1969 (L. M. 卡恰诺夫. 塑性理论基础. 周承倜译. 北京: 人民教育出版社, 1982)

30. Качанов Л. М. Теория ползучести. Москва: Физматгиз, 1960

31. Карафоли Э. Аэродинамика крыла самолета. Москва: Изд-во АН СССР, 1956 (Carafoli E. Tragflügeltheorie. Berlin: Verlag Technik, 1954)

32. Кирхгоф Г. Механика. Пер. с нем. Москва: Изд-во АН СССР, 1962 (Kirchhoff G. Vorlesungen über Mechanik. Band I von Vorlesungen über Mathematische Physik. Leipzig: Teubner, 1876)

33. Колосов Г. В. Применение комплексной переменной к теории упругости. Москва: ОНТИ, 1935

34. Коробейников В. П., Мельникова Н. С., Рязанов Е. В. Теория точечного взрыва. Москва: Физматгиз, 1961

35. Кочин Н. Е. Векторное исчисление и начала тензорного исчисления. Москва: Изд-во АН СССР, 1951

36. Кочин Н. Е. Гидродинамическая теория решеток. Москва, 1949

37. Кочин Н. Е., Кибель И. А., Розе Н. В. Теоретическая гидромеханика. Т. 1, 2. Москва: Физматгиз, 1963 (Kochin N. E., Kibel' I. A., Roze N. V. Theoretical Hydromechanics. Vol. I, II. Berlin: Akademie Verlag, 1964, 1965; New York: Wiley, 1962)

38. Красильщикова Е. А. Тонкое крыло в сжимаемом потоке. Москва: Наука, 1978

39. Куликовский А. Г., Любимов Г. А. Магнитная гидродинамика. Москва: Физматгиз, 1962

40. Ламб Г. Гидродинамика. Пер. с англ. Москва: Гостехтеориздат, 1947 (Lamb H. Hydrodynamics. 6th ed. Cambridge: Cambridge Univ. Press, 1957; H. 兰姆. 理论流体动力学 (共 2 册). 游镇雄译. 北京: 科学出版社, 1990, 1992)

41. Ландау Л. Д., Лифшиц Е. М. Теоретическая Физика. Т. 2. Теория поля. Москва: Наука, 1967; Т. 6. Гидродинамика. Москва: Наука, 1986; Т. 7. Теория упругости. Москва: Наука, 1965; Т. 8. Электродинамика сплошных сред. Москва: Физматгиз, 1959 (Л. Д. 朗道, Е. М. 栗弗席兹. 理论物理学教程. 第二卷. 场论. 鲁欣, 任朗, 袁炳南译. 北京: 高等教育出版社, 2012; 第六卷. 流体动力学. 李植译. 北京: 高等教育出版社, 2013; 第七卷. 弹性理论. 武际可, 刘寄星译. 北京: 高等教育出版社, 2011; 第八卷. 连续介质电动力学. 刘寄星, 周奇译. 北京: 高等教育出版社, 2020)

42. Лейбензон Л. С. Курс теории упругости. Москва: Гостехтеориздат, 1947

43. Лейбензон Л. С. Вариационные методы решения задачи теории упругости. Москва: Гостехтеориздат, 1943

44. Лобачевский Н. И. О началах геометрии. Полн. собр. соч. Т. 1. Москва, Ленинград: Гостехтеориздат, 1946

45. Лойцянский Л. Г. Механика жидкости и газа. 4-е изд. Москва: Наука, 1973 (Loitsianskii L. G. Mechanics of Liquids and Gases. 4th ed. Oxford: Pergamon, 1966)

46. Лоренц Г. А. Лекции по термодинамике. Пер. с нем. Москва: Гостехтеориздат, 1941 (Lorentz H. A. Lectures on Thermodynamics. In: Vorlesungen über Theoretische Physik an der Universität Leiden. Leipzig, 1928)

47. Лурье А. И. Теория упругости. Москва: Наука, 1970

48. Ляв А. Математическая теория упругости. Пер. с англ. Москва: ОНТИ, 1935 (Love A. E. H. Treatise on the Mathematical Theory of Elasticity. Cambridge: Cambridge Univ. Press, 1906)

49. Мейз Дж. Теория и задачи механики сплошных сред. Пер. с англ. Москва: Мир, 1974 (Mase G. E. Theory and Problems of Continuum Mechanics. New York: McGraw-Hill, 1970)

50. Михлин С. Г. Прямые методы в математической физике. Москва: Гостехтеориздат,

1950

51. Murnaghan F. D. Finite Deformation of an Elastic Solid. New York: Wiley, 1951

52. Мусхелишвили Н. И. Некоторые основные задачи математической теории упругости. Москва: Наука, 1966

53. Надаи А. Пластичность. Пер. с англ. Москва: ОНТИ, 1936 (Nadai A. Plasticity. New York: McGraw-Hill, 1931)

54. Надаи А. Пластичность и разрушение твердых тел. Пер. с англ. Москва: Изд-во иностр. лит., 1954 (Nadai A. Theory of Flow and Fracture of Solids. New York: McGraw-Hill, 1950)

55. Новожилов В. В. Основы линейной теории упругости. Москва: Гостехтеориздат, 1947

56. Новожилов В. В. Теория упругости. Ленинград: Судпромгиз, 1958 (Novozhilov V. V. Theory of Elasticity. Oxford: Pergamon, 1961)

57. Паули В. Теория относительности. Пер. с нем. Москва: Гостехтеориздат, 1947 (Pauli W. Theory of Relativity. Oxford, 1958; W. 泡利. 相对论. 凌德洪, 周万生译. 上海: 上海科学技术出版社, 1979)

58. Прагер В. Введение в механику сплошных сред. Пер. с нем. Москва: Изд-во иностр. лит., 1963 (Prager W. Einführung in die Kontinuumsmechanik. Birkhäuser, 1961)

59. Прагер В., Ходж Ф. Г. Теория идеально-пластических тел. Пер. с англ. Москва: Изд-во иностр. лит., 1956 (Prager W., Hodge P. G. Theory of Perfectly Plastic Solids. New York: Wiley, 1951; W. 普拉格, P. G. 霍奇. 理想塑性固体理论. 陈森译. 北京: 科学出版社, 1964)

60. Прандтль Л. Гидроаэромеханика. Пер. с нем. Москва: Изд-во иностр. лит., 1949 (Prandtl L. Führer durch die Strömungslehre. Braunschweig: Vieweg, 1965; L. 普朗特. 流体力学概论. 郭永怀, 陆士嘉译. 北京: 科学出版社, 1981)

61. Прандтль Л., Титьенс Л. Гидро- и аэромеханика. Т. 1, 2. Пер. с нем. Москва: Гостехиздат, 1933 (Prandtl L., Tietjens O. Hydro- und Aeromechanik. Berlin: Springer, 1929; Applied Hydro- and Aeromechanics, 1957)

62. Работнов Ю. Н. Механика деформируемого твердого тела. Москва: Наука, 1988

63. Работнов Ю. Н. Ползучесть элементов конструкций. Москва: Наука, 1966

64. Риман Б. О распространении плоских волн конечной амплитуды. Соч. Пер. с нем. Москва: Гостехтеориздат, 1948 (Riemann B. Über die Ausbreitung ebener Luftwellen von endlicher Schwingungsweite. Collected Works of Bernhard Riemann. New York: Dover, 1953)

65. Roy M. Mécanique des Milieux Continus et Déformables. Vols. I, II. Paris: Gauthier-Villars, 1950

66. Roy M. Thermodynamique Macroscopique, Notations Fondamentales. Paris: Dunod, 1964

67. Седов Л. И. Введение в механику сплошной среды. Москва: Физматгиз, 1962 (Sedov L. I. Introduction to the Mechanics of a Continuous Medium. Addison-Wesley, 1965)

68. Седов Л. И. Методы подобия и размерности в механике. 9-е изд. Москва: Наука, 1981 (俄文第八版的中译本: Л. И. 谢多夫. 力学中的相似方法与量纲理论. 沈青, 倪锄非, 李

维新译. 北京: 科学出版社, 1982)

69. Седов Л. И. О пондеромоторных силах взаимодействия электромагнитного поля и ускоренно движущегося материального континуума с учетом конечности деформаций. ПММ. 1965, 29(1): 4—17 (Sedov L. I. On the ponderomotive forces of interaction of an electromagnetic field and an accelerating material continuum, taking into account finite deformations. J. Appl. Math. Mech. 1965, 29(1): 2—17)

70. Седов Л. И. Плоские задачи гидродинамики и аэродинамики. Москва: Гостехиздат, 1950; 3-е изд. Москва: Наука, 1980 (俄文第一版的英译本: Sedov L. I. Two-Dimensional Problems in Hydrodynamics and Aerodynamics. New York: Wiley, 1965)

71. Седов Л. И. Размышление о науке и об ученых. Москва: Наука, 1980

72. Седов Л. И. О перспективных направлениях и задачах в механике сплошных сред. ПММ. 1976, 40(6): 963—980 (Sedov L. I. On prospective trends and problems in mechanics of continuous media. J. Appl. Math. Mech. 1976, 40(6): 917—931)

73. Седов Л. И. Виды энергии и их трансформации. ПММ. 1981, 45(6): 963—984 (Sedov L. I. The forms of energy and their transformations. J. Appl. Math. Mech. 1981, 45(6): 727—741)

74. Седов Л. И. Применение базисного вариационного уравнения для построения моделей сплошных сред. Избранные вопросы современной механики. Москва: МГУ, 1981

75. Сибгатуллин Н. Р. Колебания и волны в сильных гравитационных и электромагнитных полях. Москва: Наука, 1984 (Sibgatullin N. R. Oscillations and Waves in a Strong Gravitational and Electromagnetic Field. Berlin: Springer, 1991)

76. Сокольников И. С. Тензорный анализ, теория и применение в геометрии и в механике сплошных сред. Пер. с англ. Москва: Наука, 1971 (Sokolnikoff I. S. Tensor Analysis: Theory and Applications. New York: Wiley, 1951)

77. Соловьев В. И., Чумак Д. А. Корабельные движители. Москва: Воениздат, 1948

78. Степанов Г. Ю. Гидродинамика решеток турбомашин. Москва: Физматгиз, 1962

79. Тимошенко С. П. Сопротивление материалов. Т. 1, 2. Пер. с англ. Москва: Наука, 1965 (Timoshenko S. P. Strength of Materials. Vol. 1, 2. 2nd ed. New York: Van Nostrand, 1950, 1951)

80. Тимошенко С. П. Теория упругости. Пер. с англ. Москва: ОНТИ, 1934 (Timoshenko S. P. Theory of Elasticity. 2nd ed. New York: McGraw-Hill, 1951)

81. Тимошенко С. П., Гере Дж. М. Механика материалов. Пер. с англ. Москва: Мир, 1976

82. Тонелла М. А. Основы электромагнетизма и теории относительности. Пер. с фр. Москва: Изд-во иностр. лит., 1962 (Tonnelat M. G. The Principles of Electro-Magnetic Theory and Relativity. Dordrecht: Reidel, 1966)

83. Трусделл К. Первоначальный курс рациональной механики сплошных сред. Пер. с англ. Москва: Мир, 1975 (Truesdell C. A First Course in Rational Continuum Mechanics. Baltimore: Johns Hopkins Univ. Press, 1972)

84. Уизем Дж. Линейные и нелинейные волны. Москва: Мир, 1977 (Whitham G. B.

Linear and Nonlinear Waves. New York: Wiley, 1974; G. B. 惠瑟姆. 线性与非线性波. 庄峰青, 岳曾元译. 北京: 科学出版社, 1986)

85. Федяевский К. К., Войткунский Я. И., Фадеев Ю. И. Гидромеханика. Ленинград: Судостроение, 1968

86. Фейнман Р., Лейтон Р., Сэндс М. Фейнмановские лекции по физике. Вып. 1—7. Пер. с англ. Москва: Мир, 1965, 1966 (Feynman R. P., Leighton R. B., Sands M. The Feynman Lectures on Physics. Addison-Wesley, 1964, 1965)

87. Феппль А., Феппль Л. Сила и деформация. Т. 1, 2. Пер. с нем. Москва: Гостехтеориздат, 1933 (Föppl A., Föppl L. Drang und Zwang. München, 1920)

88. Филоненко-Бородич М. М. Теория упругости. Москва: Гостехтеориздат, 1947

89. Франкль Ф. И., Карпович Е. А. Газодинамика тонких тел. Москва, Ленинград: Гостехтеориздат, 1948 (Frankl F. I., Karpovich E. A. Gas Dynamics of Thin Bodies. London: Interscience, 1953)

90. Хилл Р. Математическая теория пластичности. Пер. с англ. Москва: Гостехтеориздат, 1956 (Hill R. The Mathematical Theory of Plasticity. Oxford: Clarendon, 1960)

91. Чаплыгин С. А. Собр. соч. Т. 1—3. Москва: Гостехтеориздат, 1948

92. Черный Г. Г. Течения газа с большой сверхзвуковой скоростью. Москва: Физматгиз, 1959

93. Черный Г. Г. Газовая динамика. Москва: Наука, 1988

94. Черный Л. Г. Релятивисткие модели сплошных сред. Москва: Наука, 1983

95. Шлихтинг Г. Теория пограничного слоя. Пер. с нем. Москва: Наука, 1974 (Schlichting H. Boundary Layer Theory. New York: McGraw-Hill, 1954; H. 史里希廷. 边界层理论 (共 2 册). 徐燕侯等译. 北京: 科学出版社, 1988, 1991)

96. Эйнштейн А. Собрание научных трудов. Москва: Наука, 1965, 1966

97. Эпштейн П. С. Курс термодинамики. Пер. с англ. Москва: Гостехтеориздат, 1948 (Epstein P. S. Textbook of Thermodynamics. New York: Wiley, 1937)

人名译名对照表

A

阿基米德，Archimedes
埃格利特，М.Э. Эглит
埃夫罗斯，Д.А. Эфрос
艾里，G.B. Airy
安培，A.M. Ampère
昂萨格，L. Onsager
奥德奎斯特，F. Odquist
奥森，C.W. Oseen
奥斯特罗格拉茨基，М.В. Остроградский

B

包辛格，J. Bauschinger
贝尔特拉米，E. Beltrami
毕奥，J.B. Biot
伯努利，D. Bernoulli
博尔达，Borda
布勃诺夫，И.Г. Бубнов
布江斯基，B. Budiansky
布拉修斯，H. Blasius
布里格斯，Briggs
布西内斯克，J.V. Boussinesq

D

达朗贝尔，J.L.R. d'Alembert
狄利克雷，P.G.L. Dirichlet
笛卡儿，R. Descartes
迪比亚，P.L.G. Du Buat
多普勒，C.J. Doppler

F

傅里叶，J.B.J. Fourier

G

高斯，C.F. Gauss
格里菲思，A.A. Griffith
格林，G. Green
葛罗麦卡，И.С. Громека
古尔德贝格，C.M. Guldberg
古尔萨，É.-J.-B. Goursat

H

哈根，G.H.L. Hagen
哈密顿，W.R. Hamilton
亥姆霍兹，H.L.F. Helmholtz

胡克，R. Hooke
霍奇，P. G. Hodge

J

基尔霍夫，G. R. Kirchhoff
伽利略，Galileo Galilei
伽辽金，Б. Г. Галёркин

K

卡梅尼亚尔日，Я. А. Каменярж
卡诺，N. L. S. Carnot
柯西，A. L. Cauchy
柯依特，W. T. Koiter
科里奥利，G. G. de Coriolis
科洛索夫，Г. В. Колосов
科钦，Н. Е. Кочин
科特，L. Kort
克拉珀龙，B. P. E. Clapeyron
克劳修斯，R. Clausius
克里斯托费尔，E. B. Christoffel
库塔，M. W. Kutta
奎尼，H. Quinney

L

拉格朗日，J. L. Lagrange
拉梅，G. Lamé
拉普拉斯，P. S. Laplace
拉瓦尔，C. G. P. de Laval
莱维，M. Levy
兰金，W. J. M. Rankine
兰姆，H. Lamb
朗道，Л. Д. Ландау
雷诺，O. Reynolds
黎曼，G. F. B. Riemann
里茨，W. Ritz
栗弗席兹，Е. М. Лифшиц
洛朗，P. A. Laurent
洛马金，Е. В. Ломакин

M

马赫，E. Mach
麦克斯韦，J. C. Maxwell
米切尔，J. H. Michell
米塞斯，R. von Mises
默纳汉，F. D. Murnaghan

N

纳达依，A. Nadai
纳维，C. L. M. H. Navier
牛顿，I. Newton
诺埃伯，H. Z. Neuber
诺伊曼，C. G. Neumann

O

欧几里得，Euclid
欧拉，L. Euler
欧文，G. R. Irwin

P

帕斯卡，B. Pascal
皮奥拉，G. Piola
皮塔耶夫斯基，Л. П. Питаевский
皮托，H. Pitot
泊松，S. D. Poisson
泊肃叶，J. L. M. Poiseuille
普朗特，L. Prandtl

Q

齐格勒，H. Ziegler
恰普雷金，С. А. Чаплыгин

R

茹科夫斯基，Н. Е. Жуковский
瑞利，Lord Rayleigh

S

萨瓦尔，F. Savart
桑德斯，J. L. Sanders

圣维南，A. J. C. B. de Saint-Venant
施密特，R. Schmidt
斯托克斯，G. G. Stokes

T

泰勒，B. Taylor, G. I. Taylor
汤姆孙，W. Thomson
特雷斯卡，H. Tresca
托里拆利，E. Torricelli

W

瓦格，P. Waage

文策尔，L. Wenzel

X

西布加图林，Н. Р. Сибгатуллин，
　　　　　　　И. Н. Сибгатуллин
谢多夫，Л. И. Седов

Y

雅可比，C. G. J. Jacobi
杨，T. Young
伊夫列夫，Д. Д. Ивлев

索　引

译后记

从 2009 年起, 我以本书第一卷为主要参考书多次讲授 "连续介质力学基础", 听众以力学专业三年级本科生为主. 这门课旨在介绍连续介质力学的数学工具、基本概念、基本方程和一些具体模型, 为流体力学、弹性力学等后续专业课打下必要的基础. 从选课情况、教学效果和课后反馈来看, 这门课是颇受欢迎的, 尽管其难度不小. 实践表明, 本书内容经过适当选取、提炼和补充 (主要是补充习题), 完全适用于以上目的. 以 50 课时为例, 教学时间可以大致等分为三部分: 张量理论和运动学 (第一、二章), 基本定律 (第三章, 第五章 §1—§6, §8, 第七章 §4, §6), 连续介质模型 (第四章, 第五章 §7, 第七章 §1—§3). 如果有 60—70 课时, 就可以再介绍流体混合物模型并讲解更多习题. 长远看, 如果在本科二年级开设连续介质力学课程, 就能够为后续专业课节省大量课时, 而后者自然可以有更高的起点和更强的针对性, 例如流体力学可以直接从理想流体或黏性流体模型的数学性质讲起. 在基础课和专业课课时遭遇普遍压缩的大环境下, 按照以上思路来改革教学计划至少从功利的角度来看也是相当迫切的, 更何况这样的综合交叉其实就是高等教育发展的趋势.

利用重印的机会, 我订正了印刷错误和翻译错误, 润色了部分文字, 修改了译注 (有增删, 新增内容涉及压强、第二黏度等), 更新了参考文献和索引. 特别感谢选修 "连续介质力学基础" 的同学们的配合与理解, 他们提供了很多有价值的信息. 感谢陈国谦教授始终如一的支持和赵福垚博士为改进译本质量所做的努力. 感谢我的妻子邵长虹对翻译事业的热情和帮助. 感谢编辑赵天夫先生的耐心协助.

李植
北京大学力学系
2018 年 1 月, 2021 年 3 月

相关图书清单

序号	书号	书名	作者
1	9787040183030	微积分学教程（第一卷）（第8版）	[俄] Г. М. 菲赫金哥尔茨
2	9787040183047	微积分学教程（第二卷）（第8版）	[俄] Г. М. 菲赫金哥尔茨
3	9787040183054	微积分学教程（第三卷）（第8版）	[俄] Г. М. 菲赫金哥尔茨
4	9787040345261	数学分析原理（第一卷）（第9版）	[俄] Г. М. 菲赫金哥尔茨
5	9787040351859	数学分析原理（第二卷）（第9版）	[俄] Г. М. 菲赫金哥尔茨
6	9787040287554	数学分析（第一卷）（第7版）	[俄] В. А. 卓里奇
7	9787040287561	数学分析（第二卷）（第7版）	[俄] В. А. 卓里奇
8	9787040183023	数学分析（第一卷）（第4版）	[俄] В. А. 卓里奇
9	9787040202571	数学分析（第二卷）（第4版）	[俄] В. А. 卓里奇
10	9787040345247	自然科学问题的数学分析	[俄] В. А. 卓里奇
11	9787040183061	数学分析讲义（第3版）	[俄] Г. И. 阿黑波夫 等
12	9787040254396	数学分析习题集（根据2010年俄文版翻译）	[俄] Б. П. 吉米多维奇
13	9787040310047	工科数学分析习题集（根据2006年俄文版翻译）	[俄] Б. П. 吉米多维奇
14	9787040295313	吉米多维奇数学分析习题集学习指引（第一册）	沐定夷、谢惠民 编著
15	9787040323566	吉米多维奇数学分析习题集学习指引（第二册）	谢惠民、沐定夷 编著
16	9787040322934	吉米多维奇数学分析习题集学习指引（第三册）	谢惠民、沐定夷 编著
17	9787040305784	复分析导论（第一卷）（第4版）	[俄] Б. В. 沙巴特
18	9787040223606	复分析导论（第二卷）（第4版）	[俄] Б. В. 沙巴特
19	9787040184075	函数论与泛函分析初步（第7版）	[俄] А. Н. 柯尔莫戈洛夫 等
20	9787040292213	实变函数论（第5版）	[俄] И. П. 那汤松
21	9787040183986	复变函数论方法（第6版）	[俄] М. А. 拉夫连季耶夫 等
22	9787040183993	常微分方程（第6版）	[俄] Л. С. 庞特里亚金
23	9787040225211	偏微分方程讲义（第2版）	[俄] О. А. 奥列尼克
24	9787040257663	偏微分方程习题集（第2版）	[俄] А. С. 沙玛耶夫
25	9787040230635	奇异摄动方程解的渐近展开	[俄] А. Б. 瓦西里亚娃 等
26	9787040272499	数值方法（第5版）	[俄] Н. С. 巴赫瓦洛夫 等
27	9787040373417	线性空间引论（第2版）	[俄] Г. Е. 希洛夫
28	9787040205251	代数学引论（第一卷）基础代数（第2版）	[俄] А. И. 柯斯特利金
29	9787040214918	代数学引论（第二卷）线性代数（第3版）	[俄] А. И. 柯斯特利金
30	9787040225068	代数学引论（第三卷）基本结构（第2版）	[俄] А. И. 柯斯特利金
31	9787040502343	代数学习题集（第4版）	[俄] А. И. 柯斯特利金
32	9787040189469	现代几何学（第一卷）曲面几何、变换群与场（第5版）	[俄] Б. А. 杜布洛文 等

序号	书号	书名	作者
33	9787040214925	现代几何学（第二卷）流形上的几何与拓扑（第5版）	[俄] Б. А. 杜布洛文 等
34	9787040214345	现代几何学（第三卷）同调论引论（第2版）	[俄] Б. А. 杜布洛文 等
35	9787040184051	微分几何与拓扑学简明教程	[俄] А. С. 米先柯 等
36	9787040288889	微分几何与拓扑学习题集（第2版）	[俄] А. С. 米先柯 等
37	9787040220599	概率（第一卷）（第3版）	[俄] А. Н. 施利亚耶夫
38	9787040225556	概率（第二卷）（第3版）	[俄] А. Н. 施利亚耶夫
39	9787040225549	概率论习题集	[俄] А. Н. 施利亚耶夫
40	9787040223590	随机过程论	[俄] А. В. 布林斯基 等
41	9787040370980	随机金融数学基础（第一卷）事实·模型	[俄] А. Н. 施利亚耶夫
42	9787040370973	随机金融数学基础（第二卷）理论	[俄] А. Н. 施利亚耶夫
43	9787040184037	经典力学的数学方法（第4版）	[俄] В. Н. 阿诺尔德
44	9787040185300	理论力学（第3版）	[俄] А. П. 马尔契夫
45	9787040348200	理论力学习题集（第50版）	[俄] И. В. 密歇尔斯基
46	9787040221558	连续介质力学（第一卷）（第6版）	[俄] Л И 谢多夫
47	9787040226331	连续介质力学（第二卷）（第6版）	[俄] Л И 谢多夫
48	9787040292237	非线性动力学定性理论方法（第一卷）	[俄] L. P. Shilnikov 等
49	9787040294644	非线性动力学定性理论方法（第二卷）	[俄] L. P. Shilnikov 等
50	9787040355338	苏联中学生数学奥林匹克试题汇编（1961—1992）	苏淳 编著
51	9787040533705	苏联中学生数学奥林匹克集训队试题及其解答(1984—1992)	姚博文、苏淳 编著
52	9787040498707	图说几何（第二版）	[俄] Arseniy Akopyan

购书网站：高教书城（www.hepmall.com.cn），高教天猫（gdjycbs.tmall.com），京东，当当，微店

其他订购办法：
各使用单位可向高等教育出版社电子商务部汇款订购。
书款通过银行转账，支付成功后请将购买信息发邮件或
传真，以便及时发货。购书免邮费，发票随书寄出（大
批量订购图书，发票随后寄出）。

单位地址：北京西城区德外大街4号
电　　话：010-58581118
传　　真：010-58581113
电子邮箱：gjdzfwb@pub.hep.cn

通过银行转账：
户　名：高等教育出版社有限公司
开户行：交通银行北京马甸支行
银行账号：110060437018010037603

郑重声明